准双曲面齿轮传动

姚文席　编著

中国标准出版社

北　京

图书在版编目(CIP)数据

准双曲面齿轮传动/姚文席编著. —北京:中国标准出版社,2020.5(2020.12 重印)

ISBN 978-7-5066-9477-3

Ⅰ.①准… Ⅱ.①姚… Ⅲ.①齿轮传动 Ⅳ.①TH132.41

中国版本图书馆 CIP 数据核字(2019)第 189953 号

中国标准出版社出版发行
北京市朝阳区和平里西街甲 2 号(100029)
北京市西城区三里河北街 16 号(100045)
网址 www.spc.net.cn
总编室:(010)68533533 发行中心:(010)51780238
读者服务部:(010)68523946
中国标准出版社秦皇岛印刷厂印刷
各地新华书店经销
*
开本 787×1092 1/16 印张 20.75 字数 424 千字
2020 年 5 月第一版 2020 年 12 月第二次印刷
*
定价 78.00 元

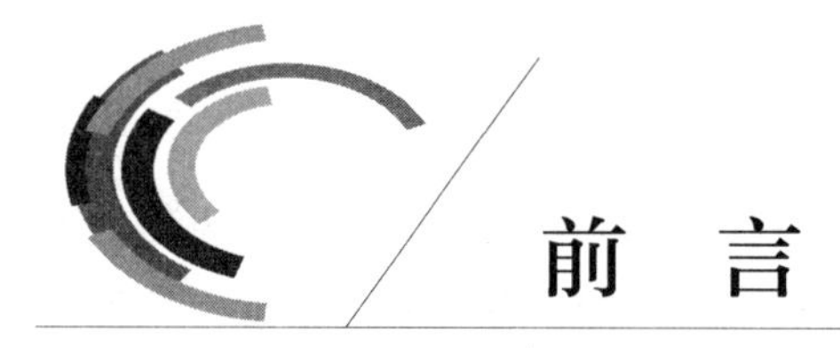

前　言

锥齿轮分为直齿锥齿轮和曲齿锥齿轮。曲齿锥齿轮又称螺旋锥齿轮。齿轮传动时，轴线相交的一对曲齿锥齿轮称为弧齿锥齿轮（或直接称为螺旋锥齿轮），轴线不相交的一对曲齿锥齿轮称为准双曲面齿轮。一般将弧齿锥齿轮视为准双曲面齿轮的特例。当准双曲面小齿轮齿数很少，螺旋角很大时，准双曲面齿轮传动变为锥蜗杆传动。

根据齿制的不同，准双曲面齿轮有圆弧齿准双曲面齿轮和摆线齿准双曲面齿轮之分。

曲齿锥齿轮具有传动比大、传递扭矩大、传动平稳、抗过载能力强等一系列优点，因此广泛应用于行走机械中（如汽车、拖拉机、工程机械及航空器等）。曲齿锥齿轮由于有原理性传动误差，一般不适于精密机械传动。

本书的主要内容是：1）对圆弧齿准双曲面齿轮和摆线齿准双曲面齿轮做了综合分析。由于原始齿轮的齿廓是共轭齿廓，由此可以构造出定速比传动的齿轮副。2）对准双曲面齿轮传动的内部机理进行了探讨。从数学、力学的基础谈起，沿着准双曲面齿轮的发展脉络，建立了各种准双曲面齿轮的齿廓方程。3）在著者认为未尽之处，做了某些补充研究。比如在齿轮强度的计算方面，在摆线齿准双曲面齿轮的设计制造方面，在数控机床的编程方面等。

为了使分析条理化，本书将曲齿锥齿轮分解成如下的模型并逐步进行研究：

（1）双曲面齿轮：符合齿轮啮合原理的一对共轭曲齿锥齿轮，因其分度锥是单叶双曲面而得名。因制造、应用等方面的原因而不被工程采用，是一个理论模型。

（2）原始准双曲面齿轮（简称原始齿轮）：双曲面齿轮的一个替代模型。替代的方法是将单叶双曲面换为圆锥面，该圆锥面称为分度圆锥。

在分度圆锥上设计共轭齿廓，理论上也可以构造出定速比传动的齿轮副。在铣齿机上用铣刀盘可以加工出一个原始齿轮的齿廓，但受到刀具及工艺的限制，不能用同样的方法加工出另一个原始齿轮的齿廓，所以原始齿轮仍然是一个理论模型。

原始齿轮节点的曲率分析是准双曲面齿轮设计的核心。

（3）原理准双曲面齿轮（简称原理齿轮）：用平顶齿轮原理加工的准双曲面齿轮称为原理准双曲面齿轮。

齿轮加工时，产形齿轮与原理齿轮是共轭齿轮，但加工出来的一对原理齿轮却不是共轭齿轮。如果一对原理齿轮在节点处满足齿轮的共轭性质，在其他的啮合点处齿轮的传动误差很小，这样的一对原理齿轮是可用的。

齿轮设计时，要使原理齿轮与原始齿轮在节点处保持曲率的一致性。

(4) 修形准双曲面齿轮(简称修形齿轮)：为了改善齿轮的啮合性能，在原理齿轮的基础上对齿廓进行修形(包括齿宽方向的修形和齿高方向的修形)。修形后的原理齿轮称为修形齿轮。

(5) 实用准双曲面齿轮(简称实用齿轮)：顾名思义，是实际应用的准双曲面齿轮。受到机床工艺系统及应用环境的影响，实用齿轮与原理齿轮或修形齿轮有一定的差异。比如实用齿轮具有加工误差和受力变形等。

由于某些原始资料采集的困难(比如加工误差的测量、载荷的采集与分析等)，对实用齿轮做精确的理论分析往往是困难的。本书仅对实用齿轮做了初步的动、静态分析。

本书第 1 章是微分几何和齿轮啮合原理方面的内容，也是准双曲面齿轮传动的理论基础。限于篇幅，没有对引用的公式进行过多的推导。

第 2 章是原始准双曲面齿轮的几何设计。主要内容是齿轮的齿坯设计和节点处的曲率分析。齿坯设计一般从经验设计出发，求得准双曲面齿轮的齿数、模数、压力角、齿宽以及分度圆锥、齿顶圆锥、齿根圆锥的几何参数等。已有的不同的著作对齿坯设计的方法论述不尽相同。

本章对圆弧齿和摆线齿原始齿轮分别进行了曲率分析。

第 3 章是准双曲面齿轮的疲劳强度计算。国际标准化组织及美、德等国的一些大公司发布过准双曲面齿轮强度的计算方法，这些方法多是基于当量齿轮模型。我国尚没有制定准双曲面齿轮的疲劳强度计算标准。

本章从弹性力学的基本理论出发研究了准双曲面齿轮的接触强度问题；从曲梁的弯曲扭转应力计算出发研究了准双曲面齿轮的弯曲强度问题；从传热学的基本定律出发研究了准双曲面齿轮的抗胶合强度问题。著者认为这些研究能更好地接近准双曲面齿轮的实际模型。

第 4 章主要是引述铣齿机和铣刀盘的资料。准双曲面齿轮不同于其他形式的齿轮，它在本质上是不符合齿轮啮合原理的，如果不结合机床、刀具和工艺，是无法对其进行全面、深入的研究的。

为了说明准双曲面齿轮的加工原理，本章对几种传统铣齿机增加了机床传动简图的绘制和机床传动路线的分析。

机床的数字化是机床发展的趋势。在这一历程中，先有半数字化的数控铣齿机(本书称为第一类数控铣齿机)，后有全数字化的数控铣齿机(本书称为第二类数控铣齿机)。

本章对铣齿机的典型机构(如偏心鼓轮机构、刀倾机构、变性机构)及铣刀盘的调节等也做了分析。

第 5 章是原理大齿轮及中介小齿轮的分析。原理大齿轮可以有两种设计方案。本章建立了原理大齿轮的齿面方程。包括用展成法加工的圆弧齿原理大齿轮和摆线齿原理大齿轮，用成形法加工的圆弧齿原理大齿轮和摆线齿原理大齿轮。

本章对中介小齿轮的节点曲率进行了计算。之所以命名为中介小齿轮，是因为它是导出原理小齿轮的桥梁。

第 6 章是用变性法加工修形准双曲面小齿轮。首先做了原理齿轮的齿面接触阶分析，从而引出修形齿轮的概念。修形量可由经验公式法或目标函数法求得。

准双曲面小齿轮都是用展成法加工的，当刀齿角不等于齿轮的压力角时，在具有滚比变性机构的铣齿机上可以采用滚比变性法加工修形小齿轮。本章推出了圆弧收缩齿修形小齿轮及摆线收缩齿修形小齿轮的齿面方程。

第 7 章是用刀倾法加工修形准双曲面小齿轮。当刀齿角不等于齿轮的压力角时，在具有刀倾机构的铣齿机上可以采用刀倾法加工修形小齿轮。

本章推出了圆弧收缩齿修形小齿轮及摆线收缩齿修形小齿轮的齿面方程。

第 8 章是摆线等高齿准双曲面齿轮的加工。目前实际应用的摆线准双曲面齿轮是等高齿齿轮。本章首先分析了摆线齿轮铣刀盘的应用，然后分析了奥制加工工艺和克制加工工艺。

第 9 章是关于数控准双曲面齿轮的加工问题。

第一类数控铣齿机包括具有刀倾机构的和没有刀倾机构的两种类型。这类铣齿机虽然还有摇台机构，但由于是程控的，所以可以自行设计滚比变性函数，使齿高方向的曲率修正变得较为简单。

第二类数控铣齿机取消了摇台机构和刀倾机构等，实现了完全数字化。

数字加工工艺的理论基础仍然是模拟加工工艺。本章通过典型案例揭示了数字加工的内在规律，给出了第二类数控铣齿机的编程方法。

本章还提到了齿轮加工的工艺校验。当通不过这些校验时，要修改齿坯设计参数。

第 10 章是实用齿轮的啮合性能分析，包括静态分析和动态分析。

静态分析的内容很多。本章选择了齿面接触迹线、齿面接触区、节点错位等项目进行分析。分析节点的错位时要先分析传动轴和轮齿的受力变形，而这些分析又是齿轮动态分析的基础。

实用齿轮的振动是一个非线性振动。相对于其他类型的齿轮来说，准双曲面齿轮的振动更为复杂。由于是弱非线性振动，可用线性振动近似代替，本章分析了一对齿轮的线性振动问题。

对于本书中的某些设计理论和设计方法，通过计算机编程进行了仿真运算，见有关章节的计算示例。在每章的最后有一个小结，一方面指出本章引用资料的情况，另一方面指出本书中创新的内容。

本书编写的目的是使读者对准双曲面齿轮传动有一个系统的了解。本书可供高等院校师生及其他从事准双曲面齿轮设计、制造的工程技术人员参考。

本书中的符号和公式较为繁复，虽经多次校核，仍会有错漏，加之著者水平有限，对于书中的错误或不妥之处，敬请读者指出。

北京信息科技大学张瑞乾副教授及清华大学汽车系博士后王琪参与了书中的三维图形绘制。北京信息科技大学高炳学教授、石小滨老师参与了第4章的拷图改图工作，著者在此深致谢意。

姚文席

于北京信息科技大学

2019年6月

目 录

第1章 准双曲面齿轮传动的数学基础

1.1 准双曲面齿轮传动的微分几何理论基础 …… 1
1.1.1 齿轮的齿面及齿面上的曲线 …… 1
1.1.2 法向等距曲面之间的曲率关系 …… 8
1.1.3 齿面的接触分析 …… 9
1.2 准双曲面齿轮传动的齿轮啮合原理理论基础 …… 10
1.2.1 准双曲面齿轮的运动分析 …… 10
1.2.2 准双曲面齿轮传动的啮合方程式 …… 15
1.2.3 定速比传动齿轮共轭齿面的接触线及接触迹线 …… 17
1.2.4 共轭齿面的曲率、挠率分析 …… 18
1.2.5 共轭齿面的两类界限点 …… 23

第2章 原始准双曲面齿轮的几何设计

2.1 双曲面齿轮的节锥面及准双曲面齿轮的分度圆锥 …… 26
2.1.1 双曲面齿轮的节锥面 …… 26
2.1.2 准双曲面齿轮的分度圆锥及分度平面 …… 28
2.2 原始准双曲面齿轮副在节点处的曲率、挠率分析 …… 35
2.2.1 基于分度平面的曲率、挠率分析 …… 35
2.2.2 基于安装平面的曲率、挠率分析 …… 39
2.3 原始准双曲面齿轮的轮坯设计 …… 42
2.3.1 原始齿轮的设计参数 …… 42
2.3.2 原始齿轮几何设计的步骤 …… 48
2.4 原始准双曲面齿轮的齿线及诱导主曲率 …… 53
2.4.1 圆弧齿原始准双曲面小齿轮的齿线方程 …… 54
2.4.2 摆线齿原始准双曲面小齿轮的齿线方程 …… 56
2.4.3 原始准双曲面齿轮的诱导主曲率 …… 57
2.5 原始齿轮轮坯参数的设计示例 …… 58

2.5.1 模型1,圆弧齿准双曲面齿轮 …… 58
2.5.2 模型2,摆线齿准双曲面齿轮 …… 59

第3章 准双曲面齿轮的疲劳强度计算

3.1 渐开线圆锥直齿轮疲劳强度的计算 …… 62
3.1.1 接触疲劳强度的计算 …… 62
3.1.2 弯曲疲劳强度的计算 …… 63
3.2 准双曲面齿轮接触疲劳强度的计算 …… 64
3.2.1 准双曲面齿轮的受力分析 …… 64
3.2.2 准双曲面齿轮的接触疲劳强度分析 …… 66
3.3 准双曲面齿轮弯曲疲劳强度的计算 …… 72
3.4 准双曲面齿轮抗胶合承载能力的计算 …… 80
3.4.1 齿面节点处的瞬时温升 θ_{flaP} …… 80
3.4.2 齿面抗胶合承载能力的计算 …… 84
3.5 准双曲面小齿轮的强度计算示例 …… 85
3.5.1 计算模型取2.5节的模型1,圆弧齿准双曲面齿轮 …… 85
3.5.2 计算模型取2.5节的模型2,摆线齿准双曲面齿轮 …… 86

第4章 铣齿机与铣刀盘

4.1 螺旋齿圆锥齿轮铣齿机 …… 89
4.1.1 圆弧螺旋齿圆锥齿轮铣齿机 …… 89
4.1.2 摆线螺旋齿圆锥齿轮铣齿机 …… 99
4.1.3 铣齿机的典型结构 …… 105
4.2 铣刀盘 …… 108
4.2.1 圆弧齿圆锥齿轮铣刀盘 …… 109
4.2.2 摆线齿圆锥齿轮铣刀盘 …… 113

第5章 原理准双曲面大齿轮及中介准双曲面小齿轮

5.1 用展成法加工的原理准双曲面大齿轮 …… 118
5.1.1 圆弧齿原理准双曲面大齿轮的齿面方程 …… 119
5.1.2 摆线齿原理准双曲面大齿轮的齿面方程 …… 124
5.1.3 原理准双曲面大齿轮的齿线方程,摇台转角、齿轮转角及齿线上任意点的螺旋角 …… 131
5.2 用成形法加工的原理准双曲面大齿轮 …… 134

5.2.1 圆弧齿原理准双曲面大齿轮的齿面方程 …… 134
5.2.2 摆线齿原理准双曲面大齿轮的齿面方程 …… 140
5.3 加工参数 R_{1c}、β_{1c}、r_{1d}、r'_{1d}、ν 的确定及原理准双曲面小齿轮的曲率 …… 154
5.3.1 中介准双曲面小齿轮的设计参数 …… 154
5.3.2 加工参数 R_{1c}、β_{1c}、r_{1d}、r'_{1d}、ν 的确定 …… 156
5.3.3 原理准双曲面小齿轮的曲率 …… 158
5.4 计算示例:左旋齿原理准双曲面大齿轮的加工 …… 162
5.4.1 圆弧齿准双曲面大齿轮 …… 162
5.4.2 摆线齿准双曲面大齿轮 …… 165

第 6 章 用滚比变性法加工修形收缩齿准双曲面小齿轮

6.1 原理准双曲面齿轮传动的接触阶分析及曲率修正 …… 169
6.1.1 二阶接触分析 …… 169
6.1.2 三阶接触分析及齿面曲率修正 …… 170
6.1.3 四阶接触分析及曲率修正 …… 173
6.2 用滚比变性法加工修形收缩齿准双曲面小齿轮 …… 175
6.2.1 圆弧收缩齿修形准双曲面小齿轮的齿面方程 …… 175
6.2.2 摆线收缩齿修形准双曲面小齿轮的齿面方程 …… 188
6.3 准双曲面齿轮传动的重合度 …… 194
6.4 计算示例:用滚比变性法加工右旋齿原理准双曲面小齿轮 …… 195
6.4.1 加工圆弧齿准双曲面小齿轮 …… 195
6.4.2 加工摆线齿准双曲面小齿轮 …… 197

第 7 章 用刀倾法加工收缩齿修形准双曲面小齿轮

7.1 圆弧收缩齿修形准双曲面小齿轮的齿面方程 …… 201
7.1.1 右旋齿修形准双曲面小齿轮的齿面方程 …… 201
7.1.2 左旋齿修形准双曲面小齿轮的齿面方程 …… 209
7.2 摆线收缩齿修形准双曲面小齿轮的齿面方程 …… 213
7.2.1 右旋齿修形准双曲面小齿轮的齿面方程 …… 213
7.2.2 左旋齿修形准双曲面小齿轮的齿面方程 …… 225
7.3 产形齿轮的参数计算及摇台转角 …… 228
7.3.1 产形齿轮的参数计算 …… 228
7.3.2 原理小齿轮的齿线方程、摇台转角、齿轮转角及齿线上任意点的螺旋角 … 230
7.4 用模拟法加工准双曲面齿轮时机床调整参数的因素分析 …… 232

7.5 计算示例:用刀倾法加工右旋齿原理准双曲面小齿轮 …… 235
7.5.1 加工圆弧齿准双曲面小齿轮 …… 235
7.5.2 加工摆线齿准双曲面小齿轮 …… 237

第8章 摆线等高齿修形准双曲面齿轮的铣削加工
8.1 铣刀盘的应用 …… 241
8.1.1 标准铣刀盘的应用 …… 241
8.1.2 万能铣刀盘的应用 …… 246
8.2 摆线等高齿修形准双曲面齿轮的齿面方程 …… 248
8.2.1 奥制修形齿轮的齿面方程 …… 250
8.2.2 克制修形齿轮的齿面方程 …… 253

第9章 修形准双曲面齿轮的数控铣削加工
9.1 用第一类数控铣齿机加工修形齿轮 …… 254
9.1.1 用没有刀倾机构的数控铣齿机加工修形齿轮 …… 254
9.1.2 用具有刀倾机构的数控铣齿机加工修形齿轮 …… 255
9.2 用第二类数控铣齿机加工修形齿轮 …… 255
9.2.1 加工圆弧齿修形齿轮 …… 257
9.2.2 加工摆线齿修形齿轮 …… 263
9.2.3 第二类数控铣齿机的编程 …… 269
9.3 加工准双曲面齿轮时的工艺校验 …… 269
9.3.1 准双曲面齿轮的最小齿顶厚和最小齿根槽宽 …… 269
9.3.2 准双曲面齿轮的根切 …… 271
9.3.3 准双曲面小齿轮的轴切 …… 272
9.3.4 摆线齿准双曲面齿轮的刀盘干涉(二次切削) …… 272
9.3.5 准双曲面齿轮的齿面滑动率 …… 273

第10章 实用准双曲面齿轮的啮合性能分析
10.1 修形齿轮的齿面接触状况及原理性传动误差 …… 276
10.1.1 修形齿轮的轮齿接触迹线 …… 277
10.1.2 修形齿轮的齿面接触区 …… 284
10.1.3 修形齿轮的原理性传动误差 …… 285
10.2 修形齿轮数字法加工中滚比变性函数的修正 …… 286
10.2.1 滚比变性法加工中滚比变性函数的修正 …… 286

10.2.2 仅做齿高方向曲率修正时滚比变性函数的修正 …………………… 289
10.2.3 基于传动误差的滚比变性函数的修正 …………………… 290
10.3 实用齿轮的节点错位 …………………… 290
10.3.1 传动轴的受力变形 …………………… 290
10.3.2 实用轮齿的受力变形 …………………… 300
10.3.3 实用齿轮的节点错位 …………………… 304
10.4 实用齿轮的动态分析 …………………… 305
10.4.1 齿轮副的啮合刚度 …………………… 306
10.4.2 单级准双曲面齿轮的振动方程 …………………… 307
10.4.3 单级准双曲面齿轮传动的动态响应 …………………… 308
10.5 原理齿轮的齿面接触状况计算示例 …………………… 310
10.5.1 原理齿轮的齿面接触迹线 …………………… 311
10.5.2 原理齿轮的传动误差 …………………… 313
10.5.3 修形齿轮的传动误差 …………………… 315

参考文献

第1章 准双曲面齿轮传动的数学基础

1.1 准双曲面齿轮传动的微分几何理论基础

1.1.1 齿轮的齿面及齿面上的曲线

图 1.1-1 中，坐标系 $oxyz$ 和齿轮的齿面 Σ 固连。齿面 Σ 上的一点 P，它的坐标含有两个坐标参数。齿面坐标有如下三种表示方法。

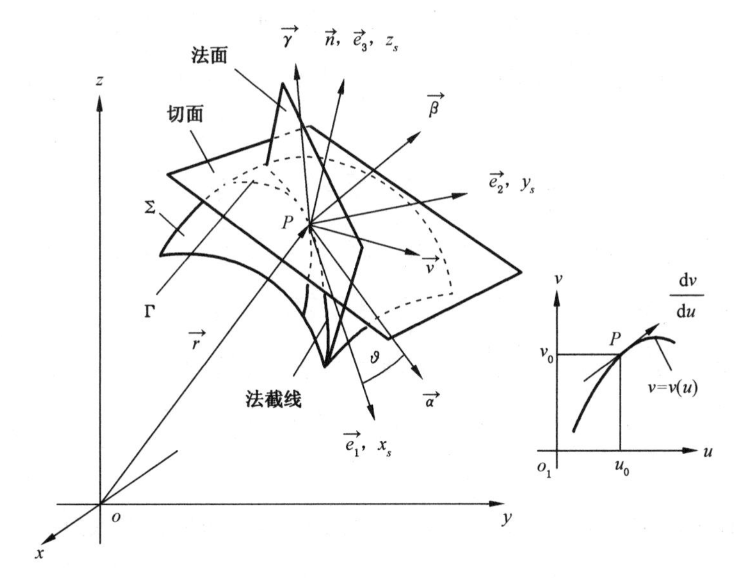

图 1.1-1 齿轮的齿面及齿面上的曲线

1）坐标式

$$z = f(x, y) \tag{1.1-1}$$

2）参数式

$$\begin{cases} x = x(u, v) \\ y = y(u, v) \\ z = z(u, v) \end{cases} \tag{1.1-2}$$

其中 u, v 为坐标参数。

3）矢量式

$$\vec{r} = \overrightarrow{r(u, v)} \tag{1.1-3}$$

方程(1.1-1)是方程(1.1-2)的特例,如果将 x,y 看成坐标参数,方程(1.1-1)可以写成方程(1.1-2)的形式:

$$\begin{cases} x = x \\ y = y \\ z = f(x,y) \end{cases} \tag{1.1-4}$$

对坐标式或参数式的运算要用线性代数的知识,在计算机编程时用坐标式或参数式较为方便。

坐标轴 x,y,z 方向的单位矢量是 $\vec{i},\vec{j},\vec{k}$,齿面方程也可以写成矢量式 $\vec{r}=x(u,v)\vec{i}+y(u,v)\vec{j}+z(u,v)\vec{k}=\{x(u,v),y(u,v),z(u,v)\}$。由于对矢量的数学运算比较简捷,所以在参考文献[1]和[2]等著作中也经常应用矢量式。

如果给出参数之间的某种函数关系,比如 $v=v(u)$ 或 $y=y(x)$,上述齿面方程变为单参数的方程,它表示齿面上的一条曲线 Γ,一般为空间曲线。如果 u 等于某一个常数 u_0,仅 v 发生变化,这样的曲线称为 v 线。如果 v 等于某一个常数 v_0,仅 u 发生变化,这样的曲线称为 u 线。

$\vec{r}_u=\dfrac{\partial\vec{r}}{\partial u},\vec{r}_v=\dfrac{\partial\vec{r}}{\partial v},\vec{r}_{uu}=\dfrac{\partial^2\vec{r}}{\partial u^2},\vec{r}_{uv}=\dfrac{\partial^2\vec{r}}{\partial u\partial v},\vec{r}_{vv}=\dfrac{\partial^2\vec{r}}{\partial v^2}$。令 $E=\vec{r}_u\cdot\vec{r}_u=\vec{r}_u^{\,2}$,$F=\vec{r}_u\cdot\vec{r}_v$,$G=\vec{r}_v\cdot\vec{r}_v=\vec{r}_v^{\,2}$,$E$、$F$、$G$ 称为第一类基本量。$\varphi_1=E\mathrm{d}u^2+2F\mathrm{d}u\mathrm{d}v+G\mathrm{d}v^2$ 称为第一基本齐式。曲线的弧长 s 的微分 $\mathrm{d}s=|\mathrm{d}\vec{r}|=\sqrt{(\mathrm{d}x)^2+(\mathrm{d}y)^2+(\mathrm{d}z)^2}=\sqrt{\varphi_1}$。

图 1.1-1 中,坐标系 o_1uv 中的一条曲线是齿面曲线 Γ 的参数曲线 $v=v(u)$。$\vec{r}'=\dfrac{\mathrm{d}\vec{r}}{\mathrm{d}u}=\vec{r}_u+\vec{r}_v\dfrac{\mathrm{d}v}{\mathrm{d}u}$,$\vec{r}''=\dfrac{\mathrm{d}^2\vec{r}}{\mathrm{d}u^2}=\vec{r}_{uu}+2\vec{r}_{uv}\dfrac{\mathrm{d}v}{\mathrm{d}u}+\vec{r}_{vv}\left(\dfrac{\mathrm{d}v}{\mathrm{d}u}\right)^2+\vec{r}_v\dfrac{\mathrm{d}^2v}{\mathrm{d}u^2}$。曲线 Γ 的切线单位矢量 $\vec{\alpha}=\dfrac{\vec{r}'}{|\vec{r}'|}$。对应齿面上的 P 点,$u=u_0$、$v=v_0$,$\vec{r}_u$、$\vec{r}_v$ 为定值,$\vec{\alpha}$ 的方向由参数曲线的斜率 $\left.\dfrac{\mathrm{d}v}{\mathrm{d}u}\right|_{\substack{u=u_0\\v=v_0}}$ 来确定。$\dot{\vec{\alpha}}$ 表示 $\dfrac{\mathrm{d}\vec{\alpha}}{\mathrm{d}s}$。

假定齿面上有两条相交的曲线,一条曲线的参数曲线的斜率为 $\dfrac{\mathrm{d}v}{\mathrm{d}u}$,另一条曲线的参数曲线的斜率为 $\dfrac{\delta v}{\delta u}$,两条曲线的切线之间的夹角为 ϑ,则

$$\cos\vartheta=\frac{E\dfrac{\mathrm{d}u}{\mathrm{d}v}\dfrac{\delta u}{\delta v}+F\left(\dfrac{\mathrm{d}u}{\mathrm{d}v}+\dfrac{\delta u}{\delta v}\right)+G}{\sqrt{E\left(\dfrac{\mathrm{d}u}{\mathrm{d}v}\right)^2+2F\dfrac{\mathrm{d}u}{\mathrm{d}v}+G}\sqrt{E\left(\dfrac{\delta u}{\delta v}\right)^2+2F\dfrac{\delta u}{\delta v}+G}} \tag{1.1-5}$$

过齿面上的某一点,具有同一条切线 $\vec{\alpha}$ 的齿面曲线有多条。因为在坐标系 o_1uv 中,在同一点,具有相同斜率 $\dfrac{\mathrm{d}v}{\mathrm{d}u}$ 的参数曲线有多条,每一条参数曲线对应齿面上的一条曲线。

过齿面上的某一点可以做齿面的一个切面。齿面上所有的过该点的曲线，其切线都在这个切面上。

齿面的法线与切面垂直。$\vec{r}_u$是 u 线的切线，$\vec{r}_v$是 v 线的切线。由于齿面法线和它们都垂直，所以齿面法线的单位矢量

$$\vec{n}=\frac{\vec{r}_u\times\vec{r}_v}{|\vec{r}_u\times\vec{r}_v|} \tag{1.1-6}$$

令 $L=\vec{n}\cdot\vec{r}_{uu}$，$M=\vec{n}\cdot\vec{r}_{uv}$，$N=\vec{n}\cdot\vec{r}_{vv}$，$L$、$M$、$N$ 称为第二类基本量。$\varphi_2=L\mathrm{d}u^2+2M\mathrm{d}u\mathrm{d}v+N\mathrm{d}v^2$ 称为第二基本齐式。

过法线$\vec{n}$的平面称为法面，过同一条法线有无数个法面。

图 1.1-2 中的 aPb 线为图 1.1-1 中的齿面曲线 Γ。矢量$\vec{\gamma}=\frac{\vec{r}'\times\vec{r}''}{|\vec{r}'\times\vec{r}''|}$称为曲线 Γ 的单位副法线，它垂直于切线$\vec{\alpha}$，$\dot{\vec{\gamma}}=\frac{\mathrm{d}\vec{\gamma}}{\mathrm{d}s}$。$\vec{\beta}=\vec{\gamma}\times\vec{\alpha}$称为齿面曲线 Γ 的单位主法线。

在 P 点，法面与$\vec{\alpha}$垂直，从切面与$\vec{\beta}$垂直，密切面与$\vec{\gamma}$垂直。之所以叫做密切面，是因为它和曲线 Γ 最为贴近。这样，法面、密切面和从切面组成一个基本动标三棱形，$\vec{\alpha}$、$\vec{\beta}$、$\vec{\gamma}$组成一个基本活动标架，它们随着 P 点的变动及$\vec{\alpha}$方向的变动而变动。

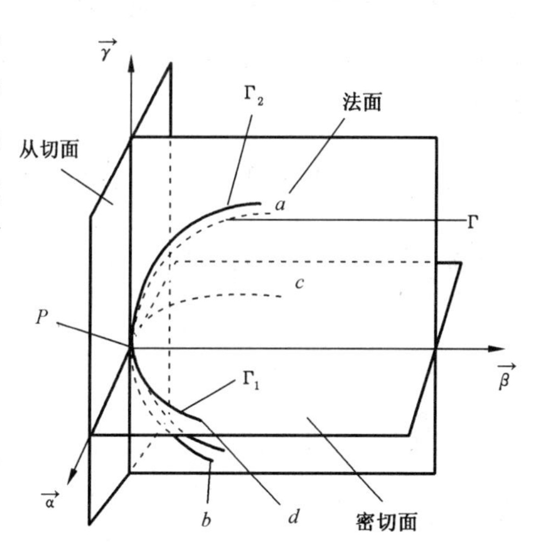

图 1.1-2　基本动标三棱形及基本活动标架

弗朗内-赛雷(Frenet-Serret)公式

$$\begin{cases}\dot{\vec{\alpha}}=\kappa\vec{\beta}\\ \dot{\vec{\beta}}=-\kappa\vec{\alpha}+\tau\vec{\gamma}\\ \dot{\vec{\gamma}}=-\tau\vec{\beta}\end{cases} \tag{1.1-7}$$

称为曲线的基本公式。系数 $\kappa=|\dot{\vec{\alpha}}|=\frac{|\vec{r}'\times\vec{r}''|}{|\vec{r}'|^3}$称为曲线 Γ 的曲率，$\tau=|\dot{\vec{\gamma}}|=\frac{\vec{r}'\cdot(\vec{r}''\times\vec{r}''')}{(\vec{r}'\times\vec{r}'')^2}$称为曲线 Γ 的挠率。

将曲线 Γ 向密切面投影，得到平面曲线 Γ_1(cPd 线)，曲率 κ 反映了曲线 Γ_1 的弯曲状况。将曲线 Γ 向法面投影，得到平面曲线 Γ_2，挠率 τ 反映了曲线 Γ_2 的弯曲状况。这样，用 κ 值和 τ 值就可以描述曲线 Γ 在空间的弯曲状况。

图 1.1-1 中，法面与齿面的交线为法截线，法截线为齿面上的一条平面曲线。因为过同一条法线的法面有无数多个，所以法截线也有无数多条。法截线的曲率称为法曲率 κ_n。

$$\kappa_n=\frac{\varphi_2}{\varphi_1}=\frac{L\mathrm{d}u^2+2M\mathrm{d}u\mathrm{d}v+N\mathrm{d}v^2}{E\mathrm{d}u^2+2F\mathrm{d}u\mathrm{d}v+G\mathrm{d}v^2} \tag{1.1-8}$$

κ_n 仅与齿面上点的位置及法截线的切线方向有关。图 1.1-1 中的齿面曲线 Γ 和法截线虽然有相同的切线$\vec{\alpha}$,但它的曲率 κ 不一定等于法曲率 κ_n。

过切线$\vec{\alpha}$并与法线$\vec{n}$呈一定角度 ζ' 的平面 $N_{\zeta'}$,在齿面上也截出一条平面曲线 $\Gamma_{\zeta'}$,设其曲率为 $\kappa_{\zeta'}$,有默尼埃公式

$$\kappa_{\zeta'} = \frac{\kappa_n}{\cos\zeta'} \tag{1.1-9}$$

式(1.1-9)说明具有相同切线 α 的所有截曲线当中,法截线的曲率最小、曲率半径最大。

将曲线 Γ 向切面投影,得到一条平面曲线 Γ^*,Γ^* 的曲率 κ_v 称为测地曲率或短程曲率(不是后文所说的短程线的曲率),κ_v 与 κ 的关系为

$$\kappa_v = \sqrt{\kappa^2 - \kappa_n^2} \tag{1.1-10}$$

在齿面上,有一条特殊的曲线 Γ_g。在 Γ_g 上的每一点处,它的曲率 $\kappa=\kappa_n$(即其密切面通过法线$\vec{n}$),它的测地曲率或短程曲率 $\kappa_v=0$。曲线 Γ_g 称为短程线或测地线。之所以叫做短程线,是因为从齿面上的某一点到齿面上的另一个点,沿着短程线运动时,所走过的路程最短。

齿面方程用坐标式(1.1-1)表示时,短程线切线方向的斜率$\frac{dy_g}{dx_g}$满足如下微分方程:

$$(1+p^2+q^2)\frac{d^2y_g}{dx_g^2} - pt\left(\frac{dy_g}{dx_g}\right)^3 + (qt-2ps)\left(\frac{dy_g}{dx_g}\right)^2 + (2qs-pr)\frac{dy_g}{dx_g} + qr = 0 \tag{1.1-11}$$

式中,$p=\frac{\partial z_g}{\partial x_g}$;$q=\frac{\partial z_g}{\partial y_g}$;$t=\frac{\partial^2 z_g}{\partial y_g^2}$;$s=\frac{\partial^2 z_g}{\partial x_g \partial y_g}$;$r=\frac{\partial^2 z_g}{\partial x_g^2}$。

齿面方程用坐标式(1.1-2)表示时,短程线切线方向的参数曲线的斜率$\frac{dv_g}{du_g}$满足如下微分方程:

$$\frac{d^2v_g}{du_g^2} - \Gamma_{22}^1\left(\frac{dv_g}{du_g}\right)^3 + (\Gamma_{22}^2 - 2\Gamma_{12}^1)\left(\frac{dv_g}{du_g}\right)^2 + (2\Gamma_{12}^2 - \Gamma_{11}^1)\frac{dv_g}{du_g} + \Gamma_{11}^2 = 0 \tag{1.1-12}$$

式中,$\Gamma_{11}^1 = \frac{GE_u - 2FF_u + FE_u}{2(EG-F^2)}$、$\Gamma_{11}^2 = \frac{2EF_u - EE_v - FE_u}{2(EG-F^2)}$、$\Gamma_{12}^1 = \frac{GE_v - FG_u}{2(EG-F^2)}$、$\Gamma_{12}^2 = \frac{EG_u - FE_v}{2(EG-F^2)}$、$\Gamma_{22}^1 = \frac{2GF_v - GG_u - FG_v}{2(EG-F^2)}$、$\Gamma_{22}^2 = \frac{EG_v - 2FF_v + FG_u}{2(EG-F^2)}$称为克里斯托弗尔记号。

由式(1.1-11)或式(1.1-12)解出$\frac{dv_g}{du_g}$后,得短程挠率 τ_g(短程线的挠率)。

$$\tau_g = \frac{1}{\sqrt{EG-F^2}}\begin{vmatrix} \left(\frac{dv_g}{du_g}\right)^2 & -\frac{dv_g}{du_g} & 1 \\ E & F & G \\ L & M & N \end{vmatrix} \tag{1.1-13}$$

在齿轮传动中,一般用短程线的曲率和挠率来描述齿面的曲率。短程线的曲率就是

其切线方向的法曲率。

图 1.1-1 中，单位矢量$\vec{v}=\vec{n}\times\vec{\alpha}$。$\vec{\alpha}$、$\vec{n}$、$\vec{v}$也组成一个活动标架，称为联系曲面的活动标架，设短程线的切线方向是$\vec{\alpha}$，则

$$\begin{cases}\dot{\vec{\alpha}}=\kappa_v\vec{v}+\kappa_n\vec{n}\\ \dot{\vec{v}}=-\kappa_v\vec{\alpha}+\tau_g\vec{n}\\ \dot{\vec{n}}=-\kappa_n\vec{\alpha}-\tau_g\vec{v}\end{cases}\tag{1.1-14}$$

将式(1.1-14)中的第 3 式两边同时点乘$\vec{\alpha}$，得

$$\kappa_n=-\frac{d\vec{n}\cdot d\vec{r}}{(d\vec{r})^2}\tag{1.1-15}$$

式中，$d\vec{n}=\vec{n}_u du+\vec{n}_v dv$，$d\vec{n}$是齿面的法线在切线$\vec{\alpha}$方向的微分。$\vec{n}_u=\frac{\partial\vec{n}}{\partial u}=\frac{(FM-GL)\vec{r}_u+(FL-EM)\vec{r}_v}{EG-F^2}$、$\vec{n}_v=\frac{\partial\vec{n}}{\partial v}=\frac{(FN-GM)\vec{r}_u+(FM-EN)\vec{r}_v}{EG-F^2}$称为魏因加尔吞(Weingarten)公式。

当$\vec{\alpha}$改变时，即式(1.1-8)中的$\frac{dv}{du}$改变时，在所有的法截线中有一条曲率最大者，设其切线单位矢量为$\vec{e}_1$，曲率为 κ_1。还有一条曲率最小者，设其切线单位矢量为$\vec{e}_2$，曲率为 κ_2。κ_1、κ_2 称为主曲率，$\vec{e}_1$、$\vec{e}_2$称为主方向。$\vec{e}_1$和$\vec{e}_2$互相垂直。

式(1.1-8)中，令 $\mu=\frac{dv}{du}$，由导数$\frac{d\kappa_n}{d\mu}=0$，得到 κ_n 为主曲率的条件为

$$\begin{cases}\kappa_n(Edu+Fdv)-(Ldu+Mdv)=0\\ \kappa_n(Fdu+Gdv)-(Mdu+Ndv)=0\end{cases}\tag{1.1-16}$$

式(1.1-16)等价于

$$\begin{cases}\vec{r}_u\cdot(\kappa_n d\vec{r}+d\vec{n})=0\\ \vec{r}_v\cdot(\kappa_n d\vec{r}+d\vec{n})=0\end{cases}\tag{1.1-17}$$

因为$\vec{n}\cdot\vec{n}=1$，所以$\vec{n}\cdot d\vec{n}=0$，$\vec{n}\cdot(\kappa_n d\vec{r}+d\vec{n})=0$。说明矢量 $\kappa_n d\vec{r}+d\vec{n}$ 和三个不共面的矢量$\vec{r}_u$、$\vec{r}_v$、$\vec{n}$都垂直，所以只能 $\kappa_n d\vec{r}+d\vec{n}=0$。这样，$\kappa_n$ 为主曲率的条件是

$$d\vec{n}=-\kappa_n d\vec{r}\tag{1.1-18}$$

式(1.1-18)称为罗德里克方程。

如果一条曲线上各个点的切线方向都是一个主方向，这样的曲线称为曲率线。曲率线共有两条，但曲率线的曲率不是主曲率。

令 $a_1=EG-F^2$，$b_1=2FM-EN-GL$，$c_1=LN-M^2$，解得主曲率

$$\begin{cases}\kappa_1=\dfrac{-b_1+\sqrt{b_1^2-4a_1c_1}}{2a_1}\\ \kappa_2=\dfrac{-b_1-\sqrt{b_1^2-4a_1c_1}}{2a_1}\end{cases}\tag{1.1-19}$$

设一条曲率线的参数曲线的斜率为$\frac{\mathrm{d}v_1}{\mathrm{d}u_1}$，另一条曲率线的参数曲线的斜率为$\frac{\mathrm{d}v_2}{\mathrm{d}u_2}$，令$a_2=FN-GM$，$b_2=EN-GL$，$c_2=EM-FL$，解得

$$\begin{cases}\dfrac{\mathrm{d}v_1}{\mathrm{d}u_1}=\dfrac{-b_2+\sqrt{b_2^2-4a_2c_2}}{2a_2}\\[2ex]\dfrac{\mathrm{d}v_2}{\mathrm{d}u_2}=\dfrac{-b_2-\sqrt{b_2^2-4a_2c_2}}{2a_2}\end{cases}\tag{1.1-20}$$

在主方向$\vec{e}_1$的方向，

$$\mathrm{d}\vec{r}_1=\vec{r}_{\mathrm{u}}\mathrm{d}u_1+\vec{r}_{\mathrm{v}}\mathrm{d}v_1\tag{1.1-21}$$

在主方向$\vec{e}_2$的方向，

$$\mathrm{d}\vec{r}_2=\vec{r}_{\mathrm{u}}\mathrm{d}u_2+\vec{r}_{\mathrm{v}}\mathrm{d}v_2\tag{1.1-22}$$

这样，主方向的单位切线矢量

$$\begin{cases}\vec{e}_1=\dfrac{\mathrm{d}\vec{r}_1}{\mathrm{d}s_1}=\dfrac{\vec{r}_{\mathrm{u}}+\vec{r}_{\mathrm{v}}\dfrac{\mathrm{d}v_1}{\mathrm{d}u_1}}{\sqrt{E+2F\dfrac{\mathrm{d}v_1}{\mathrm{d}u_1}+G\left(\dfrac{\mathrm{d}v_1}{\mathrm{d}u_1}\right)^2}}\\[4ex]\vec{e}_2=\dfrac{\mathrm{d}\vec{r}_2}{\mathrm{d}s_2}=\dfrac{\vec{r}_{\mathrm{u}}+\vec{r}_{\mathrm{v}}\dfrac{\mathrm{d}v_2}{\mathrm{d}u_2}}{\sqrt{E+2F\dfrac{\mathrm{d}v_2}{\mathrm{d}u_2}+G\left(\dfrac{\mathrm{d}v_2}{\mathrm{d}u_2}\right)^2}}\end{cases}\tag{1.1-23}$$

$H=\frac{1}{2}(\kappa_1+\kappa_2)=\frac{EN-2FM+GL}{2(EG-F^2)}$称为中曲率，$K=\kappa_1\kappa_2=\frac{LN-M^2}{EG-F^2}$称为全曲率，定义$R=\frac{1}{2}(\kappa_1-\kappa_2)$。

在主方向$\vec{e}_1$的方向，

$$\begin{cases}\mathrm{d}(\kappa_1+\kappa_2)=\mathrm{d}\kappa_1+\mathrm{d}\kappa_2=2(H_{\mathrm{u}}\mathrm{d}u_1+H_{\mathrm{v}}\mathrm{d}v_1)\\\mathrm{d}(\kappa_1\kappa_2)=\kappa_1\mathrm{d}\kappa_2+\kappa_2\mathrm{d}\kappa_1=K_{\mathrm{u}}\mathrm{d}u_1+K_{\mathrm{v}}\mathrm{d}v_1\end{cases}\tag{1.1-24}$$

由式(1.1-24)解得

$$\begin{cases}\mathrm{d}\kappa_1=\dfrac{(2\kappa_1H_{\mathrm{u}}-K_{\mathrm{u}})\mathrm{d}u_1+(2\kappa_1H_{\mathrm{v}}-K_{\mathrm{v}})\mathrm{d}v_1}{(\kappa_1-\kappa_2)}\\[2ex]\mathrm{d}\kappa_2=2(H_{\mathrm{u}}\mathrm{d}u_1+H_{\mathrm{v}}\mathrm{d}v_1)-\mathrm{d}\kappa_1\end{cases}\tag{1.1-25}$$

在主方向$\vec{e}_2$的方向，

$$\begin{cases}\mathrm{d}(\kappa_1+\kappa_2)=\mathrm{d}\kappa_1+\mathrm{d}\kappa_2=2(H_{\mathrm{u}}\mathrm{d}u_2+H_{\mathrm{v}}\mathrm{d}v_2)\\\mathrm{d}(\kappa_1\kappa_2)=\kappa_1\mathrm{d}\kappa_2+\kappa_2\mathrm{d}\kappa_1=K_{\mathrm{u}}\mathrm{d}u_2+K_{\mathrm{v}}\mathrm{d}v_2\end{cases}\tag{1.1-26}$$

由式(1.1-26)解得

$$\begin{cases}\mathrm{d}\kappa_1=\dfrac{(2\kappa_1H_{\mathrm{u}}-K_{\mathrm{u}})\mathrm{d}u_2+(2\kappa_1H_{\mathrm{v}}-K_{\mathrm{v}})\mathrm{d}v_2}{(\kappa_1-\kappa_2)}\\[2ex]\mathrm{d}\kappa_2=2(H_{\mathrm{u}}\mathrm{d}u_2+H_{\mathrm{v}}\mathrm{d}v_2)-\mathrm{d}\kappa_1\end{cases}\tag{1.1-27}$$

式中，$H_u=\frac{\partial H}{\partial u}=\frac{1}{2(EG-F^2)^2}[(E_uN+EN_u-2F_uM-2FM_u+G_uL+GL_u)(EG-F^2)-(EN-2FM+GL)(E_uG+EG_u-2FF_u)]$；$H_v=\frac{\partial H}{\partial v}=\frac{1}{2(EG-F^2)^2}[(E_vN+EN_v-2F_vM-2FM_v+G_vL+GL_v)(EG-F^2)-(EN-2FM+GL)(E_vG+EG_v-2FF_v)]$；$K_u=\frac{\partial K}{\partial u}=\frac{1}{(EG-F^2)^2}[(L_uN+LN_u-2MM_u)(EG-F^2)-(LN-M^2)(E_uG+EG_u-2FF_u)]$；$K_v=\frac{\partial K}{\partial v}=\frac{1}{(EG-F^2)^2}[(L_vN+LN_v-2MM_v)(EG-F^2)-(LN-M^2)(E_vG+EG_v-2FF_v)]$；

$E_u=2\vec{r_u}\cdot\vec{r_{uu}}$，$E_v=2\vec{r_u}\cdot\vec{r_{uv}}$，$F_u=\vec{r_{uu}}\cdot\vec{r_v}+\vec{r_u}\cdot\vec{r_{uv}}$，$F_v=\vec{r_{uv}}\cdot\vec{r_v}+\vec{r_u}\cdot\vec{r_{vv}}$，$G_u=2\vec{r_v}\cdot\vec{r_{uv}}$，$G_v=2\vec{r_v}\cdot\vec{r_{vv}}$，$L_u=\vec{n_u}\cdot\vec{r_{uu}}+\vec{n}\cdot\vec{r_{uuu}}$，$L_v=\vec{n_v}\cdot\vec{r_{uu}}+\vec{n}\cdot\vec{r_{uuv}}$，$M_u=\vec{n_u}\cdot\vec{r_{uv}}+\vec{n}\cdot\vec{r_{uuv}}$，$M_v=\vec{n_v}\cdot\vec{r_{uv}}+\vec{n}\cdot\vec{r_{uvv}}$，$N_u=\vec{n_u}\cdot\vec{r_{vv}}+\vec{n}\cdot\vec{r_{uvv}}$，$N_v=\vec{n_v}\cdot\vec{r_{vv}}+\vec{n}\cdot\vec{r_{vvv}}$。

设曲率线的坐标参数为(u_q,v_q)，$\vec{r}=\overrightarrow{r(u_q,v_q)}$。则一条曲率线为$u_q$线，令一条曲率线为$v_q$线。这时第一类基本量中的$F(u_q,v_q)=0$，第二类基本量中的$M(u_q,v_q)=0$。通过这两个条件，理论上可以求得原坐标参数$u$、$v$和$v_q$、$v_q$之间的关系$u=u(u_q,v_q)$，$v=v(u_q,v_q)$，但实际上它们之间的解析式不易求出。在齿轮传动中，刀齿的主方向可以直接观察出来。

当选取曲率线为参数曲线时，许多公式将变得非常简单。$\vec{\alpha}$方向的法曲率κ_n与主曲率κ_1、κ_2的关系可以用欧拉公式来表示：

$$\kappa_n=\kappa_1\cos^2\vartheta+\kappa_2\sin^2\vartheta=H+R\cos2\vartheta \tag{1.1-28}$$

式中，ϑ为$\vec{\alpha}$与$\vec{e_1}$的夹角。

$\vec{\alpha}$方向的短程挠率τ_g与主曲率κ_1、κ_2的关系可用贝特朗公式来表示：

$$\tau_g=(\kappa_2-\kappa_1)\sin\vartheta\cos\vartheta=-R\sin2\vartheta \tag{1.1-29}$$

在齿轮传动中，短程挠率一般不用式(1.1-13)求出，而是用式(1.1-29)求出。

设齿面上过同一点的切线$\vec{\alpha'}$与$\vec{\alpha}$垂直，$\vec{\alpha'}$方向的法曲率为$\kappa_{n'}=\kappa_1\sin^2\vartheta+\kappa_2\cos^2\vartheta$，短程挠率为$\tau_{g'}=\tau_g=(\kappa_2-\kappa_1)\cos\vartheta\sin\vartheta$。则有

$$\begin{cases}\kappa_1\kappa_2=\kappa_n\kappa_{n'}-(\tau_g)^2\\ \kappa_1+\kappa_2=\kappa_n+\kappa_{n'}\end{cases} \tag{1.1-30}$$

设齿面上过同一点的两条切线$\vec{\beta}$、$\vec{\beta'}$相互垂直，$\vec{\beta}$与$\vec{\alpha}$的夹角为Δ。$\vec{\beta}$方向的法曲率为$\kappa_{n\beta}$、短程挠率为$\tau_{g\beta}$，$\vec{\beta'}$方向的法曲率为$\kappa_{n\beta'}$，则有

$$\begin{cases}\kappa_{n\beta}=\kappa_1\cos^2(\vartheta+\Delta)+\kappa_2\sin^2(\vartheta+\Delta)\\ \kappa_{n\beta'}=\kappa_1\sin^2(\vartheta+\Delta)+\kappa_2\cos^2(\vartheta+\Delta)\\ \tau_{g\beta}=(\kappa_2-\kappa_1)\sin(\vartheta+\Delta)\cos(\vartheta+\Delta)\end{cases} \tag{1.1-31}$$

由此解出

$$\begin{cases}\kappa_{n\beta} = \kappa_n \cos^2\Delta + 2\tau_g \sin\Delta\cos\Delta + \kappa_{n'} \sin^2\Delta \\ \kappa_{n\beta'} = \kappa_n \sin^2\Delta - 2\tau_g \sin\Delta\cos\Delta + \kappa_{n'} \cos^2\Delta \\ \tau_{g\beta} = (\kappa_n - \kappa_{n'}) \sin\Delta\cos\Delta + \tau_g(\cos^2\Delta - \sin^2\Delta)\end{cases} \tag{1.1-32}$$

当选取曲率线为参数曲线时，在式(1.1-25)中，由 $dv_1 = dv_g = 0, d\kappa_2 = 0$，得

$$d\kappa_1 = 2H_{u_g} du_g \tag{1.1-33}$$

式中，$H_{u_g} = \dfrac{EG(E_{u_g}N + EN_{u_g} + G_{u_g}L + GL_{u_g}) - (EN+GL)(E_{u_g}G + EG_{u_g})}{2E^2G^2}$。

在式(1.1-27)中，由 $du_2 = du_g = 0, d\kappa_1 = 0$，得

$$d\kappa_2 = 2H_{v_g} dv_g \tag{1.1-34}$$

式中，$H_{v_g} = \dfrac{EG(E_{v_g}N + EN_{v_g} + G_{v_g}L + GL_{v_g}) - (EN+GL)(E_{v_g}G + EG_{v_g})}{2E^2G^2}$。

主曲率对曲率线参数的二阶导数

$$\begin{cases}\dfrac{d^2\kappa_1}{du_g^2} = 2H_{u_g u_g} \\ \dfrac{d^2\kappa_2}{dv_g^2} = 2H_{v_g v_g}\end{cases} \tag{1.1-35}$$

1.1.2 法向等距曲面之间的曲率关系

设齿面 Σ 和齿面 Σ' 之间的法向距离处处为 h，这两个曲面是等距曲面。齿面 Σ' 的方程为 $\vec{r'} = \vec{r} + h\vec{n}$。$d\vec{r'} = d\vec{r} + hd\vec{n}$，$d\vec{r'} \times d\vec{n} = d\vec{r} \times d\vec{n} + hd\vec{n} \times d\vec{n} = d\vec{r} \times d\vec{n}$。

设齿面 Σ 的主曲率为 κ_1、κ_2，齿面 Σ' 的主曲率为 κ_1'、κ_2'。由式(1.1-18)，在主方向 $\vec{e_1}$ 的方向上，$d\vec{n} = -\kappa_1 d\vec{r}$，$d\vec{n} = -\kappa_1' d\vec{r'} = -\kappa_1'(d\vec{r} + hd\vec{n})$，解得

$$\kappa_1' = \frac{\kappa_1}{1 - h\kappa_1} \tag{1.1-36}$$

在主方向 $\vec{e_2}$ 的方向上，由 $d\vec{n} = -\kappa_2 d\vec{r}$，$d\vec{n} = -\kappa_2' d\vec{r'} = -\kappa_2'(d\vec{r} + hd\vec{n})$，解得

$$\kappa_2' = \frac{\kappa_2}{1 - h\kappa_2} \tag{1.1-37}$$

两个齿面的全曲率之间的关系：

$$\kappa_1'\kappa_2' = \frac{\kappa_1\kappa_2}{(1 - h\kappa_1)(1 - h\kappa_2)} \tag{1.1-38}$$

设在同一个方向上，齿面 Σ 的法曲率为 κ_n，短程挠率为 τ_g，齿面 Σ' 的法曲率为 κ_n'，短程挠率为 τ_g'，则由欧拉公式及贝特朗公式得

$$\begin{cases}\kappa_n' = \dfrac{\kappa_n - h\kappa_1\kappa_2}{(1 - h\kappa_1)(1 - h\kappa_2)} \\ \tau_g' = \dfrac{\tau_g}{(1 - h\kappa_1)(1 - h\kappa_2)}\end{cases} \tag{1.1-39}$$

1.1.3 齿面的接触分析

两个齿面的接触状况是齿轮使用性能的重要指标。首先分析齿面与其切面的接触状况，它是分析两个齿面接触状况的基础。

图 1.1-1 中以 P 为原点建立一个直角坐标系 $Px_sy_sz_s$。Px_s 轴在主方向 $\vec{e_1}$ 上，Py_s 轴在主方向 $\vec{e_2}$ 上，Pz_s 轴在法线 $\vec{n}$ 上。齿面方程为坐标式 $z_s=z_s(x_s,y_s)$ 或矢量式 $\vec{r_m}=\{x_s,y_s,z_s(x_s,y_s)\}$。$\vec{r_m}$ 为从 P 点到齿面上某一点 P_m 的向量。定义 $p=\frac{\partial z_s}{\partial x_s}$，$q=\frac{\partial z_s}{\partial y_s}$，$r=\frac{\partial^2 z_s}{\partial x_s^2}=\frac{\partial p}{\partial x_s}$，$s=\frac{\partial^2 z_s}{\partial x_s\partial y_s}=\frac{\partial q}{\partial x_s}=\frac{\partial p}{\partial y_s}$，$t=\frac{\partial^2 z_s}{\partial y_s^2}=\frac{\partial q}{\partial y_s}$，$e=\frac{\partial^3 z_s}{\partial x_s^3}=\frac{\partial r}{\partial x_s}$，$f=\frac{\partial^3 z_s}{\partial x_s^2\partial y_s}=\frac{\partial s}{\partial x_s}$，$g=\frac{\partial^3 z_s}{\partial x_s\partial y_s^2}=\frac{\partial s}{\partial y_s}$，$h=\frac{\partial^3 z_s}{\partial y_s^3}=\frac{\partial t}{\partial y_s}$。

$\frac{\partial \vec{r_m}}{\partial x_s}=\{1,0,p\}$，$\frac{\partial \vec{r_m}}{\partial y_s}=\{0,1,q\}$，$\frac{\partial^2 \vec{r_m}}{\partial x_s^2}=\{0,0,r\}$，$\frac{\partial^2 \vec{r_m}}{\partial y_s^2}=\{0,0,t\}$。$E=\frac{\partial \vec{r_m}}{\partial x_s}\cdot\frac{\partial \vec{r_m}}{\partial x_s}=1+p^2$，$F=\frac{\partial \vec{r_m}}{\partial x_s}\cdot\frac{\partial \vec{r_m}}{\partial y_s}=pq$，$G=\frac{\partial \vec{r_m}}{\partial y_s}\cdot\frac{\partial \vec{r_m}}{\partial y_s}=1+q^2$。$\frac{\partial E}{\partial x_s}=2pr$，$\frac{\partial E}{\partial y_s}=2ps$，$\frac{\partial G}{\partial x_s}=2qs$，$\frac{\partial G}{\partial y_s}=2qt$。法线 $\vec{n_m}=\frac{1}{\sqrt{1+p^2+q^2}}\{-p,-q,1\}$，$L=\vec{n_m}\cdot\frac{\partial^2 \vec{r_m}}{\partial x_s^2}=\frac{r}{\sqrt{1+p^2+q^2}}$，$M=\vec{n_m}\cdot\frac{\partial^2 \vec{r_m}}{\partial x_s\partial y_s}=\frac{s}{\sqrt{1+p^2+q^2}}$，$N=\vec{n_m}\cdot\frac{\partial^2 \vec{r_m}}{\partial y_s^2}=\frac{t}{\sqrt{1+p^2+q^2}}$。$\frac{\partial L}{\partial x_s}=\frac{e(1+p^2+q^2)-r(pr+qs)}{(1+p^2+q^2)^{\frac{3}{2}}}$，$\frac{\partial L}{\partial y_s}=\frac{f(1+p^2+q^2)-r(ps+qt)}{(1+p^2+q^2)^{\frac{3}{2}}}$，$\frac{\partial N}{\partial x_s}=\frac{g(1+p^2+q^2)-t(pr+qs)}{(1+p^2+q^2)^{\frac{3}{2}}}$，$\frac{\partial N}{\partial y_s}=\frac{h(1+p^2+q^2)-t(ps+qt)}{(1+p^2+q^2)^{\frac{3}{2}}}$。

由曲率线的性质，$F=0$，得 $p=q=0$，$E=1$，$G=1$，$\frac{\partial E}{\partial x_s}=\frac{\partial E}{\partial y_s}=\frac{\partial G}{\partial x_s}=\frac{\partial G}{\partial y_s}=0$。由 $M=0$，得 $s=0$，$f=\frac{\partial s}{\partial x_s}=0$，$g=\frac{\partial s}{\partial y_s}=0$。$\frac{\partial L}{\partial y_s}=\frac{\partial^3 z_s}{\partial x_s^2\partial y_s}=0$，$\frac{\partial N}{\partial x_s}=\frac{\partial^3 z_s}{\partial x_s\partial y_s^2}=0$。$\frac{\partial f}{\partial y_s}=\frac{\partial^4 z_s}{\partial x_s^2\partial y_s^2}=0$，$\frac{\partial g}{\partial y_s}=\frac{\partial^4 z_s}{\partial x_s\partial y_s^3}=0$，$\frac{\partial f}{\partial x_s}=\frac{\partial^4 z_s}{\partial x_s^3\partial y_s}=0$。

$L=r\neq0$，$N=t\neq0$。$\frac{\partial L}{\partial x_s}=\frac{\partial^3 z_s}{\partial x_s^3}=e\neq0$，$\frac{\partial N}{\partial y_s}=\frac{\partial^3 z_s}{\partial y_s^3}=h\neq0$，$\frac{\partial^2 L}{\partial x_s^2}=\frac{\partial^4 z_s}{\partial x_s^4}=\frac{\partial e}{\partial x_s}\neq0$，$\frac{\partial^2 N}{\partial y_s^2}=\frac{\partial^4 z_s}{\partial y_s^4}=\frac{\partial h}{\partial y_s}\neq0$。在原点 P，$z_s=0$。

在式(1.1-19)中，令 $u=x_s$，$v=y_s$，得 $\kappa_1=N=t=\frac{\partial^2 z_s}{\partial x_s^2}\Big|_{\substack{x_s=0\\y_s=0}}$，$\kappa_2=L=r=\frac{\partial^2 z_s}{\partial y_s^2}\Big|_{\substack{x_s=0\\y_s=0}}$。在式(1.1-33)中，令 $u_g=x_s$，在主方向 $\vec{e_1}$ 的方向上，解得 $\frac{\mathrm{d}\kappa_1}{\mathrm{d}x_s}=\frac{L_{x_s}}{E^2G}=e\Big|_{\substack{x_s=0\\y_s=0}}=\frac{\partial^3 z_s}{\partial x_s^3}\Big|_{\substack{x_s=0\\y_s=0}}$。在式(1.1-34)中，令 $v_g=y_s$，在主方向 $\vec{e_2}$ 的方向上，解得 $\frac{\mathrm{d}\kappa_2}{\mathrm{d}y_s}=\frac{N_{y_s}}{EG^2}=h\Big|_{\substack{x_s=0\\y_s=0}}=\frac{\partial^3 z_s}{\partial y_s^3}\Big|_{\substack{x_s=0\\y_s=0}}$。在

式(1.1-35)中，$\frac{d^2\kappa_1}{dx_s^2}=\frac{E^2GL_{x_sx_s}-L_{x_s}(2EE_{x_s}+E^2G_{x_s})}{E^4G^2}=\frac{\partial^2 L}{\partial x_s^2}\bigg|_{\substack{x_s=0\\y_s=0}}=\frac{\partial^4 z_s}{\partial x_s^4}\bigg|_{\substack{x_s=0\\y_s=0}}$，$\frac{d^2\kappa_2}{dy_s^2}=\frac{EG^2N_{y_sy_s}-N_{y_s}(E_{x_s}G^2+2GG_{y_s})}{E^2G^4}=\frac{\partial^2 N}{\partial y_s^2}\bigg|_{\substack{x_s=0\\y_s=0}}=\frac{\partial^4 z_s}{\partial y_s^4}\bigg|_{\substack{x_s=0\\y_s=0}}$。

将 $z_s(x_s,y_s)$在原点处做泰勒级数展开并代入以上各式，得

$$
\begin{aligned}
z_s(x_s,y_s)\approx{}& z_s(0,0)+\frac{\partial z_s}{\partial x_s}\bigg|_{\substack{x_s=0\\y_s=0}}x_s+\frac{\partial z_s}{\partial y_s}\bigg|_{\substack{x_s=0\\y_s=0}}y_s+\\
&\frac{1}{2}\left(\frac{\partial^2 z_s}{\partial x_s^2}\bigg|_{\substack{x_s=0\\y_s=0}}x_s^2+2\frac{\partial^2 z_s}{\partial x_s\partial y_s}\bigg|_{\substack{x_s=0\\y_s=0}}x_sy_s+\frac{\partial^2 z_s}{\partial y_s^2}\bigg|_{\substack{x_s=0\\y_s=0}}y_s^2\right)+\\
&\frac{1}{6}\left(\frac{\partial^3 z_s}{\partial x_s^3}\bigg|_{\substack{x_s=0\\y_s=0}}x_s^3+3\frac{\partial^3 z_s}{\partial x_s^2\partial y_s}\bigg|_{\substack{x_s=0\\y_s=0}}x_s^2y_s+3\frac{\partial^3 z_s}{\partial x_s\partial y_s^2}\bigg|_{\substack{x_s=0\\y_s=0}}x_sy_s^2+\frac{\partial^3 z_s}{\partial y_s^3}\bigg|_{\substack{x_s=0\\y_s=0}}y_s^3\right)+\\
&\frac{1}{24}\left(\frac{\partial^4 z_s}{\partial x_s^4}\bigg|_{\substack{x_s=0\\y_s=0}}x_s^4+4\frac{\partial^4 z_s}{\partial x_s^3\partial y_s}\bigg|_{\substack{x_s=0\\y_s=0}}x_s^3y_s+6\frac{\partial^4 z_s}{\partial x_s^2\partial y_s^2}\bigg|_{\substack{x_s=0\\y_s=0}}x_s^2y_s^2+\right.\\
&\left.4\frac{\partial^4 z_s}{\partial x_s\partial y_s^3}\bigg|_{\substack{x_s=0\\y_s=0}}x_sy_s^3+\frac{\partial^4 z_s}{\partial y_s^4}\bigg|_{\substack{x_s=0\\y_s=0}}y_s^4\right)=\\
&\frac{1}{2}\kappa_1x_s^2+\frac{1}{2}\kappa_2y_s^2+\frac{1}{6}\frac{d\kappa_1}{dx_s}x_s^3+\frac{1}{6}\frac{d\kappa_2}{dy_s}y_s^3+\frac{1}{24}\frac{d^2\kappa_1}{dx_s^2}x_s^4+\frac{1}{24}\frac{d^2\kappa_2}{dy_s^2}y_s^4
\end{aligned}
\tag{1.1-40}
$$

式(1.1-40)的右端，当取到前两项时叫做二阶接触分析，当取到前四项时叫做三阶接触分析，取全部六项时叫做四阶接触分析。

1.2 准双曲面齿轮传动的齿轮啮合原理理论基础

1.2.1 准双曲面齿轮的运动分析

准双曲面齿轮传动是轴线交错的定轴传动。

在图 1.2-1 的坐标系中，$o'x'y'z'$是静坐标系，$o_2x_2y_2z_2$ 是动坐标系。o_2a_s 线平行于 $o'x'$轴，o_2b_s 线平行于 $o'y'$轴。$\overline{o_2o'}=b_2$。初始时刻，o_2x_2 轴与 o_2a_s 线重合，o_2y_2 轴与 o_2b_s 线重合。

$oxyz$ 是静坐标系，oz 轴与 $o'z'$轴呈交错状态。oo'线是 $o'z'$轴和 oz 轴的公垂线，垂足(交叉点)为 o'、o 点。$E=\overline{o'o}$称为偏置距。od_s 线平行于 $o'z'$轴，$o'z'$轴与 oz 轴之间的夹角 Σ 称为轴交角。

$o_1x_1y_1z_1$ 是动坐标系。o_1c_s 线平行于 $o'x'$轴，o_1e_s 线平行于 oy 轴。$\overline{o_1o}=b_1$。在初始时刻，o_1x_1 轴与 o_1c_s 线重合，o_1y_1 轴与 o_1e_s 线重合。

当动坐标系 $o_1x_1y_1z_1$ 绕着 o_1z_1 轴转动了 φ_1 角之后，动坐标系 $o_2x_2y_2z_2$ 绕着 o_2z_2 轴转动了 φ_2 角。动坐标系 $o_1x_1y_1z_1$ 与静坐标系 $oxyz$ 之间的坐标变换为

$$
\begin{bmatrix}x\\y\\z\end{bmatrix}=\begin{bmatrix}\cos\varphi_1 & -\sin\varphi_1 & 0\\ \sin\varphi_1 & \cos\varphi_1 & 0\\ 0 & 0 & 1\end{bmatrix}\begin{bmatrix}x_1\\y_1\\z_1\end{bmatrix}+\begin{bmatrix}0\\0\\b_1\end{bmatrix}
\tag{1.2-1}
$$

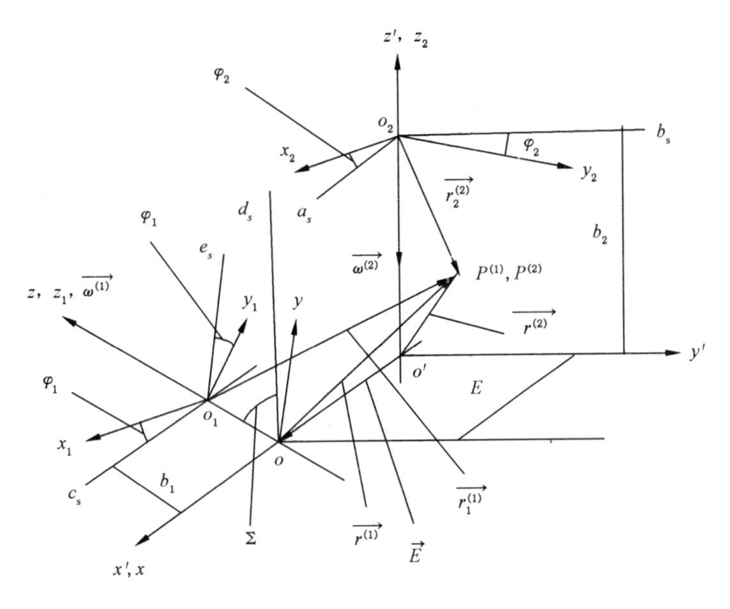

图 1.2-1 准双曲面齿轮传动的坐标系

动坐标系 $o_2x_2y_2z_2$ 与静坐标系 $o'x'y'z'$ 之间的坐标变换为

$$\begin{bmatrix} x' \\ y' \\ z' \end{bmatrix} = \begin{bmatrix} \cos\varphi_2 & \sin\varphi_2 & 0 \\ -\sin\varphi_2 & \cos\varphi_2 & 0 \\ 0 & 0 & 1 \end{bmatrix} \begin{bmatrix} x_2 \\ y_2 \\ z_2 \end{bmatrix} + \begin{bmatrix} 0 \\ 0 \\ b_2 \end{bmatrix} \tag{1.2-2}$$

静坐标系 $oxyz$ 与静坐标系 $o'x'y'z'$ 之间的坐标变换为

$$\begin{bmatrix} x' \\ y' \\ z' \end{bmatrix} = \begin{bmatrix} 1 & 0 & 0 \\ 0 & \cos\Sigma & -\sin\Sigma \\ 0 & \sin\Sigma & \cos\Sigma \end{bmatrix} \begin{bmatrix} x \\ y \\ z \end{bmatrix} + \begin{bmatrix} E \\ 0 \\ 0 \end{bmatrix} \tag{1.2-3}$$

动坐标系 $o_1x_1y_1z_1$ 与动坐标系 $o_2x_2y_2z_2$ 之间的坐标变换为

$$\begin{bmatrix} x_1 \\ y_1 \\ z_1 \end{bmatrix} = \begin{bmatrix} \cos\varphi_1\cos\varphi_2 - \sin\varphi_1\sin\varphi_2\cos\Sigma & \cos\varphi_1\sin\varphi_2 + \sin\varphi_1\cos\varphi_2\cos\Sigma & \sin\varphi_1\sin\Sigma \\ -\sin\varphi_1\cos\varphi_2 - \cos\varphi_1\sin\varphi_2\cos\Sigma & -\sin\varphi_1\sin\varphi_2 + \cos\varphi_1\cos\varphi_2\cos\Sigma & \cos\varphi_1\sin\Sigma \\ \sin\varphi_2\sin\Sigma & -\cos\varphi_2\sin\Sigma & \cos\Sigma \end{bmatrix}$$

$$\begin{bmatrix} x_2 \\ y_2 \\ z_2 \end{bmatrix} + \begin{bmatrix} -E\cos\varphi_1 + b_2\sin\varphi_1\sin\Sigma \\ E\sin\varphi_1 + b_2\cos\varphi_1\sin\Sigma \\ b_2\cos\Sigma - b_1 \end{bmatrix} \tag{1.2-4}$$

$$\begin{bmatrix} x_2 \\ y_2 \\ z_2 \end{bmatrix} = \begin{bmatrix} \cos\varphi_1\cos\varphi_2 - \sin\varphi_1\sin\varphi_2\cos\Sigma & -\sin\varphi_1\cos\varphi_2 - \cos\varphi_1\sin\varphi_2\cos\Sigma & \sin\varphi_2\sin\Sigma \\ \cos\varphi_1\sin\varphi_2 + \sin\varphi_1\cos\varphi_2\cos\Sigma & -\sin\varphi_1\sin\varphi_2 + \cos\varphi_1\cos\varphi_2\cos\Sigma & -\cos\varphi_2\sin\Sigma \\ \sin\varphi_1\sin\Sigma & \cos\varphi_1\sin\Sigma & \cos\Sigma \end{bmatrix}$$

$$\begin{bmatrix} x_1 \\ y_1 \\ z_1 \end{bmatrix} + \begin{bmatrix} E\cos\varphi_2 + b_1\sin\varphi_2\sin\Sigma \\ E\sin\varphi_2 - b_1\cos\varphi_2\sin\Sigma \\ b_1\cos\Sigma - b_2 \end{bmatrix} \tag{1.2-5}$$

下文用$\vec{x}$、$\vec{y}$、$\vec{z}$表示坐标轴 ox、oy、oz 方向的单位矢量，用$\vec{x'}$、$\vec{y'}$、$\vec{z'}$表示坐标轴 $o'x'$、$o'y'$、$o'z'$方向的单位矢量，用$\vec{x_1}$、$\vec{y_1}$、$\vec{z_1}$表示坐标轴 o_1x_1、o_1y_1、o_1z_1 方向的单位矢量，用$\vec{x_2}$、$\vec{y_2}$、$\vec{z_2}$表示坐标轴 o_2x_2、o_2y_2、o_2z_2 方向的单位矢量。

单位坐标向量之间的变换可参照对应的坐标变换公式，不同之处在于去掉对应公式中的常数列。比如由式(1.2-1)得

$$\begin{bmatrix} \vec{x} \\ \vec{y} \\ \vec{z} \end{bmatrix} = \begin{bmatrix} \cos\varphi_1 & -\sin\varphi_1 & 0 \\ \sin\varphi_1 & \cos\varphi_1 & 0 \\ 0 & 0 & 1 \end{bmatrix} \begin{bmatrix} \vec{x_1} \\ \vec{y_1} \\ \vec{z_1} \end{bmatrix} \tag{1.2-6}$$

其余类推。

两个齿轮进行定速比啮合传动时，齿轮 1 的回转角速度为$\overrightarrow{\omega^{(1)}} = \omega_1 \vec{z}$，齿轮 2 的回转角速度为$\overrightarrow{\omega^{(2)}} = -\omega_2 \vec{z'}$，相对角速度$\overrightarrow{\omega^{(12)}} = \overrightarrow{\omega^{(1)}} - \overrightarrow{\omega^{(2)}}$，$\overrightarrow{\omega^{(21)}} = \overrightarrow{\omega^{(2)}} - \overrightarrow{\omega^{(1)}}$。$|\overrightarrow{\omega^{(12)}}| = \omega_{12}$。传动比 $i_{12} = \dfrac{\omega_1}{\omega_2}$，$i_{21} = \dfrac{\omega_2}{\omega_1}$。齿轮的转角 $\varphi_1 = i_{12}\varphi_2$，$\varphi_2 = i_{21}\varphi_1$。当两个齿轮进行变速传动时，设齿轮 1 的角加速度为$\overrightarrow{\varepsilon^{(1)}} = \dfrac{\mathrm{d}\,\overrightarrow{\omega^{(1)}}}{\mathrm{d}t} = \varepsilon_1 \vec{z}$，齿轮 2 的角加速度为$\overrightarrow{\varepsilon^{(2)}} = \dfrac{\mathrm{d}\,\overrightarrow{\omega^{(2)}}}{\mathrm{d}t} = -\varepsilon_2 \vec{z'}$，则相对角加速度$\overrightarrow{\varepsilon^{(12)}} = \overrightarrow{\varepsilon^{(1)}} - \overrightarrow{\varepsilon^{(2)}}$。如果视齿轮 1 做匀速回转，$\overrightarrow{\varepsilon^{(1)}} = 0$ 时，$\overrightarrow{\varepsilon^{(12)}} = -\overrightarrow{\varepsilon^{(2)}}$。

$P^{(1)}$为齿轮 1 的齿面 $\Sigma^{(1)}$上的一个点。在动坐标系 $o_1x_1y_1z_1$ 中，$P^{(1)}$ 点的径矢为$\overrightarrow{r_1^{(1)}} = \{x_1\vec{x_1}, y_1\vec{y_1}, z_1\vec{z_1}\}$。在静坐标系 $oxyz$ 中，$P^{(1)}$点的径矢为$\overrightarrow{r^{(1)}} = \{x\vec{x}, y\vec{y}, z\vec{z}\}$。$P^{(2)}$为齿轮 2 的齿面 $\Sigma^{(2)}$上的一个点。在动坐标系 $o_2x_2y_2z_2$ 中，$P^{(2)}$点的径矢为$\overrightarrow{r_2^{(2)}} = \{x_2\vec{x_2}, y_2\vec{y_2}, z_2\vec{z_2}\}$。在静坐标系 $o'x'y'z'$中，$P^{(2)}$点的径矢为$\overrightarrow{r^{(2)}} = \{x'\vec{x'}, y'\vec{y'}, z'\vec{z'}\}$。$\overrightarrow{r^{(2)}} = \overrightarrow{r^{(1)}} + \vec{E}$。

在动坐标系 $o_1x_1y_1z_1$ 中，齿轮 1 的相对速度$\dfrac{\mathrm{d}\,\overrightarrow{r_1^{(1)}}}{\mathrm{d}t} = \left\{\dfrac{\mathrm{d}x_1}{\mathrm{d}t}\vec{x_1}, \dfrac{\mathrm{d}y_1}{\mathrm{d}t}\vec{y_1}, \dfrac{\mathrm{d}z_1}{\mathrm{d}t}\vec{z_1}\right\}$。在静坐标系 $oxyz$ 中，设齿轮 1 的相对速度$\dfrac{\mathrm{d}_1\,\overrightarrow{r^{(1)}}}{\mathrm{d}t} = \{a_x\vec{x}, a_y\vec{y}, a_z\vec{z}\}$。运用式(1.2-6)，得

$$\begin{cases} a_x = \dfrac{\mathrm{d}x_1}{\mathrm{d}t}\cos\varphi_1 - \dfrac{\mathrm{d}y_1}{\mathrm{d}t}\sin\varphi_1 \\ a_y = \dfrac{\mathrm{d}x_1}{\mathrm{d}t}\sin\varphi_1 + \dfrac{\mathrm{d}y_1}{\mathrm{d}t}\cos\varphi_1 \\ a_z = \dfrac{\mathrm{d}z_1}{\mathrm{d}t} \end{cases} \tag{1.2-7}$$

在齿轮的运动分析中，只有表述在同一个坐标系中的矢量才能够进行坐标分量的代

数运算。

在静坐标系 $oxyz$ 中，齿轮 1 的牵连速度为$\overrightarrow{\omega^{(1)}}\times\overrightarrow{r^{(1)}}$，齿轮 1 的绝对速度为$\dfrac{\mathrm{d}\,\overrightarrow{r^{(1)}}}{\mathrm{d}t}=\left\{\dfrac{\mathrm{d}x}{\mathrm{d}t}\vec{x},\dfrac{\mathrm{d}y}{\mathrm{d}t}\vec{y},\dfrac{\mathrm{d}z}{\mathrm{d}t}\vec{z}\right\}$。由理论力学，绝对速度是相对速度与牵连速度之和：

$$\frac{\mathrm{d}\,\overrightarrow{r^{(1)}}}{\mathrm{d}t}=\frac{\mathrm{d}_1\,\overrightarrow{r^{(1)}}}{\mathrm{d}t}+\overrightarrow{\omega^{(1)}}\times\overrightarrow{r^{(1)}} \tag{1.2-8}$$

在静坐标系 $oxyz$ 中，齿轮 2 的绝对速度也是其相对速度与其牵连速度之和：

$$\frac{\mathrm{d}\,\overrightarrow{r^{(2)}}}{\mathrm{d}t}=\frac{\mathrm{d}_2\,\overrightarrow{r^{(2)}}}{\mathrm{d}t}+\overrightarrow{\omega^{(2)}}\times\overrightarrow{r^{(2)}} \tag{1.2-9}$$

当齿轮进行啮合传动时，接触点 $P^{(1)}$、$P^{(2)}$ 是同一个点。$P^{(1)}$、$P^{(2)}$ 处的绝对速度相同。由式(1.2-8)、式(1.2-9)，得到在静坐标系 $oxyz$ 中，相对运动速度

$$\overrightarrow{v^{(12)}}=\frac{\mathrm{d}_2\,\overrightarrow{r^{(2)}}}{\mathrm{d}t}-\frac{\mathrm{d}_1\,\overrightarrow{r^{(1)}}}{\mathrm{d}t}=\overrightarrow{\omega^{(1)}}\times\overrightarrow{r^{(1)}}-\overrightarrow{\omega^{(2)}}\times\overrightarrow{r^{(2)}} \tag{1.2-10}$$

在式(1.2-8)中，将$\overrightarrow{r^{(1)}}$视为相对速度$\dfrac{\mathrm{d}\,\overrightarrow{r^{(1)}}}{\mathrm{d}t}$，运用式(1.2-8)的运算法则，求得$\overrightarrow{r^{(1)}}$对时间 t 的二阶导数

$$\begin{aligned}\frac{\mathrm{d}^2\,\overrightarrow{r^{(1)}}}{\mathrm{d}t^2}&=\frac{\mathrm{d}_1\left[\dfrac{\mathrm{d}_1\,\overrightarrow{r^{(1)}}}{\mathrm{d}t}+\overrightarrow{\omega^{(1)}}\times\overrightarrow{r^{(1)}}\right]}{\mathrm{d}t}+\overrightarrow{\omega^{(1)}}\times\frac{\mathrm{d}_1\,\overrightarrow{r^{(1)}}}{\mathrm{d}t}\\&=\frac{\mathrm{d}_1^2\,\overrightarrow{r^{(1)}}}{\mathrm{d}t^2}+\overrightarrow{\varepsilon^{(1)}}\times\overrightarrow{r^{(1)}}+\overrightarrow{\omega^{(1)}}\times(\overrightarrow{\omega^{(1)}}\times\overrightarrow{r^{(1)}})+2\,\overrightarrow{\omega^{(1)}}\times\frac{\mathrm{d}_1\,\overrightarrow{r^{(1)}}}{\mathrm{d}t}\end{aligned} \tag{1.2-11}$$

式中，$\dfrac{\mathrm{d}_1^2\,\overrightarrow{r^{(1)}}}{\mathrm{d}t^2}$为在静坐标系 $oxyz$ 中的相对加速度；$\dfrac{\mathrm{d}^2\,\overrightarrow{r^{(1)}}}{\mathrm{d}t^2}=\left\{\dfrac{\mathrm{d}^2x}{\mathrm{d}t^2}\vec{x},\dfrac{\mathrm{d}^2y}{\mathrm{d}t^2}\vec{y},\dfrac{\mathrm{d}^2z}{\mathrm{d}t^2}\vec{z}\right\}$为绝对加速度；$\overrightarrow{\varepsilon^{(1)}}\times\overrightarrow{r^{(1)}}$为切向牵连加速度；$\overrightarrow{\omega^{(1)}}\times(\overrightarrow{\omega^{(1)}}\times\overrightarrow{r^{(1)}})$为法向牵连加速度；$\overrightarrow{\omega^{(1)}}\times\dfrac{\mathrm{d}_1\,\overrightarrow{r^{(1)}}}{\mathrm{d}t}$为哥氏加速度。

在动坐标系 $o_1x_1y_1z_1$ 中，相对加速度$\dfrac{\mathrm{d}^2\,\overrightarrow{r_1^{(1)}}}{\mathrm{d}t^2}=\left\{\dfrac{\mathrm{d}^2x_1}{\mathrm{d}t^2}\overrightarrow{x_1},\dfrac{\mathrm{d}^2y_1}{\mathrm{d}t^2}\overrightarrow{y_1},\dfrac{\mathrm{d}^2z_1}{\mathrm{d}t^2}\overrightarrow{z_1}\right\}$。设在静坐标系 $oxyz$ 中的相对加速度$\dfrac{\mathrm{d}_1^2\,\overrightarrow{r^{(1)}}}{\mathrm{d}t^2}=\{b_x\vec{x},b_y\vec{y},b_z\vec{z}\}$，运用式(1.2-6)，得

$$\begin{cases}b_x=\dfrac{\mathrm{d}^2x_1}{\mathrm{d}t^2}\cos\varphi_1-\dfrac{\mathrm{d}^2y_1}{\mathrm{d}t^2}\sin\varphi_1\\b_y=\dfrac{\mathrm{d}^2x_1}{\mathrm{d}t^2}\sin\varphi_1+\dfrac{\mathrm{d}^2y_1}{\mathrm{d}t^2}\cos\varphi_1\\b_z=\dfrac{\mathrm{d}^2z_1}{\mathrm{d}t^2}\end{cases} \tag{1.2-12}$$

在静坐标系 $oxyz$ 中，齿轮 2 的绝对加速度也是其相对加速度、切向牵连加速度、法向牵连加速度和哥氏加速度之和。

$$\frac{\mathrm{d}^2 \overrightarrow{r^{(2)}}}{\mathrm{d}t^2} = \frac{\mathrm{d}_2^2 \overrightarrow{r^{(2)}}}{\mathrm{d}t^2} + \overrightarrow{\varepsilon^{(2)}} \times \overrightarrow{r^{(2)}} + \overrightarrow{\omega^{(2)}} \times (\overrightarrow{\omega^{(2)}} \times \overrightarrow{r^{(2)}}) + 2\,\overrightarrow{\omega^{(2)}} \times \frac{\mathrm{d}_2 \overrightarrow{r^{(2)}}}{\mathrm{d}t} \qquad (1.2\text{-}13)$$

$P^{(1)}$、$P^{(2)}$处的绝对加速度相同。由式(1.2-11)、式(1.2-13)得到在静坐标系 $oxyz$ 中，相对运动加速度

$$\overrightarrow{A^{(12)}} = \frac{\mathrm{d}_2^2 \overrightarrow{r^{(2)}}}{\mathrm{d}t^2} - \frac{\mathrm{d}_1^2 \overrightarrow{r^{(1)}}}{\mathrm{d}t^2} = \overrightarrow{\varepsilon^{(1)}} \times \overrightarrow{r^{(1)}} + \overrightarrow{\omega^{(1)}} \times (\overrightarrow{\omega^{(1)}} \times \overrightarrow{r^{(1)}}) + 2\,\overrightarrow{\omega^{(1)}} \times \frac{\mathrm{d}_1 \overrightarrow{r^{(1)}}}{\mathrm{d}t} - \overrightarrow{\varepsilon^{(2)}} \times \overrightarrow{r^{(2)}} - \overrightarrow{\omega^{(2)}} \times (\overrightarrow{\omega^{(2)}} \times \overrightarrow{r^{(2)}}) - 2\,\overrightarrow{\omega^{(2)}} \times \frac{\mathrm{d}_2 \overrightarrow{r^{(2)}}}{\mathrm{d}t} \qquad (1.2\text{-}14)$$

假定齿轮 1 做匀速回转，$\varepsilon_1=0$，齿轮 2 做变速回转，$\varepsilon_2\neq 0$。如果 $P^{(1)}$点又和动坐标系 $o_1x_1y_1z_1$ 固连，$\frac{\mathrm{d}\,\overrightarrow{r_1^{(1)}}}{\mathrm{d}t}=\frac{\mathrm{d}_1 \overrightarrow{r^{(1)}}}{\mathrm{d}t}=0$。这时 $P^{(1)}$、$P^{(2)}$处的相对运动加速度

$$\overrightarrow{A^{(12)}} = -\overrightarrow{\varepsilon^{(2)}} \times \overrightarrow{r^{(2)}} + \overrightarrow{\omega^{(2)}} \times (\overrightarrow{\omega^{(2)}} \times \overrightarrow{E}) + \overrightarrow{\omega^{(12)}} \times (\overrightarrow{\omega^{(12)}} \times \overrightarrow{r^{(1)}}) + \overrightarrow{r^{(1)}} \times (\overrightarrow{\omega^{(2)}} \times \overrightarrow{\omega^{(1)}}) \qquad (1.2\text{-}15)$$

在上式的推导中用到了等式$\overrightarrow{\omega^{(1)}} \times (\overrightarrow{\omega^{(2)}} \times \overrightarrow{r^{(1)}}) = -(\overrightarrow{\omega^{(1)}} \cdot \overrightarrow{\omega^{(2)}})\overrightarrow{r^{(1)}} + (\overrightarrow{\omega^{(1)}} \cdot \overrightarrow{r^{(1)}})\overrightarrow{\omega^{(2)}}$，$\overrightarrow{\omega^{(2)}} \times (\overrightarrow{\omega^{(1)}} \times \overrightarrow{r^{(1)}}) = -(\overrightarrow{\omega^{(1)}} \cdot \overrightarrow{\omega^{(2)}})\overrightarrow{r^{(1)}} + (\overrightarrow{\omega^{(2)}} \cdot \overrightarrow{r^{(1)}})\overrightarrow{\omega^{(1)}}$，$\overrightarrow{r^{(1)}} \times (\overrightarrow{\omega^{(2)}} \times \overrightarrow{\omega^{(1)}}) = -(\overrightarrow{\omega^{(2)}} \cdot \overrightarrow{r^{(1)}})\overrightarrow{\omega^{(1)}} + (\overrightarrow{\omega^{(1)}} \cdot \overrightarrow{r^{(1)}})\overrightarrow{\omega^{(2)}}$。

如果齿轮 1、齿轮 2 都做匀速回转而且 $P^{(1)}$点仍和动坐标系 $o_1x_1y_1z_1$ 固连，这时 $P^{(1)}$、$P^{(2)}$处的相对运动加速度

$$\overrightarrow{A^{(12)}} = \overrightarrow{\omega^{(2)}} \times (\overrightarrow{\omega^{(2)}} \times \overrightarrow{E}) + \overrightarrow{\omega^{(12)}} \times (\overrightarrow{\omega^{(12)}} \times \overrightarrow{r^{(1)}}) + \overrightarrow{r^{(1)}} \times (\overrightarrow{\omega^{(2)}} \times \overrightarrow{\omega^{(1)}}) \qquad (1.2\text{-}16)$$

相对运动速度$\overrightarrow{v^{(12)}}$对时间 t 的导数

$$\begin{aligned}\frac{\mathrm{d}\,\overrightarrow{v^{(12)}}}{\mathrm{d}t} &= \frac{\mathrm{d}}{\mathrm{d}t}(\overrightarrow{\omega^{(1)}} \times \overrightarrow{r^{(1)}} - \overrightarrow{\omega^{(2)}} \times \overrightarrow{r^{(2)}}) \\ &= \frac{\mathrm{d}\,\overrightarrow{\omega^{(1)}}}{\mathrm{d}t} \times \overrightarrow{r^{(1)}} + \overrightarrow{\omega^{(1)}} \times \frac{\mathrm{d}\,\overrightarrow{r^{(1)}}}{\mathrm{d}t} - \frac{\mathrm{d}\,\overrightarrow{\omega^{(2)}}}{\mathrm{d}t} \times \overrightarrow{r^{(2)}} - \overrightarrow{\omega^{(2)}} \times \frac{\mathrm{d}\,\overrightarrow{r^{(2)}}}{\mathrm{d}t} \\ &= \overrightarrow{\varepsilon^{(1)}} \times \overrightarrow{r^{(1)}} + \overrightarrow{\omega^{(1)}} \times \left(\frac{\mathrm{d}_1 \overrightarrow{r^{(1)}}}{\mathrm{d}t} + \overrightarrow{\omega^{(1)}} \times \overrightarrow{r^{(1)}}\right) - \overrightarrow{\varepsilon^{(2)}} \times \overrightarrow{r^{(2)}} - \overrightarrow{\omega^{(2)}} \times \left(\frac{\mathrm{d}_2 \overrightarrow{r^{(2)}}}{\mathrm{d}t} + \overrightarrow{\omega^{(2)}} \times \overrightarrow{r^{(2)}}\right)\end{aligned} \qquad (1.2\text{-}17)$$

对比式(1.2-14)，得

$$\frac{\mathrm{d}\,\overrightarrow{v^{(12)}}}{\mathrm{d}t} = \overrightarrow{A^{(12)}} + \overrightarrow{\omega^{(12)}} \times \frac{\mathrm{d}_1 \overrightarrow{r^{(1)}}}{\mathrm{d}t} + \overrightarrow{\omega^{(2)}} \times \overrightarrow{v^{(12)}} \qquad (1.2\text{-}18)$$

假定齿轮 1 做匀速回转，齿轮 2 做变速回转，式(1.2-18)中的$\overrightarrow{A^{(12)}}$见式(1.2-15)。

$\overrightarrow{n^{(1)}}$为齿面 $\Sigma^{(1)}$ 的法线，参照式(1.2-8)的运算法则，得

$$\frac{\mathrm{d}\,\overrightarrow{n^{(1)}}}{\mathrm{d}t} = \frac{\mathrm{d}_1 \overrightarrow{n^{(1)}}}{\mathrm{d}t} + \overrightarrow{\omega^{(1)}} \times \overrightarrow{n^{(1)}} \qquad (1.2\text{-}19)$$

$\overrightarrow{n^{(2)}}$为齿面 $\Sigma^{(2)}$ 的法线，参照式(1.2-9)的运算法则，得

$$\frac{\mathrm{d}\,\overrightarrow{n^{(2)}}}{\mathrm{d}t} = \frac{\mathrm{d}_2 \overrightarrow{n^{(2)}}}{\mathrm{d}t} + \overrightarrow{\omega^{(2)}} \times \overrightarrow{n^{(2)}} \qquad (1.2\text{-}20)$$

对于共轭齿面来说，$\overrightarrow{n^{(1)}}=\overrightarrow{n^{(2)}}$，$\frac{\mathrm{d}\,\overrightarrow{n^{(1)}}}{\mathrm{d}t}=\frac{\mathrm{d}\,\overrightarrow{n^{(2)}}}{\mathrm{d}t}$，所以

$$\frac{\mathrm{d}_2\,\overrightarrow{n^{(2)}}}{\mathrm{d}t}=\frac{\mathrm{d}_1\,\overrightarrow{n^{(1)}}}{\mathrm{d}t}+\overrightarrow{\omega^{(12)}}\times\overrightarrow{n^{(1)}} \tag{1.2-21}$$

以上是在静坐标系 $oxyz$ 中进行运动分析。如果将有关矢量表述在静坐标系 $o'x'y'z'$ 中，分析的方法是一样的。

1.2.2 准双曲面齿轮传动的啮合方程式

能够进行啮合传动的齿轮受到一系列条件的限制。假定齿轮 1 的齿面 $\Sigma^{(1)}$ 和齿轮 2 的齿面 $\Sigma^{(2)}$ 是任意两个独立的齿面，在同一个静坐标系中，齿面方程分别是 $\overrightarrow{r^{(1)}}=\overrightarrow{r^{(1)}(u_1,v_1)}$ 和 $\overrightarrow{r^{(2)}}=\overrightarrow{r^{(2)}(u_2,v_2)}$。齿轮 1 的角速度为 $\overrightarrow{\omega_1(t)}$。齿轮 2 的角速度为 $\overrightarrow{\omega_2(t)}$，瞬时传动比 $i_{12}(t)=\frac{\omega_1(t)}{\omega_2(t)}$，它们都是时间 t 或啮合位置的函数。

如果两个齿轮进行交错轴啮合传动，在啮合点处要满足下述条件：

$$\begin{cases}\overrightarrow{r^{(2)}(u_2,v_2)}=\overrightarrow{r^{(1)}(u_1,v_1)}+\vec{E}\\ \overrightarrow{n^{(1)}(u_1,v_1)}=\overrightarrow{n^{(2)}(u_2,v_2)}\\ \overrightarrow{n^{(1)}(u_1,v_1)}\cdot\left[\overrightarrow{\omega^{(1)}(t)}\times\overrightarrow{r^{(1)}(u_1,v_1)}-\overrightarrow{\omega^{(2)}(t)}\times\overrightarrow{r^{(2)}(u_2,v_2)}\right]=0\end{cases} \tag{1.2-22}$$

式(1.2-22)中的第 1 式表示在啮合点处两个齿轮的坐标值要相等，第 2 式表示在啮合点处两个齿面要有公法线，第 3 式表示在啮合点处的相对运动速度要和公法线垂直，称为啮合方程式。

式(1.2-22)中共有四个未知参数 u_1、v_1、u_2、v_2。在已知 $\overrightarrow{\omega_1(t)}$、$\overrightarrow{\omega_2(t)}$ 或 $i_{12}(t)$ 的前提下，给定 u_1，由式(1.2-22)理论上可以解出 v_1、u_2、v_2，即给定齿面 $\Sigma^{(1)}$ 上的一个点，可以找到齿面 $\Sigma^{(2)}$ 上的一个啮合点。该齿轮传动为点啮合传动。

在齿面 $\Sigma^{(1)}$ 和齿面 $\Sigma^{(2)}$ 的有限范围内，式(1.2-22)可能有解，也可能无解。工程中的实用齿面还受到不产生曲率干涉等其他条件的限制。

假定已知一个齿轮的齿面，另一个齿轮的齿面仅由啮合方程式导出，这样的两个齿面称为共轭齿面。由于第一个齿面的坐标参数也是第二个齿面的坐标参数，所以公式(1.2-22)中的第 1 式和第 2 式不再是独立的式子，仅有啮合方程式是独立的式子。啮合方程式如下：

$$\overrightarrow{n^{(1)}(u_1,v_1)}\cdot\left[\overrightarrow{\omega^{(1)}(t)}\times\overrightarrow{r^{(1)}(u_1,v_1)}-\overrightarrow{\omega^{(2)}(t)}\times\overrightarrow{r^{(2)}(u_1,v_1)}\right]=0 \tag{1.2-23}$$

式中，$i_{12}(t)=\frac{\omega_1(t)}{\omega_2(t)}$ 称为传动比函数，是设计中给定的。在定速比传动中，传动比函数是定值。给定参数 u_1，由式(1.2-23)可以求得参数 v_1，v_1 是时间 t 或啮合位置的函数。

在每一个时刻 t，当 u_1 连续变化时，v_1 也连续变化。函数 $v_1=f(u_1)$ 确定了齿面 $\Sigma^{(1)}$

和 $\Sigma^{(2)}$ 的一条接触线，所以共轭齿面是线接触的。

实际应用的齿轮大多数是定速比传动齿轮，变速比传动用非圆齿轮等来实现。

以下分析定速比传动时的啮合方程式。

在图 1.2-1 的静坐标系 $oxyz$ 中，$\overrightarrow{\omega^{(1)}}=\omega_1\vec{z}$，$\overrightarrow{\omega^{(2)}}=-\omega_2(\sin\Sigma\vec{y}+\cos\Sigma\vec{z})$。在动坐标系 $o_1x_1y_1z_1$ 中，$\overrightarrow{r^{(1)}}=x_1\vec{x_1}+y_1\vec{y_1}+z_1\vec{z_1}$。在静坐标系 $oxyz$ 中，$\overrightarrow{r^{(1)}}=x\vec{x}+y\vec{y}+z\vec{z}$，由式(1.2-1)，$\overrightarrow{r^{(1)}}=(x_1\cos\varphi_1-y_1\sin\varphi_1)\vec{x}+(x_1\sin\varphi_1+y_1\cos\varphi_1)\vec{y}+(z_1+b_1)\vec{z}$，$\overrightarrow{r^{(2)}}=\overrightarrow{r^{(1)}}+\vec{E}=(x_1\cos\varphi_1-y_1\sin\varphi_1+E)\vec{x}+(x_1\sin\varphi_1+y_1\cos\varphi_1)\vec{y}+(z_1+b_1)\vec{z}$。相对运动速度

$$\begin{aligned}\overrightarrow{v^{(12)}}&=\overrightarrow{\omega^{(1)}}\times\overrightarrow{r^{(1)}}-\overrightarrow{\omega^{(2)}}\times\overrightarrow{r^{(2)}}\\&=[\omega_2(z_1+b_1)\sin\Sigma-(\omega_1+\omega_2\cos\Sigma)(x_1\sin\varphi_1+y_1\cos\varphi_1)]\vec{x}+\\&\quad[\omega_2E\cos\Sigma+(\omega_1+\omega_2\cos\Sigma)(x_1\cos\varphi_1-y_1\sin\varphi_1)]\vec{y}-\\&\quad\omega_2(x_1\cos\varphi_1-y_1\sin\varphi_1+E)\sin\Sigma\vec{z}\end{aligned}\tag{1.2-24}$$

在动坐标系 $o_1x_1y_1z_1$ 中，齿面 $\Sigma^{(1)}$ 的法线

$$\overrightarrow{n_1^{(1)}}=\frac{\partial\overrightarrow{r_1^{(1)}}}{\partial u_1}\times\frac{\partial\overrightarrow{r_1^{(1)}}}{\partial v_1}=n_{x_1}^{(1)}\vec{x_1}+n_{y_1}^{(1)}\vec{y_1}+n_{z_1}^{(1)}\vec{z_1}\tag{1.2-25}$$

式中，$n_{x_1}^{(1)}=\dfrac{\partial y_1}{\partial u_1}\dfrac{\partial z_1}{\partial v_1}-\dfrac{\partial z_1}{\partial u_1}\dfrac{\partial y_1}{\partial v_1}$；$n_{y_1}^{(1)}=\dfrac{\partial z_1}{\partial u_1}\dfrac{\partial x_1}{\partial v_1}-\dfrac{\partial x_1}{\partial u_1}\dfrac{\partial z_1}{\partial v_1}$；$n_{z_1}^{(1)}=\dfrac{\partial x_1}{\partial u_1}\dfrac{\partial y_1}{\partial v_1}-\dfrac{\partial y_1}{\partial u_1}\dfrac{\partial x_1}{\partial v_1}$。

运用式(1.2-6)，得到在静坐标系 $oxyz$ 中齿面 $\Sigma^{(1)}$ 的法线

$$\overrightarrow{n^{(1)}}=(n_{x_1}^{(1)}\cos\varphi_1-n_{y_1}^{(1)}\sin\varphi_1)\vec{x}+(n_{x_1}^{(1)}\sin\varphi_1+n_{y_1}^{(1)}\cos\varphi_1)\vec{y}+n_{z_1}^{(1)}\vec{z}\tag{1.2-26}$$

啮合方程式(1.2-23)变为

$$\begin{aligned}&[x_1n_{z_1}^{(1)}\sin\Sigma-(z_1+b_1)n_{x_1}^{(1)}\sin\Sigma-En_{y_1}^{(1)}\cos\Sigma]\cos\varphi_1+\\&[(z_1+b_1)n_{y_1}^{(1)}\sin\Sigma-y_1n_{z_1}^{(1)}\sin\Sigma-En_{x_1}^{(1)}\cos\Sigma]\sin\varphi_1\\&=(i_{12}+\cos\Sigma)(x_1n_{y_1}^{(1)}-y_1n_{x_1}^{(1)})-En_{z_1}^{(1)}\sin\Sigma\end{aligned}\tag{1.2-27}$$

令 $U_1=[x_1n_{z_1}^{(1)}-(z_1+b_1)n_{x_1}^{(1)}]\sin\Sigma-En_{y_1}^{(1)}\cos\Sigma$，$V_1=[(z_1+b_1)n_{y_1}^{(1)}-y_1n_{z_1}^{(1)}]\sin\Sigma-En_{x_1}^{(1)}\cos\Sigma$，$W_1=(i_{12}+\cos\Sigma)(x_1n_{y_1}^{(1)}-y_1n_{x_1}^{(1)})-En_{z_1}^{(1)}\sin\Sigma$，$\cos\delta_1=\dfrac{V_1}{\sqrt{U_1^2+V_1^2}}$，式(1.2-27)变为

$$\varphi_1(u_1,v_1)=\arcsin\left[\frac{W_1}{\sqrt{U_1^2+V_1^2}}\right]-\delta_1\tag{1.2-28}$$

式中参数为 u_1、v_1。

如果已知的是在动坐标系 $o_2x_2y_2z_2$ 中齿面 $\Sigma^{(2)}$ 的坐标，$n_{x_2}^{(2)}=\dfrac{\partial y_2}{\partial u_2}\dfrac{\partial z_2}{\partial v_2}-\dfrac{\partial z_2}{\partial u_2}\dfrac{\partial y_2}{\partial v_2}$，$n_{y_2}^{(2)}=\dfrac{\partial z_2}{\partial u_2}\dfrac{\partial x_2}{\partial v_2}-\dfrac{\partial x_2}{\partial u_2}\dfrac{\partial z_2}{\partial v_2}$，$n_{z_2}^{(2)}=\dfrac{\partial x_2}{\partial u_2}\dfrac{\partial y_2}{\partial v_2}-\dfrac{\partial y_2}{\partial u_2}\dfrac{\partial x_2}{\partial v_2}$。

啮合方程式变为

$$[x_2n_{z_2}^{(2)}\sin\Sigma-(z_2+b_2)n_{x_2}^{(2)}\sin\Sigma-En_{y_2}^{(2)}\cos\Sigma]\cos\varphi_2+$$

$$[En_{x_2}^{(2)}\cos\Sigma-(z_2+b_2)n_{y_2}^{(2)}\sin\Sigma+y_2n_{z_2}^{(2)}\sin\Sigma]\sin\varphi_2=$$
$$(i_{21}+\cos\Sigma)(y_2n_{x_2}^{(2)}-x_2n_{y2}^{(2)})+En_{z_2}^{(2)}\sin\Sigma \tag{1.2-29}$$

令 $U_2=[x_2n_{z_2}^{(2)}-(z_2+b_2)n_{x_2}^{(2)}]\sin\Sigma-En_{y_2}^{(2)}\cos\Sigma$，$V_2=[y_2n_{z_2}^{(2)}-(z_2+b_2)n_{y_2}^{(2)}]\sin\Sigma+En_{x_2}^{(2)}\cos\Sigma$，$W_2=(i_{21}+\cos\Sigma)(y_2n_{x_2}^{(2)}-x_2n_{y_2}^{(2)})+En_{z_2}^{(2)}\sin\Sigma$，$\cos\delta_2=\dfrac{V_2}{\sqrt{U_2^2+V_2^2}}$，式(1.2-29)变为

$$\varphi_2(u_2,v_2)=\arcsin\left[\frac{W_2}{\sqrt{U_2^2+V_2^2}}\right]-\delta_2 \tag{1.2-30}$$

式中参数为 u_2、v_2。

当共轭齿轮是变速比传动时，上述公式仍然适用。在式(1.2-27)、式(1.2-28)中，令 $\omega_1=1$，i_{12}是传动比函数 $i_{12}(t)=\dfrac{1}{\omega_2(t)}$。在式(1.2-29)、式(1.2-30)中，令 $\omega_2=1$，i_{21}是传动比函数 $i_{21}(t)=\dfrac{1}{\omega_1(t)}$。

1.2.3 定速比传动齿轮共轭齿面的接触线及接触迹线

1.2.3.1 共轭齿面的接触线

在式(1.2-28)中，给定 φ_1 为某一个常数，即给定齿轮 1 的某一个转动位置，解出 $v_1=v_1(u_1)$。由式(1.1-2)，得到齿面 $\Sigma^{(1)}$ 上的一条曲线 Γ，是齿面 $\Sigma^{(1)}$、$\Sigma^{(2)}$ 的接触线，如图 1.2-2所示。两个齿轮的齿面沿接触线相切，接触线是齿面上的一条短程线。

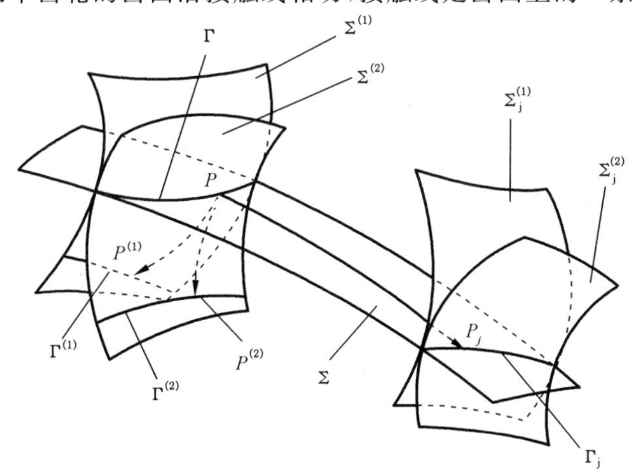

图 1.2-2 齿轮的啮合传动

将接触线的参数表示为 u_{1c}、v_{1c}，则接触线的参数曲线的斜率

$$\frac{\mathrm{d}v_{1c}}{\mathrm{d}u_{1c}}=-\frac{\dfrac{\partial\varphi_1}{\partial u_{1c}}}{\dfrac{\partial\varphi_1}{\partial v_{1c}}} \tag{1.2-31}$$

由式(1.1-20)，求得齿面 $\Sigma^{(1)}$ 的主方向$\overrightarrow{e_1^{(1)}}$的参数曲线的斜率$\dfrac{\mathrm{d}v_1}{\mathrm{d}u_1}$。运用式(1.1-5)可以求得接触线 Γ 的切线和主方向$\overrightarrow{e_1^{(1)}}$的夹角 ϑ_c，如图 1.2-3 所示。

$$\cos\vartheta_c = \frac{E_1 + F_1\left(\frac{dv_1}{du_1} + \frac{dv_{1c}}{du_{1c}}\right) + G_1\frac{dv_1}{du_1}\frac{dv_{1c}}{du_{1c}}}{\sqrt{E_1 + 2F_1\frac{dv_1}{du_1} + G_1\left(\frac{dv_1}{du_1}\right)^2}\sqrt{E_1 + 2F_1\frac{dv_{1c}}{du_{1c}} + G_1\left(\frac{dv_{1c}}{du_{1c}}\right)^2}} \tag{1.2-32}$$

1.2.3.2 共轭齿面的接触迹线

图 1.2-2 中，当齿轮 1 的转角 φ_1 变化时，接触线也在变化。当齿面 $\Sigma^{(1)}$ 运动到 $\Sigma_j^{(1)}$ 的位置时，齿面 $\Sigma^{(2)}$ 运动到 $\Sigma_j^{(2)}$ 的位置。$\Sigma^{(1)}$ 上的 $\Gamma^{(1)}$ 和 $\Sigma^{(2)}$ 上的 $\Gamma^{(2)}$ 形成新的接触线 Γ_j。

接触线在静坐标系 $oxyz$ 或 $o'x'y'z'$ 中的运动轨迹为啮合面 Σ。接触线在动坐标系 $o_1x_1y_1z_1$ 中的运动轨迹为齿轮 1 的齿面 $\Sigma^{(1)}$，在动坐标系 $o_2x_2y_2z_2$ 中的运动轨迹为齿轮 2 的齿面 $\Sigma^{(2)}$。Γ 上的一点 P 在啮合面上的运动轨迹为啮合线 PP_j，在 $\Sigma^{(1)}$ 上的运动轨迹为接触迹线 $PP^{(1)}$，在 $\Sigma^{(2)}$ 上的运动轨迹为接触迹线 $PP^{(2)}$。啮合线、接触迹线是齿轮转角 φ_1 的函数。

齿轮 1 的相对速度 $\frac{d\overrightarrow{r_1^{(1)}}}{dt}$ 在接触迹线 $PP^{(1)}$ 的切线上，齿轮 2 的相对速度 $\frac{d\overrightarrow{r_2^{(2)}}}{dt}$ 在接触迹线 $PP^{(2)}$ 的切线上。设接触迹线 $PP^{(1)}$ 的参数是 u_{1d}、v_{1d}。令 $\frac{d\varphi_1}{dt}=\omega_1=1$，将式(1.2-28)对 φ_1 求一阶导数，得

$$\frac{dv_{1d}}{d\varphi_1} = \frac{1 - \frac{\partial\varphi_1}{\partial u_{1d}}\frac{du_{1d}}{d\varphi_1}}{\frac{\partial\varphi_1}{\partial v_{1d}}} \tag{1.2-33}$$

因为参数曲线的斜率 $\frac{du_{1d}}{dv_{1d}}$ 有无数个，所以在式(1.2-33)中，$\frac{du_{1d}}{d\varphi_1}$ 和 $\frac{dv_{1d}}{d\varphi_1}$ 的关系是不确定的。说明由 P 点运动到 $P^{(1)}$ 点或由 P 点运动到 $P^{(2)}$ 点的路线有多个，$\frac{d\overrightarrow{r_1^{(1)}}}{dt}$ 的方向不是唯一的，相应的 $\frac{d_1\overrightarrow{r_1^{(1)}}}{dt}$ 的方向也不是唯一的。

啮合迹线是啮合点的运动轨迹。对于点接触的一对齿轮啮合副，相对速度的方向在啮合迹线的切线方向。

1.2.4 共轭齿面的曲率、挠率分析

在定轴齿轮传动系统中，相对运动速度 $\overrightarrow{v^{(12)}}$ 在静坐标中的大小和方向是最容易求得的。在动坐标系 $o_1x_1y_1z_1$ 中，运用式(1.1-23)可以求得齿面 $\Sigma^{(1)}$ 的主方向 $\overrightarrow{e_1^{(1)}}$、$\overrightarrow{e_2^{(1)}}$ 的 3 个方向余弦。运用式(1.2-6)可以求得在静坐标系 $oxyz$ 中 $\overrightarrow{e_1^{(1)}}$、$\overrightarrow{e_2^{(1)}}$ 的 3 个坐标分量。设 $\overrightarrow{v^{(12)}}$ 的模为 $v^{(12)}$，$\overrightarrow{v^{(12)}}$ 和 $\overrightarrow{e_1^{(1)}}$ 的夹角为 ϑ_v(如图 1.2-3 所示)，则

$$\cos\vartheta_v = \frac{\overrightarrow{v^{(12)}}\cdot\overrightarrow{e_1^{(1)}}}{v^{(12)}} \tag{1.2-34}$$

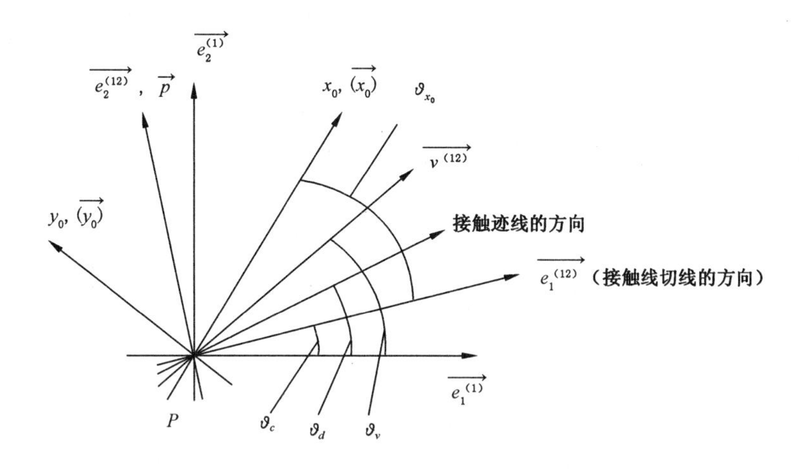

图 1.2-3　齿面 $\Sigma^{(1)}$ 在接触点处的坐标系

在动坐标系 $o_1x_1y_1z_1$ 中，齿面 $\Sigma^{(1)}$ 上的任意一条切线 $\frac{\mathrm{d}\,\overrightarrow{r_1^{(1)}}}{\mathrm{d}t}=\left\{\frac{\mathrm{d}x_1}{\mathrm{d}t}\overrightarrow{x_1},\frac{\mathrm{d}y_1}{\mathrm{d}t}\overrightarrow{y_1},\frac{\mathrm{d}z_1}{\mathrm{d}t}\overrightarrow{z_1}\right\}$。运用式(1.2-7)，得到在静坐标系 $oxyz$ 中，$\frac{\mathrm{d}_1\,\overrightarrow{r_1^{(1)}}}{\mathrm{d}t}=\{a_x\,\overrightarrow{x},a_y\,\overrightarrow{y},a_z\,\overrightarrow{z}\}$。

如果将 $\frac{\mathrm{d}_1\,\overrightarrow{r^{(1)}}}{\mathrm{d}t}$ 视为齿轮 1 的相对速度，则在静坐标系 $oxyz$ 中，$\frac{\mathrm{d}_2\,\overrightarrow{r^{(2)}}}{\mathrm{d}t}=\frac{\mathrm{d}_1\,\overrightarrow{r^{(1)}}}{\mathrm{d}t}+\overrightarrow{v^{(12)}}$。$\frac{\mathrm{d}_2\,\overrightarrow{r^{(2)}}}{\mathrm{d}t}$ 是齿面 $\Sigma^{(2)}$ 上的一条切线。将啮合方程式 $\overrightarrow{n^{(1)}}\cdot\overrightarrow{v^{(12)}}=0$ 对时间 t 求导数并代入式(1.2-18)、式(1.2-19)，得

$$\overrightarrow{n^{(1)}}\cdot\left[\overrightarrow{A^{(12)}}+\overrightarrow{\omega^{(12)}}\times\frac{\mathrm{d}_1\,\overrightarrow{r^{(1)}}}{\mathrm{d}t}+\overrightarrow{\omega^{(2)}}\times\overrightarrow{v^{(12)}}\right]+\overrightarrow{v^{(12)}}\cdot\frac{\mathrm{d}_1\,\overrightarrow{n^{(1)}}}{\mathrm{d}t}+\overrightarrow{v^{(12)}}\cdot\left(\overrightarrow{\omega^{(1)}}\times\overrightarrow{n^{(1)}}\right)=0 \tag{1.2-35}$$

齿面 $\Sigma^{(1)}$ 的主曲率为 $\kappa_1^{(1)}$、$\kappa_2^{(1)}$。设 $\frac{\mathrm{d}_1\,\overrightarrow{r^{(1)}}}{\mathrm{d}t}$ 与 $\overrightarrow{e_1^{(1)}}$ 的夹角为 ϑ，$\frac{\mathrm{d}_1\,\overrightarrow{r^{(1)}}}{\mathrm{d}t}=\left|\frac{\mathrm{d}_1\,\overrightarrow{r^{(1)}}}{\mathrm{d}t}\right|\left(\cos\vartheta\,\overrightarrow{e_1^{(1)}}+\sin\vartheta\,\overrightarrow{e_2^{(1)}}\right)$。由式(1.1-18)及欧拉公式(1.1-28)得 $\frac{\mathrm{d}_1\,\overrightarrow{n^{(1)}}}{\mathrm{d}t}=-\left|\frac{\mathrm{d}_1\,\overrightarrow{r^{(1)}}}{\mathrm{d}t}\right|\left(\kappa_1^{(1)}\cos\vartheta\,\overrightarrow{e_1^{(1)}}+\kappa_2^{(1)}\sin\vartheta\,\overrightarrow{e_2^{(1)}}\right)$，$\overrightarrow{v^{12}}\cdot\frac{\mathrm{d}_1\,\overrightarrow{n^{(1)}}}{\mathrm{d}t}=-v^{(12)}\left|\frac{\mathrm{d}_1\,\overrightarrow{r^{(1)}}}{\mathrm{d}t}\right|\left(\cos\vartheta_v\,\overrightarrow{e_1^{(1)}}+\sin\vartheta_v\,\overrightarrow{e_2^{(1)}}\right)\cdot\left(\kappa_1^{(1)}\cos\vartheta\,\overrightarrow{e_1^{(1)}}+\kappa_2^{(1)}\sin\vartheta\,\overrightarrow{e_2^{(1)}}\right)=-v^{(12)}\frac{\mathrm{d}_1\,\overrightarrow{r^{(1)}}}{\mathrm{d}t}\cdot\left(\kappa_1^{(1)}\cos\vartheta_v\,\overrightarrow{e_1^{(1)}}+\kappa_2^{(1)}\sin\vartheta_v\,\overrightarrow{e_2^{(1)}}\right)$。由混合积的计算公式，得 $\overrightarrow{n^{(1)}}\cdot\left(\overrightarrow{\omega^{(12)}}\times\frac{\mathrm{d}_1\,\overrightarrow{r^{(1)}}}{\mathrm{d}t}\right)=-\frac{\mathrm{d}_1\,\overrightarrow{r^{(1)}}}{\mathrm{d}t}\cdot\left(\overrightarrow{\omega^{(12)}}\times\overrightarrow{n^{(1)}}\right)$，$\overrightarrow{v^{(12)}}\cdot\left(\overrightarrow{\omega^{(1)}}\times\overrightarrow{n^{(1)}}\right)=-\overrightarrow{n^{(1)}}\cdot\left(\overrightarrow{\omega^{(1)}}\times\overrightarrow{v^{(12)}}\right)$。这样，式(1.2-35)变为

$$\frac{\mathrm{d}_1\overrightarrow{r^{(1)}}}{\mathrm{d}t}\cdot\overrightarrow{p^{(1)}}=\overrightarrow{n^{(1)}}\cdot\overrightarrow{q^{(1)}} \tag{1.2-36}$$

式中，$\overrightarrow{p^{(1)}}=\overrightarrow{\omega^{(12)}}\times\overrightarrow{n^{(1)}}+v^{(12)}\left(\kappa_1^{(1)}\cos\vartheta_v\overrightarrow{e_1^{(1)}}+\kappa_2^{(1)}\sin\vartheta_v\overrightarrow{e_2^{(1)}}\right)$；$\overrightarrow{q^{(1)}}=\overrightarrow{A^{(12)}}-\overrightarrow{\omega^{(12)}}\times\overrightarrow{v^{(12)}}$，对于固定轴的定速比齿轮传动，$\overrightarrow{q^{(1)}}=\overrightarrow{\omega^{(12)}}\times\left(\overrightarrow{\omega^{(1)}}\times\overrightarrow{r^{(1)}}\right)-\overrightarrow{\omega^{(1)}}\times\overrightarrow{v^{(12)}}=\overrightarrow{\omega^{(1)}}\times\left(\overrightarrow{\omega^{(2)}}\times\overrightarrow{r^{(2)}}\right)-\overrightarrow{\omega^{(2)}}\times\left(\overrightarrow{\omega^{(1)}}\times\overrightarrow{r^{(1)}}\right)$。

如果$\frac{\mathrm{d}_1\overrightarrow{r^{(1)}}}{\mathrm{d}t}$取在接触线的切线方向上，$\vartheta=\vartheta_c$，因为接触线上的各点是同时接触的，$\mathrm{d}t$恒等于零，但$\mathrm{d}\overrightarrow{r_1^{(1)}}\neq0$，式(1.2-36)应为$\mathrm{d}_1\overrightarrow{r^{(1)}}\cdot\overrightarrow{p^{(1)}}=\overrightarrow{n^{(1)}}\cdot\overrightarrow{q^{(1)}}\mathrm{d}t=0$。说明向量$\overrightarrow{p^{(1)}}$垂直于接触线的切线方向。此时式(1.2-35)变为

$$\mathrm{d}_1\overrightarrow{r^{(1)}}\cdot\left(\overrightarrow{n^{(1)}}\times\overrightarrow{\omega^{(12)}}\right)+\overrightarrow{v^{(12)}}\cdot\mathrm{d}_1\overrightarrow{n^{(1)}}=0 \tag{1.2-37}$$

如果已知的是齿面$\Sigma^{(2)}$，可在静坐标$o'x'y'z'$中进行分析。由啮合方程$\overrightarrow{n^{(2)}}\cdot\overrightarrow{v^{(21)}}=0$及$\overrightarrow{n^{(2)}}\cdot\frac{\mathrm{d}\overrightarrow{v^{(21)}}}{\mathrm{d}t}+\frac{\mathrm{d}\overrightarrow{n^{(2)}}}{\mathrm{d}t}\cdot\overrightarrow{v^{(21)}}=0$可以推出

$$\overrightarrow{n^{(2)}}\cdot\left[\overrightarrow{A^{(21)}}+\overrightarrow{\omega^{(21)}}\times\frac{\mathrm{d}_2\overrightarrow{r^{(2)}}}{\mathrm{d}t}+\overrightarrow{\omega^{(1)}}\times\overrightarrow{v^{(21)}}\right]+\left[\frac{\mathrm{d}_2\overrightarrow{n^{(2)}}}{\mathrm{d}t}+\left(\overrightarrow{\omega^{(2)}}\times\overrightarrow{n^{(2)}}\right)\right]\cdot\overrightarrow{v^{(21)}}=0 \tag{1.2-38}$$

$$\frac{\mathrm{d}_2\overrightarrow{r^{(2)}}}{\mathrm{d}t}\cdot\overrightarrow{p^{(2)}}=\overrightarrow{n^{(2)}}\cdot\overrightarrow{q^{(2)}} \tag{1.2-39}$$

式中，$\overrightarrow{p^{(2)}}=\overrightarrow{\omega^{(21)}}\times\overrightarrow{n^{(2)}}+\overrightarrow{v^{(21)}}\left(\kappa_1^{(2)}\cos\vartheta_v\overrightarrow{e_1^{(2)}}+\kappa_2^{(2)}\sin\vartheta_v\overrightarrow{e_2^{(2)}}\right)$，$\vartheta_v$为相对运动速度$\overrightarrow{v^{(21)}}$和主方向$\overrightarrow{e_1^{(2)}}$的夹角；$\overrightarrow{q^{(2)}}=\overrightarrow{A^{(21)}}-\overrightarrow{\omega^{(21)}}\times\overrightarrow{v^{(21)}}$，$\overrightarrow{A^{(21)}}=2\,\overrightarrow{\omega^{(21)}}\times\overrightarrow{v^{(21)}}-\overrightarrow{A^{(12)}}$，对于固定轴的定速比齿轮传动，$\overrightarrow{q^{(2)}}=\overrightarrow{\omega^{(2)}}\times\left(\overrightarrow{\omega^{(1)}}\times\overrightarrow{r^{(1)}}\right)-\overrightarrow{\omega^{(1)}}\times\left(\overrightarrow{\omega^{(2)}}\times\overrightarrow{r^{(2)}}\right)$。

共轭齿面的齿面法曲率之差$\kappa_n^{(12)}$称为齿面的诱导法曲率。诱导法曲率的极大值为诱导主曲率$\kappa_1^{(12)}$，诱导法曲率的极小值为诱导主曲率$\kappa_2^{(12)}$。

$$\begin{aligned}\kappa_n^{(12)}=\kappa_n^{(1)}-\kappa_n^{(2)}&=-\frac{\mathrm{d}_1\overrightarrow{n^{(1)}}\cdot\mathrm{d}_1\overrightarrow{r^{(1)}}}{\left(\mathrm{d}_1\overrightarrow{r^{(1)}}\right)^2}+\frac{\mathrm{d}_2\overrightarrow{n^{(2)}}\cdot\mathrm{d}_2\overrightarrow{r^{(2)}}}{\left(\mathrm{d}_2\overrightarrow{r^{(2)}}\right)^2}\\&=-\frac{\mathrm{d}_1\overrightarrow{n^{(1)}}\cdot\mathrm{d}_1\overrightarrow{r^{(1)}}}{\left(\mathrm{d}_1\overrightarrow{r^{(1)}}\right)^2}+\frac{\left[\mathrm{d}_1\overrightarrow{n^{(1)}}+\left(\overrightarrow{\omega^{(12)}}\times\overrightarrow{n^{(1)}}\right)\mathrm{d}t\right]\cdot\left(\mathrm{d}_1\overrightarrow{r^{(1)}}+\overrightarrow{v^{(12)}}\right)}{\left(\mathrm{d}_1\overrightarrow{r^{(1)}}+\overrightarrow{v^{(12)}}\right)^2}\end{aligned} \tag{1.2-40}$$

如果$\frac{\mathrm{d}_1\overrightarrow{r^{(1)}}}{\mathrm{d}t}$取在$\overrightarrow{v^{(12)}}$的方向，$\vartheta=\vartheta_v$，$\frac{\mathrm{d}_1\overrightarrow{r^{(1)}}}{\mathrm{d}t}=\xi\overrightarrow{v^{(12)}}$。由式(1.2-36)得，$\xi=\frac{\overrightarrow{n^{(1)}}\cdot\overrightarrow{q^{(1)}}}{\overrightarrow{v^{(12)}}\cdot\overrightarrow{p^{(1)}}}$，$\frac{\mathrm{d}_1\overrightarrow{n^{(1)}}}{\mathrm{d}t}=-\xi\overrightarrow{v^{(12)}}\left(\kappa_1^{(1)}\cos\vartheta_v\overrightarrow{e_1^{(1)}}+\kappa_2^{(1)}\sin\vartheta_v\overrightarrow{e_2^{(1)}}\right)$。由式(1.2-36)、式(1.2-40)得到$\overrightarrow{v^{(12)}}$方向的诱导法曲率

$$\kappa_v^{(12)} = \frac{\overrightarrow{n^{(1)}} \cdot \overrightarrow{q^{(1)}}}{\xi(\xi+1)(v^{(12)})^2} \tag{1.2-41}$$

在接触线的切线方向，由于共轭齿面的法曲率相等，诱导法曲率有极小值 $\kappa_2^{(12)}=0$。在接触线的切线的垂直方向（又称齿廓方向），诱导法曲率有极大值 $\kappa_1^{(12)}=\kappa_\sigma^{(12)}$。

设任意切线方向和接触线的切线方向之间的夹角为 $\vartheta-\vartheta_c$。由式（1.1-28）和式（1.1-29）可以求得齿面 $\Sigma^{(1)}$ 和 $\Sigma^{(2)}$ 在任意切线方向的法曲率和短程挠率。

任意切线方向的诱导法曲率仍然满足欧拉公式。

$$\kappa_n^{(12)} = \kappa_\sigma^{(12)}\sin^2(\vartheta-\vartheta_c) \tag{1.2-42}$$

诱导短程挠率 $\tau_g^{(12)}=\tau_g^{(1)}-\tau_g^{(2)}$。任意切线方向的诱导短程挠率也符合贝特朗公式。

$$\tau_g^{(12)} = \kappa_\sigma^{(12)}\sin(\vartheta-\vartheta_c)\cos(\vartheta-\vartheta_c) \tag{1.2-43}$$

设 $\kappa_n^{(12)}$、$\kappa_{n'}^{(12)}$、$\tau_g^{(12)}$ 是任意一对相互垂直的方向上的诱导法曲率、诱导短程挠率，它们与诱导主曲率 $\kappa_1^{(12)}$、$\kappa_2^{(12)}$ 之间的关系是

$$\begin{cases}\kappa_1^{(12)}\kappa_2^{(12)} = \kappa_n^{(12)}\kappa_{n'}^{(12)} - [\tau_g^{(12)}]^2 \\ \kappa_1^{(12)} + \kappa_1^{(12)} = \kappa_n^{(12)} + \kappa_{n'}^{(12)}\end{cases} \tag{1.2-44}$$

$\overrightarrow{v^{(12)}}$ 方向和接触线的切线方向之间的夹角为 $\vartheta_v-\vartheta_c$。已知 $\kappa_v^{(12)}$，由诱导法曲率的欧拉公式得

$$\kappa_\sigma^{(12)} = \frac{\kappa_v^{(12)}}{\sin^2(\vartheta_v-\vartheta_c)} \tag{1.2-45}$$

图 1.2-3 中，坐标系 $Px_0y_0z_0$ 的 Px_0 轴、Py_0 轴在齿面 $\Sigma^{(1)}$ 的切面上，Pz_0 轴在 $\Sigma^{(1)}$ 的法线 $\overrightarrow{n^{(1)}}$ 上。Px_0 轴与接触线切线的夹角为 ϑ_{x_0}。在 Px_0 轴的方向上，齿面 $\Sigma^{(1)}$ 的法曲率 $\kappa_{nx_0}^{(1)}=\kappa_1^{(1)}\cos^2(\vartheta_{x_0}+\vartheta_c)+\kappa_2^{(1)}\sin^2(\vartheta_{x_0}+\vartheta_c)$、短程挠率 $\tau_{gx_0}^{(1)}=(\kappa_2^{(1)}-\kappa_1^{(1)})\sin(\vartheta_{x_0}+\vartheta_c)\cos(\vartheta_{x_0}+\vartheta_c)$。在 Py_0 轴的方向上，齿面 $\Sigma^{(1)}$ 的法曲率 $\kappa_{ny_0}^{(1)}=\kappa_1^{(1)}\sin^2(\vartheta_{x_0}+\vartheta_c)+\kappa_2^{(1)}\cos^2(\vartheta_{x_0}+\vartheta_c)$。

在 Px_0 轴的方向上，由式（1.2-42），齿面 $\Sigma^{(1)}$ 与齿面 $\Sigma^{(2)}$ 之间的诱导法曲率 $\kappa_{nx_0}^{(12)}=\kappa_\sigma^{(12)}\sin^2\vartheta_{x_0}$，由式（1.2-43），诱导短程挠率为 $\tau_{gx_0}^{(12)}=\kappa_\sigma^{(12)}\sin\vartheta_{x_0}\cos\vartheta_{x_0}$。在 Py_0 轴的方向上，齿面 $\Sigma^{(1)}$ 与齿面 $\Sigma^{(2)}$ 之间的诱导法曲率为 $\kappa_{ny_0}^{(12)}=\kappa_\sigma^{(12)}\cos^2\vartheta_{x_0}$，诱导短程挠率为 $\tau_{gy_0}^{(12)}=-\kappa_\sigma^{(12)}\sin\vartheta_{x_0}\cos\vartheta_{x_0}$。由上述各式得

$$\begin{cases}\kappa_{nx_0}^{(12)} = \tau_{gx_0}^{(12)}\tan\vartheta_{x_0} \\ \tau_{gx_0}^{(12)} = \kappa_{ny_0}^{(12)}\tan\vartheta_{x_0} \\ [\tau_{gx_0}^{(12)}]^2 = \kappa_{nx_0}^{(12)}\kappa_{ny_0}^{(12)}\end{cases} \tag{1.2-46}$$

图 1.2-3 中，坐标系 $Px_0y_0z_0$ 的 3 个坐标轴的单位矢量为 $\overrightarrow{x_0}$、$\overrightarrow{y_0}$、$\overrightarrow{z_0}$。则 $\overrightarrow{n^{(1)}}=\overrightarrow{z_0}$，$\overrightarrow{e_1^{(1)}}=\cos(\vartheta_{x_0}+\vartheta_c)\overrightarrow{x_0}-\sin(\vartheta_{x_0}+\vartheta_c)\overrightarrow{y_0}$，$\overrightarrow{e_2^{(1)}}=\sin(\vartheta_{x_0}+\vartheta_c)\overrightarrow{x_0}+\cos(\vartheta_{x_0}+\vartheta_c)\overrightarrow{y_0}$。$\overrightarrow{\omega^{(12)}}=\omega_{x_0}^{(12)}\overrightarrow{x_0}+\omega_{y_0}^{(12)}\overrightarrow{y_0}$，$\overrightarrow{v^{(12)}}=v_{x_0}^{(12)}\overrightarrow{x_0}+v_{y_0}^{(12)}\overrightarrow{y_0}$，$\overrightarrow{A^{(12)}}=A_{x_0}^{(12)}\overrightarrow{x_0}+A_{y_0}^{(12)}\overrightarrow{y_0}+A_{z_0}^{(12)}\overrightarrow{z_0}$。

当 $d_1\overrightarrow{r^{(1)}}$ 取在接触线的切线方向时，$d_1\overrightarrow{r^{(1)}}=\left|d_1\overrightarrow{r^{(1)}}\right|\left(\cos\vartheta_c\overrightarrow{e_1^{(1)}}+\sin\vartheta_c\overrightarrow{e_2^{(1)}}\right)=\left|d_1\overrightarrow{r^{(1)}}\right|\left(\cos\vartheta_{x_0}\overrightarrow{x_0}-\sin\vartheta_{x_0}\overrightarrow{y_0}\right)$，$d_1\overrightarrow{n^{(1)}}=-\left|d_1\overrightarrow{r^{(1)}}\right|\left(\kappa_1^{(1)}\cos\vartheta_c\overrightarrow{e_1^{(1)}}+\kappa_2^{(1)}\sin\vartheta_c\overrightarrow{e_2^{(1)}}\right)=-\left|d_1\overrightarrow{r^{(1)}}\right|\left[\kappa_1^{(1)}\cos\vartheta_c\cos(\vartheta_{x_0}+\vartheta_c)\overrightarrow{x_0}-\kappa_1^{(1)}\cos\vartheta_c\sin(\vartheta_{x_0}+\vartheta_c)\overrightarrow{y_0}+\kappa_2^{(1)}\sin\vartheta_c\sin(\vartheta_{x_0}+\vartheta_c)\overrightarrow{x_0}+\kappa_2^{(1)}\sin\vartheta_c\cos(\vartheta_{x_0}+\vartheta_c)\overrightarrow{y_0}\right]=-\left|d_1\overrightarrow{r^{(1)}}\right|\left[\left(\kappa_{nx_0}^{(1)}\cos\vartheta_{x_0}-\tau_{gx_0}^{(1)}\sin\vartheta_{x_0}\right)\overrightarrow{x_0}-\left(\kappa_{ny_0}^{(1)}\sin\vartheta_{x_0}-\tau_{gx_0}^{(1)}\cos\vartheta_{x_0}\right)\overrightarrow{y_0}\right]$。由式(1.2-37)得

$$\tan\vartheta_{x_0}=\frac{\omega_{y_0}^{(12)}+v_{x_0}^{(12)}\kappa_{nx_0}^{(1)}+v_{y_0}^{(12)}\tau_{gx_0}^{(1)}}{-\omega_{x_0}^{(12)}+v_{x_0}^{(12)}\tau_{gx_0}^{(1)}+v_{y_0}^{(12)}\kappa_{ny_0}^{(1)}} \tag{1.2-47}$$

式中，$v_{x_0}^{(1)}$、$v_{y_0}^{(1)}$ 为 $\left|\frac{d_1\overrightarrow{r^{(1)}}}{dt}\right|$ 在 x_0 轴、y_0 轴上的分量。当 $\frac{d_1\overrightarrow{r^{(1)}}}{dt}$ 取在 Py_0 轴上时，$v_{x_0}^{(1)}=0$，$\frac{d_1\overrightarrow{r^{(1)}}}{dt}=\left|\frac{d_1\overrightarrow{r^{(1)}}}{dt}\right|\left(\cos\frac{\pi}{2}\overrightarrow{x_0}+\sin\frac{\pi}{2}\overrightarrow{y_0}\right)=v_{y_0}^{(1)}\overrightarrow{y_0}$，$\frac{d_1\overrightarrow{n^{(1)}}}{dt}=-\left|\frac{d_1\overrightarrow{r^{(1)}}}{dt}\right|\left[\left(\kappa_{nx_0}^{(1)}\cos\frac{\pi}{2}+\tau_{gx_0}^{(1)}\sin\frac{\pi}{2}\right)\overrightarrow{x_0}+\left(\kappa_{ny_0}^{(1)}\sin\frac{\pi}{2}+\tau_{gx_0}^{(1)}\cos\frac{\pi}{2}\right)\overrightarrow{y_0}\right]=-v_{y_0}^{(1)}\left(\tau_{gx_0}^{(1)}\overrightarrow{x_0}+\kappa_{ny_0}^{(1)}\overrightarrow{y_0}\right)$。由式(1.2-35)、式(1.2-36)得

$$v_{y_0}^{(1)}=\frac{\overrightarrow{n^{(1)}}\cdot\overrightarrow{q^{(1)}}}{-\omega_{x_0}^{(12)}+v_{x_0}^{(12)}\tau_{gx_0}^{(1)}+v_{y_0}^{(12)}\kappa_{ny_0}^{(1)}}=\frac{A_{z_0}^{(12)}+\omega_{y_0}^{(12)}v_{x_0}^{(12)}-\omega_{x_0}^{(12)}v_{y_0}^{(12)}}{-\omega_{x_0}^{(12)}+v_{x_0}^{(12)}\tau_{gx_0}^{(1)}+v_{y_0}^{(12)}\kappa_{ny_0}^{(1)}} \tag{1.2-48}$$

图 1.2-4 中，在 Px_0 轴的方向上，齿面 $\Sigma^{(2)}$ 的法曲率为 $\kappa_{nx_0}^{(2)}=\kappa_1^{(2)}\cos^2\vartheta_2+\kappa_2^{(2)}\sin^2\vartheta_2$、短程挠率为 $\tau_{gx_0}^{(2)}=(\kappa_2^{(2)}-\kappa_1^{(2)})\sin\vartheta_2\cos\vartheta_2$。在 Py_0 轴的方向上，齿面 $\Sigma^{(2)}$ 的法曲率为 $\kappa_{ny_0}^{(2)}=\kappa_1^{(2)}\sin^2\vartheta_2+\kappa_2^{(2)}\cos^2\vartheta_2$。齿面 $\Sigma^{(2)}$ 的主方向的单位矢量 $\overrightarrow{e_1^{(2)}}=\cos\vartheta_2\overrightarrow{x_0}-\sin\vartheta_2\overrightarrow{y_0}$、$\overrightarrow{e_2^{(2)}}=\sin\vartheta_2\overrightarrow{x_0}+\cos\vartheta_2\overrightarrow{y_0}$。$\frac{d_2\overrightarrow{r^{(2)}}}{dt}=\frac{d_1\overrightarrow{r^{(1)}}}{dt}+\overrightarrow{v^{(12)}}$，它与 $\overrightarrow{x_0}$ 之间的夹角为 ϑ_{2x}。

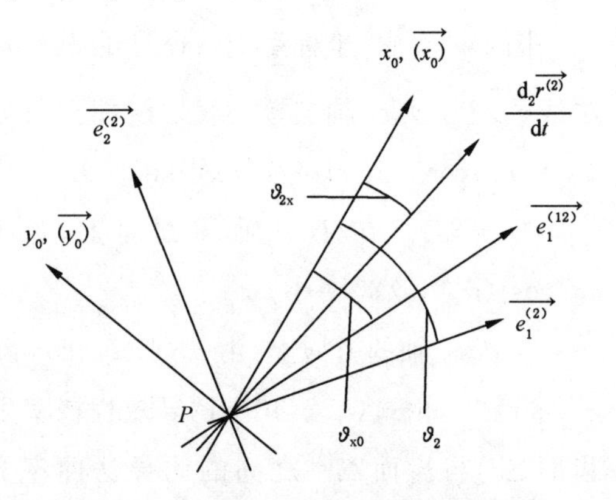

图 1.2-4　齿面 $\Sigma^{(2)}$ 在接触点处的坐标系

$$\begin{aligned}\frac{d_2\overrightarrow{r^{(2)}}}{dt}&=\left|\frac{d_2\overrightarrow{r^{(2)}}}{dt}\right|\left[\cos(\vartheta_2-\vartheta_{2x})\overrightarrow{e_1^{(2)}}+\sin(\vartheta_2-\vartheta_{2x})\overrightarrow{e_2^{(2)}}\right]\\&=\left|\frac{d_2\overrightarrow{r^{(2)}}}{dt}\right|\left(\cos\vartheta_{2x}\overrightarrow{x_0}-\sin\vartheta_{2x}\overrightarrow{y_0}\right)=v_{x_0}^{(2)}\overrightarrow{x_0}+v_{y_0}^{(2)}\overrightarrow{y_0}\end{aligned} \tag{1.2-49}$$

$$\begin{aligned}\frac{d_2\overrightarrow{n^{(2)}}}{dt}&=-\left|\frac{d_2\overrightarrow{r^{(2)}}}{dt}\right|\left[\kappa_1^{(2)}\cos(\vartheta_2-\vartheta_{2x})\overrightarrow{e_1^{(2)}}+\kappa_2^{(2)}\sin(\vartheta_2-\vartheta_{2x})\overrightarrow{e_2^{(2)}}\right]\\&=-\left|\frac{d_2\overrightarrow{r^{(2)}}}{dt}\right|\left[\kappa_1^{(2)}\cos\vartheta_2\cos(\vartheta_2-\vartheta_{2x})\overrightarrow{x_0}+\kappa_2^{(2)}\sin\vartheta_2\sin(\vartheta_2-\vartheta_{2x})\overrightarrow{x_0}-\right.\end{aligned}$$

$$\kappa_1^{(2)}\sin\vartheta_2\cos(\vartheta_2-\vartheta_{2x})\overrightarrow{y_0}+\kappa_2^{(2)}\cos\vartheta_2\sin(\vartheta_2-\vartheta_{2x})\overrightarrow{y_0}\Big]$$

$$=-\left|\frac{\mathrm{d}_2\overrightarrow{r^{(2)}}}{\mathrm{d}t}\right|\Big[(\kappa_{nx_0}^{(2)}\cos\vartheta_{2x}-\tau_{gx_0}^{(2)}\sin\vartheta_{2x})\overrightarrow{x_0}-(\kappa_{ny_0}^{(2)}\sin\vartheta_{2x}-\tau_{gx_0}^{(2)}\cos\vartheta_{2x})\overrightarrow{y_0}\Big]$$

$$=-\left(\kappa_{nx_0}^{(2)}v_{x_0}^{(2)}+\tau_{gx_0}^{(2)}v_{y_0}^{(2)}\right)\overrightarrow{x_0}-\left(\kappa_{ny_0}^{(2)}v_{y_0}^{(2)}+\tau_{gx_0}^{(2)}v_{x_0}^{(2)}\right)\overrightarrow{y_0} \tag{1.2-50}$$

由式(1.2-21)得

$$\frac{\mathrm{d}_2\overrightarrow{n^{(2)}}}{\mathrm{d}t}=\frac{\mathrm{d}_1\overrightarrow{n^{(1)}}}{\mathrm{d}t}+\overrightarrow{\omega^{(12)}}\times\overrightarrow{n^{(2)}}$$

$$=-\overrightarrow{v_{y_0}^{(1)}}\left(\tau_{gx_0}^{(1)}\overrightarrow{x_0}+\kappa_{ny_0}^{(1)}\overrightarrow{y_0}\right)+\omega_{y_0}^{(12)}\overrightarrow{x_0}-\omega_{x_0}^{(12)}\overrightarrow{y_0} \tag{1.2-51}$$

当$\frac{\mathrm{d}_2\overrightarrow{r^{(2)}}}{\mathrm{d}t}$取在$\overrightarrow{v_{12}}$方向上时，$v_{x_0}^{(2)}=v_{x_0}^{(12)}$，$v_{y_0}^{(2)}=v_{y_0}^{(1)}+v_{y_0}^{(12)}$。将$\kappa_{nx_0}^{(2)}=\kappa_{nx_0}^{(1)}-\kappa_{nx_0}^{(12)}$，$\kappa_{ny_0}^{(2)}=\kappa_{ny_0}^{(1)}-\kappa_{ny_0}^{(12)}$，$\tau_{gx_0}^{(2)}=\tau_{gx_0}^{(1)}-\tau_{gx_0}^{(12)}=\tau_{gx_0}^{(1)}-\kappa_{ny_0}^{(12)}\tan\vartheta_{x_0}$代入式(1.2-50)并令式(1.2-50)等于式(1.2-51)，由坐标轴Px_0方向的分量相等得$\kappa_{nx_0}^{(12)}$，由坐标轴Py_0方向的分量相等得$\kappa_{ny_0}^{(12)}$：

$$\begin{cases}\kappa_{nx_0}^{(12)}=\dfrac{\omega_{y_0}^{(12)}+\kappa_{nx_0}^{(1)}v_{x_0}^{(12)}+\tau_{gx_0}^{(1)}v_{y_0}^{(12)}}{v_{x_0}^{(12)}+\left(v_{y_0}^{(1)}+v_{y_0}^{(12)}\right)\mathrm{ctan}\vartheta_{x_0}}\\[2ex]\kappa_{ny_0}^{(12)}=\dfrac{-\omega_{x_0}^{(12)}+\kappa_{ny_0}^{(1)}v_{y_0}^{(12)}+\tau_{gx_0}^{(1)}v_{x_0}^{(12)}}{v_{y_0}^{(1)}+v_{y_0}^{(12)}+v_{x_0}^{(12)}\tan\vartheta_{x_0}}\end{cases} \tag{1.2-52}$$

式(1.2-46)、式(1.2-47)、式(1.2-48)、式(1.2-52)都是由齿面$\Sigma^{(1)}$到齿面$\Sigma^{(2)}$的推演。根据对称性，可以直接写出由齿面$\Sigma^{(2)}$推演到齿面$\Sigma^{(1)}$的有关公式。

$$\tan\vartheta_{x_0}=\frac{\omega_{y_0}^{(21)}+v_{x_0}^{(21)}\kappa_{nx_0}^{(2)}+v_{y_0}^{(21)}\tau_{gx_0}^{(2)}}{-\omega_{x_0}^{(21)}+v_{x_0}^{(21)}\tau_{gx_0}^{(2)}+v_{y_0}^{(21)}\kappa_{ny_0}^{(2)}} \tag{1.2-53}$$

$$v_{y_0}^{(2)}=\frac{\overrightarrow{n^{(2)}}\cdot\overrightarrow{q^{(2)}}}{-\omega_{x_0}^{(21)}+v_{x_0}^{(21)}\tau_{gx_0}^{(2)}+v_{y_0}^{(21)}\kappa_{ny_0}^{(2)}}=\frac{A_{z_0}^{(21)}+\omega_{y_0}^{(21)}v_{x_0}^{(21)}-\omega_{x_0}^{(21)}v_{y_0}^{(21)}}{-\omega_{x_0}^{(21)}+v_{x_0}^{(21)}\tau_{gx_0}^{(2)}+v_{y_0}^{(21)}\kappa_{ny_0}^{(2)}} \tag{1.2-54}$$

$$\kappa_{ny_0}^{(21)}=\frac{-\omega_{x_0}^{(21)}+\kappa_{ny_0}^{(2)}v_{y_0}^{(21)}+\tau_{gx_0}^{(2)}v_{x_0}^{(21)}}{v_{y_0}^{(2)}+v_{y_0}^{(21)}+v_{x_0}^{(21)}\tan\vartheta_{x_0}} \tag{1.2-55}$$

式中，$\omega_{x_0}^{(21)}=-\omega_{x_0}^{(12)}$；$\omega_{y_0}^{(21)}=-\omega_{y_0}^{(12)}$；$v_{x_0}^{(21)}=-v_{x_0}^{(12)}$；$v_{y_0}^{(21)}=-v_{y_0}^{(12)}$；$\overrightarrow{n^{(2)}}=\overrightarrow{n^{(1)}}$；$\overrightarrow{q^{(2)}}=-\overrightarrow{q^{(1)}}$；$A_{z_0}^{(21)}=A_{z_0}^{(12)}$。

$$\begin{cases}\kappa_{nx_0}^{(21)}=\tau_{gx_0}^{(21)}\tan\vartheta_{x_0}\\ \tau_{gx_0}^{(21)}=\kappa_{ny_0}^{(21)}\tan\vartheta_{x_0}\\ [\tau_{gx_0}^{(21)}]^2=\kappa_{nx_0}^{(21)}\kappa_{ny_0}^{(21)}\end{cases} \tag{1.2-56}$$

1.2.5 共轭齿面的两类界限点

实用齿面应当是光滑的曲面，它上面不应当有尖点、节点之类的奇点。但是一个齿面即使是光滑的，也不能保证与其共轭的齿面全部是光滑的。

当齿面在某一个方向出现尖点时，该方向的法曲率会趋于无穷大，法截线的曲率半径

趋于零。由曲线曲率的计算公式 $\kappa=\dfrac{\left|\overrightarrow{r'}\times\overrightarrow{r''}\right|}{\left|\overrightarrow{r'}\right|^3}$ 可见，当一阶导数 $\overrightarrow{r'}$ 趋于零时，κ 将趋于无穷大，这是分析共轭齿面不出现奇点的理论基础。

1.2.5.1 曲率干涉界限点或根切界限点

假定齿面 $\Sigma^{(1)}$ 是光滑的没有奇点的曲面。齿面 $\Sigma^{(1)}$ 上的 $P^{(1)}$ 点和齿面 $\Sigma^{(2)}$ 上的 $P^{(2)}$ 点是啮合点。如果在 $P^{(2)}$ 点出现尖点，即 $\dfrac{\mathrm{d}_2\overrightarrow{r^{(2)}}}{\mathrm{d}t}=0$，则称 $P^{(1)}$ 点为曲率干涉界限点或根切界限点。齿面 $\Sigma^{(1)}$ 上所有的曲率干涉界限点组成曲率干涉界限线或根切界限线，此时 $\dfrac{\mathrm{d}_1\overrightarrow{r^{(1)}}}{\mathrm{d}t}=-\overrightarrow{v^{(12)}}$，式(1.2-36)变为 $\overrightarrow{v^{(12)}}\cdot\overrightarrow{p^{(1)}}+\overrightarrow{n^{(1)}}\cdot\overrightarrow{q^{(1)}}=0$。将 $\overrightarrow{p^{(1)}}=\overrightarrow{\omega^{(12)}}\times\overrightarrow{n^{(1)}}+v^{(12)}\left(\kappa_1^{(1)}\cos\vartheta_{\mathrm{v}}\overrightarrow{e_1^{(1)}}+\kappa_2^{(1)}\sin\vartheta_{\mathrm{v}}\overrightarrow{e_2^{(1)}}\right)$，$\overrightarrow{v^{(12)}}=v^{(12)}\left(\cos\vartheta_{\mathrm{v}}\overrightarrow{e_1^{(1)}}+\sin\vartheta_{\mathrm{v}}\overrightarrow{e_2^{(1)}}\right)$ 代入 $\overrightarrow{v^{(12)}}\cdot\overrightarrow{p^{(1)}}+\overrightarrow{n^{(1)}}\cdot\overrightarrow{q^{(1)}}=0$，由 $\kappa_{\mathrm{v}}^{(1)}=(\kappa_1^{(1)}\cos^2\vartheta_{\mathrm{v}}+\kappa_2^{(1)}\sin^2\vartheta_{\mathrm{v}})$，得到 $\kappa_{\mathrm{v}}^{(1)}-\kappa_0^{(1)}=0$。$\kappa_0^{(1)}$ 称为临界法曲率。

$$\kappa_0^{(1)}=-\frac{\overrightarrow{n^{(1)}}\cdot\overrightarrow{q^{(1)}}+\overrightarrow{v^{(12)}}\cdot\left(\overrightarrow{\omega^{(12)}}\times\overrightarrow{n^{(1)}}\right)}{(v^{(12)})^2} \tag{1.2-57}$$

将 $\xi=\dfrac{\overrightarrow{n_1^{(1)}}\cdot\overrightarrow{q^{(1)}}}{\overrightarrow{v^{(12)}}\cdot\overrightarrow{p^{(1)}}}$，$\xi+1=\dfrac{\overrightarrow{n_1^{(1)}}\cdot\overrightarrow{q^{(1)}}+\overrightarrow{v^{(12)}}\cdot\overrightarrow{p^{(1)}}}{\overrightarrow{v^{(12)}}\cdot\overrightarrow{p^{(1)}}}$ 代入式(1.2-41)，得 $\kappa_{\mathrm{v}}^{(12)}=\dfrac{\left(\overrightarrow{v^{(12)}}\cdot\overrightarrow{p^{(1)}}\right)^2}{\left(\overrightarrow{n_1^{(1)}}\cdot\overrightarrow{q^{(1)}}+\overrightarrow{v^{(12)}}\cdot\overrightarrow{p^{(1)}}\right)(v^{(12)})^2}$。在图 1.2-3 中，$\sin(\vartheta_{\mathrm{v}}-\vartheta_{\mathrm{c}})=\dfrac{\overrightarrow{p^{(1)}}\cdot\overrightarrow{v^{(12)}}}{p^{(1)}v^{(12)}}$。由式(1.2-45)得 $\kappa_\sigma^{(12)}=\dfrac{(p^{(1)})^2}{\overrightarrow{n_1^{(1)}}\cdot\overrightarrow{q^{(1)}}+\overrightarrow{v^{(12)}}\cdot\overrightarrow{p^{(1)}}}$。

两个齿面都是凸齿面时不会出现曲率干涉现象。如果一个齿面是凸齿面，另一个齿面是凹齿面，则有可能出现曲率干涉现象。$\kappa_\sigma^{(12)}$ 是诱导法曲率的最大值。$\kappa_\sigma^{(12)}\geqslant 0$ 时没有曲率干涉现象，$\kappa_\sigma^{(12)}<0$ 时即 $\kappa_{\mathrm{v}}^{(12)}<\kappa_0^{(12)}$ 时会出现曲率干涉现象。

1.2.5.2 啮合界限点

啮合界限点也是齿面 $\Sigma^{(1)}$ 上的点。在该点齿面 $\Sigma^{(1)}$ 出现尖点，$\dfrac{\mathrm{d}_1\overrightarrow{r^{(1)}}}{\mathrm{d}t}=0$，$\dfrac{\mathrm{d}_2\overrightarrow{r^{(2)}}}{\mathrm{d}t}=\overrightarrow{v^{(12)}}$。所有的啮合界限点组成啮合界限线。由式(1.2-41)得 $\overrightarrow{n_1^{(1)}}\cdot\overrightarrow{q^{(1)}}=0$。式(1.2-41)变为 $\kappa_{\mathrm{v}}^{(12)}=\dfrac{\overrightarrow{v^{(12)}}\cdot\overrightarrow{p^{(1)}}}{(v^{(12)})^2}=\dfrac{\overrightarrow{v^{(12)}}\cdot\left(\overrightarrow{\omega^{(12)}}\times\overrightarrow{n^{(1)}}\right)}{(v^{(12)})^2}+\kappa_{\mathrm{v}}^{(1)}$。$\kappa_{\mathrm{v}}^{(2)}=\kappa_{\mathrm{v}}^{(1)}-\kappa_{\mathrm{v}}^{(12)}$，当出现啮合界限点时，$\kappa_{\mathrm{v}}^{(2)}$ 称为齿面 $\Sigma^{(2)}$ 的极限法曲率 $\kappa_{\mathrm{j}}^{(2)}$。

$$\kappa_{\mathrm{j}}^{(2)}=-\frac{\overrightarrow{v^{(12)}}\cdot\left(\overrightarrow{\omega^{(12)}}\times\overrightarrow{n^{(1)}}\right)}{(v^{(12)})^2} \tag{1.2-58}$$

在啮合界限点处，法线矢量$\overrightarrow{n^{(2)}}$称为齿面$\Sigma^{(2)}$的极限法矢$\overrightarrow{n_0^{(2)}}$。啮合界限线将齿面$\Sigma^{(1)}$分为两部分，一部分是参与啮合的齿面，另一部分是不参与啮合的齿面，实用齿面取参与啮合的齿面。根据同样的思路，由齿面$\Sigma^{(2)}$上的啮合界限点也可以推出齿面$\Sigma^{(1)}$在相对运动速度方向的极限法曲率$\kappa_j^{(1)}$。由$\overrightarrow{n^{(2)}} \cdot \overrightarrow{q^{(2)}} = 0$，$\overrightarrow{n^{(2)}} = -\overrightarrow{n^{(1)}}$，$\overrightarrow{q^{(2)}} = -\overrightarrow{q^{(1)}}$，$\overrightarrow{v^{(21)}} = -\overrightarrow{v^{(12)}}$，$\overrightarrow{\omega^{(21)}} = -\overrightarrow{\omega^{(12)}}$，得

$$\kappa_j^{(1)} = \kappa_j^{(2)} \tag{1.2-59}$$

本章小结

(1) 有关微分几何及齿轮啮合原理方面的著作有多种。不同版本的著作使用的数学工具不尽相同，符号规则也不相同，但研究的内容基本上是一致的。

在微分几何方面，本章主要参考了参考文献[1]。在齿轮啮合原理方面，本章主要参考了参考文献[2]。在引述上述文献时，本章一般不做详细的推导。

(2) 点接触的一对齿轮啮合副，相对速度的方向在啮合迹线的切线方向。共轭齿轮是线接触齿轮副，相对速度的方向不确定。

(3) 本章将齿面的接触分析推广至四阶接触。一般将节点的选择称为一阶接触分析，齿面的曲率分析称为二阶接触分析，齿面的接触区分析称为三阶接触分析。三阶接触分析已能满足齿轮的使用要求。如果对齿面的使用性能提出更高的要求，可做四阶接触分析。

(4) 本书中的角度是定义在$0 \sim 2\pi$范围内的。在运用计算机计算式(1.2-28)、式(1.2-30)时，注意角度值是定义在主值区间内的，所以要对计算结果做具体分析。比如当$U_1 > 0$、$V_1 < 0$、$W_1 > 0$时，$\delta_1 = \arccos\left(\frac{V_1}{\sqrt{U_1^2 + V_1^2}}\right)$，式(1.2-28)的右边可能是$\arcsin\left(\frac{W_1}{\sqrt{U_1^2 + V_1^2}}\right)$或$\pi - \arcsin\left(\frac{W_1}{\sqrt{U_1^2 + V_1^2}}\right)$。

第2章 原始准双曲面齿轮的几何设计

2.1 双曲面齿轮的节锥面及准双曲面齿轮的分度圆锥

2.1.1 双曲面齿轮的节锥面

实现交错轴定速比传动的齿轮是双曲面齿轮。

图 2.1-1 的坐标系与图 1.2-1 的坐标系相同。双曲面齿轮传动的偏置距是 E，轴交角是 Σ。大、小双曲面齿轮的角速度是 $\overrightarrow{\omega^{(2)}}$、$\overrightarrow{\omega^{(1)}}$，相对角速度 $\overrightarrow{\omega^{(12)}}=\overrightarrow{\omega^{(1)}}-\overrightarrow{\omega^{(2)}}$。双曲面小齿轮的瞬时啮合点是 $P^{(1)}$，双曲面大齿轮的瞬时啮合点是 $P^{(2)}$。

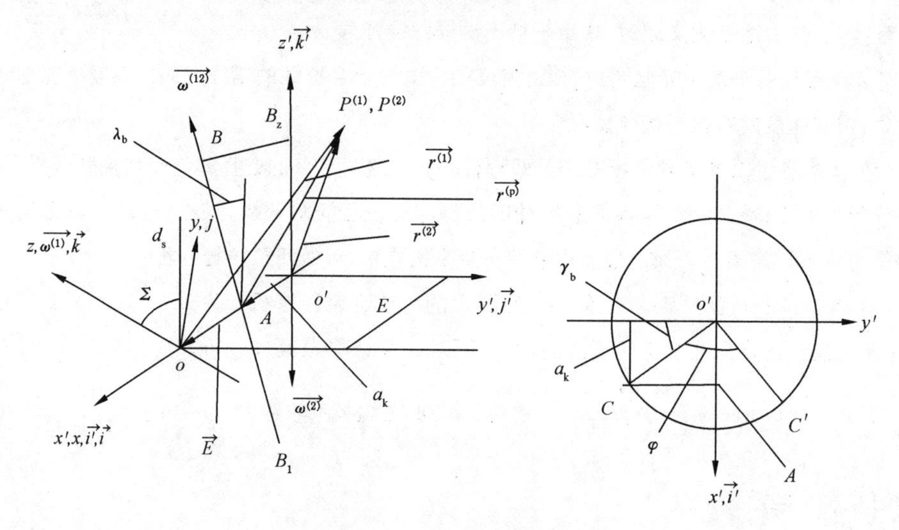

图 2.1-1 双曲面齿轮传动

分析表明，啮合点 $P^{(1)}$、$P^{(2)}$ 绕着一条直线 B_1B 做螺旋运动。螺旋运动的角速度为相对角速度 $\overrightarrow{\omega^{(12)}}$，螺旋运动的平移为沿着 B_1B 轴方向的平动，速度为每转 p_c。B_1B 称为瞬轴线。B_1B 与公垂线 oo' 交于 A 点，$\overrightarrow{o'A}=a_k\,\overrightarrow{i'}$。

啮合点 $P^{(1)}$、$P^{(2)}$ 做螺旋运动的速度等于齿轮的相对运动速度 $\overrightarrow{v^{(12)}}$。

$$\overrightarrow{v^{(12)}}=\overrightarrow{\omega^{(1)}}\times\overrightarrow{r^{(1)}}-\overrightarrow{\omega^{(2)}}\times\overrightarrow{r^{(2)}}=\overrightarrow{\omega^{(12)}}\times\overrightarrow{r^{(p)}}+P_c\,\overrightarrow{\omega^{(12)}} \tag{2.1-1}$$

在静坐标系 $o'x'y'z'$ 中，$\overrightarrow{r^{(1)}}=\overrightarrow{r^{(2)}}-E\,\overrightarrow{i'}$，$\overrightarrow{r^{(p)}}=\overrightarrow{r^{(2)}}-a_k\,\overrightarrow{i'}$，$\overrightarrow{\omega^{(2)}}=-\omega_2\,\overrightarrow{k'}$，$\overrightarrow{\omega^{(1)}}=-\omega_1(\sin\Sigma\overrightarrow{j'}-\cos\Sigma\,\overrightarrow{k'})$，$\overrightarrow{\omega^{(12)}}=\overrightarrow{\omega^{(1)}}-\overrightarrow{\omega^{(2)}}=-\omega_1\sin\Sigma\,\overrightarrow{j'}+(\omega_2+\omega_1\cos\Sigma)\overrightarrow{k'}$。将上述各式代

入式(2.1-1)中，得

$$\begin{cases} p_c\omega_1\sin\Sigma+a_k(\omega_2+\omega_1\cos\Sigma)=E\omega_1\cos\Sigma \\ p_c(\omega_2+\omega_1\cos\Sigma)-a_k\omega_1\sin\Sigma=-E\omega_1\sin\Sigma \end{cases} \tag{2.1-2}$$

解得 $p_c=-\dfrac{\omega_1\omega_2E\sin\Sigma}{\omega_1^2+\omega_2^2+2\omega_1\omega_2\cos\Sigma}$，$a_k=\dfrac{E\omega_1(\omega_1+\omega_2\cos\Sigma)}{\omega_1^2+\omega_2^2+2\omega_1\omega_2\cos\Sigma}$。

B_z 是 B 点在坐标轴 $o'z'$ 上的投影，$\overline{o'B_z}=z'$。λ_b 是 $\overrightarrow{\omega_1^{(12)}}$ 和 k' 的夹角。由 $\overrightarrow{\omega_1^{(12)}}$ 的两个坐标分量相等，得 $\tan\lambda_b=\dfrac{\omega_1\sin\Sigma}{\omega_2+\omega_1\cos\Sigma}$。$C$ 是 B 点在坐标面 $o'x'y'$ 上的投影，$\overline{AC}=z'\tan\lambda_b$。$\overline{o'C}=\overline{B_zB}=\sqrt{(z'\tan\lambda_b)^2+a_k^2}$，$\sin\gamma_b=\dfrac{a_k}{\overline{o'C}}$。

当瞬轴线 B_1B 绕着坐标轴 $o'z'$ 回转一个角度 φ 后，B 点到达 B' 点，C 点到达 C' 点。B_1B 线的运动轨迹为齿轮 2 的节曲面。在静坐标系 $o'x'y'z'$ 中，节曲面上的点 B' 的坐标为

$$\begin{cases} x'=\overline{O'C'}\cos\left(\varphi+\gamma_b-\dfrac{\pi}{2}\right)=\sqrt{(z'\tan\lambda_b)^2+a_k^2}\sin(\varphi+\gamma_b) \\ y'=\overline{O'C'}\sin\left(\varphi+\gamma_b-\dfrac{\pi}{2}\right)=-\sqrt{(z'\tan\lambda_b)^2+a_k^2}\cos(\varphi+\gamma_b) \\ z'=z' \end{cases} \tag{2.1-3}$$

式中，令 $x'=0$，得 $\sin(\varphi+\gamma_b)=0$，$\cos(\varphi+\gamma_b)=\pm1$。在 $y'z'$ 坐标面中，由式(2.1-3)的第 2 式，得节曲面的截线方程为

$$\frac{(y')^2}{a_k^2}-\frac{(z')^2}{\left(\dfrac{a_k}{\tan\lambda_b}\right)^2}=1 \tag{2.1-4}$$

式(2.1-4)为双曲线方程。说明节曲面的侧母线为双曲线，节曲面为单叶双曲面。

当瞬轴线 B_1B 绕着坐标轴 oz 回转时，形成齿轮 1 的节曲面，也是单叶双曲面。两个齿轮的节曲面的公切线(节线)就是 B_1B 线，如图 2.1-2 所示。

当啮合点在节线上时，$\overrightarrow{\omega^{(12)}}\times\overrightarrow{r^{(p)}}=0$。由式(2.1-1)，$\overrightarrow{v^{(12)}}=p_c\,\overrightarrow{\omega^{(12)}}$。说明交错轴齿轮传动不同于圆柱齿轮传动或圆锥齿轮传动，齿面接触点在节线上不是纯滚动，而是滚动加滑动。

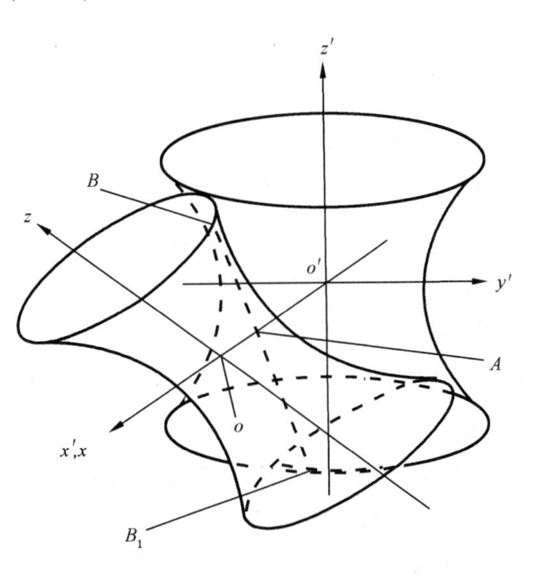

图 2.1-2　交错轴齿轮传动的节曲面

过公切线 B_1B 做两个齿轮的节曲面

的公切面。在公切面上过节点 A 做一条曲线(比如圆弧)。当公切面在两个齿轮的节曲面上做纯滚动时,该曲线在两个齿轮上分别包络出两个曲面,它们是共轭曲面。实际齿面是这个共轭曲面的等距曲面。这与渐开线圆柱齿轮或渐开线圆锥齿轮的齿面形成原理是一样的。

双曲面齿轮有凸齿面和凹齿面。一个齿轮的凹、凸齿面与另一个齿轮的凸、凹齿面啮合。

在齿轮加工中,刀具的刃形都取简单的几何形状,刀具的运动也是简单的运动(转动、平动或它们的复合运动),所以很难加工出双曲面齿轮的齿面。在数控铣床或加工中心中用逐点扫描的方法可以加工双曲面齿轮的齿廓,但效率很低。另外,采用双曲面齿轮时,当齿轮的传动比较大时,小齿轮的轮体较小,不能满足齿轮强度的要求。因此,一般不做双曲面齿轮的齿廓设计。

在双曲面齿轮的基础上诞生了准双曲面齿轮,工程中采用的是准双曲面齿轮。准双曲面齿轮与双曲面齿轮的差别只是齿形不同,偏置距、轴交角及传动比是一样的。准双曲面齿轮的轮齿也是具有凹、凸齿面的曲齿。

本书将按原始准双曲面齿轮、原理准双曲面齿轮、修形准双曲面齿轮及实用准双曲面齿轮的顺序对准双曲面齿轮进行逐步分析。

2.1.2 准双曲面齿轮的分度圆锥及分度平面

准双曲面齿轮的节曲面和双曲面齿轮的节曲面不同,准双曲面齿轮的节曲面是如图 2.1-3 所示的两个圆锥,称为分度圆锥。

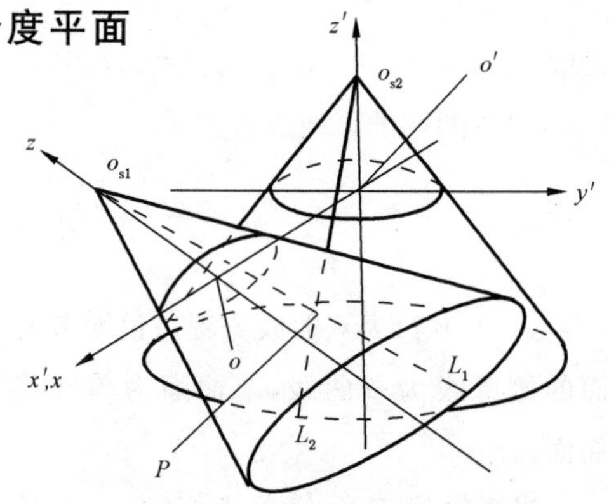

图 2.1-3 准双曲面齿轮的分度圆锥

在分度圆锥上,双曲面齿轮的节线 B_1B 退化为两个圆锥的切点 P,称为节点,又称参考点或计算点。

分度圆锥的构造方法如图 2.1-4 所示。

在齿轮 1、齿轮 2 的轴线上各取一点 K、K',在 KK' 线上取一点 P,以 KK' 线为法线,过 P 点做一个平面,称为分度平面。分度平面与齿轮 1、齿轮 2 的轴线分别交于 o_{s1}、o_{s2} 点。以 o_{s1} 点为锥顶,以 $o_{s1}P$ 的延长线 $o_{s1}L_1$ 为母线做一个圆锥,就是齿轮 1 的分度圆锥。以 o_{s2} 点为锥顶,以 $o_{s2}P$ 的延长线 $o_{s2}L_2$ 为母线做一个圆锥,就是齿轮 2 的分度圆锥。分度平面是这两个分度圆锥的公切面。

分度圆锥顶角的一半称为齿轮的分锥角 δ,分度圆锥底圆的直径称为齿轮的分度圆直径 d,分度圆锥母线的长度称为齿轮的分锥距 R_e,锥顶 o_s 到 P 点的距离称为齿轮的中点分锥距 R_m,P 点到齿轮轴线的距离称为齿轮的中点分度圆半径 r_m。上述参数中,下标 1 表示小齿轮的参数,下标 2 表示大齿轮的参数。

当准双曲面齿轮做变位啮合传动时，一般采用高度变位及切向变位，使节圆锥与分度圆锥重合。节锥角、节锥距、节圆直径、中点节锥距、中点节圆半径、中点节圆直径与分锥角、分锥距、分度圆直径、中点分锥距、中点分度圆半径、中点分度圆直径对应相等。

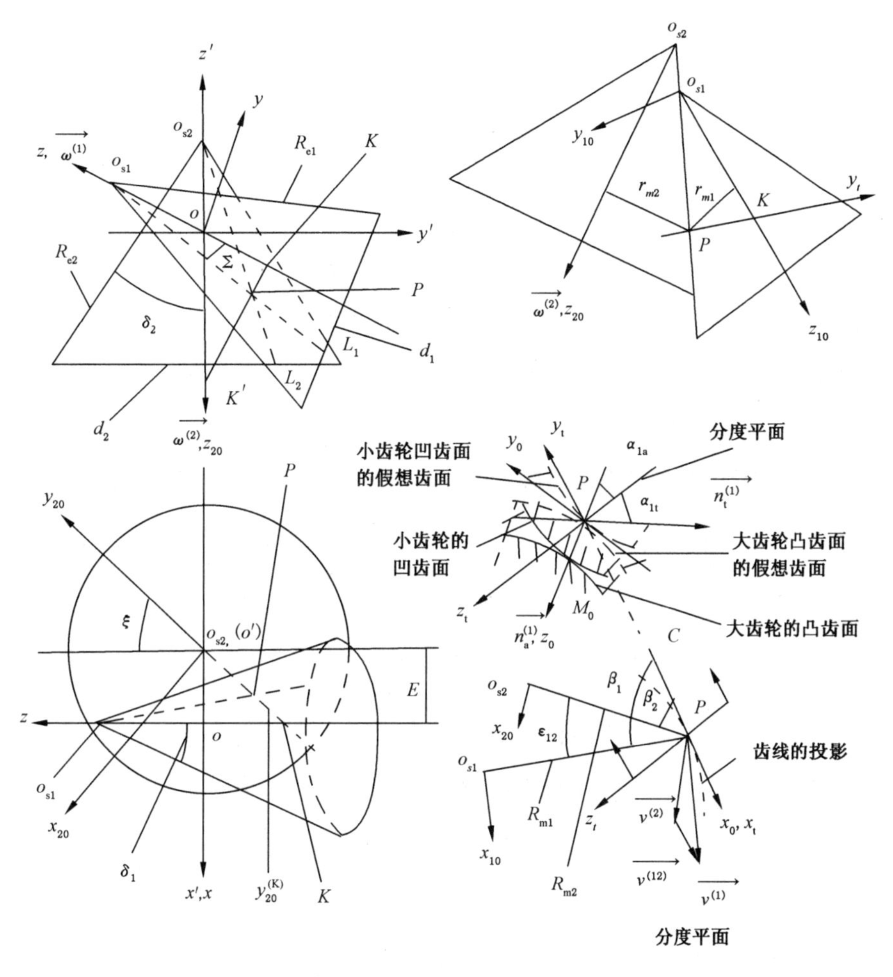

图 2.1-4　左旋齿原始小齿轮与右旋齿原始大齿轮的啮合

在分度圆锥上设计上共轭齿廓，构成定速比传动齿轮副。这样的准双曲面齿轮称为原始准双曲面齿轮，简称原始齿轮。

原始小齿轮的凹齿面与原始大齿轮的凸齿面啮合，原始小齿轮的凸齿面与原始大齿轮的凹齿面啮合。在图 2.1-4 中，过 P 点做分度平面的某一个垂直平面，在该平面上可以看到原始小齿轮的凹齿面与原始大齿轮的凸齿面在 M_0 点啮合。

齿面的公法线为 PM_0。过 P 点做齿轮齿面的等距齿面，是虚线所示的齿面，叫做假想齿面。根据式(1.1-39)，假想齿面和齿轮齿面之间的法曲率和短程挠率是距离 $\overline{PM_0}$ 的函数。

如果两个假想齿面的法曲率和短程挠率相等，则两个齿轮齿面的法曲率和短程挠率也相等。在后文的论述中，为方便计，在假想齿面上进行曲率分析。如不特别声明，文中所述的各种曲率参数都是假想齿面的曲率参数。

假想齿面与分度圆锥的交线称为齿线，是一条圆锥曲线。齿线的切线 PC 在分度平面上。

$o_{s1}P$ 线与 PC 线的夹角 β_1 称为原始小齿轮的中点螺旋角，$o_{s2}P$ 线与 CP 线的夹角 β_2 称为原始大齿轮的中点螺旋角。中点螺旋角简称螺旋角。$\varepsilon_{12}=\beta_1-\beta_2$ 称为原始齿轮的偏置角。

图 2.1-4 中的原始小齿轮是左旋齿面，原始大齿轮是右旋齿面。

坐标系 $Px_ty_tz_t$ 的 Px_t 轴在齿线的切线上，Py_t 轴垂直于分度平面，Pz_t 轴与齿线的切线垂直。在节点 P，$\overrightarrow{v^{(1)}}=\overrightarrow{\omega^{(1)}}\times\overrightarrow{oP}$，$\overrightarrow{v^{(2)}}=\overrightarrow{\omega^{(2)}}\times\overrightarrow{o'P}$，它们都在各自分度圆锥的公切面上，也即在分度平面上。相对运动速度 $\overrightarrow{v^{(12)}}=\overrightarrow{v^{(1)}}-\overrightarrow{v^{(2)}}$ 也在分度平面上。$\overrightarrow{v^{(1)}}=v_1(\overrightarrow{x_t}\sin\beta_1+\overrightarrow{z_t}\cos\beta_1)$，$\overrightarrow{v^{(2)}}=v_2(\overrightarrow{x_t}\sin\beta_2+\overrightarrow{z_t}\cos\beta_2)$。$v_1=\omega_1r_{m1}=\omega_1R_{m1}\sin\delta_1$，$v_2=\omega_2r_{m2}=\omega_2R_{m2}\sin\delta_2$。

在齿线的垂直方向，齿面没有相对运动，$v_1\cos\beta_1=v_2\cos\beta_2$。相对运动速度 $\overrightarrow{v^{(12)}}$ 与齿线的切线平行，$v_{12}=\omega_1R_{m1}\sin\delta_1\sin\beta_1-\omega_2R_{m2}\sin\delta_2\sin\beta_2=-\dfrac{\omega_1R_{m2}\sin\delta_2\sin\varepsilon_{12}}{\cos\beta_1}$。

齿轮的传动比

$$i_{12}=\frac{\omega_1}{\omega_2}=\frac{R_{m2}\sin\delta_2\cos\beta_2}{R_{m1}\sin\delta_1\cos\beta_1} \tag{2.1-5}$$

坐标系 $o_{s2}x_{20}y_{20}z_{20}$ 的 $o_{s2}x_{20}$ 轴在分度平面上并且与中点分锥距 $o_{s2}P$ 垂直，$o_{s2}z_{20}$ 在原始大齿轮的轴线上，在图 2.1-4 中可以看到 $o_{s2}x_{20}$ 轴和 $o_{s2}y_{20}$ 轴的实际位置。

坐标系 $o_{s2}x_{20}y_{20}z_{20}$ 与坐标系 $Px_ty_tz_t$ 之间的坐标变换为

$$\begin{bmatrix}x_t\\y_t\\z_t\end{bmatrix}=\begin{bmatrix}\sin\beta_2 & -\sin\delta_2\cos\beta_2 & \cos\delta_2\cos\beta_2\\0 & -\cos\delta_2 & -\sin\delta_2\\\cos\beta_2 & \sin\delta_2\sin\beta_2 & -\cos\delta_2\sin\beta_2\end{bmatrix}\begin{bmatrix}x_{20}\\y_{20}\\z_{20}\end{bmatrix}+\begin{bmatrix}-R_{m2}\cos\beta_2\\0\\R_{m2}\sin\beta_2\end{bmatrix} \tag{2.1-6}$$

$$\begin{bmatrix}x_{20}\\y_{20}\\z_{20}\end{bmatrix}=\begin{bmatrix}\sin\beta_2 & 0 & \cos\beta_2\\-\sin\delta_2\cos\beta_2 & -\cos\delta_2 & \sin\delta_2\sin\beta_2\\\cos\delta_2\cos\beta_2 & -\sin\delta_2 & -\cos\delta_2\sin\beta_2\end{bmatrix}\begin{bmatrix}x_t\\y_t\\z_t\end{bmatrix}+\begin{bmatrix}0\\-R_{m2}\sin\delta_2\\R_{m2}\cos\delta_2\end{bmatrix} \tag{2.1-7}$$

坐标系 $o_{s2}x_{20}y_{20}z_{20}$ 与坐标系 $Px_ty_tz_t$ 的单位坐标向量之间的变换为

$$\begin{bmatrix}\overrightarrow{x_t}\\\overrightarrow{y_t}\\\overrightarrow{z_t}\end{bmatrix}=\begin{bmatrix}\sin\beta_2 & -\sin\delta_2\cos\beta_2 & \cos\delta_2\cos\beta_2\\0 & -\cos\delta_2 & -\sin\delta_2\\\cos\beta_2 & \sin\delta_2\sin\beta_2 & -\cos\delta_2\sin\beta_2\end{bmatrix}\begin{bmatrix}\overrightarrow{x_{20}}\\\overrightarrow{y_{20}}\\\overrightarrow{z_{20}}\end{bmatrix} \tag{2.1-8}$$

坐标系 $o_{s1}x_{10}y_{10}z_{10}$ 的 $o_{s1}x_{10}$ 轴在分度平面上并且与原始小齿轮的中点分锥距 $o_{s1}P$ 垂直，$o_{s1}z_{10}$ 轴在原始小齿轮的轴线上。坐标系 $o_{s1}x_{10}y_{10}z_{10}$ 与坐标系 $Px_ty_tz_t$ 的坐标变换为

$$\begin{bmatrix} x_t \\ y_t \\ z_t \end{bmatrix} = \begin{bmatrix} \sin\beta_1 & \sin\delta_1\cos\beta_1 & \cos\delta_1\cos\beta_1 \\ 0 & -\cos\delta_1 & \sin\delta_1 \\ \cos\beta_1 & -\sin\delta_1\sin\beta_1 & -\cos\delta_1\sin\beta_1 \end{bmatrix} \begin{bmatrix} x_{10} \\ y_{10} \\ z_{10} \end{bmatrix} + \begin{bmatrix} R_{m1}\cos\beta_1 \\ 0 \\ R_{m1}\sin\beta_1 \end{bmatrix} \tag{2.1-9}$$

坐标系 $o_{s1}x_{10}y_{10}z_{10}$ 与坐标系 $Px_ty_tz_t$ 的单位坐标向量之间的变换为

$$\begin{bmatrix} \overrightarrow{x_{10}} \\ \overrightarrow{y_{10}} \\ \overrightarrow{z_{10}} \end{bmatrix} = \begin{bmatrix} \sin\beta_1 & 0 & \cos\beta_1 \\ \sin\delta_1\cos\beta_1 & -\cos\delta_1 & -\sin\delta_1\sin\beta_1 \\ \cos\delta_1\cos\beta_1 & \sin\delta_1 & -\cos\delta_1\sin\beta_1 \end{bmatrix} \begin{bmatrix} \overrightarrow{x_t} \\ \overrightarrow{y_t} \\ \overrightarrow{z_t} \end{bmatrix} \tag{2.1-10}$$

由式(2.1-8)、式(2.1-10)得

$$\begin{bmatrix} \overrightarrow{x_{10}} \\ \overrightarrow{y_{10}} \\ \overrightarrow{z_{10}} \end{bmatrix} = \begin{bmatrix} \cos(\beta_1-\beta_2) & -\sin\delta_2\sin(\beta_1-\beta_2) & \cos\delta_2\sin(\beta_1-\beta_2) \\ -\sin\delta_1\sin(\beta_1-\beta_2) & -\sin\delta_1\sin\delta_2\cos(\beta_1-\beta_2)+\cos\delta_1\cos\delta_2 & \sin\delta_1\cos\delta_2\cos(\beta_1-\beta_2)+\cos\delta_1\sin\delta_2 \\ -\cos\delta_1\sin(\beta_1-\beta_2) & -\cos\delta_1\sin\delta_2\cos(\beta_1-\beta_2)-\cos\delta_2\sin\delta_1 & \cos\delta_1\cos\delta_2\cos(\beta_1-\beta_2)-\sin\delta_1\sin\delta_2 \end{bmatrix} \begin{bmatrix} \overrightarrow{x_{20}} \\ \overrightarrow{y_{20}} \\ \overrightarrow{z_{20}} \end{bmatrix} \tag{2.1-11}$$

由 $\cos\Sigma=\overrightarrow{z_{10}}\cdot\overrightarrow{z_{20}}$，得原始小齿轮与原始大齿轮的轴交角

$$\Sigma=\arccos(\cos\delta_1\cos\delta_2\cos\varepsilon_{12}-\sin\delta_1\sin\delta_2) \tag{2.1-12}$$

图 2.1-4 中，ξ 为坐标面 $y_{20}z_{20}$ 与坐标面 $y'z'$ 之间的夹角。

$\overrightarrow{z_{10}}=-\overrightarrow{x_{20}}\sin\Sigma\sin\xi-\overrightarrow{y_{20}}\sin\Sigma\cos\xi+\overrightarrow{z_{20}}\cos\Sigma$。将该式与式(2.1-11)对比，由两者的$\overrightarrow{x_{20}}$方向的分量相等得

$$\sin\xi=\frac{\cos\delta_1\sin\varepsilon_{12}}{\sin\Sigma} \tag{2.1-13}$$

坐标轴 Py_t 与原始小齿轮轴线的交点为 K，K 点在坐标系 $Px_ty_tz_t$ 中的坐标为{0，$R_{m1}\tan\delta_1$，0}。由式(2.1-7)得到 K 点在坐标系 $o_{s2}x_{20}y_{20}z_{20}$ 中的坐标为{0，$-(R_{m2}\sin\delta_2+R_{m1}\tan\delta_1\cos\delta_2)$，$-(R_{m1}\tan\delta_1\sin\delta_2-R_{m2}\cos\delta_2)$}。$K$ 点在坐标系 $o_{s2}x_{20}y_{20}z_{20}$ 中的坐标又是{0，$-y_{20}^{(K)}$，$(R_{m2}\cos\delta_2-R_{m1}\tan\delta_1\sin\delta_2)$}。由两者在同一个坐标系中的坐标值相等，得 $y_{20}^{(K)}=R_{m2}\sin\delta_2+R_{m1}\tan\delta_1\cos\delta_2$。偏置距

$$E=y_{20}^{(K)}\sin\xi=(R_{m2}\cos\delta_1\sin\delta_2+R_{m1}\sin\delta_1\cos\delta_2)\frac{\sin\varepsilon_{12}}{\sin\Sigma} \tag{2.1-14}$$

角速度 $\overrightarrow{\omega^{(1)}}=-\overrightarrow{x_t}\,\omega_1\cos\delta_1\cos\beta_1-\overrightarrow{y_t}\,\omega_1\sin\delta_1+\overrightarrow{z_t}\,\omega_1\cos\delta_1\sin\beta_1$，角速度 $\overrightarrow{\omega^{(2)}}=\overrightarrow{x_t}\omega_2\cos\delta_2\cos\beta_2-\overrightarrow{y_t}\omega_2\sin\delta_2-\overrightarrow{z_t}\omega_2\cos\delta_2\sin\beta_2$。

原始小齿轮凹齿面的法线$\overrightarrow{n_a^{(1)}}$等于原始大齿轮凸齿面的法线$\overrightarrow{n_t^{(2)}}$，原始小齿轮凸齿面的法线$\overrightarrow{n_t^{(1)}}$等于原始大齿轮凹齿面的法线$\overrightarrow{n_a^{(2)}}$。规定$\overrightarrow{n_a^{(1)}}$由原始小齿轮的轮齿指向齿槽，$\overrightarrow{n_t^{(1)}}$由原始小齿轮的齿槽指向轮齿。

法线与分度平面的夹角(锐角)为齿轮的中点压力角，简称压力角。在分度平面上，原始小齿轮凹齿面的压力角 α_{1a} 等于原始大齿轮凸齿面的压力角 α_{2t}。原始小齿轮凸齿面的压力角 α_{1t} 等于原始大齿轮凹齿面的压力角 α_{2a}。图 2.1-4 中，$\overrightarrow{n_a^{(1)}}=\overrightarrow{n_t^{(2)}}=-\overrightarrow{y_t}\sin\alpha_{1a}+\overrightarrow{z_t}\cos\alpha_{1a}$，$\overrightarrow{n_t^{(1)}}=\overrightarrow{n_a^{(2)}}=-\overrightarrow{y_t}\sin\alpha_{1t}-\overrightarrow{z_t}\cos\alpha_{1t}$。若用公式 $\overrightarrow{n}=-(\overrightarrow{y_t}\sin\alpha+\overrightarrow{z_t}\cos\alpha)$ 统一表示法线 $\overrightarrow{n}$ 时，对于原始小齿轮的凸齿面，$\alpha=\alpha_{1t}$，$\overrightarrow{n_t^{(1)}}=-(\overrightarrow{y_t}\sin\alpha+\overrightarrow{z_t}\cos\alpha)$；对于原始小齿轮的凹齿面，$\alpha=-\alpha_{1a}$，$\overrightarrow{n_a^{(1)}}=\overrightarrow{y_t}\sin\alpha+\overrightarrow{z_t}\cos\alpha$。

当原始大齿轮的齿面上出现啮合界限点时，部分齿面将不参与啮合。如果 P 点是假想齿面的啮合界限点，P 点的压力角称为极限压力角 α_0。由 1.2.5.2 节的分析，此时在 P 点有 $\overrightarrow{n^{(1)}}\cdot\overrightarrow{q^{(1)}}=0$。由式(1.2-36)，当为固定轴的定速比传动时，$\overrightarrow{q^{(1)}}$ 的表达式为

$$\begin{aligned}\overrightarrow{q^{(1)}}&=\overrightarrow{\omega^{(12)}}\times(\overrightarrow{\omega^{(1)}}\times\overrightarrow{r^{(1)}})-\overrightarrow{\omega^{(1)}}\times\overrightarrow{v^{(12)}}=\overrightarrow{\omega^{(1)}}\times\overrightarrow{v^{(2)}}-\overrightarrow{\omega^{(2)}}\times\overrightarrow{v^{(1)}}\\&=\omega_1\omega_2[\sin\delta_1\sin\delta_2(R_{m1}\cos\beta_1-R_{m2}\cos\beta_2)\overrightarrow{x_t}+(R_{m2}\sin\delta_2\cos\delta_1+\\&R_{m1}\sin\delta_1\cos\delta_2)\cos\varepsilon_{12}\overrightarrow{y_t}-\sin\delta_1\sin\delta_2(R_{m1}\sin\beta_1-R_{m2}\sin\beta_2)\overrightarrow{z_t}]\end{aligned}\tag{2.1-15}$$

由 $\overrightarrow{n_t^{(1)}}\cdot\overrightarrow{q^{(1)}}=0$ 得

$$\tan\alpha_{t0}=\frac{(R_{m1}\sin\beta_1-R_{m2}\sin\beta_2)\tan\delta_1\tan\delta_2}{(R_{m1}\tan\delta_1+R_{m2}\tan\delta_2)\cos\varepsilon_{12}}>0\tag{2.1-16}$$

由 $\overrightarrow{n_a^{(1)}}\cdot\overrightarrow{q^{(1)}}=0$ 得

$$\tan\alpha_{a0}=-\tan\alpha_{t0}<0\tag{2.1-17}$$

取原始小齿轮的凸齿面(或原始大齿轮的凹齿面)的极限压力角 $\alpha_{t0}^{(1)}=\alpha_{a0}^{(2)}=\alpha_{t0}>0$。原始小齿轮的凹齿面(或原始大齿轮的凸齿面)的极限压力角 $\alpha_{a0}^{(1)}=\alpha_{t0}^{(2)}=\alpha_{a0}<0$。

由式(1.2-58)、式(1.2-59)，求得原始小齿轮的凹、凸齿面(或原始大齿轮的凸、凹齿面)，在 P 点处的 $\overrightarrow{x_0}$ 方向的极限法曲率 $\kappa_{ja}^{(1)}$、$\kappa_{jt}^{(1)}$ 为

$$\begin{cases}\kappa_{ja}^{(1)}=\dfrac{\cos\alpha_{a0}^{(1)}\left(\dfrac{1}{R_{m2}\cos\beta_2}-\dfrac{1}{R_{m1}\cos\beta_1}\right)+\sin\alpha_{a0}^{(1)}\left(\dfrac{\tan\beta_1}{R_{m1}\tan\delta_1}+\dfrac{\tan\beta_2}{R_{m2}\tan\delta_2}\right)}{\tan\beta_1-\tan\beta_2}\\[2ex]\kappa_{jt}^{(1)}=\dfrac{-\cos\alpha_{t0}^{(1)}\left(\dfrac{1}{R_{m2}\cos\beta_2}-\dfrac{1}{R_{m1}\cos\beta_1}\right)+\sin\alpha_{t0}^{(1)}\left(\dfrac{\tan\beta_1}{R_{m1}\tan\delta_1}+\dfrac{\tan\beta_2}{R_{m2}\tan\delta_2}\right)}{\tan\beta_1-\tan\beta_2}\end{cases}\tag{2.1-18}$$

在分度平面上，原始小齿轮的凹、凸齿面(或原始大齿轮的凸、凹齿面)的极限法曲率分量称为极限齿线曲率或极限纵向曲率 $\kappa_{ja0}^{(1)}$、$\kappa_{jt0}^{(1)}$。极限齿线曲率不是齿线的曲率。根据默尼埃定理，

$$\begin{cases}\kappa_{ja0}^{(1)}=\kappa_{jt0}^{(2)}=\dfrac{\kappa_{ja}^{(1)}}{\cos\alpha_{a0}^{(1)}}\\[2ex]\kappa_{jt0}^{(1)}=\kappa_{ja0}^{(2)}=\dfrac{\kappa_{jt}^{(1)}}{\cos\alpha_{t0}^{(1)}}\end{cases}\tag{2.1-19}$$

原始小齿轮凹齿面(或原始大齿轮凸齿面)的极限齿线曲率半径 $r_{ja0}^{(1)}=\dfrac{1}{\kappa_{ja0}^{(1)}}$,原始小齿轮凸齿面(或原始大齿轮凹齿面)的极限齿线曲率半径 $r_{jt0}^{(1)}=\dfrac{1}{\kappa_{jt0}^{(1)}}$。$r_{ja0}^{(1)}$、$r_{jt0}^{(1)}$ 对于以后选择刀盘的名义半径时有用。

以上分析了原始小齿轮为左旋齿面、原始大齿轮为右旋齿面的模型。图 2.1-5 是原始小齿轮为右旋齿面、原始大齿轮为左旋齿面的模型。图中坐标系 $Px_ty_tz_t$ 的 Px_t 轴在齿线的切线方向上,Py_t 轴垂直于分度平面。

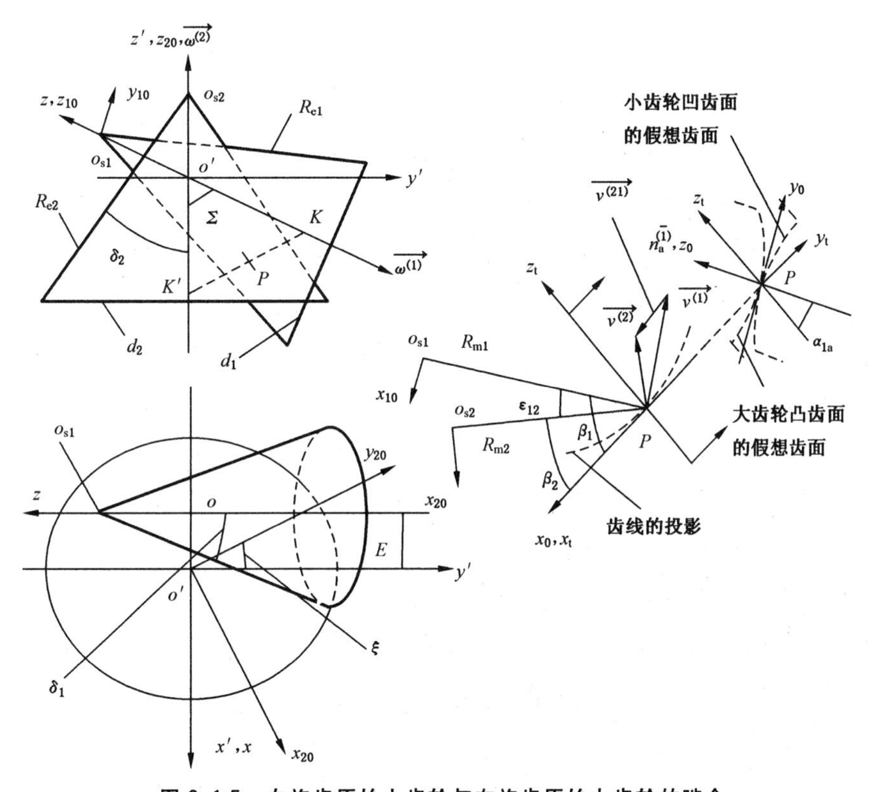

图 2.1-5　右旋齿原始小齿轮与左旋齿原始大齿轮的啮合

角速度 $\overrightarrow{\omega^{(1)}}=-\overrightarrow{x_t}\,\omega_1\cos\delta_1\cos\beta_1+\overrightarrow{y_t}\,\omega_1\sin\delta_1-\overrightarrow{z_t}\,\omega_1\cos\delta_1\sin\beta_1$,角速度 $\overrightarrow{\omega^{(2)}}=\overrightarrow{x_t}\omega_2\cos\delta_2\cos\beta_2+\overrightarrow{y_t}\,\omega_2\sin\delta_2+\overrightarrow{z_t}\,\omega_2\cos\delta_2\sin\beta_2$。$\overrightarrow{n_a^{(1)}}=\overrightarrow{n_t^{(2)}}=-\overrightarrow{y_t}\sin\alpha_{1a}+\overrightarrow{z_t}\cos\alpha_{1a}$。$v_1=\omega_1R_{m1}\sin\delta_1$,$v_2=\omega_2R_{m2}\sin\delta_2$。在坐标系 $Px_ty_tz_t$ 中,$\overrightarrow{v^{(1)}}=-\overrightarrow{x_t}v_1\sin\beta_1+\overrightarrow{z_t}v_1\cos\beta_1$,$\overrightarrow{v^{(2)}}=-\overrightarrow{x_t}v_2\sin\beta_2+\overrightarrow{z_t}v_2\cos\beta_2$。在齿线的垂直方向,由 $v_1\cos\beta_1=v_2\cos\beta_2$,得传动比 i_{12} 的公式与式(2.1-5)相同。

坐标系 $o_{s2}x_{20}y_{20}z_{20}$ 与坐标系 $Px_ty_tz_t$ 之间的坐标变换为

$$\begin{bmatrix} x_t \\ y_t \\ z_t \end{bmatrix} = \begin{bmatrix} \sin\beta_2 & -\sin\delta_2\cos\beta_2 & \cos\delta_2\cos\beta_2 \\ 0 & \cos\delta_2 & \sin\delta_2 \\ -\cos\beta_2 & -\sin\delta_2\sin\beta_2 & \cos\delta_2\sin\beta_2 \end{bmatrix} \begin{bmatrix} x_{20} \\ y_{20} \\ z_{20} \end{bmatrix} + \begin{bmatrix} R_{m2}\cos\beta_2 \\ 0 \\ R_{m2}\sin\beta_2 \end{bmatrix} \tag{2.1-20}$$

$$\begin{bmatrix} x_{20} \\ y_{20} \\ z_{20} \end{bmatrix} = \begin{bmatrix} \sin\beta_2 & 0 & -\cos\beta_2 \\ -\sin\delta_2\cos\beta_2 & \cos\delta_2 & -\sin\delta_2\sin\beta_2 \\ \cos\delta_2\cos\beta_2 & \sin\delta_2 & \cos\delta_2\sin\beta_2 \end{bmatrix} \begin{bmatrix} x_t \\ y_t \\ z_t \end{bmatrix} + \begin{bmatrix} 0 \\ R_{m2}\sin\delta_2 \\ -R_{m2}\cos\delta_2 \end{bmatrix} \tag{2.1-21}$$

坐标系 $o_{s2}x_{20}y_{20}z_{20}$ 与坐标系 $Px_ty_tz_t$ 的单位坐标向量之间的变换为

$$\begin{bmatrix} \overrightarrow{x_t} \\ \overrightarrow{y_t} \\ \overrightarrow{z_t} \end{bmatrix} = \begin{bmatrix} \sin\beta_2 & -\sin\delta_2\cos\beta_2 & \cos\delta_2\cos\beta_2 \\ 0 & \cos\delta_2 & \sin\delta_2 \\ -\cos\beta_2 & -\sin\delta_2\sin\beta_2 & \cos\delta_2\sin\beta_2 \end{bmatrix} \begin{bmatrix} \overrightarrow{x_{20}} \\ \overrightarrow{y_{20}} \\ \overrightarrow{z_{20}} \end{bmatrix} \tag{2.1-22}$$

坐标系 $o_{s1}x_{10}y_{10}z_{10}$ 与坐标系 $Px_ty_tz_t$ 之间的坐标变换为

$$\begin{bmatrix} x_t \\ y_t \\ z_t \end{bmatrix} = \begin{bmatrix} \sin\beta_1 & -\sin\delta_1\cos\beta_1 & \cos\delta_1\cos\beta_1 \\ 0 & -\cos\delta_1 & -\sin\delta_1 \\ -\cos\beta_1 & -\sin\delta_1\sin\beta_1 & \cos\delta_1\sin\beta_1 \end{bmatrix} \begin{bmatrix} x_{10} \\ y_{10} \\ z_{10} \end{bmatrix} + \begin{bmatrix} R_{m1}\cos\beta_1 \\ 0 \\ R_{m1}\sin\beta_1 \end{bmatrix} \tag{2.1-23}$$

坐标系 $o_{s1}x_{10}y_{10}z_{10}$ 与坐标系 $Px_ty_tz_t$ 的单位坐标向量之间的变换为

$$\begin{bmatrix} \overrightarrow{x_{10}} \\ \overrightarrow{y_{10}} \\ \overrightarrow{z_{10}} \end{bmatrix} = \begin{bmatrix} \sin\beta_1 & 0 & -\cos\beta_1 \\ -\sin\delta_1\cos\beta_1 & -\cos\delta_1 & -\sin\delta_1\sin\beta_1 \\ \cos\delta_1\cos\beta_1 & -\sin\delta_1 & \cos\delta_1\sin\beta_1 \end{bmatrix} \begin{bmatrix} \overrightarrow{x_t} \\ \overrightarrow{y_t} \\ \overrightarrow{z_t} \end{bmatrix} \tag{2.1-24}$$

由式(2.1-22)、式(2.1-24)得

$$\begin{aligned} \overrightarrow{z_{10}} = & -\overrightarrow{x_{20}}\cos\delta_1\sin\varepsilon_{12} - \overrightarrow{y_{20}}(\cos\delta_1\sin\delta_2\cos\varepsilon_{12} + \sin\delta_1\cos\delta_2) + \\ & \overrightarrow{z_{20}}(\cos\delta_1\cos\delta_2\cos\varepsilon_{12} - \sin\delta_1\sin\delta_2) \end{aligned} \tag{2.1-25}$$

由 $\cos\Sigma = \overrightarrow{z_{10}} \cdot \overrightarrow{z_{20}}$，得原始小齿轮与原始大齿轮的轴交角 Σ 的计算公式与式(2.1-12)相同。

图 2.1-5 中，ξ 为坐标面 $y_{20}z_{20}$ 与坐标面 $y'z'$ 之间的夹角，$\overrightarrow{z_{10}} = -\overrightarrow{x_{20}}\sin\Sigma\sin\xi - \overrightarrow{y_{20}}\sin\Sigma\cos\xi + \overrightarrow{z_{20}}\cos\Sigma$。将该式与式(2.1-25)对比，由两者的第一个分量相等，得到与式(2.1-13)相同的公式。

坐标轴 Py_t 与原始小齿轮轴线的交点为 K，K 点在坐标系 $Px_ty_tz_t$ 中的坐标为 $\{0, R_{m1}\tan\delta_1, 0\}$，由式(2.1-22)得到 K 点在坐标系 $o_{s2}x_{20}y_{20}z_{20}$ 中的坐标为 $\{0, (R_{m2}\sin\delta_2 + R_{m1}\tan\delta_1\cos\delta_2), (R_{m1}\tan\delta_1\sin\delta_2 - R_{m2}\cos\delta_2)\}$。由图 2.1-5，$K$ 点在坐标系 $o_{s2}x_{20}y_{20}z_{20}$ 中的坐标又为 $\{0, y_{20}^{(K)}, -(R_{m2}\cos\delta_2 - R_{m1}\tan\delta_1\sin\delta_2)\}$。由两者的坐标值相等得 $y_{20}^{(K)} = R_{m2}\sin\delta_2 + R_{m1}\tan\delta_1\cos\delta_2$。偏置距的计算公式与式(2.1-14)相同。

2.2 原始准双曲面齿轮副在节点处的曲率、挠率分析

2.2.1 基于分度平面的曲率、挠率分析

先分析原始小齿轮为左旋齿面、原始大齿轮为右旋齿面的模型。

图 2.1-4 中，坐标系 $Px_0y_0z_0$ 的 Px_0 轴在齿线的切线方向上，Py_0 轴在齿面的齿高方向上，Pz_0 在齿面的法线上。坐标系 $Px_0y_0z_0$ 与坐标系 $Px_ty_tz_t$ 的单位坐标向量之间的变换为

$$\begin{bmatrix}\vec{x_0}\\ \vec{y_0}\\ \vec{z_0}\end{bmatrix}=\begin{bmatrix}1 & 0 & 0\\ 0 & \cos\alpha_{1a} & \sin\alpha_{1a}\\ 0 & -\sin\alpha_{1a} & \cos\alpha_{1a}\end{bmatrix}\begin{bmatrix}\vec{x_t}\\ \vec{y_t}\\ \vec{z_t}\end{bmatrix} \tag{2.2-1}$$

准双曲面齿轮的相对运动速度$\overrightarrow{v^{(12)}}$的方向也就是齿线的切线 Px_0 轴的方向。齿面的接触线方向与齿线的切线方向之间的夹角称为接触线方向角。对于原始小齿轮的凹齿面（或原始大齿轮的凸齿面），该夹角为 ϑ_{ax_0}，对于原始小齿轮的凸齿面（或原始大齿轮的凹齿面），该夹角为 ϑ_{tx_0}。

将图 2.2-1 中的坐标轴 Px_0 也取在相对运动速度$\overrightarrow{v^{(12)}}$的方向，即齿线的切线方向。将图 2.1-4 和图 2.2-1 中的坐标系 $Px_0y_0z_0$ 重合，可由式(1.2-53)求得齿面接触线方向与齿线的切线方向之间的夹角。

相对角速度 $\overrightarrow{\omega^{(21)}}=\vec{x_t}(\omega_1\cos\delta_1\cos\beta_1+\omega_2\cos\delta_2\cos\beta_2)+\vec{y_t}(\omega_1\sin\delta_1-\omega_2\sin\delta_2)-\vec{z_t}(\omega_1\cos\delta_1\sin\beta_1+\omega_2\cos\delta_2\sin\beta_2)$，相对速度$\overrightarrow{v^{(21)}}=-\vec{x_t}(v_2\sin\beta_2-v_1\sin\beta_1)+\vec{z_t}(v_2\cos\beta_2-v_1\cos\beta_1)$。

由式(2.2-1)，得

$$\begin{cases}\omega_{\text{x}_0}^{(21)}=\omega_2\cos\delta_2\cos\beta_2+\omega_1\cos\delta_1\cos\beta_1\\ \omega_{\text{y}_0}^{(21)}=-(\omega_2\sin\delta_2-\omega_2\sin\delta_1)\cos\alpha_{1a}-(\omega_2\cos\delta_2\sin\beta_2+\omega_1\cos\delta_1\sin\beta_1)\sin\alpha_{1a}\\ \omega_{\text{z}_0}^{(21)}=(\omega_2\sin\delta_2-\omega_1\sin\delta_1)\sin\alpha_{1a}-(\omega_2\cos\delta_2\sin\beta_2+\omega_1\cos\delta_1\sin\beta_1)\cos\alpha_{1a}\end{cases} \tag{2.2-2}$$

$$\begin{cases}v_{\text{x}_0}^{(21)}=-\dfrac{\omega_2R_{m2}\sin\delta_2\sin\varepsilon_{12}}{\cos\beta_1}\\ v_{\text{y}_0}^{(21)}=0\end{cases} \tag{2.2-3}$$

将式(2.2-2)、式(2.2-3)代入式(1.2-53)，并运用式(2.1-5)，得

$$\tan\vartheta_{\text{ax}_0}=\frac{\left(\dfrac{D_2}{\cos\beta_2}-\dfrac{D_1}{\cos\beta_1}\right)\cos\alpha_{1a}}{S_1+S_2+\tau_{\text{gx}_0}^{(2)}(\tan\beta_1-\tan\beta_2)} \tag{2.2-4}$$

式中，$D_2=S_2(\tan\delta_2+\tan\alpha_{1a}\sin\beta_2)-\dfrac{\kappa_{\text{nx}_0}^{(2)}\sin\beta_2}{\cos\alpha_{1a}}$；$D_1=S_1(\tan\delta_1-\tan\alpha_{1a}\sin\beta_1)-\dfrac{\kappa_{\text{nx}_0}^{(2)}\sin\beta_1}{\cos\alpha_{1a}}$；

$S_1=\dfrac{1}{R_{m1}\tan\delta_1}$；$S_2=\dfrac{1}{R_{m2}\tan\delta_2}$。

式(1.2-54)变为

$$v_{y_0}^{(2)}=\frac{\overrightarrow{n_t^{(2)}}\cdot\overrightarrow{q^{(2)}}}{-\omega_{x_0}^{(21)}+v_{x_0}^{(21)}\tau_{gx_0}^{(2)}} \tag{2.2-5}$$

当为固定轴的定速比传动时，$\overrightarrow{n_t^{(2)}}\cdot\overrightarrow{q^{(2)}}=-\overrightarrow{n_a^{(1)}}\cdot\overrightarrow{q^{(1)}}=\omega_1\omega_2[(R_{m2}\sin\delta_2\cos\delta_1+R_{m1}\sin\delta_1\cos\delta_2)\cos\varepsilon_{12}\sin\alpha_{1a}+(R_{m1}\sin\beta_1-R_{m2}\sin\beta_2)\sin\delta_1\sin\delta_2\cos\alpha_{1a}]$。

由式(1.2-55)得

$$\kappa_{ny_0}^{(21)}=\frac{-\omega_{x_0}^{(21)}+\tau_{gx_0}^{(2)}v_{x_0}^{(21)}}{v_{y_0}^{(2)}+v_{x_0}^{(21)}\tan\vartheta_{ax_0}} \tag{2.2-6}$$

将式(2.2-5)代入式(2.2-6)，得

$$\kappa_{ny_0}^{(21)}=\frac{[(S_1+S_2)\cos\beta_1\cos\beta_2+\tau_{gx_0}^{(2)}\sin\varepsilon_{12}]^2}{A_0\cos\beta_1\cos\beta_2+\tau_{gx_0}^{(2)}\tan\vartheta_{ax_0}\sin^2\varepsilon_{12}} \tag{2.2-7}$$

$A_0=(S_1+S_2)(\cos\varepsilon_{12}\sin\alpha_{1a}+\sin\varepsilon_{12}\tan\vartheta_{ax_0})+(S_2\tan\delta_2\sin\beta_1-S_1\tan\delta_1\sin\beta_2)\cos\alpha_{1a}$。$\tau_{gx_0}^{(2)}$是原始大齿轮的齿面在$\overrightarrow{x_0}$方向的短程挠率。如果$\overrightarrow{x_0}$方向是原始大齿轮齿面的一个主方向，则$\tau_{gx_0}^{(2)}=0$，式(2.2-4)变为

$$\tan\vartheta_{ax_0}=\frac{\left(\frac{D_2}{\cos\beta_2}-\frac{D_1}{\cos\beta_1}\right)\cos\alpha_{1a}}{S_1+S_2} \tag{2.2-8}$$

式(2.2-7)变为

$$\kappa_{ny_0}^{(21)}=\frac{(S_1+S_2)^2\cos\beta_1\cos\beta_2}{A_0} \tag{2.2-9}$$

在式(2.1-17)中求得了极限压力角α_{a0}的表达式。式(2.2-7)也可以用极限压力角α_{a0}来表达。

$$\kappa_{ny_0}^{(21)}=\frac{(S_1+S_2)(1+U')^2\cos\beta_1\cos\beta_2}{(\tan\alpha_{1a}-\tan\alpha_{a0})\cos\alpha_{1a}\cos\varepsilon_{12}+(1+U')\tan\vartheta_{ax_0}\sin\varepsilon_{12}} \tag{2.2-10}$$

式中，$U'=\frac{\tau_{gx_0}^{(2)}\cos\beta_1\cos\beta_2}{(S_1+S_2)\sin\varepsilon_{12}}$；$\varepsilon_{12}=\beta_1-\beta_2$。

如果原始大齿轮的分锥角$\delta_2=90°$，ϑ_{ax_0}和$\kappa_{ny_0}^{(21)}$也可以用偏置距E和传动比i_{12}来表示。此时图2.1-4中的分度平面与原始大齿轮的轴线垂直，$E=R_{m2}\sin\varepsilon_{12}$。式(2.2-8)变为

$$\tan\vartheta_{ax_0}=\sin\alpha_{1a}\tan\beta_1+\frac{E\kappa_{nx_0}^{(2)}+(1-i_{12}\sin\delta_1)\cos\beta_1\cos\alpha_{1a}}{i_{12}\cos\delta_1\cos^2\beta_1} \tag{2.2-11}$$

式 (2.2-9)变为

$$\kappa_{ny_0}^{(21)}=\frac{i_{12}\cos^2\delta_1\cos^2\beta_1}{R_{m1}[i_{12}(\cos\delta_1\tan\alpha_{1a}-\sin\delta_1\sin\beta_1)+\sin\beta_1+EB_0]\sin\delta_1\cos\alpha_{1a}} \tag{2.2-12}$$

式中，$B_0=\frac{E\kappa_{nx_0}^{(2)}+\cos\beta_1\cos\alpha_{1a}}{i_{12}R_{m1}\sin\delta_1\cos^2\beta_1\cos\alpha_{1a}}$。

由式(1.2-56)可以推出

$$
\begin{cases}
\kappa_{\mathrm{nx}_0}^{(1)} = -\kappa_{\mathrm{ny}_0}^{(21)} \tan^2 \vartheta_{\mathrm{ax}_0} + \kappa_{\mathrm{nx}_0}^{(2)} \\
\kappa_{\mathrm{ny}_0}^{(1)} = -\kappa_{\mathrm{ny}_0}^{(21)} + \kappa_{\mathrm{ny}_0}^{(2)} \\
\tau_{\mathrm{gx}_0}^{(1)} = -\kappa_{\mathrm{ny}_0}^{(21)} \tan^2 \vartheta_{\mathrm{ax}_0} + \tau_{\mathrm{gx}_0}^{(2)}
\end{cases}
\tag{2.2-13}
$$

这样就可以由原始大齿轮凸齿面的法曲率及短程挠率求得原始小齿轮凹齿面的法曲率及短程挠率。

当由原始大齿轮凹齿面的法曲率及短程挠率求解原始小齿轮凸齿面的法曲率及短程挠率时，由图 2.2-1 可知，

$$
\begin{bmatrix} \overrightarrow{x_0} \\ \overrightarrow{y_0} \\ \overrightarrow{z_0} \end{bmatrix} = \begin{bmatrix} 1 & 0 & 0 \\ 0 & \cos\alpha_{1\mathrm{t}} & -\sin\alpha_{1\mathrm{t}} \\ 0 & \sin\alpha_{1\mathrm{t}} & \cos\alpha_{1\mathrm{t}} \end{bmatrix} \begin{bmatrix} \overrightarrow{x_\mathrm{t}} \\ \overrightarrow{y_\mathrm{t}} \\ \overrightarrow{z_\mathrm{t}} \end{bmatrix}
\tag{2.2-14}
$$

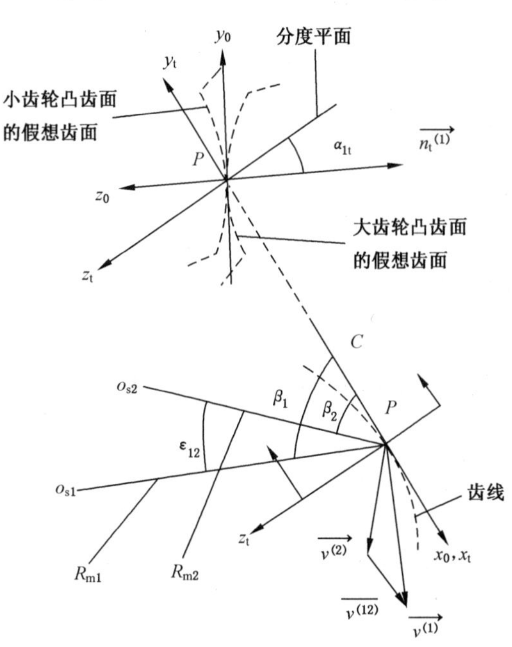

图 2.2-1　左旋齿原始小齿轮的凸齿面

在坐标系 $Px_0y_0z_0$ 内，$\overrightarrow{\omega^{(21)}}$ 的各个分量为

$$
\begin{cases}
\omega_{\mathrm{x}_0}^{(21)} = \omega_1 \cos\delta_1 \cos\beta_1 + \omega_2 \cos\delta_2 \cos\beta_2 \\
\omega_{\mathrm{y}_0}^{(21)} = (\omega_1 \sin\delta_1 - \omega_2 \sin\delta_2) \cos\alpha_{1\mathrm{t}} + (\omega_2 \cos\delta_2 \sin\beta_2 + \omega_1 \cos\delta_1 \sin\beta_1) \sin\alpha_{1\mathrm{t}} \\
\omega_{\mathrm{z}_0}^{(21)} = (\omega_1 \sin\delta_1 - \omega_2 \sin\delta_2) \sin\alpha_{1\mathrm{t}} - (\omega_2 \cos\delta_2 \sin\beta_2 + \omega_1 \cos\delta_1 \sin\beta_1) \cos\alpha_{1\mathrm{t}}
\end{cases}
\tag{2.2-15}
$$

将式(2.2-15)、式(2.2-3)代入式(1.2-53)，并运用式(2.1-5)，得

$$
\tan\vartheta_{\mathrm{tx}_0} = \frac{\left(\dfrac{D_2}{\cos\beta_2} - \dfrac{D_1}{\cos\beta_1}\right)\cos\alpha_{1\mathrm{t}}}{S_1 + S_2 + \tau_{\mathrm{gx}_0}^{(2)}(\tan\beta_1 - \tan\beta_2)}
\tag{2.2-16}
$$

式中，$S_1=\dfrac{1}{R_{m1}\tan\delta_1}$；$S_2=\dfrac{1}{R_{m2}\tan\delta_2}$；$D_1=S_1(\tan\delta_1+\tan\alpha_{1t}\sin\beta_1)-\dfrac{\kappa_{nx_0}^{(2)}\sin\beta_1}{\cos\alpha_{1t}}$；$D_2=S_2(\tan\delta_2-\tan\alpha_{1t}\sin\beta_2)-\dfrac{\kappa_{nx_0}^{(2)}\sin\beta_2}{\cos\alpha_{1t}}$。

对比式(2.2-4)和式(2.2-16)可以看出，只要将式(2.2-4)中的 α_{1a} 换为 $-\alpha_{1t}$，就可以由式(2.2-4)推出式(2.2-16)。对于式(2.2-7)～式(2.2-12)的其他诸式，均可做如此处理。

再看一下原始小齿轮为右旋齿面，原始大齿轮为左旋齿面的模型。

图2.1-5中，坐标系 $Px_0y_0z_0$ 的 Px_0 轴和 Px_t 轴同轴，Py_0 轴在齿高的方向上，Pz_0 在齿面的法线上。坐标系 $Px_0y_0z_0$ 与坐标系 $Px_ty_tz_t$ 的单位坐标向量之间变换与式(2.2-1)相同。

在齿线的垂直方向，由 $v_1\cos\beta_1=v_2\cos\beta_2$，得传动比 i_{12} 与式(2.1-5)相同。

在坐标系 $Px_0y_0z_0$ 中，$\overrightarrow{v^{(21)}}$ 的坐标分量为

$$\begin{cases} v_{x_0}^{(21)}=\dfrac{\omega_2R_{m2}\sin\delta_2\sin\varepsilon_{12}}{\cos\beta_1} \\ v_{y_0}^{(21)}=0 \end{cases} \tag{2.2-17}$$

$\overrightarrow{\omega^{(21)}}$ 的坐标分量为

$$\begin{cases} \omega_{x_0}^{(21)}=\omega_1\cos\delta_1\cos\beta_1+\omega_2\cos\delta_2\cos\beta_2 \\ \omega_{y_0}^{(21)}=(\omega_2\sin\delta_2-\omega_1\sin\delta_1)\cos\alpha_{1a}+(\omega_2\cos\delta_2\sin\beta_2+\omega_1\cos\delta_1\sin\beta_1)\sin\alpha_{1a} \\ \omega_{z_0}^{(21)}=-(\omega_2\sin\delta_2-\omega_1\sin\delta_1)\sin\alpha_{1a}+(\omega_2\cos\delta_2\sin\beta_2+\omega_1\cos\delta_1\sin\beta_1)\cos\alpha_{1a} \end{cases} \tag{2.2-18}$$

由式(1.2-53)可以求得接触线的方向与齿线的切线方向之间的夹角 ϑ_{ax_0}，公式的形式与式(2.2-4)相同。

$\overrightarrow{n_t^{(2)}}\cdot\overrightarrow{q^{(2)}}=-\overrightarrow{n_a^{(1)}}\cdot\overrightarrow{q^{(1)}}=\omega_1\omega_2[(R_{m2}\sin\delta_2\cos\delta_1+R_{m1}\sin\delta_1\cos\delta_2)\cos\varepsilon_{12}\sin\alpha_{1a}+(R_{m1}\sin\beta_1-R_{m2}\sin\beta_2)\sin\delta_1\sin\delta_2\cos\alpha_{1a}]$。将其代入式 $v_{y_0}^{(2)}=\dfrac{\overrightarrow{n_t^{(2)}}\cdot\overrightarrow{q^{(2)}}}{-\omega_{x_0}^{(21)}+v_{x_0}^{(21)}\tau_{gx_0}^{(2)}}$，由式(1.2-55)求得 $\kappa_{ny_0}^{(21)}$，与式(2.2-7)相同。

由此可见，右旋齿原始小齿轮的计算公式与左旋齿原始小齿轮的计算公式是完全相同的。

在式(1.2-42)、式(1.2-43)中，接触线方向角就是$(\vartheta_v-\vartheta_c)$。对于一个齿轮的两个齿面，如果它们的诱导法曲率主值 $\kappa_\sigma^{(12)}$（也称齿廓方向的诱导法曲率）大小相等、符号相反，接触线方向角$(\vartheta_v-\vartheta_c)$也大小相等、符号相反，由式(1.2-42)、式(1.2-43)可见，齿线方向的诱导法曲率大小相等、符号相反，齿线方向的短程挠率大小相等、符号相同。

对于一个齿轮的两个齿面，满足齿廓方向的诱导法曲率 $\kappa_\sigma^{(12)}$ 大小相等、符号相反，接触线方向角大小相等、符号相反的条件，称为啮合对称的条件。

以原始小齿轮为例，凹齿面的压力角为 α_{1a}，凸齿面的压力角为 α_{1t}，α_{1a}、α_{1t} 均取正值。由式(2.2-4)求得 ϑ_{ax_0}，由式(2.2-16)求得 ϑ_{tx_0}，$\vartheta_{ax_0}=-\vartheta_{tx_0}$。结合式(2.1-16)得，$\alpha_{1a}+\alpha_{t0}=$

$\alpha_{1t}-\alpha_{t0}=\alpha_n$，$\alpha_{2t}+\alpha_{t0}=\alpha_{2a}-\alpha_{t0}=\alpha_n$，或 $\alpha_{2a}+\alpha_{a0}=\alpha_{2t}-\alpha_{a0}$。也就是说原始小齿轮凹齿面的压力角小于凸齿面的压力角，原始大齿轮凹齿面的压力角大于凸齿面的压力角。

α_n 称为齿面公称压力角或齿面名义压力角，齿面公称压力角相同，则可使 $\alpha_{1a}=\alpha_{2t}$、$\alpha_{2a}=\alpha_{1t}$。在分度平面上，啮合齿面的压力角相等是齿轮正确啮合的条件之一。齿轮的另一项正确啮合条件是法向模数相等。α_n 的选择可参考表 2.3-6，实际上要根据铣齿刀的公称刀齿角 α_d 来确定。

当用同一把刀具加工收缩齿准双曲面齿轮时，受到平顶齿轮加工原理的限制，实用准双曲面齿轮凹、凸齿面的齿面公称压力角不同。通过对公称刀齿角 α_d 的修正，可使实用准双曲面齿轮能近似满足啮合对称的条件，详见 7.2.1.2 节的论述。

2.2.2 基于安装平面的曲率、挠率分析

2.2.2.1 准双曲面齿轮的安装平面

图 2.2-2 是一个不等顶隙收缩齿左旋齿面原始准双曲面齿轮，分锥顶为 o_s，顶锥角为 δ_a，分锥角为 δ，根锥角为 δ_f。齿顶角 $\vartheta_a=\delta_a-\delta$，齿根角 $\vartheta_f=\delta-\delta_f$。$h_{ma}$ 为中点齿顶高，h_{mf} 为中点齿根高。螺旋角为 β。

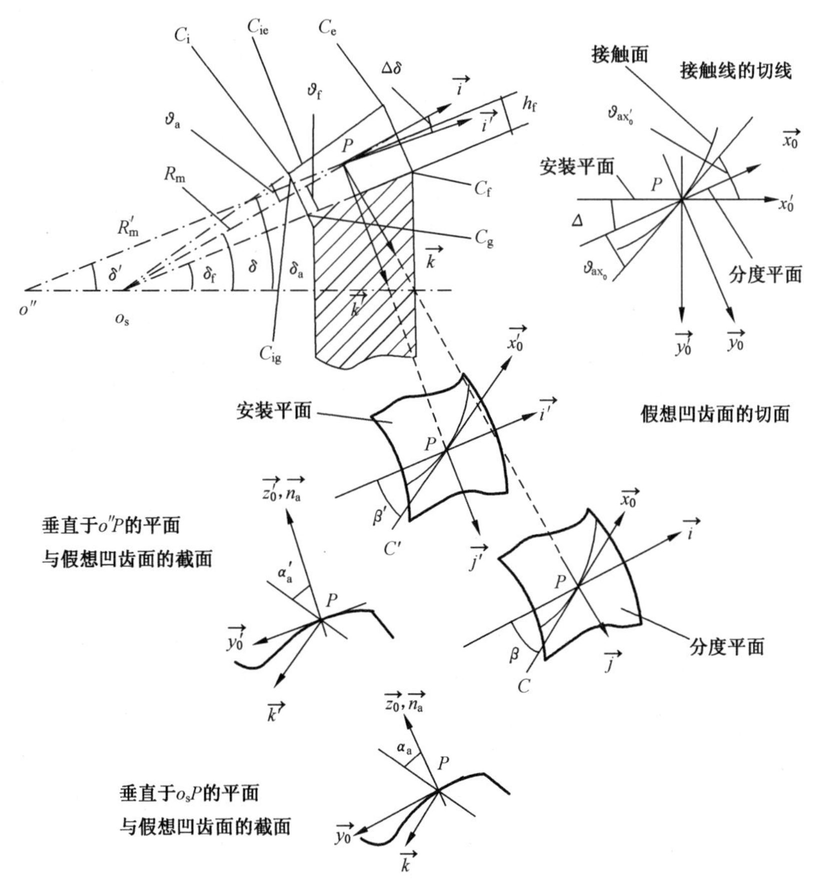

图 2.2-2 收缩齿准双曲面齿轮的安装平面

过 P 点做一个与分度平面的夹角为 $\Delta\delta$ 的平面，称为被加工齿轮的安装平面。安装平面也是被加工齿轮与其产形齿轮的分度平面。安装平面与齿轮轴线的交点为 o''。夹角 $\delta'=\delta-\Delta\delta$，称为安装锥角，$R_m'=\overline{o''P}=\dfrac{R_m\sin\delta}{\sin\delta'}$称为安装锥距。以 $2\delta'$ 为锥顶角，$o''P$ 为母线所做的圆锥称为齿轮的安装圆锥。$\overline{o''o_s}=\Delta b=R_m'\cos\delta'-R_m\cos\delta$。

齿面与安装圆锥也有一条齿线，这条齿线的切线为安装平面上的 PC' 线。在安装平面上也可以定义齿轮的螺旋角 β' 和压力角 α'。

如果 δ' 等于齿轮的根锥角 δ_f，则安装圆锥称为中点根圆锥，R_m'称为中点根锥距 R_{mf}，螺旋角 β' 称为中点根锥螺旋角 β_f，压力角 α' 称为中点根锥压力角 α_f。

在假想齿面的切面内，PC 线和 PC' 线之间的夹角为 Δ。

先以凹齿面为例进行分析。以 P 点为原点，可以建立图示的 4 个坐标系。它们的单位坐标列向量分别是：$(\vec{i},\vec{j},\vec{k})^T$、$(\vec{i}',\vec{j}',\vec{k}')^T$、$(\vec{x_0},\vec{y_0},\vec{z_0})^T$、$(\vec{x_0}',\vec{y_0}',\vec{z_0}')^T$。其中 $\vec{z_0}$、$\vec{z_0}'$ 在凹齿面的法线 $\vec{n_a}$ 的方向。

各个单位坐标向量之间的变换为

$$\begin{bmatrix}\vec{i}'\\ \vec{j}'\\ \vec{k}'\end{bmatrix}=\begin{bmatrix}\cos\Delta\delta & 0 & \sin\Delta\delta\\ 0 & 1 & 0\\ -\sin\Delta\delta & 0 & \cos\Delta\delta\end{bmatrix}\begin{bmatrix}\vec{i}\\ \vec{j}\\ \vec{k}\end{bmatrix} \tag{2.2-19}$$

$$\begin{bmatrix}\vec{x_0}'\\ \vec{y_0}'\\ \vec{z_0}'\end{bmatrix}=\begin{bmatrix}\cos\Delta_a & \sin\Delta_a & 0\\ -\sin\Delta_a & \cos\Delta_a & 0\\ 0 & 0 & 1\end{bmatrix}\begin{bmatrix}\vec{x_0}\\ \vec{y_0}\\ \vec{z_0}\end{bmatrix} \tag{2.2-20}$$

$$\begin{bmatrix}\vec{x_0}\\ \vec{y_0}\\ \vec{z_0}\end{bmatrix}=\begin{bmatrix}\cos\beta & -\sin\beta & 0\\ -\sin\alpha_a\sin\beta & -\sin\alpha_a\cos\beta & \cos\alpha_a\\ -\cos\alpha_a\sin\beta & -\cos\alpha_a\cos\beta & -\sin\alpha_a\end{bmatrix}\begin{bmatrix}\vec{i}\\ \vec{j}\\ \vec{k}\end{bmatrix} \tag{2.2-21}$$

$$\begin{bmatrix}\vec{x_0}'\\ \vec{y_0}'\\ \vec{z_0}'\end{bmatrix}=\begin{bmatrix}\cos\beta_{fa} & -\sin\beta_{fa} & 0\\ -\sin\alpha_{fa}\sin\beta_{fa} & -\sin\alpha_{fa}\cos\beta_{fa} & \cos\alpha_{fa}\\ -\cos\alpha_{fa}\sin\beta_{fa} & -\cos\alpha_{fa}\cos\beta_{fa} & -\sin\alpha_{fa}\end{bmatrix}\begin{bmatrix}\vec{i}'\\ \vec{j}'\\ \vec{k}'\end{bmatrix} \tag{2.2-22}$$

由式(2.2-19)、式(2.2-22)得到用列向量$(\vec{i},\vec{j},\vec{k})^T$ 表示列向量$(\vec{x_0}',\vec{y_0}',\vec{z_0}')^T$ 的式子，由式(2.2-20)、式(2.2-21)也得到用列向量$(\vec{i},\vec{j},\vec{k})^T$ 表示列向量$(\vec{x_0}',\vec{y_0}',\vec{z_0}')^T$ 的式子。由两个式子相等得

$$\begin{bmatrix} \cos\beta_{fa}\cos\Delta\delta & -\sin\beta_{fa} & \cos\beta_{fa}\sin\Delta\delta \\ -\sin\alpha_{fa}\sin\beta_{fa}\cos\Delta\delta-\cos\alpha_{fa}\sin\Delta\delta & -\sin\alpha_{fa}\cos\beta_{fa} & -\sin\alpha_{fa}\sin\beta_{fa}\sin\Delta\delta+\cos\alpha_{fa}\cos\Delta\delta \\ -\cos\alpha_{fa}\sin\beta_{fa}\cos\Delta\delta+\sin\alpha_{fa}\sin\Delta\delta & -\cos\alpha_{fa}\cos\beta_{fa} & -\cos\alpha_{fa}\sin\beta_{fa}\sin\Delta\delta-\sin\alpha_{fa}\cos\Delta\delta \end{bmatrix} = \begin{bmatrix} \cos\Delta_a\cos\beta-\sin\Delta_a\sin\alpha_a\sin\beta & -\cos\Delta_a\sin\beta-\sin\Delta_a\sin\alpha_a\cos\beta & \sin\Delta_a\cos\alpha_a \\ -\sin\Delta_a\cos\beta-\cos\Delta_a\sin\alpha_a\sin\beta & \sin\Delta_a\sin\beta-\cos\Delta_a\sin\alpha_a\cos\beta & \cos\Delta_a\cos\alpha_a \\ -\cos\alpha_a\sin\beta & -\cos\alpha_a\cos\beta & -\sin\alpha_a \end{bmatrix} \quad (2.2\text{-}23)$$

由两边矩阵的第一行第三列相等得

$$\sin\Delta_a=\frac{\cos\beta_{fa}}{\cos\alpha_a}\sin\Delta\delta \quad (2.2\text{-}24)$$

由两边矩阵的第三行第二列相等得

$$\cos\alpha_a\cos\beta=\cos\alpha_{fa}\cos\beta_{fa} \quad (2.2\text{-}25)$$

由两边矩阵的第三行第三列相等得

$$\cos\alpha_{fa}\sin\beta_{fa}\sin\Delta\delta+\sin\alpha_{fa}\cos\Delta\delta=\sin\alpha_a \quad (2.2\text{-}26)$$

由式(2.2-25)、式(2.2-26)得到关于 $\sin\alpha_{fa}$ 的一元二次方程，解得

$$\sin\alpha_{fa}=\sin\alpha_a\cos\Delta\delta-\cos\alpha_a\sin\beta\sin\Delta\delta \quad (2.2\text{-}27)$$

对于凸齿面，

$$\sin\Delta_t=\frac{\cos\beta_{ft}}{\cos\alpha_t}\sin\Delta\delta \quad (2.2\text{-}28)$$

$$\cos\alpha_t\cos\beta=\cos\alpha_{ft}\cos\beta_{ft} \quad (2.2\text{-}29)$$

$$\sin\alpha_{ft}=\sin\alpha_t\cos\Delta\delta+\cos\alpha_t\sin\beta\sin\Delta\delta \quad (2.2\text{-}30)$$

已知原始准双曲面齿轮的参数 R_m、δ、β 和 α_a、α_t，只要给出锥角的变化量 $\Delta\delta$ 就可以顺次求得中点根圆锥上的中点根锥距 R_{mf}，凹齿面的 Δ_a、中点根锥螺旋角 β_{fa} 及中点根锥压力角 α_{fa}，凸齿面的 Δ_t、中点根锥螺旋角 β_{ft} 及中点根锥压力角 α_{ft}。

2.2.2.2 安装平面上的曲率及挠率

以原始小齿轮的凹齿面为例进行分析。将图 2.2-2 中的齿轮视为图 2.1-4 中的原始小齿轮，则两图中的坐标系 $Px_0y_0z_0$ 是同一个坐标系。接触线的切线方向到 Px_0' 轴的转角为 $\vartheta_{ax_0'}=\vartheta_{ax_0}+\Delta_a$。

在原始小齿轮的凹齿面上，由诱导法曲率的欧拉公式 $\kappa_{ny_0}^{(21)}=\kappa_\sigma^{(21)}\sin^2\left(\frac{\pi}{2}+\vartheta_{ax_0}\right)=\kappa_\sigma^{(21)}\cos^2\vartheta_{ax_0}$、$\kappa_{ny_0'}^{(21)}=\kappa_\sigma^{(21)}\sin^2\left(\frac{\pi}{2}+\vartheta_{ax_0'}\right)=\kappa_\sigma^{(21)}\cos^2(\vartheta_{ax_0}+\Delta_a)$，得

$$\kappa_{ny_0'}^{(21)}=\kappa_{ny_0}^{(21)}\frac{\cos^2(\vartheta_{ax_0}+\Delta_a)}{\cos^2\vartheta_{ax_0}}=\kappa_{ny_0}^{(21)}(\cos\Delta_a-\tan\vartheta_{ax_0}\sin\Delta_a)^2 \tag{2.2-31}$$

由式(1.2-56)得

$$\begin{cases}\kappa_{nx_0'}^{(21)}=\kappa_{ny_0'}^{(21)}\tan\vartheta_{x_0'}\\ \tau_{gx_0'}^{(21)}=\kappa_{ny_0'}^{(21)}\tan\vartheta_{x_0'}\end{cases} \tag{2.2-32}$$

在坐标系 $Px_0'y_0'z_0'$ 中,基于安装平面的原始小齿轮的法曲率和短程挠率为

$$\begin{cases}\kappa_{nx_0'}^{(1)}=-\kappa_{nx_0'}^{(21)}+\kappa_{nx_0'}^{(2)}=-\kappa_{ny_0}^{(21)}(\cos\Delta_a-\tan\vartheta_{ax_0}\sin\Delta_a)^2\tan^2(\vartheta_{ax_0}+\Delta_a)+\kappa_{nx_0'}^{(2)}\\ \kappa_{ny_0'}^{(1)}=-\kappa_{ny_0}^{(21)}(\cos\Delta_a-\tan\vartheta_{ax_0}\sin\Delta_a)^2+\kappa_{ny_0'}^{(2)}\\ \tau_{gx_0'}^{(1)}=-\tau_{gx_0'}^{(21)}+\tau_{gx_0'}^{(2)}=-\kappa_{ny_0}^{(21)}(\cos\Delta_a-\tan\vartheta_{ax_0}\sin\Delta_a)^2\tan(\vartheta_{ax_0}+\Delta_a)+\tau_{gx_0'}^{(2)}\end{cases} \tag{2.2-33}$$

设已知原始大齿轮的法曲率 $\kappa_{nx_0}^{(2)}$、$\kappa_{ny_0}^{(2)}$ 和短程挠率 $\tau_{gx_0}^{(2)}$,由式(1.1-32)可以求得基于安装平面的原始大齿轮的法曲率和短程挠率为

$$\begin{cases}\kappa_{nx_0'}^{(2)}=\kappa_{nx_0}^{(2)}\cos^2\Delta_a+2\tau_{gx_0}^{(2)}\sin\Delta_a\cos\Delta_a+\kappa_{ny_0}^{(2)}\sin^2\Delta_a\\ \kappa_{ny_0'}^{(2)}=\kappa_{nx_0}^{(2)}\sin^2\Delta_a-2\tau_{gx_0}^{(2)}\sin\Delta_a\cos\Delta_a+\kappa_{ny_0}^{(2)}\cos^2\Delta_a\\ \tau_{nx_0'}^{(2)}=(\kappa_{nx_0}^{(2)}-\kappa_{ny_0}^{(2)})\sin\Delta_a\cos\Delta_a+\tau_{gx_0}^{(2)}(\cos^2\Delta_a-\sin^2\Delta_a)\end{cases} \tag{2.2-34}$$

这样,已知 Δ_a、ϑ_{ax_0}、$\kappa_{ny_0}^{(21)}$ 及 $\kappa_{nx_0}^{(2)}$、$\kappa_{ny_0}^{(2)}$、$\tau_{gx_0}^{(2)}$ 就可以求得基于安装平面的原始小齿轮凹齿面的法曲率 $\kappa_{nx_0'}^{(1)}$、$\kappa_{ny_0'}^{(1)}$ 和短程挠率 $\tau_{gx_0'}^{(1)}$。

对于凸齿面,分析的方法相同。

2.3 原始准双曲面齿轮的轮坯设计

以分度圆锥为节圆锥的齿轮称为原始准双曲面齿轮或设计准双曲面齿轮。准双曲面齿轮的模数和压力角目前还没有标准化,原始准双曲面齿轮的参数设计主要参照国外大公司的公司标准。

2.3.1 原始齿轮的设计参数

当偏置距为下偏置时,应采用图 2.1-4 的传动方式,原始小齿轮为左旋齿面、原始大齿轮为右旋齿面。当偏置距为上偏置时,应采用图 2.1-5 的传动方式,原始小齿轮为右旋齿面、原始大齿轮为左旋齿面。采用上述两种传动方式的好处是齿轮受载后两个齿轮有轴向推开的趋势,不至于使轮齿卡死。

准双曲面齿轮的齿坯设计参考螺旋齿锥齿轮的齿坯设计方法。为了使传动齿轮之间不出现顶齿,在大、小齿轮的齿顶和齿根之间留有顶隙。在不等顶隙收缩齿齿轮中,原始小齿轮的齿根角 ϑ_{f1} 要大于原始大齿轮的齿顶角 ϑ_{a2},原始大齿轮的齿根角 ϑ_{f2} 要大于原始小齿轮的齿顶角 ϑ_{a1}。沿齿长方向的顶隙是变化的。

图 2.3-1 是双重收缩齿准双曲面齿轮。顶锥、分锥和根锥不是同一个顶点。顶锥角、根锥角与不等顶隙收缩齿准双曲面齿轮不同,这样可使两个齿轮的顶隙收缩变缓。

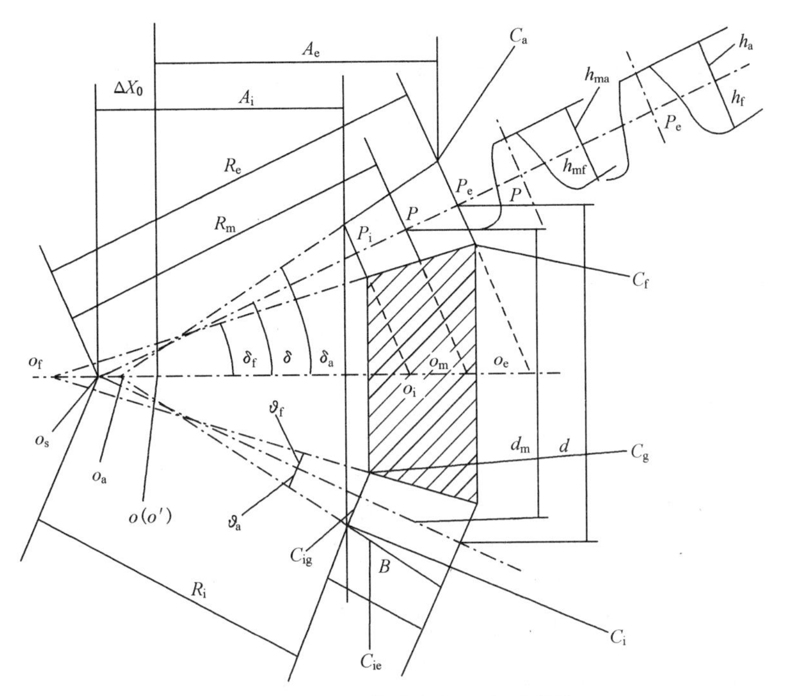

图 2.3-1 双重收缩齿准双曲面齿轮

图 2.3-2 是等高齿准双曲面齿轮，沿齿长方向的顶隙是不变的。由于齿高不变，所以大、小齿轮的顶锥角和根锥角都等于它们的分锥角。摆线齿准双曲面齿轮多采用等高齿，这与该种齿轮的加工工艺有关。

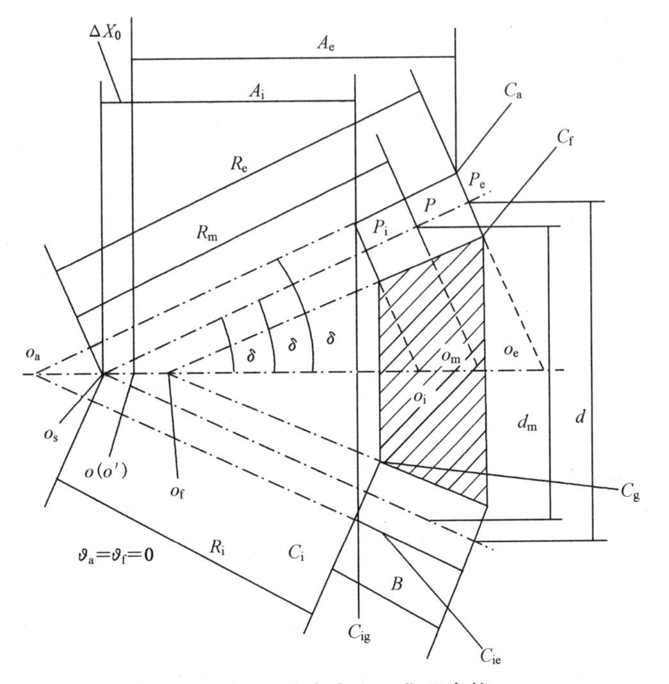

图 2.3-2 等高齿准双曲面齿轮

还有一种等顶隙收缩齿准双曲面齿轮。大、小齿轮的根锥角与不等顶隙收缩齿齿轮相同，但原始小齿轮的齿顶线平行于原始大齿轮的齿根线，原始大齿轮的齿顶线平行于原始小齿轮的齿根线，所以沿齿长方向的顶隙是不变的。分锥、根锥有同一个顶点，与顶锥的顶点不同。

原始准双曲面齿轮的节点 P 在齿宽的中部。原始准双曲面齿轮的设计以 P 点为计算基础。对于不等顶隙收缩齿原始齿轮，当 P 点处的中点分度圆直径 d_m、中点端面模数 $m_{mt}=\dfrac{d_m}{z}$ 已知时，大端分度圆的直径 $d=\dfrac{R_e}{R_m}d_m$，大端端面模数 $m_t=\dfrac{R_e}{R_m}m_m$。大端的齿顶高 h_a、齿根高 h_f 也可由 P 点处的齿顶高 h_{ma}、齿根高 h_{mf} 按比例 $\dfrac{R_e}{R_m}$ 求出。同理，小端分度圆的直径 d_i、小端端面模数 m_{it}、齿顶高 h_{ia}、齿根高 h_{if} 也可由 d_m、m_{mt}、h_{ma}、h_{mf} 按比例 $\dfrac{R_i}{R_m}$ 求出。

求得齿顶高 h_a 和齿根高 h_f 之后，图 2.3-1、图 2.3-2 中的 C_a、C_f 两点即可确定。不管是哪一种齿高设计，顶锥母线过 C_a 点，根锥母线过 C_f 点。

对于双重收缩齿原始齿轮，根锥顶到分锥顶的距离 $\overline{o_s o_f}=\dfrac{R_m\sin\delta-h_{mf}\cos\delta}{\tan\delta_f}-h_{mf}\sin\delta-R_m\cos\delta$。顶锥顶到分锥顶的距离 $\overline{o_s o_a}=R_m\cos\delta-\dfrac{R_m\sin\delta+h_{ma}\cos\delta}{\tan\delta_a}$。

交叉点 $o(o')$ 到后轮冠的距离称为轮冠距 A_e，到前轮冠的距离称为前轮冠距 A_i。交叉点到分锥顶的距离为 ΔX_0，$A_e+\Delta X_0$ 称为冠顶距。以下给出 ΔX_0 的计算公式。

图 2.3-3 是分度圆锥参数的立体图。$o_{s1}K$ 是小齿轮的轴线，$o_{s2}K'$ 是大齿轮的轴线。$\overrightarrow{oo'}=E$。过 oo' 线及 $o_{s2}K'$ 轴做长方形 $oo'CD$，以长方形 $oo'CD$ 及 K 点为基础做长方体 $oo'CDKK_hK_h'C'$。该长方体的上下表面与 $o_{s2}K'$ 轴垂直，o_{s1} 在该长方体的前表面上。$oK=o'C'$，它们是前、后表面的对角线。

长方形 $BLMK'$ 过 K' 点并与 $o_{s1}K$ 轴垂直，$\angle LBK'=90°$，$\angle KLK'=90°$。PP_h 线平行于 $o_{s2}K'$ 轴并交长方体的上表面的对角线 $o'K_h$ 于 P_h 点。设 $\overline{oK}=Q_1$，$\overline{o'K'}=Q_2$。

在直角三角形 $oo'K_h$ 中，

$$\tan\varepsilon_0=\frac{\overline{oo'}}{\overline{oK_h}}=\frac{E}{Q_1\sin\Sigma} \qquad (2.3\text{-}1)$$

在直角三角形 LBK' 中，

$$\tan\eta_0=\frac{\overline{BL}}{\overline{BK'}}=\frac{E}{Q_2\sin\Sigma} \qquad (2.3\text{-}2)$$

式中，ε_0、η_0 为偏离角。

在直角三角形 KLK' 中，$\overline{KL}=\overline{OK}-\overline{OL}=\overline{OK}-\overline{O'B}=Q_1-Q_2\cos\Sigma$，$\overline{K'L}=\dfrac{\overline{BL}}{\sin\eta_0}=$

$\dfrac{E}{\sin\eta_0}$，$\overline{KK'}=\dfrac{\overline{K'L}}{\cos\delta_1}$，$\tan\delta_1=\dfrac{\overline{KL}}{\overline{K'L}}=\dfrac{\sin\eta_0(Q_1-Q_2\cos\Sigma)}{E}$。代入式(2.3-2)，得

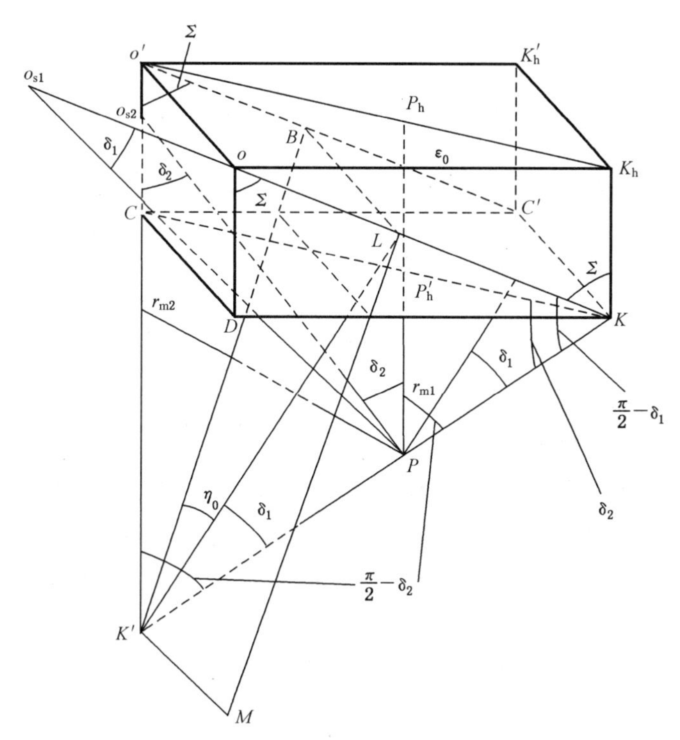

图 2.3-3　分度圆锥参数的空间表示

$$\tan\delta_1=\frac{Q_1\sin\eta_0}{E}-\frac{\cos\eta_0}{\tan\Sigma} \tag{2.3-3}$$

$$\sin\delta_1=\frac{\overline{KL}}{\overline{KK'}}=\frac{(Q_1-Q_2\cos\Sigma)\sin\eta_0\cos\delta_1}{E} \tag{2.3-4}$$

在直角三角形 KCK' 中，$\overline{K'C}=\overline{O'K'}-\overline{O'C}=\overline{O'K'}-\overline{OD}=Q_2-Q_1\cos\Sigma$，$\overline{KC}=\overline{K_hO'}=\dfrac{E}{\sin\varepsilon_0}$，$\tan\delta_2=\dfrac{\overline{K'C}}{\overline{KC}}=\dfrac{(Q_2-Q_1\cos\Sigma)\sin\varepsilon_0}{E}$。代入式(2.3-1)，得

$$\tan\delta_2=\frac{Q_2\sin\varepsilon_0}{E}-\frac{\cos\varepsilon_0}{\tan\Sigma} \tag{2.3-5}$$

$$\sin\delta_2=\frac{\overline{K'C}}{\overline{KK'}}=\frac{(Q_2-Q_1\cos\Sigma)\sin\eta_0\cos\delta_1}{E} \tag{2.3-6}$$

将式(2.3-1)、式(2.3-5)代入式(2.3-4)，消去 Q_1、Q_2 后得

$$\sin\delta_1=\cos\delta_2\cos\varepsilon_0\sin\Sigma-\sin\delta_2\cos\Sigma \tag{2.3-7}$$

由式(2.3-7) 可以求得 ε_0。

将式(2.3-2)、式(2.3-3)代入式(2.3-6)，消去 Q_1、Q_2 后得

$$\sin\delta_2=\cos\delta_1\cos\eta_0\sin\Sigma-\sin\delta_1\cos\Sigma \tag{2.3-8}$$

由式(2.3-8) 可以求得 η_0。

原始小齿轮的分锥顶到其交叉点的距离

$$\Delta X_{01}=\overline{o_{s1}o}=\overline{o_{s1}K}-\overline{oK}=\frac{R_{m1}}{\cos\delta_1}-\frac{E}{\tan\varepsilon_0\sin\Sigma} \tag{2.3-9}$$

原始大齿轮的分锥顶到其交叉点的距离

$$\Delta X_{02}=\overline{o_{s2}o'}=\overline{o_{s2}K'}-\overline{o'K'}=\frac{R_{m2}}{\cos\delta_2}-\frac{E}{\tan\eta_0\sin\Sigma} \tag{2.3-10}$$

原始小齿轮的中点端面模数 $m_{mt1}=\dfrac{d_{m1}}{z_1}=\dfrac{2R_{m1}\sin\delta_1}{z_1}$,中点法向模数 $m_{mn1}=m_{mt1}\cos\beta_1$。原始大齿轮的中点端面模数 $m_{mt2}=\dfrac{d_{m2}}{z_2}=\dfrac{2R_{m2}\sin\delta_2}{z_2}$,中点法向模数 $m_{mn2}=m_{mt2}\cos\beta_2$。由式(2.1-5),$i_{12}=\dfrac{z_2}{z_1}=\dfrac{R_{m2}\sin\delta_2\cos\beta_2}{R_{m1}\sin\delta_1\cos\beta_1}$,得 $m_{mn1}=m_{mn2}=m_{mn}$。

准双曲面齿轮正确啮合的条件是中点法向模数相等,中点法向压力角相等,即 $\alpha_{1a}=\alpha_{2t}$,$\alpha_{2a}=\alpha_{1t}$。由于准双曲面齿轮不是双曲面齿轮,所以这两个条件只在节点 P 处成立。

图 2.3-4 是加工准双曲面齿轮时的中点法向齿条,有关名称及符号如表 2.3-1 所示。

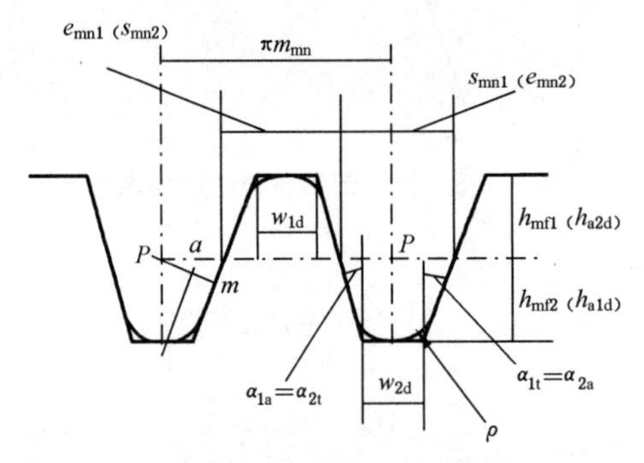

图 2.3-4 中点法向齿条

表 2.3-1 中点法向齿条中的名称及符号

名称	中点法向模数	中点法向齿厚	中点法向齿槽宽	中点齿根高	中点顶隙	加工齿轮时的刀顶距	齿根圆角半径	凹齿面压力角	凸齿面压力角
小齿轮	m_{mn}	s_{mn1}	e_{mn1}	h_{mf1}	c_m	w_{1d}	ρ	α_{1a}	α_{1t}
大齿轮		s_{mn2}	e_{mn2}	h_{mf2}		w_{2d}		α_{2a}	α_{2t}

小齿轮的中点齿根高 $h_{mf1}=h_{mf1}^*m_{mn}$,h_{mf1}^* 称为小齿轮的中点齿根高系数。大齿轮的中点齿根高 $h_{mf2}=h_{mf2}^*m_{mn}$,h_{mf2}^* 称为大齿轮的中点齿根高系数。

小齿轮的中点齿顶高 $h_{ma1}=h_{mf2}^*-c_m=h_{ma1}^*m_{mn}$,$h_{ma1}^*$ 称为小齿轮的中点齿顶高系数。大齿轮的中点齿顶高 $h_{ma2}=h_{mf1}-c_m=h_{ma2}^*m_{mn}$,$h_{ma2}^*$ 称为大齿轮的中点齿顶高系数。中点顶隙 $c_m=c_m^*m_{mn}$,c_m^* 称为中点顶隙系数。这样,$h_{mf1}^*=h_{ma2}^*+c_m^*$,$h_{mf2}^*=h_{ma1}^*+c_m^*$。

齿根圆角半径 $\rho=\rho_{m}^{*}m_{mn}$，ρ_{m}^{*} 称为齿根圆角半径系数。

大小齿轮的刀顶距 w_{1d}、w_{2d} 不一定相同。$w_{1d}+w_{2d}=\pi m_{n}-(h_{mf1}+h_{mf2})(\tan\alpha_{1t}+\tan\alpha_{2a})$。当切向变位时，刀顶距发生变化。

对于标准齿轮来说，小齿轮的中点法向齿厚 s_{mn1} 也是大齿轮的中点法向齿槽宽 e_{mn2}，同样 $e_{mn1}=s_{mn2}$。

当 $e_{mn1}=s_{mn1}$，$h_{ma1}^{*}=h_{ma2}^{*}=1.0$，$c_{m}^{*}=0.25$，$\rho_{m}^{*}=0.3$ 时，法向齿条称为基本齿条。

图 2.3-1 和图 2.3-2 中，$r_{ve}=\overline{P_{e}O_{e}}=R_{e}\tan\delta$ 为大端端面当量齿轮分度圆的半径。大端端面当量齿轮为渐开线圆柱斜齿轮，模数 $m_{te}=\dfrac{R_{m}+0.5B}{R_{m}}m_{mt}$，齿数 $z_{v}=\dfrac{z}{\cos\delta}$，齿宽为 B。对于原始大齿轮来说，大端螺旋角 β_{2e} 可由式(4.1-42)求得，其中的参数为 τ_{1b}。对于原始小齿轮来说，大端螺旋角 β_{1e} 可由式(5.3-6)求得，其中的参数为 τ_{2b}。大端端面当量齿轮的齿廓是不对称的，一侧齿廓的压力角是 α_{ae}，另一侧齿廓的压力角是 α_{te}。$\tan\alpha_{ae}=\dfrac{\tan\alpha_{a}}{\cos\beta_{e}}$，$\tan\alpha_{te}=\dfrac{\tan\alpha_{t}}{\cos\beta_{e}}$。

在图 2.3-1 和图 2.3-2 中，$r_{vi}=\overline{P_{i}O_{i}}=(R_{m}-0.5B)\tan\delta$ 为小端端面当量齿轮分度圆的半径。小端端面当量齿轮为渐开线圆柱斜齿轮，模数 $m_{ti}=\dfrac{R_{m}-0.5B}{R_{m}}m_{mt}$，齿数为 z_{v}，齿宽为 B。对于原始大齿轮来说，小端螺旋角 β_{1i} 可由式(5.1-38)求得，其中的参数为 τ_{2a}。对于原始小齿轮来说，小端螺旋角 β_{li} 可由式(7.3-5)求得，其中的参数为 τ_{1a}。一侧齿廓的压力角是 α_{ai}，另一侧齿廓的压力角是 α_{ti}。$\tan\alpha_{ai}=\dfrac{\tan\alpha_{a}}{\cos\beta_{i}}$，$\tan\alpha_{ti}=\dfrac{\tan\alpha_{t}}{\cos\beta_{i}}$。

以 $r_{v}=\overline{PO_{m}}=R_{m}\tan\delta$ 为分度圆的半径、m_{mt} 为模数、z_{v} 为齿数、β 为螺旋角、B 为齿宽，一侧齿廓的压力角是 α_{a}，一侧齿廓的压力角是 α_{t} 可以构造一个中点当量斜齿轮。中点当量斜齿轮为渐开线圆柱斜齿轮。中点当量斜齿轮的当量齿轮称为中点当量直齿轮。它的模数为 m_{mn}，齿数为 $z_{vn}=\dfrac{z}{\cos\delta\cos^{3}\beta}$，一侧齿廓的压力角是 α_{a}，另一侧齿廓的压力角是 α_{t}。

目前有的文献中用中点当量斜齿轮的重合度代替准双曲面齿轮的重合度，用中点当量斜齿轮的强度代替准双曲面齿轮的强度。本书没有采用这样的替代方法。

准双曲面齿轮传动的设计参数有很多。把与齿坯有关的设计参数 i_{12}、E、Σ、R_{m1}、δ_{1}、β_{1}、R_{m2}、δ_{2}、β_{2} 称为第一类设计参数，与齿廓有关的设计参数 δ_{a1}、δ_{a2}、δ_{f1}、δ_{f2}、h_{ma1}、h_{ma2}、h_{mf1}、h_{mf2}、α_{1a}、α_{1t}、w_{1d}、w_{2d}、r_{1d}、r_{2d} 等称为第二类设计参数。r_{1d}、r_{2d} 是加工大、小准双曲面齿轮时刀盘的名义半径。

以下对这些参数进行设计计算，其中一些参数的设计计算要在后续章节中进行。不同文献可能采用不同的设计方法。

2.3.2 原始齿轮几何设计的步骤

(1) 给出原始设计参数

这些参数是在设计任务书中给出的。

1) 轴交角 Σ(°)。

2) 原始小齿轮的转速 n_1(r/min)。

3) 理论传动比 i_{120} 及允许的波动范围。

4) 原始小齿轮的转矩 T_1(N·m)一般有三种计算方法,常用的是按爬坡能力进行计算。

$T_1=\frac{r_t Q(q+f)}{n_i i_0 \eta_i}$。式中,$r_t$ 为轮胎滚动半径(m);Q 为车辆的总重(N);q 为爬坡系数,对轿车取 0.08,对载货汽车和城市公交车取 0.05~0.09,对长途公交汽车取 0.06~0.10,对越野汽车取 0.09~0.30;f 为滚动阻力系数,对轿车取 0.01~0.015,对载货汽车取 0.015~0.020,对越野车取 0.020~0.035;n_i 为驱动桥数;i_0 为驱动桥的总传动比,取 1~2;η_i 为动桥主传动齿轮的效率。

以上是一种简易的计算公式。在有关汽车主减速器的设计中,有更为详尽的计算公式。

(2) 确定传动比 i_{12}、偏置距 E、小齿轮的分锥角 δ_1、大齿轮的分锥角 δ_2、小齿轮的中点分锥距 R_{m1}、大齿轮的中点分锥距 R_{m2}、小齿轮的螺旋角 β_1、大齿轮的螺旋角 β_2

1) 预选原始小齿轮的齿数 z_1

按表 2.3-2 或表 2.3-3 预选原始小齿轮的函数 z_1。

表 2.3-2 原始小齿轮的最小齿数 z_{10}

i_{120}	2.5	3	4	5	6~8
z_{10}	15	12	9	7	6

表 2.3-3 原始小齿轮的最小齿数 z_{10}

i_{120}	1.00~1.50	1.50~1.75	1.75~2.00	2.00~2.50	2.50~4.00	4.00~4.50	4.50~5.00	5.00~6.00	6.00~10.0
z_{10}	13	12	11	10	9	8	7	6	5

2) 计算原始大齿轮的齿数 z_2

由 $z_2 \approx i_{120} z_1$,对 z_2 取整数并使 z_2 与 z_1 互质,得到准双曲面齿轮传动的实际传动比 $i_{12}=\frac{z_2}{z_1}$。看 $\frac{i_{12}}{i_{120}}$ 是否在允许的波动范围内。对于载货汽车,z_1+z_2 应不少于 40,对于轿车,z_1+z_2 应不少于 50。

3) 预选原始小齿轮的螺旋角 β_1

β_1 的值一般在 40°～55°。重载车辆上的齿轮取较小的值，轻载车辆上的齿轮取较大的值。表 2.3-4 所示的关系适用于汽车工业。

表 2.3-4 小齿轮的最小齿数 z_1 和螺旋角 β_1 的关系

z_1	6～12	13～14	15 以上
β_1	50°	45°	40°

4）预选原始大齿轮大端分度圆的直径 d_2

当没有经验时，用弧齿锥齿轮的经验公式初定 d_2。$(d_2)^{2.8} \approx 1\,000 T_1 \left(\frac{i_{120}^3}{1+i_{120}^2}\right) \sqrt[5]{n_1}$ 或 $d_2=(13\sim16)\sqrt[3]{T_1}$。

5）求偏置距 E

对轻载车辆，$E=(0.15\sim0.25)d_2$。对重载车辆，$E=(0.10\sim0.15)d_2$。对于用长幅摆线齿准双曲面齿轮的轻载车辆，$E=(0.15\sim0.25)d_2$。

6）初定原始齿轮的偏置角 ε_{12}

$\varepsilon_{12}=\arcsin(2E/d_2)\leqslant 1.4 i_{12}-20/i_{12}+18.6$。

7）求原始大齿轮的分锥矩 R_{e2}

$R_{e2}=\frac{d_2\sqrt{i_{12}^2+1}}{2 i_{12}\cos\varepsilon_{12}}$。

8）求原始大齿轮的分锥角 δ_2

$\delta_2=\arcsin\left(\frac{d_2}{2R_{e2}}\right)$。参考文献[3]中还提供了 $\delta_2=\arcsin\left[\frac{i_{12}\cos(\beta_1-\beta_2)}{\sqrt{1+i_{12}^2}}\right]$。

9）求原始齿轮的齿宽 B

$B=(0.29\sim0.30)R_{e2}$。

10）求原始大齿轮的中点分锥距 R_{m2}

当齿宽相对于节点对称布置时，$R_{m2}=R_{e2}-0.5B$。

11）求原始小齿轮的分锥角 δ_1、中点分锥距 R_{m1}，原始大齿轮的螺旋角 β_2

由式(2.1-12)、式(2.1-14)经推导及由式(2.1-5)得方程组

$$\begin{cases}\cos(\beta_1-\beta_2)=\tan\delta_1\tan\delta_2+\dfrac{\cos\Sigma}{\cos\delta_1\cos\delta_2}\\ E=\dfrac{\sin(\beta_1-\beta_2)(R_{m1}\sin\delta_1\cos\delta_2+R_{m2}\cos\delta_1\sin\delta_2)}{\sin\Sigma}\\ i_{12}=\dfrac{R_{m2}\sin\delta_2\cos\beta_2}{R_{m1}\sin\delta_1\cos\beta_1}\end{cases} \tag{2.3-11}$$

由方程组中的第 2 式、第 3 式消去 R_{m1} 后与第 1 式联立得方程组

$$\begin{cases}\cos\delta_1\cos\delta_2\cos(\beta_1-\beta_2)-\sin\delta_1\sin\delta_2-\cos\Sigma=0\\ R_{m2}\sin\delta_2\sin(\beta_1-\beta_2)(\cos\beta_2\cos\delta_2+i_{12}\cos\beta_1\cos\delta_1)-Ei_{12}\cos\beta_1\sin\Sigma=0\end{cases} \tag{2.3-12}$$

用优化设计程序进行两维搜索求得 δ_1、β_2 后，再求得 R_{m1} 的值。有关参数要满足式(2.1-16)、式(2.3-7)、式(2.3-8)，否则要增大初定原始齿轮的偏置角 ε_{12}。可预设偏离角、极限压力角的最小值。

12）原始小齿轮分度圆的直径

$d_1=2(R_{m1}+0.5B)\sin\delta_1$。

13）求中点法向模数 m_{mn}

原始小齿轮的中点端面模数 $m_{mt1}=\dfrac{2R_{m1}\sin\delta_1}{z_1}$。中点法向模数 $m_{mn}=m_{mt1}\cos\beta_1$。

(3) 确定中点齿顶高 h_{ma}、中点齿根高 h_{mf}、轮冠距 A_e、前轮冠距 A_i、凹齿面的压力角 α_a、凸齿面的压力角 α_t、齿轮加工的刀顶距 w_{1d}、w_{2d}、刀盘的名义半径 r_d、齿面之间的法向侧隙 j_{en}

1）求中点齿顶高 h_{ma} 和中点齿根高 h_{mf}

准双曲面齿轮目前还没有标准化。由于准双曲面齿轮的空间布置不同于螺旋锥齿轮的空间布置，所以选用基本齿条的齿顶高系数和齿根高系数作为准双曲面齿轮的齿顶高系数和齿根高系数并不合适。m_{mn}、h^*_{ma}、h^*_{mf}、c^*_m 的选取目前使用西方各大公司的公司标准，各公司的标准不尽一致。原始小齿轮的齿高系数 h^*_{ma1}、h^*_{mf1} 和原始大齿轮的齿高系数 h^*_{ma2}、h^*_{mf2} 一般不相同，一种选择方案如表 2.3-5 所示。

表 2.3-5　准双曲面齿轮的中点齿顶高系数、中点齿根高系数及顶隙系数

小齿轮的齿数 z_1	h^*_{ma1}	h^*_{mf1}	h^*_{ma2}	h^*_{mf2}	c^*_m
≥12	$1.580-0.580/u_a^2$	$0.670+0.580/u_a^2$	$0.420+0.580/u_a^2$	$1.830-0.580/u_a^2$	0.25
11	$1.580-0.560/u_a^2$	$0.670+0.560/u_a^2$	$0.420+0.560/u_a^2$	$1.830-0.560/u_a^2$	0.25
10	$1.609-0.507/u_a^2$	$0.585+0.507/u_a^2$	$0.341+0.507/u_a^2$	$1.853-0.507/u_a^2$	0.244
9	$1.624-0.447/u_a^2$	$0.514+0.447/u_a^2$	$0.276+0.447/u_a^2$	$1.862-0.447/u_a^2$	0.238
8	$1.610-0.361/u_a^2$	$0.472+0.361/u_a^2$	$0.241+0.361/u_a^2$	$1.841-0.361/u_a^2$	0.231
7	$1.602-0.288/u_a^2$	$0.423+0.288/u_a^2$	$0.198+0.288/u_a^2$	$1.827-0.288/u_a^2$	0.225
6	$1.575-0.201/u_a^2$	$0.394+0.201/u_a^2$	$0.175+0.201/u_a^2$	$1.794-0.201/u_a^2$	0.219
注：$u_a=\sqrt{\dfrac{z_2\cos\delta_1}{z_1\cos\delta_2}}$。					

齿高系数的大小会影响齿轮传动的重合度。如果齿高系数选择不当，还会使齿轮出现根切或顶切。齿高系数的大小及顶锥角、根锥角的选择还会影响齿顶厚和齿根齿槽宽。最小齿根齿槽宽还会影响刀片厚度的选择等。有关根切、顶切、重合度等问题将在第 8 章等章节中进行分析。

中点齿顶高 $h_{ma}=h^*_{ma}m_{mn}=h^*_{ma}m_{mt}\cos\beta$，中点齿根高 $h_{mf}=h^*_{mf}m_{mn}=h^*_{mf}m_{mt}\cos\beta$。

2）求轮冠距 A_e 和前轮冠距 A_i

$A_e = R_e\cos\delta - h_a\sin\delta - \Delta X_0$，$A_i = R_i\cos\delta - h_i\sin\delta - \Delta X_0$。

3）求凹齿面的压力角 α_a 和凸齿面的压力角 α_t

原始小齿轮凸齿面的压力角 $\alpha_{1t} = \alpha_n + \alpha_{t0}^{(1)}$，凹齿面的压力角 $\alpha_{1a} = \alpha_n + \alpha_{a0}^{(1)}$。原始大齿轮凸齿面的压力角的压力角 $\alpha_{2t} = \alpha_{1a}$、凹齿面的压力角 $\alpha_{2a} = \alpha_{1t}$。公称压力角 α_n 见表 2.3-6。

表 2.3-6　公称压力角 α_n

传动用途	小齿轮齿数	公称压力角 α_n
一般工业传动	$z_1 \geqslant 8$	21°15′
	$z_1 < 8$	22°30′
载重汽车及拖拉机		22°30′
客车及轿车		19°

4）准双曲面齿轮的变位

采用变位齿轮的目的主要是改变小齿轮和大齿轮之间的齿厚比及改变齿面之间的滑动率。变位是对基本齿条参数的改变，不能在大端背锥上定义变位量。

准双曲面齿轮一般只用于减速而不用于变速，准双曲面齿轮一般采用高度变位或切向变位。这两种变位不改变分度平面的位置，分度圆锥就是节圆锥。高度变位时小齿轮采用正变位，变位量 $\chi_1 = \chi_1^* m_{mn}$，大齿轮采用负变位，变位量 $\chi_2 = -\chi_1^* m_{mn}$。$\chi_1^*$ 称为径向变位系数。切向变位时，使小齿轮的齿厚 s_{mn1} 增加 $\chi_t^* m_m$，大齿轮的齿厚 s_{mn2} 减少 $\chi_t^* m_{mn}$。χ_t^* 称为切向变位系数。

5）求齿轮加工的刀顶距 w_{1d}、w_{2d} 和不考虑顶隙时的刀顶高 h_{a2d}、h_{a1d}

当齿轮不变位时，$s_{mn1} = e_{mn2} = s_{mn2} = e_{mn1} = \frac{1}{2}\pi m_{mn}$。由 $e_{mn1} = w_{1d} + h_{mf1}(\tan\alpha_{1a} + \tan\alpha_{1t})$、$e_{mn2} = w_{2d} + h_{mf2}(\tan\alpha_{1a} + \tan\alpha_{1t})$，得加工小齿轮时的刀顶高 $h_{a2d} = h_{mf1}$、刀顶距 $w_{2d} = \frac{1}{2}\pi m_{mn} - h_{mf1}(\tan\alpha_{1a} + \tan\alpha_{1t})$，加工大齿轮时的刀顶高 $h_{a1d} = h_{mf2}$、刀顶距 $w_{1d} = \frac{1}{2}\pi m_{mn} - h_{mf2}(\tan\alpha_{1a} + \tan\alpha_{1t})$。

当采用高度变位时，小齿轮的中点齿厚 $s'_{mn1} = \frac{1}{2}\pi m_{mn} + \chi_1 m_{mn}(\tan\alpha_{1a} + \tan\alpha_{1t})$，中点齿槽宽 $e'_{mn1} = \frac{1}{2}\pi m_{mn} - \chi_1 m_{mn}(\tan\alpha_{1a} + \tan\alpha_{1t})$，齿根高 $h'_{mf1} = h_{mf1} - \chi_1 m_{mn}$，刀顶高 $h'_{a2d} = h'_{mf1}$，刀顶距 $w'_{2d} = w_{2d}$。大齿轮的中点齿厚 $s'_{mn2} = \frac{1}{2}\pi m_{mn} - \chi_1 m_{mn}(\tan\alpha_{1a} + \tan\alpha_{1t})$，中点齿槽宽 $e'_{mn2} = \frac{1}{2}\pi m_{mn} + \chi_1 m_{mn}(\tan\alpha_{1a} + \tan\alpha_{1t})$，齿根高 $h'_{mf2} = h_{mf2} + \chi_1 m_{mn}$，刀顶高 $h'_{a1d} = h'_{mf2}$，刀顶距 $w'_{1d} = w_{1d}$。

当采用切向变位时，小齿轮的中点齿厚 $s''_{mn1}=\frac{1}{2}\pi m_{mn}+\chi_t m_{mn}$，中点齿槽宽 $e''_{mn1}=\frac{1}{2}\pi m_{mn}-\chi_t m_{mn}$，刀顶高 $h''_{a2d}=h_{mf1}$，刀顶距 $w''_{2d}=w_{2d}-\chi_t m_{mn}$。大齿轮的中点齿厚 $s''_{mn2}=\frac{1}{2}\pi m_{mn}-\chi_t m_{mn}$，中点齿槽宽 $e''_{mn2}=\frac{1}{2}\pi m_{mn}+\chi_t m_{mn}$，刀顶高 $h''_{a1d}=h_{mf2}$，刀顶距 $w''_{1d}=w_{1d}+\chi_t m_{mn}$。

也可以采用高度变位加切向变位的联合变位。

在后续章节的分析计算中，都是用非变位齿轮作为计算模型的，计算变位齿轮时，要将刀顶高、刀顶距做相应的改变。

6）刀盘的名义半径 r_d

r_d 的选择及调节将在第 4 章、第 5 章、第 7 章等章节进行叙述。部分标准刀盘的名义半径 r_d 如表 2.3-7 和表 2.3-8 所示。

表 2.3-7　格里森齿制刀盘的名义半径 r_d

大齿轮的分度圆直径 d_2/mm	r_d/in	r_d/mm	大齿轮的分度圆直径 d_2/mm	r_d/in	r_d/mm
75～135	1.75	44.45	165～285	3.75	92.25
100～170	2.25	57.15	195～345	4.5	114.3
110～190	2.5	63.5	260～455	6.0	152.4
130～230	3.0	76.2	350～610	8.0	203.2
135～240	3.125	79.375	455～800	10.5	266.7

表 2.3-8　奥利康齿制刀盘的名义半径 r_d

中点法向模数 m_n/mm	刀齿组数	r_d/mm	中点法向模数 m_n/mm	刀齿组数	r_d/mm
1.5～4.5	5	39	4.5～8.5	11	140
	7	49		13	160
	11	74		13	181
	13	88	5.0～10.0	11	160
4.5～8.5	5	62		13	181
	7	88			

7）齿面之间的大端法向侧隙 j_{en}

为了适应齿轮的润滑、热变形等要求，啮合齿轮的齿面之间要有一定的法向侧隙。最小法向侧隙的值如表 2.3-9 和表 2.3-10 所示。

表 2.3-9　AGMA7～13 级规定的齿轮大端法向侧隙 j_{en}

中点法向模数 m_{mn}/mm	j_{en}/mm	中点法向模数 m_{mn}/mm	j_{en}/mm
20.32～25.40	0.51～0.76	6.35～7.26	0.18～0.23
16.93～20.32	0.46～0.66	5.08～6.35	0.15～0.20
14.51～16.93	0.41～0.56	4.23～5.08	0.13～0.18
12.70～14.51	0.36～0.46	3.18～4.23	0.10～0.15
10.16～12.70	0.31～0.41	2.54～3.18	0.08～0.13
8.47～10.16	0.25～0.33	1.59～2.54	0.05～0.10
7.26～8.47	0.20～0.28	1.27～1.59	0.03～0.08

表 2.3-10　克林根贝尔格齿制规定的齿轮大端法向侧隙 j_{en}

中点法向模数 m_{mn}/mm	j_{en}/mm	中点法向模数 m_{mn}/mm	j_{en}/mm
0.3～1.0	0.03～0.06	8.0	0.18～0.20
1.0	0.06～0.08	8.0～10.0	0.20～0.25
2.0	0.08～0.11	10.0～12.0	0.25～0.30
3.0	0.10～0.13	12.0～14.0	0.30～0.35
4.0	0.12～0.14	14.0～16.0	0.35～0.40
5.0	0.14～0.17	16.0～18.0	0.40～0.45
6.0	0.15～0.18	18.0～21.0	0.45～0.50
7.0	0.16～0.19		

在齿轮加工时，通过选配刀盘的调整垫片来获得法向侧隙。

2.4　原始准双曲面齿轮的齿线及诱导主曲率

本节研究的目的是为了进行齿轮的接触强度计算。

原始齿轮的齿廓是一对共轭齿廓。目前准双曲面齿轮是用盘型铣齿刀加工出来的，用盘型铣齿刀只能加工出原始齿轮中一个齿轮的齿廓，不能加工出另一个齿轮上的共轭齿廓。

产形齿轮是一个虚拟的准双曲面齿轮。运用产形齿轮和原始齿轮做共轭齿轮传动生成原始齿轮的齿面。产形齿轮与原始齿轮是线接触齿轮。

如果产形齿轮的分锥角、顶锥角都等于 90°，它是一个等高齿齿轮，称为冠轮。实际产形齿轮的获得是通过刀盘的复和运动来实现的。刀盘上刀齿的运动轨迹相当于产形齿轮的轮齿。如果产形齿轮的节平面与原始齿轮的分度平面相切，这种加工工艺称为平面齿轮原理加工工艺。

准双曲面齿轮的齿形有圆弧齿制和摆线齿制两种。

实用准双曲面齿轮的齿廓与原始齿轮的齿廓差别较小，不影响齿轮强度分析的结果。由于小齿轮是齿轮强度的薄弱环节，所以在齿轮强度分析中以小齿轮作为分析的对象。以下对原始小齿轮进行分析计算。

2.4.1 圆弧齿原始准双曲面小齿轮的齿线方程

圆弧齿制又称格里森齿制，是格里森公司开发的一种准双曲面齿轮。这种齿轮的特点是产形齿轮的齿面是圆锥面。圆弧齿齿轮的节点 P 取在原始齿轮的分度圆锥上并在齿宽的中点。

图 2.4-1 中的静坐标系 $oxyz$、$o'x'y'z'$，动坐标系 $o_1x_1y_1z_1$、$o_2x_2y_2z_2$ 与图 1.2-1 中的坐标系设置相同。将原始小齿轮置于动坐标系 $o_1x_1y_1z_1$ 内，将产形齿轮轮置于动坐标系 $o_2x_2y_2z_2$ 内。o_1 就是原始小齿轮的顶点 o_{s1}，o_2 是产形齿轮的顶点。

坐标轴 $o'z'$、o_2z_2 垂直于原始小齿轮的分度平面。在初始时刻，坐标系 $oxyz$ 与坐标系 $o_1x_1y_1z_1$ 的各个坐标轴方向一致，坐标系 $o'x'y'z'$ 与坐标系 $o_2x_2y_2z_2$ 的各个坐标轴方向一致。

将铣刀盘置于坐标系 $o_dx_dy_dz_d$ 中，铣刀盘的回转轴线 o_dz_d 与坐标轴 o_2z_2 平行，也垂直于原始小齿轮的分度平面。坐标轴 o_dx_d 过节点 P 并与原始小齿轮的齿线垂直。坐标系 $o_dx_dy_dz_d$ 与坐标系 $o_2x_2y_2z_2$ 固连，坐标轴 o_dz_d 在坐标系 $o_2x_2y_2z_2$ 中是固定的。

铣刀盘在坐标系 $o_dx_dy_dz_d$ 中回转时，刀齿的轨迹为圆锥面，也是产形齿轮的齿面。假想刀齿的轨迹也是圆锥面，是产形齿轮的假想齿面。动坐标系 $o_2x_2y_2z_2$ 在静坐标系 $o'x'y'z'$ 中的转动，是产形齿轮的转动。

刀齿为对称梯形。外刀齿加工小齿轮的凹齿面，外刀齿角 α_{dt} 等于压力角 α_{1a}。内刀齿加工小齿轮的凸齿面，内刀齿角 α_{da} 等于压力角 α_{1t}。刀盘的名义半径为 r_d。

齿轮加工时，$R_c=\overline{o_2P}$ 是产形齿轮的中点分锥距。β_c 是产形齿轮的螺旋角，$\delta_c=\dfrac{\pi}{2}$ 是产形齿轮的分锥角。轴交角 $\Sigma_{c1}=\dfrac{\pi}{2}-\delta_1$，偏置角 $\varepsilon_{c1}=\beta_c-\beta_1$，偏置距 $E_{c1}=R_c\sin\varepsilon_{c1}$。由式(2.1-5)，产形齿轮与原始小齿轮的速比 $i_{c1}=\dfrac{\omega_c}{\omega_1}=-\dfrac{z_1}{z_c}=-\dfrac{R_{m1}\sin\delta_1\cos\beta_1}{R_c\cos\beta_c}$。

图 2.4-1 中的原始小齿轮是等高齿左旋齿轮。

径向刀位 $s_d=\overline{o_2o_d}=\sqrt{r_d^2+R_c^2-2r_dR_c\sin\beta_c}$。在三角形 o_2o_dP 中，由余弦定理，$\eta=\arccos\left(\dfrac{s_d^2+R_c^2-r_d^2}{2s_dR_c}\right)$。

当刀齿由 o_dP 线的位置转动了 τ_d 角到达 o_dP' 的位置时，在坐标系 $o_dx_dy_dz_d$ 中，假想内刀齿上一点 M 的坐标为：

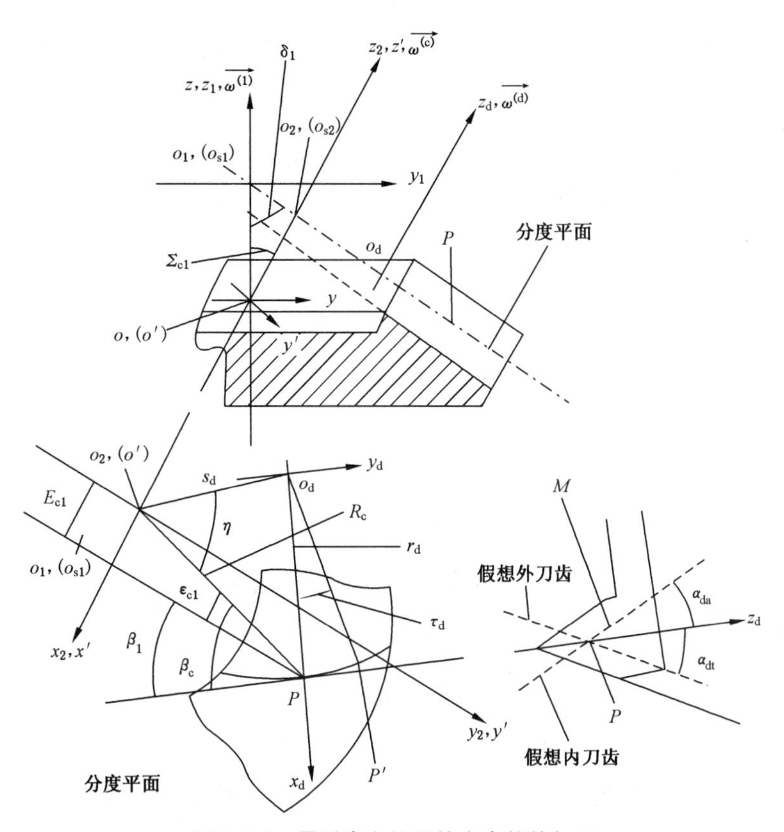

图 2.4-1　圆弧齿左旋原始小齿轮的加工

$$\begin{cases} x_d=(r_d-z_d\tan\alpha_{da})\cos\tau_d \\ y_d=(r_d-z_d\tan\alpha_{da})\sin\tau_d \\ z_d=z_d \end{cases} \tag{2.4-1}$$

坐标系 $o_dx_dy_dz_d$ 与坐标系 $o_2x_2y_2z_2$ 之间的坐标变换

$$\begin{bmatrix} x_2 \\ y_2 \\ z_2 \end{bmatrix}=\begin{bmatrix} \cos\beta_1 & -\sin\beta_1 & 0 \\ \sin\beta_1 & \cos\beta_1 & 0 \\ 0 & 0 & 1 \end{bmatrix}\begin{bmatrix} x_d \\ y_d \\ z_d \end{bmatrix}+\begin{bmatrix} -s_d\sin(\eta-\varepsilon_{c1}) \\ s_d\cos(\eta-\varepsilon_{c1}) \\ 0 \end{bmatrix} \tag{2.4-2}$$

在图 1.2-1 的空间啮合坐标系中，将齿轮 1 视为原始小齿轮，齿轮 2 视为产形齿轮，由式(1.2-4)、式(1.2-30)可以求得原始小齿轮的假想齿面在坐标系 $o_1x_1y_1z_1$ 中的坐标，是参数 τ_d 和 z_d 的函数。公式中的参数代换：$i_{21}=i_{c1}$、$\Sigma=\Sigma_{c1}=\dfrac{\pi}{2}-\delta_1$、$E=E_{c1}=R_c\sin\varepsilon_{c1}$，$b_1=\dfrac{R_{m1}-R_c\cos\varepsilon_{c1}}{\cos\delta_1}$、$b_2=(R_{m1}-R_c\cos\varepsilon_{c1})\tan\delta_1$。

原始小齿轮的齿线是 P' 点的运动轨迹。当参数 $z_d=0$ 时，式(1.2-4)中的坐标就是原始小齿轮齿线的坐标，是参数 τ_d 的函数。

由式(2.1-18)求得原始小齿轮的极限法曲率 $\kappa_{jt}^{(1)}$，由式(2.1-19)求得极限齿线曲率

$\kappa_{jt0}^{(1)}$，从而求得原始小齿轮凹齿面的极限齿线曲率半径 $r_{jt0}^{(1)}=\dfrac{1}{\kappa_{jt0}^{(1)}}$。由(2.1-16)求得极限压力角 $\alpha_{t0}^{(1)}$。

在式(2.1-16)、式(2.1-19)中，将原始大齿轮换为产形齿轮，可以求得产形齿轮凹齿面的极限压力角 α_{d0} 及原始小齿轮凸齿面的极限齿线曲率半径 r_d 的方程。

$$\begin{cases} \tan\alpha_{d0}=\dfrac{(R_{m1}\sin\beta_1-R_c\sin\beta_c)\tan\delta_1}{R_c\cos(\beta_1-\beta_c)} \\ r_d=\dfrac{R_cR_{m1}\tan\delta_1\sin(\beta_1-\beta_c)}{R_{m1}\tan\delta_1\cos\beta_1-R_c(\tan\alpha_{d0}\sin\beta_1+\tan\delta_1)\cos\beta_c} \end{cases} \tag{2.4-3}$$

令 $\alpha_{d0}=\alpha_{t0}^{(1)}$，$r_d=r_{jt0}^{(1)}$。由式(2.4-3)解出 β_c 和 R_c。

$$\tan(\beta_c-\beta_1)=\frac{r_{jt0}^{(1)}\tan\alpha_{a0}\cos^3\beta_1}{(r_{jt0}^{(1)}-R_{m1}\sin\beta_1)\tan\delta_1+r_{jt0}^{(1)}\tan\alpha_{a0}\sin^3\beta_1} \tag{2.4-4}$$

$$R_c=\frac{R_{m1}\sin\beta_1\tan\delta_1}{\tan\delta_1\sin\beta_c+\cos(\beta_1-\beta_c)\tan\alpha_{a0}} \tag{2.4-5}$$

这样就可以求得原始小齿轮的齿线方程。

在原始小齿轮小端，齿线到锥顶的距离为 $R_{m1}-0.5B$，由齿线的坐标 $\sqrt{x_1^2+y_1^2+z_1^2}=R_{m1}-0.5B$ 可以解出原始小齿轮的小端所对应的参数 τ_d，令其等于 τ_a。同样，由 $\sqrt{x_1^2+y_1^2+z_1^2}=R_{m1}+0.5B$ 可以解出原始小齿轮的大端所对应的参数 τ_d，令其等于 τ_b。

2.4.2 摆线齿原始准双曲面小齿轮的齿线方程

摆线齿准双曲面齿轮是由奥利康公司和克林根贝尔格公司研发的。摆线齿制与圆弧齿制的主要区别是齿轮加工时刀盘的轴线 o_dz_d 在坐标系 $o_2x_2y_2z_2$ 中是运动的。摆线齿齿轮的节点位置与圆弧齿齿轮的节点位置相同。

图2.4-2中，铣刀盘置于坐标系 $o_dx_dy_dz_d$ 中。坐标系 $o_dx_dy_dz_d$ 在坐标系 $o_2x_2y_2z_2$ 中做行星运动，太阳轮的半径为 r_a，行星轮的半径为 r_b。r_a、r_b 为铣齿机的机床常数，取值见式(7.2-11)。当铣刀盘随同行星轮转动时，节点 P 的运动轨迹为圆的长幅外摆线，产形齿轮的假想齿面是圆的长幅外摆锥面。

当刀盘在坐标系 $o_dx_dy_dz_d$ 中转动了 τ_d 角后，P 点到达 P' 的位置，内刀齿假想刀齿上的一点 M 点到达 M' 的位置，刀盘的中心 o_d 到达 o_d' 的位置，转角 $\tau_1=\dfrac{r_b}{r_a}\tau_d$。在坐标系 $o_dx_dy_dz_d$ 中，M 点的坐标为

$$\begin{cases} x_d=r_d-z_d\tan\alpha_{da}\cos\nu \\ y_d=z_d\tan\alpha_{da}\sin\nu \\ z_d=z_d \end{cases} \tag{2.4-6}$$

式中，ν 为刀齿方向角，是齿线的法线与刀盘的名义半径 o_dP 之间的夹角。

坐标轴 $o_d'x_d'$ 与坐标轴 o_dx_d 平行。在坐标系 $o_d'x_d'y_d'z_d'$ 中，M' 的坐标

$$\begin{cases} x_d'=R'\cos(\tau_1+\tau_d+\lambda_0) \\ y_d'=R'\sin(\tau_1+\tau_d+\lambda_0) \\ z_d'=z_d \end{cases} \tag{2.4-7}$$

式中，$R'=\sqrt{x_d^2+y_d^2}$；$\tan\lambda_0=\dfrac{y_0}{x_d}$。

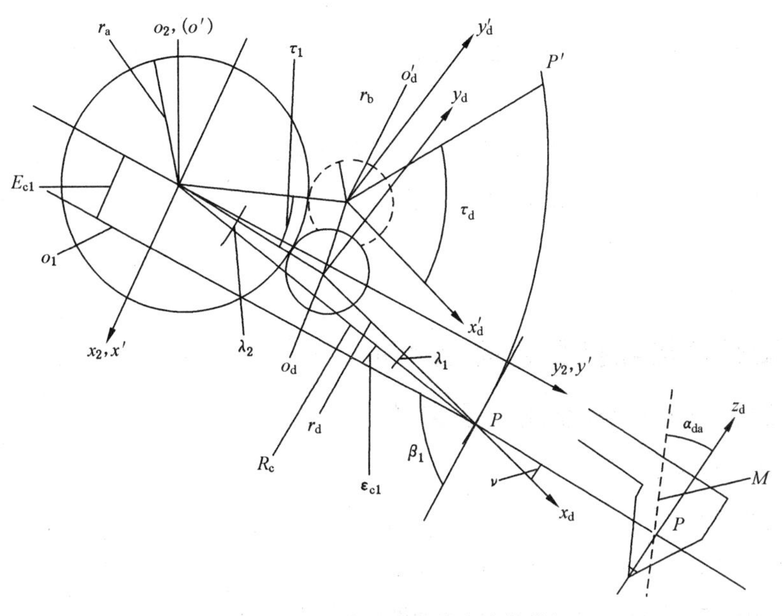

图 2.4-2 摆线齿左旋原始小齿轮的加工

在三角形 o_2o_dP 中，根据余弦定理，$\lambda_1=\arccos\left[\dfrac{r_d^2+R_c^2-(r_a+r_b)^2}{2r_dR_c}\right]$，$\lambda_2=\arccos\left[\dfrac{(r_a+r_b)^2+R_c^2-r_d^2}{2(r_a+r_b)R_c}\right]$。坐标轴 o_dx_d 与坐标轴 o_2y_2 之间的夹角是$(\varepsilon_{c1}+\lambda_1)$。坐标轴 o_2y_2 和 o_2o_d'之间的夹角是 $\tau_1-(\varepsilon_{c1}-\lambda_2)$。这样，坐标系 $o_d'x_d'y_d'z_d'$与坐标系 $o_2x_2y_2z_2$ 之间的坐标变换

$$\begin{bmatrix} x_2 \\ y_2 \\ z_2 \end{bmatrix}=\begin{bmatrix} \sin(\varepsilon_{c1}+\lambda_1) & -\cos(\varepsilon_{c1}+\lambda_1) & 0 \\ \cos(\varepsilon_{c1}+\lambda_1) & \sin(\varepsilon_{c1}+\lambda_1) & 0 \\ 0 & 0 & 1 \end{bmatrix}\begin{bmatrix} x_d' \\ y_d' \\ z_d' \end{bmatrix}+\begin{bmatrix} -(r_a+r_b)\sin(\tau_1-\varepsilon_{c1}+\lambda_2) \\ (r_a+r_b)\cos(\tau_1-\varepsilon_{c1}+\lambda_2) \\ 0 \end{bmatrix} \tag{2.4-8}$$

由式(2.4-7)就可以求在坐标系 $o_1x_1y_1z_1$ 中摆线齿原始小齿轮齿线的坐标，方法与圆弧齿原始小齿轮的求法相同。

求小端所对应的参数 τ_a、大端所对应的参数 τ_b 的方法也与圆弧齿原始小齿轮的求法相同。

2.4.3 原始准双曲面齿轮的诱导主曲率

实际应用的准双曲面齿轮与原始齿轮是有差别的。为了改善接触状况，实用准双曲

面齿轮在接触点处呈椭圆接触状态。在6.1.2.1节中，对实用准双曲面齿轮的诱导主曲率$\kappa_1^{(12)}$、$\kappa_2^{(12)}$提出一种经验公式

$$\begin{cases}\kappa_1^{(12)}=0.002\ 54f_h\left(\dfrac{z_1}{r_1\cos\beta_1}\right)^2\\ \kappa_2^{(12)}=0.050\ 8\left(\dfrac{\cos\beta_1}{f_bB}\right)^2\end{cases}\tag{2.4-9}$$

式中，f_h为齿高系数，f_h可取齿轮法向模数的63%；f_b为齿宽接触系数，$f_b=0.2\sim0.4$；B为齿宽。

在2.3.2节(2)的第13)中，按流程求得了法向模数m_{mn}。当m_{mn}不满足强度条件时，应由2.3.2节(2)的第4)开始，改变d_2的值重新进行计算。有关齿轮强度的计算见第3章。

2.5 原始齿轮轮坯参数的设计示例

2.5.1 模型1，圆弧齿准双曲面齿轮

(1) 原始设计参数

1) 轴交角$\Sigma=90°$。

2) 原始小齿轮的转速$n_1=2\ 500$ r/min。

3) 理论传动比$i_{120}=5.23$，允许的波动范围5%。

4) 车辆的载重2 t，车辆的总质量$Q=4.28$ t，轮胎滚动半径$r_t=0.325$ m，爬坡系数$q=0.08$，滚动阻力系数$f=0.02$，驱动桥数$n_i=1$，驱动桥的总传动比$i_0=5.23$，驱动桥主传动齿轮的效率$\eta_i=0.96$。

算得原始小齿轮的转矩$T_1=277.047\ 5$ N·m。

(2) 齿坯参数的计算

1) 取原始小齿轮的齿数$z_1=7$。

2) 原始大齿轮的齿数$z_2=36$。$z_1+z_2>40$，$1-\dfrac{i_{12}}{i_{120}}=1.67\%$在允许的波动范围内。

3) 取原始小齿轮的螺旋角$\beta_1=50°$。

4) 求原始大齿轮大端分度圆的直径d_2。

由公式$(d_2)^{2.8}\approx1\ 000T_1\left(\dfrac{i_{120}^3}{1+i_{120}^2}\right)\sqrt[5]{n_1}$算得$d_2$的初值为273.853 mm。

5) 偏置距的初值$E=0.15d_2=41.078$ mm。

6) 初定原始齿轮的偏置角ε_{12}。

用公式$\varepsilon_{12}=\arcsin(2E/d_2)\leqslant1.4i_{12}-20/i_{12}+18.6$计算偏置角的基本值。为了使式(2.3-7)、式(2.3-8)中的$\cos\varepsilon_0\leqslant1$、$\cos\eta_0\leqslant1$以及式(2.1-16)中的极限压力角$\tan\alpha_{t0}>0$

成立，应改变偏置角的基本值，直到满足上述条件为止。

7）原始大齿轮的分锥角 $\delta_2=69.694\ 2°$。

8）原始齿轮的齿宽 $B=48.00$ mm。

9）原始大齿轮的中点分锥距初值 $R_{m2}=122.00$ mm。

10）由式(2.3-11)、式(2.3-12)求得原始小齿轮的分锥角 $\delta_1=19.141\ 5°$、中点分锥距的初值 $R_{m1}=91.668$ mm，原始大齿轮的螺旋角 $\beta_2=29.721\ 6°$。

11）中点法向模数的初值 $m_{mn}=7.044$ mm。

12）由式(2.1-8)、式(2.1-9)求极限齿线曲率 $\kappa_{ja0}^{(1)}$。设加工大齿轮时的刀盘半径 $r_d=\dfrac{1}{\kappa_{ja0}^{(1)}}$。算得加工大齿轮时的刀盘半径 r_d 的初值为 72.293 mm，但不是表 2-3-7 中刀盘半径的标准值 92.25 mm。以标准值 $r_d=92.25$ mm 反求 R_{m1}、R_{m2}，得 $R_{m1}=116.974$ mm、$R_{m2}=155.679$ mm。极限压力角 $\tan\alpha_{t0}=1.542\ 6°$。

13）求偏置距 $E=52.418$ mm。

14）求中点法向模数 $m_{mm}=7.044$ mm。

15）原始大、小齿轮分度圆的直径 $d_2=273.853$ mm、$d_1=92.452$ mm。

16）小齿轮的中点齿顶高 $h_{ma1}=11.140$ mm、中点齿根高 $h_{mf1}=3.125$ mm，大齿轮的中点齿顶高 $h_{ma2}=1.540$ mm、中点齿根高 $h_{mf1}=12.725$ mm。

17）小齿轮轮冠距 $A_{e1}=156.227$ mm、前轮冠距 $A_{i1}=114.469$ mm，大齿轮轮冠距 $A_{e2}=44.741$ mm、前轮冠距 $A_{i2}=19.656$ mm。

18）公称压力角 $\alpha_n=22.5°$。原始小齿轮凸齿面的压力角 $\alpha_{1t}=24.042\ 7°$，凹齿面的压力角 $\alpha_{1a}=20.957\ 4°$。原始大齿轮凸齿面的压力角 $\alpha_{2t}=\alpha_{1a}$、凹齿面的压力角 $\alpha_{2a}=\alpha_{1t}$。

19）齿轮加工的刀顶距 w_{1d}、w_{2d} 和刀顶高 h_{a2d}、h_{a1d}

当齿轮不变位时，$w_{1d}=8.473$ mm 、$w_{2d}=0.514$ mm。刀顶距 w_{2d} 的值很小，不能容纳刀齿的顶厚，可考虑切向变位，切向变位系数 $\chi_t=\dfrac{w_{1d}-w_{2d}}{2m_{mn}}=0.564\ 9$。这时，加工大、小齿轮的刀顶距 $w_{1d}''=w_{1d}-\chi_t m_{mn}=w_{2d}''=w_{2d}+\chi_t m_{mn}=4.494$ mm。

考虑顶隙时，加工小齿轮的刀顶高 $h_{a2d}=4.709$ mm，加工大齿轮的刀顶高 $h_{a1d}=14.310$ mm。

20）端面重合度 $\varepsilon_\alpha=1.971\ 9$，纵向重合度 $\varepsilon_\beta=1.661\ 5$。

2.5.2 模型 2，摆线齿准双曲面齿轮

(1) 原始设计参数

某设备原始大、小齿轮的轴交角 $\Sigma=70°$，原始小齿轮的转速 $n_1=2\ 500$ r/min，理论传动比 $i_{120}=4.0$，允许的转速波动范围 5%。原始小齿轮的转矩 $T_1=300$ N·m。

(2) 齿坯参数的计算

1）取原始小齿轮的齿数 $z_1=9$。

2）原始大齿轮的齿数 $z_2=37$。$z_1+z_2>40$，$\frac{i_{12}}{i_{120}}-1=2.8\%$ 在允许的转速波动范围内。

3）取原始小齿轮的螺旋角 $\beta_1=50°$。

4）求原始大齿轮大端分度圆的直径 d_2。

由公式 $(d_2)^{2.8}\approx 1\,000T_1\left(\frac{i_{120}^3}{1+i_{120}^2}\right)\sqrt[5]{n_1}$ 算得 d_2 的初值为 253.771 mm。

5）偏置距的初值 $E=0.15d_2=38.066$ mm。

6）初定原始齿轮的偏置角 ε_{12}。

用公式 $\varepsilon_{12}=\arcsin(2E/d_2)\leqslant 1.4i_{12}-20/i_{12}+18.6$ 计算偏置角的基本值。为了使式(2.3-7)、式(2.3-8)中的 $\cos\varepsilon_0\leqslant 1$、$\cos\eta_0\leqslant 1$ 以及式(2.1-16)中的极限压力角 $\tan\alpha_{t0}>0$ 成立，应调整偏置角的基本值，直到满足上述条件为止。

7）原始大齿轮的分锥角 $\delta_2=51.558\,7°$。

8）原始齿轮的齿宽 $B=53.000$ mm。

9）中点法向模数的初值 $m_{mn}=4.810$ mm。

10）由式(2.3-11)、式(2.3-12)求得原始小齿轮的分锥角 $\delta_1=16.852\,1°$，原始大齿轮的螺旋角 $\beta_2=33.023\,3°$，中点分锥距的初值 $R_{m1}=116.155$ mm。

11）由式(2.1-18)、式(2.1-19)求极限齿线曲率 $\kappa_{ja0}^{(1)}$。设加工大齿轮时的刀盘半径 $r_d=\frac{1}{\kappa_{ja0}^{(1)}}$。算得加工大齿轮的刀盘半径 r_d 的初值为 95.103 mm。

12）参照中点法向模数的值及刀盘半径的初值，选取 EN 5-98 型刀盘，刀片的型号为 EN 98/1，刀盘半径的标准值 98.898 mm，名义滚动圆的半径 $e_d=13.3$ mm，刀齿组数 $z_0=1$。以标准值 $r_d=98.898$ mm 反求 R_{m1}、R_{m2}，得 $R_{m1}=120.790$ mm、$R_{m2}=167.408$ mm。极限压力角 $\alpha_{t0}=1.680\,0°$。

13）求偏置距 $E=39.585$ mm。

14）求中点法向模数 $m_{mn}=5.002$ mm。

15）原始大、小齿轮分度圆的直径 $d_2=253.772$ mm、$d_1=85.400$ mm。

16）小齿轮的中点齿顶高 $h_{ma1}=7.785$ mm、中点齿根高 $h_{mf1}=2.343$ mm，大齿轮的 $h_{ma2}=1.218$ mm、中点齿根高 $h_{mf2}=8.911$ mm。

17）小齿轮轮冠距 $A_{e1}=147.250$ mm、前轮冠距 $A_{i1}=98.748$ mm，大齿轮轮冠距 $A_{e2}=44.481$ mm、前轮冠距 $A_{i2}=11.056$ mm。

18）公称压力角 $\alpha_n=22.5°$。原始小齿轮凸齿面的压力角 $\alpha_{1t}=24.180\,0°$，凹齿面的压力角 $\alpha_{1a}=20.8\,200°$。原始大齿轮凸齿面的压力角 $\alpha_{2t}=\alpha_{1a}$、凹齿面的压力角 $\alpha_{2a}=\alpha_{1t}$。

19）求齿轮加工的刀顶距 w_{1d}、w_{2d} 和刀顶高 h_{a2d}、h_{a1d}：

当齿轮不变位时，$w_{1d}=5.914\ \mathrm{mm}$ 、$w_{2d}=0.468\ \mathrm{mm}$。刀顶距 w_{2d} 的值很小，不能容纳刀齿的顶厚，可考虑切向变位，切向变位系数 $\chi_t=\dfrac{w_{1d}-w_{2d}}{2m_{mn}}=0.544\ 4$。这时，加工大、小齿轮的刀顶距 $w''_{1d}=w_{1d}-\chi_t m_{mn}=w''_{2d}=w_{2d}+\chi_t m_{mn}=3.190\ 6\ \mathrm{mm}$。

考虑顶隙时，加工小齿轮的刀顶高 $h_{a2d}=3.469\ \mathrm{mm}$，加工大齿轮的刀顶高 $h_{a1d}=10.036\ \mathrm{mm}$。

20）端面重合度 $\varepsilon_\alpha=1.888\ 3$，纵向重合度 $\varepsilon_\beta=2.583\ 7$。

本章小结

（1）本章对现有的资料进行了编排和归纳，对于没有摘录到的资料可参见参考文献[3]等其他文献。

（2）对有关问题说明如下：

1）原始准双曲面齿轮是双曲面齿轮的替代模型，它们都是定速比传动的共轭齿轮。用盘形铣刀只能加工出一个齿轮的齿廓，不能加工出它的共轭齿廓。原始齿轮齿坯的参数仍然适用于后续其他准双曲面齿轮的模型。在 2.4 节的分析中，用平面齿轮原理加工原始小齿轮，是为了第 3 章齿轮强度计算的需要，不是实际的加工工艺。

2）不管用什么齿轮模型替代双曲面齿轮，基本的要求是：在节点处，齿轮的传动比等于双曲面齿轮的传动比，在其他啮合点处，齿轮的原理性传动误差不能太大。

3）齿宽一般相对于节点对称布置。当齿轮受载后，如果齿轮是悬臂装置，节点有向轮齿的大端移动的趋势。在设计时，可将齿宽偏向于轮齿的小端布置。偏置量要结合轴的弯曲变形进行确定。

（3）原始准双曲面齿轮齿坯参数的设计，可能有不同的设计方案。

（4）本书中应用的某些名词和符号，可能与现有文献中的名词、符号不尽一致。对本章的计算有的要用到后续章节的知识，只有完成有关章节的阅读，才能完成本章的设计任务。

第3章 准双曲面齿轮的疲劳强度计算

齿轮强度的校核是科学研究中理论与实践密切结合的范例。在齿轮的应力计算中，数学模型要尽量符合工程实际，否则建立的强度准则是不可靠的。由于解析法分析的局限性以及工程实际中影响因素的复杂性，在齿轮的应力计算中引入了许多修正系数。

目前的试验齿轮是渐开线圆柱直齿轮。这种齿轮结构简单、各种因素对实验结果的影响较小。由于不可能对各种类型的齿轮及各种工况都进行试验，所以在建立齿轮的强度准则时，将试验应力值乘以各种修正系数作为某种齿轮的强度值。

齿轮强度校核的方法是将应力值与强度值进行比对，使应力值小于强度值。

齿轮的失效形式包括轮齿的折断，工作齿面的磨损、点蚀、胶合及塑性变形等。对于齿面的磨损和塑性变形，目前还没有有效的计算方法，只能采取人工模糊评判的方法进行处理。对于轮齿的折断、点蚀和胶合，可以用齿根弯曲疲劳强度、齿面接触疲劳强度以及齿面抗胶合能力三种设计准则加以评判。

传统的齿轮应力计算数学模型只有一个，就是等截面直悬臂梁。该模型应用于渐开线圆柱直齿轮最为合适，应用于其他类型的齿轮不太合适。对于其他类型的齿轮，目前是用当量直齿轮来进行近似分析的。

比起其他类型的齿轮来说，准双曲面齿轮的失效分析要复杂一些。本书采用变截面曲悬臂梁作为数学模型进行应力计算，这样会更加接近于工程实际。

3.1 渐开线圆锥直齿轮疲劳强度的计算

为了便于比较，首先了解一下渐开线圆锥直齿轮的疲劳强度计算。

3.1.1 接触疲劳强度的计算

齿轮的计算接触应力 σ_H 由式(3.1-1)确定：

$$\sigma_H = \sigma_{H0}\sqrt{K_A K_V K_{H\beta} K_{H\alpha}}\,(\mathrm{N/mm^2}) \tag{3.1-1}$$

式中，σ_{H0} 为计算接触应力的基本值；K_A 是使用系数，是考虑齿轮啮合之外的因素引起的动力过载而引用的系数；K_V 为动载系数，是考虑齿轮的啮合振动所产生的内部附加动载荷而引用的系数；$K_{H\beta}$ 为接触疲劳强度的齿向载荷系数，是考虑沿齿宽方向的载荷分布不均匀而引用的系数；$K_{H\alpha}$ 是接触疲劳强度的端面载荷分配系数，是考虑同时啮合的各对轮齿之间载荷分配的不均匀而引用的系数。

计算接触应力的基本值

$$\sigma_{H0}=Z_{M\text{-}B}Z_{LS}Z_{H}Z_{E}Z_{K}\sqrt{\frac{F_{T}(i_{12}\pm 1)}{d_{1}Bi_{12}}}(\text{N/mm}^{2}) \tag{3.1-2}$$

式中，$Z_{M\text{-}B}$为中点区域系数，是把节点的接触应力折算到载荷作用的中点 M 处的系数；Z_{LS}为载荷分担系数，是考虑两对或多对轮齿间载荷分配的影响；Z_H为节点区域系数，是考虑节点处齿廓曲率对接触应力的影响；Z_E为弹性系数，是考虑材料弹性模量和泊松比的影响；Z_K为锥齿轮系数，是考虑锥齿轮与圆柱齿轮之间加载的不同；F_T为周向力，i_{12}为传动比；d_1 为小齿轮分度圆的直径；B 为齿宽。

齿轮的许用接触应力

$$\sigma_{HP}=\frac{\sigma_{HLim}}{S_{Hmin}}Z_{NT}Z_{L}Z_{V}Z_{R}Z_{W}Z_{X}(\text{N/mm}^{2}) \tag{3.1-3}$$

式中，σ_{HLim}为试验齿轮的接触疲劳极限；S_{Hmin}为接触疲劳强度的最小安全系数；Z_{NT}为接触疲劳强度的寿命系数；Z_L为润滑油系数；Z_V为速度系数；Z_R为粗糙度系数；Z_W为齿面工作硬化系数；Z_X为接触疲劳强度的尺寸系数。

许用接触应力也称许用接触强度。

齿轮接触疲劳强度的条件是计算接触应力 σ_H 不大于许用接触强度 σ_{HP}，即

$$\sigma_{H}\leqslant\sigma_{HP} \tag{3.1-4}$$

上述 σ_{HLim}、S_{Hmin}及各种系数的选取见 GB/T 10062.2—2003/ISO 10300-2:2001《锥齿轮承载能力计算方法　第 2 部分：齿面接触疲劳(点蚀)强度计算》。

3.1.2　弯曲疲劳强度的计算

对渐开线圆锥直齿轮做弯曲疲劳强度计算时，采用当量直齿轮作为原始数学模型，其齿廓是等截面直悬臂梁，如图 3.1-1所示。等截面直悬臂梁的端截形是没有齿根过渡圆弧的渐开线齿廓，与直齿圆柱齿轮的轮齿较为接近。

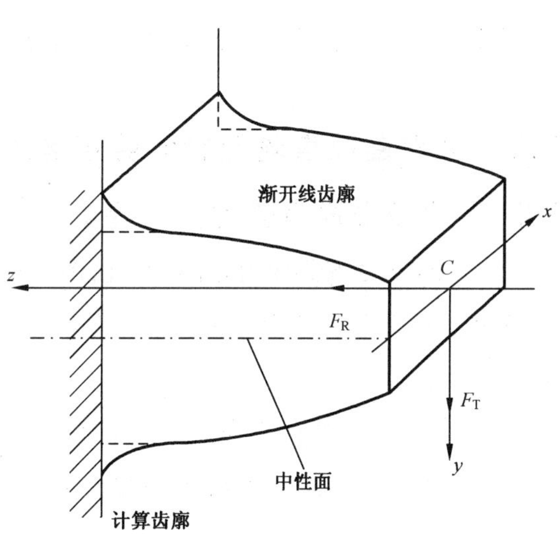

图 3.1-1　等截面直悬臂梁

为了提高齿轮使用的安全性，在应力计算时，将齿轮的周向力 F_T 和径向力 F_R 置于齿轮齿顶的中心 C。径向力 F_R 产生齿根的压应力。周向力 F_T 产生齿根的剪应力及弯曲应力。由于压应力和剪应力相对于弯曲应力来说较小，所以忽略不计。

齿轮的齿根弯曲应力 σ_F 由式(3.1-5)确定：

$$\sigma_{F}=\sigma_{F0}K_{A}K_{V}K_{F\beta}K_{F\alpha}(\text{N/mm}^{2}) \tag{3.1-5}$$

式中，σ_{F0}为齿根应力的基本值；$K_{F\beta}$为弯曲疲劳强度的齿向载荷系数；$K_{F\alpha}$为弯曲疲劳强度的端面载荷分布系数。

齿根应力的基本值

$$\sigma_{F0}=Y_{LS}Y_{Sa}Y_{\varepsilon}Y_{K}Y_{Fa}\frac{F_T}{Bm_{mn}}(\mathrm{N/mm^2}) \tag{3.1-6}$$

式中，Y_{LS}为载荷分担系数；Y_{Sa}为载荷作用于齿顶时的应力修正系数，是将名义弯曲应力换算成齿根局部应力的系数，考虑了齿根过渡曲线处的应力集中效应；Y_{ε}为弯曲疲劳强度的重合度系数，是将载荷由齿顶转换到单对齿啮合区上界点的系数；Y_K为锥齿轮系数；Y_{Fa}为齿形系数；F_T为周向力；B为齿宽；m_{mn}为中点法向模数。

许用齿根弯曲应力

$$\sigma_{FP}=\frac{\sigma_{FLim}Y_{ST}Y_{NT}}{S_{Fmin}}Y_{\delta relT}Y_{RrelT}Y_X(\mathrm{N/mm^2}) \tag{3.1-7}$$

式中，σ_{FLim}为试验齿轮的齿根弯曲疲劳极限；Y_{ST}为应力修正系数；Y_{NT}为寿命系数；S_{Fmin}为弯曲疲劳强度的最小安全系数；$Y_{\delta relT}$为相对齿根圆角敏感系数；Y_{RrelT}为相对齿根表面状况系数；Y_X为齿根强度的尺寸系数。

许用齿根弯曲应力也称许用齿根弯曲强度。

齿轮弯曲疲劳强度的条件是计算齿根弯曲应力σ_F不大于许用齿根弯曲强度σ_{FP}，即

$$\sigma_F\leqslant\sigma_{FP} \tag{3.1-8}$$

上述σ_{FLim}、S_{Fmin}及各种系数的选取见GB/T 10062.3—2003/ISO 10330-3:2001《锥齿轮承载能力计算方法　第3部分：齿根弯曲强度计算》。

3.2　准双曲面齿轮接触疲劳强度的计算

3.2.1　准双曲面齿轮的受力分析

图3.2-1为准双曲面齿轮的受力简图。将准双曲面齿轮的实际受力集中到节点P处，如果凹齿面为啮合面，它的法向受力为$\overrightarrow{F_{Na}}$，如果凸齿面为啮合面，它的法向受力为$\overrightarrow{F_{Nt}}$。

将$\overrightarrow{F_{Na}}$向分度平面及分度平面的垂直方向分解，得分力$F_{Ua}=F_{Na}\cos\alpha_a$，$F_{Wa}=F_{Na}\sin\alpha_a$。在分度平面内，将$\overrightarrow{F_{Ua}}$向分锥的母线方向及分锥母线的垂直方向分解，得$F_{Ta}=F_{Ua}\cos\beta=F_{Na}\cos\alpha_a\cos\beta$，$F_{Va}=F_{Ua}\sin\beta=F_{Na}\cos\alpha_a\sin\beta$，$\overrightarrow{F_{Ta}}$称为周向力。在过$P$点的主平面内，径向力$F_{Ra}=F_{Wa}\cos\delta-F_{Va}\sin\delta=F_{Na}(\sin\alpha_a\cos\delta-\cos\alpha_a\sin\beta\sin\delta)$，轴向力$F_{Aa}=F_{Wa}\sin\delta+F_{Va}\cos\delta=F_{Na}(\sin\alpha_a\sin\delta+\cos\alpha_a\sin\beta\cos\delta)$。

凸齿面的周向力$F_{Tr}=F_{Nt}\cos\alpha_t\cos\beta$，径向力$F_{Rt}=F_{Nt}(\sin\alpha_t\cos\delta+\cos\alpha_t\sin\beta\sin\delta)$，轴向力$F_{At}=F_{Nt}(\sin\alpha_t\sin\delta-\cos\alpha_t\sin\beta\cos\delta)$。

假定已知齿轮传递的扭矩为 T(N·m)，转速为 n(r/min)，传递的功率为$\frac{\pi n T}{3\ 000}$(kW)或$\frac{\pi n T}{22\ 500}$(hp)。齿轮的周向力 F_{Ta} 或 F_{Tt} 为 $\frac{1\ 000T}{r_{\mathrm{m}}}$(N)。凹、凸齿面的法向力为 $F_{\mathrm{Na}}=\frac{1\ 000T}{r_{\mathrm{m}}\cos\alpha_{\mathrm{a}}\cos\beta}$ (N)、$F_{\mathrm{Nt}}=\frac{1\ 000T}{r_{\mathrm{m}}\cos\alpha_{\mathrm{t}}\cos\beta}$ (N)，凹、凸齿面的径向力为 $F_{\mathrm{Ra}}=\frac{1\ 000(\sin\alpha_{\mathrm{a}}\cos\delta-\cos\alpha_{\mathrm{a}}\sin\beta\sin\delta)T}{r_{\mathrm{m}}\cos\alpha_{\mathrm{a}}\cos\beta}$(N)、$F_{\mathrm{Rt}}=\frac{1\ 000(\sin\alpha_{\mathrm{t}}\cos\delta+\cos\alpha_{\mathrm{t}}\sin\beta\sin\delta)T}{r_{\mathrm{m}}\cos\alpha_{\mathrm{t}}\cos\beta}$(N)，凹、凸齿面的轴向力为 $F_{\mathrm{Aa}}=\frac{1\ 000(\sin\alpha_{\mathrm{a}}\sin\delta+\cos\alpha_{\mathrm{a}}\sin\beta\cos\delta)T}{r_{\mathrm{m}}\cos\alpha_{\mathrm{a}}\cos\beta}$ (N)、$F_{\mathrm{At}}=\frac{1\ 000(\sin\alpha_{\mathrm{t}}\sin\delta-\cos\alpha_{\mathrm{t}}\sin\beta\cos\delta)T}{r_{\mathrm{m}}\cos\alpha_{\mathrm{t}}\cos\beta}$(N)。

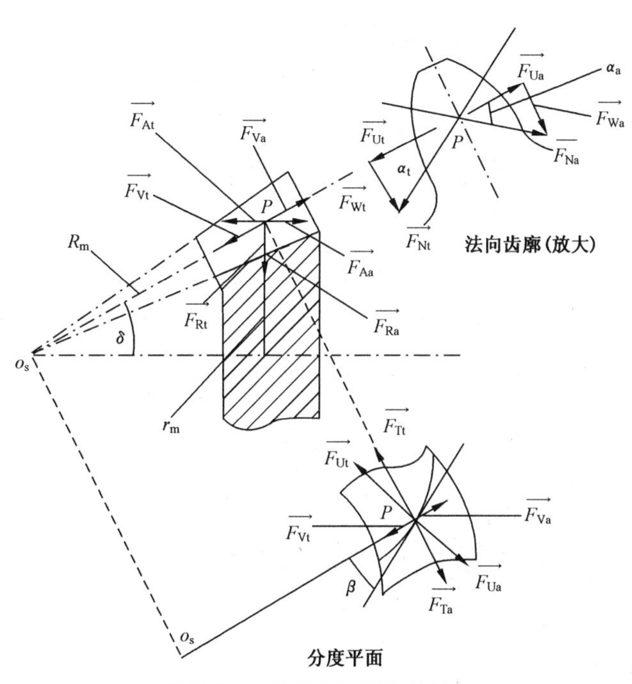

图 3.2-1 准双曲面齿轮的受力

设小齿轮的锥角为 16°，螺旋角为 43°65′，凹、凸齿面的压力角为 23°13′、21°86′，则周向力相同时，凹、凸齿面的径向力之比为$\frac{F_{\mathrm{Ra}}}{F_{\mathrm{Rt}}}=\frac{(\sin\alpha_{\mathrm{a}}\cos\delta-\cos\alpha_{\mathrm{a}}\sin\beta\sin\delta)\cos\alpha_{\mathrm{t}}}{(\sin\alpha_{\mathrm{t}}\cos\delta+\cos\alpha_{\mathrm{t}}\sin\beta\sin\delta)\cos\alpha_{\mathrm{a}}}=\frac{1}{2.74}$。凹、凸齿面的轴向力之比为$\frac{F_{\mathrm{Aa}}}{F_{\mathrm{At}}}=\frac{(\sin\alpha_{\mathrm{a}}\sin\delta+\cos\alpha_{\mathrm{a}}\sin\beta\cos\delta)\cos\alpha_{\mathrm{t}}}{(\sin\alpha_{\mathrm{t}}\sin\delta-\cos\alpha_{\mathrm{t}}\sin\beta\cos\delta)\cos\alpha_{\mathrm{a}}}=\frac{1.41}{1}$。

齿轮的径向力引起齿轮轴的弯曲变形(包括径向位移和轴向倾斜)。如果弯曲变形过大，可能因齿轮的严重失配而不能应用。对于小齿轮来说，因为轴颈较小、有时采用悬臂装置，这一问题尤为突出。在实际应用中，将小齿轮的凹齿面、大齿轮的凸齿面作为工作齿面，将小齿轮的凸齿面、大齿轮的凹齿面作为倒车啮合齿面。

3.2.2 准双曲面齿轮的接触疲劳强度分析

接触疲劳强度计算的核心是节点区域系数 Z_H 的计算。

图 3.2-2 中,坐标系 $Px_sy_sz_s$ 的 Px_s 轴在齿面的诱导主曲率 $\kappa_1^{(12)}$ 的方向上,Py_s 轴在齿面的诱导主曲率 $\kappa_2^{(12)}$ 的方向上。

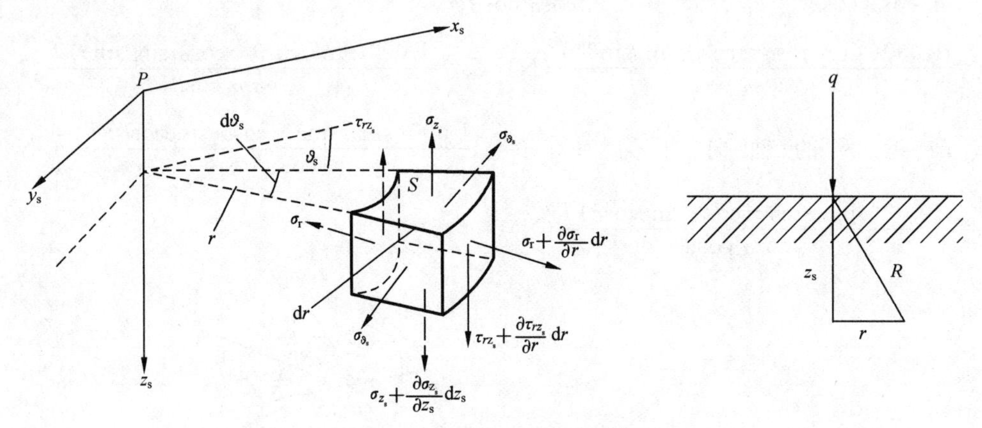

图 3.2-2 轴对称体中的应力

在弹性力学中,求得合适的应力函数或位移函数是最为关键的问题。为了求解轴对称问题,拉甫引入了一个位移函数,称为拉甫位移函数 ζ。齿轮内某一点 S 的坐标 $x_s=r\cos\vartheta_s$,$y_s=r\sin\vartheta_s$,r 方向的位移为 u_r,z_s 轴方向的位移为 w。

$$\begin{cases} u_r=-\dfrac{(1+\mu)}{E}\dfrac{\partial^2\zeta}{\partial r\partial z_s} \\ w=\dfrac{(1+\mu)}{E}\left[2(1-\mu)\nabla^2\zeta-\dfrac{\partial^2\zeta}{\partial z_s^2}\right] \end{cases} \tag{3.2-1}$$

式中,ζ 满足 $\nabla^2\zeta=\dfrac{\partial^2\zeta}{\partial x_s^2}+\dfrac{\partial^2\zeta}{\partial y_s^2}+\dfrac{\partial^2\zeta}{\partial z_s^2}=0$;$E$ 为弹性模量;μ 为泊松比。

应力 σ_r、σ_{ϑ_s}、σ_{z_s}、τ_{z_sr} 为

$$\begin{cases} \sigma_r=\dfrac{\partial}{\partial z_s}\left(\mu\nabla^2\zeta-\dfrac{\partial^2\zeta}{\partial r^2}\right) \\ \sigma_{\vartheta_s}=\dfrac{\partial}{\partial z_s}\left(\mu\nabla^2\zeta-\dfrac{1}{r}\dfrac{\partial\zeta}{\partial r}\right) \\ \sigma_{z_s}=\dfrac{\partial}{\partial z_s}\left[(2-\mu)\nabla^2\zeta-\dfrac{\partial^2\zeta}{\partial z_s^2}\right] \\ \tau_{rz_s}=\tau_{z_sr}=\dfrac{\partial}{\partial r}\left[(1-\mu)\nabla^2\zeta-\dfrac{\partial^2\zeta}{\partial z_s^2}\right] \end{cases} \tag{3.2-2}$$

如果弹性体在某一方向的位移与一个位移函数 ψ_1 在这一方向的偏导数成正比,则这个位移函数 ψ_1 称为位移势函数。用位移势函数 ψ_1 表示时,r 方向的位移 u_r、z_s 方向的位移 w 为

$$\begin{cases} u_r = \dfrac{(1+\mu)}{E}\dfrac{\partial \psi_1}{\partial r} \\ w = \dfrac{(1+\mu)}{E}\dfrac{\partial \psi_1}{\partial z_s} \end{cases} \tag{3.2-3}$$

式中，ψ_1 满足$\nabla^2\psi_1 = \dfrac{\partial^2\psi_1}{\partial x_s^2} + \dfrac{\partial^2\psi_1}{\partial y_s^2} + \dfrac{\partial^2\psi_1}{\partial z_s^2} = C$，$C$ 为常数。

应力 σ_r、σ_{ϑ_s}、σ_{z_s}、$\tau_{z_s r}$ 为

$$\begin{cases} \sigma_r = \dfrac{\partial^2\psi_1}{\partial r^2} \\ \sigma_{\vartheta_s} = \dfrac{1}{r}\dfrac{\partial \psi_1}{\partial r} \\ \sigma_{z_s} = \dfrac{\partial^2\psi_1}{\partial z_s^2} \\ \tau_{rz_s} = \tau_{z_s r} = \dfrac{\partial^2\psi_1}{\partial r \partial z_s} \end{cases} \tag{3.2-4}$$

图 3.2-2 中，假定在半无限体的边界上受到一个法向力 q，则应力边界条件为

$$\begin{cases} \sigma_{z_s}\Big|_{\substack{z_s=0\\ r\neq 0}} = 0 \\ \tau_{z_s r}\Big|_{\substack{z_s=0\\ r\neq 0}} = 0 \end{cases} \tag{3.2-5}$$

由边界上力的平衡条件，得力的边界条件为

$$\int_0^{\infty} 2\pi r \sigma_{z_s}\,\mathrm{d}r + q = 0 \tag{3.2-6}$$

式中，σ_{z_s} 是 r、z_s 或 $R=\sqrt{r^2+z_s^2}$ 的函数。

取拉甫位移函数 $\zeta = A_1\sqrt{r^2+z_s^2}$，$A_1$ 为任意常数。当 $z_s=0$ 时，$R=r$。由式(3.2-2)、式(3.2-5)，$\sigma_{z_s} = -A_1\left[\dfrac{(1-2\mu)z_s}{R^3} + \dfrac{3z_s^3}{R^5}\right] = 0$ 可以满足式(3.2-5)中应力边界条件的第一式，$\tau_{z_s r} = -A_1\left(\dfrac{(1-2\mu)r}{R^3} + \dfrac{3rz_s^2}{R^5}\right) = -\dfrac{(1-2\mu)A_1}{r^2}$不满足式(3.2-5)中应力边界条件的第二式。

取位移势函数 $\psi_1 = A_2\ln(R+z_s)$，A_2 为任意常数。由式(3.2-4)、式(3.2-5)，$\sigma_{z_s} = -\dfrac{A_2 z_s}{R^3} = 0$ 仍然可以满足应力边界条件的第一式，$\tau_{z_s r} = -\dfrac{A_2 r}{R^3} = -\dfrac{A_2}{r^2}$不满足应力边界条件的第二式。当$(1-\mu)A_1 + A_2 = 0$ 时，位移函数 $\zeta_1 + \psi_1$ 满足应力边界条件。

由力的边界条件得 $4\pi(1-2\mu)A_1 + 2\pi A_2 = q$，解得 $A_1 = \dfrac{q}{2\pi}$，$A_2 = -\dfrac{(1-2\mu)q}{2\pi}$。

半无限体内任意一点的法向位移

$$w = \frac{(1+\mu)q}{2\pi E R}\left[2(1-\mu) + \frac{z_s^2}{R^2}\right] \tag{3.2-7}$$

边界上任意一点的法向位移为

$$w=\frac{(1-\mu^2)q}{\pi Er} \tag{3.2-8}$$

图 3.2-3 中,$M^{(1)}$ 点在小齿轮的齿面上,$M^{(2)}$ 点在大齿轮的齿面上,由式(1.1-40),得

$$\overline{M^{(1)}M^{(2)}}=z_s\approx\frac{1}{2}\kappa_1^{(12)}x_s^2+\frac{1}{2}\kappa_2^{(12)}y_s^2 \tag{3.2-9}$$

式(3.2-9)是一个椭圆的方程。说明齿面在载荷 F_N 的作用下,因弹性变形而消除了 z_s 后,两齿面的接触面近似为椭圆,椭圆的长轴为 a,短轴为 b。由于椭圆的面积相对于齿轮的齿面来说很小,所以齿面的弹性变形问题近似视为半无限体的弹性变形问题。

在齿面法向压力 F_N 的作用下,$M^{(1)}$、$M^{(2)}$ 相互移近。因小齿轮的弹性变形 w_1,使得 $M^{(1)}$ 到达 $M'^{(1)}$,因大齿轮的弹性变形 w_2,使得 $M^{(2)}$ 到达 $M'^{(2)}$。齿面移近的距离 $\alpha_s=\overline{M'^{(1)}M'^{(2)}}=z_s+w_1+w_2$。即

$$w_1+w_2=\alpha_s-\frac{1}{2}\kappa_1^{(12)}x_s^2-\frac{1}{2}\kappa_2^{(12)}y_s^2 \tag{3.2-10}$$

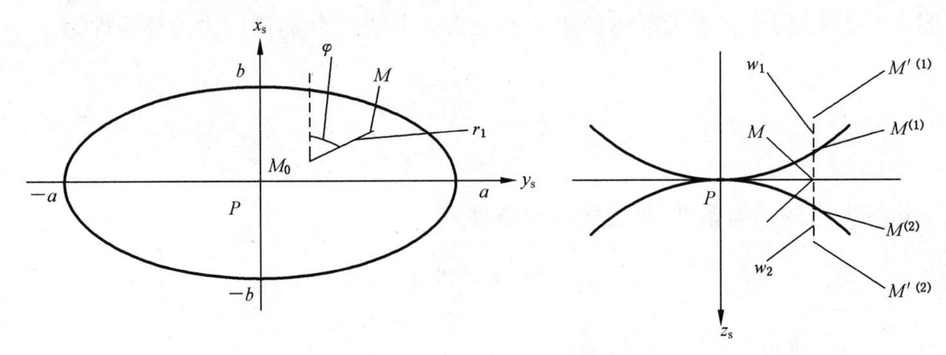

图 3.2-3　轮齿的接触变形

M_0 为椭圆内的一个固定点,坐标为(x_{s0},y_{s0})。M 为椭圆内的任意一点,坐标为(x_s,y_s)。$r_1=\overline{M_0M}=\sqrt{(x_s-x_{s0})^2+(y_s-y_{s0})^2}$。设在 M 点处齿面的接触应力为 $q(x_s,y_s)$,当两个齿轮的材质相同时,由式(3.2-8),得

$$w_1=w_2=\frac{(1-\mu^2)}{\pi E}\int_{-a}^{a}\int_{-b\sqrt{1-\frac{y_s^2}{a^2}}}^{b\sqrt{1-\frac{y_s^2}{a^2}}}\frac{q(x_s,y_s)\mathrm{d}x_s\mathrm{d}y_s}{\sqrt{(x_s-x_{s0})^2+(y_s-y_{s0})^2}} \tag{3.2-11}$$

赫兹认为,接触应力 $q(x_s,y_s)$ 的分布规律呈半椭球状,最大应力 q_0 在节点 P 处,$q(x_s,y_s)=q_0\sqrt{1-\frac{x_s^2}{b_2}-\frac{y_s^2}{a_2}}$。由 $F_N=\int_{-a}^{a}\int_{-b\sqrt{1-\frac{y_s^2}{a^2}}}^{b\sqrt{1-\frac{y_s^2}{a^2}}}q(x_s,y_s)\mathrm{d}x_s\mathrm{d}y_s$,解得

$$q_0=\frac{3F_N}{2\pi ab} \tag{3.2-12}$$

设 M_0M 与 x_s 轴的夹角为 φ,$x_s=x_{s0}+r_1\cos\varphi$,$y_s=y_{s0}+r_1\sin\varphi$,$\mathrm{d}x_s\mathrm{d}y_s=r_1\mathrm{d}\varphi\mathrm{d}r_1$。令

$L(\varphi)=\dfrac{b^2\sin^2\varphi+a^2\cos^2\varphi}{a^2b^2}$，$M(\varphi)=\dfrac{a^2x_{s0}\cos\varphi+b^2y_{s0}\sin\varphi}{a^2b^2}$，$N=\dfrac{a^2b^2-a^2x_{s0}^2-b^2y_{s0}^2}{a^2b^2}$，则 $q(x_s,y_s)=q(r_1,\varphi)=q_0\sqrt{N-2M(\varphi)r_1-L(\varphi)r_1^2}$。当 M 在椭圆上时，$r_1=r_{10}(\varphi)$，是夹角 φ 的函数。由 $\dfrac{x_s^2}{b^2}+\dfrac{y_s^2}{a^2}=1$，解得 $r_{10}(\varphi)=\dfrac{-M(\varphi)+\sqrt{[M(\varphi)]^2+NL(\varphi)}}{L(\varphi)}$。式(3.2-11)变为

$$w_1=\frac{(1-\mu^2)q_0}{\pi E}\int_0^{2\pi}\int_0^{r_{10}(\varphi)}\sqrt{N-2M(\varphi)r_1-L(\varphi)r_1^2}\,\mathrm{d}r_1\mathrm{d}\varphi \tag{3.2-13}$$

令 $\cos\vartheta=\dfrac{M(\varphi)+L(\varphi)r_1}{\sqrt{[M(\varphi)]^2+NL(\varphi)}}$，$r_1=\dfrac{\sqrt{[M(\varphi)]^2+NL(\varphi)}}{L(\varphi)}\cos\vartheta-\dfrac{M(\varphi)}{L(\varphi)}$，$\mathrm{d}r_1=-\dfrac{\sqrt{[M(\varphi)]^2+NL(\varphi)}}{L(\varphi)}\sin\vartheta\mathrm{d}\vartheta$。当 $r_1=0$ 时，$\vartheta=\vartheta_1(\varphi)=\arccos\dfrac{M(\varphi)}{\sqrt{[M(\varphi)]^2+NL(\varphi)}}$。当 $r_1=r_{10}(\varphi)$ 时，$\vartheta=0$。式(3.2-13)中的积分

$$\begin{aligned}\int_0^{2\pi}\int_0^{r_{10}(\varphi)}\sqrt{N-2M(\varphi)r_1-L(\varphi)r_1^2}\,\mathrm{d}r_1\mathrm{d}\varphi&=\int_0^{2\pi}\int_0^{\vartheta_1(\varphi)}\frac{[M(\varphi)]^2+NL(\varphi)}{L(\varphi)\sqrt{L(\varphi)}}\sin^2\vartheta\mathrm{d}\vartheta\mathrm{d}\varphi\\&=\int_0^{\pi}\int_0^{\vartheta_1(\varphi)}\frac{[M(\varphi)]^2+NL(\varphi)}{L(\varphi)\sqrt{L(\varphi)}}\sin^2\vartheta\mathrm{d}\vartheta\mathrm{d}\varphi+\int_{\pi}^{2\pi}\int_0^{\vartheta_1(\varphi)}\frac{[M(\varphi)]^2+NL(\varphi)}{L(\varphi)\sqrt{L(\varphi)}}\sin^2\vartheta\mathrm{d}\vartheta\mathrm{d}\varphi\end{aligned} \tag{3.2-14}$$

在式(3.2-14)右边的第二项中，取 $\varphi=\pi+\psi$，因为 $L(\pi+\psi)=L(\psi)$，$M(\pi+\psi)=-M(\psi)$，$\cos\vartheta_1(\pi+\psi)=-\cos\vartheta_1(\psi)$，$\vartheta_1(\pi+\psi)=\pi-\vartheta_1(\psi)$，所以第二项 $\int_{\pi}^{2\pi}\int_0^{\vartheta_1(\varphi)}\dfrac{[M(\varphi)]^2+NL(\varphi)}{L(\varphi)\sqrt{L(\varphi)}}\sin^2\vartheta\mathrm{d}\vartheta\mathrm{d}\varphi=\int_0^{\pi}\int_0^{\pi-\vartheta_1(\psi)}\dfrac{[M(\psi)]^2+NL(\psi)}{L(\psi)\sqrt{L(\psi)}}\sin^2\vartheta\mathrm{d}\vartheta\mathrm{d}\varphi$。再取 $\vartheta=\pi-\vartheta'$，则

$\int_0^{\pi}\int_0^{\pi-\vartheta_1(\psi)}\dfrac{[M(\psi)]^2+NL(\psi)}{L(\psi)\sqrt{L(\psi)}}\sin^2\vartheta\mathrm{d}\vartheta\mathrm{d}\varphi=\int_0^{\pi}\int_{\vartheta_1(\psi)}^{\pi}\dfrac{[M(\psi)]^2+NL(\psi)}{L(\psi)\sqrt{L(\psi)}}\sin^2\vartheta'\mathrm{d}\vartheta'\mathrm{d}\psi$。

由于积分的结果与被积函数中的符号无关，所以 $\int_0^{\pi}\int_{\vartheta_1(\psi)}^{\pi}\dfrac{[M(\psi)]^2+NL(\psi)}{L(\psi)\sqrt{L(\psi)}}\sin^2\vartheta'\mathrm{d}\vartheta'\mathrm{d}\psi=\int_0^{\pi}\int_{\vartheta_1(\varphi)}^{\pi}\dfrac{[M(\varphi)]^2+NL(\varphi)}{L(\varphi)\sqrt{L(\varphi)}}\sin^2\vartheta\mathrm{d}\vartheta\mathrm{d}\varphi$。

式(3.2-14)右边的第二项为

$$\int_{\pi}^{2\pi}\int_0^{\vartheta_1(\varphi)}\frac{[M(\varphi)]^2+NL(\varphi)}{L(\varphi)\sqrt{L(\varphi)}}\sin^2\vartheta\mathrm{d}\vartheta\mathrm{d}\psi=\int_0^{\pi}\int_{\vartheta_1(\varphi)}^{\pi}\frac{[M(\varphi)]^2+NL(\varphi)}{L(\varphi)\sqrt{L(\varphi)}}\sin^2\vartheta\mathrm{d}\vartheta\mathrm{d}\varphi。$$

式(3.2-13)变为

$$\begin{aligned}w_1&=\frac{(1-\mu^2)q_0}{\pi E}\left\{\int_0^{\pi}\int_0^{\vartheta_1(\varphi)}\frac{[M(\varphi)]^2+NL(\varphi)}{L(\varphi)\sqrt{L(\varphi)}}\sin^2\vartheta\mathrm{d}\vartheta\mathrm{d}\varphi+\int_0^{\pi}\int_{\vartheta_1(\varphi)}^{\pi}\frac{[M(\varphi)]^2+NL(\varphi)}{L(\varphi)\sqrt{L(\varphi)}}\sin^2\vartheta\mathrm{d}\vartheta\mathrm{d}\varphi\right\}\\&=\frac{(1-\mu^2)q_0}{\pi E}\int_0^{\pi}\int_0^{\pi}\frac{[M(\varphi)]^2+NL(\varphi)}{L(\varphi)\sqrt{L(\varphi)}}\sin^2\vartheta\mathrm{d}\vartheta\mathrm{d}\varphi\\&=\frac{(1-\mu^2)q_0}{2E}\int_0^{\pi}\frac{[M(\varphi)]^2+NL(\varphi)}{L(\varphi)\sqrt{L(\varphi)}}\mathrm{d}\varphi\end{aligned} \tag{3.2-15}$$

将 $L(\varphi)$、$M(\varphi)$、N 代入上式并按 x_s^2、y_s^2 及常数项归类之后，式(3.2-10)为

$$\frac{2(1-\mu^2)q_0}{\pi E}(I_0 - I_1 x_s^2 + I_2 x_s y_s - I_3 y_s^2) = \alpha_s - \frac{1}{2}\kappa_1^{(12)} x_s^2 - \frac{1}{2}\kappa_2^{(12)} y_s^2 \tag{3.2-16}$$

式中，$I_0 = \frac{\pi ab}{2}\int_0^{\pi} \frac{d\varphi}{\sqrt{b^2\sin^2\varphi + a^2\cos^2\varphi}}$；$I_1 = \frac{\pi ab}{2}\int_0^{\pi} \frac{\sin^2\varphi d\varphi}{(b^2\sin^2\varphi + a^2\cos^2\varphi)^{\frac{3}{2}}}$；$I_2 = \pi ab\int_0^{\pi} \frac{\sin\varphi\cos\varphi d\varphi}{(b^2\sin^2\varphi + a^2\cos^2\varphi)^{\frac{3}{2}}} = 0$，$I_3 = \frac{\pi ab}{2}\int_0^{\pi} \frac{\cos^2\varphi d\varphi}{(b^2\sin^2\varphi + a^2\cos^2\varphi)^{\frac{3}{2}}}$。椭圆的离心率 $e=\sqrt{1-\frac{b^2}{a^2}}<1$。

式子 I_0 中的 $\int_0^{\pi} \frac{d\varphi}{\sqrt{b^2\sin^2\varphi + a^2\cos^2\varphi}} = \frac{1}{a}\int_0^{\pi} \frac{d\varphi}{\sqrt{1-e^2\sin^2\varphi}} = \frac{1}{a}\int_0^{\frac{\pi}{2}} \frac{d\varphi}{\sqrt{1-e^2\sin^2\varphi}} + \frac{1}{a}\int_{\frac{\pi}{2}}^{\pi} \frac{d\varphi}{\sqrt{1-e^2\sin^2\varphi}}$。令 $\varphi' = \pi - \varphi$，则上式右边的第二项中，$\int_{\frac{\pi}{2}}^{\pi} \frac{d\varphi}{\sqrt{1-e^2\sin^2\varphi}} = -\int_{\frac{\pi}{2}}^{0} \frac{d\varphi'}{\sqrt{1-e^2\sin^2\varphi'}} = \int_0^{\frac{\pi}{2}} \frac{d\varphi}{\sqrt{1-e^2\sin^2\varphi}}$。这样，$\int_0^{\pi} \frac{d\varphi}{\sqrt{b^2\sin^2\varphi + a^2\cos^2\varphi}} = \frac{2}{a}\int_0^{\frac{\pi}{2}} \frac{d\varphi}{\sqrt{1-e^2\sin^2\varphi}} = \frac{2K(e)}{a}$。$K(e) = \int_0^{\frac{\pi}{2}} \frac{d\varphi}{\sqrt{1-e^2\sin^2\varphi}}$称为第一类完全椭圆积分。给定 e 可以求得它的级数解，用计算机也可以求得它的数值解。

式子 I_1 中的 $\int_0^{\pi} \frac{\sin^2\varphi d\varphi}{(b^2\sin^2\varphi + a^2\cos^2\varphi)^{\frac{3}{2}}} = \frac{1}{a^3}\int_0^{\pi} \frac{\sin^2\varphi d\varphi}{(1-e^2\sin^2\varphi)^{\frac{3}{2}}} = \frac{-1}{a^3e^2}\int_0^{\pi} \frac{d\varphi}{\sqrt{1-e^2\sin^2\varphi}} + \frac{1}{a^3e^2}\int_0^{\pi} \frac{d\varphi}{(1-e^2\sin^2\varphi)^{\frac{3}{2}}} = \frac{-2}{a^3e^2}\int_0^{\frac{\pi}{2}} \frac{d\varphi}{\sqrt{1-e^2\sin^2\varphi}} + \frac{2}{a^3e^2}\int_0^{\frac{\pi}{2}} \frac{d\varphi}{(1-e^2\sin^2\varphi)^{\frac{3}{2}}}$。令 $t^2 = 1 - e^2\sin^2\varphi$，则上式右边第二项中 $\int_0^{\frac{\pi}{2}} \frac{d\varphi}{(1-e^2\sin^2\varphi)^{\frac{3}{2}}} = -\int_1^{\sqrt{1-e^2}} \frac{dt}{t^2\sqrt{1-t^2}\sqrt{t^2+e^2-1}}$。

令 $\sin\varphi = \frac{\sqrt{t^2+e^2-1}}{et}$，则 $\int_0^{\frac{\pi}{2}} \sqrt{1-e^2\sin^2\varphi}d\varphi = -\int_1^{\sqrt{1-e^2}} \frac{dt}{t^2\sqrt{1-t^2}\sqrt{t^2+e^2-1}}$。因此，$\int_0^{\frac{\pi}{2}} \frac{d\varphi}{(1-e^2\sin^2\varphi)^{\frac{3}{2}}} = \frac{1}{1-e^2}\int_0^{\frac{\pi}{2}} \sqrt{1-e^2\sin^2\varphi}d\varphi = \frac{E(e)}{1-e^2}$。$E(e) = \int_0^{\frac{\pi}{2}} \sqrt{1-e^2\sin^2\varphi}d\varphi$ 称为第二类完全椭圆积分。给定 e 可以求得它的级数解，用计算机也可以求得它的数值解。这样，$\int_0^{\pi} \frac{\sin^2\varphi d\varphi}{(b^2\sin^2\varphi + a^2\cos^2\varphi)^{\frac{3}{2}}} = \frac{2}{a^3e^2}\left[\frac{E(e)}{1-e^2} - K(e)\right]$。

同理可以求得

$$\int_0^{\pi} \frac{\cos^2\varphi d\varphi}{(b^2\sin^2\varphi + a^2\cos^2\varphi)^{\frac{3}{2}}} = \frac{e^2-1}{a^3e^2}\int_0^{\pi} \frac{d\varphi}{(1-e^2\sin^2\varphi)^{\frac{3}{2}}} + \frac{1}{a^3e^2}\int_0^{\pi} \frac{d\varphi}{\sqrt{1-e^2\sin^2\varphi}}$$

$$= \frac{2}{a^3e^2}[K(e) - E(e)]。$$

由以上分析得 $I_0 = \pi bK(e)$，$I_1 = \frac{\pi b}{a^2e^2}\left[\frac{E(e)}{1-e^2} - K(e)\right]$，$I_3 = \frac{\pi b}{a^2e^2}[K(e) - E(e)]$。由

式(3.2-16)得

$$\begin{cases}\dfrac{2(1-\mu^2)q_0 b}{Ea^2e^2}\left[\dfrac{E(e)}{1-e^2}-K(e)\right]=\dfrac{1}{2}\kappa_1^{(12)}\\ \dfrac{2(1-\mu^2)q_0 b}{Ea^2e^2}[K(e)-E(e)]=\dfrac{1}{2}\kappa_2^{(12)}\end{cases}\tag{3.2-17}$$

由式(2.2-4)等求得接触线方向角 ϑ_{ax_0}，由式(2.2-7)等求得诱导法曲率 $\kappa_{ny_0}^{(21)}=-\kappa_{ny_0}^{(12)}$，$\kappa_{nx_0}^{(12)}=\kappa_{ny_0}^{(12)}\tan^2\vartheta_{ax_0}$。在式(1.1-32)中，令 $\Delta=\vartheta_{ax_0}$，$\kappa_n=\kappa_{nx_0}^{(12)}$，$\kappa_{n'}=\kappa_{ny_0}^{(12)}$，$\kappa_{n\beta}=\kappa_1^{(12)}$，$\kappa_{n\beta'}=\kappa_2^{(12)}$，这样就可以套用求法曲率的公式求得诱导主曲率 $\kappa_1^{(12)}$、$\kappa_2^{(12)}$。

式(3.2-17)是关于 a、b 的方程组，由此解出 a、b 及 $e=\sqrt{1-\left(\dfrac{b}{a}\right)^2}$。由式(3.2-16)的常数项得两个齿面移近的距离

$$\alpha_s=K(e)\sqrt[3]{\frac{4.5(1-\mu^2)^2e^2F_N^2[\kappa_2^{(12)}]^2}{\pi^2E^2\kappa_2^{(12)}[K(e)-E(e)]}}\tag{3.2-18}$$

接触应力的名义值

$$q_0=Z_EZ_H\sqrt[3]{\frac{F_N}{d_{m1}B_1}}\tag{3.2-19}$$

式中，$Z_E=\sqrt[3]{\dfrac{E^2}{\pi(1-\mu^2)^2}}$ 为弹性系数，量纲为$(\mathrm{MPa})^{\frac{2}{3}}$；$Z_H=\dfrac{e}{4\sqrt{1-e^2}}\sqrt[3]{\dfrac{6d_{m1}B_1e[\kappa_2^{(12)}]^2}{[K(e)-E(e)]^2}}$，为无量纲的区域系数；$d_{m1}$ 为准双曲面小齿轮的中点分度圆直径，B_1 为小齿轮的齿宽。

在近似计算中可以用下述的方法确定 a、b。$2a$ 一般是齿宽的二分之一左右。对长、短轴的比例 $\dfrac{b}{a}=k_{ab}$ 可提出要求，则 $e=\sqrt{1-k_{ab}^2}$。由式(3.2-17)求得 $\kappa_1^{(12)}$、$\kappa_2^{(12)}$，再求得区域系数 Z_H。同时，还可以由式(2.4-9)确定修正系数 f_h、f_b。

准双曲面齿轮接触应力的基本值

$$\sigma_{H0}=Z_{M-B}Z_{LS}Z_KZ_HZ_EZ_\beta\sqrt[3]{\frac{F_N}{d_{m1}B_1}}\tag{3.2-20}$$

参照斜齿轮与圆柱直齿轮强度计算的关系，式(3.2-20)中引入一个螺旋角系数 Z_β 予以修正。Z_β 的选取见 GB/T 10062.2—2003/ISO 10300-2:2001《锥齿轮承载能力计算方法　第 2 部分:齿面接触疲劳(点蚀)强度计算》。齿轮接触疲劳强度的校核公式为式(3.1-4)。

由式(3.1-1)、式(3.2-20)、式(3.1-3)、式(3.1-4)，得

$$Z_H\leqslant\frac{\sigma_{HLim}Z_{NT}Z_LZ_VZ_RZ_WZ_X}{S_{Hmin}Z_{M-B}Z_{LS}Z_EZ_KZ_\beta\sqrt{K_AK_VK_{H\beta}K_{H\alpha}}}\sqrt[3]{\frac{d_{m1}B_1}{F_N}}\tag{3.2-21}$$

准双曲面齿轮的区域系数 Z_H 的计算不像渐开线圆锥齿轮那样简单。接触疲劳强度的计算流程：

1）由 2.3.2 节的(1)和(2)可知原始小齿轮和原始大齿轮的轴交角 Σ、偏置距 E、齿数 z_1 和 z_2、螺旋角 β_1 和 β_2、分锥角 δ_1 和 δ_2、中点分锥距 R_{m1} 和 R_{m2} 以及原始小齿轮的中点分度圆直径 d_{m1}、齿宽 B_1 等。

由 2.3.2 节的(3)求得中点齿根高 h_{mf1}、h_{mf2}。对于收缩齿准双曲面齿轮，齿根角 $\vartheta_{f1}=\arctan\dfrac{h_{mf1}}{R_{m1}}$、$\vartheta_{f2}=\arctan\dfrac{h_{mf2}}{R_{m2}}$。根锥角 $\delta_{f1}=\delta_1-\vartheta_{f1}$、$\delta_{f2}=\delta_2-\vartheta_{f2}$。中点根锥距 $R_{mf1}=\dfrac{R_{m1}\sin\delta_1}{\sin\delta_{f1}}$、$R_{mf2}=\dfrac{R_{m2}\sin\delta_2}{\sin\delta_{f2}}$。

在第 2.3.2 节的(2)的 4)中，原始大齿轮大端分度圆的直径 d_2 是给定的，给定值不一定符合接触疲劳强度条件，所以 d_2 是一个优化参数。

2）由 2.4.3 节求节点处的诱导主曲率 $\kappa_1^{(12)}$、$\kappa_2^{(12)}$。

3）用本章的公式计算区域系数 Z_H。如果 Z_H 符合接触疲劳的强度条件式(3.2-21)，则停止对 d_2 的搜索。

3.3 准双曲面齿轮弯曲疲劳强度的计算

准双曲面齿轮弯曲疲劳强度的分析主要是齿形系数 Y_{Fa} 的计算。

准双曲面齿轮的齿线是盘绕在分度圆锥上的圆锥曲线。由于圆锥面是可展曲面，所以可以将齿线展平在分度平面上。对于收缩齿准双曲面齿轮，轮齿展平之后变为具有大、小端的变高度的变截面曲悬臂梁。对于等高齿准双曲面齿轮，轮齿展平之后变为具有大、小端的等高度的变截面曲悬臂梁。收缩齿准双曲面齿轮的情况如图 3.3-1 所示。

在圆锥直齿轮的弯曲应力计算中，用等截面直悬臂梁作为计算模型。在准双曲面齿轮的弯曲应力计算中，用变截面曲悬臂梁作为计算模型。

在 2.4.1 节及 2.4.2 节中已经求得圆弧齿或摆线齿原始小齿轮齿线的坐标 $x_1(\tau_d)$、$y_1(\tau_d)$、$z_1(\tau_d)$ 以及轮齿的小端所对应的参数值 τ_a、轮齿的大端所对应的参数值 τ_b，$\tau_d=0$ 对应节点 P。

原始小齿轮的齿线在分度平面上展平之后就是图 3.3-1 中的中间线 a_0b_0，在坐标系 $o_{s1}x_0y_0z_0$ 中，设中间线的坐标为 $x_0(\tau_d)$，$y_0(\tau_d)$。齿线展平前后，齿线上的点到锥顶 o_{s1} 的距离不变，齿线上的弧长不变，因此有下列关系式

$$\begin{cases} x_0^2+y_0^2=x_1^2+y_1^2+z_1^2=f_1(\tau_d) \\ \sqrt{\left(\dfrac{dx_0}{d\tau_d}\right)^2+\left(\dfrac{dy_0}{d\tau_d}\right)^2}=\sqrt{\left(\dfrac{dx_1}{d\tau_d}\right)^2+\left(\dfrac{dy_1}{d\tau_d}\right)^2+\left(\dfrac{dz_1}{d\tau_d}\right)^2}=f_2(\tau_d) \end{cases} \tag{3.3-1}$$

式中，$f_1(\tau_d)$、$f_2(\tau_d)$为已知的函数。

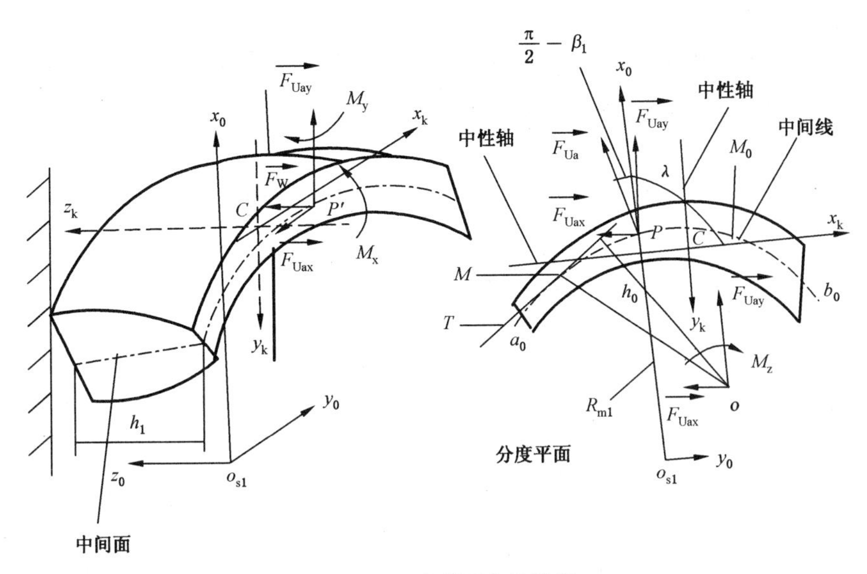

图 3.3-1　变截面曲悬臂梁

对式(3.3-1)中的第一式求导数得：

$$x_0\left(\frac{dx_0}{d\tau_d}\right)+y_0\left(\frac{dy_0}{d\tau_d}\right)=x_1\left(\frac{dx_1}{d\tau_d}\right)+y_1\left(\frac{dy_1}{d\tau_d}\right)+z_1\left(\frac{dz_1}{d\tau_d}\right)=\frac{df_1(\tau_d)}{2d\tau_d} \quad (3.3\text{-}2)$$

由式(3.3-1)的第一式及式(3.3-2)消去 y_0，由式(3.3-1)的第二式及式(3.3-2)消去 $\frac{dy_0}{d\tau_d}$，得到关于 x_0 的微分方程式

$$x_0\left(\frac{dx_0}{d\tau_d}\right)+\sqrt{f_1(\tau_d)-x_0^2}\sqrt{[f_2(\tau_d)]^2-\left(\frac{dx_0}{d\tau_d}\right)^2}=\frac{df_1(\tau_d)}{2d\tau_d} \quad (3.3\text{-}3)$$

给定 $x_0(\tau_d)$，式(3.3-3)是一个关于 $\frac{dx_0(\tau_d)}{d\tau_d}$ 的一元二次方程。运用式(3.3-1)、式(3.3-2)可以求得 $x_0(\tau_d)$、$\frac{dx_0(\tau_d)}{d\tau_d}$ 数值解。再求得 $y_0(\tau_d)=\sqrt{f_1(\tau_d)-x_0^2(\tau_d)}$、$\frac{dy_0(\tau_d)}{d\tau_d}=\sqrt{[f_2(\tau_d)]^2-\left[\frac{dx_0(\tau_d)}{d\tau_d}\right]^2}$。

对于收缩齿小齿轮，轮齿的齿厚和全齿高是变化的。取轮齿小端的法向模数 $m_{ni}=m_{mn}\left(1-\frac{0.5B_1}{R_{m1}}\right)$、分度圆的半径 $r_{1i}=r_m\left(1-\frac{0.5B_1}{R_{m1}}\right)$、齿根高 $h_{fi}=h_{mf}\left(1-\frac{0.5B_1}{R_{m1}}\right)$、齿顶高 $h_{ai}=h_{ma}\left(1-\frac{0.5B_1}{R_{m1}}\right)$。全齿高 $h_i=h_{fi}+h_{ai}$。

轮齿大端的法向模数 $m_{ne}=m_{mn}\left(1+\frac{0.5B_1}{R_{m1}}\right)$、分度圆的半径 $r_{1e}=r_m\left(1+\frac{0.5B_1}{R_{m1}}\right)$、齿

根高 $h_{fe}=h_{mf}\left(1+\frac{0.5B_1}{R_{m1}}\right)$、齿顶高 $h_{ae}=h_{ma}\left(1+\frac{0.5B_1}{R_{m1}}\right)$。全齿高 $h_e=h_{fe}+h_{ae}$。

假定从轮齿的小端到节点 P,法向模数 $m_n(\tau_d)$、分度圆的半径 $r(\tau_d)$、齿根高 $h_f(\tau_d)$、齿顶高 $h_a(\tau_d)$、全齿高 $h(\tau_d)$都随齿线的弧长做线性变化,则

$$\begin{cases} m_n(\tau_d) = m_{ni} + (m_{ne} - m_{mi})\dfrac{s}{s_0} \\ r(\tau_d) = r_{1i} + (r_{1e} - r_{1i})\dfrac{s}{s_0} \end{cases} \tag{3.3-4}$$

$$\begin{cases} h_f(\tau_d) = h_{fi} + (h_{fe} - h_{fi})\dfrac{s}{s_0} \\ h_a(\tau_d) = h_{ai} + (h_{ae} - h_{ai})\dfrac{s}{s_0} \\ h(\tau_d) = h_i + (h_e - h_i)\dfrac{s}{s_0} \end{cases} \tag{3.3-5}$$

式中,$s_0=\int_{\tau_a}^{\tau_b} f_2(\tau_d)\mathrm{d}\tau_d$;$s=\int_{\tau_a}^{\tau_b} f_2(\tau_d)\mathrm{d}\tau_d$。

设变截面曲悬臂梁的两侧是渐开线轮廓,某一法向截面对应的渐开线齿轮的参数为:分度圆的半径 $r_v(\tau_d)=\frac{r(\tau_d)}{\cos\delta_1}$,齿根圆的半径 $r_{vf}(\tau_d)=r_v(\tau_d)-h_i(\tau_d)$。凹齿面基圆的半径 $r_{vba}(\tau_d)=r_v(\tau_d)\cos\alpha_a$,凸齿面基圆的半径 $r_{vbt}(\tau_d)=r_v(\tau_d)\cos\alpha_t$。凹齿面齿根圆上的压力角 $\alpha_{vfa}(\tau_d)=\arccos\left[\frac{r_{vba}(\tau_d)}{r_{vf}(\tau_d)}\right]$,凸齿面齿根圆上的压力角 $\alpha_{vft}(\tau_d)=\arccos\left[\frac{r_{vbt}(\tau_d)}{r_{vj}(\tau_d)}\right]$,$\alpha_{vfa}(\tau_d)\geqslant 0$,$\alpha_{vft}(\tau_d)\geqslant 0$。齿根圆上的齿厚 $s_{vf}(\tau_d)=\frac{\pi m_n(\tau_d)r_{vf}(\tau_d)}{2r_v(\tau_d)}-r_{vf}(\tau_d)[\mathrm{inv}\alpha_{vfa}(\tau_d)-\mathrm{inv}\alpha_a+\mathrm{inv}\alpha_{vft}(\tau_d)-\mathrm{inv}\alpha_t]$。当 $\tau_d=0$ 时,$s_{vf}(0)=s_{vfn}$。

坐标系 $Cx_ky_kz_k$ 的原点 C 在变截面曲悬臂梁的底面上,坐标轴 Cx_k、Cy_k 是中性轴,坐标轴 Cz_k 和坐标轴 $o_{s1}z_0$ 平行。坐标轴 Cx_k 与 a_0b_0 线平行,与坐标轴 $o_{s1}x_0$ 的夹角 $\lambda=\arctan\left[\frac{y_0(\tau_b)-y_0(\tau_a)}{x_0(\tau_b)-x_0(\tau_a)}\right]$。在坐标系 $Cx_ky_kz_k$ 中,由中性轴的定义得

$$\begin{cases} S_{y_k} = \displaystyle\int_F x_k \mathrm{d}F = 0 \\ S_{x_k} = \displaystyle\int_F y_k \mathrm{d}F = 0 \end{cases} \tag{3.3-6}$$

式中,S_{x_k}、S_{y_k} 是静面矩,$\mathrm{d}F$ 是变截面曲悬臂梁底面的微面积,$\mathrm{d}F=s_{vf}(\tau_d)\mathrm{d}s$,$\mathrm{d}s=\sqrt{\left(\frac{\mathrm{d}x_1}{\mathrm{d}\tau_d}\right)^2+\left(\frac{\mathrm{d}y_1}{\mathrm{d}\tau_d}\right)^2+\left(\frac{\mathrm{d}z_1}{\mathrm{d}\tau_d}\right)^2}\mathrm{d}\tau_d$。

坐标系 $Cx_ky_kz_k$ 与坐标系 $o_{s1}x_0y_0z_0$ 之间的坐标变换

$$
\begin{cases}
x_k(\tau_d) = x_0(\tau_d)\cos\lambda + y_0(\tau_d)\sin\lambda + A \\
y_k(\tau_d) = -x_0(\tau_d)\sin\lambda + y_0(\tau_d)\cos\lambda + B \\
z_k(\tau_d) = z_0(\tau_d) - h_{mf}
\end{cases} \tag{3.3-7}
$$

$$
\begin{cases}
A = -x_0^{(c)}\cos\lambda - y_0^{(c)}\sin\lambda \\
B = x_0^{(c)}\sin\lambda - y_0^{(c)}\cos\lambda
\end{cases} \tag{3.3-8}
$$

$$
\begin{cases}
x_0(\tau_d) = x_k(\tau_d)\cos\lambda - y_k(\tau_d)\sin\lambda + x_0^{(c)} \\
y_0(\tau_d) = x_k(\tau_d)\sin\lambda + y_k(\tau_d)\cos\lambda + y_0^{(c)} \\
z_0(\tau_d) = z_k(\tau_d) + h_{mf}
\end{cases} \tag{3.3-9}
$$

式(3.3-6)变为

$$
\begin{cases}
\int_{\tau_a}^{\tau_b} x_k(\tau_d)\mathrm{d}F = 0 \\
\int_{\tau_a}^{\tau_b} x_k(\tau_d)\mathrm{d}F = 0
\end{cases} \tag{3.3-10}
$$

将式(3.3-7)代入式(3.3-10)后,式(3.3-10)是关于 $x_0^{(c)}$、$y_0^{(c)}$ 的式子,解出 $x_0^{(c)}$、$y_0^{(c)}$。这样就可以确定坐标系 $Cx_k y_k z_k$ 在坐标系 $o_{s1}x_0y_0z_0$ 中的位置。

已经求得节点 P 处的受力 F_W 及 F_{Ua}或 F_{Ut}。和渐开线圆柱齿轮一样,将 F_W 及 F_{Ua} 或 F_{Ut}沿 $o_{s1}z_0$ 轴平移至齿顶的 P'处。

以下以小齿轮凹齿面的受力为例进行分析。

图 3.3-1 中,将$\overrightarrow{F_{Ua}}$向 Cx_k 轴和 Cy_k 轴方向分解,得 $F_{Uax_k}=F_{Ua}\sin(\lambda-\beta_1)$、$F_{Uay_k}=F_{Ua}\cos(\lambda-\beta_1)$。

$\overrightarrow{F_{Uax_k}}$产生 Cx_k 轴方向的剪应力 τ_{x_k},弯矩 $M_{y_k}=F_{Uax_k}h_m$ 产生齿根的弯曲应力 σ_{wy_k}。$\overline{F_{Uay_k}}$产生 Cy_k 轴方向的剪应力 τ_{y_k},弯矩 $M_{x_k}=F_{Uax_k}h_m$ 产生齿根的弯曲应力 σ_{wx_k}。$\overrightarrow{F_W}$产生齿根的压应力 σ_c。

τ_{x_k}、τ_{y_k}可以用儒拉夫斯基公式来求,σ_{wx_k}、σ_{wy_k}可以用纳维埃公式来求。比起 σ_{wx_k}的最大值,σ_c的值及 τ_{x_k}、τ_{y_k}、σ_{wy_k}的最大值均较小,所以在齿轮的弯曲强度计算中一般不考虑它们,这与渐开线圆柱齿轮是一样的。

惯性矩

$$
J_{x_k} = \int_F y_k^2(\tau_d)\mathrm{d}F = \int_{\tau_a}^{\tau_b}[-x_0(\tau_d)\sin\lambda + y_0(\tau_d)\cos\lambda + B]^2\mathrm{d}F \tag{3.3-11}
$$

在坐标系 $Cx_k y_k z_k$ 中,由方程 $y_k(\tau_d)=-x_0(\tau_d)\sin\lambda+y_0(\tau_d)\cos\lambda+B$,可以搜索到 $|y_k(\tau_d)|_{max}$。抗弯截面模量 $W_{x_k}=\dfrac{J_{x_k}}{|y_k(\tau_d)|_{max}}$,由纳维埃公式,最大弯曲应力

$$
\sigma_{wx_k max}=\frac{M_{x_k}}{W_{x_k}} \tag{3.3-12}
$$

在 M_{x_k}的作用下,曲悬臂梁在顶部的最大位移为

$$\delta_{y_k}=\frac{M_{x_k}h_m^2}{3EJ_{x_k}} \tag{3.3-13}$$

曲悬臂梁不同于直悬臂梁，它有一个扭转中心 o。图 3.3-1 中，只有当$\overrightarrow{F_{Ua}}$通过扭转中心 o 时，曲悬臂梁才会产生纯弯曲，齿根没有扭转剪应力 τ_{z_k}。τ_{z_k} 是由扭矩 M_{z_k} 引起的，M_{z_k} 是$\overrightarrow{F_{Ua}}$对扭转中心 o 的力矩。$M_{z_k}=M_{z_kc}+M_{z_k\omega'}$，其中 M_{z_kc} 为自由扭转的扭矩；$M_{z_k\omega'}$ 为弯曲扭转的扭矩。$\tau_{z_k}=\tau_{z_kc}+\tau_{z_k\omega'}$，其中 τ_{z_kc} 为自由扭转的剪应力；$\tau_{z_k\omega'}$ 为弯曲扭转的剪应力。

曲梁的弯曲扭转理论是由苏联学者符拉索夫等人所创立的。在坐标系 $o_{s1}x_0y_0z_0$ 中，扭转中心 o 的位置由下列 3 个条件确定：

$$\begin{cases} S_{\omega'}=\int_F \omega'(\tau_d)\mathrm{d}F=0 \\ S_{\omega' z_0}=\int_F \omega'(\tau_d)x_0(\tau_d)\mathrm{d}F=0 \\ S_{\omega' y_0}=\int_F \omega'(\tau_d)y_0(\tau_d)\mathrm{d}F=0 \end{cases} \tag{3.3-14}$$

式中，ω' 为扇性坐标；$S_{\omega'}$ 为扇性静面矩；$S_{\omega' y_0}$、$S_{\omega' z_0}$ 为扇性惯性积。

在坐标系 $o_{s1}x_0y_0z_0$ 中，扭转中心 o 的坐标为 $x_0^{(o)}$、$y_0^{(o)}$。中间线上某点 M 的坐标为 $x_0(\tau_d)$、$y_0(\tau_d)$。M 点的斜率为 $k(\tau_d)=\dfrac{\mathrm{d}y_0/\mathrm{d}\tau_d}{\mathrm{d}x_0/\mathrm{d}\tau_d}$，$M$ 点的切线方程为 $y_0^{(T)}-y_0(\tau_d)=k(\tau_d)[x_0^{(T)}-x_0(\tau_d)]$，$T$ 为切线上的一点。o 点到切线的距离为 $h_0(\tau_d)=\dfrac{k(\tau_d)x_0^{(o)}-y_0^{(o)}+y_0(\tau_d)-k(\tau_d)x_0(\tau_d)}{\sqrt{1+k^2(\tau_d)}}$。扇性坐标 ω' 的计算公式为

$$\omega'(\tau_d)=\int_{\tau_a}^{\tau_d}h_0(\tau_d)\mathrm{d}s \tag{3.3-15}$$

和直角坐标一样，扇性坐标也是有方向性的。设 M_0 是扇性坐标的原点，M_0 点的参数为 τ_0。如果规定 $\tau_d>\tau_0$ 时，$\int_{\tau_0}^{\tau_d}h_0(\tau_d)\mathrm{d}s>0$，则 $\tau_d<\tau_0$ 时，$\int_{\tau_0}^{\tau_d}h_0(\tau_d)\mathrm{d}s<0$。式(3.3-14)变为

$$\begin{cases} \int_{\tau_0}^{\tau_b}\omega_1'(\tau_d)\mathrm{d}F-\int_{\tau_0}^{\tau_a}\omega_2'(\tau_d)\mathrm{d}F=0 \\ \int_{\tau_0}^{\tau_b}\omega_1'(\tau_d)x_0(\tau_d)\mathrm{d}F-\int_{\tau_0}^{\tau_a}\omega_2'(\tau_d)x_0(\tau_d)\mathrm{d}F=0 \\ \int_{\tau_0}^{\tau_b}\omega_1'(\tau_d)y_0(\tau_d)\mathrm{d}F-\int_{\tau_0}^{\tau_a}\omega_2'(\tau_d)y_0(\tau_d)\mathrm{d}F=0 \end{cases} \tag{3.3-16}$$

式中，$\omega_1'(\tau_d)=\int_{\tau_0}^{\tau_d}h_0(\tau_d)\mathrm{d}s,\tau_0<\tau_d<\tau_b$；$\omega_2'(\tau_d)=\int_{\tau_0}^{\tau_d}h_0(\tau_d)\mathrm{d}s,\tau_a<\tau_d<\tau_0$。

将 $h_0(\tau_d)$代入上式后，式(3.3-16)中有 3 个未知参数 τ_0、$x_0^{(o)}$ 和 $y_0^{(o)}$，可以解出这 3 个参数。

$$M_{z_k} = F_{Ua} y_0^{(o)} \sin\beta_1 - F_{Ua}(R_{m1} - x_0^{(o)})\cos\beta_1 \tag{3.3-17}$$

当将曲梁视为图 3.3-1 的形状时，在曲梁的弯曲扭转分析中将引入变系数的常微分方程。为了简化求解的过程，在处理该问题时，将变厚度曲梁近似为等厚度曲梁，其厚度等于分度平面上节点处的齿厚$\frac{\pi m_{mn}}{2}$。如图 3.3-2 所示。

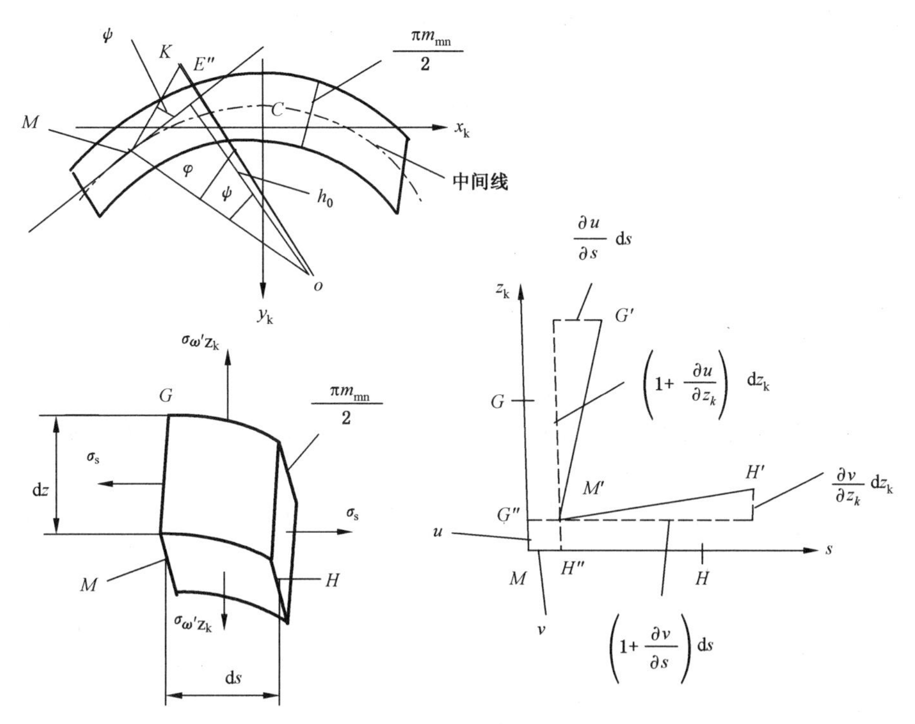

图 3.3-2　扭矩 $M_{z_k\omega}$产生的正应力及变形

在坐标系 $Cx_k y_k z_k$ 中，等厚度梁的极惯性矩 $J_\rho = \frac{\pi m_{mn}}{2}\int_{\tau_a}^{\tau_b}[x_k^2(\tau_d) + y_k^2(\tau_d)]ds$，自由扭转的扭矩

$$M_{z_k c} = GJ_\rho \frac{d\varphi}{dz_k} \tag{3.3-18}$$

式中，φ 为中间线上的一点 M 绕着扭转中心 o 的扭转角，是坐标 z_k 的函数。

自由扭转的剪应力

$$\tau_{z_k c} = \frac{M_{z_k c}}{J_\rho}\sqrt{x_k^2 + y_k^2} \tag{3.3-19}$$

在图 3.3-2 中，沿着中间面取出一个微块，微块距轮齿小端的弧长为 s，距齿根的距离为 z_k。在扭矩 $M_{z_k\omega'}$ 的作用下，M 点因弹性变形而到达 M'点，H 点因弹性变形而到达 H'点，G 点因弹性变形而到达 G'点。M 点的弹性变形 $u(s,z_k)$、$v(s,z_k)$是弧长 s 和距离 z_k 的函数。

假定计算 $\tau_{z_k\omega}$ 时曲梁中间面的角变形为零(曲悬臂梁没有 z_k 方向上的翘曲),曲悬臂梁扭转后,z_k 方向截面的形状不变(中间线的长度不变)。

由于曲悬臂梁在扭矩 $M_{z_k\omega'}$ 的作用下不产生翘曲,所以在微块上产生正应力 $\sigma_{\omega' z_k}$ 和 σ_s。在 z_k 方向,dz_k 的变形为 $\dfrac{\partial u}{\partial z_k}dz_k$,应变 $\varepsilon_{z_k}=\dfrac{\partial u}{\partial z_k}$。在 s 方向,ds 的变形为 $\dfrac{\partial v}{\partial s}ds$,应变 $\varepsilon_s=\dfrac{\partial v}{\partial s}$。由于中间线长度不变,所以 $\varepsilon_s=0$。根据广义胡克定律,

$$\begin{cases}\varepsilon_{z_k}=\dfrac{\sigma_{\omega' z_k}}{E}-\mu\dfrac{\sigma_s}{E}\\[2ex] 0=\dfrac{\sigma_s}{E}-\mu\dfrac{\sigma_{\omega' z_k}}{E}\end{cases}\tag{3.3-20}$$

解得

$$\begin{cases}\sigma_{\omega' z_k}=\dfrac{E}{1-\mu^2}\dfrac{\partial u}{\partial z_k}\\[2ex] \sigma_s=\mu\sigma_{\omega' z_k}\end{cases}\tag{3.3-21}$$

H 点在 z_k 的方向的变形为 $\dfrac{\partial u}{\partial s}ds$,$G$ 点在 s 的方向的变形为 $\dfrac{\partial v}{\partial z_k}dz_k$。角变形 $\gamma=\dfrac{\partial u}{\partial s}+\dfrac{\partial v}{\partial z_k}$。由于 z_k 方向截面的形状不变,中间面的角变形为零,所以

$$\frac{\partial u}{\partial s}+\frac{\partial v}{\partial z_k}=0\tag{3.3-22}$$

图 3.3-2 中,$v=\overline{MH''}=\overline{MK}\cos\psi=\overline{OM}\varphi\cos\varphi=\varphi h_0(\tau_d)$。将 v 代入式(3.3-22),解得

$$u=-\frac{d\varphi}{dz_k}\int_s h_0(\tau_d)ds=-\frac{d\varphi}{dz_k}\omega'(\tau_d)\tag{3.3-23}$$

由式(3.3-21),得

$$\sigma_{\omega' z_k}=-\frac{E}{1-\mu^2}\frac{d^2\varphi}{dz_k^2}\omega'(\tau_d)\tag{3.3-24}$$

$\sigma_{\omega' z_k}$ 在同一个 z_k 方向的截面内是参数 τ_d 的函数。在不同的 z_k 方向的截面内是坐标 z_k 的函数。$\sigma_{\omega' z_k}$ 沿 z_k 方向的变化会在曲悬臂梁内产生扇性剪应力 $\tau_{\omega' z_k}$,如图 3.3-3 所示。

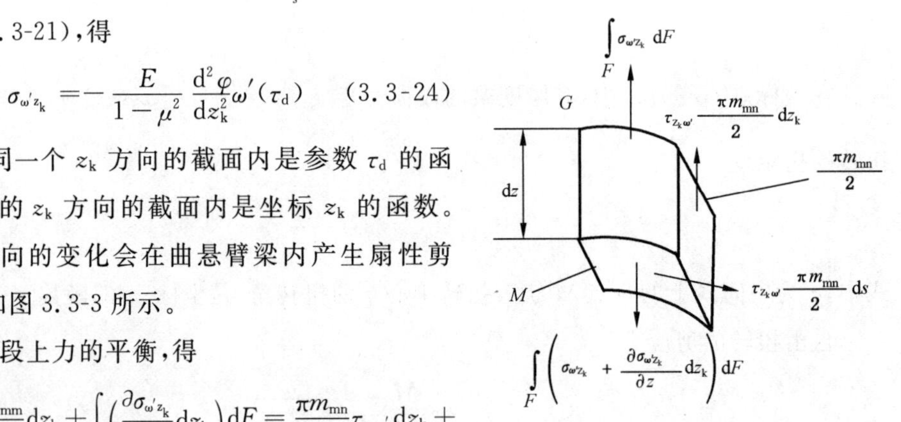

图 3.3-3 扇性剪应力 $\tau_{z_k\omega'}$

根据微段上力的平衡,得

$\tau_{z_k\omega'}\dfrac{\pi m_{mm}}{2}dz_k+\displaystyle\int_F\left(\frac{\partial\sigma_{\omega' z_k}}{\partial z_k}dz_k\right)dF=\frac{\pi m_{mn}}{2}\tau_{z_k\omega'}dz_k+\frac{\pi m_{mn}}{2}\int_0^s\left(\frac{\partial\sigma_{\omega' z_k}}{\partial z_k}dz_k\right)ds=0$。将式(3.3-24)代入后,得

$$\tau_{z_k\omega'} = \frac{E}{1-\mu^2}\frac{d^3\varphi}{dz_k^3}\int_0^s \omega'(\tau_d)ds \tag{3.3-25}$$

$M_{z_k\omega'} = \frac{\pi m_{mn}}{2}\int_{\tau_a}^{\tau_b}\tau_{z_k\omega'}h_0(\tau_d)ds = \frac{\pi E m_{mn}}{2(1-\mu^2)}\frac{d^3\varphi}{dz_k^3}\int_{\tau_a}^{\tau_b}h_0(\tau_d)\left[\int_0^s\omega'(\tau_d)ds\right]ds$。由式(3.3-15)并应用分部积分法，得$\int_{\tau_a}^{\tau_b}h_0(\tau_d)\left[\int\omega'(\tau_d)ds\right]ds = \int_{\tau_a}^{\tau_b}\left[\int\omega'(\tau_d)ds\right]d\omega'(\tau_d) = \omega'(\tau_d)\int_{\tau_a}^{\tau_b}\omega'(\tau_d)ds - \int_{\tau_a}^{\tau_b}\omega'(\tau_d)\omega'(\tau_d)ds$。在式(3.3-16)的第一式中，令$s_{vf}(\tau_d) = \frac{\pi m_{mn}}{2}$，可得$\int_{\tau_a}^{\tau_b}\omega'(\tau_d)ds = 0$。

扇性惯性矩 $J_{\omega'} = \frac{\pi m_{mn}}{2}\int_{\tau_a}^{\tau_b}\omega'(\tau_d)\omega'(\tau_d)ds$ 。

$$M_{z_k\omega'} = \frac{\pi m_{mn}}{2}\int_{\tau_a}^{\tau_b}\tau_{z_k\omega'}h_0(\tau_d)ds = -\frac{EJ_{\omega'}}{(1-\mu^2)}\frac{d^3\varphi}{dz_k^3} \tag{3.3-26}$$

由 $M_{z_k} = M_{z_k\omega'} + M_{z_kc}$ 及式(3.3-17)、式(3.3-26)，得微分方程式

$$-\frac{EJ_{\omega'}}{(1-\mu^2)}\frac{d^3\varphi}{dz_k^3} + GJ_\rho\frac{d\varphi}{dz_k} = M_{z_k} \tag{3.3-27}$$

令 $k^2 = \frac{GJ_\rho(1-\mu^2)}{EJ_{\omega'}}$，方程(3.3-27)变为

$$\frac{d^4\varphi}{dz_k^4} - k^2\frac{d^2\varphi}{dz_k^2} = 0 \tag{3.3-28}$$

方程(3.3-28)的解为 $\varphi = C_1 + C_2 z_k + C_3\sinh(kz_k) + C_4\cosh(kz_k)$。$C_1$、$C_2$、$C_3$、$C_4$ 为待定系数。$\frac{d\varphi}{dz_k} = C_2 + C_3 k\cosh(kz_k) + C_4 k\sinh(kz_k)$，$\frac{d^2\varphi}{dz_k^2} = C_3k^2\sinh(kz_k) + C_4k^2\cosh(kz_k)$，$\frac{d^3\varphi}{dz_k^3} = C_3k^3\cosh(kz_k) + C_4k^3\sinh(kz_k)$。

$M_{z_k} = C_2GJ_\rho$。在齿根处，$z_k = 0$，$\varphi = 0$，$\frac{d\varphi}{dz_k} = 0$。在齿顶处，$z_k = -h_m$，$\sigma_{\omega' z_k} = 0$，由式(3.3-24)，$\frac{d^2\varphi}{dz_k^2} = 0$。由以上约束条件解得 $C_1 = \frac{M_{z_k}}{kGJ_\rho}\tanh(kh_m)$，$C_2 = \frac{M_{z_k}}{GJ_\rho}$，$C_3 = -\frac{M_{z_k}}{kGJ_\rho}$，$C_4 = -\frac{M_{z_k}}{kGJ_\rho}\tanh(kh_m)$。

由式(3.3-24)，齿根处的最大剪应力 $\tau_{z_k\omega'}$ 约在齿根的中部。

$$\tau_{z_k\omega'\max} = -\frac{M_{z_k}}{J_{\omega'}}\int_{\tau_a}^{0}\omega'(\tau_d)ds \tag{3.3-29}$$

由式(3.3-17)、式(3.3-18)，在齿根处，$\tau_{z_kc} = 0$。

根据第四强度理论，理论弯曲应力

$$\sigma_w = \sqrt{\sigma_{wx_k\max}^2 + 4\tau_{z_k\omega'\max}^2} = \frac{F_{Ta}}{B_1 m_{mn}}Y_{Fa} \tag{3.3-30}$$

如同渐开线圆柱齿轮一样，Y_{Fa}是无量纲的齿形系数，与齿数 z_1 有关。

$$M_{z_k} = F_{Ua} y_0^{(o)} \sin\beta_1 - F_{Ua}(R_{m1} - x_0^{(o)})\cos\beta_1 = \frac{F_{Ta}}{\cos\beta_1}(x_0^{(o)}\cos\beta_1 + y_0^{(o)}\sin\beta_1 - R_{m1}\cos\beta_1),$$

将 $\sigma_{wx_k\max}$、$\tau_{z_k\omega'\max}$ 代入式(3.3-30)得齿形系数

$$Y_{Fa} = \frac{B_1 m_{mn}}{\cos\beta_1}\sqrt{a_w^2 + 4b_w^2} \tag{3.3-31}$$

式中，$a_w = \frac{h_m^* m_{mn}\sin(\lambda - \beta_1)}{W_{xk}}$；$b_w = \frac{[2\sin\delta_1(x_0^{(o)}\cos\beta_1 + y_0^{(o)}\sin\beta_1) - m_{mn}z_1\cos\beta_1]}{2J_{\omega'}\sin\delta_1}\int_{\tau_a}^{0}\omega'(\tau_d)\mathrm{d}s$。

准双曲面齿轮齿根应力的基本值

$$\sigma_{F0} = Y_{LS}Y_{Sa}Y_{\varepsilon}Y_{K}Y_{Fa}Y_{\beta}\frac{F_T}{Bm_{mn}}(\mathrm{N/mm^2}) \tag{3.3-32}$$

如同接触强度一样，此处加了一个螺旋角系数 Y_β。Y_β 的选取见 GB/T 10062.3—2003/ISO 10300-3:2001《锥齿轮承载能力计算方法　第 3 部分：齿根弯曲强度计算》。

齿轮弯曲疲劳强度的校核公式仍为式(3.1-8)，当不符合该条件时，改变 2.3.2 节中原始大齿轮的分度圆直径 d_2 继续进行校核，直到符合条件为止。

综合考虑接触强度条件和弯曲强度条件，以中点法向模数 m_{mn} 为大者作为原始齿轮的设计结果。

3.4　准双曲面齿轮抗胶合承载能力的计算

本节的重点是齿面瞬时温升的计算，理论基础是非稳态导热理论。

理想的齿轮润滑为流体润滑状态，齿面摩擦系数极小(0.001～0.008)。当齿面的压力很大而且齿面的粗糙度较低时，有可能变为边界润滑状态(齿面摩擦数在 0.1 左右)，或者变为两者之间的混合润滑状态。当齿面瞬时摩擦温度过高时，相啮合的两个齿面会产生焊合、撕裂而形成伤痕，这种现象称为胶合。渐开线圆柱齿轮有抗胶合承载能力的计算方法，但一般的《机械设计》教材不作为讲述的内容。

3.4.1　齿面节点处的瞬时温升 θ_{flaP}

由于齿面微峰的滑动摩擦力和润滑油膜的内摩擦力，啮合齿面之间会产生摩擦热。当齿轮发生胶合时，主要的热源来自齿面微峰的滑动摩擦力。摩擦热向润滑油和齿轮两个方面进行传播。由于钢材的导热系数比润滑油的导热系数大得多，所以摩擦热主要向齿轮方面进行传播。

在齿面压力的作用下，啮合点变为宽度很窄的接触区。接触区的宽度相对于齿轮的齿高、齿厚来说是很小的，向轮齿的传热可以近似看成是向半无限体的传热。

图 3.4-1 中，设在啮合点处有一个热源，热流密度为 q_w(W/m^2)。

齿轮的初始温度为 θ_n，传热后齿面下某一点的温度为 θ_s，温升 $\theta=\theta_s-\theta_n$。根据傅里叶定律，得二维非稳态热传导方程

$$\frac{\partial\theta}{\partial t}=\frac{\lambda}{c\rho}\left(\frac{\partial^2\theta}{\partial x^2}+\frac{\partial^2\theta}{\partial y^2}\right)=a_d\left(\frac{\partial^2\theta}{\partial x^2}+\frac{\partial^2\theta}{\partial y^2}\right) \quad (3.4\text{-}1)$$

式中，θ 为温升，℃；t 为传热时间，s；λ 为齿轮的导热系数，W/(m·℃)；c 为齿轮的比热容，J/(kg·℃)；ρ 为齿轮的密度，kg/m^3；a_d 为齿轮的导温系数，m^2/s。

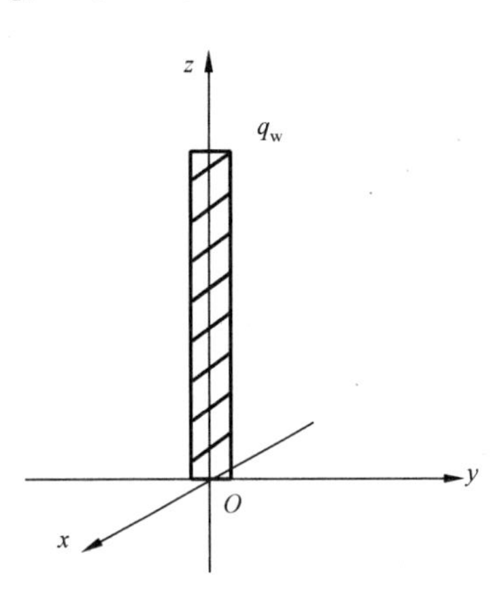

图 3.4-1 啮合点处的热源

应用分离变量法，设 $\theta(x,y,t)=\theta_1(x,t)\theta_2(y,t)$，代入式(3.4-1)得

$\theta_2\frac{\partial\theta_1}{\partial t}+\theta_1\frac{\partial\theta_2}{\partial t}=a_d\left(\theta_2\frac{\partial^2\theta_1}{\partial x^2}+\theta_1\frac{\partial^2\theta_2}{\partial y^2}\right)$。两边同除以 $\theta_1\theta_2$，可分离为两个独立的偏微分方程

$$\begin{cases}\dfrac{\partial\theta_1}{\partial t}=a_d\dfrac{\partial^2\theta_1}{\partial x^2}\\[2ex]\dfrac{\partial\theta_2}{\partial t}=a_d\dfrac{\partial^2\theta_2}{\partial y^2}\end{cases} \quad (3.4\text{-}2)$$

两个方程解的形式是一样的，只需分析其中的一个方程即可。

第一个方程的两边同时对 x 取偏导数。设 $q_1(x,t)=-\lambda\frac{\partial\theta_1}{\partial x}$，得

$$\frac{\partial q_1}{\partial t}=a_d\frac{\partial^2 q_1}{\partial x^2} \quad (3.4\text{-}3)$$

方程的两边同时做拉氏变换，设 $q_1(x,t)$ 的拉氏变换为 $Q_1(x,s)$，则

$$sQ_1=a_d\frac{\mathrm{d}^2Q_1}{\mathrm{d}x^2} \quad (3.4\text{-}4)$$

方程(3.4-4)解的形式为 $Q_1(x,s)=C_1e^{\sqrt{\frac{s}{a_d}}x}+C_2e^{-\sqrt{\frac{s}{a_d}}x}$。$q_1(x,t)$ 反映温升在 x 轴方向上的变化率。当 $x\to\infty$，$q_1(x,t)$ 为零，所以 $C_1=0$。当 $t\to0$、$x\to0$ 时，$q_1(x,t)$ 为齿面上 o 点的初始变化率，等于某一个常数 q_{1w}。$Q_1(x,s)=\frac{q_{1w}}{s}e^{-\sqrt{\frac{s}{a_d}}x}$。对 $Q_1(x,s)$ 取拉氏反变换，得

$q_1(x,t)=\frac{2q_{1w}}{\sqrt{\pi}}\int_{\frac{x}{2\sqrt{a_dt}}}^{\infty}e^{-\xi^2}\mathrm{d}\xi=\frac{-2q_{1w}}{\sqrt{\pi}}\int_{\infty}^{\frac{x}{2\sqrt{a_dt}}}e^{-\xi^2}\mathrm{d}\xi=q_{1w}\mathrm{erfc}\left(\frac{x}{2\sqrt{a_dt}}\right)$。$\mathrm{erfc}\left(\frac{x}{2\sqrt{a_dt}}\right)$叫做余误差函数。由罗必塔法则。当 $x\to0$、$t\to0$ 时，$\lim\limits_{\substack{x\to0\\t\to0}}\frac{x}{2\sqrt{a_dt}}=\lim\limits_{\substack{x\to0\\t\to0}}\sqrt{\frac{t}{a_d}}=0$，$\mathrm{erfc}(0)=1$。

$$\theta_1(x,t)=-\frac{1}{\lambda}\int q_1(x,t)\mathrm{d}x=\frac{2q_{1w}}{\lambda\sqrt{\pi}}\int\left[\int_{\infty}^{\frac{x}{2\sqrt{a_dt}}}e^{-\xi^2}\mathrm{d}\xi\right]\mathrm{d}x \quad (3.4\text{-}5)$$

以下对式(3.4-5)进行求解。

设函数 $p(\alpha)=\int_{\infty}^{b(\alpha)}F(\xi,\alpha)\mathrm{d}\xi$。由积分号下求微分的公式,得

$$\frac{\mathrm{d}[p(\alpha)]}{\mathrm{d}\alpha}=\frac{\mathrm{d}}{\mathrm{d}\alpha}\left[\int_{\infty}^{b(\alpha)}F(\xi,\alpha)\mathrm{d}\xi\right]=\int_{\infty}^{b(\alpha)}\frac{\partial F}{\partial\alpha}\mathrm{d}\xi+F[b(\alpha),\alpha]\frac{\mathrm{d}[b(\alpha)]}{\mathrm{d}\alpha}\tag{3.4-6}$$

设 $F(\xi,\alpha)=(\alpha-\xi)e^{-\xi^2}$,$b(\alpha)=\alpha$。则

$p(\alpha)=\int_{\infty}^{\alpha}(\alpha-\xi)e^{-\xi^2}\mathrm{d}\xi=\alpha\int_{\infty}^{\alpha}e^{-\xi^2}\mathrm{d}\xi+\frac{e^{-\alpha^2}}{2}$,$\frac{\mathrm{d}[p(\alpha)]}{\mathrm{d}\alpha}=\int_{\infty}^{\alpha}e^{-\xi^2}\mathrm{d}\xi$,$p(\alpha)=\alpha\frac{\mathrm{d}[p(\alpha)]}{\mathrm{d}\alpha}+\frac{e^{-\alpha^2}}{2}$。

在式(3.4-5)中,令$\frac{x}{2\sqrt{a_{\mathrm{d}}t}}=\alpha$,则

$$\begin{aligned}\theta_1(x,t)&=\frac{4q_{1\mathrm{w}}}{\lambda}\sqrt{\frac{a_{\mathrm{d}}t}{\pi}}\int\left[\int_{\infty}^{\alpha}e^{-\xi^2}\mathrm{d}\xi\right]\mathrm{d}\alpha=\frac{4q_{1\mathrm{w}}}{\lambda}\sqrt{\frac{a_{\mathrm{d}}t}{\pi}}\int\frac{\mathrm{d}[p(\alpha)]}{\mathrm{d}\alpha}\mathrm{d}\alpha=\\&\frac{4q_{1\mathrm{w}}}{\lambda}\sqrt{\frac{a_{\mathrm{d}}t}{\pi}}p(\alpha)=\frac{4q_{1\mathrm{w}}}{\lambda}\sqrt{\frac{a_{\mathrm{d}}t}{\pi}}\left[\alpha\int_{\infty}^{\alpha}e^{-\xi^2}\mathrm{d}\xi+\frac{e^{-\alpha^2}}{2}\right]=\\&\frac{2q_{1\mathrm{w}}}{\lambda}\sqrt{\frac{a_{\mathrm{d}}t}{\pi}}\left[e^{-\frac{x^2}{4a_{\mathrm{d}}t}}-\frac{x}{\sqrt{a_{\mathrm{d}}t}}\int_{\frac{x}{2\sqrt{a_{\mathrm{d}}t}}}^{\infty}e^{-\xi^2}\mathrm{d}\xi\right]=\\&2q_{1\mathrm{w}}\sqrt{\frac{t}{\pi c\rho\lambda}}\left[e^{-\frac{x^2}{4a_{\mathrm{d}}t}}-\frac{x}{2}\sqrt{\frac{\pi}{a_{\mathrm{d}}t}}\mathrm{erfc}\left(\frac{x}{2\sqrt{a_{\mathrm{d}}t}}\right)\right]\end{aligned}\tag{3.4-7}$$

当 $x\rightarrow0$ 时,$\theta_1(0,t)=2q_{1\mathrm{w}}\sqrt{\frac{t}{\pi c\rho\lambda}}$。当 $x\rightarrow\infty$ 时,$\theta_1(\infty,t)=0$。

同理得

$$\theta_2(y,t)=2q_{2\mathrm{w}}\sqrt{\frac{t}{\pi c\rho\lambda}}\left[e^{-\frac{y^2}{4a_{\mathrm{d}}t}}-\frac{y}{2}\sqrt{\frac{\pi}{a_{\mathrm{d}}t}}\mathrm{erfc}\left(\frac{y}{2\sqrt{a_{\mathrm{d}}t}}\right)\right]\tag{3.4-8}$$

$q_{2\mathrm{w}}$为某一个常数。当 $y\rightarrow0$ 时,$\theta_2(0,t)=2q_{2\mathrm{w}}\sqrt{\frac{t}{\pi c\rho\lambda}}$。当 $y\rightarrow\infty$时,$\theta_2(\infty,t)=0$。

根据傅里叶定律,齿面下某点的热流密度 $q(x,y,t)=-\lambda\left(\frac{\partial\theta}{\partial x}+\frac{\partial\theta}{\partial y}\right)=\theta_2q_1+\theta_1q_2$。当 $x\rightarrow0$、$y\rightarrow0$ 时,$q_1=q_{1\mathrm{w}}$,$q_2=q_{2\mathrm{w}}$,$q=q_{\mathrm{w}}$,得 $q_{\mathrm{w}}=2q_{1\mathrm{w}}q_{2\mathrm{w}}\sqrt{\frac{t}{\pi c\rho\lambda}}$。这样,

$$\begin{aligned}\theta(x,y,t)&=\theta_1(x,t)\theta_2(y,t)=\frac{4q_{1\mathrm{w}}q_{2\mathrm{w}}t}{\pi c\rho\lambda}\left[e^{-\frac{x^2}{4a_{\mathrm{d}}t}}-\frac{x}{2}\sqrt{\frac{\pi}{a_{\mathrm{d}}t}}\mathrm{erfc}\left(\frac{x}{2\sqrt{a_{\mathrm{d}}t}}\right)\right]\\&\left[e^{-\frac{y^2}{4a_{\mathrm{d}}t}}-\frac{y}{2}\sqrt{\frac{\pi}{a_{\mathrm{d}}t}}\mathrm{erfc}\left(\frac{y}{2\sqrt{a_{\mathrm{d}}t}}\right)\right]=2q_{2\mathrm{w}}\sqrt{\frac{t}{\pi c\rho\lambda}}\left[e^{-\frac{x^2}{4a_{\mathrm{d}}t}}-\frac{x}{2}\sqrt{\frac{\pi}{a_{\mathrm{d}}t}}\mathrm{erfc}\left(\frac{x}{2\sqrt{a_{\mathrm{d}}t}}\right)\right]\\&\left[e^{-\frac{y^2}{4a_{\mathrm{d}}t}}-\frac{y}{2}\sqrt{\frac{\pi}{a_{\mathrm{d}}t}}\mathrm{erfc}\left(\frac{y}{2\sqrt{a_{\mathrm{d}}t}}\right)\right]\end{aligned}\tag{3.4-9}$$

当 $x\rightarrow0$、$y\rightarrow0$、$t\rightarrow0$ 时,温升 $\theta=0$。$\theta_{\mathrm{s}}=\theta_{\mathrm{n}}$。说明这时齿面的温度 θ_{s} 等于齿面的初始

温度 θ_n。

图 3.4-2 中，坐标系 $Px_sy_sz_s$ 是静坐标系。相啮合的两个准双曲面齿轮的齿面，以坐标面 x_sy_s 为分界面，Px_s 轴、Py_s 轴的方向就是齿面接触椭圆的短轴方向（齿廓的方向）和长轴方向。短轴方向的界限点是 B'_1 和 B'_2。假定坐标面 x_sy_s 下面的一个齿面静止，上面的一个齿面沿着短轴的方向做相对滑动，滑动速度为 $v_{\Sigma C}$。

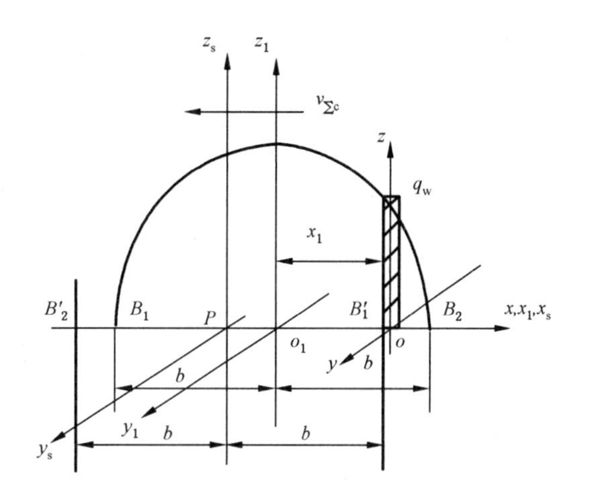

图 3.4-2 齿面的加热过程

坐标系 $o_1x_1y_1z_1$ 是和上面的一个齿面固连的动坐标系。当齿轮的材料相同时，由式(3.2-12)，节点 P 处的最大接触应力为 $q_0=\dfrac{3F_N}{2\pi ab}$。沿着椭圆短轴的方向，齿面接触应力 $\sigma(x_1)=q_0\sqrt{1-\left(\dfrac{x_1}{b}\right)^2}$。工程中以计算接触应力 σ_H 代替 q_0，这样，$\sigma(x_1)=\sigma_H\sqrt{1-\left(\dfrac{x_1}{b}\right)^2}$。

热源也分布在宽度为 $2b$ 的区域内，界限点为 B_1、B_2。分布区内某一点的热流密度 $q_c(x_1)=\mu_{mc}\sigma(x_1)v_{\Sigma C}$。$\mu_{mc}$ 为平均摩擦系数

$$\mu_{mc}=0.045\left(\frac{w_{Bt}K_{Bt}}{v_{\Sigma C}\rho_{redC}}\right)^{0.2}\eta_{oil}^{-0.05}X_RX_L \tag{3.4-10}$$

式中，w_{Bt} 为单位法向轮齿载荷，N；K_{Bt} 为胶合承载能力计算的螺旋线载荷分布系数；$v_{\Sigma C}$ 为节点切线速度的和，m/s；ρ_{redC} 为节点处相对曲率半径，mm；η_{oil} 为初温时润滑油的动力黏度，MPa·s；X_R 为粗糙度系数；X_L 为润滑剂系数。

原始大、小齿轮的相对运动速度 $v^{(12)}=\omega_1R_1\sin\delta_1\sin\beta_1-\omega_2R_2\sin\delta_2\sin\beta_2$。$v_{\Sigma C}$ 是 $v^{(12)}$ 在椭圆短轴方向的分量，$\overrightarrow{v^{(12)}}$ 与椭圆的短轴 Px_s 之间的夹角为 $\dfrac{\pi}{2}-\theta_{x0}$。$v_{\Sigma C}=v^{(12)}\sin\theta_{x0}$。$\theta_{x0}$ 为接触线方向角 θ_{xa0} 或 θ_{xt0}。

式(3.4-10)中各个参数的计算或选取见 GB/Z 6413.2—2003/ISO/TR 13989-2:2000《圆柱齿轮、锥齿轮和准双曲面齿轮　胶合承载能力计算方法　第 2 部分：积分温度法》。

齿面之间的摩擦热向润滑油膜和齿轮传播。热量的分配与导热系数 λ 有关。由于齿轮的导热系数是润滑油的导热系数的几百倍，所以近似认为摩擦热被两个齿轮吸收。每个齿轮齿面上的热流密度 $q_w=0.5q_c(x_1)$。

当热源由右至左扫过接触区时，热源的始点 B_1 与接触区的始点 B'_1 重合时是加热的

开始时刻，热源的始点 B_1 与接触区的终点 B'_2 重合时是加热的终了时刻。某一热流密度进入接触区才开始进行加热，这样，热流密度 q_w 的加热时间 $t=\frac{b-x_1}{v_{\Sigma C}}$。

q_w 引起的节点 P 处的齿面瞬时闪温是 q_w 在 $x_s=0$、$y_s=0$ 处加热了时间 t 后引起的齿面接触区的温升。由式(3.4-9)，这一齿面瞬时闪温 $\theta(0,0,t)=q_c(x_1)\sqrt{\frac{b-x_1}{\pi c\rho\lambda v_{\Sigma C}}}$。整个热源引起的节点 P 处的齿面瞬时闪温为

$$\begin{aligned}\theta_{\text{flaP}} &= \frac{1}{2b}\int_{-b}^{b}\theta(0,0,t)\,\mathrm{d}x_1 \\ &= \frac{\mu_{\text{mc}}\sigma_H}{2b^2}\sqrt{\frac{v_{\Sigma C}}{\pi c\rho\lambda}}\int_{-b}^{b}(b-x_1)\sqrt{b+x_1}\,\mathrm{d}x_1 \\ &= \frac{8\mu_{\text{mc}}\sigma_H}{15}\sqrt{\frac{2v_{\Sigma C}b}{\pi c\rho\lambda}}\end{aligned} \tag{3.4-11}$$

式中，$\sigma_H=Z_{M-B}Z_{LS}Z_HZ_EZ_KZ_\beta\sqrt{K_AK_VK_{H\beta}K_{H\alpha}}\sqrt[3]{\frac{F_N}{d_1B_1}}$；$b=\sqrt{1-e^2}\sqrt[3]{\frac{6(1-\mu^2)F_N}{\pi Ee^2\kappa_2^{(12)}}[K(e)-E(e)]}$。

3.4.2 齿面抗胶合承载能力的计算

准双曲面齿轮齿面抗胶合强度的计算过程是：

(1) 计算齿面上任意啮合位置的瞬时闪温 θ_{fla}

任意啮合位置的齿面最大赫兹应力 $q'_0=\frac{3F'_N}{2\pi a'b'}$。在齿轮的传动过程中，齿面法向力 F'_N 及接触椭圆的长轴 a'、短轴 b' 是变化的。当齿廓啮入、啮出时 a' 最小，b' 的变化较小。

a' 的变化规律较复杂，不是齿轮转角的线性函数。为了简化计算，将 a' 近似处理为齿轮转角的线性函数，$b'=b$。在端面重合度 ε_α 的范围内，近似认为法向力 $F'_N=F_N$。

在齿顶齿面的重合度范围内，$\left|\frac{\tau_b-\tau_d}{\tau_b}\right|=\frac{a'}{a}=\frac{q_0}{q'_0}=\frac{\theta_{\text{flaP}}}{\theta_{\text{fla}}}$，即

$$\theta_{\text{fla}}=\frac{\theta_{\text{flaP}}\tau_b}{\tau_b-\tau_d} \tag{3.4-12}$$

式中，$0\leqslant\tau_d\leqslant\tau_b$。

在齿根齿面的重合度范围内，$\left|\frac{\tau_a-\tau_d}{\tau_a}\right|=\frac{a'}{a}=\frac{q_0}{q'_0}=\frac{\theta_{\text{flaP}}}{\theta_{\text{fla}}}$，即

$$\theta_{\text{fla}}=\frac{\theta_{\text{flaP}}\tau_a}{\tau_a-\tau_d} \tag{3.4-13}$$

式中，$\tau_a\leqslant\tau_d\leqslant0$。

(2) 计算平均闪温 θ_{flaint}

$$\theta_{\text{flaint}}=\left|\frac{1}{\tau_b}\int_0^{\tau_b}\theta_{\text{fla}}\,\mathrm{d}\tau_d-\frac{1}{\tau_a}\int_{\tau_a}^{0}\theta_{\text{fla}}\,\mathrm{d}\tau_d\right|$$

$$= \left| \theta_{\text{flaP}} \int_0^{\tau_b} \frac{d\tau_d}{\tau_b - \tau_d} + \theta_{\text{flaP}} \int_{\tau_a}^{0} \frac{d\tau_d}{\tau_d - \tau_a} \right|$$

$$= \left| -\theta_{\text{flaP}} \ln(\tau_b - \tau_d) \Big|_0^{\tau_b} + \theta_{\text{flaP}} \ln(\tau_d - \tau_a) \Big|_{\tau_a}^{0} \right|$$

$$= \theta_{\text{flaP}} \left| \ln\tau_b + \ln(-\tau_a) \right| \tag{3.4-14}$$

(3) 计算本体温度 θ_{M-C}

$$\theta_{\text{M-C}} = \theta_{\text{oil}} + C_1 X_{\text{mP}} \theta_{\text{flaint}} X_{\text{S}} \tag{3.4-15}$$

式中，θ_{oil}为工作油温，℃；$C_1=0.7$；$X_{\text{mP}}=\frac{1+n_p}{2}$，$n_p$ 为同时啮合的齿轮数量；X_S 为润滑剂系数，油浴润滑时等于 1.0，喷油润滑时等于1.2。

(4) 计算积分温度 θ_{int}

$$\theta_{\text{int}} = \theta_{\text{M-C}} + 1.5\theta_{\text{flaint}} \tag{3.4-16}$$

(5) 计算胶合积分温度 θ_{intS}

胶合积分温度指齿面出现胶合失效时的极限积分温度。

$$\theta_{\text{intS}} = \theta_{\text{MT}} + 1.5 X_{\text{WrelT}} \theta_{\text{flaintT}} \tag{3.4-17}$$

式中，θ_{MT}为试验齿轮的本体温度；X_{WrelT}为相对焊合系数；θ_{flaintT}为试验齿轮的平均闪温。它们的计算选取见 GB/Z 6413.2—2003《圆柱齿轮、锥齿轮和准双曲面齿轮　胶合承载能力计算方法　第 2 部分：积分温度法》。

(6) 胶合承载能力设计准则

$$\theta_{\text{int}} \leqslant \frac{\theta_{\text{intS}}}{S_{\text{Bmin}}} \tag{3.4-18}$$

式中，S_{Bmin}是最小安全系数，依据尖峰载荷计算时（如冲压设备等），取 1.5，依据名义载荷计算时（如金属切削机床等），取 1.5～1.8，高可靠性要求时（如航空机械等），取 2.0～2.5。

3.5 准双曲面小齿轮的强度计算示例

3.5.1 计算模型取 2.5 节的模型 1，圆弧齿准双曲面齿轮

(1) 接触强度中区域系数的计算

1) 输入模型 1 的有关轮坯设计参数。

2) 齿面法向力 $F_N=12\,304.54$ N，弹性模量 $E=2.0\times10^5$ MPa，泊松比 $\mu=0.3$。

3) 节点处的诱导主曲率 $\kappa_1^{(12)}=9.086\,5\times10^{-4}\ \text{mm}^{-1}$、$\kappa_2^{(12)}=1.012\,1\times10^{-4}\ \text{mm}^{-1}$。给出节点处接触椭圆的离心率 $e=0.979\,8$，求得接触椭圆的长轴 $a=14.138$ mm、短轴 $b=2.828$ mm。

4) 第一类椭圆积分的值 $K(e)=3.047\,5$、第二类椭圆积分的值 $E(e)=1.044\,2$，求得

区域系数 $Z_H=0.0370$。

5）计算接触应力 $\sigma_H=101.582\ \mathrm{N/mm^2}$，许用接触应力 $\sigma_{HP}=560.474\ \mathrm{N/mm^2}$，式(3.1-4)成立。

(2) 弯曲强度中齿形系数的计算

1）输入模型1的有关轮坯设计参数。

2）由式(2.4-4)、式(2.4-5)求得加工小齿轮时产形齿轮的中点分锥矩 $R_c=89.535\ \mathrm{mm}$、螺旋角 $\beta_c=67.9726°$。

3）由式(2.4-1)、式(2.4-2)求得产形齿轮的坐标$\{x_2,y_2,z_2\}$。

4）由式(1.2-4)、式(1.2-30)求得小齿轮的齿面坐标$\{x_1,y_1,z_1\}$。当参数 $z_d=0$ 时，是小齿轮齿线的方程。由2.4.1节的约束条件求得轮齿的大、小端对应的参数 $\tau_b=45.0000°$、$\tau_a=-4.2175°$。

5）将参数 τ_a 至 τ_b 离散化，由式(3.3-1)求 $f_1(\tau_d)$、$f_2(\tau_d)$。由式(3.3-2)、式(3.3-3)两维搜索求 $x_0(\tau_d)$、$y_0(\tau_d)$及$\dfrac{dx_0(\tau_d)}{d\tau_d}$、$\dfrac{dy_0(\tau_d)}{d\tau_d}$。当 $\tau_d=0$ 时，$y_0(0)=0$。

6）式(3.3-7)中的 $\lambda=61.7380°$。用式(3.3-10)搜索到 $x_0^{(c)}=125.420\ \mathrm{mm}$、$y_0^{(c)}=19.856\ \mathrm{mm}$。

7）式(3.3-11)求得 $J_{x_k}=551.5793\ \mathrm{mm^4}$。抗弯截面模量 $W_{x_k}=258.5547\ \mathrm{mm^3}$。

8）用式(3.3-16)通过三维搜索，求得扭转中心的坐标 $x_0^{(o)}=83.048\ \mathrm{mm}$、$y_0^{(o)}=0$ 以及扇性坐标的原点对应的参数 $\tau_0=24.1868°$。

9）由式(3.3-15)，求式(3.3-28)中的扇性惯性矩 $J_{\omega'}=3.4551\times10^8\ \mathrm{mm^6}$ 及 $\int_{\tau_a}^{0}\omega'(\tau_d)ds=-177.054\ \mathrm{mm^3}$。

10）由式(3.3-30)求得齿形系数 $Y_{Fa}=2.952$。

11）齿根弯曲应力 $\sigma_F=90.248\ \mathrm{N/mm^2}$，许用齿根弯曲应力 $\sigma_{FP}=542.799\ \mathrm{N/mm^2}$，式(3.1-8)成立。

(3) 抗胶合能力的计算

1）输入模型1的有关轮坯设计参数。

2）由式(3.4-10)，计算齿面的滑动摩擦系数 $\mu_{mc}=0.00767$。

3）由式(3.4-11)，计算齿面瞬时闪温 $\theta_{flaP}=1.200$ ℃。

4）由式(3.4-14)，计算平均闪温 $\theta_{flaint}=3.426$ ℃。

5）本体温度 $\theta_{M-C}=62.395$ ℃，积分温度 $\theta_{int}=67.526$ ℃，胶合积分温度 $\theta_{intS}=153.849$ ℃，最小安全系数 $S_{Bmin}=1.5$，$\dfrac{\theta_{intS}}{S_{Bmin}}=102.566$ ℃$>\theta_{int}$。

3.5.2 计算模型取2.5节的模型2，摆线齿准双曲面齿轮

(1) 接触强度中区域系数的计算

1）输入模型 2 的有关轮坯设计参数。

2）齿面法向力 $F_N=14\ 610.01$ N，弹性模量 $E=2.0\times10^5$ MPa，泊松比 $\mu=0.3$。

3）节点处的诱导主曲率 $\kappa_1^{(12)}=1.279\ 7\times10^{-3}(\text{mm}^{-1})$、$\kappa_2^{(12)}=8.302\ 4\times10^{-5}(\text{mm}^{-1})$。给出节点处接触椭圆的离心率 $e=0.979\ 8$，求得接触椭圆的长轴 $a=13.357$ mm、短轴 $b=2.671$ mm。

4）第一类椭圆积分的值 $K(e)=3.047\ 5$、第二类椭圆积分的值 $E(e)=1.044\ 2$，求得区域系数 $Z_H=0.032\ 5$。

5）计算接触应力 $\sigma_H=107.384\ \text{N/mm}^2$，许用接触应力 $\sigma_{HP}=556.734\ \text{N/mm}^2$，式(3.1-4)成立。

(2) 弯曲强度中齿形系数的计算

1）输入模型 2 的有关轮坯设计参数。

2）由式(2.4-4)、式(2.4-5)求得加工小齿轮时产形齿轮的中点分锥矩 $R_c=93.619$ mm、螺旋角 $\beta_c=64.403\ 6°$。

3）由式(2.4-1)、式(2.4-2)求得产形齿轮的坐标$\{x_2,y_2,z_2\}$。

4）由式(1.2-4)、式(1.2-30)求得小齿轮的齿面坐标$\{x_1,y_1,z_1\}$。当参数 $z_d=0$ 时，是小齿轮齿线的方程。由 2.4.1 节的约束条件求得轮齿的大、小端对应的参数 $\tau_b=31.273\ 0°$、$\tau_a=-2.763\ 2°$。

5）将参数 τ_a 至 τ_b 离散化，由式(3.3-1)求 $f_1(\tau_d)$、$f_2(\tau_d)$。由式(3.3-2)、式(3.3-3)两维搜索求 $x_0(\tau_d)$、$y_0(\tau_d)$及$\dfrac{\mathrm{d}x_0(\tau_d)}{\mathrm{d}\tau_d}$、$\dfrac{\mathrm{d}y_0(\tau_d)}{\mathrm{d}\tau_d}$。当 $\tau_d=0$ 时，$y_0(0)=0$。

6）式(3.3-7)中的 $\lambda=52.134\ 0°$。用式(3.3-10)搜索到 $x_0^{(c)}=131.558$ mm、$y_0^{(c)}=16.438$ mm。

7）由式(3.3-11)求得 $J_{x_k}=214.812\ 0\ \text{mm}^4$。抗弯截面模量 $W_{x_k}=132.413\ 3\ \text{mm}^3$。

8）用式(3.3-16)通过三维搜索，求得扭转中心的坐标 $x_0^{(o)}=88.503\ 8$ mm、$y_0^{(o)}=0$ 以及扇性坐标的原点对应的参数 $\tau_0=16.824\ 6°$。

9）由式(3.3-15)，求式(3.3-26)中的扇性惯性矩 $J_{\omega'}=1.390\ 3\times10^8\ \text{mm}^6$ 及 $\int_{\tau_a}^{0}\omega'(\tau_d)\mathrm{d}s=-41\ 695.44\ \text{mm}^3$。

10）由式(3.3-30)求得齿形系数 $Y_{Fa}=5.880\ 7$。

11）齿根弯曲应力 $\sigma_F=381.513\ \text{N/mm}^2$，许用齿根弯曲应力 $\sigma_{FP}=554.781\ \text{N/mm}^2$，式(3.1-8)成立。

(3) 抗胶合能力的计算

1）输入模型 2 的有关轮坯设计参数。

2）由式(3.4-10)，计算齿面的滑动摩擦系数 $\mu_{mc}=0.009\ 8$。

3）由式(3.4-11)，计算齿面瞬时闪温 $\theta_{flaP}=1.1391$ ℃。

4）由式(3.4-14)，计算平均闪温 $\theta_{flaint}=4.136$ ℃。

5）本体温度 $\theta_{M-C}=62.895$ ℃，积分温度 $\theta_{int}=69.099$ ℃，胶合积分温度 $\theta_{intS}=153.849$ ℃，最小安全系数 $S_{Bmin}=1.5$，$\frac{\theta_{intS}}{S_{Bmin}}=102.566$ ℃ $<\theta_{int}$。

本章小结

(1) 本章从材料力学、弹性力学、非稳态传热学的基本理论出发推导了准双曲面齿轮承载能力计算中的某些关键参数，它们与目前的文献有所不同。这些计算方法还要在工程应用中进一步予以考核、验证。

(2) 本章3.2节的核心问题是推导准双曲面齿轮的无量纲的区域系数 z_H。在式(3.2-16)之后，推导的结果与文献[4]的推导结果有所不同。

当用直齿锥齿轮的接触应力公式计算准双曲面齿轮时，要引入一个螺旋角系数 Z_β。

实用准双曲面齿轮的诱导主曲率要用式(5.1-1)求出，本章采用了5.1.2.1节中的经验公式计算诱导主曲率。

(3) 本章3.3节的核心问题是导出准双曲面齿轮的无量纲的齿形系数 Y_{Fa}。

在3.3节中，求解准双曲面齿轮的弯曲应力时运用变截面曲悬臂梁作为数学模型，这样可以更加接近于工程实际。由于不至于引入非线性的常微分方程，求解其中的弯曲扭转剪应力时运用了等截面曲悬臂梁作为数学模型。由于弯曲扭转剪应力相对于弯曲应力来说较小，因此数学模型的简化对弯曲疲劳强度的计算结果影响较小。有关弯曲扭转方面的详细理论可阅读参考文献[5](下册)。

当用直齿锥齿轮的弯曲应力公式计算准双曲面齿轮时，要引入一个螺旋角系数 Y_β。

(4) 在3.4节中计算瞬时闪温 θ_{flaP}、平均闪温 θ_{flaint} 时，使用的是理论值。与GB/Z 6413.2—2003/ISO/TR 13989-2:2000《圆柱齿轮、锥齿轮和准双曲面齿轮　胶合承载能力计算方法　第2部分：积分温度法》使用的经验公式有所不同。

第4章 铣齿机与铣刀盘

4.1 螺旋齿圆锥齿轮铣齿机

螺旋齿圆锥齿轮铣齿机包括圆弧螺旋齿圆锥齿轮铣齿机和摆线螺旋齿圆锥齿轮铣齿机，可以加工螺旋锥齿轮和准双曲面齿轮。国内外螺旋齿圆锥齿轮铣齿机的规格型号很多，本节仅选少数几种进行分析。虽然有的机床目前已不再应用，但在传动原理的分析方面却是很好的模型。

4.1.1 圆弧螺旋齿圆锥齿轮铣齿机

圆弧螺旋齿圆锥齿轮铣齿机简称圆弧齿锥齿轮铣齿机，铣齿机的基本结构如图 4.1-1 所示。

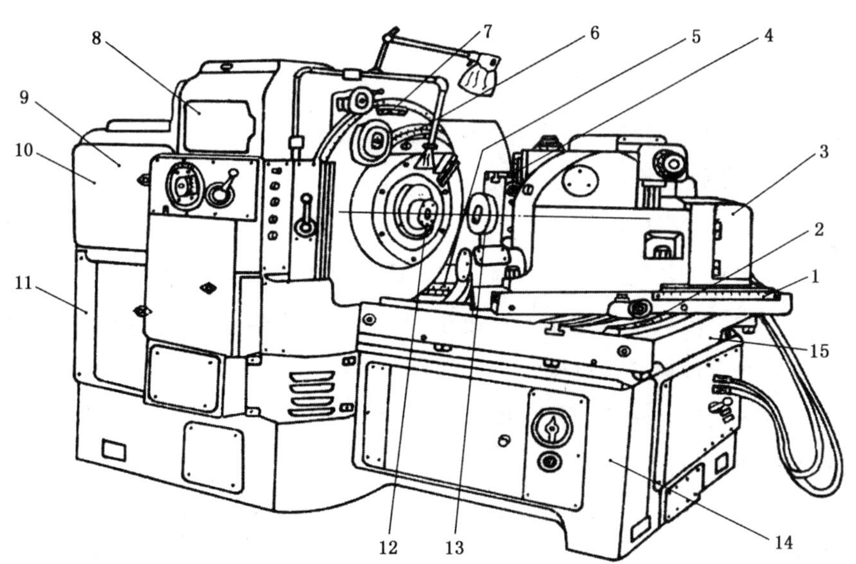

1—水平轮位调整导轨；2—安装角调整导轨；3—分度挂轮箱；4—垂直轮位调整导轨；5—床位调整导轨；6—刀位夹角(偏心鼓轮转角)调整机构；7—摇台角调整机构；8—摇台；9—进给挂轮箱；10—切削速度挂轮箱；11—滚比挂轮箱；12—刀盘主轴传动系统；13—工件箱；14—床身；15—床鞍

图 4.1-1 圆弧螺旋齿圆锥齿轮铣齿机的结构图

右侧放置工件箱模块，左侧放置摇台模块。工件箱模块由水平轮位调整导轨、安装角调整导轨、分度挂轮箱、垂直轮位调整导轨、工件箱、床鞍等组成，主要功能是实现工件的回转、工件的切入切出及工件初始位置的调整。摇台模块包括床位调整导轨、刀位夹角调整机构、摇台角调整机构、摇台、进给挂轮箱、切削速度挂轮箱、滚比挂轮箱、刀盘主轴传动系统等。

摇台座上装有偏心鼓轮用于调整刀位。在有刀倾机构的机床上，摇台座上还装有刀转体和刀倾体用于调整刀倾角。摇台的主要功能是实现刀位的调整、刀盘的回转和产形齿轮的展成运动。

(1) 切齿前铣齿机的基本调整参数有：

1) 轮位。

2) 垂直轮位(齿轮加工的偏置距)。

3) 床位。

4) 轮坯安装角。

5) 刀位。

6) 刀倾总角及刀转角。

调整完毕后，在齿轮加工时，要将这些调整环节锁住。

(2) 切齿时铣齿机的基本运动有：

1) 刀盘的回转运动。

2) 工件的回转运动。

3) 摇台的摆动。

4) 切入、切出运动(通过床鞍的水平往复移动实现)。

4.1.1.1 Y2280 圆弧齿锥齿轮铣齿机

(1) 技术性能及结构特点

Y2280 圆弧齿锥齿轮铣齿机(以下简称“机床”)可用来加工各种圆弧齿圆锥齿轮及圆弧齿准双曲面齿轮。该机床最适用于成批生产，也可以单件生产，可进行粗、精加工。建议用于精加工以便合理地使用机床。

机床无刀倾机构但有滚比变性机构。

机床的主要技术规格：

1) 最大加工直径：700 mm(螺旋角 15°)，800 mm(螺旋角 30°)。

2) 最大模数：15 mm。

3) 加工齿数范围：4～100。

4) 最大节锥母线长度：350 mm(螺旋角 15°)，420 mm(螺旋角 30°)。

5) 最大齿宽：100 mm。

6) 加工精度：6 级。

机床使用端面铣刀盘按展成法加工。在粗切或半精切大轮时，则采用切入法加工。机床的工作循环如下：

① 按下启动按钮，床鞍带动工件箱快速进给，刀盘、工件都开始旋转，摇台摆动，工件

与摇台的运动为形成齿形所需的展成运动。

② 当切完一个齿后，工件箱快速退出，摇台快速反转。此时工件继续按原工作行程的方向快速转动。当摇台反转终了时，工件已越过一定的齿数 z_i（z_i 与加工齿轮的齿数 z 应无公因数）。

③ 工件箱快速进给，又重复下一个切齿循环。

④ 当整个齿轮加工完毕后，机床自动停机。

在进行粗加工时，除了滚动量比精加工减小很多、床鞍的快进被缓慢的工作进给代替外，其余基本上与精加工相同。此时刀具逐渐地切入齿坯，当齿槽达到足够深度时，床鞍（工件箱）也即快速后退，而摇台也反转了一个不大的角度，以便在下一个工作循环中加工相邻的一个齿槽。

（2）机械传动系统

图 4.1-2 为机床的机械传动系统简图。

1）主运动

机床的主运动由 10 kW、2 890 r/min 的主电机驱动，经速比为 1∶4 的圆柱齿轮 1、2 的减速和圆锥齿轮 3、5，传给切削速度交换挂轮 A、B、C、D，使刀盘得到 21 r/min～300 r/min范围内的 9 种转速。交换齿轮的末端轴线是摇台的轴线，运动经圆柱齿轮 7、8、9、10 带动刀盘回转。刀盘的转速

$$n_{10} = 2\ 880 \times \frac{z_1}{z_2} \times \frac{z_3}{z_5} \times \frac{z_A}{z_B} \times \frac{z_C}{z_D} \times \frac{z_7}{z_8} \times \frac{z_9}{z_{10}}$$

$$= 2\ 880 \times \frac{1}{4} \times \frac{27}{27} \times \frac{z_A}{z_B} \times \frac{z_C}{z_D} \times \frac{40}{40} \times \frac{19}{87} (\text{r/min}) \qquad (4.1\text{-}1)$$

交换齿轮的计算公式

$$\frac{z_A}{z_B} \times \frac{z_C}{z_D} = \frac{n_{10}}{157.24} \qquad (4.1\text{-}2)$$

切削速度交换齿轮可从机床说明书中查取。

2）进给运动

由主电机驱动，经进给交换齿轮 H、P、K、E 及圆柱齿轮 14、12 传给液压摩擦离合器。当液压摩擦离合器的 A 端闭合时产生工作进给，当 B 端闭合时，由圆柱齿轮 4、11 可以得到主电机的驱动并产生快速回程。应被加工齿轮的几何参数不同，进给交换齿轮 H、P、K、E 可使加工一个轮齿的时间在 7.5 s～4 min 变化。

液压摩擦离合器的转动经圆锥齿轮副 13、15 传给可移动圆锥齿轮 16 或 17，再传给圆锥齿轮 18。圆锥齿轮 16、17、18 组成一个换向机构。

当由加工右旋齿轮变为加工左旋齿轮时，刀盘的转向要改变，这样才能保证刀齿都是由齿轮的小端切入、大端切出。通过改变电动机的转向实现刀盘转向的改变。

加工左旋齿轮或右旋齿轮时，摇台和工件的相对运动状态没有改变。所以在切换电

动机的转换开关的同时应通过换向机构改变圆锥齿轮 16、17、18 的啮合状态，使圆锥齿轮 18 的转向不变。

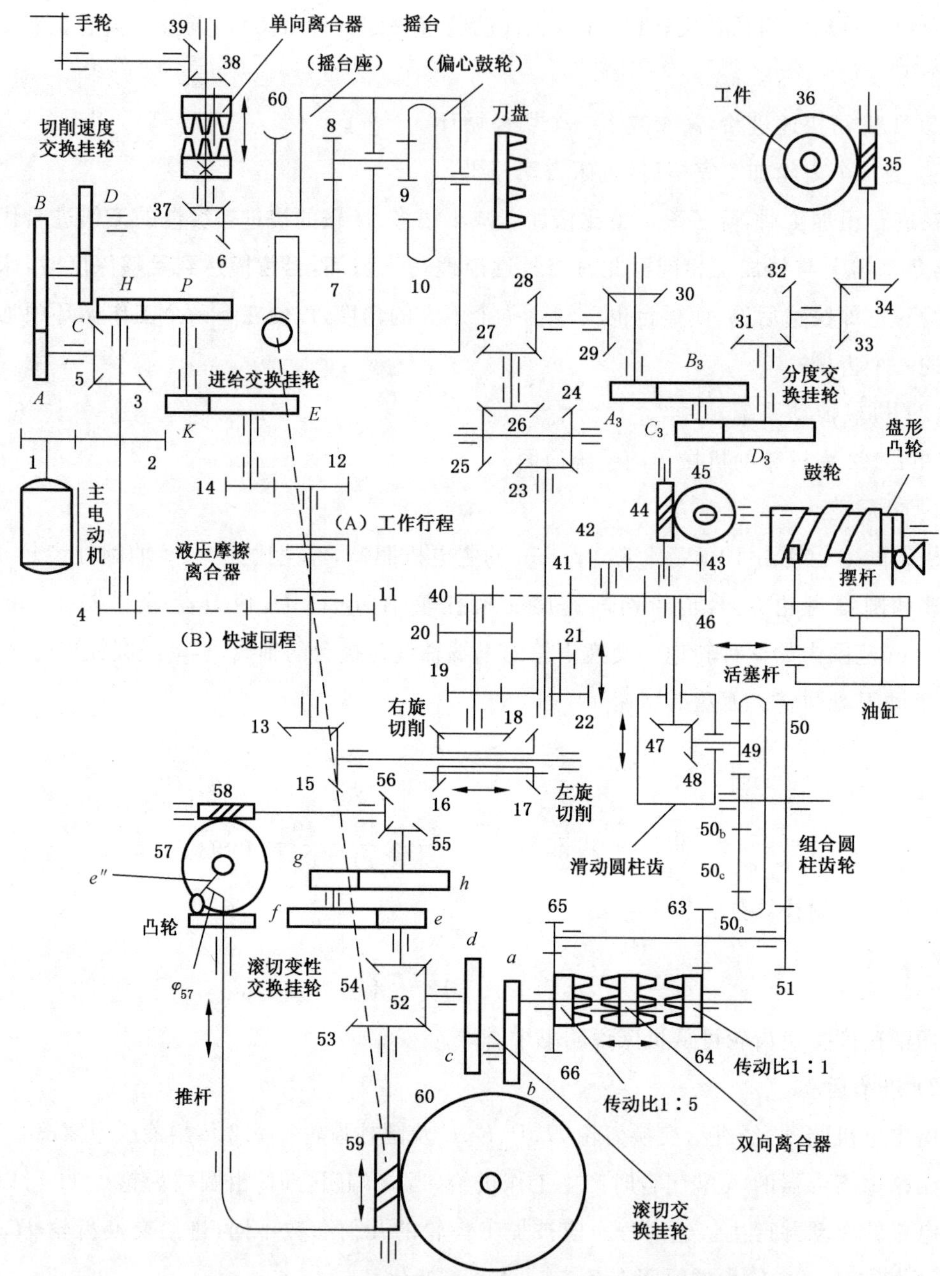

图 4.1-2　Y2280 圆弧齿锥齿轮铣齿机的机械传动简图

以加工右旋齿轮为例。在工作行程内，圆柱齿轮 18 的转速

$$n_{18} = 2\,880 \times \frac{z_1}{z_2} \times \frac{z_H}{z_P} \times \frac{z_K}{z_E} \times \frac{z_{14}}{z_{12}} \times \frac{z_{13}}{z_{15}} \times \frac{z_{16}}{z_{18}} (\mathrm{r/min}) \quad (4.1\text{-}3)$$

回程时的转速

$$n_{18}=2\,880\times\frac{z_1}{z_2}\times\frac{z_4}{z_{11}}\times\frac{z_{13}}{z_{15}}\times\frac{z_{16}}{z_{18}}(\text{r/min})\tag{4.1-4}$$

进给交换齿轮由机床说明书进行选择。

圆锥齿轮18可驱动工件的回转、摇台的回转及床鞍(工件)的切入切出运动。

① 工件的回转运动

圆锥齿轮18的转速，经圆柱齿轮19、22(用于精切)或20、21(用于粗切)，再经圆锥齿轮23、24、25、26、27、28、29、30传至交换齿轮A_3、B_3、C_3、D_3，再由圆锥齿轮31、32、33、34，蜗杆35、蜗轮36带动工件回转。以精切右旋齿轮的工作行程为例，工件的转速

$$n_{36}=n_{18}\times\frac{z_{19}}{z_{22}}\times\frac{z_{23}}{z_{24}}\times\frac{z_{25}}{z_{26}}\times\frac{z_{27}}{z_{28}}\times\frac{z_{29}}{z_{30}}\times\frac{z_{A_3}}{z_{B_3}}\times\frac{z_{C_3}}{z_{D_3}}\times\frac{z_{31}}{z_{32}}\times\frac{z_{33}}{z_{34}}\times\frac{z_{35}}{z_{36}}(\text{r/min})\tag{4.1-5}$$

② 摇台的转动(展成运动)

圆锥齿轮18的转速，由圆柱齿轮40、41、46、47、48、49带动组合齿轮回转。组合齿轮上固连有四个圆柱齿轮：内齿轮50_a、外齿轮50_b、齿轮50_c(是齿轮50_a、50_b的连接齿轮)以及外齿轮50。齿轮49单方向回转。当齿轮49驱动内齿轮50_a时，组合齿轮为正向转动(工作行程)。当经过连接齿轮50_c的过渡再驱动外齿轮50_b时，组合齿轮变为反向转动(回程)。当再经过另一端的连接齿轮50_c的过渡后，又驱动组合齿轮作正向转动。每加工一个轮齿，组合齿轮正、反向转动各一次。

当齿轮49与齿轮50_a或50_b啮合时，与非啮合齿轮50_b或50_a之间要留有一个齿顶间隙。因此要将齿轮49、48、47、46置于一个滑台上，当组合齿轮换向时，滑台可作直线位移。圆柱齿轮41为宽齿。

组合齿轮的转动由圆柱齿轮50、51、63、64(或65、66)传至滚切交换齿轮a、b、c、d，再由圆锥齿轮52、53，蜗杆59(左旋)、蜗轮60驱动摇台回转。齿轮63、64的传动比为1∶1，齿轮65、66的传动比为1∶5。

以工作行程为例，摇台的转速

$$n_{60}=n_{18}\times\frac{z_{40}}{z_{41}}\times\frac{z_{41}}{z_{46}}\times\frac{z_{47}}{z_{48}}\times\frac{z_{49}}{z_{50_a}}\times\frac{z_{50}}{z_{51}}\times\frac{z_{65}}{z_{66}}\times\frac{z_a}{z_b}\times\frac{z_c}{z_d}\times\frac{z_{52}}{z_{53}}\times\frac{z_{59}}{z_{60}}(\text{r/min})\tag{4.1-6}$$

圆锥齿轮52的转动又可由圆锥齿轮54传至滚切变性交换挂轮e、f、g、h，再经圆锥齿轮55、56，蜗杆58(左旋)、蜗轮57带动滚切变性机构的曲柄回转。曲柄推杆机构的推杆使蜗杆59产生轴向的附加位移以实现摇台的加速回转或减速回转(即实现产形齿轮的加速回转或减速回转)。加速度的大小用滚切变性交换挂轮e、f、g、h进行调节。

在曲柄推杆机构中，设曲柄的半径为e''，曲柄的转角为蜗轮57的转角φ_{57}，在工件的节点位置，曲柄的转角为零。蜗轮57的转角$\varphi_{57}=\varphi_{52}\times\frac{z_{52}}{z_{54}}\times\frac{z_e}{z_f}\times\frac{z_g}{z_h}\times\frac{z_{55}}{z_{56}}\times\frac{z_{58}}{z_{57}}$。由$\varphi_{52}=\varphi_{60}\times\frac{z_{60}}{z_{59}}\times\frac{z_{53}}{z_{52}}$，得$\varphi_{57}=k\varphi_{60}$，其中$k=\frac{z_{60}}{z_{59}}\times\frac{z_{53}}{z_{52}}\times\frac{z_{52}}{z_{54}}\times\frac{z_e}{z_f}\times\frac{z_g}{z_h}\times\frac{z_{55}}{z_{56}}\times\frac{z_{58}}{z_{57}}$。

当蜗轮 57 转动角度 φ_{57} 时，曲柄推动推杆位移 $e''(1-\cos\varphi_{57})$。设蜗杆 59 的导程为 S_{59}，因推杆的位移引起蜗轮 60 的附加转角为 $\Delta\varphi_{60}=\frac{2\pi e''(1-\cos\varphi_{57})}{S_{59}}\times\frac{z_{59}}{z_{60}}$。令 $k_1=\frac{2\pi e''}{S_{59}}\times\frac{z_{59}}{z_{60}}$，摇台的转角变为 $\varphi'_{60}=\varphi_{60}+k_1[1-\cos(k\varphi_{60})]$。

由式(4.1-5)、式(4.1-6)，可将 φ_{60} 表示为 $\varphi_{60}=k_2\varphi_{36}$，$\varphi_{36}$ 为工件的转角；$k_2=\frac{z_{22}}{z_{19}}\times\frac{z_{24}}{z_{23}}\times\frac{z_{26}}{z_{25}}\times\frac{z_{28}}{z_{27}}\times\frac{z_{30}}{z_{29}}\times\frac{z_{B_3}}{z_{A_3}}\times\frac{z_{D_3}}{z_{C_3}}\times\frac{z_{32}}{z_{31}}\times\frac{z_{34}}{z_{33}}\times\frac{z_{36}}{z_{35}}\times\frac{z_{40}}{z_{46}}\times\frac{z_{47}}{z_{48}}\times\frac{z_{49}}{z_{50_a}}\times\frac{z_{50}}{z_{51}}\times\frac{z_{65}}{z_{66}}\times\frac{z_a}{z_b}\times\frac{z_c}{z_d}\times\frac{z_{52}}{z_{53}}\times\frac{z_{59}}{z_{60}}$。$\varphi'_{60}=k_2\varphi_{36}+k_1[1-\cos(kk_2\varphi_{36})]$。求 φ'_{60} 对时间 t 的一阶导数得摇台的角速度 $\omega'_{60}=k_2\omega_{36}[1+kk_1\sin(kk_2\varphi_{36})]$，其中 ω_{36} 为工件的角速度。求 φ'_{60} 对时间 t 的二阶导数得摇台的角加速度 $\varepsilon'_{60}=k_1(\omega_{36}kk_2)^2\cos(kk_2\varphi_{36})$。

当时间 $t=0$ 时，得节点处的角速度为 $k_2\omega_{36}$，节点处的角加速度为 $k_1(\omega_{36}kk_2)^2$。$t=0$ 时，角加速度与角速度的比值 $2c=k_1k^2k_2\omega_{36}$ 称为滚比变性系数。

曲柄推杆机构推程时角加速度为正值，则返程时角加速度为负值。

③ 切入、切出运动

切入、切出运动是靠床鞍的进退来实现的。

圆锥齿轮 18 的转速，可由圆柱齿轮 40、41、42、43、蜗杆 44(右旋)、蜗轮 45 带动鼓轮转动。鼓轮上有两条刻槽，一条用于精加工、另一条用于粗加工。

当鼓轮回转时，刻槽的推杆控制油缸的油路。在工作行程内，活塞杆推动床鞍快速切入。在回程时，活塞杆推动床鞍快速退出。

在鼓轮轴上另有一个盘形凸轮，通过摆杆控制液压摩擦离合器的油路。在工作行程时使摩擦离合器的 A 端连通，工件、摇台慢速正转，在非工作行程时使 B 端接通，工件快速正转、摇台快速反转。

鼓轮旋转一周，工件转 z_i 个齿，一个齿处于工作行程内，(z_i-1) 个齿处于回程内。工件的转数为 $\frac{z_i}{z}$ 转。若鼓轮的转速为 1 r/min，则工件的转速为 $\frac{z_i}{z}$ r/min。由 $n_{18}\times\frac{z_{40}}{z_{41}}\times\frac{z_{42}}{z_{43}}\times\frac{z_{44}}{z_{45}}=n_{18}\times\frac{46}{69}\times\frac{63}{70}\times\frac{2}{72}=1(\text{r/min})$，$n_{18}\times\frac{z_{19}}{z_{22}}\times\frac{z_{23}}{z_{24}}\times\frac{z_{25}}{z_{26}}\times\frac{z_{27}}{z_{28}}\times\frac{z_{29}}{z_{30}}\times\frac{z_{A_3}}{z_{B_3}}\times\frac{z_{C_3}}{z_{D_3}}\times\frac{z_{31}}{z_{32}}\times\frac{z_{33}}{z_{34}}\times\frac{z_{35}}{z_{36}}=n_{18}\times\frac{50}{40}\times\frac{24}{30}\times\frac{26}{26}\times\frac{26}{26}\times\frac{30}{30}\times\frac{z_{A_1}}{z_{B_1}}\times\frac{z_{C_1}}{z_{D_1}}\times\frac{28}{30}\times\frac{29}{29}\times\frac{1}{112}=\frac{z_i}{z}(\text{r/min})$，得分度交换挂轮的速比

$$\frac{z_{A_3}}{z_{B_3}}\times\frac{z_{C_3}}{z_{D_3}}=\frac{2z_i}{z} \tag{4.1-7}$$

4.1.1.2 Y2250 圆弧齿锥齿轮铣齿机

(1) 技术性能及结构特点

Y2250 圆弧齿锥齿轮铣齿机（以下简称“机床”）可以加工各种圆弧齿圆锥齿轮和圆弧齿准双曲面齿轮。该机床适用于成批生产或小批量生产。机床有刀倾机构但无滚切变性机构，刀倾角最大可达 30°。

机床的主要技术规格：

1）最大加工直径：500 mm。

2）最大模数：12 mm。

3）加工齿数范围：5～100。

4）最大节锥母线长度：250 mm。

5）最大齿宽：70 mm。

6）加工精度：6 级。

(2) 机械传动系统

图 4.1-3 为机床的机械传动系统简图。

1）主运动

运动由 5.5 kW、1 440 r/min 的交流电动机驱动。经圆柱齿轮 1、2，切削速度交换齿轮 A、B、C、D，圆柱齿轮 3、4、5、6、7、8、9、10、11、12、13、14 带动刀盘回转。刀盘的转速

$$n_d = n_{14} = 1\,440 \times \frac{z_1}{z_2} \times \frac{z_A}{z_B} \times \frac{z_C}{z_D} \times \frac{z_3}{z_4} \times \frac{z_5}{z_6} \times \frac{z_7}{z_8} \times \frac{z_9}{z_{10}} \times \frac{z_{11}}{z_{12}} \times \frac{z_{13}}{z_{14}} = 1\,440 \times \frac{14}{56} \times \frac{z_A}{z_B} \times \frac{z_C}{z_D} \times \frac{41}{29} \times \frac{35}{35} \times \frac{35}{35} \times \frac{33}{33} \times \frac{16}{31} \times \frac{17}{98} = 45.57 \times \frac{z_A}{z_B} \times \frac{z_C}{z_D} (\mathrm{r/min}) \quad (4.1\text{-}8)$$

切削速度交换齿轮速比的计算公式为

$$\frac{z_A}{z_B} \times \frac{z_C}{z_D} = \frac{n_{14}}{45.57} \quad (4.1\text{-}9)$$

n_d＝(17～138)r/min。

2）进给运动

进给量是以每齿的加工时间表示的。在该时间内，进给鼓轮旋转一转。摇台及工件各往复运动一次。运动由圆柱齿轮 15、16，进给交换齿轮，圆柱齿轮 17、18、23、24、25、26、27、28 带动鼓轮回转。

当将右旋刀盘改用左旋刀盘时，主电机要改变旋转方向，但进给鼓轮的旋转方向不改变。用右旋刀盘时，进给交换齿轮为 E、F、G、H、K、L，用左旋刀盘时，进给交换齿轮为 E、F、G，圆柱齿轮 29、30 及 K、L。

用右旋刀盘加工左旋齿轮时。鼓轮的转速

$$n_{28}^{(y)} = 1\,440 \times \frac{z_1}{z_2} \times \frac{z_A}{z_B} \times \frac{z_C}{z_D} \times \frac{z_{15}}{z_{16}} \times \frac{z_E}{z_F} \times \frac{z_G}{z_H} \times \frac{z_K}{z_L} \times \frac{z_{17}}{z_{18}} \times \frac{z_{23}}{z_{24}} \times \frac{z_{25}}{z_{26}} \times \frac{z_{27}}{z_{28}}$$

$$= 1\,440 \times \frac{14}{56} \times \frac{n_d}{45.57} \times \frac{50}{50} \times \frac{z_E}{z_F} \times \frac{z_G}{z_H} \times \frac{z_K}{z_L} \times \frac{45}{45} \times \frac{15}{30} \times \frac{19}{48} \times \frac{16}{152}$$

$$=1\,440\times\frac{n_{\mathrm{d}}}{45.57\times192}\times\frac{z_{\mathrm{E}}}{z_{\mathrm{F}}}\times\frac{z_{\mathrm{G}}}{z_{\mathrm{H}}}\times\frac{z_{\mathrm{K}}}{z_{\mathrm{L}}}(\mathrm{r/min})\tag{4.1-10}$$

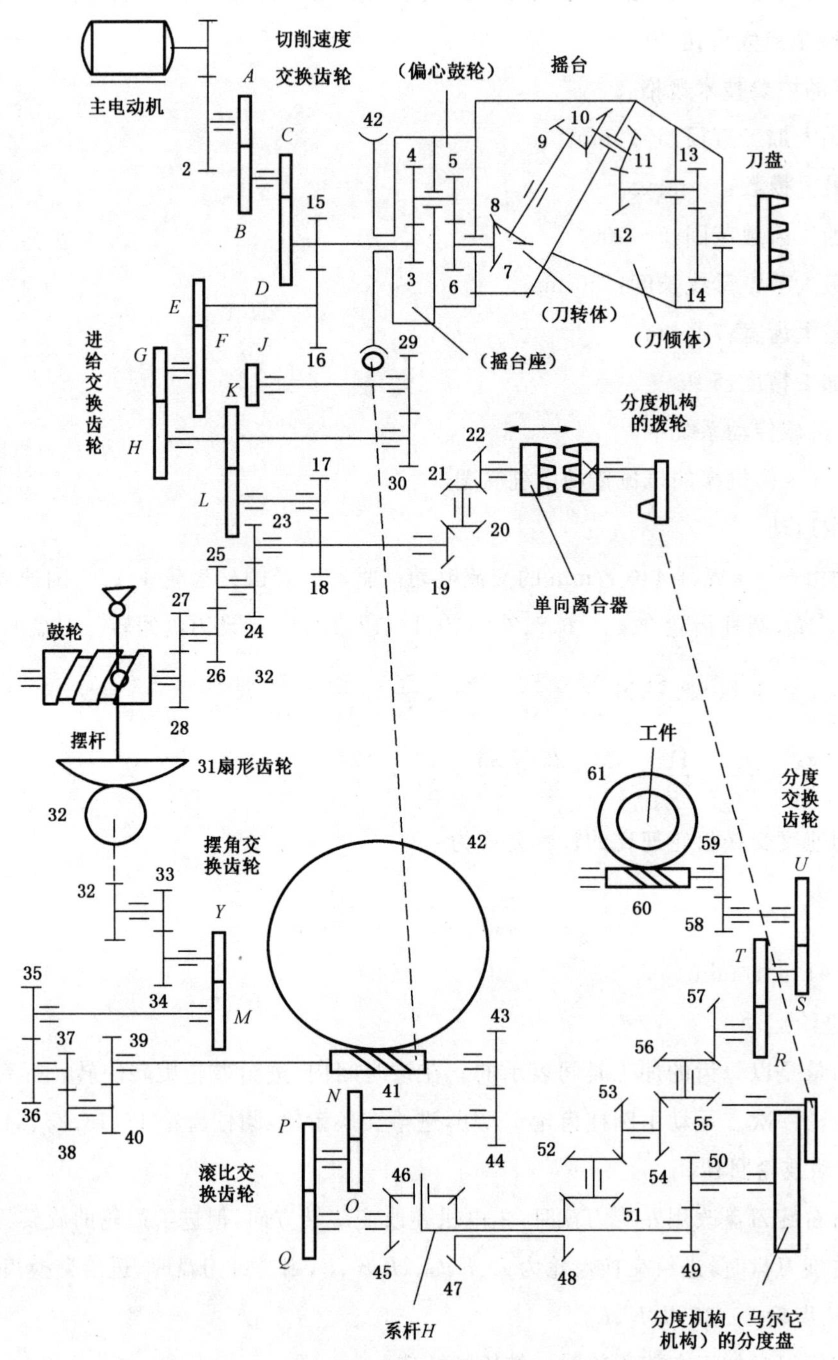

图 4.1-3　Y2250 圆弧齿锥齿轮铣齿机的机械传动简图

用左旋刀盘加工右旋齿轮时，鼓轮的转速

$$n_{28}^{(z)}=-1\ 440\times\frac{z_1}{z_2}\times\frac{z_A}{z_B}\times\frac{z_C}{z_D}\times\frac{z_{15}}{z_{16}}\times\frac{z_E}{z_F}\times\frac{z_G}{z_J}\times\frac{z_{29}}{z_{30}}\times\frac{z_K}{z_L}\times\frac{z_{17}}{z_{18}}\times\frac{z_{23}}{z_{24}}\times\frac{z_{25}}{z_{26}}\times\frac{z_{27}}{z_{28}}$$

$$=-1\ 440\times\frac{14}{56}\times\frac{n_d}{45.57}\times\frac{50}{50}\times\frac{z_E}{z_F}\times\frac{z_G}{z_J}\times\frac{50}{50}\times\frac{z_K}{z_L}\times\frac{45}{45}\times\frac{15}{30}\times\frac{19}{48}\times\frac{16}{152}$$

$$=-1\ 440\times\frac{n_d}{45.57\times192}\times\frac{z_E}{z_F}\times\frac{z_G}{z_J}\times\frac{z_K}{z_L}(\mathrm{r/min})\tag{4.1-11}$$

当 $z_J=z_H$ 时，$n_{28}^{(y)}$ 与 $n_{28}^{(z)}$ 大小相等但方向相反。

鼓轮上的刻槽(端面凸轮)使得摆杆往复摆动，与摆杆固连的扇形齿轮 31 做正反向转动。这样，通过圆柱齿轮 32、33、34，摆角交换齿轮 Y、M，圆柱齿轮 35、36、37、38、39、40，蜗杆 41、蜗轮 42 使摇台也做正、反向转动。通过选配摆角交换齿轮 Y、M 来改变摇台转角的大小。

圆柱齿轮 40 的转动通过圆柱齿轮 43、44，滚比交换齿轮 N、O、P、Q，圆锥齿轮 45、46、47、48、51、52、53、54、55、56、57，分度交换齿轮 R、T、S、U，圆柱齿轮 58、59，蜗杆 60、蜗轮 61 带动工件也做相应的正、反向转动。

当鼓轮转动时，扇形齿轮 31 的摆角相同，但往复运动的平均速度不同，即工作行程的时间大于回程的时间。圆柱齿轮 40 的转数

$$n_{40}=n_{28}\times\frac{z_{31}}{z_{32}}\times\frac{z_{33}}{z_{34}}\times\frac{z_Y}{z_M}\times\frac{z_{35}}{z_{36}}\times\frac{z_{37}}{z_{38}}\times\frac{z_{39}}{z_{40}}$$

$$=n_{28}\times\frac{584}{30}\times\frac{58}{40}\times\frac{z_Y}{z_M}\times\frac{59}{44}\times\frac{60}{40}\times\frac{63}{63}$$

$$=n_{28}\times\frac{z_Y}{z_M}\times\frac{59\times29\times73}{44\times55}(\mathrm{r/min})\tag{4.1-12}$$

式中，n_{28} 为鼓轮的转速。

① 摇台的转动

蜗杆 41 的旋向为右旋，摇台的转速

$$n_{42}=n_{40}\times\frac{z_{41}}{z_{42}}=n_{40}\times\frac{2}{100}=\frac{n_{40}}{50}(\mathrm{r/min})\tag{4.1-13}$$

当系杆 H 不动时，在圆锥齿轮 45、46、47 组成的差动机构中，齿轮 45 和齿轮 47 的转向相反。

② 工件的转动

工件的转速

$$n_{61}=n_{40}\times\frac{z_{43}}{z_{44}}\times\frac{z_N}{z_O}\times\frac{z_P}{z_Q}\times\frac{z_{45}}{z_{46}}\times\frac{z_{46}}{z_{47}}\times\frac{z_{48}}{z_{51}}\times\frac{z_{52}}{z_{53}}\times\frac{z_{54}}{z_{55}}\times\frac{z_{56}}{z_{57}}\times\frac{z_R}{z_T}\times\frac{z_S}{z_U}\times\frac{z_{58}}{z_{59}}\times\frac{z_{60}}{z_{61}}$$

$$=n_{40}\times\frac{48}{24}\times\frac{z_N}{z_O}\times\frac{z_P}{z_Q}\times\frac{28}{28}\times\frac{28}{28}\times\frac{28}{28}\times\frac{32}{32}\times\frac{32}{32}\times\frac{28}{28}\times\frac{z_R}{z_T}\times\frac{z_S}{z_U}\times\frac{33}{33}\times\frac{1}{45}$$

$$=n_{40}\times\frac{z_N}{z_O}\times\frac{z_P}{z_Q}\times\frac{z_R}{z_T}\times\frac{z_S}{z_U}\times\frac{2}{45}(\mathrm{r/min})\tag{4.1-14}$$

蜗杆 60 为左旋，可使产形齿轮与工件呈共轭运动的关系。

摇台的转速与工件的转速之比为机床的滚比，等于工件的齿数与产形齿轮的齿数之比。

$$\frac{n_{42}}{n_{61}} = \frac{9 \times z_O \times z_Q \times z_T \times z_U}{20 \times z_N \times z_P \times z_R \times z_S} \tag{4.1-15}$$

③ 分度运动

在鼓轮旋转一周的期间内，完成一个轮齿的切削过程和回程过程。

鼓轮旋转一周，圆柱齿轮 22 可以旋转 $1 \times \frac{z_{28}}{z_{27}} \times \frac{z_{26}}{z_{25}} \times \frac{z_{24}}{z_{23}} \times \frac{z_{19}}{z_{20}} \times \frac{z_{21}}{z_{22}} = 1 \times \frac{152}{16} \times \frac{48}{19} \times \frac{30}{15} \times \frac{18}{27} \times \frac{27}{56} = \frac{108}{7}$ 周。在工件退出切削的适当时刻，接通分度机构（马尔它机构）的拨轮，由圆柱齿轮 22 带动拨轮旋转 2 周。拨轮再拨动马尔它机构的分度盘旋转半周。分度盘的转动通过圆柱齿轮 50、49 使系杆 H 转动，系杆 H 转动了 $\frac{1}{2} \times \frac{z_{50}}{z_{49}} = \frac{1}{2} \times \frac{50}{25} = 1$ 周。

圆锥齿轮 45、46、47 组成一个差动机构，可以将系杆 H 的转动附加到工件的转动中，这样在加工完一个轮齿后，工件多转一个或几个轮齿，以便加工新的轮齿。

由差动机构的转化机构得 $\frac{n_{45} - n_H}{n_{47} - n_H} = -1$，$n_{47} = -n_{45} + 2n_H$。当 $n_{45} = 0$ 时，$n_{47} = 2n_H$。说明系杆 H 转动一周，圆锥齿轮 47 附加转动了 2 周。

设圆锥齿轮 47 的附加转动使工件多转 z_i 个轮齿，由圆锥齿轮 47 到工件的传动链得

$$\begin{aligned} & 2 \times \frac{z_{48}}{z_{51}} \times \frac{z_{52}}{z_{53}} \times \frac{z_{54}}{z_{55}} \times \frac{z_{56}}{z_{57}} \times \frac{z_R}{z_T} \times \frac{z_S}{z_U} \times \frac{z_{58}}{z_{59}} \times \frac{z_{60}}{z_{61}} \\ = & 2 \times \frac{28}{28} \times \frac{32}{32} \times \frac{32}{32} \times \frac{28}{28} \times \frac{z_R}{z_T} \times \frac{z_S}{z_U} \times \frac{33}{33} \times \frac{1}{45} \\ = & \frac{z_i}{z} \end{aligned} \tag{4.1-16}$$

分度交换齿轮的传动比

$$\frac{z_R}{z_T} \times \frac{z_S}{z_U} = \frac{22.5 z_i}{z} \tag{4.1-17}$$

确定了分度交换齿轮的传动比之后，由式(4.1-15)可计算 $\frac{z_O \times z_Q}{z_N \times z_P}$。

工作行程的床鞍快进（非切削）、慢进（切削）以及回程的床鞍快退由液压系统实现。

4.1.1.3 数控圆弧齿锥齿轮铣齿机

中国天津第一机床总厂生产的数控圆弧齿锥齿轮铣齿机有 YKT2250、YKD2250A、YKD2280、YKW2280 等多种型号。机床的摇台运动（X 轴）、工件主轴运动（Y 轴）和床鞍进给运动（Z 轴）可实现数控并可三轴联动。

YKT2250 的最大加工尺寸是：模数 10 mm、节锥母线长度 260 mm、节圆直径

500 mm,无刀倾机构。YKD2250A 的最大加工尺寸是:模数 12 mm、节锥母线长度 250 mm、节圆直径 500 mm,有刀倾机构,最大刀倾角 30°。

YKD2280 的最大加工尺寸是:模数 15 mm、节锥母线长度 420 mm、节圆直径 800 mm,无刀倾机构。YKW2280 的最大加工尺寸与 YKD2280 相同,有刀倾机构,最大刀倾角 30°。

图 4.1-4 是格里森公司生产的凤凰 II 型数控铣齿机的结构示意图。该机床没有刀倾机构和摇台机构。工件的转动、工件回转台的摆动、切深方向的移动、轮位方向的移动、偏置距方向的移动这 5 个自由度可以实现联动。

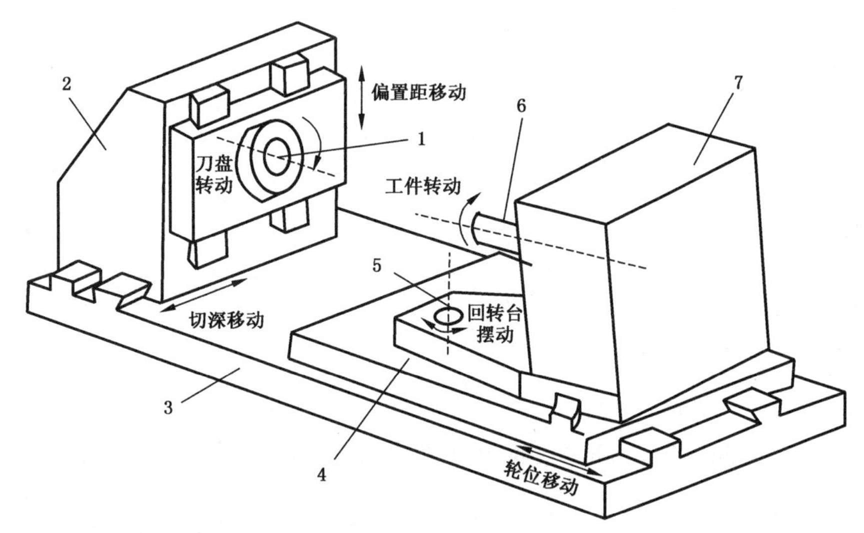

1—刀盘主轴;2—主轴箱;3—床身;4—轮位滑板;5—回转台摆动中心;6—工件主轴;7—工件箱

图 4.1-4　凤凰Ⅱ型数控铣齿机

4.1.2　摆线螺旋齿圆锥齿轮铣齿机

这类铣齿机只有德国克林根贝尔格公司和瑞士奥利康公司生产。使用平顶齿轮原理展成法连续分度切削,没有反向空行程。机床的调整较圆弧螺旋齿圆锥齿轮铣齿机简单,生产效率高。目前这种机床主要用于加工摆线等高齿齿轮。加工小齿轮时,小端齿顶容易变尖。加工大齿轮时有可能产生二次切削。摆线齿圆锥齿轮和准双曲面齿轮目前还不能磨削。

瑞士奥利康公司生产的铣齿机有刀倾机构,德国克林根贝尔格公司生产的铣齿机没有刀倾机构,在其他结构上基本是一致的。

铣齿机的基本调整和圆弧齿锥齿轮铣齿机一样,与圆弧齿锥齿轮铣齿机的主要差别是刀盘的运动轨迹不同。

摆线螺旋齿圆锥齿轮铣齿机简称摆线齿锥齿轮铣齿机。

4.1.2.1 奥利康2号机

图4.1-5是奥利康2号机的机械传动结构简图。它是早期产品，无刀倾机构，从中可以看出与圆弧齿锥齿轮铣齿机的差异。

机床的机械传动系统如下：

(1) 刀盘的转速

运动由双速电动机驱动，经过皮带轮d_1、d_2，变速齿轮组3(由齿轮3_a、3_b、3_c、3_d、3_e、3_f组成)，变速交换齿轮(由齿轮A、B、C、D组成)及圆柱齿轮4、5、6、7、8、9、10、11、12带动刀盘回转。刀盘可获得20种转速。

设双速电动机的转速为n_1，则齿轮6的某一挡转速为

$$n_6 = n_1 \times \frac{d_1}{d_2} \times \frac{z_1}{z_2} \times \frac{z_{3_a}}{z_{3_d}} \times \frac{z_A}{z_B} \times \frac{z_C}{z_D} \times \frac{z_4}{z_5} \times \frac{z_5}{z_6} (\text{r/min}) \tag{4.1-18}$$

摇台为一差动机构，在其转化机构中，由$\frac{n_{12}-n_{39}}{n_6-n_{39}}=-\frac{z_7}{z_8}\times\frac{z_9}{z_{10}}\times\frac{z_{11}}{z_{12}}$，得齿轮12的转速即刀盘的转速

$$n_{12} = -\frac{z_7}{z_8} \times \frac{z_9}{z_{10}} \times \frac{z_{11}}{z_{12}} \times n_6 + \left(1 + \frac{z_7}{z_8} \times \frac{z_9}{z_{10}} \times \frac{z_{11}}{z_{12}}\right) \times n_{39} (\text{r/min}) \tag{4.1-19}$$

式中，n_{39}的计算见式(4.1-24)。

(2) 产形齿轮的转速

假定有一对虚拟齿轮M、N。齿轮M安装在摇台上，与摇台的轴线同轴。齿轮N安装在刀盘的轴线上。$\frac{z_N}{z_M}=\frac{z_0}{z_c}$。$z_0$为刀盘的刀齿组数，$z_c$为产形齿轮的齿数。由机床的滚比及工件的齿数$z$可以求得$z_c$。设产形齿轮的模数为$m_{nc}$，机床常数$r_a=\frac{m_{nc}z_c}{2}$，$r_b=\frac{m_{nc}z_0}{2}$。在摇台的转化机构中，由$\frac{n_M-n_{39}}{n_6-n_{39}}=\frac{z_7}{z_8}\times\frac{z_9}{z_{10}}\times\frac{z_{11}}{z_{12}}\times\frac{z_N}{z_M}=\frac{z_7}{z_8}\times\frac{z_9}{z_{10}}\times\frac{z_{11}}{z_{12}}\times\frac{z_0}{z_c}$，得齿轮$M$的转速即产形齿轮的转速

$$n_M = \frac{z_7}{z_8} \times \frac{z_9}{z_{10}} \times \frac{z_{11}}{z_{12}} \times \frac{z_0}{z_c} \times n_6 + n_{39} \times \left(1 - \frac{z_7}{z_8} \times \frac{z_9}{z_{10}} \times \frac{z_{11}}{z_{12}} \times \frac{z_0}{z_c}\right) \tag{4.1-20}$$

(3) 工件的转速

由齿轮6开始，经过圆柱齿轮5、4，差速器13，圆柱齿轮14、15，圆锥齿轮16、17、18、19，分度交换齿轮G、H、I、J，圆柱齿轮20、21、22、23、24驱动工件回转。

在差速器13的转化机构中，$\frac{n_{13_d}-n_{41}}{n_{13_a}-n_{41}}=\frac{n_{14}-n_{41}}{n_4-n_{41}}=\frac{z_{13_c}}{z_{13_d}}\times\frac{z_{13_a}}{z_{13_b}}$，得

$$n_{14} = \frac{z_{13_a}}{z_{13_b}} \times \frac{z_{13_c}}{z_{13_d}} \times n_4 + \left(1 - \frac{z_{13_a}}{z_{13_b}} \times \frac{z_{13_c}}{z_{13_d}}\right) \times n_{41}$$

$$= \frac{z_{13_a}}{z_{13_b}} \times \frac{z_{13_c}}{z_{13_d}} \times \frac{z_6}{z_5} \times \frac{z_5}{z_4} \times n_6 + \left(1 - \frac{z_{13_a}}{z_{13_b}} \times \frac{z_{13_c}}{z_{13_d}}\right) \times n_{41} \tag{4.1-21}$$

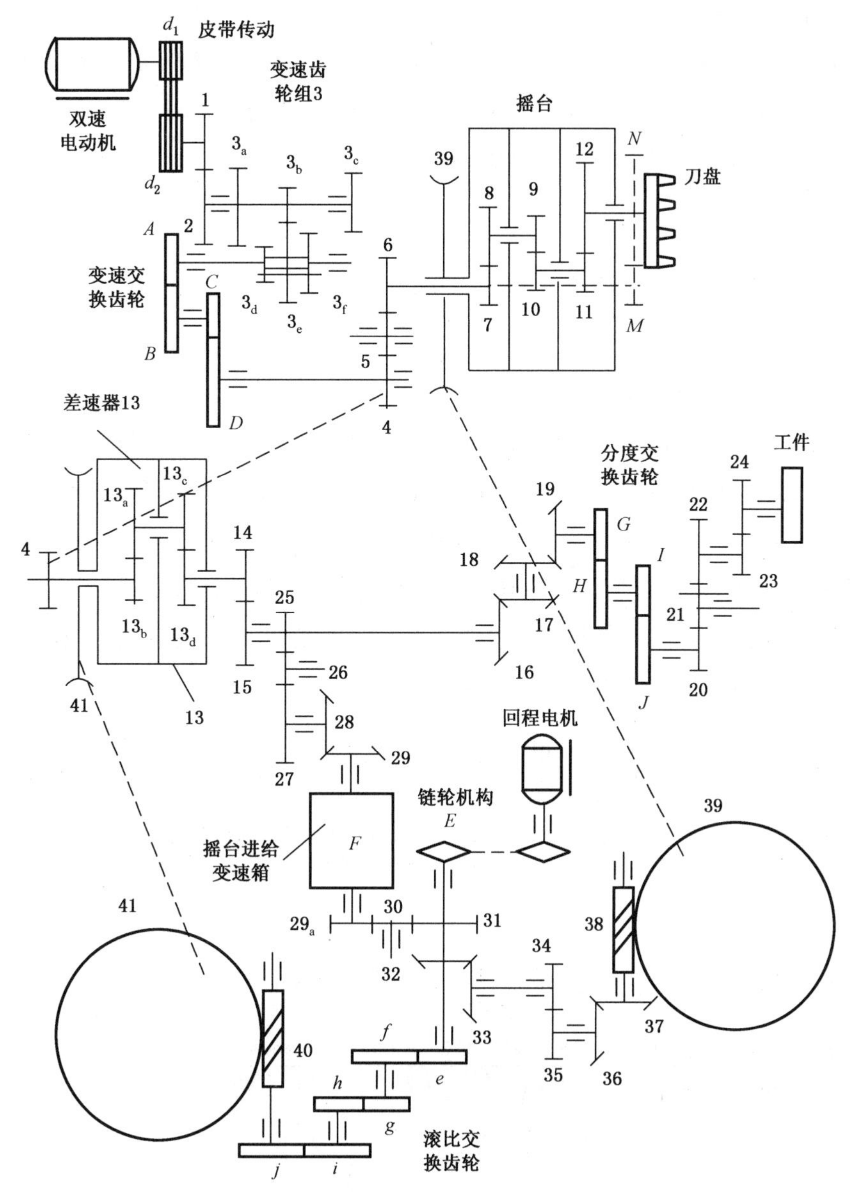

图 4.1-5　奥利康 2 号机的机械传动简图

由蜗轮 39 到蜗轮 41 的传动链，得

$$n_{41}=\frac{z_e}{z_f}\times\frac{z_g}{z_h}\times\frac{z_i}{z_j}\times\frac{z_{40}}{z_{41}}\times\frac{z_{33}}{z_{32}}\times\frac{z_{35}}{z_{34}}\times\frac{z_{37}}{z_{36}}\times\frac{z_{39}}{z_{38}}n_{39}\,(\mathrm{r/min})\qquad(4.1\text{-}22)$$

工件的转速

$$n_{24}=\frac{z_{14}}{z_{15}}\times\frac{z_{16}}{z_{17}}\times\frac{z_{18}}{z_{19}}\times\frac{z_G}{z_H}\times\frac{z_I}{z_J}\times\frac{z_{20}}{z_{21}}\times\frac{z_{21}}{z_{22}}\times\frac{z_{23}}{z_{24}}\times\left[\frac{z_{13_a}}{z_{13_b}}\times\frac{z_{13_c}}{z_{13_d}}\times\frac{z_6}{z_5}\times\frac{z_5}{z_4}\times n_6+\left(1-\frac{z_{13_a}}{z_{13_b}}\times\frac{z_{13_c}}{z_{13_d}}\right)\times\frac{z_e}{z_f}\times\frac{z_g}{z_h}\times\frac{z_i}{z_j}\times\frac{z_{40}}{z_{41}}\times\frac{z_{33}}{z_{32}}\times\frac{z_{35}}{z_{34}}\times\frac{z_{37}}{z_{36}}\times\frac{z_{39}}{z_{38}}n_{39}\right]\qquad(4.1\text{-}23)$$

（4）摇台的转速

由圆柱齿轮14、15、25、26、27，圆锥齿轮28、29，摇台进给变速箱 F，圆柱齿轮 29_a、30、31，圆锥齿轮32、33，圆柱齿轮34、35，圆锥齿轮36、37，蜗杆38、蜗轮39带动摇台回转。运用摇台进给变速箱 F 可获得30种摇台的转速。

摇台的转速

$$n_{39}=n_{14}\times\frac{z_{14}}{z_{15}}\times\frac{z_{25}}{z_{26}}\times\frac{z_{26}}{z_{27}}\times\frac{z_{28}}{z_{29}}\times i_F\times\frac{z_{29_a}}{z_{30}}\times\frac{z_{30}}{z_{31}}\times\frac{z_{32}}{z_{33}}\times\frac{z_{34}}{z_{35}}\times\frac{z_{36}}{z_{37}}\times\frac{z_{38}}{z_{39}}(\mathrm{r/min}) \tag{4.1-24}$$

（5）展成运动（滚切运动）

展成运动是指工件和产形齿轮之间的啮合运动。由式（4.1-20）和式（4.1-23）可以看出，产形齿轮和工件的转速同时与 n_6 和 n_{39} 有关，是两个自由度的问题。只有当 $n_6=0$、$n_{39}\neq0$ 以及 $n_6\neq0$、$n_{39}\neq0$ 时，产形齿轮的转速与工件的转速之比都等于机床的滚比，才能当 $n_6\neq0$、$n_{39}\neq0$ 时，产形齿轮的转速与工件的转速之比恒等于机床的滚比。也就是说，用展成法或非展成法都可以加工同一个齿轮。在齿轮加工时，为了提高效率，有可能先用非展成法切至一定的齿深之后再进行展成加工。

当 $n_6\neq0$、$n_{39}=0$ 时，$\frac{n_{24}}{n_M}=\frac{z_c}{z}$，得分度交换齿轮的传动比

$$\frac{z_G}{z_H}\times\frac{z_I}{z_J}=\frac{z_0}{z}\times\frac{z_7}{z_8}\times\frac{z_9}{z_{10}}\times\frac{z_{11}}{z_{12}}\times\frac{z_{15}}{z_{14}}\times\frac{z_{17}}{z_{16}}\times\frac{z_{19}}{z_{18}}\times\frac{z_{22}}{z_{20}}\times\frac{z_{24}}{z_{23}}\times\frac{z_{13_b}}{z_{13_a}}\times\frac{z_{13_d}}{z_{13_c}}\times\frac{z_4}{z_6} \tag{4.1-25}$$

当 $n_6=0$、$n_{39}\neq0$ 时，$\frac{n_{24}}{n_M}=\frac{z_c}{z}$，得滚比交换齿轮的传动比

$$\frac{z_e}{z_f}\times\frac{z_g}{z_h}\times\frac{z_i}{z_j}=\frac{(z_8\times z_{10}\times z_{12}\times z_c-z_7\times z_9\times z_{11}\times z_0)\times z_{13_a}\times z_{13_c}}{(z_{13_b}\times z_{13_d}-z_{13_a}\times z_{13_c})\times z_{40}\times z_{33}\times z_{35}\times z_{37}\times z_{39}\times z_0\times z_7}\times\frac{z_{41}\times z_{32}\times z_{34}\times z_{36}\times z_{38}\times z_6}{z_9\times z_{11}\times z_4} \tag{4.1-26}$$

当一个齿轮切削完毕后，通过回程电机及链轮机构 E 反转回到起始点，准备下一个齿轮的加工。

4.1.2.2 “奥”制 SKM2 型铣齿机或“克”制 AMK852 型铣齿机

在2号机的基础上，奥利康公司在20世纪70年代又研制了SKM系列铣齿机。它们与2号机的布局、传动结构基本相同，但改进了刀转结构。20世纪80年代该公司又推出S17、S27型铣齿机，克服了机床局部刚性较弱的缺点，完善了刀倾刀转机构，刀倾角最大可达30°。

克林根贝尔格公司的AMK系列铣齿机与SKM系列铣齿机相当，只是没有刀倾机构。

图 4.1-6 是它们的机械传动简图。图中工件为 B，刀盘为 D，产形齿轮为 C，摇台为 H，差速器为 h，分度交换齿轮为 T，滚比交换齿轮为 W。

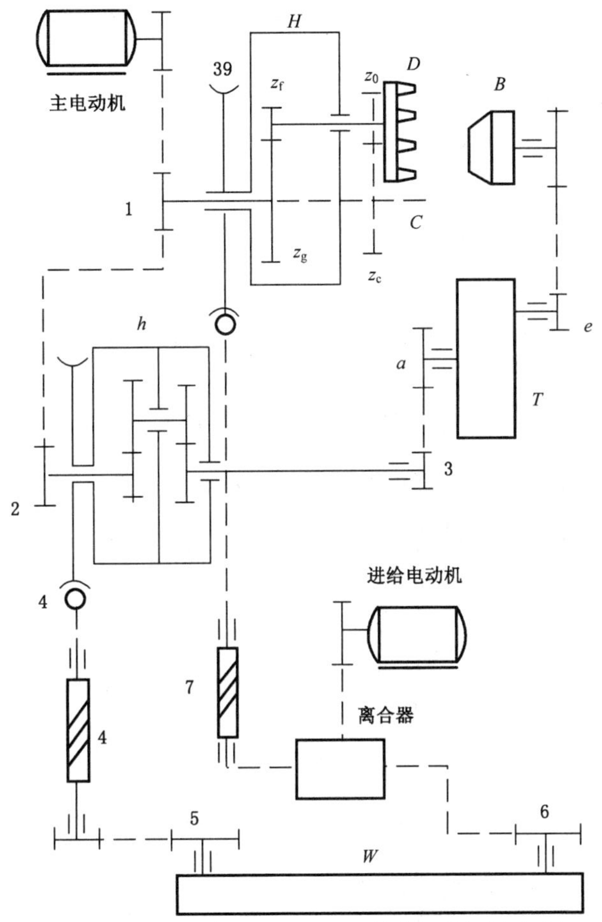

图 4.1-6　SKM2 铣齿机及 AMK852 铣齿机的机械传动简图

摇台为一差动机构，摇台的转速为系杆 H 的转速 n_H。在转化机构中，由

$\frac{n_c - n_H}{n_1 - n_H} = \frac{z_0}{z_c} \times \frac{z_f}{z_g}$，得

$$n_c = n_H\left(1 - \frac{z_0}{z_c} \times \frac{z_f}{z_g}\right) + \frac{z_0}{z_c} \times \frac{z_f}{z_g} n_1 \tag{4.1-27}$$

在差速器 h 的转化机构中，由 $\frac{n_2 - n_h}{n_3 - n_h} = i_{23}^h$，得

$$n_2 = n_h(1 - i_{23}^h) + n_3 i_{23}^h \tag{4.1-28}$$

$$n_1 = i_{12} n_2 = i_{12}[n_h(1 - i_{23}^h) + n_3 i_{23}^h] \tag{4.1-29}$$

设分度交换齿轮的传动比 $\frac{n_e}{n_a} = T$，滚比交换齿轮的传动比 $\frac{n_5}{n_6} = W$，则差速器 h 到工件 B 的传动比为 $\frac{n_3}{n_B} = \frac{n_3}{n_a} \times \frac{n_a}{n_e} \times \frac{n_e}{n_B} = \frac{i_{3a} i_{eB}}{T}$，

$$n_B = \frac{Tn_3}{i_{3a} i_{eB}} \tag{4.1-30}$$

摇台 H 到差速器 h 的传动比为 $\frac{n_h}{n_H} = \frac{n_h}{n_4} \times \frac{n_4}{n_5} \times \frac{n_5}{n_6} \times \frac{n_6}{n_7} \times \frac{n_7}{n_H} = i_{h4} i_{45} W i_{67} i_{7H}$，得

$$n_h = i_{h4} i_{45} W i_{67} i_{7H} n_H \tag{4.1-31}$$

对于不同的铣齿机，滚比交换齿轮的数量和排列方式不同。

由式(4.1-30)、式(4.1-29)、式(4.1-31)得

$$n_B = \left[\frac{n_1}{i_{12}} - (1 - i_{23}^h) i_{h4} i_{45} W i_{67} i_{7H} n_H\right] \frac{T}{i_{3a} i_{eB} i_{23}^h} \tag{4.1-32}$$

n_B、n_c 及刀盘的转速 $n_d = -\frac{z_c}{z_0} n_c$ 都是两个自由度的变量，与 n_1 和 n_H 有关。只有当 $n_1 = 0$、$n_H \neq 0$ 或 $n_1 \neq 0$、$n_H = 0$ 时，滚比 $\frac{z_c}{z}$ 都不变，才有 $n_1 \neq 0$、$n_H \neq 0$ 时，滚比 $\frac{z_c}{z}$ 也不变。这样不论用展成法或不用展成法都可以用同一个刀盘加工同一个齿轮。

当 $n_1 \neq 0$、$n_H = 0$ 时，$\frac{z_c}{z} = \frac{n_B}{n_c}$，得

$$T = \frac{z_0 \times z_f \times z_c}{z \times z_c \times z_g} i_{3a} \times i_{eB} \times i_{23}^h \times i_{12} \tag{4.1-33}$$

当 $n_1 = 0$、$n_H \neq 0$ 时，$\frac{z_c}{z} = \frac{n_B}{n_c}$，得

$$W = -\frac{\left(1 - \frac{z_0}{z_c} \times \frac{z_f}{z_g}\right) \times z_c}{(1 - i_{23}^h) i_{h4} i_{45} i_{67} i_{7H} \times z \times i_{12}} \tag{4.1-34}$$

4.1.2.3 数控摆线齿锥齿轮铣齿机

奥利康公司于 20 世纪 90 年代推出了 S20、S30 型数控铣齿机。S20 型铣齿机的刀位由偏心鼓轮调节，刀倾、刀转由刀倾体、刀转体调节，偏置距由工件立柱上的滑板调节，轮位由工件箱下面的水平导轨调节，安装根锥角由工件箱下面的回转台调节，以上由手工进行。刀盘的回转运动，工件的回转运动，摇台的摆动，刀盘(摇台)的切入、切出运动以及齿端倒角等均由计算机控制。可实现 5 轴联动。图 4.1-7 是 S20 型数控铣齿机的传动系统图。该机床具有刀倾机构。刀盘的回转、摇台的回转、工件主轴的回转都有独立的伺服电机驱动。

该公司 20 世纪 90 年代又推出 S25、S35 数控铣齿机，仍保留了回转式刀倾机构。它与 S17、S27 型铣齿机的原理、布局基本相同，但内部结构大大简化。

克林根贝尔格公司也有性能相当的 KNC 型数控铣齿机。

进入 21 世纪之后，克林根贝尔格-奥利康公司推出了 C22、C28 6 轴全自动数控铣齿机，它们都没有刀倾机构和刀位偏心鼓轮，机床的结构大为简化。

C22、C28 数控铣齿机中刀盘的转动、工件的转动、工件回转台的摆动、切深移动、轮位

移动、偏置距移动这 6 个自由度可实现编程，称为 6 轴联动。该机床可加工圆弧齿、摆线齿锥齿轮或准双曲面齿轮。机床的运动形式与图 4.1-4 是一样的。

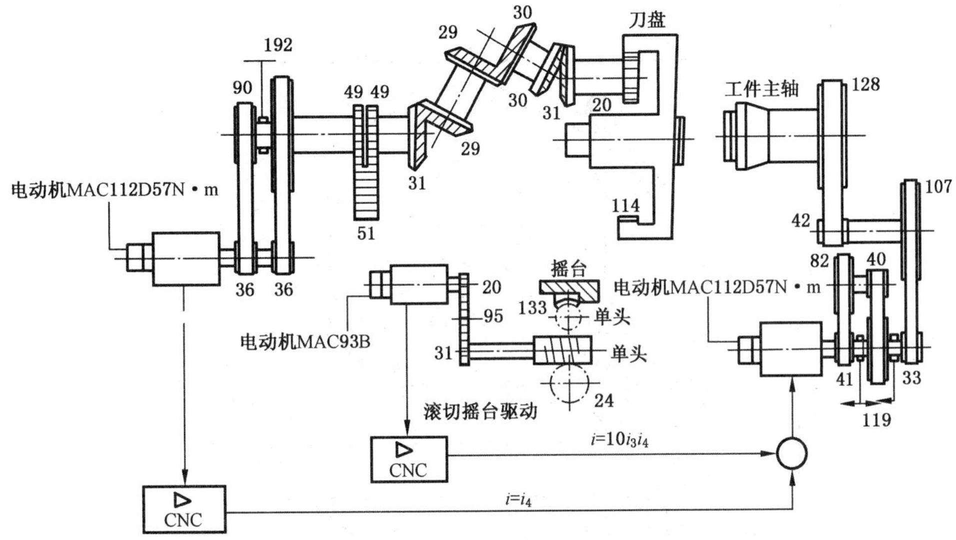

注：有关同步齿形带的数字是带轮的齿数，有关齿轮的数字是齿轮的齿数，CNC 表示数控系统。

图 4.1-7　S20 摆线齿圆锥齿轮数控铣齿机的机械传动简图

4.1.3　铣齿机的典型结构

4.1.3.1　偏心鼓轮机构

偏心鼓轮机构安装在摇台上，如图 4.1-8 所示。

产形齿轮做展成运动时，摇台 1 绕着摆动中心 o_c 做往复摆动。在图 4.1-2 的 Y2280 铣齿机上，摆动中心 o_c 是齿轮 7 的轴心线。在图 4.1-3 的 Y2250 铣齿机上，摆动中心 o_c 是齿轮 3 的轴心线。在图 4.1-8 的奥利康 2 号机上，摆动中心 o_c 是齿轮 7 的轴心线。

偏心鼓轮 3 的回转是中心 o_0。在图 4.1-2 中，回转中心 o_0 是齿轮 8、9 的轴心线，齿轮 10 及刀盘安装在偏心鼓轮上。在图 4.1-3 中，回转中心 o_0 是齿轮 4、5 的轴心线，刀转体安装在偏心鼓轮上，齿轮 6、7、8、9、10 安装在刀转体上。在图 4.1-8 中，回转中心 o_0 是齿轮 8、9 的轴心线，齿轮 10、11、12 及刀盘安装在偏心鼓轮上。

Q' 为刀倾中心 Q 在基准平面上的投影，基准平面与摇台的轴线垂直。在初始位置，Q' 与摇台的轴心 o_c 重合。刀位调整时，偏心鼓轮绕着回转中心 o_c 转动一个刀位夹角 τ，刀位 $s_d=2e\sin\dfrac{\tau}{2}$，$e=\overline{o_0o_c}$ 为机床偏心鼓轮的偏心距。

o_0o_c 的方向在图 4.1-2 中是齿轮 7、8 的连心线的方向，在图 4.1-3 中是齿轮 3、4 的连心线的方向，在图 4.1-5 中是齿轮 7、8 的连心线的方向。

4.1.3.2　刀倾机构

刀倾机构由刀转体和刀倾体组成。刀转体装在摇台体上，刀倾体装在刀转体上，如

图 4.1-9所示。

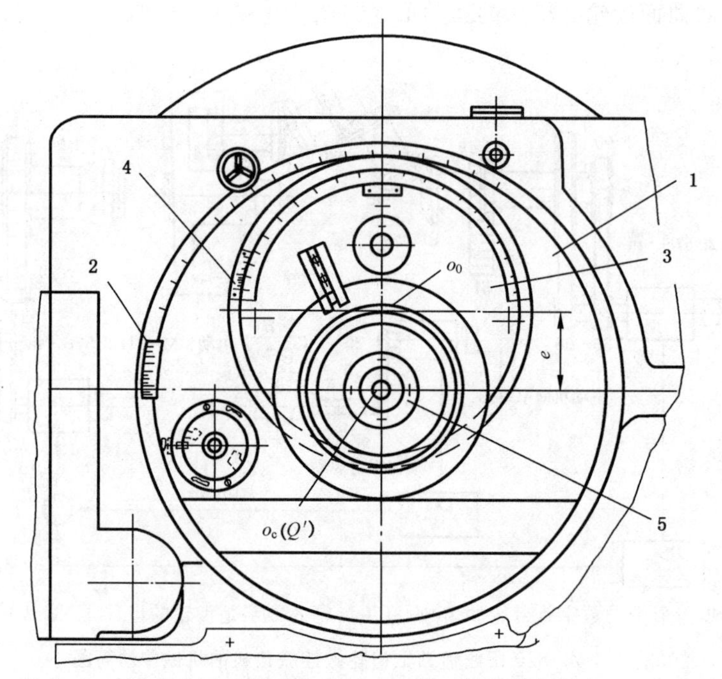

1—摇台；2—摇台角刻度；3—偏心鼓轮；4—偏心鼓轮转角刻度；5—刀盘主轴

图 4.1-8 偏心鼓轮机构

图 4.1-10 中示出了图 4.1-3 中锥齿轮 11、12 的传动示意图。首先看刀倾体的转动。

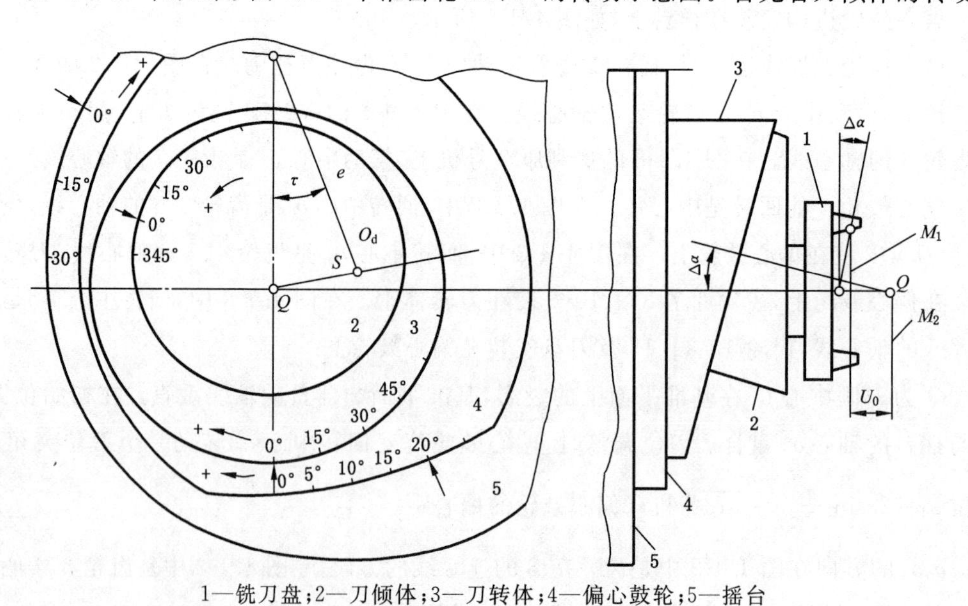

1—铣刀盘；2—刀倾体；3—刀转体；4—偏心鼓轮；5—摇台

图 4.1-9 回转式刀倾机构示意图

两个齿轮的回转轴交于一点 Q''，齿轮 11 的节锥角为 δ_{11}，齿轮 12 的节锥角为 δ_{12}。齿轮 11 的轴线 $o_{11}Q''$ 与铣刀盘的轴线 $o'_{d}Q$ 的交点为刀倾中心 Q。齿轮 12 的轴心线 $o_{12}Q''$ 与铣刀盘的轴线 $o'_{d}Q$ 平行。

在初始时刻，两个齿轮的节锥在图 4.1-10 中(1)的位置，铣刀盘的轴线 $o'_{d}Q$ 与摇台的轴线 $o_{c}z_{c}$ 重合，轴线 $o_{11}Q''$、$o_{12}Q''$、$o'_{d}Q$ 在一个平面内，该平面通过齿轮加工的垂直轮位。

系杆 H 绕着 $o_{11}Q''$ 轴转动，带动齿轮 12 做行星运动(章动)，如图 4.1-10 中的(3)所示。当转动了一个角度 φ_{11} 后，轴线 $o_{12}Q''$ 到达了 $o'_{12}Q''$ 的位置，刀盘的轴线 $o'_{d}Q$ 到达了 $o''_{d}Q$ 的位置，转动过程中 Q 点、Q'' 点的位置没有改变。

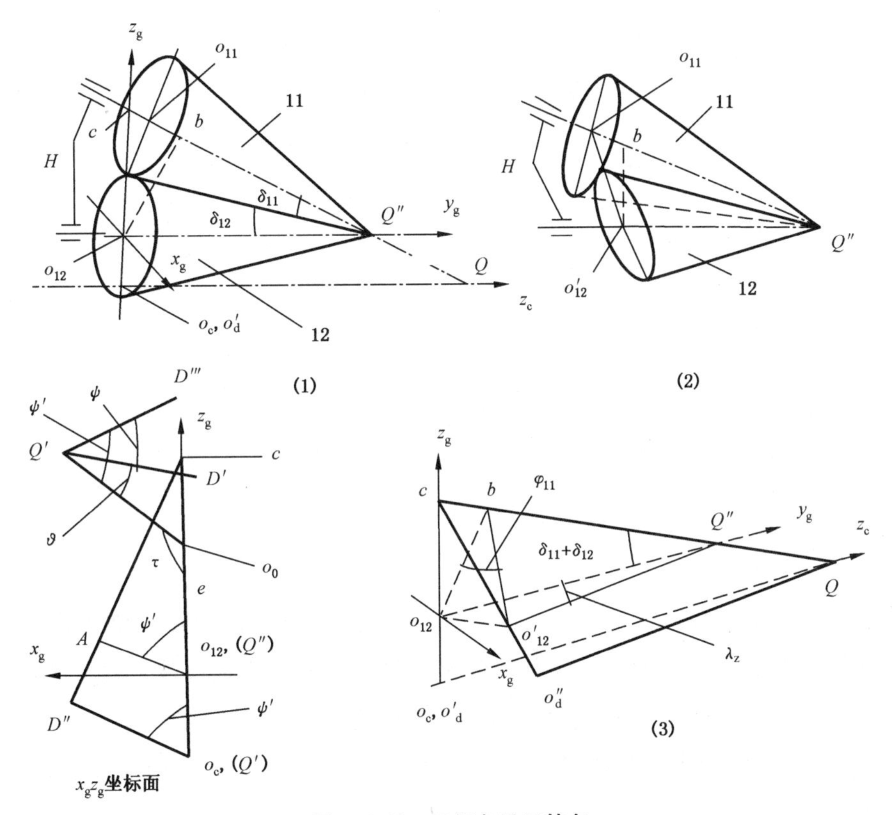

图 4.1-10 刀倾角及刀转角

转动后，刀盘的轴线 $o''_{d}Q$ 与摇台的轴线 $o_{c}z_{c}$ 之间的夹角是刀倾总角 λ_{z}(在第 5 章中，$\lambda_{z}=\Delta\alpha_{2}$，在第 7 章中，$\lambda_{z}=\lambda_{z1}$)，轴线 $o'_{12}Q''$ 与轴线 $o_{12}Q''$ 之间的夹角也是 λ_{z}，λ_{z} 是刀倾角 $\Delta\alpha$ 的函数。

刀倾体 2 的转角 φ_{11} 称为刀倾转角。令 $\overline{o_{12}Q''}=l$，由 $\overline{o_{12}b}=l\sin(\delta_{11}+\delta_{12})$，$\overline{o_{12}o'_{12}}=2\,\overline{o_{12}b}\sin\dfrac{\varphi_{11}}{2}=2l\sin\dfrac{\lambda_{z}}{2}$，得

$$\sin\frac{\varphi_{11}}{2}=\frac{\sin\dfrac{\lambda_{z}}{2}}{\sin(\delta_{11}+\delta_{12})} \tag{4.1-35}$$

$\overline{o_{12}c}=l\tan(\delta_{11}+\delta_{12})$。以 o_{12} 为原点建立坐标系 $o_{12}x_g y_g z_g$，$o_{12}y_g$ 轴在 $o_{12}Q''$ 线上，$o_{12}z_g$ 轴在 $o_{12}c$ 线上，坐标面 $x_g z_g$ 垂直于摇台的轴线 $o_c z_c$。在坐标系 $o_{12}x_g y_g z_g$ 中，c 点的坐标为 $\{0,0,\overline{o_{12}c}\}$，$Q'$ 点的坐标为 $\{0,l,0\}$，o'_{12} 点的坐标为 $\{x_g,y_g,z_g\}$，则

$$\begin{cases}\sqrt{x_g^2+y_g^2+z_g^2}=\overline{o_{12}o'_{12}}=2l\sin\dfrac{\lambda_z}{2}\\ \sqrt{x_g^2+y_g^2+(z_g-\overline{o_{12}c})^2}=\overline{o'_{12}c}=\overline{o_{12}c}=l\tan(\delta_{11}+\delta_{12})\\ \sqrt{x_g^2+(y_g-l)^2+z_g^2}=\overline{o'_{12}Q''}=l\end{cases} \tag{4.1-36}$$

解得

$$\begin{cases}x_g=\dfrac{2l\sin\dfrac{\lambda_z}{2}}{\sin(\delta_{11}+\delta_{12})}\sqrt{\sin\left(\delta_{11}+\delta_{12}+\dfrac{\lambda_z}{2}\right)\sin\left(\delta_{11}+\delta_{12}-\dfrac{\lambda_z}{2}\right)}\\ y_g=2l\sin^2\dfrac{\lambda_z}{2}\\ z_g=\dfrac{2l\sin^2\dfrac{\lambda_z}{2}}{\tan(\delta_{11}+\delta_{12})}\end{cases} \tag{4.1-37}$$

o'_{12} 点在坐标面 $x_g z_g$ 上的投影是 A，$o_{12}A$ 和 $o_{12}c$ 的夹角是 ψ'，

$$\sin\psi'=\frac{x_g}{\sqrt{x_g^2+z_g^2}}=\frac{1}{\sqrt{1+B}} \tag{4.1-38}$$

式中，$B=\dfrac{\sin\left(\delta_{11}+\delta_{12}+\dfrac{\lambda_z}{2}\right)}{4\sin\left(\delta_{11}+\delta_{12}-\dfrac{\lambda_z}{2}\right)}+\dfrac{\sin\left(\delta_{11}+\delta_{12}-\dfrac{\lambda_z}{2}\right)}{4\sin\left(\delta_{11}+\delta_{12}+\dfrac{\lambda_z}{2}\right)}-\dfrac{1}{2}$。

o''_d 点在 $x_g z_g$ 坐标面上投影为 D''，$o_c D''$ 线与 $o_c c$ 线的夹角也是 Ψ'。Q' 为刀倾中心 Q 在基准平面上的投影。在初始位置，Q' 与摇台的轴心 o_c 重合。当偏心鼓轮的半径转动了一个角度 τ 后，Q' 点到达图 4.1-10 中的新位置，D'' 点到达 D'''。

为了使刀倾的方向指向节点 P，D'' 点应在 D' 点的位置。通过刀转体 3 转动一个刀转角（或称附加刀转角）ψ 就能达到这一目的。

$$\psi=\psi'-\theta \tag{4.1-39}$$

式中，θ 为刀倾方向角，θ 将在式(7.1-22)或式(7.1-41)中求得。

在机床设计中，$\delta_{11}=\delta_{12}=7.5°$。这样，当刀倾总角 $\lambda_z=0°\sim30°$ 时，刀倾转角 $\varphi_{11}=0°\sim180°$。

4.2 铣刀盘

目前使用的铣刀盘都是国外公司设计的产品。铣刀盘的分类方法有多种，根据刀头能否更换可分为整体刀盘和镶齿刀盘；根据刀齿的旋向可分为左旋刀盘和右旋刀盘；如果

刀头仅有外切刀齿或仅有内切刀齿，称为单面刀盘；同时具有内切、外切刀齿的刀盘称为双面刀盘；根据刀齿能否调节可分为标准刀盘和万能刀盘；根据加工精度要求有粗切刀盘和精切刀盘。此外在拉齿机上使用粗切、精切圆拉刀盘。

本节仅给出几种典型铣刀盘的结构图，目的是说明铣刀盘的使用原理。关于铣刀盘的结构参数见有关产品的说明书。

4.2.1 圆弧齿圆锥齿轮铣刀盘

4.2.1.1 铣刀盘的类型及结构

圆弧齿圆锥齿轮铣刀盘都设计成标准刀盘。

图 4.2-1、图 4.2-2 是整体刀盘，用于小模数齿轮的加工。内、外刀齿等间隔分布，内刀齿加工一个齿廓的凸齿面，外刀齿加工相邻齿廓的凹齿面。

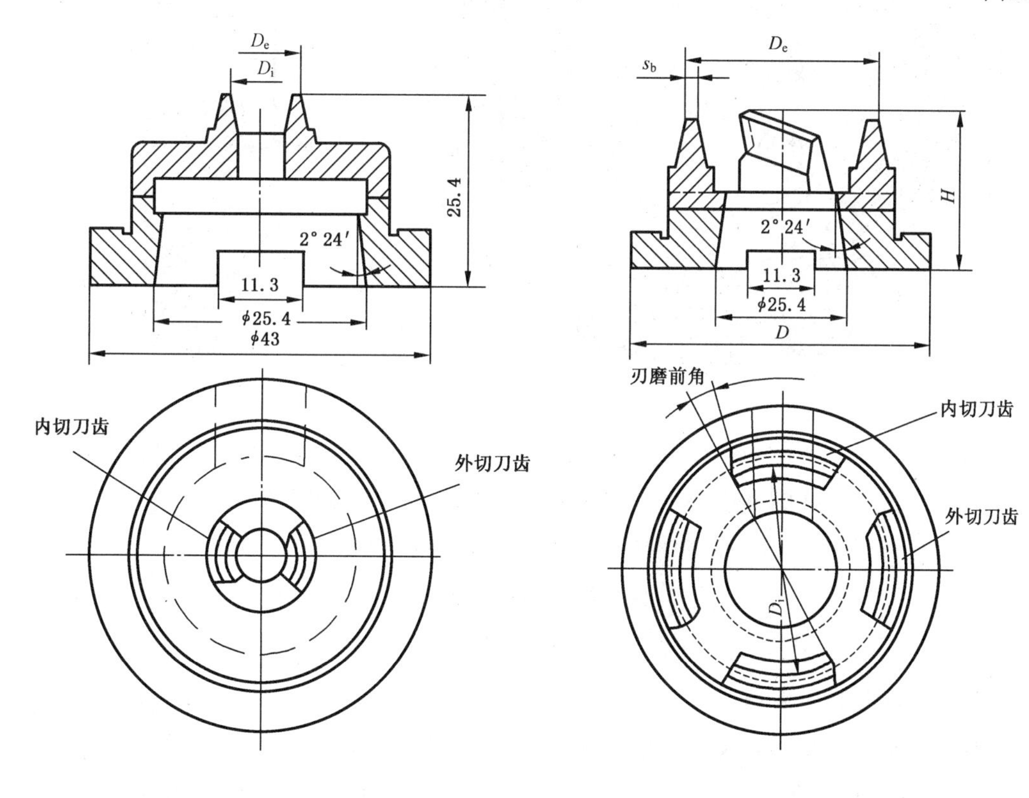

图 4.2-1 两齿整体刀盘

图 4.2-2 四齿整体刀盘

图 4.2-1 是名义直径$\frac{1}{2}$in 的刀盘，仅有内、外两个刀齿。图 4.2-2 是 $1\frac{1}{10}$in、$1\frac{1}{2}$in 及 2 in 的刀盘，有 4 个刀齿。

注：1 in=25.4 mm。

图 4.2-3 是镶齿刀盘。内、外刀齿也是等间隔分布，内刀齿加工一个齿廓的凸齿面，

外刀齿加工相邻齿廓的凹齿面。镶齿刀盘的刀齿通过紧固螺钉固定在刀盘体上。刀齿与刀盘体之间有平垫片、标准垫片和斜垫片。这样用同一个刀盘体可以得到不同的刀盘名义半径和模数,斜垫片可实现刀盘名义半径的微调。根据加工齿轮的最大模数设计了具有不同名义直径的刀盘。

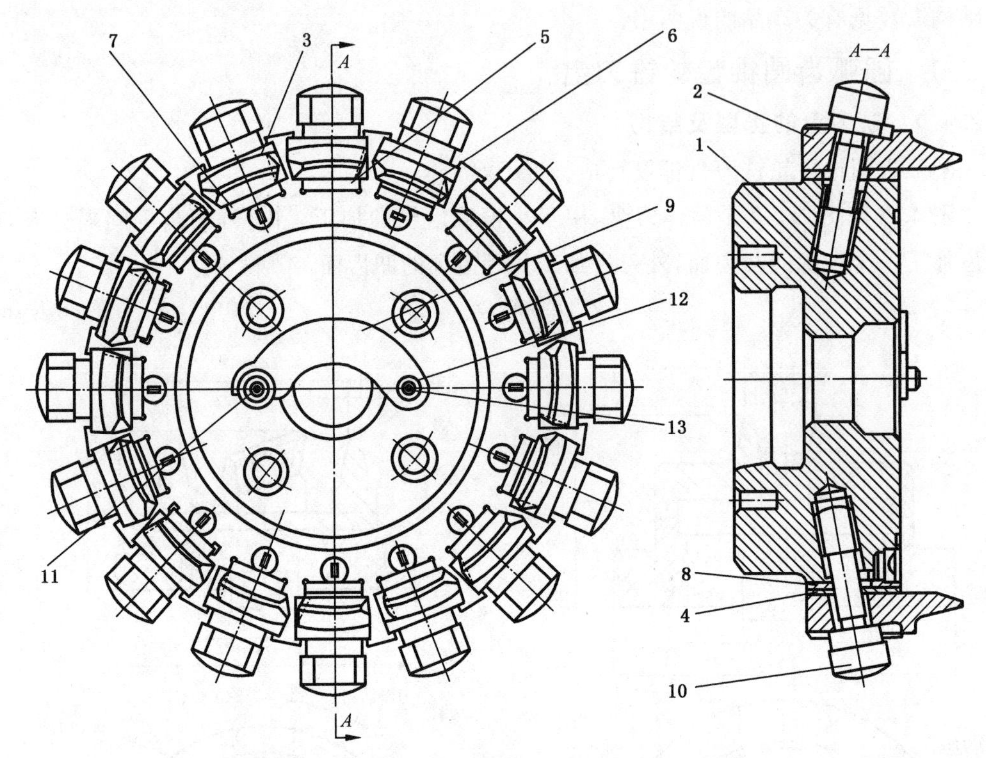

1—刀盘体;2—外刀齿;3—内刀齿;4—外刀齿平垫片;5—外刀齿标准垫片;6—内刀齿平垫片;

7—内刀齿标准垫片;8—斜垫片;9—卸刀压板;10—紧固螺钉;

11—压板螺钉;12—弹簧垫圈;13—压板螺钉

图 4.2-3 镶齿刀盘

4.2.1.2 铣刀盘的刀齿角

刀片的公称刀齿角或名义刀齿角 α_d 有:14°30′、16°、20°、20°30′,常用的是 20°。公称刀齿角 α_d 的选择要参考第 2 章中的齿面公称压力角 α_n。以下看一下 α_n 和 α_d 之间的关系。

图 4.2-4 是使用平顶齿轮原理加工收缩齿原理大齿轮的情形。

图中 Pb 线垂直于节锥母线,N—N 截面是过 Pb 线并与齿线垂直的平面。当用平顶齿轮原理加工齿轮时,在无刀倾的情况下,刀盘的轴线与安装平面垂直。刀面与齿根线垂直,Pg 线是刀面的中线。Pg 线和 Pb 线之间的夹角为齿根角 δ_i。gb' 线垂直于 Pb 线,$\overline{gb'}=\overline{pb'}\tan\delta_i$。

g 点在 $N—N$ 截面上的投影为 g'，Pg' 线与 Pb' 线之间的夹角为 $\Delta\alpha_n$。由 $\overline{g'b'}=\overline{gb'}\sin\beta_f$，得

$$\tan\Delta\alpha_n=\frac{\overline{g'b'}}{\overline{Pb'}}=\tan\delta_i\sin\beta_f \tag{4.2-1}$$

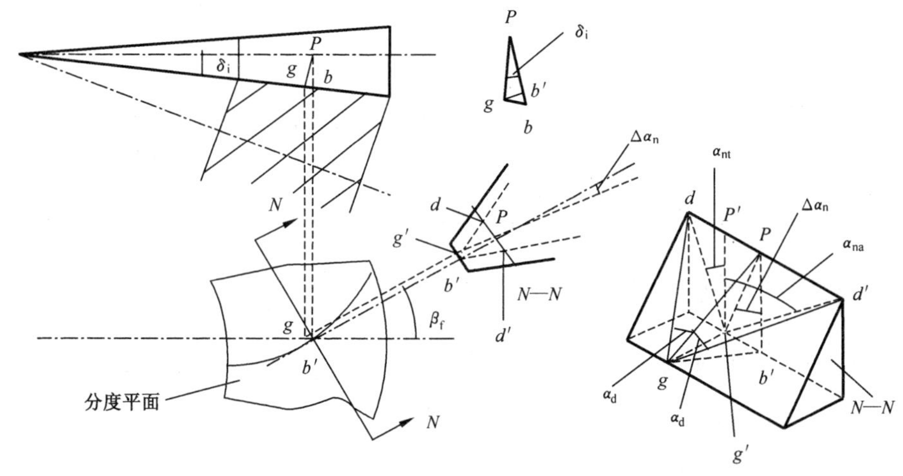

图 4.2-4　准双曲面齿轮的法向压力角

在近似计算中，实用大、小齿轮的 $\Delta\alpha_n$ 为

$$\begin{cases}\Delta\alpha_{n1}\approx\delta_{i1}\sin\beta_{f1}\\ \Delta\alpha_{n2}\approx\delta_{i2}\sin\beta_{f2}\end{cases} \tag{4.2-2}$$

在刀面上，假定刀具内、外刀齿的公称刀齿角为 α_d。$\overline{Pg}=\dfrac{\overline{Pb'}}{\cos\delta_i}$，$\overline{Pd}=\overline{Pd'}=\overline{Pg}\tan\alpha_d=\dfrac{\overline{Pb'}\tan\alpha_d}{\cos\delta_i}$。$\overline{P'g'}=\overline{Pb'}$。$\overline{P'd}=\overline{Pd}-\overline{Pb'}\tan\Delta\alpha_n=\dfrac{\overline{Pb'}\tan\alpha_d}{\cos\delta_i}-\overline{Pb'}\tan\Delta\alpha_n$，$\overline{P'd'}=\overline{Pd'}+\overline{Pb'}\tan\Delta\alpha_n=\dfrac{\overline{Pb'}\tan\alpha_d}{\cos\delta_i}+\overline{Pb'}\tan\Delta\alpha_n$。

外刀齿加工齿轮的凹齿面，凹齿面的齿面公称压力角为 α_{na}。内刀齿加工齿轮的凸齿面，凸齿面的齿面公称压力角为 α_{nt}。在 $N—N$ 截面内，

$$\begin{cases}\tan\alpha_{nt}=\dfrac{\overline{P'd}}{\overline{Pb'}}=\dfrac{\tan\alpha_d}{\cos\delta_i}-\tan\Delta\alpha_n\\ \tan\alpha_{na}=\dfrac{\overline{P'd'}}{\overline{Pb'}}=\dfrac{\tan\alpha_d}{\cos\delta_i}+\tan\Delta\alpha_n\end{cases} \tag{4.2-3}$$

在近似计算中，

$$\begin{cases}\alpha_{nt}\approx\alpha_d-\Delta\alpha_n\\ \alpha_{na}\approx\alpha_d+\Delta\alpha_n\end{cases} \tag{4.2-4}$$

对于小齿轮，$\alpha_{n1a}\approx\alpha_d+\Delta\alpha_{n1}$，$\alpha_{n1t}\approx\alpha_d-\Delta\alpha_{n1}$，其中 $\Delta\alpha_{n1}=\arctan(\tan\delta_{i1}\sin\beta_{f1})$。对于大

齿轮，$\alpha_{n2a}\approx\alpha_d+\Delta\alpha_{n2}$，$\alpha_{n2t}\approx\alpha_d-\Delta\alpha_{n2}$，其中 $\Delta\alpha_{n2}=\arctan(\tan\delta_{i2}\sin\beta_{f2})$。在节点处，齿轮的极限压力角为 α_{0t}，原理大、小齿轮齿面的压力角 α_a、α_t 与齿面的公称压力角 α_{na}、α_{nt}的关系

$$\begin{cases}\alpha_{1a}+\alpha_{0t}=\alpha_{n1a}\\ \alpha_{1t}-\alpha_{0t}=\alpha_{n1t}\\ \alpha_{2a}-\alpha_{0t}=\alpha_{n2a}\\ \alpha_{2t}+\alpha_{0t}=\alpha_{n2t}\end{cases}\tag{4.2-5}$$

在第 2 章计算齿轮的极限压力角时曾经说过，要想满足齿轮的正确啮合条件，必须 $\alpha_{1a}=\alpha_{2t}$，$\alpha_{1t}=\alpha_{2a}$，$\alpha_{n1a}=\alpha_{n2t}$，$\alpha_{n2a}=\alpha_{n1t}$。但是由于 $\Delta\alpha_{n1}\neq\Delta\alpha_{n2}$，所以该条件不能满足。

为了使相啮合的齿面在节点处的压力角相等，对刀具的公称刀齿角 α_d 要进行修正。当加工齿轮的凹齿面时，刀具的公称刀齿角 $\alpha'_d=\alpha_d-\dfrac{\Delta\alpha_{n1}+\Delta\alpha_{n2}}{2}$，当加工齿轮的凸齿面时，刀具的公称刀齿角 $\alpha''_d=\alpha_d+\dfrac{\Delta\alpha_{n1}+\Delta\alpha_{n2}}{2}$。这样，对于小齿轮，节点的齿面公称压力角变为

$$\begin{cases}\alpha_{n1a}=\alpha'_d+\Delta\alpha_{n1}=\alpha_d-\dfrac{\Delta\alpha_{n2}-\Delta\alpha_{n1}}{2}\\ \alpha_{n1t}=\alpha''_d-\Delta\alpha_{n1}=\alpha_d+\dfrac{\Delta\alpha_{n2}-\Delta\alpha_{n1}}{2}\end{cases}\tag{4.2-6}$$

对于大齿轮，节点的齿面公称压力角变为

$$\begin{cases}\alpha_{n2a}=\alpha'_d+\Delta\alpha_{n2}=\alpha_d+\dfrac{\Delta\alpha_{n2}-\Delta\alpha_{n1}}{2}\\ \alpha_{n2t}=\alpha''_d-\Delta\alpha_{n2}=\alpha_d-\dfrac{\Delta\alpha_{n2}-\Delta\alpha_{n1}}{2}\end{cases}\tag{4.2-7}$$

如果按式(4.2-6)、式(4.2-7)进行计算，齿轮的正确啮合条件 $\alpha_{a1}=\alpha_{t2}$、$\alpha_{a2}=\alpha_{t1}$能够得到满足。

一对啮合的齿轮，随着齿根角、螺旋角的不同，刀齿角的修正值$\dfrac{\Delta\alpha_{n1}+\Delta\alpha_{n2}}{2}$有无数多个。为了减少刀具的规格，选取了 18 个修正值作为标准值并进行了编号，每个标准值之间的差值为 $10'$。标准刀号 $N=3\dfrac{1}{2},4\dfrac{1}{2},\cdots,20\dfrac{1}{2}$，是标准值的 0.1 倍。比如选 $N=10\dfrac{1}{2}$的刀号时，刀齿角的修正值为 $105'=1°45'$。

计算出$\dfrac{\Delta\alpha_{n1}+\Delta\alpha_{n2}}{2}$的值后，取最接近的刀号所对应的标准值作为实际修正值。如果认为差值太大，可以修改设计，比如改变螺旋角的值。

由于式(4.2-4)是式(4.2-3)的近似公式，所以加工出的准双曲面齿轮的压力角并不能精确地满足齿轮的正确啮合条件。按式(4.2-1)、式(4.2-3)进行计算，准双曲面小齿轮

在节点的齿面公称压力角应为

$$\begin{cases}\alpha_{\mathrm{n1a}} = \arctan\left[\dfrac{\tan(\alpha_{\mathrm{d}} - 10N)}{\cos\delta_{\mathrm{i1}}} + \tan\delta_{\mathrm{i1}}\sin\beta_{\mathrm{f1}}\right] \\ \alpha_{\mathrm{n1t}} = \arctan\left[\dfrac{\tan(\alpha_{\mathrm{d}} + 10N)}{\cos\delta_{\mathrm{i1}}} - \tan\delta_{\mathrm{i1}}\sin\beta_{\mathrm{f1}}\right]\end{cases} \tag{4.2-8}$$

准双曲面大齿轮在节点的齿面公称压力角应为

$$\begin{cases}\alpha_{\mathrm{n2a}} = \arctan\left[\dfrac{\tan(\alpha_{\mathrm{d}} - 10N)}{\cos\delta_{\mathrm{i2}}} + \tan\delta_{\mathrm{i2}}\sin\beta_{\mathrm{f2}}\right] \\ \alpha_{\mathrm{n2t}} = \arctan\left[\dfrac{\tan(\alpha_{\mathrm{d}} + 10N)}{\cos\delta_{\mathrm{i2}}} - \tan\delta_{\mathrm{i2}}\sin\beta_{\mathrm{f2}}\right]\end{cases} \tag{4.2-9}$$

对比式(4.2-6)、式(4.2-7)与式(4.2-8)、式(4.2-9)就可以看出在节点的齿面公称压力角之间的差别。

由式(4.2-5)，应 $\alpha_{\mathrm{n1a}}=\alpha_{\mathrm{n1t}}$，$\alpha_{\mathrm{n2a}}=\alpha_{\mathrm{n2t}}$。如果按式(4.2-8)、式(4.2-9)计算齿面公称压力角，齿轮的正确啮合条件不能满足，所以实际加工的齿轮只能近似满足啮合对称的条件。

要想加工出原理准双曲面齿轮的齿面，刀盘的内、外切削刃应当布置在同一个径向截面内。但是受到结构设计的制约，内、外刀齿只能相间布置在刀盘体的圆周上。这也是引起实际加工齿轮与原理齿轮不一致的因素。比起展成运动来说，由于刀盘的转速很快，所以这一因素可不计，只对齿面粗糙度有影响。

4.2.2 摆线齿圆锥齿轮铣刀盘

目前应用的摆线齿准双曲面齿轮是摆线等高齿齿轮。铣刀盘的应用也是针对这种齿轮而言的。该铣刀盘也可以用于原理收缩齿齿轮的加工。

摆线齿圆锥齿轮铣刀盘有标准铣刀盘和万能铣刀盘。

标准铣刀盘有旧式的 TC 型铣刀盘和改进的 EN 型、EH 型铣刀盘。由于 TC 型和 EN 型铣刀盘的刀齿都是铲形刀齿，刀齿制造较复杂，使用寿命较短。为了克服这一缺点，同时适应新的加工方法，又发展了尖齿结构的 FN 型和 FS 型铣刀盘。

内刀齿加工一个齿廓的凸齿面，外刀齿加工相邻齿廓的凹齿面，刀齿排列顺序是粗切刀齿在前，精切外刀齿在中间，精切内刀齿在最后。切削刃所在的平面并不通过刀盘的轴线，而是和一个半径为 e_{d} 的圆相切，节点到切点的距离为刀齿的切向名义半径 r_{cb}。切向名义半径与刀齿的名义半径 r_{d} 之间的夹角为名义刀齿方向角 v_{d}。

图 4.2-5 是 EN 型铣刀盘。

TC 型、EN 型、EH 型铣刀盘的相邻精切内刀齿或相邻精切外刀齿之间的夹角为 $\dfrac{2\pi}{z_0}$，但精切内、外刀齿之间的夹角不等于 $\dfrac{\pi}{z_0}$。

TC、EN、EH 型标准铣刀盘的切向名义半径 r_{cb} 已标准化，是 39、44、49、55、62、70、78、

88、98、110、125 mm 共 11 种规格。刀齿组数 z_0 也已标准化，是 1 至 5。取 $\frac{r_{cb}z_0}{e_d}$ 为 37.1、34.1、25.3、23.2 和 24.4，所以名义滚动圆的半径 e_d 也已标准化。这样，齿轮的法向模数 m_n、刀盘的名义半径 $r_d=\sqrt{r_{cb}^2+e_d^2}$、名义刀齿方向角 $v_d=\arccos\left(\frac{e_d}{r_{cb}}\right)$ 也已标准化。

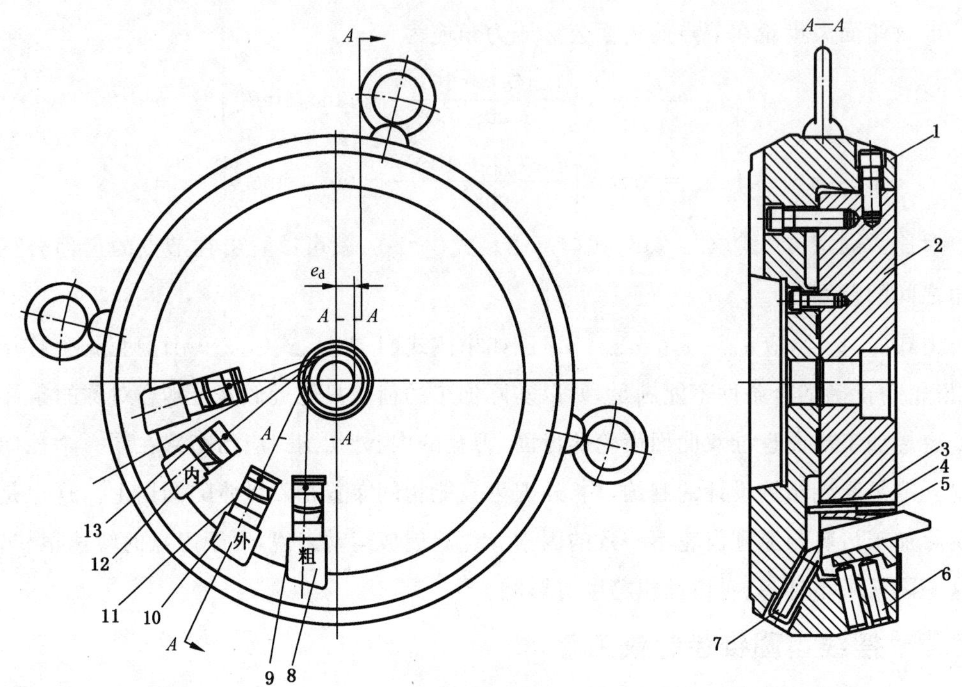

1—刀体；2—刀座；3—垫片；4—螺钉；5—压紧块；6—紧刀螺钉；7—调整螺钉；

8—垫块；9—粗切刀齿；10—垫块；11—精切外刀齿；12—垫片；13—精切内刀齿

图 4.2-5　EN 型铣刀盘

TC 型铣刀盘的刀齿角 α_d 为 17°30′，EN 型铣刀盘的刀齿角 α_d 为 20°。

图 4.2-6 是 FS 型铣刀盘。

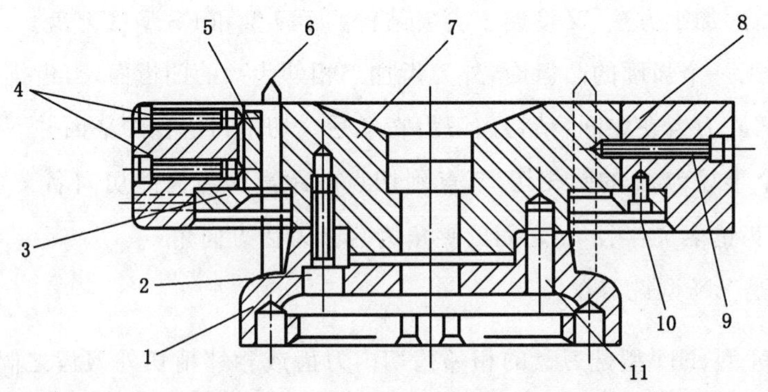

1—刀体座；2—内六角螺钉；3—支撑圈；4—紧固螺钉；5—刀齿压板；6—刀齿；

7—刀体；8—外圈环；9—内六角螺钉；10—内六角螺钉；11—定位销

图 4.2-6　FS 型铣刀盘

图 4.2-7 是加工左旋齿大齿轮的 FS 型铣刀盘。中刀 V 是粗切刀齿，外刀 A、内刀 I 是精切刀齿。外刀 A、内刀 I 之间的夹角为$\frac{230°}{z_0}$。

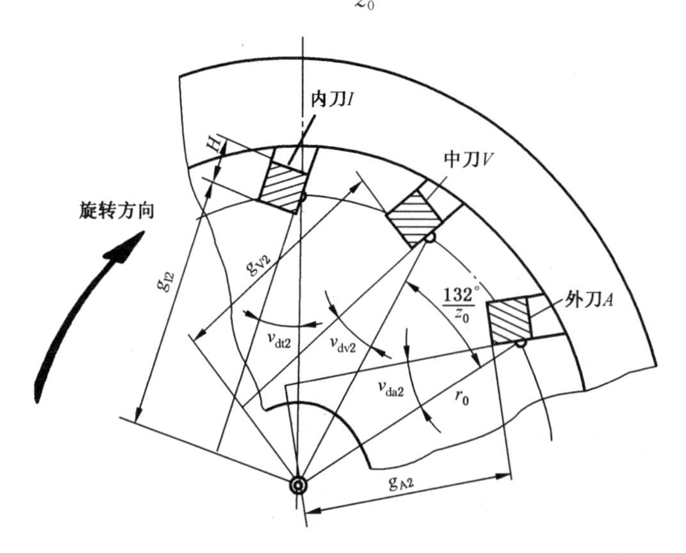

图 4.2-7 刀齿在右旋 FS 型铣刀盘上的分布

图 4.2-8 是加工右旋齿小齿轮的 FS 型刀盘。外刀 A、内刀 I 之间的夹角为$\frac{130°}{z_0}$。相对于$\frac{180°}{z_0}$来说，大齿轮刀盘夹角的增量和小齿轮刀盘夹角的减量都是$\frac{50°}{z_0}$，正好使相配大齿轮齿厚的减薄量与小齿轮齿厚的增厚量相等。

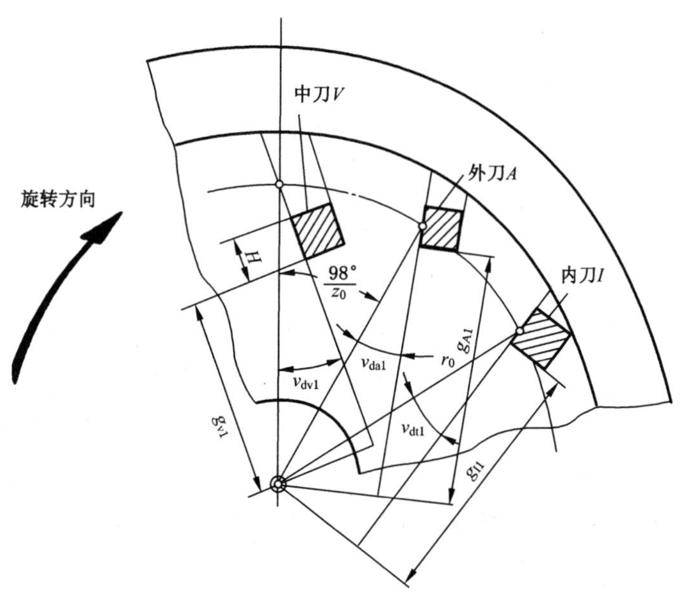

图 4.2-8 刀齿在 FS 型左旋铣刀盘上的分布

FS型刀盘的名义刀齿方向角也已标准化。设该刀盘加工的模数范围是 $m_{\mathrm{nmin}}\sim m_{\mathrm{nmax}}$，则小齿轮切削刀盘外刀齿的名义刀齿方向角为 $v_{\mathrm{da1}}=\arcsin\left[\frac{(m_{\mathrm{nmin}}+m_{\mathrm{nmax}})z_0}{4r_{\mathrm{d}}}\right]$，内刀齿的名义刀齿方向角为 $v_{\mathrm{dt1}}=v_{\mathrm{da1}}-18°$；大齿轮切削刀盘外刀齿的名义刀齿方向角为 $v_{\mathrm{da2}}=v_{\mathrm{da1}}-11°$，内刀齿的名义刀齿方向角为 $v_{\mathrm{dt2}}=v_{\mathrm{da1}}-9°$。

刀齿最大齿形角为25°。

图4.2-9是万能铣刀盘，是一种双层刀盘。

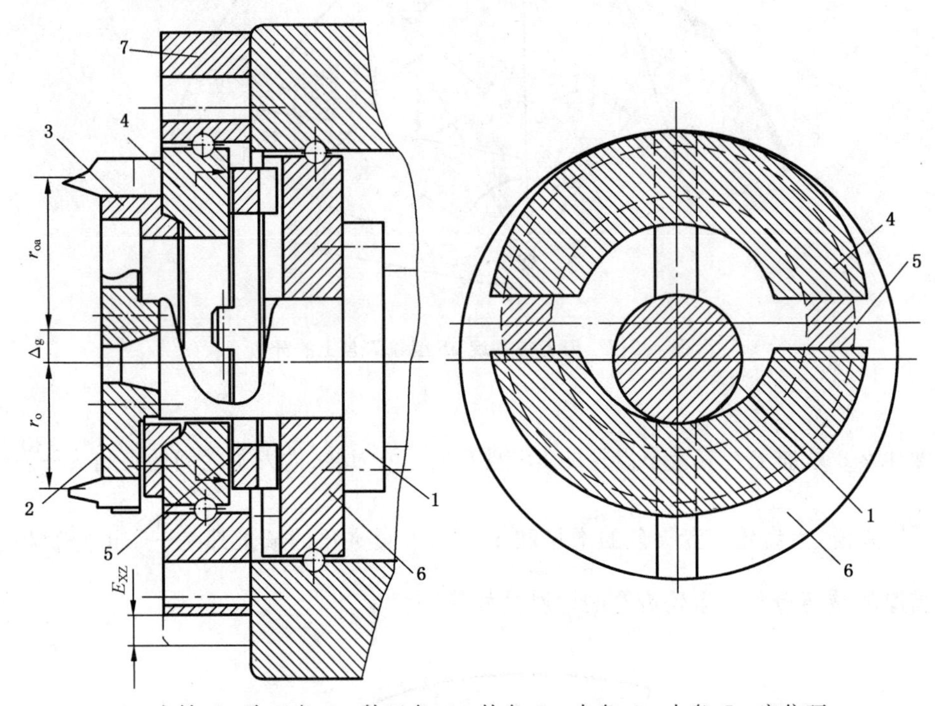

1—主轴；2—内刀盘；3—外刀盘；4—外盘；5—中盘；6—内盘；7—定位环

图4.2-9 万能铣刀盘

装有内刀齿的内刀盘2固定在铣齿机的主轴1上。外刀齿装在外刀盘3上，外刀盘3装在外盘4上。外盘4、中盘5、内盘6组成一个十字滑块联轴器，十字滑块联轴器通过内盘6与铣齿机的主轴相连。内、外刀齿的回转轴不一定同心。当调整内、外刀齿的偏心距 Δg 时，先将定位环7松开，使定位环与刀轴的中心距为偏心距 Δg，偏心距调好后将定位环紧固在摇台上。在加工过程中，内、外刀齿同步回转，回转轴心相对固定，类似于一个十字滑块联轴器连接两根传动轴。

通过调整内、外刀齿回转轴心的偏心距控制凹、凸齿面的接触区。通过增大外刀的名义半径来在保证要求的齿厚。

刀齿有精切内刀齿、精切外刀齿和粗切内刀齿、粗切外刀齿。两种内刀齿之间、两种外刀齿之间的夹角都是$\frac{60^\circ}{z_0}$。内、外刀片之间的夹角是$\frac{240^\circ}{z_0}$。

本章小结

(1) 本章从现有资料当中引用了部分关于铣齿机和铣刀盘的内容，引用的目的是阐明准双曲面齿轮的加工机理，所以不一定引用最新的资料。机床、刀具的一些参数数据等没有完全引用，读者可参阅参考文献[14]或有关机床说明书。

(2) 在铣齿机方面，为了便于了解传动原理，编著者绘制了 Y2280、Y2250 圆弧齿锥齿轮铣齿机及奥利康 2 号机的机械传动简图，对刀倾机构的原理也做了比较详细的分析。

第5章 原理准双曲面大齿轮及中介准双曲面小齿轮

准双曲面齿轮是曲齿圆锥齿轮，目前用盘型铣刀进行加工。在原理大齿轮的加工中，产形齿轮与原理大齿轮做共轭齿轮传动，满足齿轮的正确啮合条件，即法向模数相等、法向压力角相等。

原理大齿轮的分度圆锥有两种设计方案。第一种方案取原始大齿轮的分度圆锥，这时它的分锥距为 R_{m2}，分锥角为 δ_2，凹齿面的压力角为 α_{2a}，凸齿面的压力角为 α_{2t}，螺旋角为 β_2。

第二种方案取原始大齿轮的中点根圆锥，这时它的分锥距为，$R_{mf2}=\dfrac{R_{m2}\sin\delta_2}{\sin\delta_{f2}}$，分锥角为 δ_{f2}。令 $\Delta\delta_2=\delta_2-\delta_{f2}$，由式(2.2-27) $\sin\alpha_{f2a}=\sin\alpha_{2a}\cos\Delta\delta_2-\cos\alpha_{2a}\sin\beta_2\sin\Delta\delta_2$，得凹齿面的压力角 α_{f2a}。由式(2.2-30) $\sin\alpha_{f2t}=\sin\alpha_{2t}\cos\Delta\delta_2+\cos\alpha_{2t}\sin\beta_2\sin\Delta\delta_2$，得凸齿面的压力角 α_{f2t}。由式(2.2-25) $\cos\beta_{f2a}\cos\alpha_{f2a}=\cos\alpha_{2a}\cos\beta_2$，得凹齿面的螺旋角 β_{f2a}。由式(2.2-29) $\cos\beta_{f2t}\cos\alpha_{f2t}=\cos\alpha_{2t}\cos\beta_2$，得凸齿面的螺旋角 β_{f2t}。由于是用双面刃刀盘同时加工凹、凸齿面，所以取原理大齿轮的螺旋角 $\beta_{f2}=\dfrac{\beta_{f2a}+\beta_{f2t}}{2}$。

本书第5章～第8章各取第一种原理大齿轮设计方案进行了有关分析。在进行收缩齿齿轮的研究中，可以采用第二种原理大齿轮设计方案。

原理准双曲面大齿轮简称原理大齿轮。在准双曲面齿轮的应用中，将原理大、小齿轮作为原始大、小齿轮的替代产品。但是原理大齿轮与原理小齿轮已不是一对共轭齿轮，或者说只在节点处共轭，在其他啮合点处不共轭。按照1.2.2节的论述，是点啮合传动齿轮。

5.1 用展成法加工的原理准双曲面大齿轮

产形齿轮是一个虚拟的准双曲面齿轮。运用产形齿轮和原理齿轮做共轭齿轮传动生成原理齿轮的齿面。产形齿轮与原理齿轮是线接触齿轮。产形齿轮的获得是通过刀盘在机床摇台上的复合运动来实现的。刀盘上刀齿的运动轨迹相当于产形齿轮的轮齿。

用展成法加工原理大齿轮时，产形齿轮是一个等高齿齿轮，它的分锥角、顶锥角都等于90°，称为冠轮。用双面刃法同时加工出齿轮的凸齿面和凹齿面。由于产形齿轮是冠轮，可以在没有刀倾机构的铣齿机上加工原理大齿轮。

原理大齿轮的齿面是产形齿轮齿面的包络面，是一个等高齿齿轮的齿面。原理大齿轮的顶锥是原始大齿轮的顶锥。

在图 1.2-1 所示的空间啮合坐标系中，将原理大齿轮视为齿轮 2，产形齿轮视为齿轮 1。有关产形齿轮的符号下标用 1c 表示。

为了计算机编程的方便，在推导原理大齿轮的齿面方程时，对不同旋向的原理大齿轮的凹、凸齿面都进行了推导。

5.1.1 圆弧齿原理准双曲面大齿轮的齿面方程

5.1.1.1 左旋齿原理准双曲面大齿轮的齿面方程

圆弧齿齿轮的节点 P 取在原始大齿轮的分度圆锥上并在齿宽的中点。图 5.1-1 是加工左旋齿原理大齿轮的简图，齿轮的齿线是左旋的。

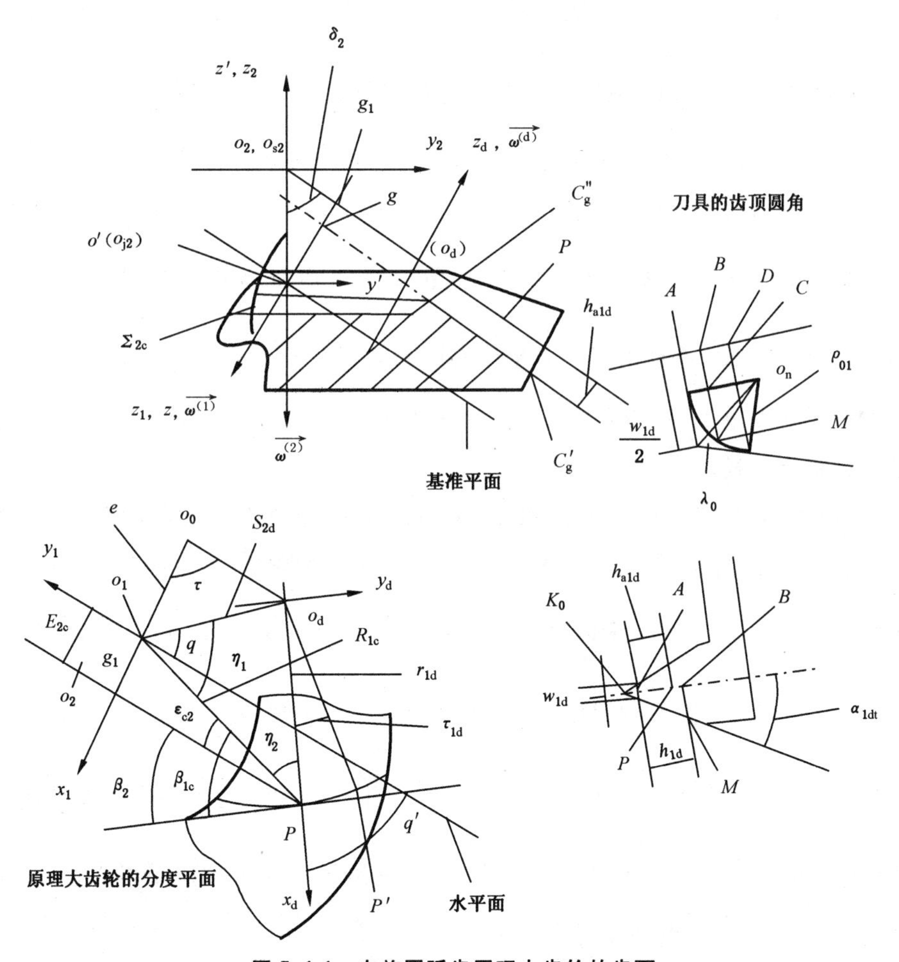

图 5.1-1 左旋圆弧齿原理大齿轮的齿面

图 5.1-1 中的静坐标系 $o'x'y'z'$、动坐标系 $o_2x_2y_2z_2$ 的设置与图 1.2-1 相同。坐标轴

ox、o_1x_1 与图 1.2-1 中对应坐标轴的方向相同，坐标轴 oy、o_1y_1、oz、o_1z_1 的方向与图 1.2-1 中对应坐标轴的方向不同。偏置距 E 的方向相反。

机床摇台的回转轴线 o_1z_1 与原理大齿轮的分度平面垂直，摇台的角速度为$\overrightarrow{\omega^{(1)}}$。$o_1z_1$ 轴是产形齿轮的轴线。刀盘安装在机床摇台上，刀盘的回转轴线 o_dz_d 与摇台的回转轴线 o_1z_1 平行，也与分度平面垂直，刀盘的角速度为$\overrightarrow{\omega^{(d)}}$。这样，摇台回转时带动刀盘做复合运动。

加工圆弧齿原理大齿轮时，刀盘的轴线在摇台上是固定的。当刀盘绕着它的轴线以角速度$\overrightarrow{\omega^{(d)}}$回转时，外刀齿及内刀齿形成两个圆锥面。用刀盘的内刀齿加工原理大齿轮的凸齿面，用刀盘的外刀齿加工原理大齿轮的相邻齿廓的凹齿面。

齿轮加工时，$R_{1c}=\overline{o_1P}$是产形齿轮的分锥距。β_{1c}是产形齿轮的螺旋角，$\delta_{1c}=\dfrac{\pi}{2}$是产形齿轮的分锥角。轴交角 $\Sigma_{2c}=\dfrac{\pi}{2}+\delta_{f2}$，偏置角 $\varepsilon_{c2}=\beta_{1c}-\beta_2$，偏置距（也称垂直轮位）$E_{2c}=R_{1c}\sin\varepsilon_{c2}$。由式(2.1-5)得产形齿轮和原理大齿轮的传动比（机床的滚比）$i_{2c}=\dfrac{\omega_2}{\omega_c}=\dfrac{R_{1c}\cos\beta_{1c}}{R_{m2}\sin\delta_2\cos\beta_2}$。

刀齿为对称梯形，内、外刀齿的交点为 K_0 点，刀顶矩为 w_{1d}，刀顶高为 h_{a1d}。外刀齿角 α_{1dt}等于压力角 α_{2a}，内刀齿角 α_{1da}等于压力角 α_{2t}。刀齿上任一点 M 对应的齿高$\overline{AB}=h_{1d}$。规定 h_{1d} 从刀齿的齿顶算起。对于外刀齿，M 点至刀齿对称线的距离为$\overline{MB}=\dfrac{w_{1d}}{2}+h_{1d}\tan\alpha_{1dt}$，对于内刀齿，$M$ 点至刀齿对称线的距离为$\overline{MB}=\dfrac{w_{1d}}{2}+h_{1d}\tan\alpha_{1da}$。$M$ 点至刀轴的距离为 $r_{1d}\pm\overline{MB}$（正号用于外刀齿，负号用于内刀齿）。r_{1d}为刀盘的名义半径，也是齿线在节点 P 的曲率半径。

为了不使齿轮的齿根产生应力集中，刀齿的齿顶角做成圆角形，圆角半径为 ρ_{01}。图 5.1-1中，对于外刀齿，$\overline{AD}=\rho_{01}(1-\sin\alpha_{1dt})$。当 M 点在圆角上变动时，B 点在 A、D 两点之间变动，$0\leqslant h_{1d}\leqslant\rho_{01}(1-\sin\alpha_{1dt})$，$\overline{MC}=\sqrt{\rho_{01}^2-(\rho_{01}-h_{1d})^2}=\sqrt{2\rho_{01}h_{1d}-h_{1d}^2}$，$\lambda_0=\dfrac{\pi}{4}+\dfrac{\alpha_{1dt}}{2}$，$\overline{BC}=\dfrac{w_{1d}}{2}-\dfrac{\rho_{01}}{\tan\lambda_0}$。对于内刀齿，$\overline{AD}=\rho_{01}(1-\sin\alpha_{1da})$，$0\leqslant h_{1d}\leqslant\rho_{01}(1-\sin\alpha_{1da})$，$\overline{MC}=\sqrt{\rho_{01}^2-(\rho_{01}-h_{1d})^2}=\sqrt{2\rho_{01}h_{1d}-h_{1d}^2}$，$\lambda_0=\dfrac{\pi}{4}+\dfrac{\alpha_{1da}}{2}$，$\overline{BC}=\dfrac{w_{1d}}{2}-\dfrac{\rho_{01}}{\tan\lambda_0}$。$M$ 点至刀齿对称线的距离$\overline{MB}=\overline{BC}+\overline{MC}=\dfrac{w_{1d}}{2}-\dfrac{\rho_{01}}{\tan\lambda_0}+\sqrt{2\rho_{01}h_{1d}-h_{1d}^2}$，$M$ 点至刀轴的距离为 $r_{1d}\pm\overline{MB}$（正号用于外刀齿，负号用于内刀齿）。

若取大、小齿轮加工时的刀顶距相同，则 $w_{1d}=w_{2d}=\dfrac{\pi m_n-(h_{mf1}+h_{mf2})(\tan\alpha_{2t}+\tan\alpha_{2a})}{2}$。

在式(2.1-5)、式(2.1-12)、式(2.1-14)中，共有 i_{2c}、E_{2c}、Σ_{2c}、R_{1c}、δ_{1c}、β_{1c}、R_{m2}、δ_2、β_2

9 个参数。只有 R_{1c}和 β_{1c}是未知参数。

R_{1c}、β_{1c}和 r_{1d}的确定见 5.3.2 节。

图 5.1-1 中，s_{2d}为径向刀位，$s_{2d}=\overline{o_1 o_d}=\sqrt{r_{1d}^2+R_{1c}^2-2r_{1d}R_{1c}\sin\beta_{1c}}$。$o_0$ 为铣齿机的偏心鼓轮的回转中心，e 为机床偏心鼓轮的偏心距，是机床常数。τ 为刀位夹角，$s_{2d}=2e\sin\dfrac{\tau}{2}$。在三角形 $o_1 o_d P$ 中，根据余弦定理，$\eta_1=\arccos\left(\dfrac{R_{1c}^2+s_{2d}^2-r_{1d}^2}{2s_{2d}R_{1c}}\right)$，$\eta_2=\arccos\left(\dfrac{R_{1c}^2+r_{1d}^2-s_{2d}^2}{2r_{1d}R_{1c}}\right)$。$q'=\varepsilon_{c2}+\eta_2$，$q=\eta_1-\varepsilon_{c2}$。

当刀齿由 $o_d P$ 线的位置转动了 τ_{1d}角到达 $o_d P'$的位置时，在坐标系 $o_d x_d y_d z_d$ 中，刀齿上 M 点的坐标为

$$\begin{cases} x_d=(r_{1d}\pm\overline{MB})\cos\tau_{1d} \\ y_d=(r_{1d}\pm\overline{MB})\sin\tau_{1d} \\ z_d=h_{1d}-h_{a1d} \end{cases} \tag{5.1-1}$$

式中，$\tau_{1d}>0$ 对应节点 P 至轮齿的大端，$\tau_{1d}<0$ 对应节点 P 至轮齿的小端，$\tau_{1d}=0$ 对应节点 P。

坐标系 $o_d x_d y_d z_d$ 与坐标系 $o_1 x_1 y_1 z_1$ 之间的坐标变换为

$$\begin{bmatrix} x_1 \\ y_1 \\ z_1 \end{bmatrix}=\begin{bmatrix} \sin q' & -\cos q' & 0 \\ -\cos q' & -\sin q' & 0 \\ 0 & 0 & -1 \end{bmatrix}\begin{bmatrix} x_d \\ y_d \\ z_d \end{bmatrix}-\begin{bmatrix} s_{2d}\sin q \\ s_{2d}\cos q \\ 0 \end{bmatrix} \tag{5.1-2}$$

在坐标系 $o_1 x_1 y_1 z_1$ 中，产形轮的齿面是参数 τ_{1d}和 h_{1d}的函数。

对式(5.1-1)、式(5.1-2)求偏导数得

$$\begin{cases} \dfrac{\partial x_d}{\partial \tau_{1d}}=-(r_{1d}\pm\overline{MB})\sin\tau_{1d} \\ \dfrac{\partial y_d}{\partial \tau_{1d}}=(r_{1d}\pm\overline{MB})\cos\tau_{1d} \\ \dfrac{\partial z_d}{\partial \tau_{1d}}=0 \end{cases} \tag{5.1-3}$$

$$\begin{cases} \dfrac{\partial x_d}{\partial h_{1d}}=\pm\zeta\cos\tau_{1d} \\ \dfrac{\partial y_d}{\partial h_{1d}}=\pm\zeta\sin\tau_{1d} \\ \dfrac{\partial z_d}{\partial h_{1d}}=1 \end{cases} \tag{5.1-4}$$

在刀齿的直线部分，对于外刀齿，$\zeta=\tan\alpha_{1dt}$，对于内刀齿，$\zeta=\tan\alpha_{1da}$。在刀齿的圆弧部分，$\zeta=\dfrac{\rho_{01}-h_{1d}}{\sqrt{2\rho_{01}h_{1d}-h_{1d}^2}}$。

$$\begin{cases}\dfrac{\partial x_1}{\partial \tau_{1d}}=-(r_{1d}\pm\overline{MB})\cos(\tau_{1d}-q') \\ \dfrac{\partial y_1}{\partial \tau_{1d}}=(r_{1d}\pm\overline{MB})\sin(\tau_{1d}-q') \\ \dfrac{\partial z_1}{\partial \tau_{1d}}=0\end{cases} \tag{5.1-5}$$

$$\begin{cases}\dfrac{\partial x_1}{\partial h_{1d}}=\mp\zeta\sin(\tau_{1d}-q') \\ \dfrac{\partial y_1}{\partial h_{1d}}=\mp\zeta\cos(\tau_{1d}-q') \\ \dfrac{\partial z_1}{\partial h_{1d}}=-1\end{cases} \tag{5.1-6}$$

在图 1.2-1 的空间啮合坐标系中，将齿轮 1 视为产形齿轮，齿轮 2 视为原理大齿轮。式(1.2-5)、式(1.2-28)中的参数代换是：$i_{21}=i_{2c}$、$\Sigma=\Sigma_{2c}$、$b_1=(R_{1c}\cos\varepsilon_{c2}-R_{m2})\tan\delta_2$、$b_2=\dfrac{R_{m2}-R_{1c}\cos\varepsilon_{c2}}{\cos\delta_2}$、$E=-E_{2c}$、$u_1=\tau_{1d}$、$\nu_1=h_{1d}$。给定产形齿轮的参数 τ_{1d} 和 h_{1d}，运用式(1.2-28)求得转角 φ_1，$\varphi_2=\dfrac{\varphi_1}{i_{c2}}$。运用式(1.2-5)求得左旋齿原理大齿轮在动坐标系 $o_2x_2y_2z_2$ 中的齿面坐标。

图 5.1-1 中，在原理大齿轮和产形齿轮的轴线上各有一个交叉点，称为切齿交叉点。原理大齿轮轴线上的切齿交叉点 o' 又称为机床中心 o_{j2}。过 o_{j2} 并且与产形齿轮的轴线垂直的平面称为基准平面。过产形齿轮的轴线 o_1z_1 并且与偏置距 E_{2c}(垂直轮位)垂直的平面称为水平面，因为在齿轮加工时它处于水平的位置。

$\overline{o_2g_1}=R_{m2}-R_{1c}\cos\varepsilon_{c2}$。机床中心到刀顶平面的距离为床位 $X_{B2}=\overline{o_{j2}g}=o_2g_1\tan\delta_2-h_{a1d}$，轮位 $\Delta X_2=\dfrac{X_{B2}}{\sin\delta_2}$(在第二种设计方案中，是原始大齿轮的分锥顶 o_{s2} 到机床中心的距离)。

径向刀位、刀位夹角、床位、轮位都是一些机床调整参数。在不同的文献中，机床中心、轮位等的定义可能不同。

由于产形齿轮是冠轮，所以刀盘的名义半径 r_{1d} 就是产形齿轮齿线的曲率半径。

5.1.1.2 右旋齿原理准双曲面大齿轮的齿面方程

图 5.1-2 是按第一种设计方案加工右旋齿原理大齿轮的简图。

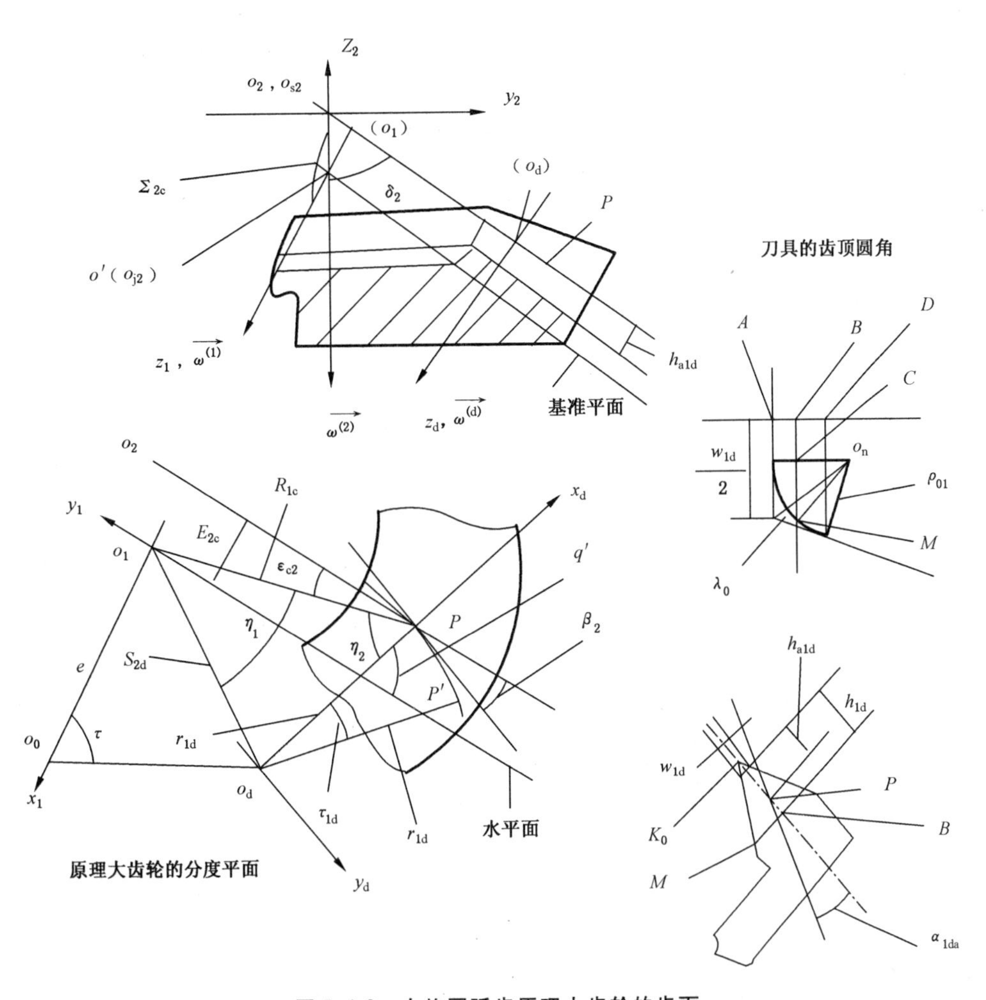

图 5.1-2　右旋圆弧齿原理大齿轮的齿面

当刀齿由 $o_d P$ 线的位置转动了 τ_{1d} 角到达 $o_d P'$ 的位置时，在坐标系 $o_d x_d y_d z_d$ 中，刀齿上 M 点的坐标为

$$\begin{cases} x_d = (r_{1d} \pm \overline{MB}) \cos\tau_{1d} \\ y_d = (r_{1d} \pm \overline{MB}) \sin\tau_{1d} \\ z_d = h_{a1d} - h_{1d} \end{cases} \tag{5.1-7}$$

式中，$\tau_{1d} > 0$ 对应节点 P 至轮齿的大端，$\tau_{1d} < 0$ 对应节点 P 至轮齿的小端，$\tau_{1d} = 0$ 对应节点 P。在内刀齿的直线部分，$h_{1d} > \rho_{01}(1 - \sin\alpha_{1da})$、$\overline{MB} = \dfrac{w_{1d}}{2} + h_{1d}\tan\alpha_{1da}$、$\zeta = \tan\alpha_{1da}$。在外刀齿的直线部分，$h_{1d} > \rho_{01}(1 - \sin\alpha_{1dt})$、$\overline{MB} = \dfrac{w_{1d}}{2} + h_{1d}\tan\alpha_{1dt}$、$\zeta = \tan\alpha_{1dt}$。在内刀齿的圆弧部分，$0 \leqslant h_{1d} \leqslant \rho_{10}(1 - \sin\alpha_{1da})$、$\lambda_0 = \dfrac{\pi}{4} + \dfrac{\alpha_{1da}}{2}$，在外刀齿的圆弧部分，$0 \leqslant h_{1d} \leqslant \rho_{10}(1 -$

$\sin\alpha_{1dt}$)、$\lambda_0=\frac{\pi}{4}+\frac{\alpha_{1dt}}{2}$，$\overline{MB}=\frac{w_{1d}}{2}-\frac{\rho_{01}}{\tan\lambda_0}+\sqrt{2\rho_{01}h_{1d}-h_{1d}^2}$，$\zeta=\frac{\rho_{01}-h_{1d}}{\sqrt{2\rho_{01}h_{1d}-h_{1d}^2}}$。

坐标系 $o_dx_dy_dz_d$ 与坐标系 $o_1x_1y_1z_1$ 之间的坐标变换为

$$\begin{bmatrix} x_1 \\ y_1 \\ z_1 \end{bmatrix}=\begin{bmatrix} -\sin q' & \cos q' & 0 \\ -\cos q' & -\sin q' & 0 \\ 0 & 0 & 1 \end{bmatrix}\begin{bmatrix} x_d \\ y_d \\ z_d \end{bmatrix}+\begin{bmatrix} s_{2d}\sin q \\ -s_{2d}\cos q \\ 0 \end{bmatrix} \tag{5.1-8}$$

在坐标系 $o_1x_1y_1z_1$ 中，产形齿轮的齿面是参数 τ_{1d} 和 h_{1d} 的函数。

x_d、y_d、z_d 对参数 τ_{1d} 的偏导数与式(5.1-3)相同。

$$\begin{cases} \frac{\partial x_d}{\partial h_{1d}}=\pm\zeta\cos\tau_{1d} \\ \frac{\partial y_d}{\partial h_{1d}}=\pm\zeta\sin\tau_{1d} \\ \frac{\partial z_d}{\partial h_{1d}}=-1 \end{cases} \tag{5.1-9}$$

$$\begin{bmatrix} \frac{\partial x_1}{\partial \tau_{1d}} \\ \frac{\partial y_1}{\partial \tau_{1d}} \\ \frac{\partial z_1}{\partial \tau_{1d}} \end{bmatrix}=\begin{bmatrix} -\sin q' & \cos q' & 0 \\ -\cos q' & -\sin q' & 0 \\ 0 & 0 & 1 \end{bmatrix}\begin{bmatrix} \frac{\partial x_d}{\partial \tau_{1d}} \\ \frac{\partial y_d}{\partial \tau_{1d}} \\ \frac{\partial z_d}{\partial \tau_{1d}} \end{bmatrix} \tag{5.1-10}$$

$$\begin{bmatrix} \frac{\partial x_1}{\partial h_{1d}} \\ \frac{\partial y_1}{\partial h_{1d}} \\ \frac{\partial z_1}{\partial h_{1d}} \end{bmatrix}=\begin{bmatrix} -\sin q' & \cos q' & 0 \\ -\cos q' & -\sin q' & 0 \\ 0 & 0 & 1 \end{bmatrix}\begin{bmatrix} \frac{\partial x_d}{\partial h_{1d}} \\ \frac{\partial y_d}{\partial h_{1d}} \\ \frac{\partial z_d}{\partial h_{1d}} \end{bmatrix} \tag{5.1-11}$$

求 R_{1c}、β_{1c}、r_{1d}、η_1、η_2、q'、q、τ、s_{2d}、E_{2c}、i_{2c}、X_{B2}、ΔX_2 的公式与左旋齿原理大齿轮的计算式相同。

在图 1.2-1 的空间啮合坐标系中，将齿轮 1 视为产形齿轮，齿轮 2 视为原理大齿轮。式(1.2-5)、式(1.2-28)中的参数代换是：$\Sigma=\Sigma_{2c}$、$b_1=(R_{1c}\cos\varepsilon_{c2}-R_{m2})\tan\delta_2$、$b_2=\frac{R_{m2}-R_{1c}\cos\varepsilon_{c2}}{\cos\delta_2}$、$E=E_{2c}$、$u_1=\tau_{1d}$、$v_1=h_{1d}$。给定产形齿轮的参数 τ_{1d} 和 h_{1d}，运用式(1.2-28)求得转角 φ_1，$\varphi_2=\frac{\varphi_1}{i_{c2}}$。运用式(1.2-5)求得右旋齿原理大齿轮在动坐标系 $o_2x_2y_2z_2$ 中的齿面坐标。

5.1.2 摆线齿原理准双曲面大齿轮的齿面方程

加工圆弧齿齿轮时，每切完一个轮齿，要通过分度机构使轮坯回转一个或多个轮齿中心角才能进行下一个轮齿的加工。摆线齿制与圆弧齿制的主要区别是刀盘的轴心在齿轮的加工过程中是运动的，刀齿的运动轨迹或产形齿轮的齿面是圆的长幅外摆锥面，产形齿轮的假想齿面是这一锥面的等距齿面。当刀盘的刀齿数(实为刀齿的组数)z_0、产形齿轮的齿数 z_c 和原理大齿轮的齿数 z_2 选择合适时，摆线齿齿轮的加工可以实现连续切齿。

摆线齿原理齿轮的节点位置与圆弧齿原理齿轮的节点位置相同。

摆线齿准双曲面齿轮是奥利康公司和克林根贝尔格公司研究开发的产品。两个公司的差别主要是所用的机床不同，所用的刀盘规格及结构不同，在齿轮的设计原理方面是一样的。

5.1.2.1 左旋齿原理准双曲面大齿轮的齿面方程

将图 5.1-1 的分度平面表示在图 5.1-3 中。原理大齿轮的齿线是左旋的。

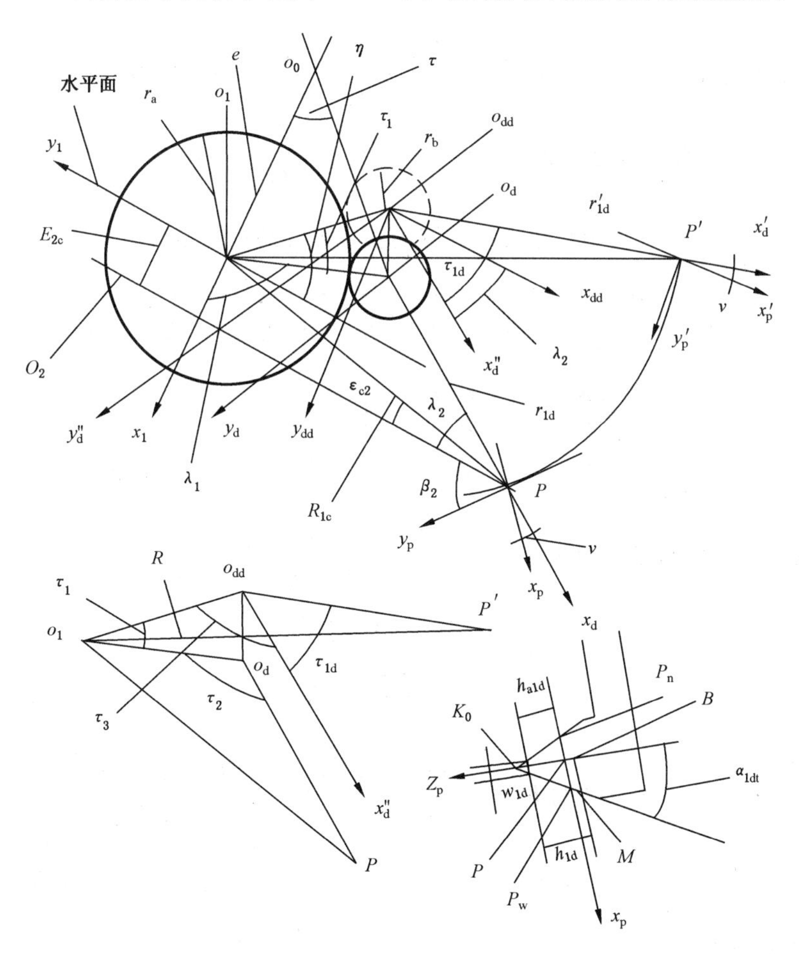

图 5.1-3　左旋摆线齿原理大齿轮的分度平面

图中太阳轮的轴心为 o_1，半径为 r_a，行星轮的轴心为 o_d，半径为 r_b，$i_{cd}=\frac{r_a}{r_b}=\frac{z_c}{z_0}$。太阳轮的轴心固定。行星轮的轴心绕太阳轮转动，刀盘与行星轮固连。

r_a+r_b 是产形齿轮的轴线与刀盘轴线之间的距离，称为刀轴偏置距。

行星轮的轴心公转了一个角度 τ_1 之后，o_d 点运动到了 o_{dd} 点，P 点运动到了 P' 点。相对于 P 点来说，P' 点向轮齿的大端运动。行星轮自转的角度 $\tau_{1d}=\frac{r_a}{r_b}\tau_1$。

在坐标系 $o_1x_1y_1z_1$ 中，分度平面与产形齿轮的假想齿面的交线就是 P' 点的运动轨迹，所以产形齿轮的齿线是圆的长幅外摆线。

在摆线齿大齿轮的展成法加工中，刀盘的名义半径 r'_{1d} 与产形齿轮齿线的曲率半径 $r_{1c}^{(0)}$ 不同。

在 $\triangle o_1o_dP$ 中，根据余弦定理，$\cos\tau_2=\frac{(r_a+r_b)^2+r_{1d}'^2-R_{1c}^2}{2(r_a+r_b)r'_{1d}}$。坐标轴 $o_{dd}x''_d$ 平行于 o_dP 线，坐标轴 $o_{dd}z''_d$ 垂直于分度平面。$\tau_3=\tau_2-\tau_1=\tau_2-\frac{r_b}{r_a}\tau_{1d}$。在 $\triangle o_1o_{dd}P'$ 中，$\angle o_1o_{dd}P'=\tau_3+\tau_{1d}=\tau_2+\frac{r_a-r_b}{r_a}\tau_{1d}$。由余弦定理得到圆的长幅外摆线的极坐标方程

$$R=\sqrt{(r_a+r_b)^2+r_{1d}'^2-2(r_a+r_b)r'_{1d}\cos\left(\tau_2+\frac{r_a-r_b}{r_a}\tau_{1d}\right)} \tag{5.1-12}$$

$$\frac{dR}{d\tau_{1d}}=\frac{(r_a^2-r_b^2)r'_{1d}}{r_aR}\sin\left(\tau_2+\frac{r_a-r_b}{r_a}\tau_{1d}\right)$$

$$\frac{d^2R}{d\tau_{1d}^2}=\frac{1}{R}\left[\frac{(r_a^2-r_b^2)(r_a-r_b)r'_{1d}}{r_a^2}\cos\left(\tau_2+\frac{r_a-r_b}{r_a}\tau_{1d}\right)-\left(\frac{dR}{d\tau_{1d}}\right)^2\right]$$

圆的长幅外摆线的曲率半径

$$\rho=\frac{\left[R^2+\left(\frac{dR}{d\tau_{1d}}\right)^2\right]^{\frac{3}{2}}}{R^2+2\left(\frac{dR}{d\tau_{1d}}\right)^2-R\frac{d^2R}{d\tau_{1d}^2}} \tag{5.1-13}$$

在式(5.1-13)中，令 $\tau_{1d}=0$，得 $R=R_{1c}$，$\frac{dR}{d\tau_{1d}}=\frac{(r_a-r_b)\sqrt{4r_{1d}'^2R_{1c}^2-[(r_a+r_b)^2-r_{1d}'^2-R_{1c}^2]^2}}{2r_aR_{1c}}$，

$\frac{d^2R}{d\tau_{1d}^2}=\frac{(r_a-r_b)^2}{4r_a^2R_{1c}^3}\{2R_{1c}^2[(r_a+r_b)^2+r_{1d}'^2-R_{1c}^2]-4r_{1d}'^2R_{1c}^2+[(r_a+r_b)^2-r_{1d}'^2-R_{1c}^2]^2\}$。产形齿轮齿线的曲率半径

$$r_{1c}^{(0)}=\rho|_{\tau_{1d}=0} \tag{5.1-14}$$

在节点 P 处，坐标系 $Px_py_pz_p$ 的 Px_p 轴在齿线的法线方向，Py_p 轴在齿线的切线方向，Pz_p 轴与分度平面垂直。刀齿的对称线过 P 点，刀刃在 x_pz_p 平面内。Px_p 轴与刀盘的半径 o_dP 的夹角称为刀齿方向角 ν，由 4.2.2 节铣刀盘的结构可知，若铣刀盘的切向名

义半径为 r_{cb}，则刀齿方向角 $\nu=\arccos\left(\frac{r_{cb}}{r'_{1d}}\right)$。

由方程组

$$\begin{cases}r'_{1d}\cos\lambda_2+(r_a+r_b)\sin\lambda_1=R_{1c}\cos\varepsilon_{c2}\\ r'_{1d}\sin\lambda_2+(r_a+r_b)\cos\lambda_1=E_{2c}\end{cases} \tag{5.1-15}$$

可以解出 λ_1 和 λ_2。

$s_{2d}=\overline{o_1 o_d}$为径向刀位，此处 s_{2d}等于刀轴偏置距 r_a+r_b。e 为机床偏心鼓轮的偏心距，τ 为刀位夹角，$s_{2d}=2e\sin\frac{\tau}{2}$。

产形齿轮的中点分锥距 R_{1c}、螺旋角 β_{1c}及刀盘的名义半径 r'_{1d}的取值见 5.3.2 节。

对于圆弧齿齿轮来说，刀盘的内、外刀齿位于刀盘的半径上。对于摆线齿齿轮来说，刀盘的内、外刀齿不在刀盘的半径上。

在坐标系 $Px_py_pz_p$ 中，刀齿上一点 M 的坐标

$$\begin{cases}x_p=\pm\overline{MB}\\ y_p=0\\ z_p=h_{a1d}-h_{1d}\end{cases} \tag{5.1-16}$$

式中正号用于外刀齿，负号用于内刀齿。$\overline{MB}$的求法与 5.1.1.1 节相同。

坐标系 $o_dx_dy_dz_d$ 与坐标系 $Px_py_pz_p$ 之间的坐标变换为

$$\begin{bmatrix}x_d\\ y_d\\ z_d\end{bmatrix}=\begin{bmatrix}\cos\nu & -\sin\nu & 0\\ \sin\nu & \cos\nu & 0\\ 0 & 0 & 1\end{bmatrix}\begin{bmatrix}x_p\\ y_p\\ z_p\end{bmatrix}+\begin{bmatrix}r'_{1d}\\ 0\\ 0\end{bmatrix} \tag{5.1-17}$$

当 P 点运动到 P' 点时，坐标系 $o_dx_dy_dz_d$ 运动到坐标系 $o_{dd}x'_dy'_dz'_d$ 的位置，但刀齿与坐标系 $o_{dd}x'_dy'_dz'_d$之间的相对位置没有改变，运用式(5.1-16)、式(5.1-17)得

$$\begin{cases}x'_d=\pm\overline{MB}\cos\nu+r'_{1d}\\ y'_d=\pm\overline{MB}\sin\nu\\ z'_d=h_{a1d}-h_{1d}\end{cases} \tag{5.1-18}$$

在 P' 点，刀齿平面不再在齿线的法线方向上，这一点与圆弧齿的齿轮不同。

坐标系 $o_{dd}x''_dy''_dz''_d$ 与坐标系 $o_{dd}x'_dy'_dz'_d$ 之间的坐标变换为

$$\begin{bmatrix}x''_d\\ y''_d\\ z''_d\end{bmatrix}=\begin{bmatrix}\cos\tau_{1d} & \sin\tau_{1d} & 0\\ -\sin\tau_{1d} & \cos\tau_{1d} & 0\\ 0 & 0 & 1\end{bmatrix}\begin{bmatrix}x'_d\\ y'_d\\ z'_d\end{bmatrix} \tag{5.1-19}$$

坐标轴 $o_{dd}x_{dd}$平行于 o_2P 线，坐标轴 $o_{dd}z_{dd}$垂直于分度平面。坐标系 $o_{dd}x_{dd}y_{dd}z_{dd}$与坐标系 $o_{dd}x''_dy''_dz''_d$ 之间的坐标变换为

$$\begin{bmatrix} x_{dd} \\ y_{dd} \\ z_{dd} \end{bmatrix} = \begin{bmatrix} \cos\lambda_2 & -\sin\lambda_2 & 0 \\ \sin\lambda_2 & \cos\lambda_2 & 0 \\ 0 & 0 & 1 \end{bmatrix} \begin{bmatrix} x''_d \\ y''_d \\ z''_d \end{bmatrix} \tag{5.1-20}$$

坐标轴 o_1y_1 平行于 o_2P 线。坐标系 $o_1x_1y_1z_1$ 与坐标系 $o_{dd}x_{dd}y_{dd}z_{dd}$ 之间的坐标变换为

$$\begin{bmatrix} x_1 \\ y_1 \\ z_1 \end{bmatrix} = \begin{bmatrix} 0 & 1 & 0 \\ -1 & 0 & 0 \\ 0 & 0 & 1 \end{bmatrix} \begin{bmatrix} x_{dd} \\ y_{dd} \\ z_{dd} \end{bmatrix} - \begin{bmatrix} (r_a+r_b)\sin\eta \\ (r_a+r_b)\cos\eta \\ 0 \end{bmatrix} \tag{5.1-21}$$

式中，$\eta=\tau_1+\lambda_1-\dfrac{\pi}{2}=\dfrac{r_b}{r_a}\tau_{1d}+\lambda_1-\dfrac{\pi}{2}$。

在坐标系 $o_1x_1y_1z_1$ 中，产形轮的齿面是参数 τ_{1d} 和 h_{1d} 的函数。

与圆弧齿齿轮一样，运用式(1.2-5)、式(1.2-28)可以求得左旋摆线齿原理大齿轮在动坐标系 $o_2x_2y_2z_2$ 中的齿面坐标。

x''_d、y''_d、z''_d 对参数 τ_{1d}、h_{1d} 的偏导数

$$\begin{cases} \dfrac{\partial x''_d}{\partial \tau_{1d}} = \mp \overline{MB}\sin(\tau_{1d}-\nu) - r'_{1d}\sin\tau_{1d} \\ \dfrac{\partial y''_d}{\partial \tau_{1d}} = \mp \overline{MB}\cos(\tau_{1d}-\nu) - r'_{1d}\cos\tau_{1d} \\ \dfrac{\partial z''_d}{\partial \tau_{1d}} = 0 \end{cases} \tag{5.1-22}$$

$$\begin{cases} \dfrac{\partial x''_d}{\partial h_{1d}} = \mp \zeta\cos(\tau_{1d}-\nu) \\ \dfrac{\partial y''_d}{\partial h_{1d}} = \mp \zeta\sin(\tau_{1d}-\nu) \\ \dfrac{\partial z''_d}{\partial h_{1d}} = -1 \end{cases} \tag{5.1-23}$$

x_1、y_1、z_1 对参数 τ_{1d}、h_{1d} 的偏导数

$$\begin{bmatrix} \dfrac{\partial x_1}{\partial \tau_{1d}} \\ \dfrac{\partial y_1}{\partial \tau_{1d}} \\ \dfrac{\partial z_1}{\partial \tau_{1d}} \end{bmatrix} = \begin{bmatrix} \sin\lambda_2 & \cos\lambda_2 & 0 \\ -\cos\lambda_2 & \sin\lambda_2 & 0 \\ 0 & 0 & 1 \end{bmatrix} \begin{bmatrix} \dfrac{\partial x''_d}{\partial \tau_{1d}} \\ \dfrac{\partial y''_d}{\partial \tau_{1d}} \\ \dfrac{\partial z''_d}{\partial \tau_{1d}} \end{bmatrix} - \begin{bmatrix} \dfrac{r_b(r_a+r_b)}{r_a}\cos\eta \\ -\dfrac{r_b(r_a+r_b)}{r_a}\sin\eta \\ 0 \end{bmatrix} \tag{5.1-24}$$

$$\begin{bmatrix} \dfrac{\partial x_1}{\partial h_{1d}} \\ \dfrac{\partial y_1}{\partial h_{1d}} \\ \dfrac{\partial z_1}{\partial h_{1d}} \end{bmatrix} = \begin{bmatrix} \sin\lambda_2 & \cos\lambda_2 & 0 \\ -\cos\lambda_2 & \sin\lambda_2 & 0 \\ 0 & 0 & 1 \end{bmatrix} \begin{bmatrix} \dfrac{\partial x''_d}{\partial h_{1d}} \\ \dfrac{\partial y''_d}{\partial h_{1d}} \\ \dfrac{\partial z''_d}{\partial h_{1d}} \end{bmatrix} \tag{5.1-25}$$

5.1.2.2 右旋齿原理准双曲面大齿轮的齿面方程

图 5.1-4 是图 5.1-2 中的分度平面。原理大齿轮的齿线是右旋的。

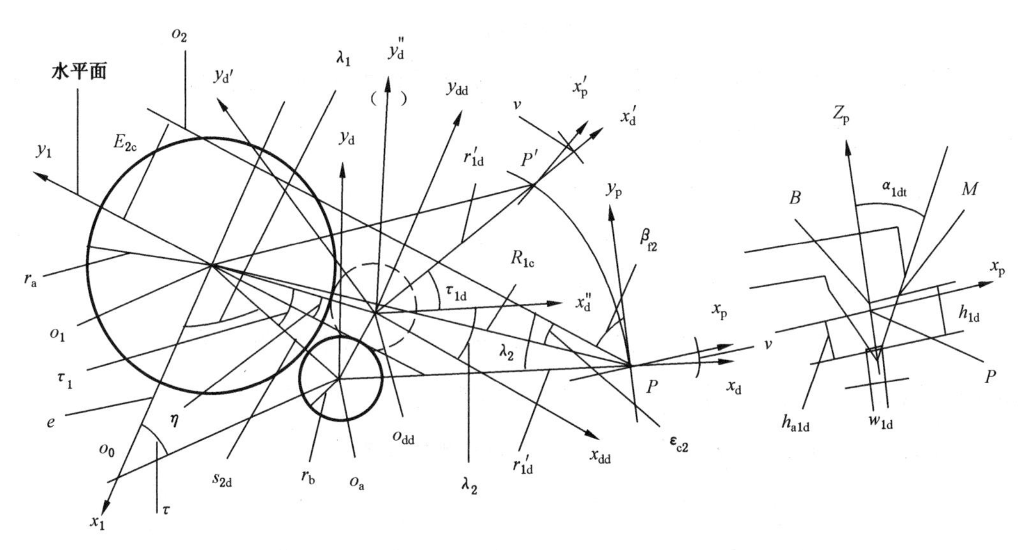

图 5.1-4 右旋摆线齿原理大齿轮的安装平面

产形齿轮的中点分锥距 R_{1c}、螺旋角 β_{1c} 及刀盘的名义半径 r'_{1d}、刀齿方向角 ν 的取法见 5.3.2 节。

在节点 P 处,坐标系 $Px_py_pz_p$ 的 Px_p 轴在齿线的法线方向,Py_p 轴在齿线的切线方向,Pz_p 轴与分度平面垂直。刀齿的对称线过 P 点,刀刃在 x_pz_p 平面内。ν 是刀齿方向角。

径向刀位 $s_{2d}=r_a+r_b$。e 为机床偏心鼓轮的偏心距,τ 为刀位夹角,$s_{2d}=2e\sin\dfrac{\tau}{2}$。由方程组

$$\begin{cases} r'_{1d}\cos\lambda_2+(r_a+r_b)\sin\lambda_1=R_{1c}\cos\varepsilon_{c2} \\ r'_{1d}\sin\lambda_2-(r_a+r_b)\cos\lambda_1=E_{2c} \end{cases} \tag{5.1-26}$$

可以解出 λ_1 和 λ_2。

在坐标系 $Px_py_pz_p$ 中,刀齿上一点 M 的坐标

$$\begin{cases} x_p=\pm\overline{MB} \\ y_p=0 \\ z_p=h_{1d}-h_{a1d} \end{cases} \tag{5.1-27}$$

式中,正号用于外刀齿,负号用于内刀齿。

坐标系 $o_dx_dy_dz_d$ 与坐标系 $Px_py_pz_p$ 之间的坐标变换与式(5.1-17)相同。

当 P 点运动到 P' 点时,坐标系 $o_dx_dy_dz_d$ 运动到坐标系 $o_{dd}x'_dy'_dz'_d$ 的位置,但刀齿与坐标系 $o_{dd}x'_dy'_dz'_d$ 之间的相对位置没有改变,运用式(5.1-27)、式(5.1-17)得

$$
\begin{cases}
x_{\mathrm{d}}' = \pm \overline{MB}\cos\nu + r_{1\mathrm{d}} \\
y_{\mathrm{d}}' = \pm \overline{MB}\sin\nu \\
z_{\mathrm{d}}' = h_{1\mathrm{d}} - h_{\mathrm{a1d}}
\end{cases}
\tag{5.1-28}
$$

坐标轴 $o_{\mathrm{dd}}x_{\mathrm{d}}''$ 平行于 $o_{\mathrm{d}}P$ 线，坐标轴 $o_{\mathrm{dd}}z_{\mathrm{d}}''$ 垂直于分度平面。坐标系 $o_{\mathrm{dd}}x_{\mathrm{d}}''y_{\mathrm{d}}''z_{\mathrm{d}}''$ 与坐标系 $o_{\mathrm{dd}}x_{\mathrm{d'}}y_{\mathrm{d'}}z_{\mathrm{d'}}$ 之间的坐标变换为

$$
\begin{bmatrix} x_{\mathrm{d}}'' \\ y_{\mathrm{d}}'' \\ z_{\mathrm{d}}'' \end{bmatrix} =
\begin{bmatrix} \cos\tau_{1\mathrm{d}} & -\sin\tau_{1\mathrm{d}} & 0 \\ \sin\tau_{1\mathrm{d}} & \cos\tau_{1\mathrm{d}} & 0 \\ 0 & 0 & 1 \end{bmatrix}
\begin{bmatrix} x_{\mathrm{d}}' \\ y_{\mathrm{d}}' \\ z_{\mathrm{d}}' \end{bmatrix}
\tag{5.1-29}
$$

坐标轴 $o_{\mathrm{dd}}x_{\mathrm{dd}}$ 平行于 o_2P 线，坐标轴 $o_{\mathrm{dd}}z_{\mathrm{dd}}$ 垂直于分度平面。坐标系 $o_{\mathrm{dd}}x_{\mathrm{dd}}y_{\mathrm{dd}}z_{\mathrm{dd}}$ 与坐标系 $o_{\mathrm{dd}}x_{\mathrm{d}}''y_{\mathrm{d}}''z_{\mathrm{d}}''$ 之间的坐标变换与式(5.1-20)相同。

坐标系 $o_{\mathrm{dd}}x_{\mathrm{dd}}y_{\mathrm{dd}}z_{\mathrm{dd}}$ 与坐标系 $o_1x_1y_1z_1$ 之间的坐标变换为

$$
\begin{bmatrix} x_1 \\ y_1 \\ z_1 \end{bmatrix} =
\begin{bmatrix} 0 & -1 & 0 \\ -1 & 0 & 0 \\ 0 & 0 & -1 \end{bmatrix}
\begin{bmatrix} x_{\mathrm{dd}} \\ y_{\mathrm{dd}} \\ z_{\mathrm{dd}} \end{bmatrix} -
\begin{bmatrix} (r_{\mathrm{a}}+r_{\mathrm{b}})\sin\eta \\ (r_{\mathrm{a}}+r_{\mathrm{b}})\cos\eta \\ 0 \end{bmatrix}
\tag{5.1-30}
$$

式中，$\eta = \frac{r_{\mathrm{b}}}{r_{\mathrm{a}}}\tau_{1\mathrm{d}} + \lambda_1 - \frac{\pi}{2}$。

在坐标系 $o_1x_1y_1z_1$ 中，产形轮的齿面是参数 $\tau_{1\mathrm{d}}$ 和 $h_{1\mathrm{d}}$ 的函数。

与圆弧齿齿轮一样，运用式(1.2-5)、式(1.2-28)可以求得右旋摆线齿原理大齿轮在动坐标系 $o_2x_2y_2z_2$ 中的齿面坐标。

节点处齿线的曲率半径 $r_{1\mathrm{c}}^{(0)}$ 的计算同式(5.1-14)。

x_{d}''、y_{d}''、z_{d}'' 对参数 $\tau_{1\mathrm{d}}$、$h_{1\mathrm{d}}$ 的偏导数

$$
\begin{cases}
\dfrac{\partial x_{\mathrm{d}}''}{\partial \tau_{1\mathrm{d}}} = \mp \overline{MB}\sin(\tau_{1\mathrm{d}}+\nu) - r_{1\mathrm{d}}\sin\tau_{1\mathrm{d}} \\
\dfrac{\partial y_{\mathrm{d}}''}{\partial \tau_{1\mathrm{d}}} = \pm \overline{MB}\cos(\tau_{1\mathrm{d}}+\nu) + r_{1\mathrm{d}}\cos\tau_{1\mathrm{d}} \\
\dfrac{\partial z_{\mathrm{d}}''}{\partial \tau_{1\mathrm{d}}} = 0
\end{cases}
\tag{5.1-31}
$$

$$
\begin{cases}
\dfrac{\partial x_{\mathrm{d}}''}{\partial h_{1\mathrm{d}}} = \pm \zeta\cos(\tau_{1\mathrm{d}}+\nu) \\
\dfrac{\partial y_{\mathrm{d}}''}{\partial h_{1\mathrm{d}}} = \pm \zeta\sin(\tau_{1\mathrm{d}}+\nu) \\
\dfrac{\partial z_{\mathrm{d}}''}{\partial h_{1\mathrm{d}}} = 1
\end{cases}
\tag{5.1-32}
$$

x_1、y_1、z_1 对参数 $\tau_{1\mathrm{d}}$、$h_{1\mathrm{d}}$ 的偏导数

$$\begin{bmatrix}\dfrac{\partial x_1}{\partial \tau_{1d}}\\ \dfrac{\partial y_1}{\partial \tau_{1d}}\\ \dfrac{\partial z_1}{\partial \tau_{1d}}\end{bmatrix}=\begin{bmatrix}-\sin\lambda_2 & -\cos\lambda_2 & 0\\ -\cos\lambda_2 & \sin\lambda_2 & 0\\ 0 & 0 & -1\end{bmatrix}\begin{bmatrix}\dfrac{\partial x''_d}{\partial \tau_{1d}}\\ \dfrac{\partial y''_d}{\partial \tau_{1d}}\\ \dfrac{\partial z''_d}{\partial \tau_{1d}}\end{bmatrix}-\begin{bmatrix}\dfrac{r_b(r_a+r_b)}{r_a}\cos\eta\\ -\dfrac{r_b(r_a+r_b)}{r_a}\sin\eta\\ 0\end{bmatrix} \tag{5.1-33}$$

$$\begin{bmatrix}\dfrac{\partial x_1}{\partial h_{1d}}\\ \dfrac{\partial y_1}{\partial h_{1d}}\\ \dfrac{\partial z_1}{\partial h_{1d}}\end{bmatrix}=\begin{bmatrix}-\sin\lambda_2 & -\cos\lambda_2 & 0\\ -\cos\lambda_2 & \sin\lambda_2 & 0\\ 0 & 0 & -1\end{bmatrix}\begin{bmatrix}\dfrac{\partial x''_d}{\partial h_{1d}}\\ \dfrac{\partial y''_d}{\partial h_{1d}}\\ \dfrac{\partial z''_d}{\partial h_{1d}}\end{bmatrix} \tag{5.1-34}$$

5.1.3 原理准双曲面大齿轮的齿线方程，摇台转角、齿轮转角及齿线上任意点的螺旋角

5.1.3.1 圆弧齿原理大齿轮

(1) 齿线方程

在图 5.1-1 中，过节点 P 得到假想内、外刀齿。在坐标系 $o_d x_d y_d z_d$ 中，由式(5.1-1)，假想内刀齿的齿面方程为

$$\begin{cases}x_d=(r'_{1d}+h_{ald}\tan\alpha_{1da}-h_{1d}\tan\alpha_{1da})\cos\tau_{1d}\\ y_d=(r'_{1d}+h_{ald}\tan\alpha_{1da}-h_{1d}\tan\alpha_{1da})\sin\tau_{1d}\\ z_d=h_{1d}-h_{ald}\end{cases} \tag{5.1-35}$$

$\tau_{1d}>0$ 对应节点 P 至轮齿的大端，$\tau_{1d}<0$ 对应节点 P 至轮齿的小端。

$$\begin{cases}\dfrac{\partial x_d}{\partial \tau_{1d}}=-(r'_{1d}+h_{ald}\tan\alpha_{1da}-h_{1d}\tan\alpha_{1da})\sin\tau_{1d}\\ \dfrac{\partial y_d}{\partial \tau_{1d}}=(r'_{1d}+h_{ald}\tan\alpha_{1da}-h_{1d}\tan\alpha_{1da})\cos\tau_{1d}\\ \dfrac{\partial z_d}{\partial \tau_{1d}}=0\end{cases} \tag{5.1-36}$$

$$\begin{cases}\dfrac{\partial x_d}{\partial h_{1d}}=-\tan\alpha_{1da}\cos\tau_{1d}\\ \dfrac{\partial y_d}{\partial h_{1d}}=-\tan\alpha_{1da}\sin\tau_{1d}\\ \dfrac{\partial z_d}{\partial h_{1d}}=1\end{cases} \tag{5.1-37}$$

由式(5.1-35)、式(5.1-2)、式(5.1-36)、式(5.1-37)、式(1.2-5)、式(1.2-28)求得左旋圆弧齿原理大齿轮的凸假想齿面在坐标系 $o_2x_2y_2z_2$ 中的坐标，它们是坐标参数 τ_{1d}、h_{1d} 的函数。令 $h_{1d}=h_{ald}$，得到原理大齿轮的齿线在坐标系 $o_2x_2y_2z_2$ 中的坐标 x_2，y_2，z_2，它们只

是 τ_{1d}的函数。

（2）摇台转角和齿轮转角

以图 5.1-1 左旋齿原理大齿轮的加工为例。当刀盘逆时针转动时，凸齿面的小端齿根点 C''_g 最先切入，凹齿面的大端齿根点 C'_g 最后切出。

原理大齿轮小端的齿根高为$\dfrac{R_2-0.5B_2}{R_2}h_{mf2}$，$C''_g$ 至顶点 o_{s2} 的距离 $l_{sa}=(R_2-0.5B_2)\sqrt{1+\left(\dfrac{h_{mf2}}{R_2}\right)^2}$。$C''_g$ 至顶点 o_2 的距离为 $l_a=\sqrt{(l_{sa}\sin\delta_2)^2+(\overline{o_2o_{s2}}+l_{sa}\cos\delta_2)^2}$。在 5.1.1.1 节中，已经求得原理大齿轮凸齿面的坐标 x_2、y_2、z_2。令 $h_{1d}=0$，由 $l_a=\sqrt{x_2^2+y_2^2+z_2^2}$可以求得切入点 C''_g 对应的参数 $\tau_{1d}=\tau_{1a}<0$ 的值，也可以求得转角 φ_{1a}、φ_{2a}的值。φ_{1a}的值就是原理大齿轮切入点到节点的摇台的转角（摇台角），φ_{2a}的值就是对应的原理大齿轮的转角。

原理大齿轮大端的齿根高为$\dfrac{R_2+0.5B_2}{R_2}h_{mf2}$，$C'_g$ 至顶点 o_{s2} 的距离为 $l_{sb}=(R_2+0.5B_2)\sqrt{1+\left(\dfrac{h_{mf2}}{R_2}\right)^2}$。$C'_g$至顶点 o_2 的距离为 $l_b=\sqrt{(l_{sa}\sin\delta_2)^2+(\overline{o_2o_{s2}}+l_{sb}\cos\delta_2)^2}$。在 5.1.1.1 节中，已经求得原理大齿轮凹齿面的齿面坐标 x_2、y_2、z_2。令 $h_{1d}=0$，由 $l_b=\sqrt{x_2^2+y_2^2+z_2^2}$可以求得切出点 C'_g对应的参数 $\tau_{1d}=\tau_{1b}>0$ 的值，也可以求得转角 φ_{1b}、φ_{2b}的值。φ_{1b}的值就是原理大齿轮切出点到节点的摇台转角（摇台角），φ_{2b}的值就是对应的原理大齿轮的转角。

切完一个齿的摇台转角为$(\varphi_{1b}-\varphi_{1a})$，原理大齿轮的转角为$(\varphi_{2b}-\varphi_{2a})$。

（3）齿线上任意点的螺旋角

由齿线的方程可以求得齿线上任意点的切线的方向余弦$(a_{x2},a_{y2},a_{z2})=\left[\dfrac{dx_2}{d\tau_{1d}},\dfrac{dy_2}{d\tau_{1d}},\dfrac{dz_2}{d\tau_{1d}}\right]$。齿线上任意点的圆锥母线的方向余弦$(b_{x2},b_{y2},b_{z2})=\left[\dfrac{x_2}{\sqrt{x_2^2+y_2^2+z_2^2}},\dfrac{y_2}{\sqrt{x_2^2+y_2^2+z_2^2}},\dfrac{z_2}{\sqrt{x_2^2+y_2^2+z_2^2}}\right]$。设齿线上任意点的螺旋角为 β_2，它也只是参数 τ_{1d}的函数。

$$\cos\beta_2=\frac{a_{x_2}b_{x_2}+a_{y_2}b_{y_2}+a_{z_2}b_{z_2}}{\sqrt{a_{x_2}^2+a_{y_2}^2+a_{z_2}^2}\sqrt{b_{x_2}^2+b_{y_2}^2+b_{z_2}^2}} \tag{5.1-38}$$

求解$\dfrac{dx_2}{d\tau_{1d}}$、$\dfrac{dy_2}{d\tau_{1d}}$、$\dfrac{dz_2}{d\tau_{1d}}$的解析式太复杂，可用差分$\dfrac{\Delta x_2}{\Delta\tau_{1d}}$、$\dfrac{\Delta y_2}{\Delta\tau_{1d}}$、$\dfrac{\Delta z_2}{\Delta\tau_{1d}}$近似代替。

5.1.3.2 摆线齿原理大齿轮

（1）齿线方程

对于左旋摆线齿原理大齿轮，过节点的假想内刀齿在坐标系 $Px_py_pz_p$ 中的方程为

$$\begin{cases} x_{\mathrm{p}}=(h_{\mathrm{a1d}}-h_{\mathrm{1d}})\tan\alpha_{\mathrm{1da}} \\ y_{\mathrm{p}}=0 \\ z_{\mathrm{p}}=h_{\mathrm{a1d}}-h_{\mathrm{1d}} \end{cases} \tag{5.1-39}$$

在坐标系 $o_{\mathrm{dd}}x''_{\mathrm{d}}y''_{\mathrm{d}}z''_{\mathrm{d}}$ 中，产形齿轮的假想凹齿面的坐标

$$\begin{cases} x''_{\mathrm{d}}=(h_{\mathrm{a1d}}-h_{\mathrm{1d}})\tan\alpha_{\mathrm{1da}}\cos(\tau_{\mathrm{1d}}-\nu)+r'_{\mathrm{1d}}\cos\tau_{\mathrm{1d}} \\ y''_{\mathrm{d}}=(h_{\mathrm{a1d}}-h_{\mathrm{1d}})\tan\alpha_{\mathrm{1da}}\sin(\tau_{\mathrm{1d}}-\nu)+r'_{\mathrm{1d}}\sin\tau_{\mathrm{1d}} \\ z''_{\mathrm{d}}=h_{\mathrm{a1d}}-h_{\mathrm{1d}} \end{cases} \tag{5.1-40}$$

$$\begin{cases} \dfrac{\partial x''_{\mathrm{d}}}{\partial\tau_{\mathrm{1d}}}=(h_{\mathrm{1d}}-h_{\mathrm{a1d}})\tan\alpha_{\mathrm{1da}}\sin(\tau_{\mathrm{1d}}-\nu)-r'_{\mathrm{1d}}\sin\tau_{\mathrm{1d}} \\ \dfrac{\partial y''_{\mathrm{d}}}{\partial\tau_{\mathrm{1d}}}=-(h_{\mathrm{1d}}-h_{\mathrm{a1d}})\tan\alpha_{\mathrm{1da}}\cos(\tau_{\mathrm{1d}}-\nu)+r'_{\mathrm{1d}}\cos\tau_{\mathrm{1d}} \\ \dfrac{\partial z''_{\mathrm{d}}}{\partial\tau_{\mathrm{1d}}}=0 \end{cases} \tag{5.1-41}$$

$$\begin{cases} \dfrac{\partial x''_{\mathrm{d}}}{\partial\tau_{\mathrm{1d}}}=-\tan\alpha_{\mathrm{1da}}\cos(\tau_{\mathrm{1d}}-\nu) \\ \dfrac{\partial y''_{\mathrm{d}}}{\partial h_{\mathrm{1d}}}=-\tan\alpha_{\mathrm{1da}}\sin(\tau_{\mathrm{1d}}-\nu) \\ \dfrac{\partial z''_{\mathrm{d}}}{\partial h_{\mathrm{1d}}}=-1 \end{cases} \tag{5.1-42}$$

利用式(5.1-40)、式(5.1-20)、式(5.1-21)、式(5.1-41)、式(5.1-42)、式(5.1-24)、式(5.1-25)、式(1.2-5)、式(1.2-28)及 $h=h_{\mathrm{a1d}}$ 求得摆线齿原理大齿轮的齿线在坐标系 $o_2x_2y_2z_2$ 中的坐标 x_2,y_2,z_2，它只是 τ_{1d} 的函数。

(2) 摇台转角、齿轮转角及刀盘转角

以左旋齿原理大齿轮的加工为例。当刀盘逆时针转动时，凸齿面的小端齿根点最先切入，凹齿面的大端齿根点最后切出。

在5.1.2.1节中，已经求得原理大齿轮凸齿面的齿面坐标 x_2、y_2、z_2。令 $h_{\mathrm{1d}}=0$，由 $l_{\mathrm{a}}=\sqrt{x_2^2+y_2^2+z_2^2}$ 可以求得切入点对应的参数 $\tau_{\mathrm{1d}}=\tau_{\mathrm{1a}}<0$ 的值，也可以求得转角 φ_{1a}、φ_{2a} 的值。φ_{1a} 的值就是原理大齿轮切入点到节点的摇台转角(摇台角)，φ_{2a} 的值就是对应的原理大齿轮的转角。l_{a} 的求法与圆弧齿齿轮相同。

同样，已知原理大齿轮凹齿面的齿面坐标 x_2、y_2、z_2。由 $h_{\mathrm{1d}}=0$ 及 $l_{\mathrm{b}}=\sqrt{x_2^2+y_2^2+z_2^2}$ 两个条件可以求得切出点对应的参数 $\tau_{\mathrm{1d}}=\tau_{\mathrm{1b}}>0$ 的值，也可以求得转角 φ_{1b}、φ_{2b} 的值。φ_{1b} 的值就是原理大齿轮切出点到节点的摇台转角(摇台角)，φ_{2b} 的值就是对应的原理大齿轮的转角。l_{b} 的求法与圆弧齿齿轮相同。

切完一个齿的摇台角为 $(\varphi_{\mathrm{1b}}-\varphi_{\mathrm{1a}})$，原理大齿轮的转角为 $(\varphi_{\mathrm{2b}}-\varphi_{\mathrm{2a}})$，刀盘转角为 $(\tau_{\mathrm{1b}}-\tau_{\mathrm{1a}})$。

右旋齿原理大齿轮的 τ_{1a}、τ_{1b}、φ_{1a}、φ_{2a}、φ_{1b}、φ_{2b}的求解方法与左旋齿原理大齿轮相同。

求解齿线上任意点的螺旋角同式(5.1-38)。

5.2 用成形法加工的原理准双曲面大齿轮

当渐开线圆柱齿轮的齿数较多时,渐开线齿形接近于直线即滚刀的齿形。同样,当准双曲面齿轮的齿数较多时,原理大齿轮的齿形接近于铣齿刀的齿形。为了提高生产率,当传动比大于 3、分锥角 δ_2 大于 70°时,为了提高生产率,原理大齿轮不用展成法加工,小齿轮仍用展成法加工。这种加工工艺称为半展成法。

当刀齿角不等于原理大齿轮的压力角时,在有刀倾机构的铣齿机上,可用成形法加工原理大齿轮,这是一种单面刃加工方法,刀盘的每次调整只能加工出原理大齿轮的一侧齿面。

当用成形法加工原理大齿轮时,由节点 P 向着轮齿的大端或小端,原理大齿轮的齿根高会逐渐变小,即齿底变浅。

如果用双面刃法加工原理大齿轮,则刀倾角为零。将内刀齿的刀齿角 α_{1da}或外刀齿的刀齿角 α_{1dt}分别代入本节的有关公式,则可求得原理大齿轮的凸齿面或凹齿面的方程。原理大齿轮用双面刃成形法加工,小齿轮用展成法加工,这种加工工艺称为固定安装法。

如果刀齿角 α_d 与原理大齿轮的极限压力角 α_0 较为接近。则可以将刀盘倾斜一个角度约 $\Delta\alpha_2=\alpha_d-\alpha_{2a}$。这样使原理大齿轮的压力角较接近于压力角 α_{2a}、α_{2t}。这时可用双面刃法加工原理大齿轮。

如果用拉齿机加工原理大齿轮,效率比展成法提高 4～5 倍。

5.2.1 圆弧齿原理准双曲面大齿轮的齿面方程

5.2.1.1 左旋齿原理准双曲面大齿轮的齿面方程

(1) 凹齿面的方程

图 5.2-1 是用刀盘的外刀加工原理大齿轮的凹齿面。当刀齿角不等于原理大齿轮凹齿面的压力角时,在有刀倾机构的铣齿机上,可以通过刀盘轴线在摇台上的倾斜来获得需要的齿轮压力角 α_{2a}。假定刀齿角 α_{1dt}大于原理大齿轮的压力角 α_{2a},刀齿由虚线位置摆动一个角度 $\Delta\alpha_2=\alpha_{1dt}-\alpha_{2a}$而到达实线的位置。摆角 $\Delta\alpha_2$ 称为刀倾角。

刀盘置于坐标系 $o'_d x'_d y'_d z'_d$ 中,坐标轴 $o'_d x'_d$ 过 P 点。在刀倾机构中,铣刀盘的轴线 $o'_d z'_d$ 的倾斜是靠绕着刀倾中心 Q 点的摆动来实现的。Q 点到刀齿顶点的距离 U_0 为定值,是机床常数。

坐标系 $o_d x_d y_d z_d$ 的 $o_d z_d$ 轴和分度平面垂直,o_d 是 Q 点在安装平面上的投影, $o_d x_d$ 轴也过 P 点。由图 5.2-1,P 点到刀齿的距离

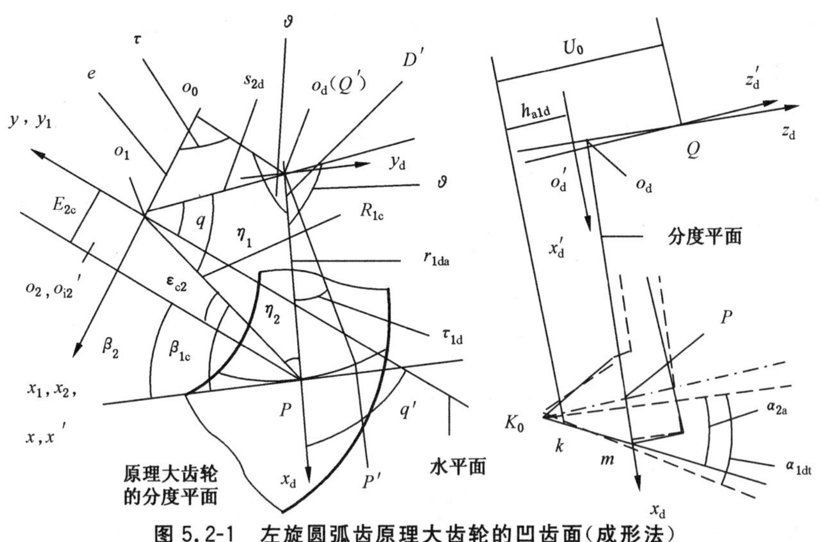

图 5.2-1　左旋圆弧齿原理大齿轮的凹齿面(成形法)

$$\overline{Pm}=\overline{Pa}+\overline{am}=h_{\mathrm{mf2}}\sin\alpha_{2\mathrm{a}}+0.5w_{1\mathrm{d}}\cos\alpha_{2\mathrm{a}} \tag{5.2-1}$$

式中,h_{mf2}为原始大齿轮的中点齿根高,也是刀顶高 h_{a1d}。

图 5.2-2 是图 5.2-1 中刀齿的放大图。刀齿的齿顶刃在刀倾前位于 kq_1 线上,刀倾后位于 kq_2 线上。kc_2 线垂直于 kq_1 线,kc_1 线垂直于 kq_2 线。坐标轴 $o'_{\mathrm{d}}x'_{\mathrm{d}}$垂直于 kc_1 线,交刀齿于 n 点,交 kc_1 线于 d 点。由$\overline{Pn}=\dfrac{\overline{Pm}}{\cos\alpha_{1\mathrm{dt}}}$,$\overline{Pd}=\overline{Pn}-\overline{dn}$,$\overline{dn}=\overline{kd}\tan\alpha_{1\mathrm{dt}}$,$\overline{kd}\cos\Delta\alpha_2=\overline{fg}+\overline{gd}=h_{\mathrm{a1d}}+\overline{Pd}\sin\Delta\alpha_2$,解得

$$\overline{Pd}=\frac{\overline{Pm}\cos\Delta\alpha_2-h_{\mathrm{a1d}}\sin\alpha_{1\mathrm{dt}}}{\cos\alpha_{2\mathrm{a}}} \tag{5.2-2}$$

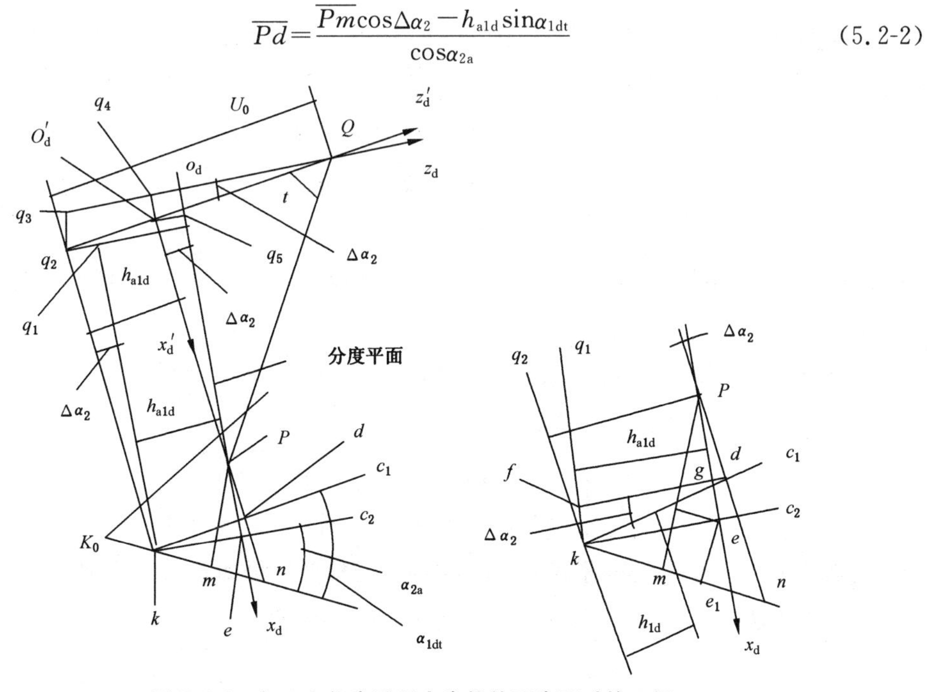

图 5.2-2　加工左旋齿原理大齿轮的凹齿面时的刀倾

产形齿轮的中点分锥距 R_{1c}、螺旋角 β_{1c} 及刀盘的名义半径 r'_{1d} 的求法见 5.3.1 节。

刀齿的刀尖半径

$$r_{1ca}=\overline{o'_d d}=\overline{o'_d P}+\overline{Pd}=r'_{1d}+\frac{\overline{Pm}\cos\Delta\alpha_2-h_{a1d}\sin\alpha_{1dt}}{\cos\alpha_{2a}} \tag{5.2-3}$$

图 5.3-2 中，$\overline{Qo'_d}=U_0-h_{a1d}$，$\tan t=\dfrac{r'_{1d}}{U_0-h_{a1d}}$，$\overline{Qp}=\sqrt{(U_0-h_{a1d})^2+r'^2_{1d}}$。

$$r_{1da}=\overline{o_d P}=\sqrt{(U_0-h_{a1d})^2+r'^2_{1d}}\sin(t+\Delta\alpha_2) \tag{5.2-4}$$

$$\overline{Qo_d}=\sqrt{(U_0-h_{a1d})^2+r'^2_{1d}}\cos(t+\Delta\alpha_2) \tag{5.2-5}$$

$A'=\overline{o'_d q_5}$ 是 o'_d 点到 $o_d x_d$ 轴的距离，$B'=\overline{o'_d q_4}$ 是 o'_d 点到 $o_d z_d$ 轴的距离。

$$\begin{cases}A'=(U_0-h_{a1d})\sin\Delta\alpha_2\\ B'=r_{1ca}\sin\Delta\alpha_2+h_{a1d}(1-\cos\Delta\alpha_2)\end{cases} \tag{5.2-6}$$

在初始位置，刀齿上一点 M 在坐标系 $o'_d x'_d y'_d z'_d$ 中的坐标为

$$\begin{cases}x'_d=r_{1ca}+\zeta\\ y'_d=0\\ z'_d=h_{1d}-h_{a1d}\end{cases} \tag{5.2-7}$$

h_{1d} 为由刀齿的齿顶算起的高度。式(5.2-7)中 $h_{1d}>\rho_{01}(1-\sin\alpha_{1dt})$ 对应刀齿的直线部分，$\zeta=h_{1d}\tan\alpha_{1dt}$。$0\leqslant h_{1d}\leqslant\rho_{01}(1-\sin\alpha_{1dt})$ 对应刀齿的圆弧部分，$\zeta=\sqrt{2\rho_{01}h_{1d}-h^2_{1d}}-\dfrac{\rho_{01}}{\tan\lambda_0}$，$\lambda_0=\dfrac{\pi}{4}+\dfrac{\alpha_{1dt}}{2}$。

刀盘绕着 $o'_d z'_d$ 轴回转。当刀齿的对称线转动了一个角度 τ_{1d} 由 P 点转动到 P' 点时，在坐标系 $o'_d x'_d y'_d z'_d$ 中，刀齿上一点 M 的坐标变为

$$\begin{cases}x'_d=(r_{1ca}+\zeta)\cos\tau_{1d}\\ y'_d=(r_{1ca}+\zeta)\sin\tau_{1d}\\ z'_d=h_{1d}-h_{a1d}\end{cases} \tag{5.2-8}$$

式(5.2-8)是参数 h_{1d} 和 τ_{1d} 的函数。$\tau_{1d}=0$ 对应节点，$\tau_{1d}>0$ 指向轮齿的大端，$\tau_{1d}<0$ 指向轮齿的小端。

坐标系 $o'_d x'_d y'_d z'_d$ 和坐标系 $o_d x_d y_d z_d$ 之间的坐标变换为

$$\begin{bmatrix}x_d\\ y_d\\ z_d\end{bmatrix}=\begin{bmatrix}\cos\Delta\alpha_2 & 0 & -\sin\Delta\alpha_2\\ 0 & 1 & 0\\ \sin\Delta\alpha_2 & 0 & \cos\Delta\alpha_2\end{bmatrix}\begin{bmatrix}x'_d\\ y'_d\\ z'_d\end{bmatrix}+\begin{bmatrix}A'\\ 0\\ -B'\end{bmatrix} \tag{5.2-9}$$

坐标系 $o_d x_d y_d z_d$ 与坐标系 $o_1 x_1 y_1 z_1$ 之间的坐标变换仍如式(5.1-2)所示。其中 q、q'、s_{2d}、E_{2c} 等的求法与 5.1.1.1 节相同，只是将 r_{1d} 用 r_{1da} 代替。

图 5.1-1 中，当坐标系 $o_1x_1y_1z_1$ 和坐标系 $o_2x_2y_2z_2$ 之间没有展成运动时，坐标变换为

$$\begin{bmatrix} x_2 \\ y_2 \\ z_2 \end{bmatrix} = \begin{bmatrix} 1 & 0 & 0 \\ 0 & -\sin\delta_2 & -\cos\delta_2 \\ 0 & \cos\delta_2 & -\sin\delta_2 \end{bmatrix} \begin{bmatrix} x_1 \\ y_1 \\ z_1 \end{bmatrix} + \begin{bmatrix} -E_{2c} \\ a\sin\delta_2 \\ -a\cos\delta_2 \end{bmatrix} \tag{5.2-10}$$

式中，$a = R_{m2} - R_{1c}\cos\varepsilon_{c2}$。

这样就可以求得用成形法加工的左旋齿原理大齿轮的凹齿面在坐标系 $o_2x_2y_2z_2$ 中的坐标。

原理大齿轮轴线上的切齿交叉点 o_{j2} 称为机床中心。过 o_{j2} 并且与产形齿轮的轴线垂直的平面称为基准平面，是分度平面的平行平面。刀盘的轴线与摇台的轴线之间的夹角为刀倾总角或总刀倾角 λ_{z2}，此处 λ_{z2} 等于刀倾角 $\Delta\alpha_2$。在安装平面上，Q 点的投影是 Q'，o_d' 点的投影是 D'。$Q'D'$ 与 o_0Q' 之间的夹角为刀倾方向角 $\vartheta = \frac{3\pi}{2} - \left[\eta_1 + \eta_2 + \frac{\tau}{2}\right]$。

(2) 凸齿面的方程

对于左旋齿原理大齿轮的凸齿面，当刀齿角 α_{1da} 大于压力角 α_{2t} 时，刀倾的方向和凹齿面的刀倾方向相反，$\Delta\alpha_2 = \alpha_{1da} - \alpha_{2t}$。刀尖半径

$$r_{1ct} = \overline{Po_d'} - \overline{Pd} = r_{1d}' - \frac{\overline{Pm}\cos\Delta\alpha_2 - h_{a1d}\sin\alpha_{1da}}{\cos\alpha_{2t}} \tag{5.2-11}$$

式中，$\overline{Pm} = h_{mf2}\sin\alpha_{2t} + 0.5w_{1d}\cos\alpha_{2t}$。

$$r_{1dt} = \sqrt{(U_0 - h_{a1d})^2 + r_{1d}'^2}\sin(t - \Delta\alpha_2) \tag{5.2-12}$$

$$\overline{Qo_d} = \sqrt{(U_0 - h_{a1d})^2 + r_{1d}'^2}\cos(t - \Delta\alpha_2) \tag{5.2-13}$$

式中，$\tan t = \frac{r_{1d}'}{U_0 - h_{a1d}}$。

在初始位置，刀齿上的一点 M 在坐标系 $o_d'x_d'y_d'z_d'$ 中的坐标为

$$\begin{cases} x_d' = r_{1ct} - \zeta \\ y_d' = 0 \\ z_d' = h_{1d} - h_{a1d} \end{cases} \tag{5.2-14}$$

h_{1d} 为由刀齿的齿顶算起的高度。式(5.2-14)中 $h_{1d} > \rho_{01}(1 - \sin\alpha_{1da})$ 对应刀齿的直线部分，$\zeta = h_{1d}\tan\alpha_{1da}$。$0 \leqslant h_{1d} \leqslant \rho_{01}(1 - \sin\alpha_{1da})$ 对应刀齿的圆弧部分，$\zeta = \sqrt{2\rho_{01}h_{1d} - h_{1d}^2} - \frac{\rho_{01}}{\tan\lambda_0}$，$\lambda_0 = \frac{\pi}{4} + \frac{\alpha_{1da}}{2}$。

当刀齿的对称线转动了一个角度 τ_{1d} 由 P 点到达 P' 点时，在坐标系 $o_d'x_d'y_d'z_d'$ 中，刀齿上一点 M 的坐标变为

$$\begin{cases} x_d' = (r_{1ct} - \zeta)\cos\tau_{1d} \\ y_d' = (r_{1ct} - \zeta)\sin\tau_{1d} \\ z_d' = h_{1d} - h_{a1d} \end{cases} \tag{5.2-15}$$

坐标系 $o'_d x'_d y'_d z'_d$ 和坐标系 $o_d x_d y_d z_d$ 之间的坐标变换为

$$\begin{bmatrix} x_d \\ y_d \\ z_d \end{bmatrix} = \begin{bmatrix} \cos\Delta\alpha_2 & 0 & \sin\Delta\alpha_2 \\ 0 & 1 & 0 \\ -\sin\Delta\alpha_2 & 0 & \cos\Delta\alpha_2 \end{bmatrix} \begin{bmatrix} x'_d \\ y'_d \\ z'_d \end{bmatrix} + \begin{bmatrix} -A' \\ 0 \\ B' \end{bmatrix} \tag{5.2-16}$$

A'、B'的计算见式(5.2-6)。

其他的计算过程与凹齿面的情况一样，只是将 r_{1ca}、r_{1da} 换为 r_{1ct}、r_{1dt} 即可。这样就可以求得用成形法加工的左旋齿原理大齿轮的凸齿面在坐标系 $o_2 x_2 y_2 z_2$ 中的坐标。

当刀齿角 α_{1dt} 小于压力角 α_{2a} 或 α_{1da} 小于压力角 α_{2t} 时，前述公式中的 $\Delta\alpha_2$ 为负值。

5.2.1.2 右旋齿原理准双曲面大齿轮的齿面方程

(1) 凹齿面的方程

图 5.2-3 是用外刀齿加工原理大齿轮的凹齿面的情形。

假定刀齿角 α_{1dt} 大于轮齿的压力角 α_{2a}。坐标系 $o_d x_d y_d z_d$ 的 $o_d z_d$ 轴仍然垂直于分度平面，将刀盘置于坐标系 $o'_d x'_d y'_d z'_d$ 中。

图 5.2-4 是图 5.2-3 中刀齿的放大图。与图 5.2-2 相比，除了 $o'_d z'_d$、$o_d z_d$ 轴的方向相反之外，两图的图形是一样的，所以有关尺寸的计算公式也是一样的。

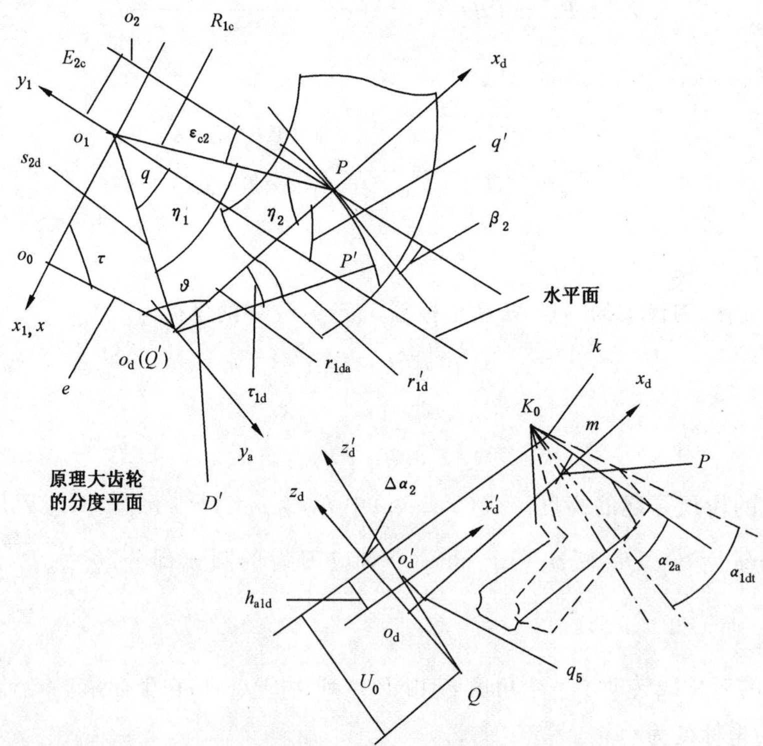

图 5.2-3　右旋圆弧齿原理大齿轮的凹齿面(成形法)

在初始位置，刀齿上一点 M 在坐标系 $o'_d x'_d y'_d z'_d$ 中的坐标为

$$\begin{cases} x'_{\mathrm{d}}=r_{1\mathrm{ca}}+\zeta \\ y'_{\mathrm{d}}=0 \\ z'_{\mathrm{d}}=h_{\mathrm{a1d}}-h_{1\mathrm{d}} \end{cases} \tag{5.2-17}$$

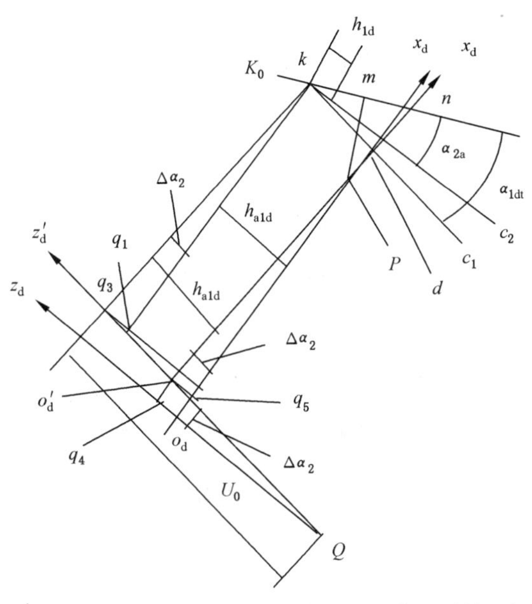

图 5.2-4　加工右旋齿原理大齿轮的凹齿面时的刀倾

当刀齿的对称线转动一个角度 $\tau_{1\mathrm{d}}$ 由 P 点到达 P' 点时，在坐标系 $o'_{\mathrm{d}}x'_{\mathrm{d}}y'_{\mathrm{d}}z'_{\mathrm{d}}$ 中刀齿上一点 M 的坐标变为

$$\begin{cases} x'_{\mathrm{d}}=(r_{1\mathrm{ca}}+\zeta)\cos\tau_{1\mathrm{d}} \\ y'_{\mathrm{d}}=(r_{1\mathrm{ca}}+\zeta)\sin\tau_{1\mathrm{d}} \\ z'_{\mathrm{d}}=h_{\mathrm{a1d}}-h_{1\mathrm{d}} \end{cases} \tag{5.2-18}$$

式(5.2-18)是参数 $h_{1\mathrm{d}}$ 和 $\tau_{1\mathrm{d}}$ 的函数。$h_{1\mathrm{d}}$ 为由刀齿的齿顶算起的高度。$\tau_{1\mathrm{d}}=0$ 对应节点，$\tau_{1\mathrm{d}}>0$ 由节点指向轮齿的大端，$\tau_{1\mathrm{d}}<0$ 由节点指向轮齿的小端。$h_{1\mathrm{d}}>\rho_{01}(1-\sin\alpha_{1\mathrm{dt}})$ 对应刀齿的直线部分，$0<h_{1\mathrm{d}}\leqslant\rho_{01}(1-\sin\alpha_{1\mathrm{dt}})$ 对应刀齿的圆弧部分。

坐标系 $o'_{\mathrm{d}}x'_{\mathrm{d}}y'_{\mathrm{d}}z'_{\mathrm{d}}$ 和坐标系 $o_{\mathrm{d}}x_{\mathrm{d}}y_{\mathrm{d}}z_{\mathrm{d}}$ 之间的坐标变换为

$$\begin{bmatrix} x_{\mathrm{d}} \\ y_{\mathrm{d}} \\ z_{\mathrm{d}} \end{bmatrix}=\begin{bmatrix} \cos\Delta\alpha_2 & 0 & \sin\Delta\alpha_2 \\ 0 & 1 & 0 \\ -\sin\Delta\alpha_2 & 0 & \cos\Delta\alpha_2 \end{bmatrix}\begin{bmatrix} x'_{\mathrm{d}} \\ y'_{\mathrm{d}} \\ z'_{\mathrm{d}} \end{bmatrix}+\begin{bmatrix} A' \\ 0 \\ B' \end{bmatrix} \tag{5.2-19}$$

式中，$\Delta\alpha_2=\alpha_{1\mathrm{dt}}-\alpha_{2\mathrm{a}}$。

坐标系 $o_{\mathrm{d}}x_{\mathrm{d}}y_{\mathrm{d}}z_{\mathrm{d}}$ 与坐标系 $o_1x_1y_1z_1$ 之间的坐标变换仍如式(5.1-2)所示。

产形齿轮的中点分锥距 $R_{1\mathrm{c}}$、螺旋角 $\beta_{1\mathrm{c}}$ 及刀盘的名义半径 $r'_{1\mathrm{d}}$ 的求法见 5.3.1 节。

图 5.1-2 中，当坐标系 $o_1x_{1\mathrm{d}}y_{1\mathrm{d}}z_{1\mathrm{d}}$ 和坐标系 $o_2x_2y_2z_2$ 没有展成运动时，坐标变换为

$$\begin{bmatrix} x_2 \\ y_2 \\ z_2 \end{bmatrix} = \begin{bmatrix} 1 & 0 & 0 \\ 0 & -\sin\delta_2 & -\cos\delta_2 \\ 0 & \cos\delta_2 & -\sin\delta_2 \end{bmatrix} \begin{bmatrix} x_1 \\ y_1 \\ z_1 \end{bmatrix} + \begin{bmatrix} E_{2c} \\ a\sin\delta_2 \\ -a\cos\delta_2 \end{bmatrix} \tag{5.2-20}$$

式中，$a=R_{m2}-R_{1c}\cos\varepsilon_{c2}$。

这样就可以求得用成形法加工的右旋齿原理大齿轮的凹齿面在坐标系 $o_2x_2y_2z_2$ 中的坐标。

原理大齿轮轴线上的切齿交叉点 o_{j2} 称为机床中心。过 o_{j2} 并且与产形齿轮的轴线垂直的平面称为基准平面，是分度平面的平行平面。刀盘的轴线与摇台的轴线之间的夹角为刀倾总角或总刀倾角 λ_{z2}，此处 λ_{z2} 等于刀倾角 $\Delta\alpha_2$。在安装平面上，Q 点的投影是 Q'，o_d' 点的投影是 D'。$Q'D'$ 与 o_0Q' 之间的夹角为刀倾方向角 $\vartheta=\frac{3\pi}{2}-\left(\eta_1+\eta_2+\frac{\tau}{2}\right)$。

(2) 凸齿面的方程

对于右旋齿原理大齿轮的凸齿面，当刀齿角 α_{1da} 大于压力角 α_{2t} 时，刀倾的方向和凹齿面的刀倾方向相反。在初始位置，刀齿上的一点 M 在坐标系 $o_d'x_d'y_d'z_d'$ 中的坐标为

$$\begin{cases} x_d'=r_{1ct}-\zeta \\ y_d'=0 \\ z_d'=h_{a1d}-h_{1d} \end{cases} \tag{5.2-21}$$

当刀齿的对称线转动了一个角度 τ_{1d} 由 P 点到达 P' 点时，在坐标系 $o_d'x_d'y_d'z_d'$ 中刀齿上一点 M 的坐标变为

$$\begin{cases} x_d'=(r_{1ct}-\zeta)\cos\tau_{1d} \\ y_d'=(r_{1ct}-\zeta)\cos\tau_{1d} \\ z_d'=h_{a1d}-h_{1d} \end{cases} \tag{5.2-22}$$

坐标系 $o_d'x_d'y_d'z_d'$ 和坐标系 $o_dx_dy_dz_d$ 之间的坐标变换为

$$\begin{bmatrix} x_d \\ y_d \\ z_d \end{bmatrix} = \begin{bmatrix} \cos\Delta\alpha_2 & 0 & -\sin\Delta\alpha_2 \\ 0 & 1 & 0 \\ \sin\Delta\alpha_2 & 0 & \cos\Delta\alpha_2 \end{bmatrix} \begin{bmatrix} x_d' \\ y_d' \\ z_d' \end{bmatrix} + \begin{bmatrix} -A' \\ 0 \\ -B' \end{bmatrix} \tag{5.2-23}$$

式中，$\Delta\alpha_2=\alpha_{1da}-\alpha_{2t}$。

坐标系 $o_dx_dy_dz_d$ 与坐标系 $o_1x_1y_1z_1$ 之间的坐标变换仍如式(5.1-2)所示。

坐标系 $o_1x_1y_1z_1$ 和坐标系 $o_2x_2y_2z_2$ 之间的坐标变换仍如式(5.2-20)所示。这样就可以求得用成形法加工的右旋齿原理大齿轮的凸齿面在坐标系 $o_2x_2y_2z_2$ 中的坐标。

当刀齿角 α_{1da} 小于压力角 α_{2t} 或刀齿角 α_{1dt} 小于压力角 α_{2a} 时，$\Delta\alpha_2$ 为负值。

5.2.2 摆线齿原理准双曲面大齿轮的齿面方程

5.2.2.1 左旋齿原理准双曲面大齿轮的齿面方程

(1) 凹齿面的方程

图 5.2-5 与图 5.1-1 的分度平面是一致的。

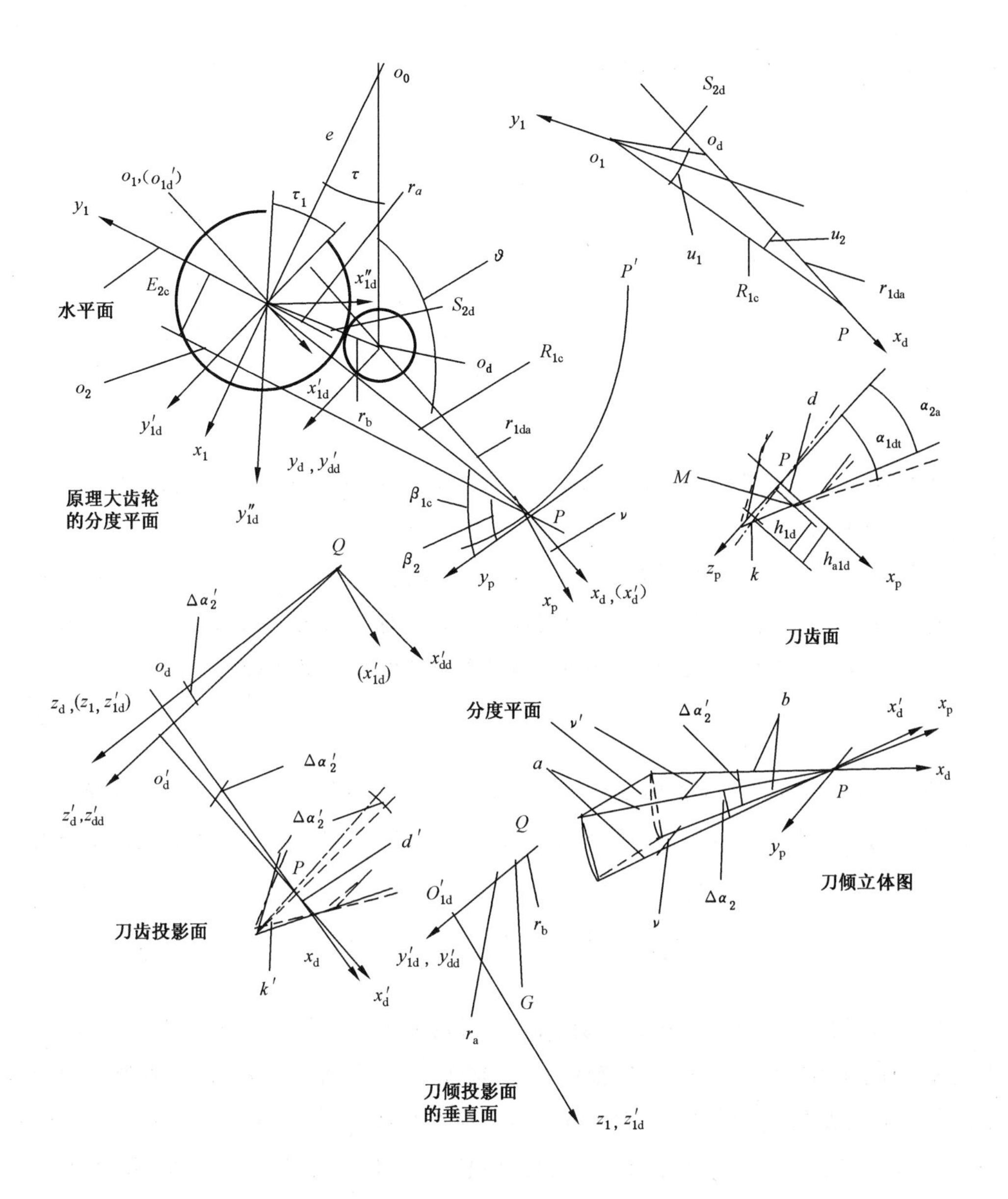

图 5.2-5　左旋摆线齿原理大齿轮的分度平面(成形法)

在$\triangle o_1 o_d P$中，径向刀位$s_{2d}=r_a+r_b$。由余弦定理，得

$$\begin{cases} u_1=\arccos\left(\dfrac{s_{2d}^2+R_{1c}^2-r_{1da}^2}{2s_{2d}R_{1c}}\right) \\ u_2=\arccos\left(\dfrac{R_{1c}^2+r_{1da}^2-s_{2d}^2}{2R_{1c}r_{1da}}\right) \end{cases} \tag{5.2-24}$$

式中，r_{1da}见式(5.2-30)。

在节点P的位置，刀齿布置在$x_p z_p$坐标面内。坐标系$Px_p y_p z_p$的Px_p轴在齿线的法线方向上，Py_p轴在齿线的切线方向上，坐标轴Pz_p在刀齿的对称线上。在坐标系

$Px_py_pz_p$ 内，外刀齿上一点 M 的坐标

$$\begin{cases} x_p = \dfrac{w_{1d}}{2} + \zeta \\ y_p = 0 \\ z_p = h_{a1d} - h_{1d} \end{cases} \tag{5.2-25}$$

式中，h_{1d}为由刀齿的齿顶算起的高度。$h_{1d} > \rho_{01}(1-\sin\alpha_{1dt})$对应刀齿的直线部分，$\zeta = h_{1d}\tan\alpha_{1dt}$。$0 \leqslant h_{1d} \leqslant \rho_{01}(1-\sin\alpha_{1dt})$对应刀齿的圆弧部分，$\zeta = \sqrt{2\rho_{01}h_{1d} - h_{1d}^2} - \dfrac{\rho_{01}}{\tan\lambda_0}$，$\lambda_0 = \dfrac{\pi}{4} + \dfrac{\alpha_{1dt}}{2}$。

坐标系 $o_dx_dy_dz_d$ 的 o_dx_d 轴过节点 P，o_dz_d 轴垂直于分度平面。刀倾之前，坐标系 $o'_dx'_dy'_dz'_d$ 和坐标系 $o_dx_dy_dz_d$ 重合。

坐标系 $Px_py_pz_p$ 与坐标系 $o'_dx'_dy'_dz'_d$ 固连，刀盘置于坐标系 $o'_dx'_dy'_dz'_d$ 中。坐标轴 Pz_p 与坐标轴 $o'_dx'_d$同向。Px_p 轴与 $o'_dx'_d$轴之间的夹角 ν 称为刀齿方向角，刀倾前后刀齿方向角不变。由 4.2.2 节铣刀盘的结构可知，若铣刀盘的切向名义半径为 r_{cb}，则

$$\nu = \arccos\left(\frac{r_{cb}}{r'_{1d}}\right) \tag{5.2-26}$$

将刀齿向坐标面 $x'_dz'_d$ 投影，则 Px_p 方向的尺寸与其投影之间呈 $\cos\nu$ 的关系，Pz_p 方向的尺寸与其投影是相等的。坐标系 $o'_dx'_dy'_dz'_d$ 与坐标系 $Px_py_pz_p$ 之间的坐标变换为

$$\begin{bmatrix} x'_d \\ y'_d \\ z'_d \end{bmatrix} = \begin{bmatrix} \cos\nu & -\sin\nu & 0 \\ \sin\nu & \cos\nu & 0 \\ 0 & 0 & 1 \end{bmatrix} \begin{bmatrix} x_p \\ y_p \\ z_p \end{bmatrix} + \begin{bmatrix} r'_{1d} \\ 0 \\ 0 \end{bmatrix} \tag{5.2-27}$$

产形齿轮的中点分锥距 R_{1c}、螺旋角 β_{1c}及刀盘的名义半径 r'_{1d}的取法见 5.3.2 节。刀倾之后，刀盘的轴线 $o'_dz'_d$ 相对于轴线 o_dz_d 倾斜了一个角度 $\Delta\alpha'_2$，$\Delta\alpha'_2$ 称为刀盘倾角。$\Delta\alpha_2 = \alpha_{1dt} - \alpha_{2a}$是齿线法线方向的刀倾角，是刀齿在平面 x_pz_p 内的倾角。$\Delta\alpha'_2$ 是刀齿在平面 $x'_dz'_d$ 内的倾角，刀倾后坐标轴 $o'_dz'_d$ 和坐标轴 o_dz_d 的夹角是 $\Delta\alpha'_2$。对圆弧齿原理大齿轮来说，刀盘倾角 $\Delta\alpha'_2$ 和刀倾角 $\Delta\alpha_2$ 是相等的。对摆线齿原理大齿轮来说，刀盘倾角 $\Delta\alpha'_2$ 和刀倾角 $\Delta\alpha_2$ 是不相等的。在图 5.2-5 中的刀倾立体图中，$a\sin\dfrac{\Delta\alpha_2}{2} = b\sin\dfrac{\Delta\alpha'_2}{2}$，$b = a\cos\nu$，所以

$$\sin\frac{\Delta\alpha'_2}{2} = \frac{\sin\dfrac{\Delta\alpha_2}{2}}{\cos\nu} \tag{5.2-28}$$

对于坐标面 x_pz_p 内的某一点 d，在坐标面 $x'_dz'_d$ 内的投影为 d'。坐标面 x_pz_p 内的刀尖 k，在坐标面 $x'_dz'_d$ 内的投影为 k'。由于 kd、$k'd'$ 在坐标轴 Pz_p 的方向上，所以$\overline{kd} = \overline{k'd'}$。$\overline{Pd'} = \overline{Pd}\cos\nu$。在 5.2.1.1 节中，$\overline{Pd} = \overline{Pn} - \overline{dn} = \dfrac{\overline{Pm}}{\cos\alpha_{1d}} - \overline{kd}\tan\alpha_{1dt}$。刀倾之后，由

$\overline{k'd'}\cos\Delta\alpha'_2=h_{\mathrm{a1d}}+\overline{Pd'}\sin\Delta\alpha'_2$，解得

$$\overline{Pd'}=\frac{(\overline{Pm}\cos\Delta\alpha'_2-h_{\mathrm{a1d}}\sin\alpha_{1\mathrm{d}})\cos\nu}{\cos(\alpha_{1\mathrm{dt}}-\Delta\alpha'_2)} \tag{5.2-29}$$

仿照式(5.2-4)，

$$r_{1\mathrm{da}}=\overline{o_{\mathrm{d}}P}=\sqrt{(U_0-h_{\mathrm{a1d}})^2+r'^2_{1\mathrm{d}}}\sin(t+\Delta\alpha'_2) \tag{5.2-30}$$

式中，$\tan t=\dfrac{r'_{1\mathrm{d}}}{U_0-h_{\mathrm{a1d}}}$。

刀盘绕着 $o'_{\mathrm{d}}z'_{\mathrm{d}}$ 轴回转，同时又绕着产形齿轮的轴线 $o_1z_{1\mathrm{d}}$ 做行星运动。$o'_{\mathrm{d}}z'_{\mathrm{d}}$ 轴与 o_1z_1 轴呈交错状态。在其转化机构中，太阳轮与刀盘相当于一对交错轴圆柱螺旋齿轮传动。当刀盘公转了一个角度 τ_1 时，刀盘自转了一个角度 $\tau_{1\mathrm{d}}$，$\dfrac{\tau_{1\mathrm{d}}}{\tau_1}=\dfrac{r_{\mathrm{a}}}{r_{\mathrm{b}}}=\dfrac{z_{\mathrm{c}}}{z_0}$。$\tau_1=0$ 对应节点，$\tau_1>0$ 由节点指向轮齿的大端，$\tau_1<0$ 由节点指向轮齿的小端。

刀轴偏置距 $r_{\mathrm{a}}+r_{\mathrm{b}}$ 为轴线 $o'_{\mathrm{d}}z'_{\mathrm{d}}$ 与轴线 o_1z_1 的距离，也是轴线 o_1z_1 与刀倾平面的距离。

$\overline{o_1o_{\mathrm{d}}}=r_{\mathrm{a}}+r_{\mathrm{b}}$。$Q$ 为公垂线在轴线 $o'_{\mathrm{d}}z'_{\mathrm{d}}$ 上的垂足。$\overline{Qo'_{\mathrm{d}}}=U_0-h_{\mathrm{a1d}}$。过 Q 点做坐标系 $Qx'_{\mathrm{dd}}y'_{\mathrm{dd}}z'_{\mathrm{dd}}$，它与坐标系 $o'_{\mathrm{d}}x'_{\mathrm{d}}y'_{\mathrm{d}}z'_{\mathrm{d}}$ 之间的坐标变换为

$$\begin{cases}x'_{\mathrm{dd}}=x'_{\mathrm{d}}\\ y'_{\mathrm{dd}}=y'_{\mathrm{d}}\\ z'_{\mathrm{dd}}=z'_{\mathrm{d}}+\overline{Qo'_{\mathrm{d}}}\end{cases} \tag{5.2-31}$$

参照式(5.2-5)，$\overline{Qo_{\mathrm{d}}}=\sqrt{(U_0-h_{\mathrm{a1d}})^2+r'^2_{1\mathrm{d}}}\cos(t+\Delta\alpha'_2)$。$o'_{1\mathrm{d}}$ 为轴线 $o'_{\mathrm{d}}z'_{\mathrm{d}}$ 与轴线 o_1z_1 的公垂线在轴线 o_1z_1 上的垂足，$\overline{o_1o'_{1\mathrm{d}}}=\overline{Qo_{\mathrm{d}}}$。$\overline{o'_{1\mathrm{d}}Q}=r_{\mathrm{a}}+r_{\mathrm{b}}$。过 $o'_{1\mathrm{d}}$ 做坐标系 $o'_{1\mathrm{d}}x'_{1\mathrm{d}}y'_{1\mathrm{d}}z'_{1\mathrm{d}}$，它与坐标系 $Qx'_{\mathrm{dd}}y'_{\mathrm{dd}}z'_{\mathrm{dd}}$ 之间的坐标变换为

$$\begin{bmatrix}x'_{1\mathrm{d}}\\ y'_{1\mathrm{d}}\\ z'_{1\mathrm{d}}\end{bmatrix}=\begin{bmatrix}\cos\Delta\alpha'_2 & 0 & \sin\Delta\alpha'_2\\ 0 & 1 & 0\\ -\sin\Delta\alpha'_2 & 0 & \cos\Delta\alpha'_2\end{bmatrix}\begin{bmatrix}x'_{\mathrm{dd}}\\ y'_{\mathrm{dd}}\\ z'_{\mathrm{dd}}\end{bmatrix}+\begin{bmatrix}(r_{\mathrm{a}}+r_{\mathrm{b}})\cos(u_1+u_2)\\ -(r_{\mathrm{a}}+r_{\mathrm{b}})\sin(u_1+u_2)\\ 0\end{bmatrix} \tag{5.2-32}$$

坐标轴 $o'_{1\mathrm{d}}x'_{1\mathrm{d}}$ 与坐标轴 o_1x_1 之间的夹角为 $\dfrac{\pi}{2}-u_2-\beta_{1\mathrm{c}}+\beta_2$，坐标系 $o'_{1\mathrm{d}}x'_{1\mathrm{d}}y'_{1\mathrm{d}}z'_{1\mathrm{d}}$ 和坐标系 $o_1x_1y_1z_1$ 之间的坐标变换为

$$\begin{bmatrix}x_1\\ y_1\\ z_1\end{bmatrix}=\begin{bmatrix}\sin(u_2+\beta_{1\mathrm{c}}-\beta_2) & \cos(u_2+\beta_{1\mathrm{c}}-\beta_2) & 0\\ -\cos(u_2+\beta_{1\mathrm{c}}-\beta_2) & \sin(u_2+\beta_{1\mathrm{c}}-\beta_2) & 0\\ 0 & 0 & 1\end{bmatrix}\begin{bmatrix}x'_{1\mathrm{d}}\\ y'_{1\mathrm{d}}\\ z'_{1\mathrm{d}}\end{bmatrix}-\begin{bmatrix}0\\ 0\\ \overline{Qo_{\mathrm{d}}}\end{bmatrix} \tag{5.2-33}$$

当刀盘公转了 τ_1 角之后，坐标系 $o'_{1\mathrm{d}}x'_{1\mathrm{d}}y'_{1\mathrm{d}}z'_{1\mathrm{d}}$ 到达坐标系 $o'_{1\mathrm{d}}x''_{1\mathrm{d}}y''_{1\mathrm{d}}z''_{1\mathrm{d}}$ 的位置。Q 点到达 Q' 的位置，坐标系 $Qx'_{\mathrm{dd}}y'_{\mathrm{dd}}z'_{\mathrm{dd}}$ 到达坐标系 $Q'x''_{\mathrm{dd}}y''_{\mathrm{dd}}z''_{\mathrm{dd}}$ 的位置。

当刀盘自转了一个 $\tau_{1\mathrm{d}}$ 角之后，刀齿上的 M 点到达 M' 的位置，P 点到达 P' 的位置。

在坐标系 $Q'x''_{dd}y''_{dd}z''_{dd}$ 中，刀齿上一点 M' 的坐标

$$\begin{cases}x''_{dd}=\sqrt{(x'_{dd})^2+(y'_{dd})^2}\cos(\tau_{1d}+u)\\ y''_{dd}=\sqrt{(x'_{dd})^2+(y'_{dd})^2}\sin(\tau_{1d}+u)\\ z''_{dd}=z'_{dd}\end{cases}\tag{5.2-34}$$

式中，$u=\arcsin\dfrac{y'_{dd}}{\sqrt{(x'_{dd})^2+(y'_{dd})^2}}=\arcsin\dfrac{-\left(\dfrac{w_{1d}}{2}+h_{1d}\tan\alpha_{1dt}\right)\sin\nu}{\sqrt{\left(\dfrac{w_{1d}}{2}+h_{1d}\tan\alpha_{1dt}\right)^2+2r_{1d}\left(\dfrac{w_{1d}}{2}+h_{1d}\tan\alpha_{1dt}\right)\cos\nu+(r'_{1d})^2}}$，是 h_{1d} 的函数。

刀盘转过 τ_{1d} 角之后，坐标系 $o'_{1d}x''_{1d}y''_{1d}z''_{1d}$、$Q'x''_{dd}y''_{dd}z''_{dd}$ 之间的相对位置与坐标系 $o'_{1d}x'_{1d}y'_{1d}z'_{1d}$、$Q'x'_{dd}y'_{dd}z'_{dd}$ 之间的相对位置是一样的。仿照式(5.2-32)，坐标系 $o'_{1d}x''_{1d}y''_{1d}z''_{1d}$ 与坐标系 $Q'x''_{dd}y''_{dd}z''_{dd}$ 之间的坐标变换为

$$\begin{bmatrix}x''_{1d}\\ y''_{1d}\\ z''_{1d}\end{bmatrix}=\begin{bmatrix}\cos\Delta\alpha'_2 & 0 & \sin\Delta\alpha'_2\\ 0 & 1 & 0\\ -\sin\Delta\alpha'_2 & 0 & \cos\Delta\alpha'_2\end{bmatrix}\begin{bmatrix}x''_{dd}\\ y''_{dd}\\ z''_{dd}\end{bmatrix}+\begin{bmatrix}(r_a+r_b)\cos(u_1+u_2)\\ -(r_a+r_b)\sin(u_1+u_2)\\ 0\end{bmatrix}\tag{5.2-35}$$

$o'_{1d}x''_{1d}$ 轴与 o_1x_1 轴之间的夹角为 $\dfrac{\pi}{2}-u_2-(\beta_{1c}-\beta_2)+\tau_1$。坐标系 $o'_{1d}x''_{1d}y''_{1d}z''_{1d}$ 与坐标系 $o_1x_1y_1z_1$ 之间的坐标变换为

$$\begin{bmatrix}x_1\\ y_1\\ z_1\end{bmatrix}=\begin{bmatrix}\sin(u_2+\beta_{1c}-\beta_2-\tau_1) & \cos(u_2+\beta_{1c}-\beta_2-\tau_1) & 0\\ -\cos(u_2+\beta_{1c}-\beta_2-\tau_1) & \sin(u_2+\beta_{1c}-\beta_2-\tau_1) & 0\\ 0 & 0 & 1\end{bmatrix}\begin{bmatrix}x''_{1d}\\ y''_{1d}\\ z''_{1d}\end{bmatrix}-\begin{bmatrix}0\\ 0\\ \overline{Qo_d}\end{bmatrix}\tag{5.2-36}$$

在图 5.2-5 中，当坐标系 $o_1x_1y_1z_1$ 和坐标系 $o_2x_2y_2z_2$ 之间没有展成运动时，坐标变换与式(5.2-10)相同。

这样就可以求得用成形法加工的左旋原理大齿轮的凹齿面在坐标系 $o_2x_2y_2z_2$ 中的坐标。

在坐标系 $Px_py_pz_p$ 中，假想刀齿是实际刀齿的平行线，假想刀齿上一点的坐标是 $\{(h_{1d}-h_{a1d})\tan\alpha_{1dt},0,(h_{a1d}-h_{1d})\}$。由式(5.2-27)、式(5.2-31)、式(5.2-34)、式(5.2-35)、式(5.2-36)得产形齿轮的假想齿面在坐标系 $o_1x_1y_1z_1$ 中的方程

$$\begin{cases}x_1=[A\cos(\tau_{1d}+u)\cos\Delta\alpha'_2+B'\sin\Delta\alpha'_2+(r_a+r_b)\cos(u_1+u_2)]\sin\lambda+\\ \qquad [A\sin(\tau_{1d}+u)-(r_a+r_b)\sin(u_1+u_2)]\cos\lambda\\ y_1=-[A\cos(\tau_{1d}+u)\cos\Delta\alpha'_2+B'\sin\Delta\alpha'_2+(r_a+r_b)\cos(u_1+u_2)]\cos\lambda+\\ \qquad [A\sin(\tau_{1d}+u)-(r_a+r_b)\sin(u_1+u_2)]\sin\lambda\\ z_1=-A\cos(\tau_{1d}+u)\sin\Delta\alpha'_2+B'\cos\Delta\alpha'_2=\overline{Qo_d}\end{cases}\tag{5.2-37}$$

式中，$A=\sqrt{(h_{1d}-h_{a1d})^2\tan^2\alpha_{1dt}+2r'_{1d}(h_{1d}-h_{a1d})\tan\alpha_{1dt}\cos\nu+r'^2_{1d}}$，$B'=h_{a1d}-h_{1d}+\overline{Qo'_d}$，

$\sin u=\dfrac{(h_{a1d}-h_{1d})\tan\alpha_{1dt}\sin\nu}{A}$，$\lambda=u_2+\beta_{1c}-\beta_2-\dfrac{z_0}{z_c}\tau_{1d}$。

分度平面和产形齿轮的假想齿面有一条交线，称为分度平面截曲线 Γ，近似为圆的长幅外摆线。

在分度平面上，$z_{1d}=0$，将其代入式(5.2-37)的第 3 式，得 $-A\cos(\tau_{1d}+u)\sin\Delta\alpha_2'+B'\cos\Delta\alpha_2'-\overline{Qo_d}=0$。

由式(5.2-37)，得到分度平面截曲线 Γ 的方程

$$\begin{cases}x_1=C\sin\lambda+D\cos\lambda\\ y_1=-C\cos\lambda+D\sin\lambda\end{cases}\tag{5.2-38}$$

式中，$C=A\cos(\tau_{1d}+u)\cos\Delta\alpha_2'+B'\sin\Delta\alpha_2'+(r_a+r_b)\cos(u_1+u_2)$；$D=A\sin(\tau_{1d}+u)+(r_a+r_b)\sin(u_1+u_2)$。方程中的参数是 τ_{1d}。

$$\begin{cases}\dot{x}_1=\dfrac{dx_1}{d\tau_{1d}}=\dot{C}\sin\lambda-\dfrac{z_0}{z_c}C\cos\lambda+\dot{D}\cos\lambda+\dfrac{z_0}{z_c}D\sin\lambda\\ \dot{y}_1=\dfrac{dy_1}{d\tau_{1d}}=-\dot{C}\cos\lambda-\dfrac{z_0}{z_c}C\sin\lambda+\dot{D}\sin\lambda-\dfrac{z_0}{z_c}D\cos\lambda\end{cases}\tag{5.2-39}$$

式中，$\dot{C}=\left[\dfrac{dA}{dh_{1d}}\dfrac{dh_{1d}}{d\tau_{1d}}\cos(\tau_{1d}+u)-A(1+\dfrac{du}{dh_{1d}}\dfrac{dh_{1d}}{d\tau_{1d}})\sin(\tau_{1d}+u)\right]\cos\Delta\alpha_2'-\dfrac{dh_{1d}}{d\tau_{1d}}\sin\Delta\alpha_2'$；

$\dot{D}=\left[\dfrac{dA}{dh_{1d}}\dfrac{dh_{1d}}{d\tau_{1d}}\sin(\tau_{1d}+u)+A(1+\dfrac{du}{dh_{1d}}\dfrac{dh_{1d}}{d\tau_{1d}})\cos(\tau_{1d}+u)\right]$。其中，

$\dfrac{dA}{dh_{1d}}=-\dfrac{(h_{1d}-h_{a1d})\tan^2\alpha_{1dt}+r_{1d}'\tan\alpha_{1dt}\cos\nu}{A}$，$\dfrac{du}{dh_{1d}}=-\dfrac{\dfrac{dA}{dh_{1d}}\sin u+\tan\alpha_{1dt}\sin\nu}{A\cos u}$。

令 $F_1(\tau_{1d},h_{1d})=-A\cos(\tau_{1d}+u)\sin\Delta\alpha_2'+B'\cos\Delta\alpha_2'-\overline{Qo_d}$，$\dfrac{dh_{1d}}{d\tau_{1d}}=F_2(\tau_{1d},h_{1d})=-\dfrac{\partial F_1/\partial\tau_{1d}}{\partial F_1/\partial h_{1d}}=\dfrac{A\sin(\tau_{1d}+u)\sin\Delta\alpha_2'}{G}$，其中 $G=\dfrac{dA}{dh_{1d}}\cos(\tau_{1d}+u)\sin\Delta\alpha_2'-A\dfrac{du}{dh_{1d}}\sin(\tau_{1d}+u)\sin\Delta\alpha_2'+\cos\Delta\alpha_2'$。

$$\frac{d^2h_{1d}}{d\tau_{1d}^2}=\frac{dF_2(\tau_{1d},h_{1d})}{d\tau_{1d}}=\frac{\dfrac{\partial F_2}{\partial\tau_{1d}}d\tau_{1d}+\dfrac{\partial F_2}{\partial h_{1d}}dh_{1d}}{d\tau_{1d}}=\frac{\partial F_2}{\partial\tau_{1d}}+\frac{\partial F_2}{\partial h_{1d}}\frac{dh_{1d}}{d\tau_{1d}},$$

其中，$\dfrac{\partial F_2}{\partial\tau_{1d}}=\dfrac{\left[\dfrac{dA}{dh_{1d}}\dfrac{dh_{1d}}{d\tau_{1d}}\sin(\tau_{1d}+u)+A\left(1+\dfrac{du}{dh_{1d}}\dfrac{dh_{1d}}{d\tau_{1d}}\right)\cos(\tau_{1d}+u)\right]\sin\Delta\alpha_2'}{G}-\dfrac{A\dfrac{dG}{dh_{1d}}\dfrac{dh_{1d}}{d\tau_{1d}}\sin(\tau_{1d}+u)\sin\Delta\alpha_2'}{G^2}$。

$$\begin{cases}\ddot{x}_1=-2\dfrac{z_0}{z_c}(\dot{C}\cos\lambda-\dot{D}\sin\lambda)-\left(\dfrac{z_0}{z_c}\right)^2(C\sin\lambda+D\cos\lambda)+\ddot{C}\sin\lambda+\ddot{D}\cos\lambda\\ \ddot{y}_1=-2\dfrac{z_0}{z_c}(\dot{C}\sin\lambda+\dot{D}\cos\lambda)+\left(\dfrac{z_0}{z_c}\right)^2(C\cos\lambda-D\sin\lambda)-\ddot{C}\cos\lambda+\ddot{D}\sin\lambda\end{cases}\tag{5.2-40}$$

式中，$\ddot{C}=\left\{\frac{d^2A}{dh_{1d}^2}\frac{dh_{1d}}{d\tau_{1d}}\cos(\tau_{1d}+u)-2\frac{dA}{dh_{1d}}\frac{dh_{1d}}{d\tau_{1d}}\left(1+\frac{du}{dh_{1d}}\frac{dh_{1d}}{d\tau_{1d}}\right)\sin(\tau_{1d}+u)-\right.$

$\left.A\frac{d^2u}{dh_{1d}^2}\left(\frac{dh_{1d}}{d\tau_{1d}}\right)^2\sin(\tau_{1d}+u)-A\left(1+\frac{du}{dh_{1d}}\frac{dh_{1d}}{d\tau_{1d}}\right)^2\cos(\tau_{1d}+u)\right\}\cos\Delta\alpha_2'$；

$\ddot{D}=\frac{d^2A}{dh_{1d}^2}\left(\frac{dh_{1d}}{d\tau_{1d}}\right)^2\sin(\tau_{1d}+u)+2\frac{dA}{dh_{1d}}\frac{dh_{1d}}{d\tau_{1d}}\left(1+\frac{du}{dh_{1d}}\frac{dh_{1d}}{d\tau_{1d}}\right)\cos(\tau_{1d}+u)+$

$A\left[\frac{d^2u}{dh_{1d}^2}\left(\frac{dh_{1d}}{d\tau_{1d}}\right)^2\cos(\tau_{1d}+u)-\left(1+\frac{du}{dh_{1d}}\frac{dh_{1d}}{d\tau_{1d}}\right)^2\sin(\tau_{1d}+u)\right]$。其中，

$$\frac{d^2A}{dh_{1d}^2}=\frac{A\tan^2\alpha_{1dt}+\frac{dA}{dh_{1d}}[(h_{1d}-h_{a1d})\tan^2\alpha_{1dt}+r_{1d}'\tan\alpha_{1dt}\cos\nu]}{A^2},$$

$$\frac{d^2u}{dh_{1d}^2}=\frac{-\frac{d^2A}{dh_{1d}^2}\sin u+A\left(\frac{du}{dh_{1d}}\right)^2\sin u-2\frac{dA}{dh_{1d}}\frac{du}{dh_{1d}}\cos u}{A\cos u}。$$

在坐标系 $Px_py_pz_p$ 中，P 点的参数 $\tau_{1d}=0$、$h_{1d}=h_{a1d}$。此时 $A=r_{1d}'$，$B'=\overline{Qo'}_d-h_{a1d}$，$u=0$，$\lambda=u_2+\beta_{1c}-\beta_2$，$\frac{dh_{1d}}{d\tau_{1d}}=0$，$\frac{dA}{dh_{1d}}=-\tan\alpha_{1dt}\cos\nu$，$\frac{du}{dh_{1d}}=-\frac{\tan\alpha_{1dt}\sin\nu}{r_{1d}'}$，$\frac{d^2h_{1d}}{d\tau_{1d}^2}=\frac{r_{1d}'\sin\Delta\alpha_2'}{-\tan\alpha_{1dt}\cos\nu\sin\Delta\alpha_2'+\cos\Delta\alpha_2'}$，$\frac{d^2A}{dh_{1d}^2}=\frac{\tan^2\alpha_{1dt}\sin^2\nu}{r_{1d}'}$，$\frac{d^2u}{dh_{1d}^2}=\frac{1-2\cos\nu\tan\alpha_{1dt}}{r_{1d}'^2}\tan\alpha_{1dt}\sin\nu$。

$C=r_{1d}'\cos\Delta\alpha_2'+(\overline{Qo'}_d-h_{a1d})\sin\Delta\alpha_2'+(r_a+r_b)\cos(u_1+u_2)$，$D=-(r_a+r_b)\sin(u_1+u_2)$，

$\dot{C}=0$，$\dot{D}=r_{1d}'$，$\ddot{D}=-r_{1d}'\cos\Delta\alpha_2'$，$\ddot{D}=0$。在节点 P，

$$\begin{cases}\dot{x}_1=-\frac{z_0}{z_c}C\cos\lambda-r_{1d}'\cos\lambda+\frac{z_0}{z_c}D\sin\lambda\\\dot{y}_1=-\frac{z_0}{z_c}C\sin\lambda-r_{1d}'\sin\lambda-\frac{z_0}{z_c}D\cos\lambda\end{cases}\tag{5.2-41}$$

$$\begin{cases}\ddot{x}_1=\ddot{C}\sin\lambda+2\frac{z_0}{z_c}\dot{D}\sin\lambda-\left(\frac{z_0}{z_c}\right)^2(C\sin\lambda+D\cos\lambda)\\\ddot{y}_1=-\ddot{C}\cos\lambda-2\frac{z_0}{z_c}\dot{D}\cos\lambda+\left(\frac{z_0}{z_c}\right)^2(C\cos\lambda-D\sin\lambda)\end{cases}\tag{5.2-42}$$

在节点 P，分度平面截曲线 Γ 的曲率为

$$\kappa_c\big|_{\tau_{1d=0}}=\sqrt{\frac{(\dot{x}_1^2+\dot{y}_1^2)(\ddot{x}_1^2+\ddot{y}_1^2)-(\dot{x}_1\ddot{x}_1+\dot{y}_1\ddot{y}_1)^2}{(\dot{x}_1^2+\dot{y}_1^2)^3}}\tag{5.2-43}$$

分度平面截曲线 Γ 的曲率半径

$$r_{1c}^{(0)}=\frac{1}{\kappa_c\big|_{\tau_{1d=0}}}\tag{5.2-44}$$

$r_{1c}^{(0)}$ 中的参数有 R_{1c}、β_{1c}、r_{1d}'、ν。

在坐标系 $Px_py_pz_p$ 中，P 点的坐标是{0，0，0}。由式(5.2-27)、式(5.2-31)、

式(5.2-34)、式(5.2-35)、式(5.2-36)得到 P' 点的坐标，是 τ_{1d} 的函数。

$$\begin{cases} x_1 = A_0 \sin\lambda + B_0 \cos\lambda \\ y_1 = -A_0 \cos\lambda + B_0 \sin\lambda \\ z_1 = -r'_{1d} \cos\tau_{1d} \sin\Delta\alpha'_2 + \overline{Qo'_d} \cos\Delta\alpha'_2 - \overline{Qo_d} \end{cases} \tag{5.2-45}$$

式中，$A_0 = r'_{1d} \cos\tau_{1d} \cos\Delta\alpha'_2 + \overline{Qo'_d} \sin\Delta\alpha'_2 + (r_a + r_b) \cos(u_1 + u_2)$；$B_0 = r'_{1d} \sin\tau_{1d} - (r_a + r_b) \sin(u_1 + u_2)$；$\lambda = u_2 + \beta_{1c} - \beta_2 - \frac{z_0}{z_c}\tau_{1d}$。

$$\begin{cases} \dot{x}_1 = \dot{A}_0 \sin\lambda + A_0 \dot{\lambda} \cos\lambda + \dot{B}_0 \cos\lambda - B_0 \dot{\lambda} \sin\lambda \\ \dot{y}_1 = -\dot{A}_0 \cos\lambda + A_0 \dot{\lambda} \sin\lambda + \dot{B}_0 \sin\lambda + B_0 \dot{\lambda} \cos\lambda \\ \dot{z}_1 = r'_{1d} \sin\tau_{1d} \sin\Delta\alpha'_2 \end{cases} \tag{5.2-46}$$

式中，$\dot{A}_0 = -r'_{1d} \sin\tau_{1d} \cos\Delta\alpha'_2$；$\dot{B}_0 = r'_{1d} \cos\tau_{1d}$；$\dot{\lambda} = -\frac{z_0}{z_c}$。

$$\begin{cases} \ddot{x}_1 = \ddot{A}_0 \sin\lambda + \ddot{B}_0 \cos\lambda + 2\dot{\lambda}(\dot{A}_0 \cos\lambda - \dot{B}_0 \sin\lambda) + \ddot{\lambda}(A_0 \cos\lambda - B_0 \sin\lambda) - \\ \qquad \dot{\lambda}^2 (A_0 \sin\lambda + B_0 \cos\lambda) \\ \ddot{y}_1 = -\ddot{A}_0 \cos\lambda + \ddot{B}_0 \sin\lambda + 2\dot{\lambda}(\dot{A}_0 \sin\lambda + \dot{B}_0 \cos\lambda) + \ddot{\lambda}(A_0 \sin\lambda + B_0 \cos\lambda) + \\ \qquad \dot{\lambda}^2 (A_0 \cos\lambda - B_0 \sin\lambda) \\ \ddot{z}_1 = r'_{1d} \cos\tau_{1d} \sin\Delta\alpha'_2 \end{cases} \tag{5.2-47}$$

式中，$\ddot{A}_0 = -r'_{1d} \cos\tau_{1d} \cos\Delta\alpha'_2$；$\ddot{B}_0 = -r'_{1d} \sin\tau_{1d}$；$\ddot{\lambda} = 0$。

P' 点的轨迹曲线与分度平面的截曲线 Γ 不是一条曲线。

在节点 P，$\tau_{1d} = 0$。$A_0 = r'_{1d} \cos\Delta\alpha'_2 + \overline{Qo'_d} \sin\Delta\alpha'_2 + (r_a + r_b) \cos(u_1 + u_2)$，$B_0 = -(r_a + r_b) \sin(u_1 + u_2)$，$\lambda = u_2 + \beta_{1c} - \beta_2$，$\dot{A}_0 = 0$，$\dot{B}_0 = r'_{1d}$，$\dot{\lambda} = -\frac{z_0}{z_c}$，$\ddot{A}_0 = -r'_{1d} \cos\Delta\alpha'_2$，$\ddot{B}_0 = 0$，$\ddot{\lambda} = 0$。此时

$$\begin{cases} \dot{x}_1 = \left\{ r'_{1d} - \frac{z_0}{z_c} \left[r'_{1d} \cos\Delta\alpha'_2 + \overline{Qo'_d} \sin\Delta\alpha'_2 + (r_a + r_b) \cos(u_1 + u_2) \right] \right\} \cos(u_2 + \beta_{1c} - \beta_2) - \\ \qquad \frac{z_0 (r_a + r_b)}{z_c} \sin(u_1 + u_2) \sin(u_2 + \beta_{1c} - \beta_2) \\ \dot{y}_1 = \left\{ r'_{1d} - \frac{z_0}{z_c} \left[r'_{1d} \cos\Delta\alpha'_2 + \overline{O'_{dd} o'_d} \sin\Delta\alpha'_2 + (r_a + r_b) \cos(u_1 + u_2) \right] \right\} \sin(u_2 + \beta_{1c} - \beta_2) + \\ \qquad \frac{z_0 (r_a + r_b)}{z_c} \sin(u_1 + u_2) \cos(u_2 + \beta_{1c} - \beta_2) \\ \dot{z} = 0 \end{cases}$$

(5.2-48)

$$
\begin{cases}
\ddot{x}_1 = -\left\{ r'_{1d}\cos\Delta\alpha'_2 - \dfrac{2z_0 r'_{1d}}{z_c} + \left(\dfrac{z_0}{z_c}\right)^2 \left[r'_{1d}\cos\Delta\alpha'_2 + \overline{Qo'_d}\sin\Delta\alpha'_2 + (r_a + r_b)\cos(u_1 + u_2) \right] \right\} \\
\qquad \sin(u_2 + \beta_{1c} - \beta_2) + \left(\dfrac{z_0}{z_c}\right)^2 (r_a + r_b)\sin(u_1 + u_2)\cos(u_2 + \beta_{1c} - \beta_2) \\
\ddot{y}_1 = \left\{ r'_{1d}\cos\Delta\alpha'_2 - \dfrac{2z_0 r'_{1d}}{z_c} + \left(\dfrac{z_0}{z_c}\right)^2 \left[r'_{1d}\cos\Delta\alpha'_2 + \overline{Qo'_d}\sin\Delta\alpha'_2 + (r_a + r_b)\cos(u_1 + u_2) \right] \right\} \\
\qquad \cos(u_2 + \beta_{1c} - \beta_2) + \left(\dfrac{z_0}{z_c}\right)^2 (r_a + r_b)\sin(u_1 + u_2)\sin(u_2 + \beta_{1c} - \beta_2) \\
\ddot{z}_1 = r'_{1d}\sin\Delta\alpha'_2
\end{cases}
\tag{5.2-49}
$$

在节点处，P'点轨迹曲线的曲率为

$$
\kappa'_c\big|_{\tau_{1d}=0} = \sqrt{\frac{(\dot{x}_1^2 + \dot{y}_1^2 + \dot{z}_1^2)(\ddot{x}_1^2 + \ddot{y}_1^2 + \ddot{z}_1^2) - (\dot{x}_1\ddot{x}_1 + \dot{y}_1\ddot{y}_1 + \dot{z}_1\ddot{z}_1)^2}{(\dot{x}_1^2 + \dot{y}_1^2 + \dot{z}_1^2)^3}}
\tag{5.2-50}
$$

在节点处，P'点轨迹曲线的曲率半径

$$
r'^{(0)}_{1c} = \frac{1}{\kappa'_c\big|_{\tau_{1d}=0}}
\tag{5.2-51}
$$

$r'^{(0)}_{1c}$中的参数有R_{1c}、β_{1c}、r'_{1d}。

刀倾方向角ϑ的计算与圆弧齿原理大齿轮相同。

(2) 凸齿面的方程

在坐标系$Px_py_pz_p$的x_pz_p坐标面内，内刀齿上一点M的坐标

$$
\begin{cases}
x_p = -\dfrac{w_{1d}}{2} - \zeta \\
y_p = 0 \\
z_p = h_{a1d} - h_{1d}
\end{cases}
\tag{5.2-52}
$$

式中，h_{1d}为由刀齿的齿顶算起的高度。$h_{1d} > \rho_{01}(1 - \sin\alpha_{1da})$对应刀齿的直线部分，$\zeta = h_{1d}\tan\alpha_{1da}$。$0 \leqslant h_{1d} \leqslant \rho_{01}(1 - \sin\alpha_{1da})$对应刀齿的圆弧部分，$\zeta = \sqrt{2\rho_{01}h_{1d} - h_{1d}^2} - \dfrac{\rho_{01}}{\tan\lambda_0}$，$\lambda_0 = \dfrac{\pi}{4} + \dfrac{\alpha_{1da}}{2}$。

$$
r_{1dt} = \sqrt{(U_0 - h_{a1d})^2 + r'^2_{1d}}\sin(t - \Delta\alpha'_2)
\tag{5.2-53}
$$

式中，$\tan t = \dfrac{r'_{1d}}{U_0 - h_{a1d}}$；$\sin\dfrac{\Delta\alpha'_2}{2} = \dfrac{\sin\dfrac{\Delta\alpha_2}{2}}{\cos\nu}$；$\Delta\alpha_2 = \alpha_{1da} - \alpha_{2t}$。

$\overline{o_1o_d} = r_a + r_b$。$Q$为公垂线在轴线$o'_dz'_d$上的垂足。$\overline{Qo'_d} = U_0 - h_{a1d}$。过$Q$点做坐标系$Qx'_{dd}y'_{dd}z'_{dd}$，它与坐标系$o'_dx'_dy'_dz'_d$之间的坐标变换为

$$
\begin{cases}
x'_{dd} = x'_d \\
y'_{dd} = y'_d \\
z'_{dd} = z'_d - \overline{Qo'_d}
\end{cases}
\tag{5.2-54}
$$

$\overline{Qo_d}=\sqrt{(U_0-h_{a1d})^2+r_{1d}'^2}\cos(t-\Delta\alpha_2')$。$Qo_d$ 线平行于坐标轴 o_1z_1。o_{1d}'为轴线 $o_d'z_d'$与轴线 o_1z_1 的公垂线在轴线 o_1z_1 上的垂足，$\overline{o_1o_{1d}'}=\overline{Qo_d}$。$\overline{o_{1d}'Q}=\overline{o_1o_d}=r_a+r_b$。过 o_{1d}'做坐标系 $o_{1d}'x_{1d}'y_{1d}'z_{1d}'$，它与坐标系 $Qx_{dd}'y_{dd}'z_{dd}'$之间的坐标变换为

$$\begin{bmatrix}x_{1d}'\\y_{1d}'\\z_{1d}'\end{bmatrix}=\begin{bmatrix}\cos\Delta\alpha_2' & 0 & \sin\Delta\alpha_2'\\0 & 1 & 0\\-\sin\Delta\alpha_2' & 0 & \cos\Delta\alpha_2'\end{bmatrix}\begin{bmatrix}x_{dd}'\\y_{dd}'\\z_{dd}'\end{bmatrix}+\begin{bmatrix}(r_a+r_b)\cos(u_1+u_2)\\-(r_a+r_b)\sin(u_1+u_2)\\0\end{bmatrix}\tag{5.2-55}$$

坐标轴 $o_{1d}'x_{1d}'$与坐标轴 o_1x_1 之间的夹角为$\frac{\pi}{2}-u_2-\beta_{1c}+\beta_2$，坐标系 $o_{1d}'x_{1d}'y_{1d}'z_{1d}'$和坐标系 $o_1x_1y_1z_1$ 之间的坐标变换为

$$\begin{bmatrix}x_1\\y_1\\z_1\end{bmatrix}=\begin{bmatrix}\sin(u_2+\beta_{1c}-\beta_2) & \cos(u_2+\beta_{1c}-\beta_2) & 0\\-\cos(u_2+\beta_{1c}-\beta_2) & \sin(u_2+\beta_{1c}-\beta_2) & 0\\0 & 0 & 1\end{bmatrix}\begin{bmatrix}x_{1d}'\\y_{1d}'\\z_{1d}'\end{bmatrix}+\begin{bmatrix}0\\0\\\overline{Qo_d}\end{bmatrix}\tag{5.2-56}$$

当刀盘公转一个 τ_1 角后，o_{1d}'到达 o_{1d}''的位置，坐标系 $o_{1d}'x_{1d}'y_{1d}'z_{1d}'$到达 $o_{1d}''x_{1d}''y_{1d}''z_{1d}''$的位置。当刀盘自转了一个 τ_{1d}角后，刀齿上的点 M 到达M'的位置，Q 到达Q'的位置，坐标系 $Qx_{dd}'y_{dd}'z_{dd}''$到达 $Q'x_{dd}''y_{dd}''z_{dd}''$的位置。

在坐标系 $o_{dd}''x_{dd}''y_{dd}''z_{dd}''$中，刀齿上一点 M'的坐标

$$\begin{cases}x_{dd}''=\sqrt{(x_{dd}')^2+(y_{dd}')^2}\cos(\tau_{1d}+u)\\y_{dd}''=\sqrt{(x_{dd}')^2+(y_{dd}')^2}\sin(\tau_{1d}+u)\\z''_{dd}=z'_{dd}\end{cases}\tag{5.2-57}$$

式中，$\cos u=\dfrac{x_{dd}'}{\sqrt{(x_{dd}')^2+(y_{dd}')^2}}$。

坐标系 $o_{1d}''x_{1d}''y_{1d}''z_{1d}''$、$Q'x_{dd}''y_{dd}''z_{dd}''$之间的相对位置与坐标系 $o_{1d}'x_{1d}'y_{1d}'z_{1d}'$、$Qx_{dd}'y_{dd}'z_{dd}'$之间的相对位置是一样的。坐标系 $o_{1d}''x_{1d}''y_{1d}''z_{dd}''$、$Q'x_{dd}''y_{dd}''z_{dd}''$之间的坐标变换为

$$\begin{bmatrix}x_{1d}''\\y_{1d}''\\z_{1d}''\end{bmatrix}=\begin{bmatrix}\cos\Delta\alpha_2' & 0 & -\sin\Delta\alpha_2'\\0 & 1 & 0\\\sin\Delta\alpha_2' & 0 & \cos\Delta\alpha_2'\end{bmatrix}\begin{bmatrix}x_{dd}''\\y_{dd}''\\z_{dd}''\end{bmatrix}+\begin{bmatrix}(r_a+r_b)\cos(u_1+u_2)\\-(r_a+r_b)\sin(u_1+u_2)\\0\end{bmatrix}\tag{5.2-58}$$

$o_{1d}''x_{1d}''$轴与 o_1x_1 轴之间的夹角为$\frac{\pi}{2}-u_2-(\beta_{1c}-\beta_2)+\tau_1$。坐标系 $o_{1d}''x_{1d}''y_{1d}''z_{1d}''$与坐标系 $o_1x_1y_1z_1$ 之间的坐标变换为

$$\begin{bmatrix}x_1\\y_1\\z_1\end{bmatrix}=\begin{bmatrix}\sin(u_2+\beta_{1c}-\beta_2-\tau_1) & \cos(u_2+\beta_{1c}-\beta_2-\tau_1) & 0\\-\cos(u_2+\beta_{1c}-\beta_2-\tau_1) & \sin(u_2+\beta_{1c}-\beta_2-\tau_1) & 0\\0 & 0 & 1\end{bmatrix}\begin{bmatrix}x_{1d}''\\y_{1d}''\\z_{1d}''\end{bmatrix}+\begin{bmatrix}0\\0\\\overline{Qo_d}\end{bmatrix}\tag{5.2-59}$$

其他的计算公式与凹齿面的情形相同。分度平面截曲线 Γ 近似为圆的长幅外摆线。

5.2.2.2 右旋齿原理准双曲面大齿轮的齿面方程

(1) 凹齿面的方程

图 5.2-6 中的分度平面与图 5.1-2 中的分度平面是一致的。

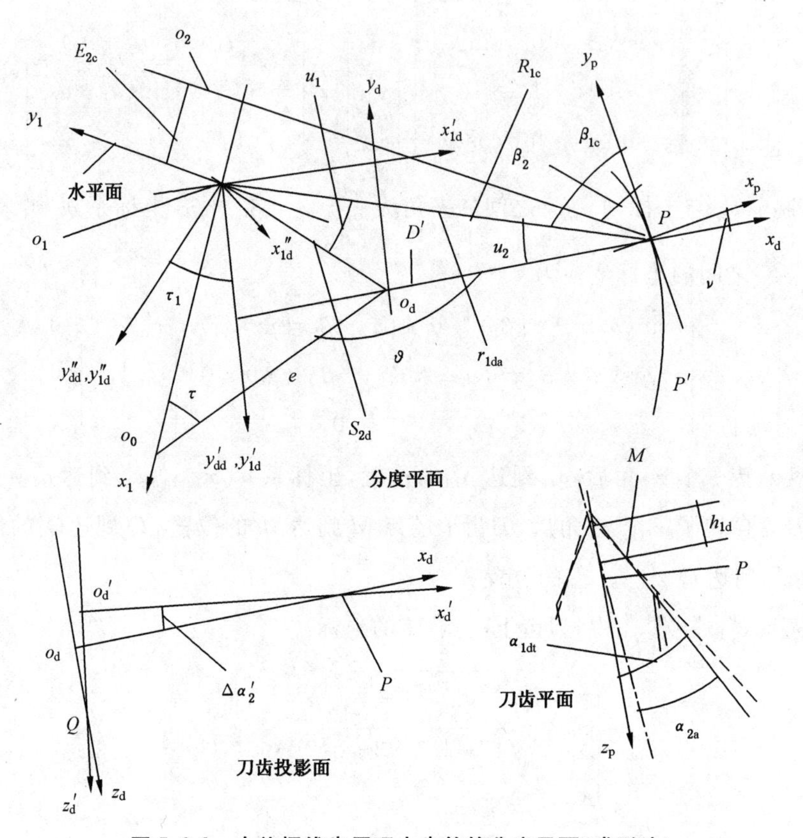

图 5.2-6 右旋摆线齿原理大齿轮的分度平面(成形法)

在坐标系 $Px_py_pz_p$ 内,外刀齿上一点 M 的坐标

$$\begin{cases} x_p = \dfrac{w_{1d}}{2} + \zeta \\ y_p = 0 \\ z_p = h_{1d} - h_{a1d} \end{cases} \tag{5.2-60}$$

坐标系 $o'_dx'_dy'_dz'_d$ 与坐标系 $Px_py_pz_p$ 之间的坐标变换为

$$\begin{bmatrix} x'_d \\ y'_d \\ z'_d \end{bmatrix} = \begin{bmatrix} \cos\nu & -\sin\nu & 0 \\ \sin\nu & \cos\nu & 0 \\ 0 & 0 & 1 \end{bmatrix} \begin{bmatrix} x_p \\ y_p \\ z_p \end{bmatrix} + \begin{bmatrix} r'_{1d} \\ 0 \\ 0 \end{bmatrix} \tag{5.2-61}$$

式中,ν 为刀齿方向角。

产形齿轮的中点分锥距 R_{1c}、螺旋角 β_{1c} 以及刀盘的名义半径 r'_{1d}、刀齿方向角 ν 的求法见 5.3.1 节。

在$\triangle o_1 o_d P$中，根据余弦定理，$u_1=\arccos\left(\frac{s_{2d}^2+R_{1c}^2-r_{1da}^2}{2s_{2d}R_{1c}}\right)$，$u_2=\arccos\left(\frac{R_{1c}^2+r_{1da}^2-s_{2d}^2}{2R_{1c}r_{1da}}\right)$。其中径向刀位$s_{2d}=r_a+r_b$。

坐标系$o_d x_d y_d z_d$的轴线$o_d z_d$垂直于分度平面，刀盘的轴线$o_d' z_d'$相对于轴线$o_d z_d$倾斜了一个刀盘倾角$\Delta\alpha_2'$，$\sin\frac{\Delta\alpha_2'}{2}=\frac{\sin\frac{\Delta\alpha_2}{2}}{\cos\nu}$。$r_{1da}=\overline{o_d P}=\sqrt{(U_0-h_{a1d})^2+r_{1d}'^2}\sin(t-\Delta\alpha_2')$，

其中$\tan t=\frac{r_{1d}'}{U_0-h_{a1d}}$。

刀盘绕着$o_d' z_d'$轴回转，同时又绕着产形齿轮的轴线$o_1 z_1$做行星运动。$o_d' z_d'$轴与$o_1 z_1$轴呈交错状态。在其转化机构中，太阳轮与刀盘相当于一对交错轴圆柱螺旋齿轮传动。当刀盘公转了一个角度τ_1时，刀盘自转了一个角度τ_{1d}，$\frac{\tau_{1d}}{\tau_1}=\frac{r_a}{r_b}=\frac{z_c}{z_0}$。$\tau_1>0$指向轮齿的大端，$\tau_1<0$指向轮齿的小端。

$\overline{o_1 o_d}=r_a+r_b$。$Q$为公垂线在轴线$o_d' z_d'$上的垂足。$\overline{Qo_d'}=U_0-h_{a1d}$。过$Q$点做坐标系$Qx_{dd}'y_{dd}'z_{dd}'$，它与坐标系$o_d' x_d' y_d' z_d'$之间的坐标变换为

$$\begin{cases} x_{dd}'=x_d' \\ y_{dd}'=y_d' \\ z_{dd}'=z_d'-\overline{Qo_d'} \end{cases} \tag{5.2-62}$$

$\overline{Qo_d}=\sqrt{(U_0-h_{a1d})^2+r_{1d}'^2}\cos(t-\Delta\alpha_2')$。$Qo_d$线平行于坐标轴$o_1 z_1$。$o_{1d}'$为轴线$o_d' z_d'$与轴线$o_1 z_1$的公垂线在轴线$o_1 z_1$上的垂足，$\overline{o_1 o_{1d}'}=\overline{Qo_d}$。$\overline{o_{1d}'Q}=\overline{o_1 o_d}=r_a+r_b$。过$o_{1d}'$做坐标系$o_{1d}' x_{1d}' y_{1d}' z_{1d}'$，它与坐标系$Qx_{dd}'y_{dd}'z_{dd}'$之间的坐标变换为

$$\begin{bmatrix} x_{1d}' \\ y_{1d}' \\ z_{1d}' \end{bmatrix}=\begin{bmatrix} \cos\Delta\alpha_2' & 0 & -\sin\Delta\alpha_2' \\ 0 & 1 & 0 \\ \sin\Delta\alpha_2' & 0 & \cos\Delta\alpha_2' \end{bmatrix}\begin{bmatrix} x_{dd}' \\ y_{dd}' \\ z_{dd}' \end{bmatrix}+\begin{bmatrix} (r_a+r_b)\cos(u_1+u_2) \\ (r_a+r_b)\sin(u_1+u_2) \\ 0 \end{bmatrix} \tag{5.2-63}$$

坐标轴$o_{1d}' x_{1d}'$与坐标轴$o_1 x_1$之间的夹角为$\frac{\pi}{2}+u_2+\beta_{1c}-\beta_2$，坐标系$o_{1d}' x_{1d}' y_{1d}' z_{1d}'$和坐标系$o_1 x_1 y_1 z_1$之间的坐标变换为

$$\begin{bmatrix} x_1 \\ y_1 \\ z_1 \end{bmatrix}=\begin{bmatrix} -\sin(u_2+\beta_{1c}-\beta_2) & \cos(u_2+\beta_{1c}-\beta_2) & 0 \\ -\cos(u_2+\beta_{1c}-\beta_2) & -\sin(u_2+\beta_{1c}-\beta_2) & 0 \\ 0 & 0 & 1 \end{bmatrix}\begin{bmatrix} x_{1d}' \\ y_{1d}' \\ z_{1d}' \end{bmatrix}+\begin{bmatrix} 0 \\ 0 \\ \overline{Qo_d} \end{bmatrix} \tag{5.2-64}$$

当刀盘公转了一个τ_1角之后，o_{1d}'点到达o_{1d}''的位置，坐标系$o_{1d}' x_{1d}' y_{1d}' z_{1d}'$到达$o_{1d}'' x_{1d}'' y_{1d}'' z_{1d}''$的位置。当刀盘自转了一个$\tau_{1d}$角之后，刀齿上的$M$点到达$M'$的位置，$Q$点到达$Q'$的位置，坐标系$Qx_{dd}'y_{dd}'z_{dd}'$到达$Q'x_{dd}''y_{dd}''z_{dd}''$的位置。

在坐标系$o_{dd}'' x_{dd}'' y_{dd}'' z_{dd}''$中，刀齿上一点$M'$的坐标

$$\begin{cases} x''_{dd}=\sqrt{(x'_{dd})^2+(y'_{dd})^2}\cos(\tau_{1d}+u) \\ y''_{dd}=\sqrt{(x'_{dd})^2+(y'_{dd})^2}\sin(\tau_{1d}+u) \\ z''_{dd}=z'_{dd} \end{cases} \tag{5.2-65}$$

式中，$u=\arccos\dfrac{x'_{dd}}{\sqrt{(x'_{dd})^2+(y'_{dd})^2}}$。

坐标系 $o''_{1d}x''_{1d}y''_{1d}z''_{1d}$、$Q'x''_{dd}y''_{dd}z''_{dd}$ 之间的相对位置与坐标系 $o'_{1d}x'_{1d}y'_{1d}z'_{1d}$、$Qx'_{dd}y'_{dd}z'_{dd}$ 之间的相对位置是一样的。坐标系 $o''_{1d}x''_{1d}y''_{1d}z''_{1d}$、$Q'x''_{dd}y''_{dd}z''_{dd}$ 之间的坐标变换为

$$\begin{bmatrix} x''_{1d} \\ y''_{1d} \\ z''_{1d} \end{bmatrix}=\begin{bmatrix} \cos\Delta\alpha'_2 & 0 & -\sin\Delta\alpha'_2 \\ 0 & 1 & 0 \\ \sin\Delta\alpha'_2 & 0 & \cos\Delta\alpha'_2 \end{bmatrix}\begin{bmatrix} x''_{dd} \\ y''_{dd} \\ z''_{dd} \end{bmatrix}+\begin{bmatrix} (r_a+r_b)\cos(u_1+u_2) \\ (r_a+r_b)\sin(u_1+u_2) \\ 0 \end{bmatrix} \tag{5.2-66}$$

$o_1x''_{1d}$ 轴与 o_1x_1 轴之间的夹角为 $\dfrac{\pi}{2}+u_2+\beta_{1c}-\beta_2-\tau_1$。坐标系 $o''_{1d}x''_{1d}y''_{1d}z''_{1d}$ 与坐标系 $o_1x_1y_1z_1$ 之间的坐标变换为

$$\begin{bmatrix} x_1 \\ y_1 \\ z_1 \end{bmatrix}=\begin{bmatrix} -\sin(u_2+\beta_{1c}-\beta_2-\tau_1) & \cos(u_2+\beta_{1c}-\beta_2-\tau_1) & 0 \\ -\cos(u_2+\beta_{1c}-\beta_2-\tau_1) & -\sin(u_2+\beta_{1c}-\beta_2-\tau_1) & 0 \\ 0 & 0 & 1 \end{bmatrix}\begin{bmatrix} x''_{1d} \\ y''_{1d} \\ z''_{1d} \end{bmatrix}+\begin{bmatrix} 0 \\ 0 \\ \overline{Qo_d} \end{bmatrix} \tag{5.2-67}$$

在图 5.2-6 中，当坐标系 $o_1x_1y_1z_1$ 和坐标系 $o_2x_2y_2z_2$ 之间没有展成运动时，坐标变换与式(5.2-20)相同。

这样就可以求得用成形法加工的右旋齿原理大齿轮的凹齿面在坐标系 $o_2x_2y_2z_2$ 中的坐标。

求解分度平面的截曲线 Γ 的曲率半径以及 P' 点的轨迹曲线的曲率半径，可参考左旋齿原理大齿轮的求法。

刀倾方向角 ϑ 的计算与圆弧齿原理大齿轮相同。

(2) 凸齿面的方程

对于原理大齿轮的凸齿面，在坐标系 $Px_py_pz_p$ 内，内刀齿上一点 M 的坐标

$$\begin{cases} x_p=-\dfrac{w_{1d}}{2}-\zeta \\ y_p=0 \\ z_p=h_{1d}-h_{a1d} \end{cases} \tag{5.2-68}$$

坐标系 $o'_dx'_dy'_dz'_d$ 与坐标系 $Px_py_pz_p$ 之间的坐标变换为

$$\begin{bmatrix} x'_d \\ y'_d \\ z'_d \end{bmatrix}=\begin{bmatrix} \cos\nu & -\sin\nu & 0 \\ \sin\nu & \cos\nu & 0 \\ 0 & 0 & 1 \end{bmatrix}\begin{bmatrix} x_p \\ y_p \\ z_p \end{bmatrix}+\begin{bmatrix} r'_{1d} \\ 0 \\ 0 \end{bmatrix} \tag{5.2-69}$$

其中 ν 为刀齿方向角。

$\sin\frac{\Delta\alpha_2'}{2}=\frac{\sin\frac{\Delta\alpha_2}{2}}{\cos\nu}$，$r_{1dt}=\sqrt{(U_0-h_{a1d})^2+r_{1d}'^2}\sin(t+\Delta\alpha_2')$，其中 $\tan t=\frac{r_{1d}'}{U_0-h_{a1d}}$。

刀盘绕着 $o_d'z_d'$ 轴回转，同时又绕着产形齿轮的轴线 o_1z_1 做行星运动。$o_d'z_d'$ 轴与 o_1z_1 轴呈交错状态。当刀盘公转了一个角度 τ_1 时，刀盘自转了一个角度 τ_{1d}，$\frac{\tau_{1d}}{\tau_1}=\frac{r_a}{r_b}=\frac{z_c}{z_0}$。$\tau_1=0$ 对应节点，$\tau_1>0$ 由节点指向轮齿的大端，$\tau_1<0$ 由节点指向轮齿的小端。

$\overline{o_1o_d}=r_a+r_b$。$Q$ 为公垂线在轴线 $o_d'z_d'$ 上的垂足。$\overline{Qo_d'}=U_0-h_{a1d}$。过 Q 点做坐标系 $Qx_{dd}'y_{dd}'z_{dd}'$，它与坐标系 $o_d'x_d'y_d'z_d'$ 之间的坐标变换为

$$\begin{cases}x_{dd}'=x_d'\\ y_{dd}'=y_d'\\ z_{dd}'=z_d'+\overline{Qo_d'}\end{cases}\tag{5.2-70}$$

$\overline{Qo_d}=\sqrt{(U_0-h_{a1d})^2+r_{1d}'^2}\cos(t+\Delta\alpha_2')$。$Qo_d$ 线平行于坐标轴 o_1z_1。o_{1d}' 为轴线 $o_d'z_d'$ 与轴线 o_1z_1 的公垂线在轴线 o_1z_1 上的垂足，$\overline{o_1o_{1d}'}=\overline{Qo_d}$。$\overline{o_{1d}'Q}=\overline{o_1o_d}=r_a+r_b$。过 o_{1d}' 做坐标系 $o_{1d}'x_{1d}'y_{1d}'z_{1d}'$，它与坐标系 $Qx_{dd}'y_{dd}'z_{dd}'$ 之间的坐标变换为

$$\begin{bmatrix}x_{1d}'\\ y_{1d}'\\ z_{1d}'\end{bmatrix}=\begin{bmatrix}\cos\Delta\alpha_2' & 0 & \sin\Delta\alpha_2'\\ 0 & 1 & 0\\ -\sin\Delta\alpha' & 0 & \cos\Delta\alpha_2'\end{bmatrix}\begin{bmatrix}x_{dd}'\\ y_{dd}'\\ z_{dd}'\end{bmatrix}+\begin{bmatrix}(r_a+r_b)\cos(u_1+u_2)\\ (r_a+r_b)\sin(u_1+u_2)\\ 0\end{bmatrix}\tag{5.2-71}$$

坐标轴 $o_{1d}'x_{1d}'$ 与坐标轴 o_1x_1 之间的夹角为 $\frac{\pi}{2}+u_2+\beta_{1c}-\beta_2$，坐标系 $o_{1d}'x_{1d}'y_{1d}'z_{1d}'$ 和坐标系 $o_1x_1y_1z_1$ 之间的坐标变换为

$$\begin{bmatrix}x_1\\ y_1\\ z_1\end{bmatrix}=\begin{bmatrix}-\sin(u_2+\beta_{1c}-\beta_2) & \cos(u_2+\beta_{1c}-\beta_2) & 0\\ -\cos(u_2+\beta_{1c}-\beta_2) & -\sin(u_2+\beta_{1c}-\beta_2) & 0\\ 0 & 0 & 1\end{bmatrix}\begin{bmatrix}x_{1d}'\\ y_{1d}'\\ z_{1d}'\end{bmatrix}-\begin{bmatrix}0\\ 0\\ \overline{Qo_d}\end{bmatrix}\tag{5.2-72}$$

当刀盘公转了一个 τ_1 角后，o_{1d}' 到达 o_{1d}'' 的位置，坐标系 $o_{1d}'x_{1d}'y_{1d}'z_{1d}'$ 到达 $o_{1d}''x_{1d}''y_{1d}''z_{1d}''$ 的位置。当刀盘自转了一个 τ_{1d} 角后，刀齿上的点 M 到达 M' 的位置，Q 到达 Q' 的位置，坐标系 $Qx_{dd}'y_{dd}'z_{dd}'$ 到达 $Q'x_{dd}''y_{dd}''z_{dd}''$ 的位置。

在坐标系 $Q'x_{dd}''y_{dd}''z_{dd}''$ 中，刀齿上一点 M' 的坐标

$$\begin{cases}x_{dd}''=\sqrt{(x_{dd}')^2+(y_{dd}')^2}\cos(\tau_{1d}+u)\\ y_{dd}''=\sqrt{(x_{dd}')^2+(y_{dd}')^2}\sin(\tau_{1d}+u)\\ z_{dd}''=z_{dd}'\end{cases}\tag{5.2-73}$$

式中，$u=\arccos\frac{x_{dd}'}{\sqrt{(x_{dd}')^2+(y_{dd}')^2}}$。

坐标系 $o_{1d}''x_{1d}''y_{1d}''z_{1d}''$、$Q'x_{dd}''y_{dd}''z_{dd}''$ 之间的相对位置与坐标系 $o_{1d}'x_{1d}'y_{1d}'z_{1d}'$、$Qx_{dd}'y_{dd}'z_{dd}'$ 之

间的相对位置是一样的。坐标系 $o''_{1d}x''_{1d}y''_{1d}z''_{1d}$、$Q'x''_{dd}y''_{dd}z''_{dd}$之间的坐标变换为

$$\begin{bmatrix} x''_{1d} \\ y''_{1d} \\ z''_{1d} \end{bmatrix} = \begin{bmatrix} \cos\Delta\alpha'_2 & 0 & \sin\Delta\alpha'_2 \\ 0 & 1 & 0 \\ -\sin\Delta\alpha' & 0 & \cos\Delta\alpha'_2 \end{bmatrix} \begin{bmatrix} x''_{dd} \\ y''_{dd} \\ z''_{dd} \end{bmatrix} + \begin{bmatrix} (r_a+r_b)\cos(u_1+u_2) \\ (r_a+r_b)\sin(u_1+u_2) \\ 0 \end{bmatrix} \quad (5.2\text{-}74)$$

$o''_{1d}x''_{1d}$轴与 o_1x_1 轴之间的夹角为$\frac{\pi}{2}+u_2+\beta_{1c}-\beta_2-\tau_1$。坐标系 $o''_{1d}x''_{1d}y''_{1d}z''_{1d}$与坐标系 $o_1x_1y_1z_1$ 之间的坐标变换为

$$\begin{bmatrix} x_1 \\ y_1 \\ z_1 \end{bmatrix} = \begin{bmatrix} -\sin(u_2+\beta_{1c}-\beta_2-\tau_1) & \cos(u_2+\beta_{1c}-\beta_2-\tau_1) & 0 \\ -\cos(u_2+\beta_{1c}-\beta_2-\tau_1) & -\sin(u_2+\beta_{1c}-\beta_2-\tau_1) & 0 \\ 0 & 0 & 1 \end{bmatrix} \begin{bmatrix} x''_{1d} \\ y''_{1d} \\ z''_{1d} \end{bmatrix} - \begin{bmatrix} 0 \\ 0 \\ \overline{Qo_d} \end{bmatrix} \quad (5.2\text{-}75)$$

在图 5.2-6 中,当坐标系 $o_1x_1y_1z_1$ 和坐标系 $o_2x_2y_2z_2$ 之间没有展成运动时,坐标变换与式(5.2-20)相同。

这样就可以求得用成形法加工的右旋齿原理大齿轮的凹齿面在坐标系中 $o_2x_2y_2z_2$ 的坐标。

5.3 加工参数 R_{1c}、β_{1c}、r_{1d}、r'_{1d}、v 的确定及原理准双曲面小齿轮的曲率

5.3.1 中介准双曲面小齿轮的设计参数

假定原理大齿轮和一个准双曲面小齿轮做共轭齿轮传动,这个准双曲面小齿轮叫做中介准双曲面小齿轮,简称中介小齿轮。

当采用第一种原理大齿轮的设计方案时,中介小齿轮的分锥距为 R_{m1}、分锥角为 δ_1、螺旋角为 β_1、凸齿面压力角 $\alpha_{1t}=\alpha_{2a}$,凹齿面压力角 $\alpha_{1a}=\alpha_{2t}$,如图 5.3-1 所示。

中介小齿轮的中点根圆锥就是原理小齿轮的分度圆锥。令 $\Delta\delta_1=\delta_1-\delta_{f1}$。原理小齿轮的分锥角为 δ_{f1},分锥距为 $R_{mf1}=\dfrac{R_{m1}\sin\delta_1}{\sin\delta_{f1}}$。由式(2.2-27),求得凹齿面的压力角 $\alpha_{f1a}=\alpha_{1a}$。由式(2.2-25),求得凹齿面的螺旋角 $\beta_{f1a}=\beta_1$。$\sin\Delta_a=\dfrac{\cos\beta_1}{\cos\alpha_{1a}}\sin\Delta\delta_1$。由式(2.2-30),求得凸齿面的压力角 $\alpha_{f1t}=\alpha_{1t}$。由式(2.2-29),求得凸齿面的螺旋角 $\beta_{f1t}=\beta_1$。$\sin\Delta_t=\dfrac{\cos\beta_1}{\cos\alpha_{1t}}\sin\Delta\delta_1$。

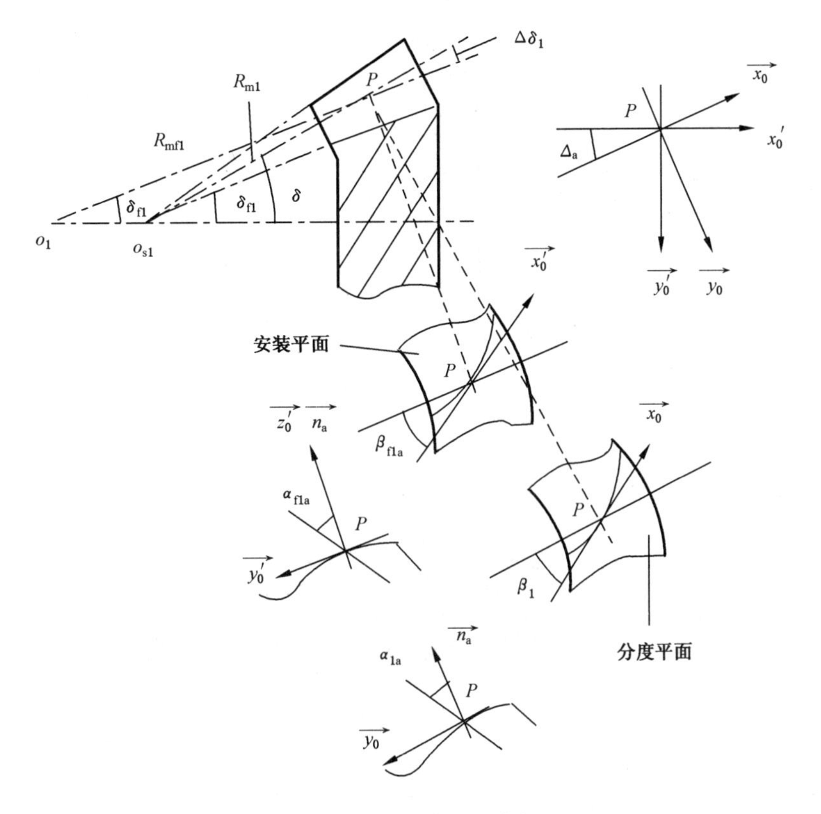

图 5.3-1　左旋齿中介小齿轮(1)

原理大齿轮和中介小齿轮的传动比 i_{12}、轴交角 Σ 以及偏置距 E 与原始准双曲面齿轮传动的传动比、轴交角和偏置距相同。

当采用第二种原理大齿轮的设计方案时，设中介小齿轮的中点分锥距为 R_{m10}、分锥角为 δ_{10}、螺旋角为 β_{10}、压力角为 α_{10}(凸齿面 $\alpha_{10t}=\alpha_{f2a}$，凹齿面 $\alpha_{10a}=\alpha_{f2t}$)。如图 5.3-2 所示。

参照式(2.1-5)、式(2.1-12)得到下面的方程组

$$\begin{cases} i_{12}=\dfrac{R_{mf2}\sin\delta_{f2}\cos\beta_{f2}}{R_{m10}\sin\delta_{10}\cos\beta_{10}}=\dfrac{R_{mf2}\sin\delta_{f2}\cos\beta_{f2}}{r_{m1}\cos\beta_{10}} \\ \cos\Sigma=\cos\delta_{10}\cos\delta_{f2}\cos(\beta_{10}-\beta_{f2})-\sin\delta_{10}\sin\delta_{f2} \end{cases} \tag{5.3-1}$$

由非线性方程组(5.3-1)求得 β_{10} 和 δ_{10}，$R_{m10}=\dfrac{R_{m1}\sin\delta_1}{\sin\delta_{10}}$。

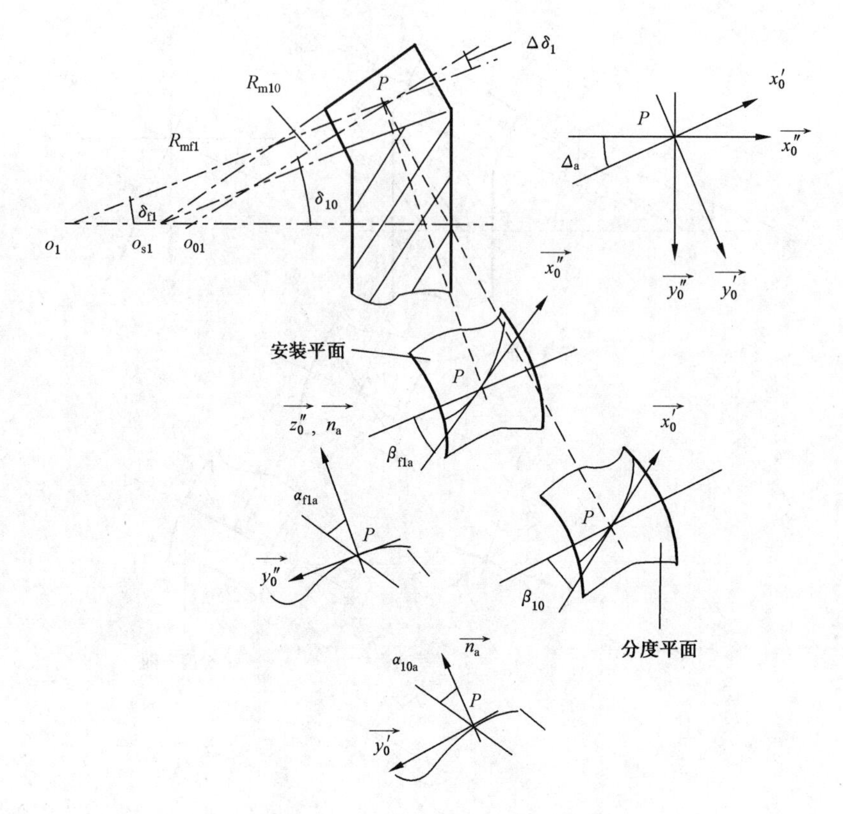

图 5.3-2　左旋齿中介小齿轮(2)

中介小齿轮的分度平面与安装平面之间的夹角为 $\Delta\delta_1=\delta_{10}-\delta_{f1}$。原理小齿轮的分锥角为 δ_{f1}，分锥距为 $R_{mf1}=\dfrac{R_{m10}\sin\delta_{10}}{\sin\delta_{f1}}$。凹齿面的压力角为 α_{f1a}，$\sin\alpha_{f1a}=\sin\alpha_{10a}\cos\Delta\delta_1-\cos\alpha_{10a}\sin\beta_{10}\sin\Delta\delta_1$。凹齿面的螺旋角为 β_{f1a}，$\cos\beta_{f1a}=\dfrac{\cos\alpha_{10a}\cos\beta_{10}}{\cos\alpha_{f1a}}$，$\sin\Delta_a=\dfrac{\cos\beta_{f1a}}{\cos\alpha_{10a}}\sin\Delta\delta_1$。凸齿面的压力角为 α_{f1t}，$\sin\alpha_{f1t}=\sin\alpha_{10t}\cos\Delta\delta_1+\cos\alpha_{10t}\sin\beta_{10}\sin\Delta\delta_1$。凸齿面的螺旋角为 β_{f1t}，$\cos\beta_{f1t}=\dfrac{\cos\alpha_{10t}\cos\beta_{10}}{\cos\alpha_{f1t}}$，$\sin\Delta_t=\dfrac{\cos\beta_{f1t}}{\mathrm{cso}\alpha_{10t}}\sin\Delta\delta_1$。

用传统的制造工艺也不能加工中介小齿轮。

5.3.2　加工参数 $\boldsymbol{R}_{1c}$、$\boldsymbol{\beta}_{1c}$、$\boldsymbol{r}_{1d}$、$\boldsymbol{r}'_{1d}$、$\boldsymbol{v}$ 的确定

当采用第一方案原理大齿轮设计时，在式(2.1-16)及式(2.1-18)、式(2.1-19)的第 2 式中，将参数 R_{m1}、δ_1、β_1、R_{m2}、δ_2、β_2 代入，可以求得原始大、小齿轮啮合时，原始小齿轮凸齿面的极限压力角 α_{t0} 及原始大齿轮凹齿面的极限齿线曲率半径 r_d。

$$\begin{cases}\tan\alpha_{t0}=\dfrac{(R_{m1}\sin\beta_1-R_{m2}\sin\beta_2)\tan\delta_1\tan\delta_2}{(R_{m1}\tan\delta_1+R_{m2}\tan\delta_2)\cos(\beta_1-\beta_2)}\\ r_d=\dfrac{R_{m1}R_{m2}\tan\delta_1\tan\delta_2\sin(\beta_1-\beta_2)}{(R_{m2}\cos\beta_2-R_{m1}\cos\beta_1)\tan\delta_1\tan\delta_2+B\tan\alpha_{t0}}\end{cases}\tag{5.3-2}$$

式中，$B=R_{m1}\tan\delta_1\cos\beta_1\sin\beta_2+R_{m2}\tan\delta_2\sin\beta_1\cos\beta_2$。

初始值 r_d 由式（5.3-2）计算，也可以由经验公式 $r_d=\dfrac{R_{m2}\sin\beta_1}{1.0-k_p}$，$k_p=\dfrac{z_2\left(\dfrac{h_{mf1}}{R_{m1}}+\dfrac{h_{mf2}}{R_{m2}}\right)\tan\left(\dfrac{\alpha_{1a}+\alpha_{1t}}{2}\right)\cos\beta_1}{\pi\sin\delta_2}$进行计算。但算得的 r_d 与刀盘的名义半径不一定一致。

对于圆弧齿制原理大齿轮，参考初始值 r_d 选取标准铣刀的刀盘名义半径 r_{1d}。对于摆线齿制原理大齿轮，参考初始值 r_d 选取标准铣刀的刀盘名义半径 r'_{1d} 和刀齿方向角 ν_d。用 r_{1d} 或 r'_{1d} 代替式(5.3-4)中的 r_d，从 2.3.2 节(2)中的 4)开始重新对原理大齿轮进行设计。

在式(2.1-16)及式(2.1-18)、式(2.1-19)的第 2 式中，将参数 R_{1c}、$\delta_{1c}=\dfrac{\pi}{2}$、$\beta_{1c}$、$R_{m2}$、$\delta_2$、$\beta_2$ 代入，可以求得产形齿轮和原理大齿轮啮合时，产形齿轮凸齿面的极限压力角 α_{t0d} 及原理大齿轮凹齿面的极限齿线曲率半径 r_{0d}。

$$\begin{cases}\tan\alpha_{t0d}=\dfrac{(R_{1c}\sin\beta_{1c}-R_{m2}\sin\beta_2)\tan\delta_2}{R_{1c}\cos(\beta_{1c}-\beta_2)}\\[2ex] r_{0d}=\dfrac{R_{1c}R_{m2}\tan\delta_2\sin(\beta_{1c}-\beta_2)}{R_{m2}\tan\delta_2\cos\beta_2+R_{1c}(\tan\alpha_{t0d}\sin\beta_2-\tan\delta_2)\cos\beta_{1c}}\end{cases}\tag{5.3-3}$$

在式(5.3-3)中令 $\alpha_{t0d}=\alpha_{t0}$，r_{0d} 等于 r_{1d} 或 r'_{1d}，消去 R_{1c} 得

$$\tan(\beta_{1c}-\beta_2)+\frac{r_{0d}\tan\alpha_{t0}\sin^2\beta_2\cos\beta_{1c}}{(r_{0d}-R_{m2}\sin\beta_2)\tan\delta_2\cos(\beta_{1c}-\beta_2)}=\frac{r_{0d}\tan\alpha_{t0d}\cos\beta_2}{(r_{0d}-R_{m2}\sin\beta_2)\tan\delta_2}\tag{5.3-4}$$

由式(5.3-4)解出 β_{1c}。

$$R_{1c}=\frac{R_{m2}\sin\beta_2\tan\delta_2}{\sin\beta_{1c}\tan\delta_2-\cos(\beta_{1c}-\beta_2)\tan\alpha_{t0}}\tag{5.3-5}$$

对于用展成法加工的摆线齿制原理大齿轮，在式(8.1-2)中令 $r'_d=r'_{1d}$，将 r_a、r_b 代入式(5.1-14)，可解出 $r_{1c}^{(0)}$。对于用成形法加工的摆线齿制原理大齿轮，由式(5.2-44)可解出 $r_{1c}^{(0)}$。

当采用第二方案原理大齿轮设计时，在式(5.3-2)～式(5.3-5)中，将参数 R_{m10}、δ_{10}、β_{10}、R_{mf2}、δ_{f2}、β_{f2} 代替 R_{m1}、δ_1、β_1、R_{m2}、δ_2、β_2 即可。

计算 α_{2a}、α_{2t} 时是以齿面公称压力角 α_n 为基础计算的。刀齿角 α_{1da}、α_{1dt} 的选取要以公称刀齿角 α_d 为基础。α_{1da} 与 α_{2a} 或 α_{1dt} 与 α_{2t} 不同时，要用刀倾法加工原理大齿轮。当 r_{1d}、α_{1dt}、α_{1da} 选定后，在以后的计算中及原理准双曲面小齿轮的加工中要以选定的刀具参数值为准。

5.3.3 原理准双曲面小齿轮的曲率

5.3.3.1 用展成法加工原理准双曲面大齿轮的情况

在圆弧齿齿轮加工中，冠轮的齿线是圆。在摆线齿齿轮加工中，冠轮的齿线是圆的长幅外摆线。

用第一种方案设计原理大齿轮时，在图 2.2-2 中，原理大齿轮与产形齿轮啮合时，原理大齿轮齿线的切线方向为$\overrightarrow{x_0}$，齿面的法线方向为$\overrightarrow{z_0}$。

用展成法加工圆弧齿原理大齿轮时，由默尼埃公式(1.1-9)，产形齿轮的假想齿面在$\overrightarrow{x_0}$方向的法曲率为 $\kappa_{nx_0}^{(c)}=\dfrac{\cos\alpha_{1dt}}{r_{1d}}$(假想外刀齿面)或 $\kappa_{nx_0}^{(c)}=\dfrac{\cos\alpha_{1da}}{r_{1d}}$(假想内刀齿面)。用展成法加工摆线齿原理大齿轮时，产形齿轮的假想齿面在$\overrightarrow{x_0}$方向的法曲率为 $\kappa_{nx_0}^{(c)}=\dfrac{\cos\alpha_{1dt}}{r_{1c}^{(0)}}$(假想外刀齿面)或 $\kappa_{nx_0}^{(c)}=\dfrac{\cos\alpha_{1da}}{r_{1c}^{(0)}}$(假想内刀齿面)。$\kappa_{nx_0}^{(c)}$ 是一个主曲率。$\overrightarrow{y_0}$方向的法曲率$\kappa_{ny_0}^{(c)}=0$，是另一个主曲率。在式(1.1-29)中，由于 $\vartheta=0$，所以产形齿轮的假想齿面的短程挠率 $\tau_{gx_0}^{(c)}=0$。

在式(2.2-4)、式(2.2-10)中，将产形齿轮视为齿轮 1，原理大齿轮视为齿轮 2，可以推出产形齿轮和原理大齿轮的接触线方向角 $\vartheta_{x_0}^{(2c)}$ 及诱导法曲率 $\kappa_{ny_0}^{2(c)}$，参数代换如表 5.3-1 所示。

表 5.3-1 参数代换

原式	R_{m1}	δ_1	β_1	R_{m2}	δ_2	β_2	α_{1a}	$\kappa_{nx_0}^{(2)}$	$\tau_{nx_0}^{(2)}$	ϑ_{ax_0}	$\kappa_{ny_0}^{(21)}$
代换式	R_{1c}	$\dfrac{\pi}{2}$	β_{1c}	R_{m2}	δ_2	β_2	α_{1d}	$\kappa_{nx_0}^{(2)}$	$\tau_{nx_0}^{(2)}$	$\vartheta_{x_0}^{(2c)}$	$\kappa_{ny_0}^{(2c)}$

在式(2.2-4)、式(2.2-10)中，$\kappa_{nx_0}^{(2)}$、$\tau_{gx_0}^{(2)}$ 是未知的。将 $\kappa_{nx_0}^{(2)}=\kappa_{ny_0}^{(2c)}\tan^2\vartheta_{x_0}^{(2c)}+\kappa_{nx_0}^{(c)}$、$\tau_{gx_0}^{(2)}=\kappa_{ny_0}^{(2c)}\tan\vartheta_{x_0}^{(2c)}$ 代入，可以求得

$$\begin{cases}\tan\vartheta_{x_0}^{(2c)}=R_{m2}\tan\delta_2\cos\alpha_{1d}\left[\dfrac{1}{R_{m2}\cos\beta_2}-\dfrac{1}{R_{1c}\cos\beta_{1c}}+\dfrac{\tan\alpha_{1d}\tan\beta_2}{R_{m2}\tan\delta_2}+\dfrac{\kappa_{nx_0}^{(c)}(\tan\beta_{1c}-\tan\beta_2)}{\cos\alpha_{1d}}\right]\\ \kappa_{ny_0}^{(2c)}=\dfrac{\cos\beta_2\cos\beta_{1c}}{R_{m2}[\cos\alpha_{1d}(\tan\alpha_{1d}-\tan\alpha_{a0})-\tan\vartheta_{x_0}^{(2c)}\tan\varepsilon_{c2}]\cos\varepsilon_{c2}\tan\delta_2}\end{cases}\tag{5.3-6}$$

式中，$\varepsilon_{c2}=\beta_{1c}-\beta_2$；$\tan\alpha_{a0}=\dfrac{-(R_{1c}\sin\beta_{1c}-R_{m2}\sin\beta_2)\tan\delta_2}{R_{1c}\cos\varepsilon_{c2}}$。对于原理大齿轮的凸齿面，$\alpha_{1d}=\alpha_{2t}$；对于原理大齿轮的凹齿面，$\alpha_{1d}=-\alpha_{2a}$。

由式(2.2-13)得原理大齿轮的法曲率和短程挠率

$$\begin{cases}\kappa_{nx_0}^{(2)} = \kappa_{ny_0}^{(2c)}\tan^2\vartheta_{x_0}^{(2c)} + \kappa_{nx_0}^{(c)} \\ \kappa_{ny_0}^{(2)} = \kappa_{ny_0}^{(2c)} \\ \tau_{gx_0}^{(2)} = \kappa_{ny_0}^{(2c)}\tan\vartheta_{x_0}^{(2c)}\end{cases} \tag{5.3-7}$$

已知中介小齿轮的参数 R_{m1}、δ_1、β_1。在式(2.2-4)、式(2.2-7)中，将齿轮 1 视为中介小齿轮，齿轮 2 视为原理大齿轮。将参数按表 5.3-2 进行代换，得到中介小齿轮和原理大齿轮的接触线方向角 $\vartheta_{x_0}^{(20)}$ 及诱导法曲率 $\kappa_{ny_0}^{(20)}$。

表 5.3-2　参数代换

原式	R_{m1}	δ_1	β_1	R_{m2}	δ_2	β_2	α_{1a}	$\kappa_{nx_0}^{(2)}$	$\tau_{gx_0}^{(2)}$	ϑ_{ax_0}	$\kappa_{ny_0}^{(21)}$
代换式	R_{m1}	δ_1	β_1	R_{m2}	δ_2	β_2	α_{1d}	$\kappa_{nx_0}^{(2)}$	$\tau_{gx_0}^{(2)}$	$\vartheta_{x_0}^{(20)}$	$\kappa_{ny_0}^{(20)}$

对于中介小齿轮的凹齿面，$\alpha_{1d}=\alpha_{1a}$；对于中介小齿轮的凸齿面，$\alpha_{1d}=-\alpha_{1t}$。

由式(2.2-13)，中介小齿轮的法曲率和短程挠率为

$$\begin{cases}\kappa_{nx_0}^{(0)} = -\kappa_{ny_0}^{(20)}\tan^2\vartheta_{x_0}^{(20)} + \kappa_{nx_0}^{(2)} \\ \kappa_{ny_0}^{(0)} = -\kappa_{ny_0}^{(20)} + \kappa_{ny_0}^{(2)} \\ \tau_{gx_0}^{(0)} = -\kappa_{ny_0}^{(20)}\tan\vartheta_{x_0}^{(20)} + \tau_{gx_0}^{(2)}\end{cases} \tag{5.3-8}$$

在中介小齿轮的安装平面(或原理小齿轮的分度平面)上，原理小齿轮齿线的方向为 $\overrightarrow{x_0'}$，齿面的法线方向为 $\overrightarrow{z_0'}$。

由式(2.2-33)求得中介小齿轮在安装平面上的法曲率 $\kappa_{nx_0'}^{(0)}$、$\kappa_{ny_0'}^{(0)}$ 和短程挠率 $\tau_{gx_0'}^{(0)}$。令原理小齿轮的假想凹齿面的法曲率 $\kappa_{nx_0'}^{(1)}$、$\kappa_{ny_0'}^{(1)}$ 和短程挠率 $\tau_{gx_0'}^{(1)}$ 与其对应相等，得到

$$\begin{cases}\kappa_{nx_0'}^{(1)} = -\kappa_{ny_0}^{(20)}(\cos\Delta_a - \tan\vartheta_{x_0}^{(20)}\sin\Delta_a)^2\tan^2(\vartheta_{x_0}^{(20)} + \Delta_a) + \kappa_{nx_0'}^{(2)} \\ \kappa_{ny_0'}^{(1)} = -\kappa_{ny_0}^{(20)}(\cos\Delta_a - \tan\vartheta_{x_0}^{(20)}\sin\Delta_a)^2 + \kappa_{ny_0'}^{(2)} \\ \tau_{gx_0'}^{(1)} = -\kappa_{ny_0}^{(20)}(\cos\Delta_a - \tan\vartheta_{x_0}^{(20)}\sin\Delta_a)^2\tan(\vartheta_{x_0}^{(20)} + \Delta_a) + \tau_{gx_0'}^{(2)}\end{cases} \tag{5.3-9}$$

由式(2.2-34)，在中介小齿轮的安装平面上，原理大齿轮的假想凸齿面的法曲率和短程挠率

$$\begin{cases}\kappa_{nx_0'}^{(2)} = \kappa_{nx_0}^{(2)}\cos^2\Delta_a + 2\tau_{gx_0}^{(2)}\sin\Delta_a\cos\Delta_a + \kappa_{ny_0}^{(2)}\sin^2\Delta_a \\ \kappa_{ny_0'}^{(2)} = \kappa_{nx_0}^{(2)}\sin^2\Delta_a - 2\tau_{gx_0}^{(2)}\sin\Delta_a\cos\Delta_a + \kappa_{ny_0}^{(2)}\cos^2\Delta_a \\ \tau_{gx_0'}^{(2)} = (\kappa_{nx_0}^{(2)} - \kappa_{ny_0}^{(2)})\sin\Delta_a\cos\Delta_a + \tau_{gx_0}^{(2)}(\cos^2\Delta_a - \sin^2\Delta_a)\end{cases} \tag{5.3-10}$$

用第二种方案设计原理大齿轮时，在图 5.3-2 中，原理大齿轮齿线的切线方向为 $\overrightarrow{x_0'}$，齿面的法线方向为 $\overrightarrow{z_0'}$。在被加工小齿轮的安装平面上，中介小齿轮齿线的方向为 $\overrightarrow{x_0''}$，齿面的法线方向为 $\overrightarrow{z_0''}$。

用展成法加工圆弧齿原理大齿轮时，产形齿轮的假想齿面在 $\overrightarrow{x_0'}$ 方向的法曲率为 $\kappa_{nx_0'}^{(c)}=\dfrac{\cos\alpha_{1dt}}{r_{1d}}$(假想外刀齿面)或 $\kappa_{nx_0'}^{(c)}=\dfrac{\cos\alpha_{1da}}{r_{1d}}$(假想内刀齿面)。用展成法加工摆线齿原理大齿轮

时，产形齿轮的假想齿面在$\overrightarrow{x_0'}$方向的法曲率为$\kappa_{nx_0'}^{(c)}=\dfrac{\cos\alpha_{1dt}}{r_{1c}^{(0)}}$（假想外刀齿面）或$\kappa_{nx_0'}^{(c)}=\dfrac{\cos\alpha_{1da}}{r_{1c}^{(0)}}$（假想内刀齿面）。$\kappa_{nx_0'}^{(c)}$是一个主曲率。$\overrightarrow{y_0'}$方向的法曲率$\kappa_{nx_0'}^{(c)}=0$，是另一个主曲率。产形齿轮的假想齿面的短程挠率$\tau_{gx_0'}^{(c)}=\tau_{gy_0'}^{(c)}=0$。

$$\begin{cases}\tan\vartheta_{x_0'}^{(2c)}=R_{mf2}\tan\delta_{f2}\cos\alpha_{1d}\left[\dfrac{1}{R_{mf2}\cos\beta_{f2}}-\dfrac{1}{R_{1c}\cos\beta_{1c}}+\dfrac{\tan\alpha_{1d}\tan\beta_{f2}}{R_{mf2}\tan\delta_{f2}}+\right.\\ \qquad\left.\dfrac{\kappa_{nx_0'}^{(c)}(\tan\beta_{1c}-\tan\beta_{f2})}{\cos\alpha_{1d}}\right]\\ \kappa_{ny_0'}^{(2c)}=\dfrac{\cos\beta_{f2}\cos\beta_{1c}}{R_{mf2}[\cos\alpha_{1d}(\tan\alpha_{1d}-\tan\alpha_{a0})-\tan\vartheta_{x_0'}^{(2c)}\tan\varepsilon_{c2}]\cos\varepsilon_{c2}\tan\delta_{f2}}\end{cases}\tag{5.3-11}$$

式中，$\varepsilon_{c2}=\beta_{1c}-\beta_{f2}$；$\tan\alpha_{a0}=\dfrac{-(R_{1c}\sin\beta_{1c}-R_{mf2}\sin\beta_{f2})\tan\delta_{f2}}{R_{1c}\cos\varepsilon_{c2}}$。对于原理大齿轮的凸齿面，$\alpha_{1d}=\alpha_{1da}=\alpha_{f2t}$；对于原理大齿轮的凹齿面，$\alpha_{1d}=-\alpha_{1dt}=-\alpha_{f2a}$。

原理大齿轮的法曲率和短程挠率

$$\begin{cases}\kappa_{nx_0'}^{(2)}=\kappa_{ny_0'}^{(2c)}\tan^2\vartheta_{x_0'}^{(2c)}+\kappa_{nx_0'}^{(c)}\\ \kappa_{ny_0'}^{(2)}=\kappa_{ny_0'}^{(2c)}\\ \tau_{gx_0'}^{(2)}=\kappa_{ny_0'}^{(2c)}\tan\vartheta_{x_0'}^{(2c)}\end{cases}\tag{5.3-12}$$

中介小齿轮的法曲率和短程挠率

$$\begin{cases}\kappa_{nx_0'}^{(0)}=-\kappa_{ny_0'}^{(20)}\tan^2\vartheta_{x_0'}^{(20)}+\kappa_{nx_0'}^{(2)}\\ \kappa_{ny_0'}^{(0)}=-\kappa_{ny_0'}^{(20)}+\kappa_{ny_0'}^{(2)}\\ \tau_{gx_0'}^{(0)}=-\kappa_{ny_0'}^{(20)}\tan\vartheta_{x_0'}^{(20)}+\tau_{gx_0'}^{(2)}\end{cases}\tag{5.3-13}$$

由式(2.2-33)求得中介小齿轮在安装平面上的法曲率$\kappa_{nx_0''}^{(0)}$、$\kappa_{ny_0''}^{(0)}$和短程挠率$\tau_{gx_0''}^{(0)}$。令原理小齿轮的假想凹齿面的法曲率$\kappa_{nx_0''}^{(1)}$、$\kappa_{ny_0''}^{(1)}$和短程挠率$\tau_{gx_0''}^{(1)}$与其对应相等，得到

$$\begin{cases}\kappa_{nx_0''}^{(1)}=-\kappa_{ny_0'}^{(20)}(\cos\Delta_a-\tan\vartheta_{x_0'}^{(20)}\sin\Delta_a)^2\tan^2(\vartheta_{x_0'}^{(20)}+\Delta_a)+\kappa_{nx_0''}^{(2)}\\ \kappa_{ny_0''}^{(1)}=-\kappa_{ny_0'}^{(20)}(\cos\Delta_a-\tan\vartheta_{x_0'}^{(20)}\sin\Delta_a)^2+\kappa_{ny_0''}^{(2)}\\ \tau_{gx_0''}^{(1)}=-\kappa_{ny_0'}^{(20)}(\cos\Delta_a-\tan\vartheta_{x_0'}^{(20)}\sin\Delta_a)^2\tan(\vartheta_{x_0'}^{(20)}+\Delta_a)+\tau_{gx_0''}^{(2)}\end{cases}\tag{5.3-14}$$

在被加工小齿轮的安装平面上，原理大齿轮的假想齿面的法曲率和短程挠率

$$\begin{cases}\kappa_{nx_0''}^{(2)}=\kappa_{nx_0'}^{(2)}\cos^2\Delta_a+2\tau_{gx_0'}^{(2)}\sin\Delta_a\cos\Delta_a+\kappa_{ny_0'}^{(2)}\sin^2\Delta_a\\ \kappa_{ny_0''}^{(2)}=\kappa_{nx_0'}^{(2)}\sin^2\Delta_a-2\tau_{gx_0'}^{(2)}\sin\Delta_a\cos\Delta_a+\kappa_{ny_0'}^{(2)}\cos^2\Delta_a\\ \tau_{gx_0''}^{(2)}=(\kappa_{nx_0'}^{(2)}-\kappa_{ny_0'}^{(2)})\sin\Delta_a\cos\Delta_a+\tau_{gx_0'}^{(2)}(\cos^2\Delta_a-\sin^2\Delta_a)\end{cases}\tag{5.3-15}$$

5.3.3.2 用成形法加工原理准双曲面大齿轮的情况

用第一种方案设计原理大齿轮时，对于圆弧齿原理大齿轮，$\kappa_{nx_0}^{(2)}=\kappa_{nx_0}^{(c)}=\dfrac{\cos\alpha_{1dt}}{r_{1d}}$（凹齿

面)或 $\kappa_{nx_0}^{(2)}=\kappa_{nx_0}^{(c)}=\dfrac{\cos\alpha_{1da}}{r_{1d}}$(凸齿面);对于摆线齿原理大齿轮,$\kappa_{nx_0}^{(2)}=\kappa_{nx_0}^{(c)}=\dfrac{\cos\alpha_{f2a}}{r_{1c}^{(0)}}$(凹齿面)或 $\kappa_{nx_0}^{(2)}=\kappa_{nx_0}^{(c)}=\dfrac{\cos\alpha_{f2t}}{r_{1c}^{(0)}}$(凸齿面)。$\kappa_{ny_0}^{(2)}=\kappa_{ny_0}^{(c)}=\tau_{gx_0}^{(2)}=\tau_{gx_0}^{(c)}=\tau_{gy_0}^{(2)}=\tau_{gy_0}^{(c)}=0$。

已知中介小齿轮的参数 R_{m1}、δ_1、β_1。在式(2.2-4)、式(2.2-7)中,将齿轮 1 视为中介小齿轮,齿轮 2 视为原理大齿轮,将参数按表 5.3-3 进行代换,得到接触线方向角 $\vartheta_{x_0}^{(02)}$ 及诱导法曲率 $\kappa_{ny_0}^{(20)}$。

表 5.3-3 参数代换

原式	R_{m1}	δ_1	β_1	R_{m2}	δ_2	β_2	α_{1a}	$\kappa_{nx_0}^{(2)}$	$\tau_{gx_0}^{(2)}$	ϑ_{ax_0}	$\kappa_{ny_0}^{(21)}$
代换式	R_{m1}	δ_1	β_1	R_{m2}	δ_2	β_2	α_{1d}	$\kappa_{nx_0}^{(2)}$	$\tau_{gx_0}^{(2)}$	$\vartheta_{x_0}^{(20)}$	$\kappa_{ny_0}^{(20)}$

对于中介小齿轮的凹齿面,$\alpha_{1d}=\alpha_{1a}$;对于中介小齿轮的凸齿面 $\alpha_{1d}=-\alpha_{1t}$。

由式(5.3-10),在中介小齿轮的分度平面上,假想齿面的法曲率和短程挠率

$$\begin{cases}\kappa_{nx_0}^{(0)}=-\kappa_{ny_0}^{(20)}\tan^2\vartheta_{x_0}^{(20)}+\kappa_{nx_0}^{(2)}\\ \kappa_{ny_0}^{(0)}=-\kappa_{ny_0}^{(20)}\\ \tau_{gx_0}^{(0)}=-\kappa_{ny_0}^{(20)}\tan\vartheta_{x_0}^{(20)}\end{cases}\tag{5.3-16}$$

原理小齿轮的假想凹齿面的法曲率和短程挠率同式(5.3-9)。

由欧拉公式和贝特朗公式,在中介小齿轮的安装平面上原理大齿轮的假想凸齿面的法曲率和短程挠率为

$$\begin{cases}\kappa_{nx_0'}^{(2)}=\kappa_{nx_0}^{(2)}\cos^2\Delta_a\\ \kappa_{ny_0'}^{(2)}=\kappa_{nx_0}^{(2)}\sin^2\Delta_a\\ \tau_{gx_0'}^{(2)}=-\kappa_{nx_0}^{(2)}\sin\Delta_a\cos\Delta_a\end{cases}\tag{5.3-17}$$

用第二种方案设计原理大齿轮时,对于圆弧齿原理大齿轮,$\kappa_{nx_0'}^{(2)}=\kappa_{nx_0'}^{(c)}=\dfrac{\cos\alpha_{1dt}}{r_{1d}}$(凹齿面)或 $\kappa_{nx_0'}^{(2)}=\kappa_{nx_0'}^{(c)}=\dfrac{\cos\alpha_{1da}}{r_{1d}}$(凸齿面);对于摆线齿原理大齿轮,$\kappa_{nx_0'}^{(2)}=\kappa_{nx_0'}^{(c)}=\dfrac{\cos\alpha_{f2a}}{r_{1c}^{(0)}}$(凹齿面)或 $\kappa_{nx_0}^{(2)}=\kappa_{nx_0'}^{(c)}=\dfrac{\cos\alpha_{f2t}}{r_{1c}^{(0)}}$(凸齿面)。$\kappa_{ny_0'}^{(2)}=\kappa_{ny_0'}^{(c)}=\tau_{gx_0'}^{(2)}=\tau_{gx_0'}^{(c)}=\tau_{gy_0'}^{(2)}=\tau_{gy_0'}^{(c)}=0$。

原理小齿轮的假想凹齿面的法曲率和短程挠率同式(5.3-14)。

中介小齿轮的假想齿面的法曲率和短程挠率

$$\begin{cases}\kappa_{nx_0'}^{(0)}=-\kappa_{ny_0'}^{(20)}\tan^2\vartheta_{x_0'}^{(20)}+\kappa_{nx_0'}^{(2)}\\ \kappa_{ny_0'}^{(0)}=-\kappa_{ny_0'}^{(20)}\\ \tau_{gx_0'}^{(0)}=-\kappa_{ny_0'}^{(20)}\tan\vartheta_{x_0'}^{(20)}\end{cases}\tag{5.3-18}$$

在安装平面上原理大齿轮的假想齿面的法曲率和短程挠率为

$$
\begin{cases}
\kappa_{nx_0''}^{(2)} = \kappa_{nx_0'}^{(2)} \cos^2 \Delta_a \\
\kappa_{ny_0''}^{(2)} = \kappa_{nx_0'}^{(2)} \sin^2 \Delta_a \\
\tau_{gx_0''}^{(2)} = -\kappa_{nx_0'}^{(2)} \sin\Delta \cos\Delta_a
\end{cases} \tag{5.3-19}
$$

5.4 计算示例:左旋齿原理准双曲面大齿轮的加工

5.4.1 圆弧齿准双曲面大齿轮

5.4.1.1 用展成法加工

(1) 原始设计参数

1) 轴交角 $\Sigma=90°$。

2) 理论传动比 $i_{120}=4.0$。

3) 原始小齿轮的转矩 $T_1=300$ N·m。

(2) 齿坯参数的计算

1) 取小齿轮的齿数 $z_1=9$。大齿轮的齿数 $z_2=37$。

2) 利用第 2 章的公式算得原始大齿轮参数的初选值 $d_2=253.772$ mm,刀盘半径的初选值 $r_d=64.411$ mm。取标准刀盘的半径 $r_{1d}=76.200$ mm。

3) 算得 $m_n=5.949$ mm,$R_{m1}=116.846$ mm,$\delta_1=20.882\ 3°$,$\beta_1=50°$,$R_{m2}=138.000$ mm,$\delta_2=67.984\ 1°$,$\beta_2=30.650\ 5°$。

4) 原始齿轮的偏置距 $E=44.778$ mm。

5) 原始齿轮的齿宽 $B=46.000$ mm。

6) 小齿轮的中点齿顶高 $h_{ma1}=9.363$ mm、中点齿根高 $h_{mf1}=2.683$ mm,大齿轮的中点齿顶高 $h_{ma2}=1.345$ mm、中点齿根高 $h_{mf2}=10.702$ mm。

7) 小齿轮轮冠距 $A_{e1}=139.147$ mm、前轮冠距 $A_{i1}=99.395$ mm,大齿轮轮冠距 $A_{e2}=48.494$ mm、前轮冠距 $A_{i2}=24.437$ mm。

8) 公称压力角 $\alpha_n=22.5°$。原始小齿轮凸齿面的压力角 $\alpha_{1t}=25.342\ 2°$、凹齿面的压力角 $\alpha_{1a}=19.657\ 7°$。原始大齿轮凸齿面的压力角 $\alpha_{2t}=\alpha_{1a}$、凹齿面的压力角 $\alpha_{2a}=\alpha_{1t}$。

9) 当齿轮不变位时,加工大齿轮的刀顶距 $w_{1d}=7.115$ mm,加工小齿轮的刀顶距 $w_{2d}=0.454$ mm,取切向变位系数 $x_t=0.559\ 9$,加工大、小齿轮的刀顶距都是 3.814 mm。

10) 加工小齿轮的刀顶高 $h_{a2d}=2.684$ mm,加工大齿轮的刀顶高 $h_{a1d}=10.702$ mm。

11) 原理大齿轮的参数:$R_{mf2}=142.895$ mm,$\delta_{f2}=63.549\ 5°$,$\delta_{a2}=68.542\ 5°$,$\beta_{f2}=30.770\ 9°$,$\alpha_{f2a}=23.024\ 1°$,$\alpha_{f2t}=21.870\ 7°$。

12) 中介小齿轮的参数:$R_{m10}=98.411$ mm,$\delta_{10}=25.131\ 1°$,$\beta_{10}=50.222\ 8°$。

13) 产形齿轮的参数:$R_{1c}=130.976$ mm,$\delta_{1c}=90°$,$\beta_{1c}=34.189\ 5°$。

14) 大齿轮的加工参数:轴交角 $\Sigma_{2c}=153.549\ 2°$,垂直轮位 $E_{2c}=-7.810$ mm,机床

的滚比 $i_{c2}=1.0146$，刀位 $s_{2d}=108.372$ mm，$b_1=-24.426$ mm，$b_2=27.281$ mm。外刀齿角 $\alpha_{1da}=21.8707°$，内刀齿角 $\alpha_{1dt}=23.0241°$。

15）凹齿面刀齿的切入参数 $\tau_a=-21.4000°$，$\tau_b=18.2000°$，凸齿面刀齿的切入参数 $\tau_a=-17.30°$，$\tau_b=26.5°$。

16）原理小齿轮接触强度的校核。区域系数 $Z_H=0.0397$，计算接触应力 $\sigma_H=229.30$ MPa，许用接触应力 $\sigma_{HP}=557.56$ MPa，通过接触强度校核。

17）原理小齿轮弯曲强度的校核。齿形系数 $Y_{Fa}=0.101$，齿根弯曲应力 $\sigma_F=9.57$ MPa，许用齿根弯曲强度 $\sigma_{FP}=559.12$ MPa。通过弯曲强度校核。

18）原理小齿轮抗胶合强度的校核。$\vartheta_{int}=69.29$ ℃，$\dfrac{\vartheta_{Sint}}{S_{Bmin}}=102.56$ ℃，通过抗胶合能力校核。

凹、凸齿面如图 5.4-1 所示，两齿面之间是齿槽。

图 5.4-1　用展成法加工的圆弧齿大齿轮的齿面

5.4.1.2　用刀倾法加工

（1）原始设计参数

1）轴交角 $\Sigma=70°$。

2）理论传动比 $i_{120}=4.0$。

3）原始小齿轮的转矩 $T_1=300$ N·m。

（2）齿坯参数的计算

1）取小齿轮的齿数 $z_1=9$。

2）大齿轮的齿数 $z_2=37$。

3）利用第 2 章的公式算得原始大、小齿轮 $\delta_1=16.7920°$，$\beta_1=50°$，$\delta_2=51.6992°$，$\beta_2=33.4361°$。刀盘半径初算值 $r_d=76.101$ mm，取标准刀盘的半径值 $r_{1d}=76.200$ mm。

4）原始齿轮的偏置距 $E=38.846$ mm。

5）中点法向模数 $m_{mn}=5.009$ mm。

6）原始齿轮的齿宽 $B=47.000$ mm。

7）原始小齿轮的中点分锥距 $R_{m1}=121.381$ mm。

8）原始大齿轮的中点分锥距 $R_{m2}=141.500$ mm。

9）小齿轮的中点齿顶高 $h_{ma1}=7.797$ mm、中点齿根高 $h_{mf1}=2.345$ mm。大齿轮的中点齿顶高 $h_{ma2}=1.219$ mm、中点齿根高 $h_{mf2}=8.924$ mm。

10）小齿轮轮冠距 $A_{e1}=145.421$ mm、前轮冠距 $A_{i1}=102.568$ mm，大齿轮轮冠距 $A_{e2}=88.776$ mm、前轮冠距 $A_{i2}=54.921$ mm。

11）公称压力角 $\alpha_n=22.5°$。原始小齿轮凸齿面的压力角 $\alpha_{1t}=24.0889°$，凹齿面的压

力角 $\alpha_{1a}=20.9110°$。原始大齿轮凸齿面的压力角 $\alpha_{2t}=\alpha_{1a}$、凹齿面的压力角 $\alpha_{2a}=\alpha_{1t}$。

12）当齿轮不变位时，加工大齿轮的刀顶距 $w_{1d}=5.922$ mm，加工小齿轮的刀顶距 $w_{2d}=0.468$ mm，取切向变位系数 $x_t=0.5445$，加工大、小齿轮的刀顶距都是 3.207 mm。

13）加工小齿轮的刀顶高 $h_{a2d}=2.345$ mm，加工大齿轮的刀顶高 $h_{a1d}=8.924$ mm。

14）原理大齿轮的参数：$R_{mf2}=149.213$ mm，$\delta_{f2}=48.0903°$，$\delta_{a2}=52.1927°$，$\beta_{f2}=33.4637°$，$\alpha_{f2a}=\alpha_{1dt}=22.0665°$，$\alpha_{f2t}=\alpha_{1da}=22.8679°$。刀齿的名义压力角 $\alpha_n=20.5°$。

15）大齿轮的加工参数：加工凹齿面时，刀倾角 $\Delta\alpha_2=-2.0665°$，机床常数 $U_0=368.30$ mm，刀尖半径 $r_{1ca}=78.124$ mm，$r_{1da}=63.191$ mm。垂直轮位 $E_{2c}=-8.755$ mm。刀位 $s_{2d}=108.305$ mm，$R_{1c}=134.113$ mm，理论值 $\beta_{1c}=37.2067°$。如果取偏心鼓轮的偏心距 $e=150$ mm，则刀位夹角 $\tau=2\arcsin\left(\frac{s_{2d}}{2e}\right)=42.3256°$，刀倾方向角 $\vartheta=\frac{3\pi}{2}-\left(\eta_1+\eta_2+\frac{\tau}{2}\right)=168.3532°$。刀齿的切入参数 $\tau_a=-23.6666°$，$\tau_b=20.8333°$。

16）加工凸齿面时，刀盘半径初算值 $r_d=76.101$ mm，取标准刀盘的半径值 $r_{1d}=76.200$ mm。刀齿的名义压力角 $\alpha_n=20.5°$。刀倾角 $\Delta\alpha_2=-2.8679°$，刀尖半径 $r_{1ct}=74.179$ mm，$r_{1dt}=94.085$ mm。垂直轮位 $E_{2c}=-8.755$ mm。刀位 $s_{2d}=107.602$ mm，$R_{1c}=134.113$ mm，$\beta_{1c}=37.2067°$，如果取偏心鼓轮的偏心距 $e=150$ mm，则刀位夹角 $\tau=2\mathrm{arc}\ \sin\left(\frac{s_{2d}}{2e}\right)=42.0376°$，刀倾方向角 $\vartheta=\frac{3\pi}{2}-\left(\eta_1+\eta_2+\frac{\tau}{2}\right)=152.0482°$。刀齿的切入参数 $\tau_a=-19.93°$，$\tau_b=32.97°$。

17）原理小齿轮接触强度的校核。区域系数 $Z_H=0.0367$，计算接触应力 $\sigma_H=232.07$ MPa，许用接触应力 $\sigma_{HP}=552.22$ MPa，通过接触强度校核。

18）原理小齿轮弯曲强度的校核。齿形系数 $Y_{Fa}=2.9443$，齿根弯曲应力 $\sigma_F=331.27$ MPa，许用齿根弯曲强度 $\sigma_{FP}=555.09$ MPa。通过弯曲强度校核。

19）原理小齿轮抗胶合强度的校核。$\vartheta_{int}=82.52$ ℃，$\frac{\vartheta_{Sint}}{S_{Bmin}}=102.56°$，通过抗胶合能力校核。

凹、凸齿面如图 5.4-2 所示，两齿面之间是齿槽。

图 5.4-2 用刀倾法加工的圆弧齿大齿轮的齿面

5.4.2 摆线齿准双曲面大齿轮

5.4.2.1 用展成法加工

（1）原始设计参数

1）轴交角 $\Sigma=90°$。

2）理论传动比 $i_{120}=4.5$。

3）原始小齿轮的转矩 $T_1=300\ \mathrm{N\cdot m}$。

（2）齿坯参数的计算

1）取小齿轮的齿数 $z_1=9$。

2）大齿轮的齿数 $z_2=40$。

3）利用第 2 章的公式算得原始大、小齿轮参数的初选值 $d_2=265.851$ mm，刀盘半径的初选值 $r_d=63.912$ mm。取 EN 5-78 型标准刀盘，刀片型号 EN78/1，刀盘的刀齿组数 $z_0=1$，滚圆的半径 $e_d=10.5$ mm，刀盘半径 $r_{1d}=78.704$ mm，刀齿方向角 $\nu=7.666\ 8°$。

算得 $m_n=6.152$ mm，$R_{m1}=120.772$ mm，$\delta_1=20.894\ 4°$，$\beta_1=50°$，$R_{m2}=154.000$ mm，$\delta_2=67.946\ 0°$，$\beta_2=30.443\ 7°$。

4）原始齿轮的偏置距 $E=50.048$ mm。

5）原始齿轮的齿宽 $B=52.000$ mm。

6）小齿轮的中点齿顶高 $h_{ma1}=9.696$ mm、中点齿根高 $h_{mf1}=2.762$ mm，大齿轮的中点齿顶高 $h_{ma2}=1.378$ mm、中点齿根高 $h_{mf2}=11.080$ mm。

7）小齿轮轮冠距 $A_{e1}=155.660$ mm、前轮冠距 $A_{i1}=110.509$ mm，大齿轮轮冠距 $A_{e2}=51.001$ mm、前轮冠距 $A_{i2}=24.433$ mm。

8）公称压力角 $\alpha_n=22.5°$。原始小齿轮凸齿面的压力角 $\alpha_{1t}=24.446\ 6°$，凹齿面的压力角 $\alpha_{1a}=20.553\ 4°$。原始大齿轮凸齿面的压力角 $\alpha_{2t}=\alpha_{1a}$、凹齿面的压力角 $\alpha_{2a}=\alpha_{1t}$。

9）当齿轮不变位时，$w_{1d}=7.372$，$w_{2d}=0.472\ 6$，取切向变位系数 $x_t=0.560\ 7$，大、小齿轮的刀顶距都是 3.943 mm。

10）加工小齿轮的刀顶高 $h_{a2d}=2.762$ mm，加工大齿轮的刀顶高 $h_{a1d}=11.080$ mm。

11）原理大齿轮的参数：$R_{mf2}=159.033$ mm，$\delta_{f2}=63.830\ 6°$，$\delta_{a2}=68.458\ 9°$，$\beta_{f2}=30.498\ 1°$，$\alpha_{f2a}=22.313\ 5°$，$\alpha_{f2t}=22.595\ 5°$。

12）中介小齿轮的参数：$R_{m10}=102.906$ mm，$\delta_{10}=24.829\ 3°$，$\beta_{10}=50.180\ 9°$。

13）产形齿轮的参数：$R_{1c}=144.846$ mm，$\delta_{1c}=90°$，$\beta_{1c}=33.711\ 3°$。

14）大齿轮的加工参数：轴交角 $\Sigma_{2c}=153.830\ 6°$，垂直轮位 $E_{2c}=-8.118$ mm。机床的滚比 $i_{c2}=1.020\ 7$，$r_a=127.750$ mm，$r_b=3.261$ mm 刀位 $r_a+r_b=131.011$ mm，$b_1=-29.334$ mm，$b_2=32.684$ mm。外刀齿角 $\alpha_{1dt}=22.313\ 5°$，内刀齿角 $\alpha_{1da}=22.595\ 5°$。产形齿轮齿线的曲率半径 $r_{1c}^{(0)}=121.038$ mm。

15）凹齿面齿轮切入、切出参数 $\tau_a=-20.40°$、$\tau_b=20.64°$。凸齿面齿轮切入、切出参数 $\tau_a=-19.95°$、$\tau_b=25.88°$。

16）原理小齿轮接触强度的校核。区域系数 $Z_H=0.035\ 5$，计算接触应力 $\sigma_H=276.61$ MPa，许用接触应力 $\sigma_{HP}=560.81$ MPa，通过接触强度校核。

17）原理小齿轮弯曲强度的校核。齿形系数 $Y_{Fa}=1.498\ 4$，齿根弯曲应力 $\sigma_F=$

137.27 MPa,许用齿根弯曲强度 $\sigma_{FP}=548.97$ MPa。通过弯曲强度校核。

18) 原理小齿轮抗胶合强度的校核。$\vartheta_{int}=72.14$ ℃,$\frac{\vartheta_{Sint}}{S_{Bmin}}=102.56$ ℃,通过抗胶合能力校核。

凹、凸齿面如图 5.4-3 所示,两齿面之间是齿槽。

5.4.2.2 用刀倾法加工

(1) 原始设计参数

1) 轴交角 $\Sigma=70°$。

2) 理论传动比 $i_{120}=4.5$。

3) 原始小齿轮的转矩 $T_1=185$ N·m。

(2) 齿坯参数的计算

1) 取小齿轮的齿数 $z_1=9$。

2) 大齿轮的齿数 $z_2=40$。

3) 利用第 2 章的公式算得原始大、小齿轮 $\delta_1=16.6148°$, $\beta_1=50°$, $\delta_2=51.8401°$, $\beta_2=33.2192°$。利用第 2 章的公式算得原始大齿轮参数的初选值 $d_2=223.695$ mm,刀盘半径的初选值 $r_d=61.949$ mm。取 EN 5-78 型标准刀盘,刀片型号 EN 78/1,刀齿组数 $z_0=1$,滚圆的半径 $e_d=10.5$ mm,刀盘的半径 $r_{1d}=78.704$ mm,刀齿方向角 $\nu_d=7.6668°$。

图 5.4-3 用展成法加工的摆线齿大齿轮的齿面

4) 原始齿轮的偏置距 $E=42.931$ mm。

5) 中点法向模数 $m_{mm}=5.130$ mm。

6) 原始齿轮的齿宽 $B=52.000$ mm。

7) 原始小齿轮的中点分锥距 $R_{m1}=125.620$ mm。

8) 原始大齿轮的中点分锥距 $R_{m2}=156.000$ mm。

9) 小齿轮的中点齿顶高 $h_{ma1}=8.005$ mm、中点齿根高 $h_{mf1}=2.384$ mm。大齿轮的中点齿顶高 $h_{ma2}=1.230$ mm、中点齿根高 $h_{mf2}=9.159$ mm。

10) 小齿轮轮冠距 $A_{e1}=159.735$ mm、前轮冠距 $A_{i1}=112.128$ mm,大齿轮轮冠距 $A_{e2}=95.131$ mm、前轮冠距 $A_{i2}=58.129$ mm。

11) 公称压力角 $\alpha_n=22.5°$。原始小齿轮凸齿面的压力角 $\alpha_{1t}=23.5366°$,凹齿面的压力角 $\alpha_{1a}=21.4634°$。原始大齿轮凸齿面的压力角 $\alpha_{2t}=\alpha_{1a}$、凹齿面的压力角 $\alpha_{2a}=\alpha_{1t}$。

12) 当齿轮不变位时,加工大齿轮的刀顶距 $w_{1d}=6.083$ mm,加工小齿轮的刀顶距 $w_{2d}=0.468$ mm,取切向变位系数 $x_t=0.5471$,加工大、小齿轮的刀顶距都是 3.283 mm。

13) 加工小齿轮的刀顶高 $h_{a2d}=2.384$ mm,加工大齿轮的刀顶高 $h_{a1d}=9.159$ mm。

14）原理大齿轮的参数：$R_{mf2}=163.827$ mm，$\delta_{f2}=48.4798°$，$\delta_{a2}=52.2919°$，$\beta_{f2}=33.2181°$，$\alpha_{f2a}=21.6668°$，$\alpha_{f2t}=23.2761°$。刀齿的名义压力角 $\alpha_n=22.5°$。

15）大齿轮的加工参数：加工凹齿面时，刀倾角 $\Delta\alpha_2=-1.6668°$，$\Delta\alpha_2'=-1.6818°$。机床常数 $U_0=368.30$ mm，刀尖半径 $r_{1ca}=80.611$ mm，$r_{1da}=68.129$ mm。垂直轮位 $E_{2c}=9.067$ mm。刀位 $s_{2d}=128.103$ mm，$R_{1c}=146.361$ mm，$\beta_{1c}=36.7701°$，如果取偏心鼓轮的偏心距 $e=150$ mm，则刀位夹角 $\tau=2\arcsin(\frac{s_{2d}}{2e})=50.5561°$。刀齿的切入参数 $\tau_a=-19.91°$，$\tau_b=20.23°$。

加工凸齿面时，刀倾角 $\Delta\alpha_2=-3.2761°$，$\Delta\alpha_2'=-3.3057°$。刀尖半径 $r_{1ct}=76.541$ mm，$r_{1dt}=99.281$ mm。垂直轮位等于 $E_{2c}=-11.146$ mm。刀位 $s_{2d}=175.201$ mm。$R_{1c}=186.144$ mm，$\beta_{1c}=29.7850°$，如果取偏心鼓轮的偏心距 $e=150$ mm，则刀位夹角 $\tau=2\arcsin(\frac{s_{2d}}{2e})=71.4655°$。刀齿的切入参数 $\tau_a=-25.42°$，$\tau_b=20.23°$。

16）原理小齿轮接触强度的校核。区域系数 $Z_H=0.334$，计算接触应力 $\sigma_H=259.29$ MPa，许用接触应力 $\sigma_{HP}=555.11$ MPa，通过接触强度校核。

17）原理小齿轮弯曲强度的校核。齿形系数 $Y_{Fa}=0.2936$，齿根弯曲应力 $\sigma_F=23.98$ MPa，许用齿根弯曲强度 $\sigma_{FP}=554.91$ MPa。通过弯曲强度校核。

18）原理小齿轮抗胶合强度的校核。$\vartheta_{int}=67.38$ ℃，$\frac{\vartheta_{Sint}}{S_{Bmin}}=102.56$ ℃，通过抗胶合能力校核。

四、凸齿面如图 5.4-4 所示，两齿面之间是齿槽。

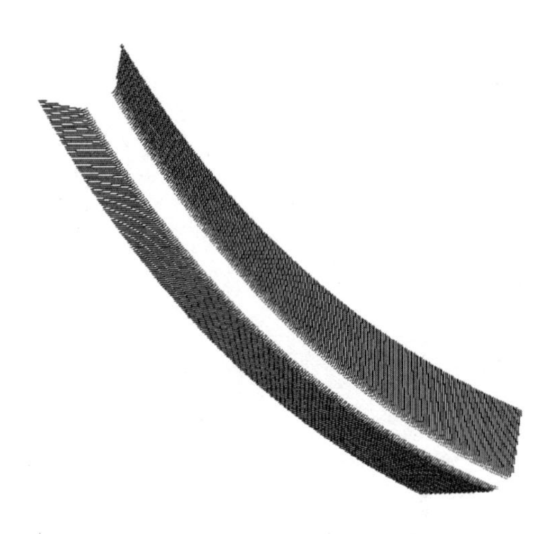

图 5.4-4　用刀倾法加工的摆线齿大齿轮的齿面

本章小结

（1）如同直齿圆锥齿轮一样，准双曲面齿轮采用平顶齿轮原理加工工艺。本书将这种不做齿面曲率修正的、不计刀具结构影响的准双曲面齿轮定义为原理准双曲面齿轮，简称原理齿轮，以区别于以后将分析的修正准双曲面齿轮。

原理大齿轮有两种齿廓加工方案。一种是刀盘的分度平面与原始大齿轮的分锥母线重合，另一种是刀盘的齿顶平面与原始大齿轮的根锥母线重合。

准双曲面齿轮有圆弧、摆线两种齿制。圆弧齿制齿轮主要用格里森公司的设备进行加工。摆线齿制齿轮主要用奥利康公司（或克林根贝尔格公司）的设备进行加工。为了保证应用，原理大、小齿轮在节点处要满足齿轮的正确啮合条件，在其他啮合点处传动误差要小。

以节点处的曲率条件为线索，逐步导出原理大、小齿轮齿面的法曲率及短程挠率。本章命名一个中介小齿轮作为原理小齿轮的过渡齿轮，这样可使物理意义比较明确。

（2）本章推导了不同齿制、不同旋向的原理大齿轮凹、凸齿面的方程，为后文的齿轮传动误差分析、齿轮有限元计算、齿轮动态分析、齿轮数控加工的编程等奠定了基础。

（3）本章给出了摇台转角等的计算方法，由此可以计算齿轮传动的理论重合度等，在齿轮加工工艺中要应用摇台转角等。

（4）与目前的文献相比，本章增加了用刀倾法加工摆线齿原理大齿轮的内容。

（5）由于可以用计算机求解超越方程及非线性方程组等，本书在公式的推导、参数的求解诸方面，比起传统的方法都大为简化，这也使得分析的脉络更加清晰。

第6章 用滚比变性法加工修形收缩齿准双曲面小齿轮

齿面线接触可以提高齿轮的承载能力。但是在载荷的作用下，由于齿轮、齿轮轴、轴承等产生弹性变形，会使齿面出现端部接触，从而增加了齿面点蚀或崩齿的可能性。如果将线接触齿轮做成鼓形齿轮变为点接触齿轮，由于接触变形，点接触齿轮的齿面实际上是局部面接触的。当载荷发生变化时，点接触齿轮的接触点可在齿长的方向移动，不会产生端部接触。

准双曲面齿轮主要用于传递动力而且传递的载荷很不平稳。准双曲面齿轮是点接触齿轮。

以前做假想齿面的曲率分析时，没有考虑齿面的曲率修正问题。也没有考虑到刀具的结构对齿轮加工的影响，而修形准双曲面齿轮考虑了这两个方面的因素。

修形准双曲面齿轮（简称修形齿轮）的齿坯设计与原理准双曲面齿轮的齿坯设计相同。修形齿轮包括圆弧齿修形齿轮和摆线齿修形齿轮。目前工程中应用的圆弧齿修形齿轮主要是收缩齿齿轮，摆线齿修形齿轮主要是等高齿齿轮。

修形齿轮不考虑齿轮的受力变形及机床的加工精度对齿轮的影响，所以修形齿轮仍然是一个设计模型。

准双曲面齿轮的加工工艺有模拟法和数字法。在数控机床诞生之前，准双曲面齿轮是用传统的机床用模拟法进行加工的，模拟法是齿轮啮合原理的物理实现。

在模拟法加工中，当刀齿角不等于准双曲面齿轮的压力角时，可采用滚比变性法用标准刀盘加工修形小齿轮。滚比变性法是单面刃加工方法。

6.1 原理准双曲面齿轮传动的接触阶分析及曲率修正

6.1.1 二阶接触分析

由式(5.3-9)求得原理小齿轮的法曲率 $\kappa_{nx_0'}^{(1)}$、$\kappa_{ny_0'}^{(1)}$ 及短程挠率 $\tau_{gx_0'}^{(1)}$。原理大齿轮与中介小齿轮是共轭齿轮。由于原理小齿轮与中介小齿轮不是同一个齿轮，所以原理小齿轮与原理大齿轮不是共轭齿轮（或者只在节点处是共轭齿轮）。

运用式(5.3-10)或式(5.3-15)求得原理大齿轮的 $\kappa_{nx_0'}^{(2)}$、$\kappa_{ny_0'}^{(2)}$、$\tau_{gx_0'}^{(2)}$。原理大齿轮和原理小齿轮的诱导法曲率为 $\kappa_{nx_0'}^{(12)}=\kappa_{nx_0'}^{(1)}-\kappa_{nx_0'}^{(2)}$、$\kappa_{ny_0'}^{(12)}=\kappa_{ny_0'}^{(1)}-\kappa_{ny_0'}^{(2)}$，诱导短程挠率为 $\tau_{gx_0'}^{(12)}=\tau_{gx_0'}^{(1)}-\tau_{gx_0'}^{(2)}$。

由式(1.2-44)解得原理大齿轮和原理小齿轮的诱导主曲率 $\kappa_1^{(12)}$、$\kappa_2^{(12)}$，假定

$\kappa_1^{(12)} > \kappa_2^{(12)}$。

$$\begin{cases} \kappa_1^{(12)} = \dfrac{\kappa_{nx_0'}^{(12)} + \kappa_{ny_0'}^{(12)} + \sqrt{\left[\kappa_{nx_0'}^{(12)} - \kappa_{ny_0'}^{(12)}\right]^2 + 4\left[\tau_{gx_0'}^{(12)}\right]^2}}{2} \\ \kappa_2^{(12)} = \dfrac{\kappa_{nx_0'}^{(12)} + \kappa_{ny_0'}^{(12)} - \sqrt{\left[\kappa_{nx_0'}^{(12)} - \kappa_{ny_0'}^{(12)}\right]^2 + 4\left[\tau_{gx_0'}^{(12)}\right]^2}}{2} \end{cases} \tag{6.1-1}$$

在 1.1.3 节的齿面接触分析中，分析了一个曲面和其切面之间的接触状况，它们接触的密切程度可以用其接触阶数来表示。取式(1.1-40)的前两项，叫做二阶接触分析。在二阶接触中，曲面接触的密切程度与曲面的主曲率有关。由于切面的曲率为零，曲面的主曲率也就是曲面与其切面之间的诱导主曲率。

曲面 $\Sigma^{(1)}$、$\Sigma^{(2)}$ 的诱导法曲率 $\kappa_n^{(12)}$ 反映了曲面 $\Sigma^{(1)}$、$\Sigma^{(2)}$ 不吻合的程度。如果有一个曲面 $\Sigma^{(12)}$，称为相对曲面或差曲面，其法曲率为 $\kappa_n^{(12)}$。差曲面 $\Sigma^{(12)}$ 与其切面之间的接触状况就是曲面 $\Sigma^{(1)}$、$\Sigma^{(2)}$ 之间的接触状况。差曲面 $\Sigma^{(12)}$ 的主曲率为 $\kappa_1^{(12)}$、$\kappa_2^{(12)}$。

将式(1.1-40)应用于原理大、小齿轮的差曲面，有方程

$$z_s(x_s, y_s) \approx \frac{1}{2}\kappa_1^{(12)} x_s^2 + \frac{1}{2}\kappa_2^{(12)} y_s^2 \tag{6.1-2}$$

式(6.1-2)是一个椭圆的方程。Pz_s 轴仍在齿面的法线方向，Px_s 轴、Py_s 轴是差曲面的主方向，Px_s 轴在椭圆的短轴方向，Py_s 轴在椭圆的长轴方向。$x_s = y_s = 0$ 对应齿面的节点 P。当 $z_s(x_s, y_s)$ 等于某一个值时，在差曲面上截出一个椭圆。当齿面在载荷的作用下产生弹性变形而消除了 $z_s(x_s, y_s)$ 后，齿面 $\Sigma^{(1)}$、$\Sigma^{(2)}$ 的接触边界就是该椭圆。椭圆的长轴 $a = \dfrac{2z_s}{\kappa_2^{(12)}}$，短轴 $b = \dfrac{2z_s}{\kappa_1^{(12)}}$。

设 Px_0' 轴和椭圆的短轴 Px_s 之间的夹角为 ϑ'，已知 $\kappa_{nx_0'}^{(12)}$、$\kappa_1^{(12)}$、$\kappa_2^{(12)}$，由欧拉公式 $\kappa_{nx_0'}^{(12)} = \kappa_1^{(12)} \cos^2\vartheta' + \kappa_2^{(12)} \sin^2\vartheta'$，可以解出 ϑ'。

在齿轮对研机上进行齿面接触检查时，齿面之间要涂以红丹粉。红丹粉的厚度为 0.006 mm～0.012 mm，所以在红丹粉的厚度内，研痕也呈椭圆的形状。

如果原理小齿轮和原理大齿轮是共轭齿轮，则 $\kappa_2^{(12)} = 0$，Py_s 轴在接触线的切线方向，即图 1.2-3 的 $\overrightarrow{e_1^{(12)}}$ 的方向。虽然原理小齿轮和原理大齿轮不是共轭齿轮，但二阶接触齿面的诱导主曲率 $\kappa_2^{(12)}$ 很小。在重载下，为了更好地实现齿轮齿面的局部点接触，齿面之间应是三阶或更高阶的接触。

6.1.2 三阶接触分析及齿面曲率修正

6.1.2.1 经验公式法

图 5.3-1 中，原理齿轮齿宽方向的法曲率为 $\kappa_{nx_0'}$，齿高方向的法曲率为 $\kappa_{ny_0'}$。如果给出原理齿轮齿宽方向或齿高方向的法曲率的增量，也就等于给出了原理齿轮诱导法曲率的增量。

原理齿轮不做短程挠率修正。

由式(1.1-40)可以看出，在二阶接触的情况下，在某一个诱导法曲率的主方向，两个曲面之间的距离与诱导主曲率成正比，与坐标值的平方成正比。在接触区的长度方向，$z_{y_s}(x_s, y_s) \approx \frac{1}{2}\kappa_2^{(12)} y_s^2$。令接触区的长度 $l_b = 2y_s$、$z_{y_s}(x_s, y_s)$等于 0.006 35 mm，则 $\kappa_2^{(12)} = \frac{0.050\ 8}{l_b^2}$mm。设齿宽为 B、螺旋角为 β，令 $f_b = \frac{l_b \cos\beta}{B}$，$f_b$ 称为齿宽接触系数。取 $f_b = 0.2 \sim 0.4$。$\kappa_2^{(12)} = 0.050\ 8\left(\frac{\cos\beta}{f_b B}\right)^2$。

在齿轮对研机上，所涂红丹粉的厚度约 0.006 35 mm，取 $z_{y_s}(x_s, y_s)$等于 0.006 35 mm。

假定圆弧齿原理大齿轮用成形法加工，圆弧齿原理小齿轮用第 7 章所述的刀倾法加工，原理大齿轮不做曲率修正，原理小齿轮的凹齿面和凸齿面的曲率修正量 $\Delta\kappa_{nx_0'}^{(1)}$ 都取 $\kappa_1^{(12)}$ 的一半，格里森公司给出了如下的经验公式。

原理小齿轮齿宽方向法曲率的增量

$$\Delta\kappa_{nx_0'}^{(1)} = \mp 0.025\ 4\left(\frac{\cos\beta_2}{B_2 f_b}\right)^2 \tag{6.1-3}$$

式中，负号用于原理小齿轮的凹齿面，正号用于原理小齿轮的凸齿面；β_2 为原始大齿轮的中点螺旋角；B_2 为原始大齿轮的齿宽。

这样，用刀倾法加工圆弧齿修形小齿轮时，刀盘的名义半径 r_{2d}要修正为

$$r_{2dx} = \frac{r_{2d}}{1 + r_{2d}\Delta\kappa_{nx_0'}^{(1)}} = \frac{r_{2d}}{1 \mp 0.025\ 4 r_{2d}\left(\frac{\cos\beta_2}{B_2 f_b}\right)^2} \tag{6.1-4}$$

假定圆弧齿原理大齿轮用展成法加工、圆弧齿修形小齿轮用 6.2 节所述的变性法加工，原理大齿轮和修形小齿轮都要进行法曲率修正。原理大齿轮齿宽方向法曲率的增量

$$\Delta\kappa_{nx_0'}^{(2)} = \mp 0.001\left(\frac{\cos\beta_2}{B_2 f_b}\right)^2 \tag{6.1-5}$$

式中，负号用于原理大齿轮的凸齿面，正号用于原理大齿轮的凹齿面。

加工圆弧齿修形小齿轮时刀盘名义半径的增量

$$\Delta r_{2d} = \mp 0.001\left(\frac{r_{1d}\cos\alpha_2}{B_2 f_b}\right)^2 \tag{6.1-6}$$

式中，负号用于修形小齿轮的凸齿面，正号用于修形小齿轮的凹齿面；r_{1d}为原理大齿轮加工刀盘的名义半径，α_2 为原始大齿轮的压力角。

在接触面的齿高方向，$z_{x_s}(x_s, y_s) \approx \frac{1}{2}\kappa_1^{(12)} x_s^2$。令接触区的宽度 $l_h = 2x_s = \frac{2r_1\cos\beta_1}{z_1}$，由 $z_{x_s}(x_s, y_s) = 0.006\ 35$ mm，$\kappa_1^{(12)} = \frac{0.050\ 8}{l_h^2}$，得 $\kappa_1^{(12)} = 0.012\ 7\left(\frac{z_1}{r_1\cos\beta_1}\right)^2$。引入齿高系数 f_h 后，$\kappa_1^{(12)} = 0.002\ 54 f_h\left(\frac{z_1}{r_1\cos\beta_1}\right)^2$。$f_h$ 可取齿轮模数的 0.63。

在有的文献中，圆弧齿修形小齿轮齿高方向法曲率的增量

$$\Delta\kappa_{ny_0'}^{(1)} = 0.000\ 1 f_h \left(\frac{z_2}{r_{m1}\cos\beta_1}\right)^2 \tag{6.1-7}$$

对渐开线圆柱直齿轮进行齿高方向的法曲率修正等于改变了渐开线的曲率半径，使得滚刀与齿轮不再是定比传动。对准双曲面齿轮做齿高方向的法曲率修正时，修形小齿轮与产形齿轮之间也是变速比传动。在有变性机构的机床中可以进行齿高方向的法曲率修正。

对于摆线齿修形齿轮齿面法曲率的修正，目前国内外没有给出刀盘名义半径修正的经验公式。差曲面主曲率仍取 $\kappa_2^{(12)}=0.050\ 8\left(\frac{\cos\beta_2}{f_b B}\right)^2$，$f_b=0.2\sim0.4$，$\kappa_1^{(12)}=0.002\ 54 f_h \left(\frac{z_1}{r_1\cos\beta_1}\right)^2$，$f_h$ 取齿轮模数的 0.63。

6.1.2.2 目标函数法

由式(1.1-40)得三阶接触方程

$$z_s(x_s,y_s) \approx \frac{1}{2}\kappa_1^{(12)} x_s^2 + \frac{1}{2}\kappa_2^{(12)} y_s^2 + \frac{1}{6}\frac{d\kappa_1^{(12)}}{dx_s}x_s^3 + \frac{1}{6}\frac{d\kappa_2^{(12)}}{dy_s}y_s^3 \tag{6.1-8}$$

其中 $d\kappa_1^{(12)}$、$d\kappa_2^{(12)}$ 是差曲面的主曲率的微分。

在三阶接触中，齿面在载荷的作用下产生弹性变形后，接触面是三阶拟椭圆。在齿轮对研机上进行齿面接触检查时，在红丹粉的厚度内，研痕呈拟椭圆的形状。

为了求出 $\frac{d\kappa_1^{(12)}}{dy_s}$、$\frac{d\kappa_2^{(12)}}{dx_s}$ 的值，要给出两个目标值。在齿线的切线方向，取研痕长轴的长度为 $\frac{f_b' B_2}{\cos\beta_2}$，$f_b'$ 为齿宽方向的接触系数，$f_b'=0.2\sim0.4$。

在齿宽的中点，齿轮的齿高为 $h_m^* m_{mn}$，齿面的高度为 $\frac{h_m^* m_{mn}}{\cos\alpha_2}$，取研痕短轴方向的宽度为 $\frac{f_h' h_m^* m_{mn}}{\cos\alpha_2}$，$f_h'$ 为齿高方向的接触系数。令研痕短轴方向的宽度与长轴方向的长度之比为 $\sqrt{\frac{\kappa_2^{(12)}}{\kappa_1^{(12)}}}$，则 $f_h'=\frac{f_b' B_2\cos\alpha_2}{h_m^* m_{mn}\cos\beta_2}\sqrt{\frac{\kappa_2^{(12)}}{\kappa_1^{(12)}}}$。

当红丹粉的厚度 $z_s(x_s,y_s)=0.012$ mm 时，将 $x_s=\frac{f_h' h_m^* m_{mn}}{\cos\alpha_2}$、$y_s=0$ 以及 $x_s=0$、$y_s=\frac{f_b' B_2}{\cos\beta_2}$ 分别代入式(6.1-8)，得

$$\begin{cases}\frac{1}{2}\kappa_1^{(12)}\left(\frac{f_h' h_m^* m_{mn}}{\cos\alpha_2}\right)^2 + \frac{1}{6}\frac{d\kappa_1^{(12)}}{dx_s}\left(\frac{f_h' h_m^* m_{mn}}{\cos\alpha_2}\right)^3 = 0.012 \\ \frac{1}{2}\kappa_2^{(12)}\left(\frac{f_b' B_2}{\cos\beta_2}\right)^2 + \frac{1}{6}\frac{d\kappa_2^{(12)}}{dy_s}\left(\frac{f_b' B_2}{\cos\beta_2}\right)^3 = 0.012\end{cases} \tag{6.1-9}$$

由式(6.1-9)解出

$$
\begin{cases}
\dfrac{\mathrm{d}\kappa_1^{(12)}}{\mathrm{d}x_s} = 0.072\left(\dfrac{\cos\alpha_2}{f_h' h_m^* m_{mn}}\right)^3 - \dfrac{3\kappa_1^{(12)}\cos\alpha_2}{f_h' h_m^* m_{mn}} \\
\dfrac{\mathrm{d}\kappa_2^{(12)}}{\mathrm{d}y_s} = 0.072\left(\dfrac{\cos\beta_2}{f_b' B_2}\right)^3 - \dfrac{3\kappa_2^{(12)}\cos\beta_2}{f_b' B_2}
\end{cases} \tag{6.1-10}
$$

修正后差曲面主曲率的一阶增量为 $\Delta\kappa_1^{(12)} = \dfrac{f_h' h_m^* m_{mn}}{\cos\alpha_2}\dfrac{\mathrm{d}\kappa_1^{(12)}}{\mathrm{d}x_s}$ 和 $\Delta\kappa_2^{(12)} = \dfrac{f_b' B_2}{\cos\beta_2}\dfrac{\mathrm{d}\kappa_2^{(12)}}{\mathrm{d}y_s}$。设诱导法曲率的修正量为 $\Delta\kappa_{nx_0'}^{(12)}$、$\Delta\kappa_{ny_0'}^{(12)}$，由欧拉公式，得

$$
\begin{cases}
\Delta\kappa_{nx_0'}^{(12)} = [\kappa_1^{(12)} + \Delta\kappa_1^{(12)}]\cos^2\vartheta' + [\kappa_2^{(12)} + \Delta\kappa_2^{(12)}]\sin^2\vartheta' - \kappa_{nx_0'}^{(12)} \\
\Delta\kappa_{ny_0'}^{(12)} = [\kappa_1^{(12)} + \Delta\kappa_1^{(12)}]\sin^2\vartheta' + [\kappa_2^{(12)} + \Delta\kappa_2^{(12)}]\cos^2\vartheta' - \kappa_{ny_0'}^{(12)}
\end{cases} \tag{6.1-11}
$$

式中，ϑ' 为 Px_0' 轴和椭圆的短轴 Px_s 轴之间的夹角。

当用滚比变性法加工原理小齿轮时，$\Delta\kappa_{nx_0}'^{(12)} = \Delta\kappa_{nx_0'}^{(12)}$、$\Delta\kappa_{ny_0}'^{(12)} = \Delta\kappa_{ny_0'}^{(12)}$。如同经验公式法所述，$\Delta\kappa_{nx_0}'^{(12)}$ 通过改变刀盘的名义半径来实现，$\Delta\kappa_{ny_0}'^{(12)}$ 通过改变机床的滚比来实现。

6.1.3 四阶接触分析及曲率修正

如果对齿轮的啮合性能又提出了新的要求，则可在三阶接触分析的基础上引入四阶接触分析。四阶接触分析目前还没有具体的应用。

四阶接触分析仍用目标函数法。由式(1.1-40)得四阶接触方程

$$
z_s(x_s, y_s) = \frac{1}{2}\kappa_1^{(12)} x_s^2 + \frac{1}{2}\kappa_2^{(12)} y_s^2 + \frac{1}{6}\frac{\mathrm{d}\kappa_1^{(12)}}{\mathrm{d}x_s}x_s^3 + \frac{1}{6}\frac{\mathrm{d}\kappa_2^{(12)}}{\mathrm{d}y_s}y_s^3 + \frac{1}{24}\frac{\mathrm{d}^2\kappa_1^{(12)}}{\mathrm{d}x_s^2}x_s^4 + \frac{1}{24}\frac{\mathrm{d}^2\kappa_2^{(12)}}{\mathrm{d}y_s^2}y_s^4 \tag{6.1-12}
$$

由于原理大齿轮的齿面方程相对简单一些，所以从原理大齿轮入手进行计算。将1.2.3.2节中的公式应用于原理大齿轮，可以求得原理大齿轮的相对速度 $\dfrac{\mathrm{d}\overrightarrow{r_2^{(2)}}}{\mathrm{d}t}$，将 $\dfrac{\mathrm{d}\overrightarrow{r_2^{(2)}}}{\mathrm{d}t}$ 变换到静坐标系中为 $\dfrac{\mathrm{d}_2\overrightarrow{r^{(2)}}}{\mathrm{d}t}$。$\dfrac{\mathrm{d}\overrightarrow{r_2^{(2)}}}{\mathrm{d}t}$ 的方向就是原理大齿轮接触迹线的方向，它与原理大齿轮齿面的主方向 $\overrightarrow{e_1^{(2)}}$ 之间的夹角为 ϑ_{j2}，如图 6.1-1 所示。

图 1.2-3 中 $\overrightarrow{e_1^{(12)}}$ 的方向与主方向 $\overrightarrow{e_1^{(2)}}$ 之间的夹角为 ϑ_{c2}，$\vartheta_{s2} = \vartheta_{j2} - \vartheta_{c2}$ 是原理大齿轮的接触迹线的方向与 Py_s 轴之间的夹角。

原理小齿轮的相对速度 $\dfrac{\mathrm{d}_1\overrightarrow{r^{(1)}}}{\mathrm{d}t} = \dfrac{\mathrm{d}_2\overrightarrow{r^{(2)}}}{\mathrm{d}t} - \overrightarrow{v^{(12)}}$。$\dfrac{\mathrm{d}_1\overrightarrow{r^{(1)}}}{\mathrm{d}t}$ 和 $\overrightarrow{v^{(12)}}$ 之间的夹角为 ϑ_Δ，$\cos\vartheta_\Delta = \dfrac{\overrightarrow{v^{(12)}}\cdot\dfrac{\mathrm{d}_1\overrightarrow{r^{(1)}}}{\mathrm{d}t}}{\left|\overrightarrow{v^{(12)}}\cdot\dfrac{\mathrm{d}_1\overrightarrow{r^{(1)}}}{\mathrm{d}t}\right|}$。原理小齿轮的接触迹线的方向与 Py_s 轴之间的夹角 $\vartheta_{s1} = \vartheta_v - \vartheta_{c2} - \vartheta_\Delta$。

在三阶接触中，设原理小齿轮接触迹线方向的接触长度为 l_{31}，将 $x_s = l_{31}\sin\vartheta_{s1}$、$y_s = l_{31}\cos\vartheta_{s1}$、$z_s = 0.012$ 代入式(6.1-8)，可以解出 l_{31}。设原理大齿轮接触迹线方向的接触长

度为 l_{32}，将 $x_s=l_{32}\sin\vartheta_{s2}$、$y_s=l_{32}\cos\vartheta_{s2}$、$z_s=0.012$ 代入式(6.1-8)，可以解出 l_{32}。

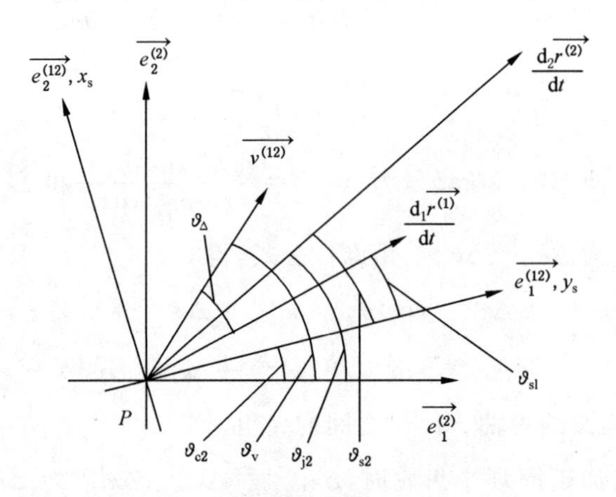

图 6.1-1　齿面四阶接触分析的坐标系

在四阶接触中，设新的接触迹线方向的接触长度 $l_{41}=f_j l_{31}$、$l_{42}=f_j l_{32}$，f_j 为接触修正系数。将 $x_s=l_{41}\sin\vartheta_{s1}$、$y_s=l_{41}\cos\vartheta_{s1}$、$z_s=0.012$ 以及 $x_s=l_{42}\sin\vartheta_{s2}$、$y_s=l_{42}\cos\vartheta_{s2}$、$z_s=0.012$分别代入式(6.1-12)，由式(6.1-13)解出$\dfrac{d^2\kappa_1^{(12)}}{dx_s^2}$、$\dfrac{d^2\kappa_2^{(12)}}{dy_s^2}$。

$$\begin{cases}\dfrac{d^2\kappa_1^{(12)}}{dx_s^2}\sin^4\vartheta_{s1}+\dfrac{d^2\kappa_2^{(12)}}{dy_s^2}\cos^4\vartheta_{s1}=\dfrac{0.288}{l_{41}^4}-\dfrac{12}{l_{41}^2}[\kappa_1^{(12)}\sin^2\vartheta_{s1}+\kappa_2^{(12)}\cos^2\vartheta_{s1}]-\\ \dfrac{4}{l_{41}}\left[\dfrac{d\kappa_1^{(12)}}{dx_s}\sin^3\vartheta_{s1}+\dfrac{d\kappa_2^{(12)}}{dy_s}\cos^3\vartheta_{s1}\right]\\ \dfrac{d^2\kappa_1^{(12)}}{dx_s^2}\sin^4\vartheta_{s2}+\dfrac{d^2\kappa_2^{(12)}}{dy_s^2}\cos^4\vartheta_{s2}=\dfrac{0.288}{l_{42}^4}-\dfrac{12}{l_{42}^2}[\kappa_1^{(12)}\sin^2\vartheta_{s2}+\kappa_2^{(12)}\cos^2\vartheta_{s2}]-\\ \dfrac{4}{l_{42}}\left[\dfrac{d\kappa_1^{(12)}}{dx_s}\sin^3\vartheta_{s2}+\dfrac{d\kappa_2^{(12)}}{dy_s}\cos^3\vartheta_{s2}\right]\end{cases}\tag{6.1-13}$$

修正后差齿面主曲率的二阶增量为 $\Delta^2\kappa_1^{(12)}=(l_{41}\sin\vartheta_{s1})^2\dfrac{d^2\kappa_1^{(12)}}{dx_s^2}$ 和 $\Delta^2\kappa_2^{(12)}=(l_{42}\cos\vartheta_{s2})^2\dfrac{d^2\kappa_2^{(12)}}{dy_s^2}$。设诱导法曲率的修正量为 $\Delta\kappa_{nx_0'}^{(12)}$、$\Delta\kappa_{ny_0'}^{(12)}$，由欧拉公式，得

$$\begin{cases}\Delta\kappa_{nx_0'}^{(12)}=[\kappa_1^{(12)}+\Delta\kappa_1^{(12)}+\Delta^2\kappa_1^{(12)}]\cos^2\vartheta'+[\kappa_2^{(12)}+\Delta\kappa_2^{(12)}+\Delta^2\kappa_2^{(12)}]\sin^2\vartheta'-\kappa_{nx_0'}^{(12)}\\ \Delta\kappa_{ny_0'}^{(12)}=[\kappa_1^{(12)}+\Delta\kappa_1^{(12)}+\Delta^2\kappa_1^{(12)}]\sin^2\vartheta'+[\kappa_2^{(12)}+\Delta\kappa_2^{(12)}+\Delta^2\kappa_2^{(12)}]\cos^2\vartheta'-\kappa_{ny_0'}^{(12)}\end{cases}\tag{6.1-14}$$

式中，ϑ'为 Px_0'轴和椭圆的短轴 Px_s 轴之间的夹角。

当用滚比变性法加工修形小齿轮时，$\Delta\kappa_{nx_0}'^{(12)}=\Delta\kappa_{nx_0'}^{(12)}$、$\Delta\kappa_{ny_0}'^{(12)}=\Delta\kappa_{ny_0'}^{(12)}$。如同经验公式法中所述，$\Delta\kappa_{nx_0}'^{(12)}$通过改变刀盘的名义半径来实现，$\Delta\kappa_{ny_0}'^{(12)}$通过改变机床的滚比来实现。

6.2 用滚比变性法加工修形收缩齿准双曲面小齿轮

图 6.2-1 是用滚比变性法加工标准渐开线直齿轮的简图。

齿条形刀具 d_0 沿水平方向移动，齿轮绕着轴心 o 转动，节点为 P，基点为 B，啮合线为 BP。分度圆半径为 $\overline{oP}=r$，基圆半径为 $\overline{oB}=r_b$，压力角 $\alpha_0=20°$，刀齿角 $\alpha_d=\alpha_0$。此时齿轮的齿廓如虚线齿廓所示。

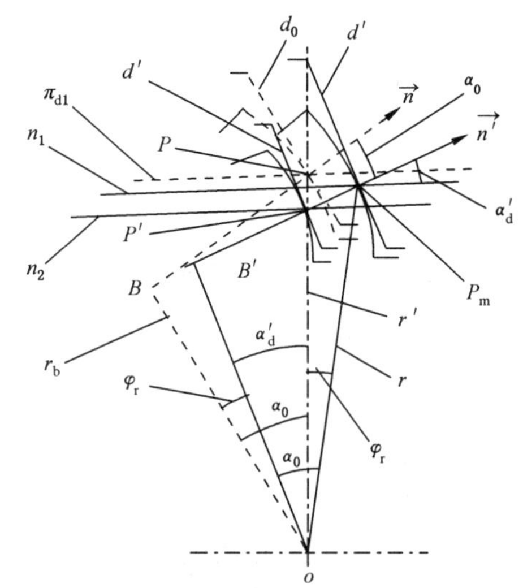

图 6.2-1　渐开线直齿轮的变性法加工

假定将齿轮绕着轴心 o 转动一个角度 φ_r，则$\triangle oBP$ 转动到了 $oB'P_m$ 的位置，齿廓的法线$\vec{n}$到达$\vec{n'}$的位置，节点 P 到达 P_m 的位置。φ_r 称为形成位置角。转动后节点 P_m 处的压力角和曲率半径的值没有改变。假定用另外的齿条形刀具 d'在新的位置加工渐开线直齿轮，刀具仍然沿着水平方向移动，则啮合线变为 $B'P_m$。

啮合线 $B'P_m$ 与 oP 线的交点为 P'，P'为新齿轮的节点。压力角 $\alpha_0'=\alpha_0-\varphi_r$，刀齿角 $\alpha_d'=\alpha_0'$，节圆半径$\overline{oP'}=r'=\dfrac{r_b}{\cos\alpha_d'}$。由于齿轮的基圆半径没有改变，所以加工出来的新齿轮的齿形也没有改变，这种工艺称为滚比变性法。

P_m 和 P'点的曲率半径之差为$\overline{P_mP'}=l_\varepsilon=r_b(\tan\alpha_0-\tan\alpha_d')$。设齿轮的转动速度为 ω_1，加工原齿轮时，刀具的移动速度为 $\omega_1 r=\dfrac{\omega_1 r_b}{\cos\alpha_0}$，加工新齿轮时，刀具的移动速度为 $\omega_1 r'=\dfrac{\omega_1 r_b}{\cos\alpha_d'}=\dfrac{\omega_1 r_b}{\cos(\alpha_0-\varphi_r)}$，这两个移动速度并不相等，相对于 $\omega_1 r$ 来说有一个减量。

这样的加工工艺可以推广到准双曲面齿轮的加工中。

6.2.1 圆弧收缩齿修形准双曲面小齿轮的齿面方程

6.2.1.1 右旋圆弧齿修形小齿轮的齿面方程

图 6.2-2 是用滚比变性法加工右旋圆弧齿修形小齿轮的原理图。原理小齿轮的分度圆锥取中介小齿轮的中点根圆锥。o_1 是原理小齿轮的分锥顶。原理小齿轮的分锥角是 δ_{f1}，螺旋角是 β_{f1}（凹齿面是 β_{f1a}，凸齿面是 β_{f1t}），压力角是 α_{f1}（凹齿面是 α_{f1a}，凸齿面是 α_{f1t}）。

当原理小齿轮的假想齿面绕着它的轴线转动了 φ_r 角之后，节点 P 到达了新的节点 P_m，假想齿面的法线$\vec{n}$（凹齿面为$\vec{n_a}$、凸齿面为$\vec{n_t}$）到达$\vec{n'}$（凹齿面为$\vec{n_a'}$、凸齿面为$\vec{n_t'}$）的位置。φ_r 称为形成位置角。将转动后的齿廓向 P_m 点平移，得到过 P_m 点的一个假想齿面。

平面 N_1 过 P_m 点，是原理小齿轮分度平面的平行平面（分度平面相当于图 6.2-1 中的 π_{d1} 线，平面 N_1 相当于图 6.2-1 中的 n_1 线）。平面 N_1 与凹、凸假想齿面各有一条截线。

截线的切线$\overrightarrow{x_0''}$和o_1P的平行线之间的夹角为P_m点的中点螺旋角β_m。过P_m点的假想齿面的法线$\overrightarrow{n'}$和平面N_1的夹角为中点压力角α_m(凹齿面是α_{ma},凸齿面是α_{mt})。β_m和α_m是φ_r的函数。令α_m等于刀齿角α_{2d}(凹齿面是α_{2dt},凸齿面是α_{2da})。

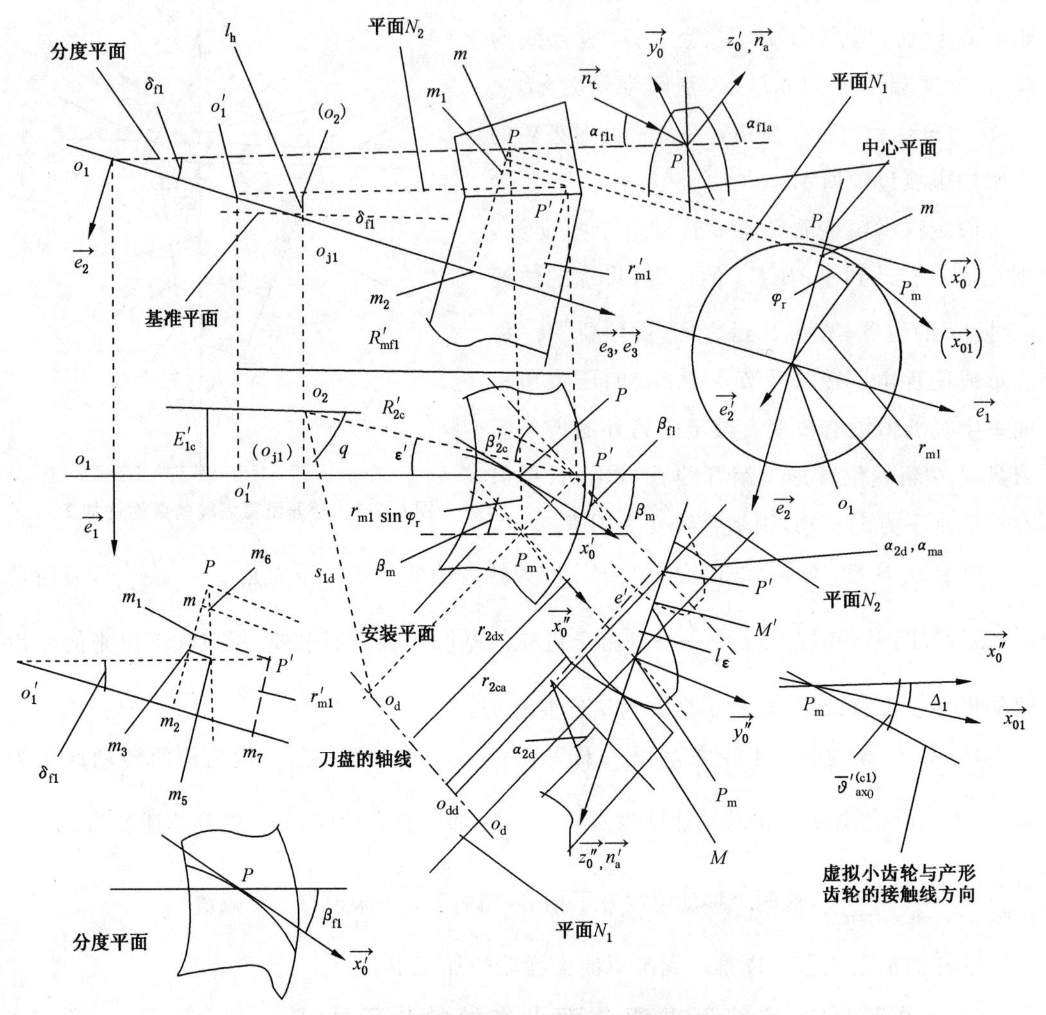

图 6.2-2 用滚比变性法加工右旋圆弧齿修形小齿轮

在平面N_1上,可以看到原理小齿轮的齿线是右旋的。

以下给出形成位置角φ_r及中点螺旋角β_m的求法。

过锥顶o_1的单位坐标向量$\overrightarrow{e_1}$在安装平面上,$\overrightarrow{e_2}$和原理小齿轮的轴线垂直,$\overrightarrow{e_3}$在原理小齿轮的轴线上,$\overrightarrow{e_1}$、$\overrightarrow{e_2}$、$\overrightarrow{e_3}$构成右手系。原理小齿轮转过φ_r角之后,$\overrightarrow{e_1}$、$\overrightarrow{e_2}$、$\overrightarrow{e_3}$到达了$\overrightarrow{e_1'}$、$\overrightarrow{e_2'}$、$\overrightarrow{e_3'}$的位置。

齿轮未转动前,在坐标系$o_1e_1e_2e_3$中,过P点的假想齿面的法线$\overrightarrow{n}$为

$$\overrightarrow{n}=\cos\alpha_{f1}\cos\beta_{f1}\overrightarrow{e_1}+(\cos\alpha_{f1}\sin\beta_{f1}\sin\delta_{f1}-\sin\alpha_{f1}\cos\delta_{f1})\overrightarrow{e_2}-(\cos\alpha_{f1}\sin\beta_{f1}\cos\delta_{f1}+\sin\alpha_{f1}\sin\delta_{f1})\overrightarrow{e_3} \tag{6.2-1}$$

齿轮转动后，在坐标系 $o_1e_1'e_2'e_3'$ 中，过 P_m 点的假想齿面的法线 $\overrightarrow{n'}$ 为

$$\overrightarrow{n'} = \cos\alpha_{f1}\cos\beta_{f1}\overrightarrow{e_1'} + (\cos\alpha_{f1}\sin\beta_{f1}\sin\delta_{f1} - \sin\alpha_{f1}\cos\delta_{f1})\overrightarrow{e_2'} - (\cos\alpha_{f1}\sin\beta_{f1}\cos\delta_{f1} + \sin\alpha_{f1}\sin\delta_{f1})\overrightarrow{e_3'} \tag{6.2-2}$$

对于凹齿面，法线 $\overrightarrow{n_a'}$ 的方向规定由轮齿指向齿槽，对于凸齿面，法线 $\overrightarrow{n_t'}$ 的方向规定由齿槽指向轮齿。这样，在上式中求 $\overrightarrow{n_a'}$ 时 $\alpha_{f1}=\alpha_{f1a}$，求 $\overrightarrow{n_t'}$ 时用 $\alpha_{f1}=-\alpha_{f1t}$。说明齿轮转动之后，在新的节点 P_m 处齿轮的压力角不变。

坐标系 $o_1e_1e_2e_3$ 与坐标系 $o_1e_1'e_2'e_3'$ 之间单位坐标向量的变换为

$$\begin{bmatrix}\overrightarrow{e_1}\\ \overrightarrow{e_2}\\ \overrightarrow{e_3}\end{bmatrix} = \begin{bmatrix}\cos\varphi_r & -\sin\varphi_r & 0\\ \sin\varphi_r & \cos\varphi_r & 0\\ 0 & 0 & 1\end{bmatrix}\begin{bmatrix}\overrightarrow{e_1'}\\ \overrightarrow{e_2'}\\ \overrightarrow{e_3'}\end{bmatrix} \tag{6.2-3}$$

这样，转动后的法线 $\overrightarrow{n'}$ 在原坐标系 $o_1e_1e_2e_3$ 中为

$$\overrightarrow{n'} = [\cos\varphi_r\cos\alpha_{f1}\cos\beta_{f1} - (\cos\alpha_{f1}\sin\beta_{f1}\sin\delta_{f1} - \sin\alpha_{f1}\cos\delta_{f1})\sin\varphi_r]\overrightarrow{e_1} + [\sin\varphi_r\cos\alpha_{f1}\cos\beta_{f1} + (\cos\alpha_{f1}\sin\beta_{f1}\sin\delta_{f1} - \sin\alpha_{f1}\cos\delta_{f1})\cos\varphi_r]\overrightarrow{e_2} - (\cos\alpha_{f1}\sin\beta_{f1}\cos\delta_{f1} + \sin\alpha_{f1}\sin\delta_{f1})\overrightarrow{e_3} \tag{6.2-4}$$

在坐标系 $o_1e_1e_2e_3$ 中，法线 $\overrightarrow{n'}$ 又可表示为

$$\overrightarrow{n'} = \cos\alpha_{2d}\cos\beta_m\overrightarrow{e_1} + (\cos\alpha_{2d}\sin\beta_m\sin\delta_{f1} - \sin\alpha_{2d}\cos\delta_{f1})\overrightarrow{e_2'} - (\cos\alpha_{2d}\sin\beta_m\cos\delta_{f1} + \sin\alpha_{2d}\sin\delta_{f1})\overrightarrow{e_3} \tag{6.2-5}$$

式中，求 $\overline{n_a'}$ 时 $\alpha_{2d}=\alpha_{2dt}$，求 $\overline{n_t'}$ 时用 $\alpha_{2d}=-\alpha_{2da}$。

由式(6.2-4)、式(6.2-5)中 $\overrightarrow{n'}$ 的 $\overrightarrow{e_3}$ 分量对应相等得

$$\sin\beta_m = \frac{\cos\alpha_{f1}\sin\beta_{f1}\cos\delta_{f1} + \sin\alpha_{f1}\sin\delta_{f1} - \sin\alpha_{2d}\sin\delta_{f1}}{\cos\alpha_{2d}\cos\delta_{f1}} \tag{6.2-6}$$

由式(6.2-4)、式(6.2-5)中 $\overrightarrow{n'}$ 的 $\overrightarrow{e_1}$、$\overrightarrow{e_2}$ 分量分别对应相等得

$$\sin\varphi_r = \frac{(\sin\alpha_{f1}\cos\delta_{f1} - \cos\alpha_{f1}\sin\beta_{f1}\sin\delta_{f1})\cos\alpha_{2d}\cos\beta_m}{\cos^2\alpha_{f1}\cos^2\beta_{f1} + (\sin\alpha_{f1}\cos\delta_{f1} - \cos\alpha_{f1}\sin\beta_{f1}\sin\delta_{f1})^2} - \frac{(\sin\alpha_{2d}\cos\delta_{f1} - \cos\alpha_{2d}\sin\beta_m\sin\delta_{f1})\cos\alpha_{f1}\cos\beta_{f1}}{\cos^2\alpha_{f1}\cos^2\beta_{f1} + (\sin\alpha_{f1}\cos\delta_{f1} - \cos\alpha_{f1}\sin\beta_{f1}\sin\delta_{f1})^2} \tag{6.2-7}$$

当刀齿角大于齿轮压力角时，对于凹齿面，$\varphi_r<0$。对于凸齿面，$\varphi_r>0$。

原理小齿轮在 P 点的齿线方向为 $\overrightarrow{x_0'}$，转动 φ_r 角后 $\overrightarrow{x_0'}$ 到达 $\overrightarrow{x_{01}}$，$\overrightarrow{x_{01}}=\sin\beta_{f1}\overrightarrow{e_1'}-\cos\beta_{f1}\sin\delta_{f1}\overrightarrow{e_2'}+\cos\beta_{f1}\cos\delta_{f1}\overrightarrow{e_3'}$。由式(6.2-3)得

$$\overrightarrow{x_{01}} = (\cos\varphi_r\sin\beta_{f1} + \sin\varphi_r\cos\beta_{f1}\sin\delta_{f1})\overrightarrow{e_1} + (\sin\varphi_r\sin\beta_{f1} - \cos\varphi_r\cos\beta_{f1}\sin\delta_{f1})\overrightarrow{e_2} + \cos\beta_{f1}\cos\delta_{f1}\overrightarrow{e_3} \tag{6.2-8}$$

原理小齿轮在 P_m 点的齿线方向

$$\overrightarrow{x_0''} = \sin\beta_m \overrightarrow{e_1} - \cos\beta_m \sin\delta_{f1} \overrightarrow{e_2} + \cos\beta_m \cos\delta_{f1} \overrightarrow{e_3} \tag{6.2-9}$$

$\overrightarrow{x_0''}$和$\overrightarrow{x_{01}}$之间的夹角为Δ_1，

$$\cos\Delta_1 = \overrightarrow{x_0''} \cdot \overrightarrow{x_{01}} = (\cos\varphi_r \sin\beta_{f1} + \sin\varphi_r \cos\beta_{f1} \sin\delta_{f1})\sin\beta_m + [\cos\delta_{f1}\cos\delta_{f1}\cos\beta_{f1} + (\cos\varphi_r \cos\beta_{f1}\sin\delta_{f1} - \sin\varphi_r \sin\beta_{f1})\sin\delta_{f1}]\cos\beta_m \tag{6.2-10}$$

由式(5.3-9)求得原理小齿轮分度平面上的法曲率$\kappa_{nx_0'}^{(1)}$、$\kappa_{ny_0'}^{(1)}$和短程挠率$\tau_{gx_0'}^{(1)}$。原理小齿轮转动φ_r角之后，$\kappa_{nx_0'}^{(1)}$、$\kappa_{ny_0'}^{(1)}$、$\tau_{gx_0'}^{(1)}$不变。由式(1.1-32)，在P_m点，原理小齿轮假想齿面的法曲率和短程挠率为

$$\begin{cases} \kappa_{nx_0''}^{(1)} = \kappa_{nx_0'}^{(1)} \cos^2\Delta_1 + 2\tau_{gx_0'}^{(1)} \sin\Delta_1 \cos\Delta_1 + \kappa_{ny_0'}^{(1)} \sin^2\Delta_1 \\ \kappa_{ny_0''}^{(1)} = \kappa_{nx_0'}^{(1)} \sin^2\Delta_1 - 2\tau_{gx_0'}^{(1)} \sin\Delta_1 \cos\Delta_1 + \kappa_{ny_0'}^{(1)} \cos^2\Delta_1 \\ \tau_{gx_0''}^{(1)} = (\kappa_{nx_0'}^{(1)} - \kappa_{ny_0'}^{(1)})\sin\Delta_1\cos\Delta_1 + \tau_{gx_0'}^{(1)}(\cos^2\Delta_1 - \sin^2\Delta_1) \end{cases} \tag{6.2-11}$$

假定用一把盘型铣刀加工转动后的原理小齿轮，盘型铣刀的复合运动形成原理产形齿轮。刀盘的回转轴心为o_d，名义半径为r_{2d}，刀面的法曲率$\kappa_{nx_0''}^{(c)} = \dfrac{\cos\alpha_{2d}}{r_{2d}}$、$\kappa_{ny_0''}^{(c)} = 0$，短程挠率$\tau_{gx_0''}^{(c)} = 0$。原理小齿轮和原理产形齿轮的安装平面是平面$N_1$。由式(2.2-13)得刀盘的名义半径$r_{2d} = \dfrac{\kappa_{ny_0''}^{(1)}\cos\alpha_{f1a}}{\kappa_{nx_0''}^{(1)}\kappa_{ny_0''}^{(1)} - [\tau_{gx_0''}^{(1)}]^2}$或$r_{2d} = \dfrac{\kappa_{ny_0''}^{(1)}\cos\alpha_{f1t}}{\kappa_{nx_0''}^{(1)}\kappa_{ny_0''}^{(1)} - [\tau_{gx_0''}^{(1)}]^2}$。

前文进行准双曲面齿轮的曲率分析时，都是在节点P进行分析的。节点P所在的原理小齿轮的轴截面称为中心平面(相当于图6.2-1中的oP线)。为了运用已有的曲率分析公式，应在中心平面上寻找一个新的节点P'，再找到一个新的准双曲面小齿轮(简称虚拟小齿轮)。虚拟小齿轮的假想齿面是转动后的原理小齿轮假想齿面的等距齿面。

原理小齿轮的中点分度圆半径为r_{m1}。图6.2-2中，与P_m点对应的实际啮合点是M，由式(5.2-1)，$\overline{P_mM} = h_{mf2}\sin\alpha_2 + 0.5w_{1d}\cos\alpha_2$($\alpha_2$凹齿面是$\alpha_{2a}$，$\alpha_2$凸齿面是$\alpha_{2t}$)。将$P_m$点的齿面法线$\overrightarrow{n'}$延伸，得到与中心平面的交点$P'$。$\overline{P_mP'} = l_\varepsilon = \dfrac{r_{m1}\sin\varphi_r}{\cos\beta_m\cos\alpha_{2d}}$。$P'$是虚拟小齿轮的节点。

当刀盘的刀齿在M点加工原理小齿轮的齿面时，与刀齿的法向距离为l_ε的虚拟刀齿也在M'点加工虚拟小齿轮的齿面。虚拟小齿轮与虚拟产形齿轮的啮合运动与原理小齿轮和产形齿轮的啮合运动同步，两者的角速度和角加速度是一样的。

过P'点并与安装平面平行的平面是平面N_2(相当于图6.2-1中的n_2线)，虚拟小齿轮和虚拟产形齿轮的安装平面就是平面N_2。虚拟小齿轮的分锥顶为o_1'，分锥角为δ_{f1}，螺旋角为β_m。

P_m点在中心平面上的投影为m，m点在平面N_1上。m点到原理小齿轮轴线的距离为$\overline{mm_2} = r_{m1}\cos\varphi_r$。$\overline{P'm_5} = l_\varepsilon\cos\alpha_{2d}\sin\beta_m$，$\overline{m_1m_3} = \overline{P'm_5}\sin\delta_{f1}$。$\overline{m_5m_6} = l_\varepsilon\sin\alpha_{2d}$，$\overline{mm_3} = \overline{m_5m_6}\cos\delta_{f1}$。虚拟小齿轮的中点分度圆半径$r_{m1}' = \overline{mm_2} - \overline{mm_3} + \overline{m_1m_3} = r_{m1}\cos\varphi_r + l_\varepsilon$

$(\cos\alpha_{2d}\sin\beta_m\sin\delta_{f1}-\sin\alpha_{2d}\cos\delta_{f1})$。虚拟小齿轮的中点分锥距 $R'_{mf1}=\dfrac{r'_{m1}}{\sin\delta_{f1}}$。$\overline{m_2m_7}=[r_{m1}-(R'_{mf1}-\overline{P'm_5})\sin\delta_{f1}]\tan\delta_{f1}+\overline{P'm_5}\cos\delta_{f1}$，虚拟小齿轮的顶点到原理小齿轮顶点的距离 $\overline{o_1o'_1}=(R_{mf1}-R'_{mf1})\cos\delta_{f1}+\overline{m_2m_7}$。

在虚拟小齿轮的节点 P'，将 x''_0 方向的法曲率表示为 $\kappa'^{(1)}_{nx_0}$，将 y''_0 方向的法曲率表示为 $\kappa'^{(1)}_{ny_0}$，短程挠率表示为 $\tau'^{(1)}_{gx_0}$，由式(1.1-39)，得

$$\begin{cases}\kappa'^{(1)}_{nx_0}=\dfrac{\kappa^{(1)}_{nx''_0}-l_\varepsilon\kappa^{(1)}_1\kappa^{(1)}_2}{(1-l_\varepsilon\kappa^{(1)}_1)(1-l_\varepsilon\kappa^{(1)}_2)}\\ \kappa'^{(1)}_{ny_0}=\dfrac{\kappa^{(1)}_{ny''_0}-l_\varepsilon\kappa^{(1)}_1\kappa^{(1)}_2}{(1-l_\varepsilon\kappa^{(1)}_1)(1-l_\varepsilon\kappa^{(1)}_2)}\\ \tau'^{(1)}_{gx_0}=\dfrac{\tau^{(1)}_{gx''_0}}{(1-l_\varepsilon\kappa^{(1)}_1)(1-l_\varepsilon\kappa^{(1)}_2)}\end{cases}\tag{6.2-12}$$

式中，$\kappa^{(1)}_1$、$\kappa^{(1)}_2$ 为原理小齿轮在 P_m 点的主曲率。由式(1.1-30)解得

$$\begin{cases}\kappa^{(1)}_1=\dfrac{\kappa^{(1)}_{nx''_0}+\kappa^{(1)}_{ny''_0}+\sqrt{(\kappa^{(1)}_{nx''_0}-\kappa^{(1)}_{ny''_0})^2+4(\tau^{(1)}_{gx''_0})^2}}{2}\\ \kappa^{(2)}_1=\dfrac{\kappa^{(1)}_{nx''_0}+\kappa^{(1)}_{ny''_0}-\sqrt{(\kappa^{(1)}_{nx''_0}-\kappa^{(1)}_{ny''_0})^2+4(\tau^{(1)}_{gx''_0})^2}}{2}\end{cases}\tag{6.2-13}$$

虚拟刀盘的回转轴心为 o_{dd}，名义半径为 $r_{2d}+l_\varepsilon\cos\alpha_{2d}$，虚拟刀面的法曲率 $\kappa'^{(c)}_{nx_0}=\dfrac{\cos\alpha_{2d}}{r_{2d}+l_\varepsilon\cos\alpha_{2d}}$、$\kappa'^{(c)}_{ny_0}=0$，短程挠率 $\tau'^{(c)}_{gx_0}=0$。

在 P' 点，虚拟小齿轮和虚拟产形齿轮的接触线方向角为 $\vartheta'^{(c1)}_{ax_0}$、诱导法曲率为 $\kappa'^{(c1)}_{ny_0}$。由式(2.2-13)，虚拟小齿轮在 P' 点的假想齿面的法曲率和短程挠率

$$\begin{cases}\kappa'^{(1)}_{nx_0}=-\kappa'^{(c1)}_{ny_0}\tan^2\vartheta'^{(c1)}_{ax_0}+\kappa'^{(c)}_{nx_0}\\ \kappa'^{(1)}_{ny_0}=-\kappa'^{(c1)}_{ny_0}\\ \tau'^{(1)}_{gx_0}=-\kappa'^{(c1)}_{ny_0}\tan\vartheta'^{(c1)}_{ax_0}\end{cases}\tag{6.2-14}$$

由式(6.2-14)可以解出 $\tan\vartheta'^{(c1)}_{ax_0}=\dfrac{\tau'^{(1)}_{gx_0}}{\kappa'^{(1)}_{ny_0}}$。

刀盘凹齿面的刀尖半径为 $r_{2ca}=r_{2d}-\left(\overline{P_me'}\tan\alpha_{2dt}+\dfrac{\overline{MP_m}}{\cos\alpha_{2dt}}\right)$，凸齿面的刀尖半径为 $r_{2ct}=r_{2d}+\left(\overline{P_me'}\tan\alpha_{2da}+\dfrac{\overline{MP_m}}{\cos\alpha_{2da}}\right)$，原始小齿轮的中点齿根高为 h_{mf1}，$\overline{P_me'}=h_{mf1}-\overline{Pm}\cos\delta_{f1}=h_{mf1}-r_{m1}(1-\cos\varphi_r)\cos\delta_{f1}$。所以

$$r_{2ca}=r_{2d}-[h_{mf1}-r_{m1}(1-\cos\varphi_r)\cos\delta_{f1}]\tan\alpha_{2dt}-\frac{h_{mf2}\sin\alpha_2+0.5w_{2d}\cos\alpha_2}{\cos\alpha_{2dt}}\tag{6.2-15}$$

$$r_{2ct}=r_{2d}+[h_{mf1}-r_{m1}(1-\cos\varphi_r)\cos\delta_{f1}]\tan\alpha_{2da}+\frac{h_{mf2}\sin\alpha_2+0.5w_{2d}\cos\alpha_2}{\cos\alpha_{2da}}\tag{6.2-16}$$

再看一下加工修形小齿轮的情况。

通过调节刀盘的名义半径可以实现齿宽方向的曲率修正。在具有滚比变性机构的机床上可以实现齿宽、齿高两个方向的齿面曲率修正。修正值的选取可用6.1节的经验公式法或目标函数法。

当给定一个齿高方向的法曲率增量 $\Delta\kappa_{ny_0''}^{(1)}$ 之后，修正虚拟小齿轮齿高方向的法曲率变为 $\bar{\kappa}'^{(1)}_{ny_0}=\kappa'^{(1)}_{ny_0}+\Delta\kappa^{(1)}_{ny_0''}$。由于曲率修正前后虚拟小齿轮的短程挠率不变，所以 $\Delta\kappa^{(1)}_{ny_0''}$ 对虚拟刀盘的法曲率 $\kappa'^{(c)}_{nx_0}$ 也是有影响的。设修正虚拟刀盘的法曲率为 $\bar{\kappa}'^{(c)}_{nx_0}=\kappa'^{(c)}_{nx_0}+\Delta\kappa'^{(c)}_{nx_0}$。当用修正虚拟刀盘加工修正虚拟小齿轮时，仿照式(6.2-14)，得

$$\begin{cases}\bar{\kappa}'^{(1)}_{nx_0}=-\bar{\kappa}'^{(c1)}_{ny_0}\tan^2\bar{\vartheta}'^{(c1)}_{ax_0}+\bar{\kappa}'^{(c)}_{nx_0}\\ \bar{\kappa}'^{(1)}_{ny_0}=-\bar{\kappa}'^{(c1)}_{ny_0}\\ \bar{\tau}'^{(1)}_{gx_0}=-\bar{\kappa}'^{(c1)}_{ny_0}\tan\bar{\vartheta}'^{(c1)}_{ax_0}\end{cases}\tag{6.2-17}$$

式中，$\bar{\vartheta}'^{(c1)}_{ax_0}$、$\bar{\kappa}'^{(c1)}_{ny_0}$ 为修正后的接触线方向角及诱导法曲率。

由式(6.2-14)和式(6.2-17)可以解出

$$\tan\bar{\vartheta}'^{(c1)}_{ax_0}=\frac{\kappa'^{(1)}_{ny_0}\tan\vartheta'^{(c1)}_{ax_0}}{\kappa'^{(1)}_{ny_0}+\Delta\kappa^{(1)}_{ny_0}}\tag{6.2-18}$$

由 $[\bar{\tau}'^{(1)}_{gx_0}]^2=[\tau'^{(1)}_{gx_0}]^2=[\kappa'^{(1)}_{nx_0}-\kappa'^{(c)}_{nx_0}]\kappa'^{(1)}_{ny_0}=[\bar{\kappa}'^{(1)}_{nx_0}-\bar{\kappa}'^{(c)}_{nx_0}]\bar{\kappa}'^{(1)}_{ny_0}$，可以解出 $\Delta\kappa'^{(c)}_{nx_0}=\tan\vartheta'^{(c1)}_{ax_0}\tan\bar{\vartheta}'^{(c1)}_{ax_0}\Delta\kappa^{(1)}_{ny_0''}$，是法曲率增量 $\Delta\kappa^{(1)}_{ny_0''}$ 对修形刀齿法曲率的影响。因此虚拟刀盘的名义半径变为 $\dfrac{\cos\alpha_{2d}}{\kappa'^{(c)}_{nx_0}+\tan\vartheta'^{(c1)}_{ax_0}\tan\bar{\vartheta}'^{(c1)}_{ax_0}\Delta\kappa^{(1)}_{ny_0''}}$。

当考虑齿宽方向的曲率修正时，要对虚拟刀盘的名义半径再做一次修正。这样，修正虚拟刀盘的名义半径最后变为 $\dfrac{\cos\alpha_{2d}}{\kappa^{(c)}_{nx_0''}+\tan\vartheta'^{(c1)}_{ax_0}\tan\bar{\vartheta}'^{(c1)}_{ax_0}\Delta\kappa^{(1)}_{ny_0''}}+\Delta r_{2d}$，$\Delta r_{2d}$ 见式(6.1-6)。

修正刀盘的半径为

$$r_{2dx}=\frac{\cos\alpha_{2d}}{\kappa^{(c)}_{nx_0''}+\tan\vartheta'^{(c1)}_{ax_0}\tan\bar{\vartheta}'^{(c1)}_{ax_0}\Delta\kappa^{(1)}_{ny_0''}}+\Delta r_{2d}-l_\varepsilon\cos\alpha_{2d}\tag{6.2-19}$$

在式(6.2-15)、式(6.2-16)中，刀尖半径 r_{2ca}、r_{2ct} 中的 r_{2d} 要用 r_{2dx} 代替。

在没有刀倾机构的机床上，修正产形齿轮的轴线与刀盘的轴线平行而且垂直于安装平面 N_2。修正虚拟产形齿轮与修正虚拟小齿轮的轴交角 $\Sigma'_{1c}=\dfrac{\pi}{2}+\delta_{f1}$，修正虚拟产形齿轮的分锥角等于90°，分锥距为 R'_{2c}，螺旋角为 β'_{2c}。偏置角 $\varepsilon'=\beta_m-\beta'_{2c}$。

参照式(2.2-11)，得

$$\begin{cases}\tan\bar{\vartheta}'^{(c1)}_{ax_0}=\sin\alpha_{2d}\tan\beta_m+\dfrac{E'_{1c}\kappa'^{(c)}_{nx_0}+(1-i'_{1c0}\sin\delta_{f1})\cos\beta_m\cos\alpha_{2d}}{i'_{1c0}\cos\delta_{f1}\cos^2\beta_m}\\ E'_{1c}=R'_{2c}\sin(\beta_m-\beta'_{2c})\\ i'_{1c0}=\dfrac{\omega_1}{\omega'_{c0}}=\dfrac{R'_{2c}\cos\beta'_{2c}}{R'_{mf1}\sin\delta_{f1}\cos\beta_m}\end{cases}\tag{6.2-20}$$

式中，对于凹齿面，$\alpha_{2d}=\alpha_{2dt}$；对于凸齿面，$\alpha_{2d}=-\alpha_{2da}$。

式(6.2-20)是关于 R'_{2c}、β'_{2c}的方程。在式(6.2-18)中，$\tan\bar{\vartheta}'^{(c1)}_{ax_0}$ 为已知量。给定 E'_{1c}的值，可以解出 R'_{2c}、β'_{2c}。E'_{1c}的值不同，修形小齿轮的齿形不同。工程中刀盘的半径 r_{2d} 由刀盘的标准选定，再由式(6.2-20)解出 β'_{2c}和 E'_{1c}。

为了满足 $\bar{\kappa}'^{(c1)}_{ny_0}=-\bar{\kappa}'^{(1)}_{ny_0}$，修正虚拟产形齿轮与修正虚拟小齿轮的啮合传动应为变速比传动。根据变速比传动模型确定的加工方法称为滚比变性法。在滚比变性法加工中，修正虚拟产形齿轮的转动有一个角加速度 ε'_c。

定速比与变速比相比，式(2.2-5)中$\overrightarrow{q^{(2)}}$的计算公式不同。在变速比情况下 $v^{(2)}_{y_0}$ 应按式(1.2-54)计算，$\overrightarrow{q^{(2)}}$应按式(1.2-39)计算。$\overrightarrow{q^{(2)}}=-\overrightarrow{q^{(1)}}$，由式(1.2-36)，$\overrightarrow{q^{(1)}}=\overrightarrow{A^{(12)}}-\overrightarrow{\omega^{(12)}}\times\overrightarrow{v^{(12)}}$。

将齿轮 1 视为修正虚拟小齿轮，$\varepsilon_1'=0$；将齿轮 2 视为修正虚拟产形齿轮，角加速度 $\varepsilon_c'\neq0$，$\bar{\tau}'^{(c)}_{gx_0}=0$。参照式(1.2-55)，得

$$\bar{\kappa}'^{(c1)}_{ny_0}=\frac{-\omega'^{(c1)}_{x_0}}{v'^{(c)}_{y_0}+v'^{(c1)}_{x_0}\tan\bar{\vartheta}'^{(c1)}_{ax_0}} \qquad (6.2\text{-}21)$$

式中，$v'^{(c)}_{y_0}=\dfrac{\overrightarrow{n'^{(c)}}\cdot\overrightarrow{q'^{(c)}}}{-\omega'^{(c1)}_{x_0}}=-\dfrac{\overrightarrow{n'^{(c)}}\cdot\overrightarrow{A'^{(c1)}}}{\omega'^{(c1)}_{x_0}}-$

$$\frac{\omega_1'\omega_c'[R'_{2c}\cos\delta_{f1}\cos(\beta_m-\beta'_{2c})\sin\alpha_{2d}+(R'_{mf1}\sin\beta_m-R'_{2c}\sin\beta'_{2c})\sin\delta_{f1}\cos\alpha_{2d}]}{\omega'^{(c1)}_{x_0}};$$

$\overrightarrow{n'^{(c)}}\cdot\overrightarrow{A'^{(c1)}}=\overrightarrow{n'^{(c)}}\cdot(\overrightarrow{\varepsilon'_{c0}}\times\overrightarrow{R'_{2c}})=\varepsilon'_{c0}R'_{2c}\cos\beta'_{2c}\cos\alpha_{2d}$；$\omega'^{(c1)}_{x_0}=\omega_1\cos\delta_{f1}\cos\beta_m$。

由式(6.2-21)，得

$$\frac{1}{\bar{\kappa}'^{(c1)}_{ny_0}}=\frac{\varepsilon'_{c0}R'_{2c}\cos\beta'_{2c}\cos\alpha_{2d}}{[\omega'^{(c1)}_{x_0}]^2}+\frac{1}{\kappa_{mn}}=\frac{\varepsilon'_{c0}R'_{2c}\cos\beta'_{2c}\cos\alpha_{2d}}{\omega_1^2\cos^2\delta_{f1}\cos^2\beta_m}+\frac{1}{\kappa_{mn}} \qquad (6.2\text{-}22)$$

式中，κ_{mn}为定速比情况下的诱导法曲率，参照式(2.2-6)，$\kappa_{mn}=\dfrac{\cos\beta_m\cos\beta'_{2c}}{R'_{mf1}C'_0\tan\delta_{f1}}$，$C'_0=\cos(\beta_m-\beta'_{2c})\sin\alpha_{2d}-\tan\delta_{f1}\sin\beta'_{2c}\cos\alpha_{2d}+\sin(\beta_m-\beta'_{2c})\tan\bar{\vartheta}'^{(c1)}_{ax_0}$。

这样，由式(6.2-22)可以求得修正虚拟产形齿轮在节点 P'处的角加速度 ε'_{c0}。由滚比 i'_{1c0} 求得修正虚拟产形齿轮在节点 P' 处的转速 $\omega'_{c0}=\dfrac{\omega_1R'_{mf1}\sin\delta_{f1}\cos\beta_m}{R'_{2c}\cos\beta'_{2c}}$，格里森公司称 $-\dfrac{\varepsilon'_{c0}}{\omega'_{c0}}$为滚比变性系数 $2c'$。

$$2c'=-\frac{\varepsilon'_{c0}}{\omega'_{c0}}=-\frac{\varepsilon'_{c0}R'_{2c}\cos\beta'_{2c}}{\omega_1R'_{mf1}\sin\delta_{f1}\cos\beta_m} \qquad (6.2\text{-}23)$$

图 6.2-3 是用滚比变性法加工右旋圆弧齿修形小齿轮时的坐标系。

刀盘置于坐标系 $o_dx_dy_dz_d$ 中，坐标轴 o_dy_d 过原理小齿轮的节点 P_m，o_dz_d 轴垂直于安装平面 N_1。刀齿上任一点 C 对应的齿高为 h_{2d}(规定 h_{2d} 从刀齿的齿顶算起)。参照5.2.1.1节，对应于刀齿的直线部分，该点至刀盘轴心的距离为 $H=r_{2ca}+h_{2d}\tan\alpha_{2dt}$(凹齿面)或 $H=r_{2ct}-h_{2d}\tan\alpha_{2da}$(凸齿面)。对应于刀齿的圆弧部分，该点至刀盘轴心的距离为

$H = r_{2ca} - \frac{\rho_{02}}{\tan\lambda_0} + \sqrt{2\rho_{02}h_{2d} - h_{2d}^2}$（凹齿面）或 $H = r_{2ct} + \frac{\rho_{02}}{\tan\lambda_0} - \sqrt{2\rho_{02}h_{2d} - h_{2d}^2}$（凸齿面），

$\lambda_0 = \frac{\pi}{4} + \frac{\alpha_{2d}}{2}$（$\alpha_{2d}$凹齿面为 α_{2dt}，α_{2d}凸齿面为 α_{2da}）。

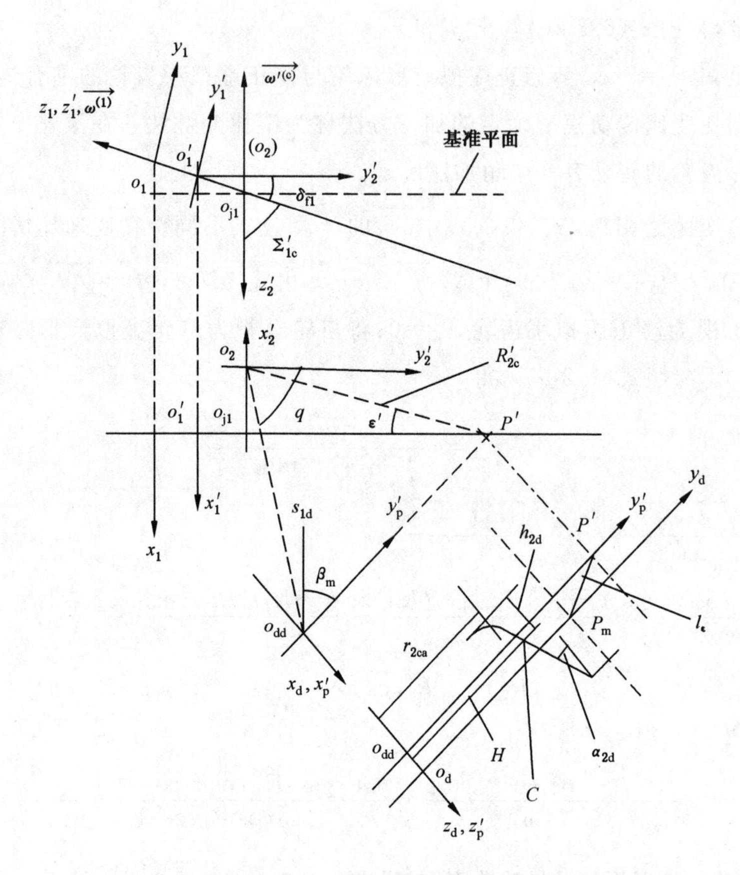

图 6.2-3　用滚比变性法加工右旋圆弧齿修形小齿轮时的坐标系

在坐标系 $o_d x_d y_d z_d$ 中，刀齿上一点 C 的坐标为

$$\begin{cases} x_d = H\sin\tau_{2d} \\ y_d = H\cos\tau_{2d} \\ z_d = h_{2d} - \overline{P_m e'} \end{cases} \tag{6.2-24}$$

式中，$\tau_{2d}=0$ 对应节点，$\tau_{2d}>0$ 由节点指向轮齿的大端，$\tau_{2d}<0$ 由节点指向轮齿的小端；$h_{2d}>\rho_{02}(1-\sin\alpha_{2d})$对应刀齿的直线部分，$0\leqslant h_{2d}\leqslant\rho_{02}(1-\sin\alpha_{2d})$对应刀齿的圆弧部分。

修正虚拟刀盘置于坐标系 $o_{dd}x'_p y'_p z'_p$ 中，坐标轴 $o_{dd}y'_p$ 过修正虚拟小齿轮的节点 P'，$o_{dd}z'_p$ 轴垂直于平面 N_2。坐标系 $o_{dd}x'_p y'_p z'_p$ 与坐标系 $o_d x_d y_d z_d$ 的坐标变换为

$$\begin{cases} x'_p = x_d \\ y'_p = y_d \\ z'_p = z_d + l_\varepsilon \sin\alpha_{2d} \end{cases} \tag{6.2-25}$$

式中，对于凹齿面，α_{2d} 等于 α_{2dt}；对于凸齿面，α_{2d} 等于 $-\alpha_{2da}$。

图 6.2-3 中，$\overline{P'o_2}=R'_{2c}$，$\overline{o_{dd}P'}=r_{2dx}+l_\varepsilon\cos\alpha_{2d}$，$\angle o_{dd}P'o_2=\dfrac{\pi}{2}-\beta'_{2c}$。由余弦定理得刀位 $s_{1d}=\sqrt{(R'_{2c})^2+\overline{o_{dd}P'}^2-2R'_{2c}\overline{o_{dd}P'}\sin\beta'_{2c}}$，由正弦定理得 $\sin\angle P'o_2o_{dd}=\dfrac{r_{2dx}+l_\varepsilon\cos\alpha_{2d}}{s_{1d}}\cos\beta'_{2c}$。夹角 $q=\angle P'o_2o_{dd}+(\beta_m-\beta'_{2c})$。

坐标系 $o_2x'_2y'_2z'_2$ 与坐标系 $o_{dd}x'_py'_pz'_p$ 的坐标变换为

$$\begin{bmatrix}x'_2\\y'_2\\z'_2\end{bmatrix}=\begin{bmatrix}-\sin\beta_m & \cos\beta_m & 0\\ \cos\beta_m & \sin\beta_m & 0\\ 0 & 0 & -1\end{bmatrix}\begin{bmatrix}x'_p\\y'_p\\z'_p\end{bmatrix}+\begin{bmatrix}-s_{1d}\sin q\\ s_{1d}\cos q\\ 0\end{bmatrix} \tag{6.2-26}$$

机床中心 o_{j1} 是修形小齿轮轴线上的交叉点。过机床中心 o_{j1} 并与修正虚拟产形齿轮的轴线垂直的平面为基准平面。P' 到基准平面的距离为 $l_h=\dfrac{r'_{m1}}{\cos\delta_{f1}}-R'_{2c}\cos\varepsilon'\tan\delta_{f1}$。

用滚比变性法加工修形小齿轮时，在图 1.2-1 的空间啮合坐标系中，将齿轮 1 视为修正虚拟小齿轮，齿轮 2 视为修正虚拟产形齿轮。式(1.2-4)、式(1.2-30)中的参数代换：$\Sigma=\dfrac{\pi}{2}+\delta_{f1}$、$E=-E'_{1c}=-R'_{2c}\sin(\beta_m-\beta'_{2c})$，$b_1=\overline{o'_1o_{j1}}=\dfrac{l_h}{\sin\delta_{f1}}=\dfrac{r'_{m1}-R'_{2c}\cos\varepsilon'\sin\delta_{f1}}{\sin\delta_{f1}\cos\delta_{f1}}$，$b_2=-l_h=R'_{2c}\cos(\beta_m-\beta'_{2c})\tan\delta_{f1}-\dfrac{r'_{m1}}{\cos\delta_{f1}}$，$u_2=\tau_{2d}$、$v_2=h_{2d}$。

修正虚拟产形齿轮的瞬时角加速度也是修形小齿轮的转角 φ_1 或时间 $t=\dfrac{\varphi_1}{\omega_1}$ 的函数。假定加工一个轮齿所用的时间为 t_0，小齿轮的转角为 φ_{10}，和凸轮的设计方法一样，时间 t 通常描述为 $t=\dfrac{t_0}{\varphi_{10}}\varphi_1$。

设修正虚拟产形齿轮的瞬时角加速度为 $\varepsilon'_{c0}+Cf(\varphi_1)$，角速度 $\omega'_c(\varphi_1)=\omega'_c(t)=\omega'_{c0}+\int[\varepsilon'_{c0}+f(\varphi_1)]\,dt=\omega'_{c0}+\varepsilon'_{c0}t+\int f(\varphi_1)\,dt=\omega'_{c0}+\dfrac{\varepsilon'_{c0}\varphi_1}{\omega_1}+\dfrac{1}{\omega_1}\int f(\varphi_1)\,d\varphi_1$。机床的瞬时传动比为 $i'_{c1}(\varphi_1)=\dfrac{\omega'_c(\varphi_1)}{\omega_1}=\dfrac{\omega'_{c0}\omega_1+\varepsilon'_{c0}\varphi_1+\int f(\varphi_1)\,d\varphi_1}{\omega_1^2}$，修正虚拟产形齿轮的转角 $\varphi'_c=\int\omega'_c(t)\,dt=\dfrac{\omega'_{c0}\varphi_1}{\omega_1}+\dfrac{1}{2}\varepsilon'_{c0}\left(\dfrac{\varphi_1}{\omega_1}\right)^2+\dfrac{1}{\omega_1^2}\int\left[\int f(\varphi_1)\,d\varphi_1\right]d\varphi_1$。式(1.2-30)变为

$$\varphi'_c=\arcsin\left(\frac{W_2}{\sqrt{U_2^2+V_2^2}}\right)-\delta_2 \tag{6.2-27}$$

W_2 中含有瞬时传动比为 $i'_{c1}(\varphi_1)$。

在机床设计中，变性机构为曲柄推杆机构，见 4.1.1.1 节。当采用曲柄推杆机构而且当 $\varepsilon'_{c0}>0$ 时，修正虚拟产形齿轮的转角 $\varphi'_c=k_2\varphi_1+k_1[1-\cos(kk_2\varphi_1)]$，角速度 $\omega'_c=k_2\omega_1[1+kk_1\sin(kk_2\varphi_1)]$，角加速度 $\varepsilon'_c=k_1(\omega_1kk_2)^2\cos(kk_2\varphi_1)$。当 $\varphi_1=0$ 时，$\omega'_{c0}=k_2\omega_1$，

$\varepsilon'_{c0}=k_1(\omega_1 kk_2)^2$。

当 $\varepsilon'_{c0}<0$ 时，修正虚拟产形齿轮的转角 $\varphi'_c=k_2\varphi_1-k_1[1-\cos(kk_2\varphi_1)]$，角速度 $\omega'_c=k_2\omega_1[1-kk_1\sin(kk_2\varphi_1)]$，角加速度 $\varepsilon'_c=-k_1(\omega_1 kk_2)^2\cos(kk_2\varphi_1)$。当 $\varphi_1=0$ 时，$\omega'_{c0}=k_2\omega_1$，$\varepsilon'_{c0}=-k_1(\omega_1 kk_2)^2$。

在曲柄推杆机构中，e''为曲柄的长度，S_g 为驱动蜗杆的导程，z_g 为驱动蜗杆的头数，z_w 为被驱动蜗轮的齿数，$k_1=\dfrac{2\pi e''}{S_g}\times\dfrac{z_g}{z_w}$，$k_1$ 是机床常数。由虚拟产形齿轮在节点 P' 的角速度ω'_{c0} 和角加速度 ε'_{c0}，求得 $k=\dfrac{1}{R'_{mf1}\tan\delta_{f1}}\sqrt{\dfrac{\pm R'_{2c}(\bar{\kappa}'^{(c1)}_{ny_0}-\kappa_{mn})\cos\beta'_{2c}}{k_1\bar{\kappa}'^{(c1)}_{ny_0}\kappa_{mn}\cos\alpha_{2d}}}$，$k_2=\dfrac{R'_{mf1}\sin\delta_{f1}\cos\beta_m}{R'_{2c}\cos\beta'_{2c}}$。由 $|2c'|=k_1k^2k_2$ 及 4.1.1.1 节，解得曲柄的长度 $e''=\dfrac{c'S_{59}z_{60}}{\pi k^2k_2z_{59}}$。式(6.2-27)变为

$$\varphi'_c(\tau_{2d},h_{2d},\varphi_1)=\arccos\left(\frac{W_2}{\sqrt{U_2^2+V_2^2}}\right)+\delta_2=k_2\varphi_1\pm k_1[1-\cos(kk_2\varphi_1)] \tag{6.2-28}$$

式中，$\cos\delta_2=\dfrac{U_2}{\sqrt{U_2^2+V_2^2}}$，$W_2$ 中的瞬时传动比 $i'_{c1}(\varphi_1)=k_2[1\pm kk_1\sin(kk_2\varphi_1)]$。式中正号用于 $\varepsilon'_{c0}>0$ 的情形，负号用于 $\varepsilon'_{c0}<0$ 的情形。

用计算机对式(6.2-28)进行计算时，注意反三角函数的主值区间对计算结果的影响。

给定虚拟产形齿轮的坐标$\{x'_2,y'_2,z'_2,\}$，运用式(6.2-28)求得修形小齿轮从 φ_r 开始的转角 φ_1。运用式(1.2-4)求得右旋齿修形小齿轮的凹齿面或凸齿面在坐标系 $o'_1x'_1y'_1z'_1$ 中的坐标。

修形小齿轮置于过 P 点的坐标系 $o_1x_1y_1z_1$ 中。坐标系 $o'_1x'_1y'_1z'_1$ 与 $o_1x_1y_1z_1$ 之间的坐标变换

$$\begin{cases}x_1=x'\cos\varphi_r-y'\sin\varphi_r\\ y_1=x'\sin\varphi_r+y'_1\cos\varphi_r\\ z_1=z'_1-\overline{o_1o'_1}\end{cases} \tag{6.2-29}$$

P'到刀顶的距离为$\overline{P_me'}-l_\varepsilon\sin\alpha_{2d}$。机床中心到刀顶平面的距离为床位 $X_{B1}=l_h-(\overline{P_me'}-l_\varepsilon\sin\alpha_{2d})=\dfrac{r'_{m1}}{\cos\delta_{f1}}-R'_{2c}\cos\varepsilon'\tan\delta_{f1}-\overline{P_me'}+l_\varepsilon\sin\alpha_{2d}$。原始小齿轮的分锥顶 o_{s1} 到机床中心的距离为轮位 $\Delta X_1=-\overline{o_{s1}o_{j1}}=-\dfrac{X_{B1}}{\sin\delta_{f1}}$。$e$ 为机床偏心鼓轮的偏心距，刀位夹角为 τ，$\sin\dfrac{\tau}{2}=\dfrac{s_{1d}}{e}$。

6.2.1.2 左旋圆弧齿修形小齿轮的齿面方程

图 6.2-4 是用滚比变性法加工左旋圆弧齿修形小齿轮的原理图。

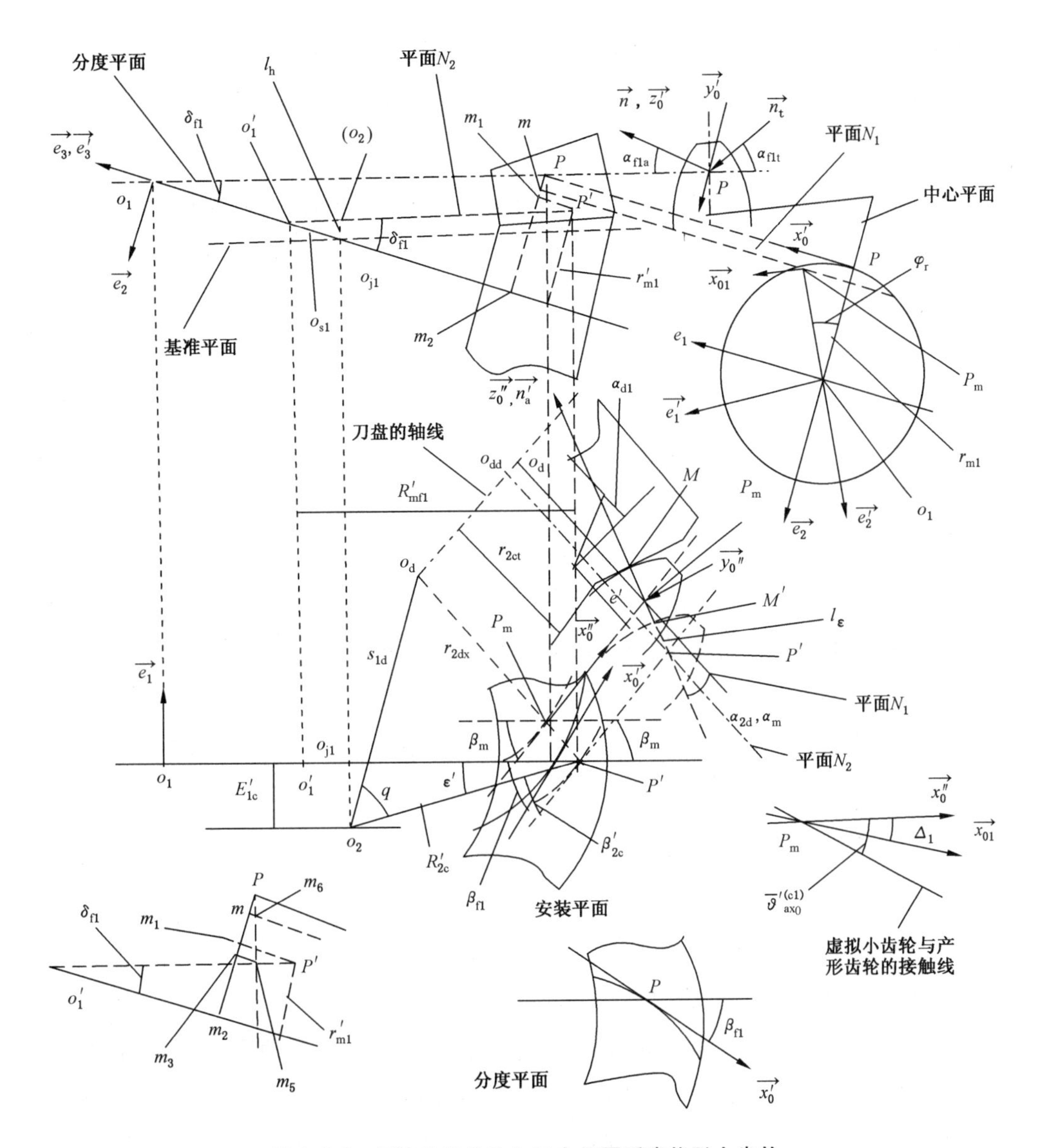

图 6.2-4　用滚比变性法加工左旋圆弧齿修形小齿轮

图中 o_1 是原理小齿轮的分锥顶。原理小齿轮的分锥角为 δ_{f1}，螺旋角为 β_{f1}（凹齿面为 β_{f1a}，凸齿面为 β_{f1t}），压力角为 α_{f1}（凹齿面为 α_{f1a}，凸齿面为 α_{f1t}）。在分度平面上，可以看到原理小齿轮的齿线是左旋的。

当原理小齿轮的齿面绕着它的轴线转动了 φ_r 角之后，节点 P 到达了新的节点 P_m。过 P_m 做分度平面的平行平面，得平面 N_1。对应于平面 N_1 的是 P_m 点的中点螺旋角 β_m、中点压力角 α_m。令刀齿角 α_{2d} 等于 α_m（凹齿面是 α_{2dt}，凸齿面是 α_{2da}）。

原理小齿轮转过 φ_r 角之后，单位坐标向量 $\vec{e_1}$、$\vec{e_2}$、$\vec{e_3}$ 到达 $\vec{e_1'}$、$\vec{e_2'}$、$\vec{e_3'}$ 的位置。$\vec{e_1}$、$\vec{e_2}$、$\vec{e_3}$ 和 $\vec{e_1'}$、$\vec{e_2'}$、$\vec{e_3'}$ 之间的变换同式(6.2-3)。

在坐标系 $o_1e_1'e_2'e_3'$ 中，过 P_m 点的假想齿面的法线 $\overrightarrow{n'}$ 为

$$\overrightarrow{n'}=\cos\alpha_{f1}\cos\beta_{f1}\overrightarrow{e_1'}+(\cos\alpha_{f1}\sin\beta_{f1}\sin\delta_{f1}-\sin\alpha_{f1}\cos\delta_{f1})\overrightarrow{e_2'}+(\cos\alpha_{f1}\sin\beta_{f1}\cos\delta_{f1}+\sin\alpha_{f1}\sin\delta_{f1})\overrightarrow{e_3'} \tag{6.2-30}$$

对于凹齿面，法线 $\overrightarrow{n_a}$ 的方向规定由轮齿指向齿槽；对于凸齿面，法线 $\overrightarrow{n_t}$ 的方向规定由齿槽指向轮齿。这样，在式(6.2-30)中求 $\overrightarrow{n_a}$ 时用 α_{f1a} 代替 α_{f1}；求 $\overrightarrow{n_t}$ 时用 $-\alpha_{f1t}$ 代替 α_{f1}。由式(6.2-3)得

$$\begin{aligned}\overrightarrow{n'}=&[\cos\varphi_r\cos\alpha_{f1}\cos\beta_{f1}-(\cos\alpha_{f1}\sin\beta_{f1}\sin\delta_{f1}-\sin\alpha_{f1}\cos\delta_{f1})\sin\varphi_r]\overrightarrow{e_1}+\\&[\sin\varphi_r\cos\alpha_{f1}\cos\beta_{f1}+(\cos\alpha_{f1}\sin\beta_{f1}\sin\delta_{f1}-\sin\alpha_{f1}\cos\delta_{f1})\cos\varphi_r]\overrightarrow{e_2}+\\&(\cos\alpha_{f1}\sin\beta_{f1}\cos\delta_{f1}+\sin\alpha_{f1}\sin\delta_{f1})\overrightarrow{e_3}\end{aligned} \tag{6.2-31}$$

法线 $\overrightarrow{n'}$ 又可表示为：

$$\overrightarrow{n'}=\cos\alpha_{2d}\cos\beta_m\overrightarrow{e_1}+(\cos\alpha_{2d}\sin\beta_m\sin\delta_{f1}-\sin\alpha_{2d}\cos\delta_{f1})\overrightarrow{e_2}+(\cos\alpha_{2d}\sin\beta_m\cos\delta_{f1}+\sin\alpha_{2d}\sin\delta_{f1})\overrightarrow{e_3} \tag{6.2-32}$$

由 $\overrightarrow{n'}$ 的 $\overrightarrow{e_3}$ 分量相等得 $\sin\beta_m$ 的计算公式与式(6.2-6)相同。由 $\overrightarrow{n'}$ 的 $\overrightarrow{e_1}$、$\overrightarrow{e_2}$ 分量对应相等得 $\sin\varphi_r$ 的计算公式与式(6.2-7)相同。

原理小齿轮在 P 点的齿线方向为 $\overrightarrow{x_0'}$，转动 φ_r 角后 $\overrightarrow{x_0'}$ 到达 $\overrightarrow{x_{01}}$。$\overrightarrow{x_{01}}=\sin\beta_{f1}\overrightarrow{e_1'}-\cos\beta_{f1}\sin\delta_{f1}\overrightarrow{e_2'}-\cos\beta_{f1}\cos\delta_{f1}\overrightarrow{e_3'}$。由式(6.2-3)，得

$$\overrightarrow{x_{01}}=(\cos\varphi_r\sin\beta_{f1}+\sin\varphi_r\cos\beta_{f1}\sin\delta_{f1})\overrightarrow{e_1}+(\sin\varphi_r\sin\beta_{f1}-\cos\varphi_r\cos\beta_{f1}\sin\delta_{f1})\overrightarrow{e_2}-\cos\beta_{f1}\cos\delta_{f1}\overrightarrow{e_3} \tag{6.2-33}$$

在 P_m 点，原理小齿轮的齿线方向为 $\overrightarrow{x_0''}=\sin\beta_m\overrightarrow{e_1}-\cos\beta_m\sin\delta_{f1}\overrightarrow{e_2}-\cos\beta_m\cos\delta_{f1}\overrightarrow{e_3}$。$\overrightarrow{x_0''}$ 和 $\overrightarrow{x_{01}}$ 之间的夹角为 Δ_1，$\cos\Delta_1$ 的计算公式同式(6.2-10)。

由式(5.3-9)可以求得原理小齿轮在 P 点对应于平面 N_1 的法曲率 $\kappa_{nx_0'}^{(1)}$、$\kappa_{ny_0'}^{(1)}$ 和短程挠率 $\tau_{gx_0'}^{(1)}$。由式(6.2-11)可以求得原理小齿轮在 P_m 点的 $\kappa_{nx_0''}^{(1)}$、$\kappa_{ny_0''}^{(1)}$、$\tau_{gx_0''}^{(1)}$。

原理小齿轮的中点分度圆半径为 r_{m1}，与 P_m 点对应的实际啮合点是 M，$\overline{P_mM}=h_{mf2}\sin\alpha_2+0.5w_{2d}\cos\alpha_2$。将 P_m 点的齿面法线 $\overrightarrow{n'}$ 延伸，得到与中心平面的交点 P'，$\overline{P_mP'}=l_\varepsilon=\dfrac{r_{m1}\sin\varphi_r}{\cos\beta_m\cos\alpha_{2d}}$。

过 P' 点做分度平面的平行平面，得平面 N_2。虚拟小齿轮和虚拟产形齿轮的安装平面是平面 N_2。虚拟小齿轮的节点是 P'，分锥顶为 o_1'，分锥角为 δ_{f1}，中点螺旋角为 β_m。

虚拟小齿轮的中点分度圆半径 $r_{m1}'=r_{m1}\cos\varphi_r+l_\varepsilon(\cos\alpha_{2d}\sin\beta_m\sin\delta_{f1}-\sin\alpha_{2d}\cos\delta_{f1})$。虚拟小齿轮的中点分锥距 $R_{mf1}'=\dfrac{r_{m1}'}{\sin\delta_{f1}}$。

虚拟小齿轮的齿面是原理小齿轮齿面的等距曲面。求虚拟小齿轮在 P' 点的假想齿面的法曲率 $\kappa_{nx_0}'^{(1)}$、$\kappa_{ny_0}'^{(1)}$ 及短程挠率 $\tau_{gx_0}'^{(1)}$ 的公式与 6.2.1.1 节相同。求修形虚拟小齿轮在

P'点的假想齿面的法曲率$\bar{\kappa}'^{(1)}_{nx_0}$、$\bar{\kappa}'^{(1)}_{ny_0}$及短程挠率$\bar{\tau}'^{(1)}_{nx_0}$的公式与6.2.1.1节也相同。

用6.2.1.1节的公式可以求解加工修形小齿轮的参数R'_{2c}、β'_{2c}、r_{2dx}、r_{2ca}、r_{2ct}。

图6.2-5是用滚比变性法加工左旋圆弧齿修形小齿轮时的坐标系。刀盘置于坐标系$o_dx_dy_dz_d$中，坐标轴o_dy_d过修形小齿轮齿廓的对称线，o_dz_d轴垂直于平面N_1。

在坐标系$o_dx_dy_dz_d$中，刀齿上一点C的坐标如式(6.2-24)。

修形虚拟刀盘置于坐标系$o_{dd}x'_py'_pz'_p$中，坐标轴$o_{dd}y'_p$过修正虚拟小齿轮齿廓的对称线，$o_{dd}z'_p$轴垂直于平面N_2。坐标系$o_{dd}x'_py'_pz'_p$与坐标系$o_dx_dy_dz_d$的坐标变换如式(6.2-25)。

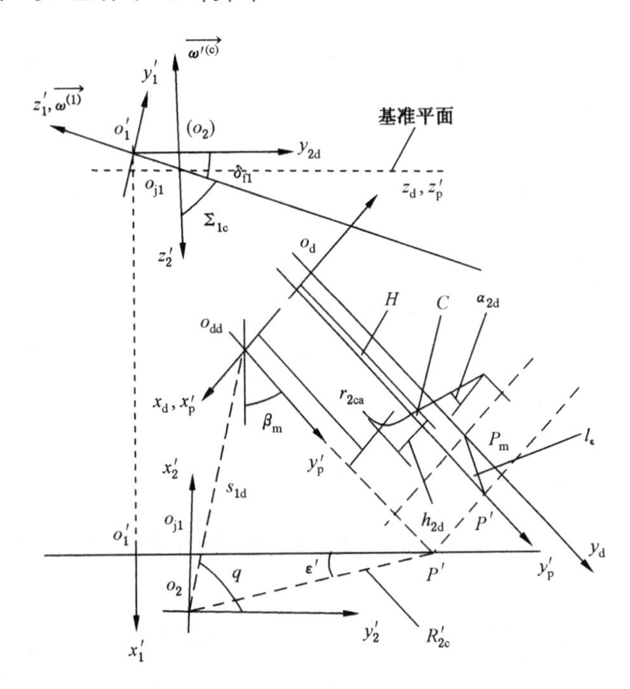

图6.2-5　用滚比变性法加工左旋圆弧齿修形小齿轮的坐标系

坐标系$o_2x'_2y'_2z'_2$与坐标系$o_{dd}x'_py'_pz'_p$的坐标变换为

$$\begin{bmatrix} x'_2 \\ y'_2 \\ z'_2 \end{bmatrix} = \begin{bmatrix} \sin\beta_m & \cos\beta_m & 0 \\ -\cos\beta_m & \sin\beta_m & 0 \\ 0 & 0 & 1 \end{bmatrix} \begin{bmatrix} x'_p \\ y'_p \\ z'_p \end{bmatrix} + \begin{bmatrix} -s_d\sin q \\ s_d\cos q \\ 0 \end{bmatrix} \tag{6.2-34}$$

给定修正虚拟产形齿轮的坐标$\{x'_2, y'_2, z'_2\}$，运用式(6.2-28)求得转角φ_1。求解修形小齿轮的坐标及机床调整参数的公式与6.2.1.1节相同，只是在运用式(1.2-4)、式(1.2-30)时，偏置距参数的代换是：$E=E'_{1c}=R'_{2c}\sin\varepsilon'$。

6.2.2 摆线收缩齿修形准双曲面小齿轮的齿面方程

6.2.2.1 右旋摆线齿修形小齿轮的齿面方程

图 6.2-6 是用滚比变性法加工右旋摆线齿修形小齿轮时的安装平面。由图中可见，修正虚拟小齿轮的齿线是右旋的。o_2 是修正虚拟产形齿轮的中心，当修正虚拟刀盘所在的行星齿轮的中心由 o_{dd} 运动到 o'_d 时，修正虚拟小齿轮的节点由 P' 运动到 P''。$o'_d P''$ 线相对于 $o_{dd}P'$ 线转动了角度 τ_{2d}，行星轮的中心相对于太阳轮的中心转动了角度 $\tau_1=\frac{r_b}{r_a}\tau_{2d}$。

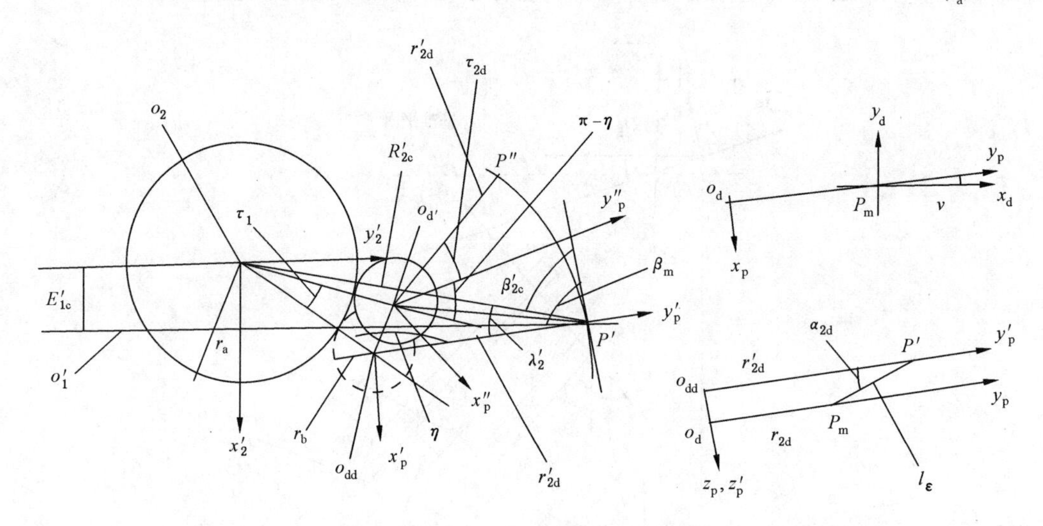

图 6.2-6 用滚比变性法加工右旋摆线齿修形小齿轮时的安装平面

在 6.2.1.1 节中求得了修正虚拟产形齿轮的参数，$\delta'_{2c}=90°$、β'_{2c}、R'_{2c}、E'_{1c}、r_{2dx}、ε'_{c0} 等。加工摆线齿修形小齿轮时，在安装平面上令 $r'^{(0)}_{2c}=r_{2dx}+l_\varepsilon\cos\alpha_{2d}$。修正虚拟刀盘的半径为 r'_{2d}。

在△$o_2o_{dd}P'$ 中，假定已知 r'_{2d} 和 (r_a+r_b)，由余弦定理可以求得夹角 $\eta=\arccos\left[\frac{(r'_{2d})^2+(r_a+r_b)^2-(R'_{2c})^2}{2r'_{2d}(r_a+r_b)}\right]$，由正弦定理可以求得夹角 $\lambda'_2=\arcsin\left[\frac{(r_a+r_b)\sin\eta}{R'_{2c}}\right]$。在△$o_2o'_dP''$中，$\angle o_2o'_dP''=\eta-\tau_{2d}$，由余弦定理

$$R=\sqrt{(r_a+r_b)^2+(r'_{2d})^2-2(r_a+r_a)r'_{2d}\cos(\eta-\tau_{2d})} \tag{6.2-35}$$

参照式(8.1-7)，得

$$\begin{cases} r_a=\dfrac{2R'_{2c}\cos\beta'_{2c}\sqrt{(R'_{2c})^2+(r'_{2d})^2-2R'_{2c}r'_{2d}\sin(\beta'_{2c}-\nu_d)}}{m_n z_0+2R'_{2c}\cos\beta'_{2c}} \\ r_b=\dfrac{m_n z_0\sqrt{(R'_{2c})^2+(r'_{2d})^2-2R'_{2c}r'_{2d}\sin(\beta'_{2c}-\nu_d)}}{m_n z_0+2R'_{2c}\cos\beta'_{2c}} \end{cases} \tag{6.2-36}$$

$$\frac{dR}{d\tau_{2d}}=\frac{-(r_a+r_b)r'_{2d}}{R}\sin(\eta-\tau_{2d}) \tag{6.2-37}$$

$$\frac{d^2R}{d\tau_{2d}^2}=\frac{1}{R}\left[(r_a+r_b)r'_{2d}\cos(\eta-\tau_{2d})-\left(\frac{dR}{d\tau_{2d}}\right)^2\right] \tag{6.2-38}$$

$$\rho=\frac{\left[R^2+\left(\frac{dR}{d\tau_{1d}}\right)^2\right]^{\frac{3}{2}}}{R^2+2\left(\frac{dR}{d\tau_{1d}}\right)^2-R\frac{d^2R}{d\tau_{1d}^2}} \tag{6.2-39}$$

刀齿方向角 ν_d 由铣刀盘的规格确定，参考 r_{2dx}的值选择 ν_d 的值。在式(6.2-39)中，令 $\tau_{2d}=0$，得 $r_{2c}'^{(0)}=\rho|_{\tau_{2d}=0}$，可解出 r'_{2d}。

刀齿位于坐标面 $x_d z_d$ 内，在坐标系 $P_m x_d y_d z_d$ 内，刀齿上一点 C 的坐标为

$$\begin{cases} x_d=\pm A \\ y_d=0 \\ z_d=h_{2d}-\overline{P_m e'} \end{cases} \tag{6.2-40}$$

式中，正号用于凸齿面，负号用于凹齿面。

参照 5.2.1.1 节的论述，$h_{2d}>\rho_{02}(1-\sin\alpha_{2d})$对应刀齿的直线部分，$0<h_{2d}\leqslant\rho_{01}(1-\sin\alpha_{2d})$对应刀齿的圆弧部分。$\rho_{01}$为齿顶圆角的半径。

在刀齿的直线部分，$A=\frac{\overline{P_m M}}{\cos\alpha_{2d}}-(h_{2d}-\overline{P_m e'})\tan\alpha_{2d}$（凹齿面 $\alpha_{2d}=\alpha_{2dt}$，凸齿面 $\alpha_{2d}=\alpha_{2da}$）。在刀齿的圆角部分，$A=\frac{\rho_{02}}{\tan\lambda_0}+h_{mf1}\tan\alpha_{2d}+\frac{\overline{P_m M}}{\cos\alpha_{2d}}-\sqrt{2\rho_{02}h_{2d}-h_{2d}^2}$（凹齿面 $\alpha_{2d}=\alpha_{2dt}$，凸齿面 $\alpha_{2d}=\alpha_{2da}$）。h_{2d}为由刀齿的齿顶算起的高度。

坐标系 $P_m x_d y_d z_d$ 与坐标系 $o_d x_p y_p z_p$ 固连，它们之间的坐标变换为

$$\begin{bmatrix} x_p \\ y_p \\ z_p \end{bmatrix}=\begin{bmatrix} \sin\nu_d & -\cos\nu_d & 0 \\ \cos\nu_d & \sin\nu_d & 0 \\ 0 & 0 & 1 \end{bmatrix}\begin{bmatrix} x_d \\ y_d \\ z_d \end{bmatrix}+\begin{bmatrix} 0 \\ r'_{2d} \\ 0 \end{bmatrix} \tag{6.2-41}$$

当行星齿轮的转角 $\tau_{2d}=0$ 时，坐标系 $o_d x_p y_p z_p$ 与坐标系 $o_{dd} x'_p y'_p z'_p$ 之间的坐标变换为

$$\begin{cases} x'_p=x_p \\ y'_p=y_p \\ z'_p=z_p+l_\varepsilon\sin\alpha_{2d} \end{cases} \tag{6.2-42}$$

式中，凹齿面 $\alpha_{2d}=\alpha_{2dt}$；凸齿面 $\alpha_{2d}=-\alpha_{2da}$。

当行星齿轮转动了 τ_{2d}角后，坐标系 $o_{dd} x'_p y'_p z'_p$ 到达了坐标系 $o'_d x''_p y''_p z''_p$ 的位置，刀齿在坐标系 $o'_d x''_p y''_p z''_p$ 的坐标

$$\begin{cases} x''_p=-\sqrt{(x'_p)^2+(y'_p)^2}\sin\tau_{2d}=-\sqrt{x_p^2+y_p^2}\sin\tau_{2d} \\ y''_p=\sqrt{(x'_p)^2+(y'_p)^2}\cos\tau_{2d}=\sqrt{x_p^2+y_p^2}\cos\tau_{2d} \\ z''_p=z'_p \end{cases} \tag{6.2-43}$$

在等腰三角形 $o_2 o'_d o_{dd}$ 中，底角为 $\dfrac{\pi-\tau_1}{2}$，底边长为 $2(r_a+r_b)\sin\left(\dfrac{\tau_1}{2}\right)$，$\tau_1=\dfrac{r_b}{r_a}\tau_{2d}$，因此可以求得 o'_d 点在坐标系 $o_{dd}x'_p y'_p z'_p$ 中的坐标

$$\begin{cases} x_p'^{(o'_d)}=(r_a+r_b)[\sin(\eta+\tau_1)-\sin\eta] \\ y_p'^{(o'_d)}=(r_a+r_b)[\cos\eta-\cos(\eta+\tau_1)] \\ z_p'^{(o'_d)}=0 \end{cases} \tag{6.2-44}$$

坐标系 $o'_d x''_p y''_p z''_p$ 和坐标系 $o_{dd}x'_p y'_p z'_p$ 之间的坐标变换为

$$\begin{bmatrix} x'_p \\ y'_p \\ z'_p \end{bmatrix}=\begin{bmatrix} \cos\tau_1 & -\sin\tau_1 & 0 \\ \sin\tau_1 & \cos\tau_1 & 0 \\ 0 & 0 & 1 \end{bmatrix}\begin{bmatrix} x''_p \\ y''_p \\ z''_p \end{bmatrix}+\begin{bmatrix} x_p'^{(o'_d)} \\ y_p'^{(o'_d)} \\ z_p'^{(o'_d)} \end{bmatrix} \tag{6.2-45}$$

式中，$\tau_1=0$ 对应节点，$\tau_1>0$ 由节点指向修形小齿轮轮齿的小端，$\tau_1<0$ 由节点指向修形小齿轮轮齿的大端。

坐标系 $o_2 x'_2 y'_2 z'_2$ 与坐标系 $o_{dd}x'_p y'_p z'_p$ 的坐标变换

$$\begin{bmatrix} x'_2 \\ y'_2 \\ z'_2 \end{bmatrix}=\begin{bmatrix} -\cos\psi_1 & \sin\psi_1 & 0 \\ \sin\psi_1 & \cos\psi_1 & 0 \\ 0 & 0 & -1 \end{bmatrix}\begin{bmatrix} x'_p \\ y'_p \\ z'_p \end{bmatrix}-\begin{bmatrix} (r_a+r_b)\sin\psi_2 \\ (r_a+r_b)\cos\psi_2 \\ 0 \end{bmatrix} \tag{6.2-46}$$

式中，$\psi_1=\lambda'_2-\varepsilon'=\lambda'_2+\beta'_{2c}-\beta_m$，$\psi_2=\eta+\psi_1$。

$$\begin{cases} \dfrac{\partial x''_p}{\partial\tau_{2d}}=-\sqrt{x_p^2+y_p^2}\cos\tau_{2d} \\ \dfrac{\partial y''_p}{\partial\tau_{2d}}=-\sqrt{x_p^2+y_p^2}\sin\tau_{2d} \\ \dfrac{\partial z''_p}{\partial\tau_{2d}}=0 \end{cases} \tag{6.2-47}$$

$$\begin{cases} \dfrac{dx_p'^{(o'_d)}}{d\tau_{2d}}=\dfrac{(r_a+r_b)r_b}{r_a}\cos(\eta+\tau_1) \\ \dfrac{dy_p'^{(o'_d)}}{d\tau_{2d}}=\dfrac{(r_a+r_b)r_b}{r_a}\sin(\eta+\tau_1) \\ \dfrac{dz_p'^{(o'_d)}}{d\tau_{2d}}=0 \end{cases} \tag{6.2-48}$$

$$\begin{bmatrix} \dfrac{\partial x'_p}{\partial\tau_{2d}} \\ \dfrac{\partial y'_p}{\partial\tau_{2d}} \\ \dfrac{\partial z'_p}{\partial\tau_{2d}} \end{bmatrix}=\begin{bmatrix} -\dfrac{r_b}{r_a}\sin\tau_1 & -\dfrac{r_b}{r_a}\cos\tau_1 & 0 \\ \dfrac{r_b}{r_a}\cos\tau_1 & -\dfrac{r_b}{r_a}\sin\tau_1 & 0 \\ 0 & 0 & 0 \end{bmatrix}\begin{bmatrix} x''_p \\ y''_p \\ z''_p \end{bmatrix}+\begin{bmatrix} \cos\tau_1 & -\sin\tau_1 & 0 \\ \sin\tau_1 & \cos\tau_1 & 0 \\ 0 & 0 & 1 \end{bmatrix}\begin{bmatrix} \dfrac{\partial x''_p}{\partial\tau_{2d}} \\ \dfrac{\partial y''_p}{\partial\tau_{2d}} \\ \dfrac{\partial z''_p}{\partial\tau_{2d}} \end{bmatrix}+\begin{bmatrix} \dfrac{dx_p'^{(o'_d)}}{d\tau_{2d}} \\ \dfrac{dy_p'^{(o'_d)}}{d\tau_{2d}} \\ \dfrac{dz_p'^{(o'_d)}}{d\tau_{2d}} \end{bmatrix} \tag{6.2-49}$$

$$\begin{bmatrix}\dfrac{\partial x_2'}{\partial \tau_{2d}}\\ \dfrac{\partial y_2'}{\partial \tau_{2d}}\\ \dfrac{\partial z_2'}{\partial \tau_{2d}}\end{bmatrix}=\begin{bmatrix}-\cos\psi_1 & \sin\psi_1 & 0\\ \sin\psi_1 & \cos\psi_1 & 0\\ 0 & 0 & -1\end{bmatrix}\begin{bmatrix}\dfrac{\partial x_p'}{\partial \tau_{2d}}\\ \dfrac{\partial y_p'}{\partial \tau_{2d}}\\ \dfrac{\partial z_p'}{\partial \tau_{2d}}\end{bmatrix} \tag{6.2-50}$$

$$\begin{cases}\dfrac{dx_p}{dh_{2d}}=\pm\dfrac{dA}{dh_{2d}}\sin\nu_d\\ \dfrac{dy_p}{dh_{2d}}=\pm\dfrac{dA}{dh_{2d}}\cos\nu_d\\ \dfrac{dz_p}{dh_{2d}}=1\end{cases} \tag{6.2-51}$$

式中,正号用于凸齿面,负号用于凹齿面。

在刀齿的直线部分,$\dfrac{dA}{dh_{2d}}=-\tan\alpha_{2d}$(凹齿面 $\alpha_{2d}=\alpha_{2dt}$,凸齿面 $\alpha_{2d}=\alpha_{2da}$)。在刀齿的圆角部分,$\dfrac{dA}{dh_{2d}}=-\dfrac{\rho_{02}-h_{2d}}{\sqrt{2\rho_{02}h_{2d}-h_{2d}^2}}$。

$$\begin{cases}\dfrac{\partial x_p''}{\partial h_{2d}}=-C\sin\tau_{2d}\\ \dfrac{\partial y_p''}{\partial h_{2d}}=C\cos\tau_{2d}\\ \dfrac{\partial z_p''}{\partial h_{2d}}=1\end{cases} \tag{6.2-52}$$

式中,$C=\dfrac{1}{\sqrt{x_p^2+y_p^2}}\left(x_p\dfrac{dx_p}{dh_{2d}}+y_p\dfrac{dy_p}{dh_{2d}}\right)$。

$$\begin{bmatrix}\dfrac{\partial x_p'}{\partial h_{2d}}\\ \dfrac{\partial y_p'}{\partial h_{2d}}\\ \dfrac{\partial z_p'}{\partial h_{2d}}\end{bmatrix}=\begin{bmatrix}\cos\tau_1 & -\sin\tau_1 & 0\\ \sin\tau_1 & \cos\tau_1 & 0\\ 0 & 0 & 1\end{bmatrix}\begin{bmatrix}\dfrac{\partial x_p''}{\partial h_{2d}}\\ \dfrac{\partial y_p''}{\partial h_{2d}}\\ \dfrac{\partial z_p''}{\partial h_{2d}}\end{bmatrix} \tag{6.2-53}$$

$$\begin{bmatrix}\dfrac{\partial x_2'}{\partial h_{2d}}\\ \dfrac{\partial y_2'}{\partial h_{2d}}\\ \dfrac{\partial z_2'}{\partial h_{2d}}\end{bmatrix}=\begin{bmatrix}-\cos\psi_1 & \sin\psi_1 & 0\\ \sin\psi_1 & \cos\psi_1 & 0\\ 0 & 0 & -1\end{bmatrix}\begin{bmatrix}\dfrac{\partial x_p'}{\partial h_{2d}}\\ \dfrac{\partial y_p'}{\partial h_{2d}}\\ \dfrac{\partial z_p'}{\partial h_{2d}}\end{bmatrix} \tag{6.2-54}$$

给定修正虚拟产形齿轮的坐标$\{x_2',y_2',z_2'\}$,运用式(6.2-28)求得转角 φ_1。式(1.2-4)、式(1.2-30)中的参数代换是:$\Sigma=\dfrac{\pi}{2}+\delta_{f1}$、$E=-E_{1c}'=-R_{2c}'\sin(\beta_m-\beta_{2c}')$,$b_1=\overline{o_1'o_{j1}}=\dfrac{l_h}{\sin\delta_{f1}}=$

$\dfrac{r'_{m1}-R'_{2c}\cos\varepsilon'\sin\delta_{f1}}{\sin\delta_{f1}\cos\delta_{f1}}$，$b_2=-l_h=R'_{2c}\cos(\beta_m-\beta'_{2c})\tan\delta_{f1}-\dfrac{r'_{m1}}{\cos\delta_{f1}}$，$u_2=\tau_{2d}$、$\nu_2=h_{2d}$。

与 6.2.1.1 节的分析相同，运用式(1.2-4)可以求得右旋摆线齿修形小齿轮的凹齿面或凸齿面在坐标系 $o'_1x'_1y'_1z'_1$ 中的坐标。

运用式(6.2-29)求得右旋摆线齿修形小齿轮的凹齿面或凸齿面在坐标系 $o_1x_1y_1z_1$ 中的坐标。

6.2.2.2 左旋摆线齿修形小齿轮的齿面方程

图 6.2-7 是用滚比变性法加工左旋摆线齿修形小齿轮时的安装平面。从图中可见，修形小齿轮的齿线是左旋的。o_2 是产形齿轮的中心。当刀盘的轴线转动了角度 τ_{2d} 时，行星轮的中心相对于太阳轮的中心转动了角度 $\tau_1=\dfrac{r_b}{r_a}\tau_{2d}$。

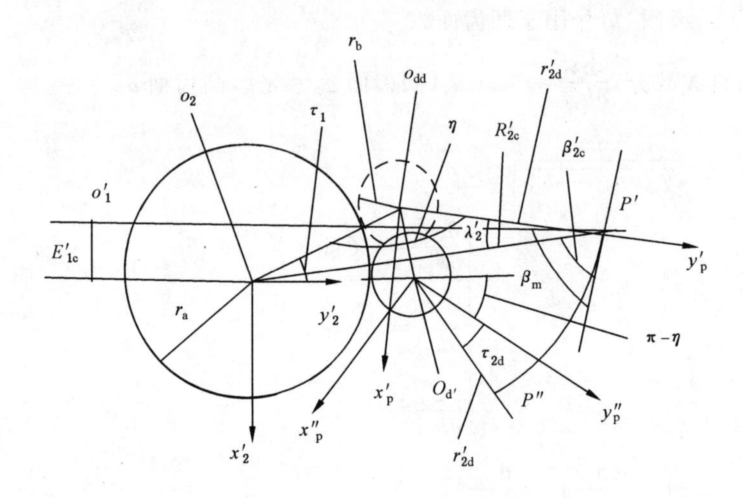

图 6.2-7　用滚比变性法加工左旋摆线齿修形小齿轮的安装平面

修正虚拟产形齿轮节点处齿线的曲率半径为 $r'^{(0)}_{2c}=r_{2dx}+l_\varepsilon\cos\alpha_{2d}$。$r'^{(0)}_{2c}$ 与刀齿的法线之间的夹角为 α_{2d}。刀盘的半径为 r'_{2d}。

在$\triangle o_2o_{dd}P'$中，由余弦定理可以求得夹角 $\eta=\arccos\left[\dfrac{(r'_{2d})^2+(r_a+r_d)^2-(R'_{2c})^2}{2r'_{2d}(r_a+r_b)}\right]$，由正弦定理可以求得夹角 $\lambda'_2=\arcsin\left[\dfrac{(r_a+r_b)\sin\eta}{R'_{2c}}\right]$。

刀齿方向角 ν_d 由铣刀盘的规格确定，参考 r_{2dx} 的值选择 ν_d 的值。求解 R'_{2c}、δ'_{2c}、E'_{1c}、β'_{2c}、r'_{2d}的公式与 6.2.2.1 节相同。

刀齿位于坐标面 x_dz_d 内，在坐标系 $P_mx_dy_dz_d$ 内，刀齿上一点 C 的坐标为

$$\begin{cases}x_d=\pm A\\ y_d=0\\ z_d=h_{2d}-\overline{P_me'}\end{cases}\tag{6.2-55}$$

式中，正号用于凸齿面，负号用于凹齿面。A 的计算同式(6.2-40)。

坐标系 $P_m x_d y_d z_d$ 与坐标系 $o_d x_p y_p z_p$ 固连，它们之间的坐标变换为

$$\begin{bmatrix} x_p \\ y_p \\ z_p \end{bmatrix} = \begin{bmatrix} \sin\nu_d & -\cos\nu_d & 0 \\ \cos\nu_d & \sin\nu_d & 0 \\ 0 & 0 & 1 \end{bmatrix} \begin{bmatrix} x_d \\ y_d \\ z_d \end{bmatrix} + \begin{bmatrix} 0 \\ r'_{2d} \\ 0 \end{bmatrix} \tag{6.2-56}$$

坐标系 $o_d x_p y_p z_p$ 与坐标系 $o_{dd} x'_p y'_p z'_p$ 之间的坐标变换与式(6.2-42)相同。

当行星齿轮转动了 τ_1 角后，坐标系 $o_{dd} x'_p y'_p z'_p$ 到达了坐标系 $o'_d x''_p y''_p z''_p$ 的位置，刀齿在坐标系 $o'_d x''_p y''_p z''_p$ 的坐标

$$\begin{cases} x''_p = -\sqrt{(x'_p)^2 + (y'_p)^2}\sin\tau_{2d} = -\sqrt{x_p^2 + y_p^2}\sin\tau_{2d} \\ y''_p = \sqrt{(x'_p)^2 + (y'_p)^2}\cos\tau_{2d} = \sqrt{x_p^2 + y_p^2}\cos\tau_{2d} \\ z''_p = z'_p = z_p + l_\varepsilon \sin\alpha_{2d} \end{cases} \tag{6.2-57}$$

式中，$\tau_{2d}=0$ 对应节点，$\tau_{2d}>0$ 由节点指向修形小齿轮轮齿的小端；$\tau_{2d}<0$ 由节点指向修形小齿轮轮齿的大端。

在等腰三角形 $o_2 o'_d o_{dd}$ 中，底角为$\dfrac{\pi-\tau_1}{2}$，底边长为 $2(r_a+r_b)\sin\left(\dfrac{\pi-\tau_1}{2}\right)$，因此可以求得 o'_d 点在坐标系 $o_{dd} x'_p y'_p z'_p$ 中的坐标

$$\begin{cases} x_p'^{(o'_d)} = (r_a + r_b)\left[\sin\eta - \sin\left(\eta + \dfrac{r_b}{r_a}\tau_{2d}\right)\right] \\ y_p'^{(o'_d)} = (r_a + r_b)\left[\cos\eta - \cos\left(\eta + \dfrac{r_b}{r_a}\tau_{2d}\right)\right] \\ z_p'^{(o'_d)} = 0 \end{cases} \tag{6.2-58}$$

坐标系 $o'_d x''_p y''_p z''_p$ 和坐标系 $o_{dd} x'_p y'_p z'_p$ 之间的坐标变换为

$$\begin{bmatrix} x'_p \\ y'_p \\ z'_p \end{bmatrix} = \begin{bmatrix} \cos\tau_1 & \sin\tau_1 & 0 \\ -\sin\tau_1 & \cos\tau_1 & 0 \\ 0 & 0 & 1 \end{bmatrix} \begin{bmatrix} x''_p \\ y''_p \\ z''_p \end{bmatrix} + \begin{bmatrix} x_p'^{(o'_d)} \\ y_p'^{(o'_d)} \\ z_p'^{(o'_d)} \end{bmatrix} \tag{6.2-59}$$

坐标系 $o_2 x'_2 y'_2 z'_2$ 与坐标系 $o_{dd} x'_p y'_p z'_p$ 的坐标变换

$$\begin{bmatrix} x'_2 \\ y'_2 \\ z'_2 \end{bmatrix} = \begin{bmatrix} \cos\psi_1 & \sin\psi_1 & 0 \\ -\sin\psi_1 & \cos\psi_1 & 0 \\ 0 & 0 & -1 \end{bmatrix} \begin{bmatrix} x'_p \\ y'_p \\ z'_p \end{bmatrix} + \begin{bmatrix} -(r_a + r_b)\sin\psi_2 \\ -(r_a + r_b)\cos\psi_2 \\ 0 \end{bmatrix} \tag{6.2-60}$$

式中，$\psi_1 = \lambda'_2 + \beta'_{2c} - \beta_m$；$\psi_2 = \eta + \psi_1$。

给定修正虚拟产形齿轮的坐标$\{x'_2, y'_2, z'_2\}$，运用式(6.2-28)求得转角 φ_1。与 6.2.1.2 节的分析相同，运用式(1.2-4)可以求得左旋摆线齿修形小齿轮的凹齿面或凸齿面在坐标系 $o'_1 x'_1 y'_1 z'_1$ 中的坐标。

运用式(6.2-29)求得左旋摆线齿修形小齿轮的凹齿面或凸齿面在坐标系 $o_1 x_1 y_1 z_1$ 中

的坐标。

6.3 准双曲面齿轮传动的重合度

原理小齿轮与原理大齿轮进行啮合传动时存在着原理性的传动误差。当没有原理性的传动误差时，在节点 P 的附近一般是单齿啮合区。从节点 P 到齿顶的齿面是齿顶齿面，从节点 P 到齿根的齿面是齿根齿面。在齿顶齿面和齿根齿面区间内有双齿啮合区及多齿啮合区。当有原理性的传动误差时，在同一时刻理论上只有一对齿廓啮合，在不同啮合区的分界处，啮合齿对要产生更替，同时产生啮合冲击。原理性的传动误差要控制在工程允许的范围内。当齿廓产生受力变形时，原理性的传动误差有可能消除而实现双齿啮合或多齿啮合。

目前求解准双曲面齿轮的重合度的方法是一种近似方法，是用中点当量斜齿轮的端面重合度 ε_α、纵向重合度 ε_β、总重合度 ε_γ 代替准双曲面齿轮的相应重合度。

由于原理大齿轮与中介小齿轮是共轭齿轮传动，本书用它们之间的重合度来代替原理大、小齿轮的重合度，这样会更加接近于实际。原理大齿轮与中介小齿轮的重合度称为理论重合度。

在 5.1 节和 5.2 节中求得了不同齿制、不同齿面的原理大齿轮的齿面方程。齿面坐标 x_2、y_2、z_2 是刀齿参数 τ_{1d} 和 h_{1d} 的函数。由图 5.1-1，在原理大齿轮的大端背锥上，齿顶点 D_{e2} 的坐标满足约束条件

$$\begin{cases}\sqrt{x_2^2+y_2^2}=\dfrac{R_{m2}+0.5B_2}{\cos\vartheta_{a2}}\sin\delta_{a2}\\ z_2=-\dfrac{R_{m2}+0.5B_2}{\cos\vartheta_{a2}}\cos\delta_{a2}-\overline{o_2o_{s2}}\end{cases}\tag{6.3-1}$$

由此约束条件可以求得 D_{e2} 点所对应的参数 τ_{1d}、h_{1d} 以及 D_{e2} 点的坐标 x_2、y_2、z_2。参照式(2.3-7)，由 $\sin\delta_{10}=\cos\delta_{f2}\cos\varepsilon_0\sin\Sigma-\sin\delta_{f2}\cos\Sigma$ 解出 ε_0。参照式(2.3-9)，式(1.2-4)中的 $b_1=\dfrac{R_{m10}}{\cos\delta_{10}}-\dfrac{E}{\tan\varepsilon_0\sin\Sigma}$。

参照式(2.3-8)，由 $\sin\delta_{f2}=\cos\delta_{10}\cos\eta_0\sin\Sigma-\sin\delta_{10}\cos\Sigma$ 解出 η_0。参照式(2.3-10)，式(1.2-4)中的 $b_2=-\dfrac{R_{mf2}}{\cos\delta_{f2}}+\dfrac{E}{\tan\eta_0\sin\Sigma}$。由式(1.2-30)求得 D_{e2} 点成为啮合点时原理大齿轮的转角 $\varphi_2^{(D_{e2})}$。

图 5.3-1 中，$\overline{o_1o_{01}}=R_{mf0}\cos\delta_{f1}-R_{m10}\cos\delta_{10}$。在中介小齿轮的小端背锥上，齿顶点 D_{i1} 的坐标满足约束条件

$$\begin{cases}\sqrt{x_1^2+y_1^2}=\dfrac{R_{m10}-0.5B_1}{\cos(\delta_{a1}-\delta_{10})}\sin\delta_{a1}\\ z_1=-\dfrac{R_{m10}-0.5B_1}{\cos(\delta_{a1}-\delta_{10})}\cos\delta_{a1}-\overline{o_1o_{01}}\end{cases}\tag{6.3-2}$$

由式(1.2-30)、式(1.2-4)等可以求得满足此约束条件的 D_{i1} 点所对应的参数 τ_{2d} 和 h_{2d}。原理大齿轮齿面上的 D_{i2} 点与 D_{i1} 点是啮合点。D_{i2} 点对应的原理大齿轮的转角 $\varphi_2^{(D_{i2})}$ 可求。

在原理大齿轮的中点背锥上，齿顶点 D_{me2} 的坐标满足约束条件

$$\begin{cases}\sqrt{x_2^2+y_2^2}=\dfrac{R_{m2}}{\cos\vartheta_{a2}}\sin\delta_{a2}\\ z_2=-\dfrac{R_{m2}}{\cos\vartheta_{a2}}\cos\delta_{a2}-\overline{o_2o_{s2}}\end{cases}\tag{6.3-3}$$

由此约束条件可以求得 D_{me2} 点所对应的参数 τ_{1d}、h_{1d}，D_{me2} 点对应的原理大齿轮的转角 $\varphi_2^{(D_{me2})}$ 可求。

在中介小齿轮的中点背锥上，齿顶点 D_{mi1} 的坐标满足约束条件

$$\begin{cases}\sqrt{x_1^2+y_1^2}=\dfrac{R_{m10}}{\cos(\delta_{a1}-\delta_{10})}\sin\delta_{a1}\\ z_1=-\dfrac{R_{m10}}{\cos(\delta_{a1}-\delta_{10})}\cos\delta_{a1}-\overline{o_1o_{01}}\end{cases}\tag{6.3-4}$$

由式(1.2-30)、式(1.2-4)等可以求得满足此约束条件的 D_{mi1} 点所对应的参数 τ_{2d} 和 h_{2d}。原理大齿轮齿面上的 D_{mi2} 点与 D_{mi1} 点是啮合点。D_{mi2} 点对应的原理大齿轮的转角 $\varphi_2^{(D_{mi2})}$ 可求。

$\varphi_2=0$ 对应节点 P。$\varphi_2^{(D_{e2})}$、$\varphi_2^{(D_{me2})}$ 大于零，$\varphi_2^{(D_{i2})}$、$\varphi_2^{(D_{mi2})}$ 小于零。原理大齿轮的一个齿距对应的转角为 $\dfrac{2\pi}{z_2}$。定义总重合度 $\varepsilon_\gamma=\dfrac{z_2(\varphi_2^{(D_{e2})}-\varphi_2^{(D_{i2})})}{2\pi}$，端面重合度 $\varepsilon_\alpha=\dfrac{z_2(\varphi_2^{(D_{me2})}-\varphi_2^{(D_{mi2})})}{2\pi}$，纵向重合度 $\varepsilon_\beta=\varepsilon_\gamma-\varepsilon_\alpha$。

本章分析计算的模型是不等顶矩收缩齿准双曲面齿轮。对于其他的齿轮模型，要对公式中的齿根角、刀顶高等做相应的改动。比如对于目前应用的摆线等高齿齿轮模型，δ_{f1} 等于 δ_1，h_{a2d} 等于 h_{f1}。

6.4 计算示例：用滚比变性法加工右旋齿原理准双曲面小齿轮

6.4.1 加工圆弧齿准双曲面小齿轮

(1) 原理小齿轮的参数

原理小齿轮、中介小齿轮的设计参数及中介小齿轮的法曲率、短程挠率等同 5.4.1 节。

(2) 虚拟小齿轮及虚拟产形齿轮的参数

当加工凹齿面时，原理小齿轮的压力角 $\alpha_{f1a}=17.553\ 3°$，取刀齿角 $\alpha_{2dt}=20°$，由式(6.1-7)得原理小齿轮的转角 $\varphi_r=-4.152\ 5°$，说明与图 6.1-2 所示的转向相反。虚拟小齿轮 $R'_{m1}=125.218$ mm，$\delta_{f1}=19.566\ 5°$，由式(6.1-6)得虚拟小齿轮的螺旋角 $\beta_m=51.132\ 8°$。

由式(6.1-10)得 $\Delta_1=3.2254°$，求得在 P_m 点，原理小齿轮假想齿面的法曲率 $\kappa_{nx'''_0}^{(1)}=6.0835\times10^{-3}(\mathrm{mm}^{-1})$、$\kappa_{ny'''_0}^{(1)}=-2.1437\times10^{-2}(\mathrm{mm}^{-1})$，短程挠率 $\tau_{gx'''_0}^{(1)}=-1.1758\times10^{-2}(\mathrm{mm}^{-1})$。$l_\varepsilon=-5.114$ mm，由式(6.1-11)、式(6.1-12)得虚拟小齿轮的法曲率 $\kappa'^{(1)}_{nx_0}=5.1500\times10^{-3}(\mathrm{mm}^{-1})$、$\kappa'^{(1)}_{ny_0}=-2.4946\times10^{-2}(\mathrm{mm}^{-1})$，短程挠率 $\tau'^{(1)}_{gx_0}=-1.2858\times10^{-2}(\mathrm{mm}^{-1})$。

由式(6.1-14)得加工原理小齿轮的刀盘半径 $r_{2d}=84.589$ mm，虚拟刀盘的半径 $r'_{2d}=79.783$ mm。

取虚拟产形齿轮的分锥角 $\delta'_{2c}=90°$、螺旋角 $\beta'_{2c}=0.8\beta_m=34.1895°$，由式(6.1-17)得虚拟产形齿轮的分锥距 $R'_{2c}=153.661$ mm。由式(6.1-19)得角加速度 $\varepsilon'_{c0}=4.4626\times10^{-2}$，由式(6.1-20)得滚比变性系数 $2c=-0.2155$。变性机构为推杆机构时，系数 $k_1=1.9635$，$k_2=0.2070$，$k=0.7281$。

当加工凸齿面时，原理小齿轮的压力角 $\alpha_{f1t}=27.2494°$，取刀齿角 $\alpha_{2da}=20°$，原理小齿轮的转角 $\varphi_r=-10.8834°$，说明与图6.1-2所示的转向相反。虚拟小齿轮 $R'_{m1}=104.342$ mm，$\delta_{f1}=19.5665°$，虚拟小齿轮的螺旋角 $\beta_m=41.6838°$。

由式(6.1-10)得 $\Delta_1=7.9234°$，求得在 P_m 点，原理小齿轮假想齿面的法曲率 $\kappa_{nx'''_0}^{(1)}=1.4109\times10^{-2}(\mathrm{mm}^{-1})$、$\kappa_{ny'''_0}^{(1)}=2.5636\times10^{-2}(\mathrm{mm}^{-1})$，短程挠率 $\tau_{gx'''_0}^{(1)}=-4.6701\times10^{-3}(\mathrm{mm}^{-1})$。$l_\varepsilon=-11.205$ mm，由式(6.1-11)、式(6.1-12)得虚拟小齿轮的法曲率 $\kappa'^{(1)}_{nx_0}=1.2041\times10^{-2}(\mathrm{mm}^{-1})$、$\kappa'^{(1)}_{ny_0}=1.9787\times10^{-2}(\mathrm{mm}^{-1})$，短程挠率 $\tau'^{(1)}_{gx_0}=-3.1384\times10^{-3}(\mathrm{mm}^{-1})$。

加工原理小齿轮的刀盘半径 $r_{2d}=91.934$ mm，虚拟刀盘的半径 $r'_{2d}=81.404$ mm。

由式(6.1-17)得虚拟产形齿轮的 $R'_{2c}=83.794$ mm、$\delta'_{2c}=90°$、$\beta'_{2c}=0.8\beta_m=34.1895°$。角加速度 $\varepsilon'_{c0}=-0.1343$，滚比变性系数 $2c=0.3568$。系数 $k_1=1.9634$、$k_2=0.3765$、$k=0.6947$。

(3) 原理小齿轮的齿面加工参数

加工凹齿面时，偏置距 $E'_{1c}=44.780$ mm，参数 $\Sigma=\Sigma_{1c}=109.5666°$、$i_{c1}=0.2070$，虚拟小齿轮的顶点到原理小齿轮的顶点的距离 $\overline{o_1o'_1}=-4.876$ mm。$b_1=b_{1d}=-23.108$ mm，$b_2=-b_{2d}=7.739$ mm。

加工凸齿面时，取偏置距 $E'_{1c}=10.929$ mm，参数 $\Sigma=\Sigma_{1c}=109.5666°$、$i_{c1}=0.3765$、$\overline{o_1o'_1}=13.817$ mm、$b_1=b_{1d}=22.566$ mm、$b_2=-b_{2d}=-7.557$ mm。

(4) 机床调整参数

1) 加工凹齿面时：

① 小齿轮安装根锥角(安装角)：$\gamma_{1c}=-19.5665°$。

② 垂直轮位 $E_{1c}=-44.780$ mm。

③ 机床的滚比 $i_{1c}=4.830\ 1$。

④ 轮位 $\Delta X_1=36.037$ mm。

⑤ 床位 $X_{B1}=-12.069$ mm。

⑥ 刀位 $s_{1d}=127.275$ mm。

⑦ 刀位夹角 $\tau=50.206\ 7°$,取偏心鼓轮的偏心距 $e=150$ mm。

2) 加工凸齿面时:

① 小齿轮安装根锥角(安装角):$\gamma_{1c}=-19.566\ 5°$。

② 垂直轮位 $E_{1c}=-10.929$ mm。

③ 机床的滚比 $i_{1c}=2.655\ 9$。

④ 轮位 $\Delta X_1=-5.217$ mm。

⑤ 床位 $X_{B1}=1.747$ mm。

⑥ 刀位 $s_{1d}=77.343$ mm。

⑦ 刀位夹角 $\tau=29.880\ 5°$,取偏心鼓轮的偏心距 $e=150$ mm。

图 6.4-1 是圆弧齿准双曲面小齿轮的凹齿面,图 6.4-2 是圆弧齿准双曲面小齿轮的凸齿面。

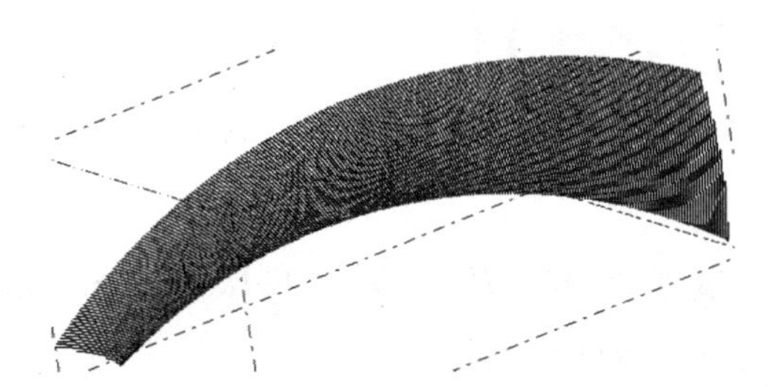

图 6.4-1 用滚比变性法加工的圆弧齿小齿轮的凹齿面

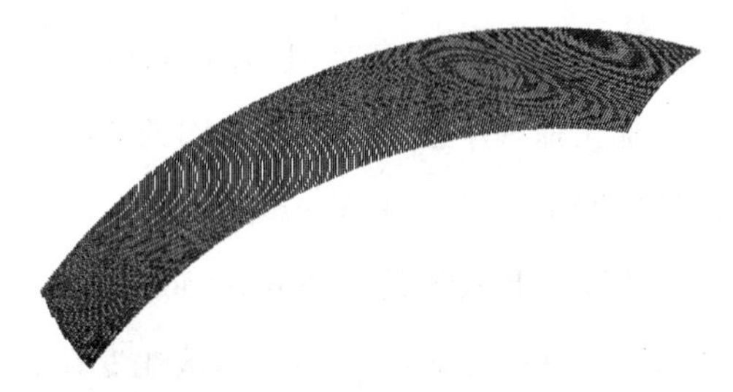

图 6.4-2 用滚比变性法加工的圆弧齿小齿轮的凸齿面

6.4.2 加工摆线齿准双曲面小齿轮

(1) 原理小齿轮的参数

原理小齿轮、中介小齿轮的设计参数及中介小齿轮的法曲率、短程挠率等同 5.4.2 节。

(2) 虚拟小齿轮及虚拟产形齿轮的参数

当加工凹齿面时,原理小齿轮的压力角 $\alpha_{f1a}=18.529\ 1°$,$\alpha_{f1t}=26.298\ 2°$,取刀齿角 $\alpha_{2dt}=20°$,原理小齿轮的转角 $\varphi_r=-2.498\ 1°$。虚拟小齿轮 $R'_{mf1}=129.112$ mm,$\delta_{f1}=19.583\ 9°$,虚拟小齿轮的螺旋角 $\beta_m=51.230\ 2°$。

$\Delta_1=1.946\ 5°$,在 P_m 点,原理小齿轮假想齿面的法曲率 $\kappa^{(1)}_{nx''_0}=4.100\ 5\times$

$10^{-3}(mm^{-1})$、$\kappa^{(1)}_{ny'''_0}=-2.2910\times10^{-2}(mm^{-1})$，短程挠率 $\tau^{(1)}_{gx'''_0}=-9.4962\times10^{-2}(mm^{-1})$。$l_\varepsilon=-3.190$ mm，虚拟小齿轮的法曲率 $\kappa'^{(1)}_{nx_0}=3.7448\times10^{-3}(mm^{-1})$、$\kappa'^{(1)}_{ny_0}=-2.5048\times10^{-2}(mm^{-1})$，短程挠率 $\tau'^{(1)}_{gx_0}=-1.0122\times10^{-2}(mm^{-1})$。

刀齿组数 $z_0=1$。太阳轮的半径 $r_a=119.923$ mm，刀盘滚圆的半径 $r_b=3.312$ mm。由式(6.1-32)求得 $r'^{(0)}_{2c}=125.640$ mm。加工原理小齿轮的刀盘滚圆的半径 $e_d=11.8$，刀盘半径 $r_{2d}=125.640$ mm，虚拟刀盘的半径 $r'_{2d}=122.576$ mm。

虚拟产形齿轮的 $\delta'_{2c}=90°$、取 $\beta'_{2c}=0.7\beta_m=35.8611°$，求得 $R'_{2c}=170.584$ mm。角加速度 $\varepsilon'_{c0}=4.3850\times10^{-2}$，滚比变性系数 $2c=-0.2295$。

当加工凸齿面时，原理小齿轮的压力角 $\alpha_{f1a}=18.5291°$，$\alpha_{f1t}=26.5791°$，取刀齿角 $\alpha_{2da}=20°$，原理小齿轮的转角 $\varphi_r=-9.5525°$。虚拟小齿轮 $R'_{mf1}=110.187$ mm，$\delta_{f1}=19.5839°$，虚拟小齿轮的螺旋角 $\beta_m=42.6724°$。

$\Delta_1=6.9961°$，求得在 P_m 点，原理小齿轮假想齿面的法曲率 $\kappa^{(1)}_{nx'''_0}=1.1595\times10^{-2}(mm^{-1})$、$\kappa^{(1)}_{ny'''_0}=2.3955\times10^{-2}(mm^{-1})$，短程挠率 $\tau^{(1)}_{gx'''_0}=-7.9250\times10^{-3}(mm^{-1})$。$l_\varepsilon=-10.346$ mm。虚拟小齿轮的法曲率 $\kappa'^{(1)}_{nx_0}=9.9360\times10^{-3}(mm^{-1})$、$\kappa'^{(1)}_{ny_0}=1.8823\times10^{-2}(mm^{-1})$，短程挠率 $\tau'^{(1)}_{gx_0}=-5.6980\times10^{-3}(mm^{-1})$。

刀齿组数 $z_0=1$。太阳轮的半径 $r_a=155.281$ mm，刀盘滚圆的半径 $r_b=4.996$ mm。由式(6.1-32)求得 $r'^{(0)}_{2c}=114.440$ mm。

加工原理小齿轮的刀盘滚圆的半径 $e_d=11.8$，刀盘的半径 $r_{2d}=198.694$ mm，虚拟刀盘的半径 $r'_{2d}=183.136$ mm。

虚拟产形齿轮的参考 $\delta'_{2c}=90°$、取 $\beta'_{2c}=0.7\beta_m=29.8707°$，得 $R'_{2c}=114.929$ mm。角加速度 $\varepsilon'_{c0}=-8.8430\times10^{-2}$，滚比变性系数 $2c=0.3113$。

(3) 原理小齿轮的齿面的加工参数

加工凹齿面时，取偏置距 $E'_{1c}=51.339$ mm，参数 $\Sigma=\Sigma_{1c}=109.5839°$、$i_{c1}=0.1909$、$b_1=b_{1d}=-35.623$ mm、$b_2=-b_{2d}=11.940$ mm。虚拟小齿轮的顶点到原理小齿轮的顶点的距离 $\overline{o_1o'_1}=-3.126$ mm。变性机构的参数 $k_1=1.9634$，$k_2=0.1909$，$k=0.7824$。

加工凸齿面时，取偏置距 $E'_{1c}=17.901$ mm，参数 $\Sigma=\Sigma_{1c}=109.5839°$、$i_{c1}=0.2840$、$b_1=b_{1d}=-3.544$ mm、$b_2=-b_{2d}=1.188$ mm。$\overline{o_1o'_1}=12.448$ mm。变性机构的参数 $k_1=1.9635$，$k_2=0.2840$，$k=0.7471$。

(4) 机床调整参数

1) 加工凹齿面时：

① 小齿轮安装根锥角(安装角)：$\gamma_{1c}=-19.5839°$。

② 垂直轮位 $E_{1c}=-51.339$ mm。

③ 机床的滚比 $i_{1c}=5.2360$。

④ 轮位 $\Delta X_1=47.007$ mm。

⑤ 床位 $X_{B1}=-15.756$ mm。

⑥ 刀位 $s_{1d}=156.103$ mm。

⑦ 刀位夹角 $\tau=62.7110°$,取偏心鼓轮的偏心距 $e=150$ mm。

2）加工凸齿面时：

① 小齿轮安装根锥角(安装角)：$\gamma_{1c}=-19.5839°$。

② 垂直轮位 $E_{1c}=-17.901$ mm。

③ 机床的滚比 $i_{1c}=3.5206$。

④ 轮位 $\Delta X_1=7.537$ mm。

⑤ 床位 $X_{B1}=-2.526$ mm。

⑥ 刀位 $s_{1d}=160.278$ mm。

⑦ 刀位夹角 $\tau=64.5875°$,取偏心鼓轮的偏心距 $e=150$ mm。

图 6.4-3 是用滚比变性法加工的摆线齿准双曲面小齿轮的凹齿面,图 6.4-4 是用滚比变性法加工的摆线齿准双曲面小齿轮的凸齿面。

图 6.4-3　用滚比变性法加工的摆线齿小齿轮的凹齿面

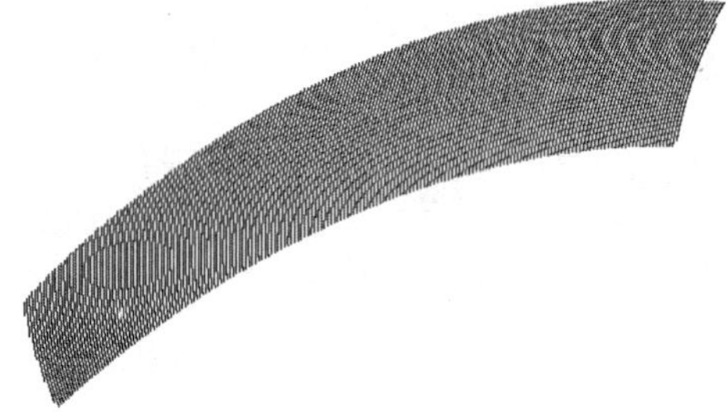

图 6.4-4　用滚比变性法加工的摆线齿小齿轮的凸齿面

本章小结

(1) 用经验公式法进行三阶接触分析是目前已有的方法。本章在参考现有文献的基础上,用目标函数法进行了三阶接触分析。

(2) 本章进行了四阶接触分析的探讨。关于四阶接触分析可以提出其他的目标函数,希望读者再作进一步的研究。

(3) 用传统的铣齿机加工准双曲面齿轮的过程是齿轮啮合原理的物理再现。本书取名为模拟法,以便和数字法加以区别。

(4) 修形齿轮与原理齿轮的区别一是考虑了齿面的曲率修正,二是考虑了铣刀盘的结构及参数调整对齿轮齿形的影响。修形齿轮没有考虑齿轮的受力变形,仍然是一个设计模型。

(5) 原理小齿轮由于分度圆锥较小,螺旋角较大,与产形齿轮的齿形差别较大,所以不能用成形法加工。原理小齿轮都是用展成法加工的。

目前工程中应用的圆弧齿修形齿轮是收缩齿齿轮。本章将圆弧齿修形齿轮的滚比变性法加工推广到摆线齿修形齿轮并推导了不同齿制、不同旋向的修形小齿轮的齿面方程。

由于受滚比变性机构的结构限制,用传统的铣齿机不能用滚比变性法加工摆线齿修形齿轮。在数控铣齿机中可以基于滚比变性法的原理加工摆线齿修形齿轮。

(6) 滚比变性法工艺上比较简单,但需要具有滚比变性机构的机床。用滚比变性法加工修形齿轮时,产形齿轮要有一个角加速度。在铣齿机上,利用变性机构改变机床的滚比,可以使产形齿轮获得一个角加速度。在第 9 章将会看到,在数控铣齿机上采用滚比变性法,不受机床滚比变性机构的限制。

(7) 本章进行了理论重合度的计算,理论重合度可用于第 3 章的齿轮强度分析。

第7章 用刀倾法加工收缩齿修形准双曲面小齿轮

在模拟法加工中，当刀齿角不等于齿轮的压力角时，只能用刀倾法加工修形小齿轮。刀倾法是单面刃加工方法，刀盘的每次调整只能加工齿轮的一侧齿面。

当加工圆弧齿修形小齿轮时，产形齿轮的假想齿面是圆锥面。当加工摆线齿修形小齿轮时，产形齿轮的假想齿面近似为圆的长幅外摆锥面。修形小齿轮的齿面是产形齿轮齿面的包络面。

用刀倾法加工修形小齿轮时，产形齿轮不一定是冠轮。修形小齿轮的分度圆锥是原始小齿轮的中点根圆锥。刀倾法还可以实现原理小齿轮齿面的曲率修正，这将在第 9 章予以说明。

7.1 圆弧收缩齿修形准双曲面小齿轮的齿面方程

7.1.1 右旋齿修形准双曲面小齿轮的齿面方程

7.1.1.1 凹齿面的方程

图 7.1-1 是加工右旋圆弧齿修形小齿轮的凹齿面的简图，图中的坐标系与图 1.2-1 的坐标系是一致的。将图 1.2-1 中的齿轮 1 视为修形小齿轮，齿轮 2 视为产形齿轮，有关产形齿轮的符号下标用 $2c$ 表示。修形小齿轮的加工过程相当于修形小齿轮与产形齿轮的共轭齿轮传动。

修形小齿轮的中点分锥距 R_{mf1}，分锥角 δ_{f1}，凹齿面螺旋角 β_{f1a}，凸齿面螺旋角 β_{f1t}，凹齿面压力角 α_{f1a}，凸齿面压力角 α_{f1t}。

图 7.1-1 中，$oxyz$、$o'x'y'z'$ 是静坐标系，$o_1x_1y_1z_1$ 是随同修形小齿轮转动的动坐标系，$o_2x_2y_2z_2$ 是随同产形齿轮转动的动坐标系。o_1 为修形小齿轮的分锥顶，o_2 为产形齿轮的分锥顶。切齿公垂线与修形小齿轮轴线的交点为切齿交叉点 o_{j1}，也称机床中心。切齿公垂线与产形齿轮轴线的交点为 o_{j2}。

过 o_{j1} 点并且与产形齿轮的轴线（摇台的轴线）垂直的平面称为基准平面。

在安装平面上可以看到，产形齿轮的齿线是左旋的，修形小齿轮的齿线是右旋的。齿轮的节点 P 取在修形小齿轮的分度圆锥上并在齿宽的中点。

设产形齿轮的中点分锥矩 $R_{2c}=\overline{o_2P}$，分锥角为 δ_{2c}，螺旋角为 β_{2c}。由式（2.1-5），机床

的滚比 $i_{1c}=\frac{\omega_1}{\omega_c}=\frac{R_{2c}\sin\delta_{2c}\cos\beta_{2c}}{R_{mf1}\sin\delta_{f1}\cos\beta_{f1a}}$。

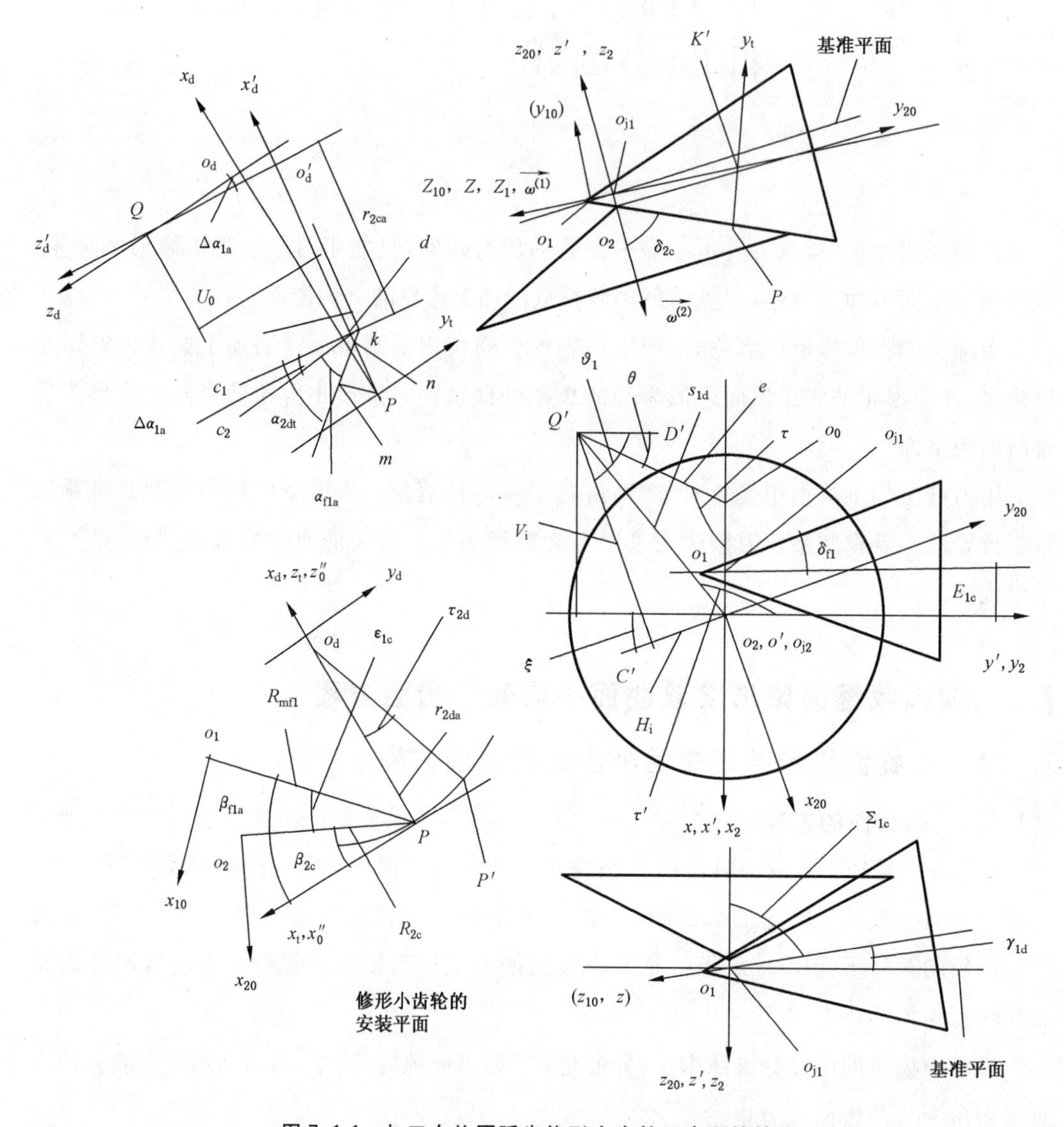

图 7.1-1　加工右旋圆弧齿修形小齿轮凹齿面的简图

当刀齿角 α_{2dt} 不等于修形小齿轮凹齿面的压力角 α_{f1a} 时，刀盘在安装平面上要做如图 7.1-1所示的刀倾。刀倾角 $\Delta\alpha_{1a}=\alpha_{2dt}-\alpha_{f1a}$。

刀轴的倾斜是绕着刀倾中心 Q 点进行的。坐标系 $o_d x_d y_d z_d$ 的 $o_d z_d$ 轴垂直于安装平面(原理小齿轮的分度平面)，$o_d x_d$ 轴过 P 点。刀盘在坐标系 $o_d' x_d' y_d' z_d'$ 中，$o_d' x_d'$ 轴也过 P 点。

图 7.1-2 是图 7.1-1 中刀倾部分的放大图。

h_{a2d}为刀齿的齿顶高。由式(5.2-1),节点P到刀齿的距离$\overline{Pm}=h_{mf2}\sin\alpha_{2t}+0.5w_{2d}\cos\alpha_{2t}$。$kc_1$线垂直于坐标轴$o'_dx'_d$,$o'_dx'_d$轴交刀齿于$n$点,交$kc_1$线于$d$点。由$\overline{Pn}=\dfrac{\overline{Pm}}{\cos\alpha_{2dt}}$,$\overline{Pd}=\overline{Pn}+\overline{dn}$,$\overline{dn}=\overline{kd}\tan\alpha_{2dt}$,$\overline{kd}\cos\Delta\alpha_{1a}=h_{a2d}+\overline{Pd}\sin\Delta\alpha_{1a}$,解得$\overline{Pd}=\dfrac{h_{a2d}\sin\alpha_{2dt}+\overline{Pm}\cos\Delta\alpha_{1a}}{\cos\alpha_{f1a}}$。

由式(6.1-4),修正后的刀盘名义半径

$$r_{2dx}=\overline{Po'_d}=\frac{r_{2d}}{1+r_{2d}\Delta\kappa^{(1)}_{nx'_0}}=\frac{r_{2d}}{1\mp 0.0254r_{2d}\left(\dfrac{\cos\beta_2}{B_2f_b}\right)^2},$$

刀盘的名义半径r_{2d}的计算见7.3节。刀齿的刀尖半径

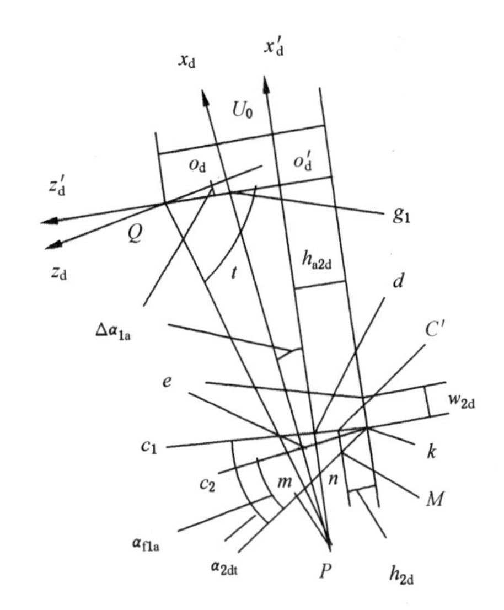

图7.1-2 加工右旋凹齿面时刀倾机构的坐标系

$$r_{2ca}=\overline{o'_dd}=r_{2dx}-\frac{h_{a2d}\sin\alpha_{2dt}+\overline{Pm}\cos\Delta\alpha_{1a}}{\cos\alpha_{f1a}} \tag{7.1-1}$$

图7.1-2中,$\overline{Qo'_d}=U_0-h_{a2d}$,$\tan t=\dfrac{r_{2dx}}{U_0-h_{a2d}}$,$\overline{QP}=\sqrt{(U_0-h_{a2d})^2+r^2_{2dx}}$。

$$r_{2da}=\overline{Po_d}=\sqrt{(U_0-h_{a2d})^2+r^2_{2dx}}\sin(t+\Delta\alpha_{1a}) \tag{7.1-2}$$

$$\overline{Qo_d}=\sqrt{(U_0-h_{a2d})^2+r^2_{2dx}}\cos(t+\Delta\alpha_{1a}) \tag{7.1-3}$$

和原理大齿轮一样,为了防止修形小齿轮的齿根出现应力集中,将刀盘的齿尖做成圆角形,圆角半径为ρ_{02}。参照5.1.1.1节的分析,对应于刀齿的直线部分,刀齿上的一点M到c_1k线的距离$\overline{MC'}=h_{2d}\tan\alpha_{2dt}$;对应于刀齿的圆角部分,刀齿上的一点$M$到$c_1k$线的距离$\overline{MC'}=\sqrt{2\rho_{02}h_{2d}-h^2_{2d}}-\dfrac{\rho_{02}}{\tan\lambda_0}$,$\lambda_0=\dfrac{\pi}{4}+\dfrac{\alpha_{2dt}}{2}$。$h_{2d}$为由刀齿的齿顶算起的高度。

在节点P的位置,刀齿上的一点M在坐标系$o'_dx'_dy'_dz'_d$中的坐标为

$$\begin{cases}x'_d=-(r_{2ca}+\overline{MC'})\\ y'_d=0\\ z'_d=h_{2d}-h_{a2d}\end{cases} \tag{7.1-4}$$

式中,$h_{2d}>\rho_{02}(1-\sin\alpha_{2dt})$对应刀齿的直线部分,$0<h_{2d}\leqslant\rho_{02}(1-\sin\alpha_{2dt})$对应刀齿的圆弧部分。

刀盘绕着$o'_dz'_d$轴回转。当刀齿转动了角度τ_{2d}以后,刀齿的对称线由P点转动到P'点,在坐标系$o'_dx'_dy'_dz'_d$中,M点的坐标变为

$$\begin{cases}x'_d=-(r_{2ca}+\overline{MC'})\cos\tau_{2d}\\ y'_d=(r_{2ca}+\overline{MC'})\sin\tau_{2d}\\ z'_d=h_{2d}-h_{a2d}\end{cases} \tag{7.1-5}$$

M 点的坐标是参数 h_{2d} 和 τ_{2d} 的函数。式(7.1-5)中，$\tau_{2d}=0$ 对应节点，$\tau_{2d}>0$ 由节点指向轮齿的大端，$\tau_{2d}<0$ 由节点指向轮齿的小端。

坐标系 $o'_d x'_d y'_d z'_d$ 和坐标系 $o_d x_d y_d z_d$ 之间的坐标变换为

$$\begin{bmatrix} x_d \\ y_d \\ z_d \end{bmatrix} = \begin{bmatrix} \cos\Delta\alpha_{1a} & 0 & \sin\Delta\alpha_{1a} \\ 0 & 1 & 0 \\ -\sin\Delta\alpha_{1a} & 0 & \cos\Delta\alpha_{1a} \end{bmatrix} \begin{bmatrix} x'_d \\ y'_d \\ z'_d \end{bmatrix} + \begin{bmatrix} -A'' \\ 0 \\ -B'' \end{bmatrix} \tag{7.1-6}$$

式中，A'' 为 o'_d 到坐标轴 $o_d z_d$ 的距离，$A''=\overline{Po_d}-\overline{Po'}_d\cos\Delta\alpha_{1a}=r_{2da}-r_{2dx}\cos\Delta\alpha_{1a}$；$B''$ 为 o'_d 到坐标轴 $o_d x_d$ 的距离，$B''=\overline{Po'}_d\sin\Delta\alpha_{1a}=r_{2dx}\sin\Delta\alpha_{1a}$。

图 7.1-1 中，坐标系 $Px_t y_t z_t$ 的 Px_t 轴在齿线的切线方向。坐标系 $o_d x_d y_d z_d$ 与坐标系 $Px_t y_t z_t$ 之间的坐标变换为

$$\begin{cases} x_t=-y_d \\ y_t=-z_d \\ z_t=x_d+r_{2da} \end{cases} \tag{7.1-7}$$

坐标系 $o_2 x_{20} y_{20} z_{20}$ 的 $o_2 x_{20}$ 轴在安装平面上并与产形齿轮的中点分锥距 $o_2 P$ 垂直，$o_2 z_{20}$ 轴在产形齿轮的轴线上，在图 7.1-1 右侧的中间图上可以看到 $o_2 x_{20}$ 轴和 $o_2 y_{20}$ 轴的实际位置。

坐标系 $o_2 x_{20} y_{20} z_{20}$ 与坐标系 $Px_t y_t z_t$ 之间的坐标变换为

$$\begin{bmatrix} x_t \\ y_t \\ z_t \end{bmatrix} = \begin{bmatrix} \sin\beta_{2c} & -\sin\delta_{2c}\cos\beta_{2c} & \cos\delta_{2c}\cos\beta_{2c} \\ 0 & \cos\delta_{2c} & \sin\delta_{2c} \\ -\cos\beta_{2c} & -\sin\delta_{2c}\sin\beta_{2c} & \cos\delta_{2c}\sin\beta_{2c} \end{bmatrix} \begin{bmatrix} x_{20} \\ y_{20} \\ z_{20} \end{bmatrix} + \begin{bmatrix} R_{2c}\cos\beta_{2c} \\ 0 \\ R_{2c}\sin\beta_{2c} \end{bmatrix} \tag{7.1-8}$$

$$\begin{bmatrix} x_{20} \\ y_{20} \\ z_{20} \end{bmatrix} = \begin{bmatrix} \sin\beta_{2c} & 0 & -\cos\beta_{2c} \\ -\sin\delta_{2c}\cos\beta_{2c} & \cos\delta_{2c} & -\sin\delta_{2c}\sin\beta_{2c} \\ \cos\delta_{2c}\cos\beta_{2c} & \sin\delta_{2c} & \cos\delta_{2c}\sin\beta_{2c} \end{bmatrix} \begin{bmatrix} x_t \\ y_t \\ z_t \end{bmatrix} + \begin{bmatrix} 0 \\ R_{2c}\sin\delta_{2c} \\ -R_{2c}\cos\delta_{2c} \end{bmatrix} \tag{7.1-9}$$

坐标系 $o_2 x_{20} y_{20} z_{20}$ 与坐标系 $Px_t y_t z_t$ 之间单位坐标向量的变换为

$$\begin{bmatrix} \overrightarrow{x_{20}} \\ \overrightarrow{y_{20}} \\ \overrightarrow{z_{20}} \end{bmatrix} = \begin{bmatrix} \sin\beta_{2c} & 0 & -\cos\beta_{2c} \\ -\sin\delta_{2c}\cos\beta_{2c} & \cos\delta_{2c} & -\sin\delta_{2c}\sin\beta_{2c} \\ \cos\delta_{2c}\cos\beta_{2c} & \sin\delta_{2c} & \cos\delta_{2c}\sin\beta_{2c} \end{bmatrix} \begin{bmatrix} \overrightarrow{x_t} \\ \overrightarrow{y_t} \\ \overrightarrow{z_t} \end{bmatrix} \tag{7.1-10}$$

坐标系 $o_1 x_{10} y_{10} z_{10}$ 的 $o_1 x_{10}$ 轴在安装平面上并与修形小齿轮的中点分锥距 $o_1 P$ 垂直，$o_1 z_{10}$ 轴在修形小齿轮的轴线上。

坐标系 $o_1 x_{10} y_{10} z_{10}$ 与坐标系 $Px_t y_t z_t$ 的坐标变换为

$$\begin{bmatrix} x_t \\ y_t \\ z_t \end{bmatrix} = \begin{bmatrix} \sin\beta_{f1a} & \sin\delta_{f1}\cos\beta_{f1a} & \cos\delta_{f1}\cos\beta_{f1a} \\ 0 & \cos\delta_{f1} & -\sin\delta_{f1} \\ -\cos\beta_{f1a} & \sin\delta_{f1}\sin\beta_{f1a} & \cos\delta_{f1}\sin\beta_{f1a} \end{bmatrix} \begin{bmatrix} x_{10} \\ y_{10} \\ z_{10} \end{bmatrix} + \begin{bmatrix} R_{mf1}\cos\beta_{f1a} \\ 0 \\ R_{mf1}\sin\beta_{f1a} \end{bmatrix} \tag{7.1-11}$$

由公式(2.1-12),得修形小齿轮与产形齿轮的轴交角

$$\Sigma_{1c}=\arccos(\cos\delta_{f1}\cos\delta_{2c}\cos\varepsilon_{1c}-\sin\delta_{f1}\sin\delta_{2c}) \tag{7.1-12}$$

式中偏置角 $\varepsilon_{1c}=\beta_{f1a}-\beta_{2c}$。

由公式(2.1-14)得偏置距

$$E_{1c}=(R_{2c}\sin\delta_{2c}\cos\delta_{f1}+R_{mf1}\cos\delta_{2c}\sin\delta_{f1})\frac{\sin\varepsilon_{1c}}{\sin\Sigma_{1c}} \tag{7.1-13}$$

坐标系 $o_2x_{20}y_{20}z_{20}$ 与坐标系 $o_2x_2y_2z_2$ 之间的坐标变换为

$$\begin{bmatrix}x_2\\y_2\\z_2\end{bmatrix}=\begin{bmatrix}\cos\xi & -\sin\xi & 0\\ \sin\xi & \cos\xi & 0\\ 0 & 0 & 1\end{bmatrix}\begin{bmatrix}x_{20}\\y_{20}\\z_{20}\end{bmatrix} \tag{7.1-14}$$

由式(2.1-13),$\xi=\arcsin\left(\dfrac{\cos\delta_{f1}\sin\varepsilon_{1c}}{\sin\Sigma_{1c}}\right)$。

在坐标系 $o_1x_{10}y_{10}z_{10}$ 中,机床中心 o_{j1} 的坐标为$\{0,0,-b_{1d}\}$,b_{1d}是 o_{j1} 到 o_1 的距离。由式(7.1-11)、式(7.1-9)可以求得机床中心 o_{j1} 在坐标系 $o_2x_{20}y_{20}z_{20}$ 中的坐标。机床中心 o_{j1} 在坐标系 $o_2x_{20}y_{20}z_{20}$ 中的坐标又可以表示为$\{-E_{1c}\cos\xi,E_{1c}\sin\xi,b_{2d}\}$,$b_{2d}$是 o_{j2} 到 o_2 的距离。由两者的坐标值对应相等得

$$\begin{cases}(b_{1d}\cos\delta_{f1}-R_{mf1})\sin\varepsilon_{1c}=-E_{1c}\cos\xi\\ b_{1d}(\cos\delta_{2c}\sin\delta_{f1}+\sin\delta_{2c}\cos\delta_{f1}\cos\varepsilon_{1c})-R_{mf1}\sin\delta_{2c}\cos\varepsilon_{1c}+R_{2c}\sin\delta_{2c}=E_{1c}\sin\xi\\ b_{1d}(\sin\delta_{2c}\sin\delta_{f1}-\cos\delta_{2c}\cos\delta_{f1}\cos\varepsilon_{1c})+R_{mf1}\cos\delta_{2c}\cos\varepsilon_{1c}-R_{2c}\cos\delta_{2c}=b_{2d}\end{cases} \tag{7.1-15}$$

解得

$$b_{1d}=\frac{R_{mf1}}{\cos\delta_{f1}}-\frac{E_{1c}\cos\xi}{\cos\delta_{f1}\sin\varepsilon_{1c}} \tag{7.1-16}$$

将式(7.1-15)的第二式乘以 $\cos\delta_{2c}$、第三式乘以 $\sin\delta_{2c}$然后相加得

$$b_{2d}=\frac{b_{1d}\sin\delta_{f1}-E_{1c}\sin\xi\cos\delta_{2c}}{\sin\delta_{2c}} \tag{7.1-17}$$

这样,由式(7.1-5)、式(7.1-6)、式(7.1-7)、式(7.1-9)、式(7.1-14)求得刀齿上的一点在坐标系 $o_2x_2y_2z_2$ 中的坐标。

在图1.2-1的空间啮合坐标系中,将齿轮1视为修形小齿轮,齿轮2视为产形齿轮。式(1.2-4)、式(1.2-30)中的参数代换是:$\Sigma=\Sigma_{1c}$、$E=-E_{1c}$、$b_1=b_{1d}$、$b_2=-b_{2d}$,$u_2=\tau_{2d}$,$\nu_2=h_{2d}$。给定产形齿轮的参数 τ_{2d}和 h_{2d},运用式(1.2-30)求得转角 φ_2。$\varphi_1=i_{1c}\varphi_2$。运用式(1.2-4)求得右旋齿修形小齿轮凹齿面的坐标。

$$\begin{cases}\dfrac{\partial x'_d}{\partial\tau_{2d}}=(r_{2ca}+\overline{MC'})\sin\tau_{2d}\\ \dfrac{\partial y'_d}{\partial\tau_{2d}}=(r_{2ca}+\overline{MC'})\cos\tau_{2d}\\ \dfrac{\partial z'_d}{\partial\tau_{2d}}=0\end{cases} \tag{7.1-18}$$

$$\begin{cases}\dfrac{\partial x_d'}{\partial h_{2d}}=-\zeta\cos\tau_{2d}\\ \dfrac{\partial y_d'}{\partial h_{2d}}=\zeta\sin\tau_{2d}\\ \dfrac{\partial z_d'}{\partial h_{2d}}=1\end{cases}\tag{7.1-19}$$

式(7.1-18)和式(7.1-19)中，$h_{2d}>\rho_{02}(1-\sin\alpha_{2dt})$对应刀齿的直线部分，$\zeta=\tan\alpha_{2dt}$；$0\leqslant h_{2d}\leqslant\rho_{02}(1-\sin\alpha_{2dt})$对应刀齿的圆弧部分，$\zeta=\dfrac{\rho_{02}-h_{2d}}{\sqrt{2\rho_{02}h_{2d}-h_{2d}^2}}$。

式(7.1-18)、式(7.1-19)在求解右旋修形小齿轮的凹齿面的坐标时有用。

在式(7.1-4)中，节点 P 的坐标为$\{x_d',y_d',z_d'\}=\left\{-\dfrac{r_{2dx}\cos\alpha_{f1a}}{\cos\alpha_{2dt}},0,0\right\}$。由式(7.1-6)、式(7.1-7)、式(7.1-9)、式(7.1-14)、式(1.2-4)、式(1.2-30)可以求得修形小齿轮在坐标系 $o_1x_1y_1z_1$ 中齿线的方程，是参数 τ_{2d}的函数。

刀倾中心 Q 在坐标系 $o_dx_dy_dz_d$ 中的坐标为$\{0,0,\overline{Qo_d}\}$，$\overline{Qo_d}$的计算见式(7.1-3)。由式(7.1-7)，Q 在坐标系 $Px_ty_tz_t$ 中的坐标为$\{0,-\overline{Qo_d},r_{2da}\}$，$r_{2da}$的计算见式(7.1-2)。由坐标变换式(7.1-9)得 Q 点在坐标系 $o_2x_{20}y_{20}z_{20}$ 中的坐标

$$\begin{cases}V_i=-r_{2da}\cos\beta_{2c}\\ H_i=-r_{2da}\sin\delta_{2c}\sin\beta_{2c}-\overline{Qo_d}\cos\delta_{2c}+R_{2c}\sin\delta_{2c}\\ W_i=r_{2da}\cos\delta_{2c}\sin\beta_{2c}-\overline{Qo_d}\sin\delta_{2c}-R_{2c}\cos\delta_{2c}\end{cases}\tag{7.1-20}$$

Q 到基准平面的距离为 W_i+b_{2d}。在图 7.1-1 中，Q 在基准平面上的投影为 Q'，o_d' 在基准平面上的投影为 D'。

齿轮加工中，摇台的轴心(产形齿轮的轴心)是固定的。刀倾中心 Q 到刀顶的距离 U_0 为定值。机床调整的基准是基准平面和机床中心 o_{j1}。以下给出各项机床调整参数。

1）小齿轮安装根锥角(安装角)：$\gamma_{1c}=90°-\Sigma_{1c}$。

2）垂直轮位：即偏置距 E_{1c}。

3）机床的滚比 i_{1c}(传动比)。

4）轮位 ΔX_1：原始小齿轮的分锥顶 o_{s1}到机床中心 o_{j1}的距离。

由图 2.2-2 可知，原始小齿轮的分锥顶 o_{s1} 和修形小齿轮的分锥顶 o_1 之间的距离 $\Delta b_1=R_{mf1}\cos\delta_{f1}-R_{m1}\cos\delta_1$。轮位 $\Delta X_1=b_{1d}-\Delta b_1$。

5）床位 X_{B1}：机床中心到刀顶平面的距离。

刀尖 k 绕着 $o_d'z_d'$ 轴回转时形成的刀顶平面，与假定刀尖 k 绕着 o_dz_d 轴回转时形成的刀顶平面是不一致的。为了与无刀倾的情况定义一致，取后者作为刀顶平面。

在坐标系 $o_d'x_d'y_d'z_d'$ 中，k 点的坐标为$\{-r_{2ca},0,-h_{a2d}\}$，由式(7.1-6)，得到在坐标系 $o_dx_dy_dz_d$ 中 k 点的坐标 $z_d^{(k)}=r_{2ca}\sin\Delta\alpha_{1a}-h_{a2d}\cos\Delta\alpha_{1a}-B''$。刀顶平面到安装平面的距离

为 $h_{a2d}\cos\Delta\alpha_{1a}-r_{2ca}\sin\Delta\alpha_{1a}+B''$。

在坐标系 $o_1x_{10}y_{10}z_{10}$ 中，机床中心 o_{j1} 的坐标为$\{0,0,-b_{1d}\}$，由式(7.1-11)得到在坐标系 $Px_ty_tz_t$ 中，o_{j1} 点的坐标 $y_t^{(o_{j1})}=b_{1d}\sin\delta_{f1}$。$o_{j1}$ 点到安装平面的距离为 $b_{1d}\sin\delta_{f1}$。床位 $X_{B1}=b_{1d}\sin\delta_{f1}-(h_{a2d}\cos\Delta\alpha_{1a}-r_{2ca}\sin\Delta\alpha_{1a}+B'')$。

6）刀位(径向刀位)s_{1d}：$s_{1d}=\sqrt{V_i^2+H_i^2}$。

7）刀位夹角 τ：$s_{1d}=2e\sin\dfrac{\tau}{2}$，$e$ 为机床偏心鼓轮的偏心距。

$o_{j2}Q'$ 与 $o'y'$ 轴之间的夹角称为基本摇台角 τ'。

8）凹齿面的刀倾角 $\Delta\alpha_{1a}$：$\Delta\alpha_{1a}=\alpha_{2dt}-\alpha_{f1a}$。

9）刀倾总角或总刀倾角 λ_{z1}：是指刀盘的轴线 $o'_dz'_d$ 与摇台的轴线 o_2z_{20} 之间的夹角。

在坐标系 $o'_dx'_dy'_dz'_d$ 中，$\overrightarrow{z'_d}$ 的方向余弦为$\{0,0,1\}$。参照式(7.1-4)、式(7.1-6)、式(7.1-7)，得到在坐标系 $Px_ty_tz_t$ 中，$\overrightarrow{z'_d}$ 的方向余弦为$\{0,-\cos\Delta\alpha_{1a},\sin\Delta\alpha_{1a}\}$。由式(7.1-10)得到在坐标系 $o_2x_{20}y_{20}z_{20}$ 中，$\overrightarrow{z'_d}$ 的方向余弦为$\{-\cos\beta_{2c}\sin\Delta\alpha_{1a},-\sin\delta_{2c}\sin\beta_{2c}\sin\Delta\alpha_{1a}-\cos\delta_{2c}\cos\Delta\alpha_{1a},\cos\delta_{2c}\sin\beta_{2c}\sin\Delta\alpha_{1a}-\sin\delta_{2c}\cos\Delta\alpha_{1a}\}$。

在坐标系 $o_2x_{20}y_{20}z_{20}$ 中，$\overrightarrow{z_{20}}$ 的方向余弦为$\{0,0,1\}$。则

$$\cos\lambda_{z1}=\overrightarrow{z'_d}\cdot\overrightarrow{z_{20}}=\cos\delta_{2c}\sin\beta_{2c}\sin\Delta\alpha_{1a}-\sin\delta_{2c}\cos\Delta\alpha_{1a} \tag{7.1-21}$$

10）刀倾方向角 θ：Q' 是 Q 在基准平面上的投影，D' 是 o'_d 在基准平面上的投影。基准平面与坐标面 $x_{20}y_{20}$ 平行。在坐标系 $o_2x_{20}y_{20}z_{20}$ 中，$\overline{Q'D'}$ 在 o_2x_{20} 轴上的坐标值与 $\overline{Q'D'}$ 在 o_2y_{20} 轴上的坐标值之比等于 $\overrightarrow{z'_d}\cdot\overrightarrow{x_{20}}$ 与 $\overrightarrow{z'_d}\cdot\overrightarrow{y_{20}}$ 之比。因此 $\tan\vartheta_1=\dfrac{\overrightarrow{z'_d}\cdot\overrightarrow{y_{20}}}{\overrightarrow{z'_d}\cdot\overrightarrow{x_{20}}}=\dfrac{\cos\delta_{2c}\operatorname{ctan}\Delta\alpha_{1a}+\sin\delta_{2c}\sin\beta_{2c}}{\cos\beta_{2c}}$，刀倾方向角

$$\vartheta=\vartheta_1-(\pi-\xi-\tau) \tag{7.1-22}$$

7.1.1.2 凸齿面的方程

当刀齿角 α_{2da} 大于凸齿面的压力角 α_{f1t} 时，刀盘的轴线要倾斜一个角度 $\Delta\alpha_{1t}=\alpha_{2da}-\alpha_{f1t}$。倾斜的方向如图 7.1-3 所示。

刀盘修正后的名义半径为 r_{2dx}，则刀尖半径

$$r_{2ct}=r_{2dx}+\frac{h_{a2d}\sin\alpha_{2da}+\overline{Pm}\cos\Delta\alpha_{1t}}{\cos\alpha_{f1t}} \tag{7.1-23}$$

式中，$\overline{Pm}=h_{mf2}\sin\alpha_{2a}+0.5w_{1d}\cos\alpha_{2a}$。

$$r_{2dt}=\overline{Po_d}=\sqrt{(U_0-h_{a2d})^2+r_{2dx}^2}\sin(t-\Delta\alpha_{1t}) \tag{7.1-24}$$

式中，$t=\arctan\dfrac{r_{2dx}}{U_0-h_{a2d}}$。

$$\overline{Qo_d}=\sqrt{(U_0-h_{a2d})^2+r_{2dx}^2}\cos(t-\Delta\alpha_{1t}) \tag{7.1-25}$$

在节点 P 的位置，刀齿上一点 M 在坐标系 $o'_d x'_d y'_d z'_d$ 中的坐标为

$$\begin{cases} x'_d = -r_{2ct} + \overline{MC'} \\ y'_d = 0 \\ z'_d = h_{2d} - h_{a2d} \end{cases} \tag{7.1-26}$$

式中，$h_{2d} > \rho_{02}(1 - \sin\alpha_{2da})$ 对应刀齿的直线部分，$\overline{MC'} = h_{2d}\tan\alpha_{2da}$；$0 < h_{2d} \leqslant \rho_{02}(1 - \sin\alpha_{2da})$ 对应于刀齿的圆角部分，$\overline{MC'} = \sqrt{2\rho_{02}h_{2d} - h_{2d}^2} - \dfrac{\rho_{02}}{\tan\lambda_0}$，$\lambda_0 = \dfrac{\pi}{4} + \dfrac{\alpha_{2da}}{2}$；$h_{2d}$ 为由刀齿的齿顶算起的高度。

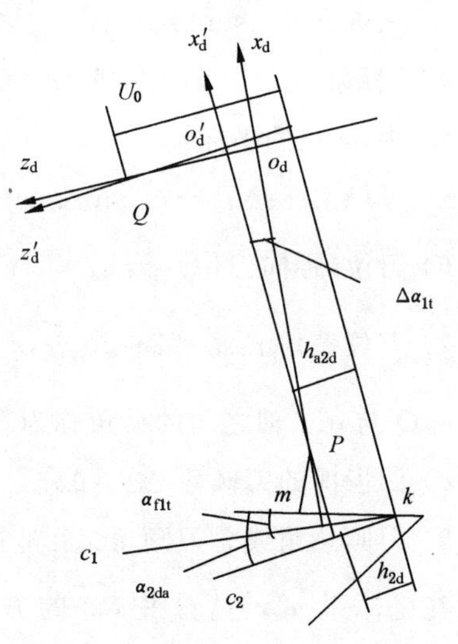

图 7.1-3　加工右旋凸齿面时刀倾机构的坐标系

刀盘绕着 $o'_d z'_d$ 轴回转。当刀齿的对称线转动了角度 τ_{2d}，由 P 点转动到 P' 点时，在坐标系 $o'_d x'_d y'_d z'_d$ 中，刀齿上一点 M 的坐标为

$$\begin{cases} x'_d = -(r_{2ct} - \overline{MC'})\cos\tau_{2d} \\ y'_d = (r_{2ct} - \overline{MC'})\sin\tau_{2d} \\ z'_d = h_{2d} - h_{a2d} \end{cases} \tag{7.1-27}$$

是参数 h_{2d} 和 τ_{2d} 的函数。

坐标系 $o'_d x'_d y'_d z'_d$ 和坐标系 $o_d x_d y_d z_d$ 之间的坐标变换为

$$\begin{bmatrix} x_d \\ y_d \\ z_d \end{bmatrix} = \begin{bmatrix} \cos\Delta\alpha_{1t} & 0 & -\sin\Delta\alpha_{1t} \\ 0 & 1 & 0 \\ \sin\Delta\alpha_{1t} & 0 & \cos\Delta\alpha_{1t} \end{bmatrix} \begin{bmatrix} x'_d \\ y'_d \\ z'_d \end{bmatrix} + \begin{bmatrix} A'' \\ 0 \\ B'' \end{bmatrix} \tag{7.1-28}$$

式中，A'' 为 o'_d 到坐标轴 $o_d z_d$ 的距离，$A'' = \overline{Po'_d}\cos\Delta\alpha_{1t} - \overline{Po_d} = r_{2dx}\cos\Delta\alpha_{1t} - r_{2dt}$；$B''$ 为 o'_d 到坐标轴 $o_d x_d$ 的距离，$B'' = \overline{Po'_d}\sin\Delta\alpha_{1t} = r_{2dx}\sin\Delta\alpha_{1t}$。

坐标系 $o_d x_d y_d z_d$ 与坐标系 $P x_t y_t z_t$ 之间的坐标变换如式(7.1-7)所示。

$$\begin{cases} \dfrac{\partial x'_d}{\partial\tau_{2d}} = (r_{2ct} - \overline{MC'})\sin\tau_{2d} \\ \dfrac{\partial y'_d}{\partial\tau_{2d}} = (r_{2ct} - \overline{MC'})\cos\tau_{2d} \\ \dfrac{\partial z_t}{\partial\tau_{2d}} = 0 \end{cases} \tag{7.1-29}$$

$$\begin{cases}\dfrac{\partial x_d'}{\partial h_{2d}}=\zeta\cos\tau_{2d}\\ \dfrac{\partial y_d'}{\partial h_{2d}}=-\zeta\sin\tau_{2d}\\ \dfrac{\partial z_d'}{\partial h_{2d}}=1\end{cases} \tag{7.1-30}$$

式(7.1-29)、式(7.1-30)在求解右旋齿修形小齿轮凸齿面的坐标时有用。

其他计算公式与右旋齿凹齿面的公式形式相同，只是将 r_{2ca}、r_{2da}、β_{f1a} 换为 r_{2ct}、r_{2dt}、β_{f1t}。产形齿轮的 R_{2c}、δ_{2c}、β_{2c} 以及刀盘的名义半径 r_{2d} 的计算公式将在 7.3 节中给出。

7.1.2 左旋齿修形准双曲面小齿轮的齿面方程

7.1.2.1 凹齿面的方程

左旋齿修形小齿轮的加工简图如图 7.1-4 所示，该图与图 2.1-4 的坐标系是一致的。将图 2.1-4 中的齿轮 1 视为修形小齿轮，齿轮 2 视为产形齿轮。在修形小齿轮的安装平面上可以看到产形齿轮的齿线是右旋的，修形小齿轮的齿线是左旋的。

刀尖半径 r_{c2a} 及 r_{2da}、$\overline{Qo_d}$ 的计算公式与式(7.1-1)、式(7.1-2)、式(7.1-3)相同。在坐标系 $o'_d x'_d y'_d z'_d$ 中，刀齿上一点 M 的坐标见式(7.1-4)。

刀盘绕着 $o'_d z'_d$ 轴回转。当刀齿的对称线由 P 点转动到 P' 点时，在坐标系 $o'_d x'_d y'_d z'_d$ 中，刀齿上一点 M 的坐标为

$$\begin{cases}x_d'=-(r_{2ca}+\overline{MC'})\cos\tau_{2d}\\ y_d'=(r_{2ca}+\overline{MC'})\sin\tau_{2d}\\ z_d'=h_{2d}-h_{a2d}\end{cases} \tag{7.1-31}$$

M 点的坐标是参数 τ_{2d} 和 h_{2d} 的函数。h_{2d} 是由刀齿的齿顶算起的高度。

坐标系 $o_d x'_d y'_d z'_d$ 和坐标系 $o_d x_d y_d z_d$ 之间的坐标变换为

$$\begin{bmatrix}x_d\\ y_d\\ z_d\end{bmatrix}=\begin{bmatrix}\cos\Delta\alpha_{1a} & 0 & -\sin\Delta\alpha_{1a}\\ 0 & 1 & 0\\ \sin\Delta\alpha_{1a} & 0 & \cos\Delta\alpha_{1a}\end{bmatrix}\begin{bmatrix}x_d'\\ y_d'\\ z_d'\end{bmatrix}+\begin{bmatrix}-A''\\ 0\\ B''\end{bmatrix} \tag{7.1-32}$$

式中，A''为 o'_d 到坐标轴 $o_d z_d$ 的距离，$A''=r_{2da}-r_{2dx}\cos\Delta\alpha_{1a}$；$B''$为 o'_d 到坐标轴 $o_d x_d$ 的距离，$B''=r_{2dx}\sin\Delta\alpha_{1a}$；刀倾角 $\Delta\alpha_{1a}=\alpha_{2dt}-\alpha_{f1a}$。

坐标系 $o_d x_d y_d z_d$ 与坐标系 $P x_t y_t z_t$ 之间的坐标变换为

$$\begin{cases}x_t=y_d\\ y_t=z_d\\ z_t=x_d+r_{2da}\end{cases} \tag{7.1-33}$$

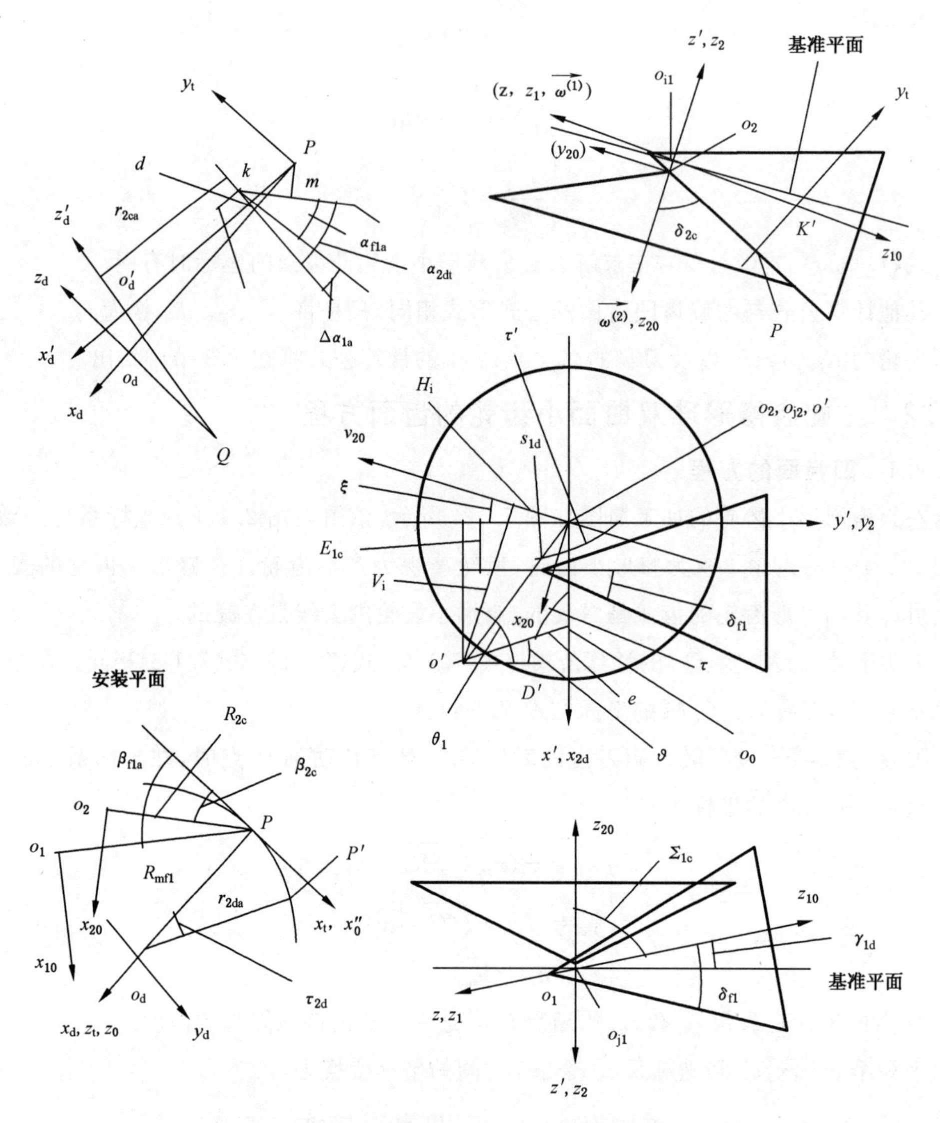

图 7.1-4　加工左旋圆弧齿修形小齿轮的凹齿面的简图

坐标系 $o_2x_{20}y_{20}z_{20}$ 与坐标系 $Px_ty_tz_t$ 的单位坐标向量之间的变换为

$$\begin{bmatrix}\overrightarrow{x_t}\\\overrightarrow{y_t}\\\overrightarrow{z_t}\end{bmatrix}=\begin{bmatrix}\sin\beta_{2c} & -\sin\delta_{2c}\cos\beta_{2c} & \cos\delta_{2c}\cos\beta_{2c}\\0 & -\cos\delta_{2c} & -\sin\delta_{2c}\\\cos\beta_{2c} & \sin\delta_{2c}\sin\beta_{2c} & -\cos\delta_{2c}\sin\beta_{2c}\end{bmatrix}\begin{bmatrix}\overrightarrow{x_{20}}\\\overrightarrow{y_{20}}\\\overrightarrow{z_{20}}\end{bmatrix}\qquad(7.1\text{-}34)$$

坐标系 $o_2x_{20}y_{20}z_{20}$ 与坐标系 $Px_ty_tz_t$ 之间的坐标变换为

$$\begin{bmatrix}x_t\\y_t\\z_t\end{bmatrix}=\begin{bmatrix}\sin\beta_{2c} & -\sin\delta_{2c}\cos\beta_{2c} & \cos\delta_{2c}\cos\beta_{2c}\\0 & -\cos\delta_{2c} & -\sin\delta_{2c}\\\cos\beta_{2c} & \sin\delta_{2c}\sin\beta_{2c} & -\cos\delta_{2c}\sin\beta_{2c}\end{bmatrix}\begin{bmatrix}x_{20}\\y_{20}\\z_{20}\end{bmatrix}+\begin{bmatrix}-R_{2c}\cos\beta_{2c}\\0\\R_{2c}\sin\beta_{2c}\end{bmatrix}\qquad(7.1\text{-}35)$$

$$\begin{bmatrix} x_{20} \\ y_{20} \\ z_{20} \end{bmatrix} = \begin{bmatrix} \sin\beta_{2c} & 0 & \cos\beta_{2c} \\ -\sin\delta_{2c}\cos\beta_{2c} & -\cos\delta_{2c} & \sin\delta_{2c}\sin\beta_{2c} \\ \cos\delta_{2c}\cos\beta_{2c} & -\sin\delta_{2c} & -\cos\delta_{2c}\sin\beta_{2c} \end{bmatrix} \begin{bmatrix} x_t \\ y_t \\ z_t \end{bmatrix} + \begin{bmatrix} 0 \\ -R_{2c}\sin\delta_{2c} \\ R_{2c}\cos\delta_{2c} \end{bmatrix} \tag{7.1-36}$$

坐标系 $o_1x_{10}y_{10}z_{10}$ 与坐标系 $Px_ty_tz_t$ 的坐标变换为

$$\begin{bmatrix} x_t \\ y_t \\ z_t \end{bmatrix} = \begin{bmatrix} \sin\beta_{f1a} & \sin\delta_{f1}\cos\beta_{f1a} & \cos\delta_{f1}\cos\beta_{f1a} \\ 0 & -\cos\delta_{f1} & \sin\delta_{f1} \\ \cos\beta_{f1a} & -\sin\delta_{f1}\sin\beta_{f1a} & -\cos\delta_{f1}\sin\beta_{f1a} \end{bmatrix} \begin{bmatrix} x_{10} \\ y_{10} \\ z_{10} \end{bmatrix} + \begin{bmatrix} -R_{mf1}\cos\beta_{f1a} \\ 0 \\ R_{mf1}\sin\beta_{f1a} \end{bmatrix} \tag{7.1-37}$$

仿照右旋齿修形小齿轮凹齿面的计算过程，得到本例中修形小齿轮与产形齿轮的轴夹角 Σ_{1c}、偏置距 E_{1c} 与式(7.1-12)、式(7.1-13)相同。机床的滚比 $i_{1c}=\dfrac{\omega_1}{\omega_c}=\dfrac{R_{2c}\sin\delta_{2c}\cos\beta_{2c}}{R_{mf1}\sin\delta_{f1}\cos\beta_{f1a}}$。

机床中心 o_{j1} 在坐标系 $o_2x_{20}y_{20}z_{20}$ 中的坐标为 $\{E_{1c}\cos\xi, -E_{1c}\sin\xi, -b_{2d}\}$。在坐标系 $o_1x_{10}y_{10}z_{10}$ 中，机床中心 o_{j1} 的坐标为 $\{0, 0, b_{1d}\}$，解得 b_{1d}、b_{2d} 与式(7.1-16)、式(7.1-17)相同。其中 $\xi=\arcsin\left(\dfrac{\cos\delta_{f1}\sin\varepsilon_{1c}}{\sin\Sigma_{1c}}\right)$。

坐标系 $o_2x_{20}y_{20}z_{20}$ 与坐标系 $o_2x_2y_2z_2$ 之间的坐标变换为

$$\begin{bmatrix} x_2 \\ y_2 \\ z_2 \end{bmatrix} = \begin{bmatrix} \cos\xi & -\sin\xi & 0 \\ -\sin\xi & -\cos\xi & 0 \\ 0 & 0 & -1 \end{bmatrix} \begin{bmatrix} x_{20} \\ y_{20} \\ z_{20} \end{bmatrix} \tag{7.1-38}$$

$$\begin{cases} \dfrac{\partial x'_d}{\partial \tau_{2d}} = (r_{2ca}+\overline{MC'})\sin\tau_{2d} \\ \dfrac{\partial y'_d}{\partial \tau_{2d}} = (r_{2ca}+\overline{MC'})\cos\tau_{2d} \\ \dfrac{\partial z'_d}{\partial \tau_{2d}} = 0 \end{cases} \tag{7.1-39}$$

$$\begin{cases} \dfrac{\partial x'_d}{\partial h_{2d}} = -\zeta\cos\tau_{2d} \\ \dfrac{\partial y'_d}{\partial h_{2d}} = \zeta\sin\tau_{2d} \\ \dfrac{\partial z'_d}{\partial h_{2d}} = 1 \end{cases} \tag{7.1-40}$$

式(7.1-39)、式(7.1-40)中 $h_{2d}>\rho_{02}(1-\sin\alpha_{2dt})$ 对应刀齿的直线部分，$\zeta=\tan\alpha_{2da}$；$0\leqslant h_{2d}\leqslant\rho_{02}(1-\sin\alpha_{2da})$ 对应刀齿的圆弧部分，$\zeta=\dfrac{\rho_{02}-h_{2d}}{\sqrt{2\rho_{02}h_{2d}-h_{2d}^2}}$。

式(7.1-39)、式(7.1-40)在求解左旋齿修形小齿轮凹齿面的坐标时有用。

这样，由式(7.1-31)、式(7.1-32)、式(7.1-33)、式(7.1-36)、式(7.1-38)求得刀齿上的一点在坐标系 $o_2x_2y_2z_2$ 中的坐标。

在图 1.2-1 的空间啮合坐标系中，将齿轮 1 视为修形小齿轮，齿轮 2 视为产形齿轮。式(1.2-4)、式(1.2-30)中的参数代换是：$\Sigma=\Sigma_{1c}$、$E=-E_{1c}$、$b_1=b_{1d}$、$b_2=-b_{2d}$、$u_2=\tau_{2d}$、$v_2=h_{2d}$。给定产形齿轮的参数 τ_{2d} 和 h_{2d}，运用式(1.2-30)求得转角 φ_2。$\varphi_1=i_{1c}\varphi_2$。运用式(1.2-4)求得左旋齿修形小齿轮凹齿面的坐标。

刀倾中心 Q 点在坐标系 $o_2x_{20}y_{20}z_{20}$ 中的坐标见式(7.1-20)。Q 到基准平面的距离为 W_i+b_{2d}。图 7.1-4 中，Q 在基准平面上的投影为 Q'，o_d' 在基准平面上的投影为 D'。以下给出各项机床调整参数。

1）小轮安装根锥角：$\gamma_{1c}=90°-\Sigma_{1c}$。

2）垂直轮位：即偏置距 E_{1c}。

3）机床的滚比 i_{1c}（传动比）。

4）轮位 ΔX_1：原始小齿轮的分锥顶 o_{s1} 到机床中心 o_{j1} 的距离为轮位。

由图 2.2-2 可知，原始小齿轮的分锥顶 o_{s1} 和修形小齿轮的分锥顶 o_1 之间的距离 $\Delta b_1=R_{mf1}\cos\delta_{f1}-R_{m1}\cos\delta_1$。轮位 $\Delta X_1=b_{1d}-\Delta b_1$。

5）床位 X_{B1}：机床中心到刀顶平面的距离为床位。刀顶平面是假定刀尖 k 绕着 o_dz_d 轴回转时形成的平面。

在坐标系 $o_d'x_d'y_d'z_d'$ 中，k 点的坐标为$\{-r_{2ca},0,h_{a2d}\}$，由式(7.1-32)，得到在坐标系 $o_dx_dy_dz_d$ 中，k 点的坐标 $z_d^{(k)}=-r_{2ca}\sin\Delta\alpha_{1a}+h_{a2d}\cos\Delta\alpha_{1a}+B''$。刀顶平面到安装平面的距离为 $-r_{2ca}\sin\Delta\alpha_{1a}+h_{a2d}\cos\Delta\alpha_{1a}+B''$。

在坐标系 $o_1x_{10}y_{10}z_{10}$ 中，机床中心 o_{j1} 的坐标为$\{0,0,b_{1d}\}$，由式(7.1-37)得到在坐标系 $Px_ty_tz_t$ 中，o_{j1} 点的坐标 $y_t^{(o_{j1})}=b_{1d}\sin\delta_{f1}$。$o_{j1}$ 点到安装平面的距离为 $b_{1d}\sin\delta_{f1}$。床位 $X_{B1}=b_{1d}\sin\delta_{f1}+(r_{2ca}\sin\Delta\alpha_{1a}-h_{a2d}\cos\Delta\alpha_{1a}-B'')$。

6）径向刀位 s_{1d}：$s_{1d}=\sqrt{V_i^2+H_i^2}$。

7）刀位夹角 τ：$s_{1d}=2e\sin\dfrac{\tau}{2}$，$e$ 为机床偏心鼓轮的偏心距。

$o_{j2}Q'$ 与 $o'y'$ 轴之间的夹角为基本摇台角 τ'。

8）凹齿面的刀倾角 $\Delta\alpha_{1a}$：$\Delta\alpha_{1a}=\alpha_{2dt}-\alpha_{f1a}$。

9）刀倾总角或总刀倾角 λ_{z1}：是指刀盘的轴线 $o_d'z_d'$ 与摇台的轴线 o_2z_{20} 之间的夹角。见式(7.1-21)。

10）刀倾方向角 ϑ：Q' 是 Q 在基准平面上的投影，D' 是 o_d' 在基准平面上的投影。基准平面与坐标面 $x_{20}y_{20}$ 平行。在坐标系 $o_2x_{20}y_{20}z_{20}$ 中，$\overline{Q'D'}$ 在 o_2x_{20} 轴上的坐标值与 $\overline{Q'D'}$ 在 o_2y_{20} 轴上的坐标值之比等于 $\vec{z_d'}\cdot\vec{x_{20}}$ 与 $\vec{z_d'}\cdot\vec{y_{20}}$ 之比。因此 $\tan\vartheta_1=-\dfrac{\vec{z_d'}\cdot\vec{y_{20}}}{\vec{z_d'}\cdot\vec{x_{20}}}=-\dfrac{\cos\delta_{2c}\tan\Delta\alpha_{1a}+\sin\delta_{2c}\sin\beta_{2c}}{\cos\beta_{2c}}$。刀倾方向角

$$\vartheta=\vartheta_1-(\pi-\tau-\xi) \tag{7.1-41}$$

7.1.2.2 凸齿面的方程

当刀齿角 α_{2da} 大于凸齿面的压力角 α_{f1t} 时，刀盘的轴线要倾斜一个角度 $\Delta\alpha_{1t}=\alpha_{2da}-\alpha_{f1t}$。倾斜的方向与图 7.1-4 中凹齿面的倾斜方向相反。

刀盘修正后的名义半径为 r_{2dx}。刀尖半径 r_{2ct} 及 r_{2dt}、$\overline{Qo_d}$ 的计算公式与式(7.1-23)、式(7.1-24)、式(7.1-25)相同。

在坐标系 $o'_d x'_d y'_d z'_d$ 中，刀齿上一点 M 的坐标如式(7.1-27)所示。M 点的坐标是参数 τ_{2d} 和 h_{2d} 的函数。h_{2d} 为由刀齿的齿顶算起的高度。

坐标系 $o_d x'_d y'_d z'_d$ 和坐标系 $o_d x_d y_d z_d$ 之间的坐标变换为

$$\begin{bmatrix} x_d \\ y_d \\ z_d \end{bmatrix}=\begin{bmatrix} \cos\Delta\alpha_{1t} & 0 & \sin\Delta\alpha_{1t} \\ 0 & 1 & 0 \\ -\sin\Delta\alpha_{1t} & 0 & \cos\Delta\alpha_{1t} \end{bmatrix}\begin{bmatrix} x'_d \\ y'_d \\ z'_d \end{bmatrix}+\begin{bmatrix} A'' \\ 0 \\ -B'' \end{bmatrix} \tag{7.1-42}$$

式中，A'' 为 o'_d 到坐标轴 $o_d z_d$ 的距离，$A''=r_{2dx}\cos\Delta\alpha_{1a}-r_{2dt}$；$B''$ 为 o'_d 到坐标轴 $o_d x_d$ 的距离，$B''=r_{2dx}\sin\Delta\alpha_{1t}$。

坐标系 $o_d x_d y_d z_d$ 与坐标系 $Px_t y_t z_t$ 之间的坐标变换如式(7.1-33)。

其他计算公式与左旋齿凸齿面的公式形式相同，只是要将 r_{2ca}、r_{2da}、β_{f1a} 换为 r_{2ct}、r_{2dt}、β_{f1t}。产形齿轮的 R_{2c}、δ_{2c}、β_{2c} 以及刀盘的名义半径 r_{2d} 的计算公式将在 7.3 节中给出。

7.2 摆线收缩齿修形准双曲面小齿轮的齿面方程

7.2.1 右旋齿修形准双曲面小齿轮的齿面方程

7.2.1.1 凹齿面的方程

图 7.2-1 所示的安装平面与图 7.1-1 中的安装平面相同。

刀齿位于坐标面 $x_p z_p$ 内，在坐标系 $Px_p y_p z_p$ 内，由图 7.1-2，刀齿上一点 M 的坐标为

$$\begin{cases} x_p=\overline{Pd}-\overline{MC'}=\dfrac{\overline{Pm}}{\cos\alpha_{2dt}}+h_{a2d}\tan\alpha_{2dt}-\overline{MC'} \\ y_p=0 \\ z_p=h_{2d}-h_{a2d} \end{cases} \tag{7.2-1}$$

MC' 如图 7.1-2 所示。$h_{2d}>\rho_{02}(1-\sin\alpha_{2da})$ 对应刀齿的直线部分，$0<h_{2d}\leqslant\rho_{02}(1-\sin\alpha_{2da})$ 对应刀齿的圆弧部分。ρ_{02} 为齿顶圆角的半径。

坐标系 $Px_p y_p z_p$ 与坐标系 $o'_d x'_d y'_d z'_d$ 固连。在坐标系 $o'_d x'_d y'_d z'_d$ 中，刀齿上一点 M 的坐标为

$$\begin{bmatrix} x'_{d} \\ y'_{d} \\ z'_{d} \end{bmatrix} = \begin{bmatrix} \cos\nu & -\sin\nu & 0 \\ \sin\nu & \cos\nu & 0 \\ 0 & 0 & 1 \end{bmatrix} \begin{bmatrix} x_{p} \\ y_{p} \\ z_{p} \end{bmatrix} - \begin{bmatrix} r'_{2d} \\ 0 \\ 0 \end{bmatrix} \tag{7.2-2}$$

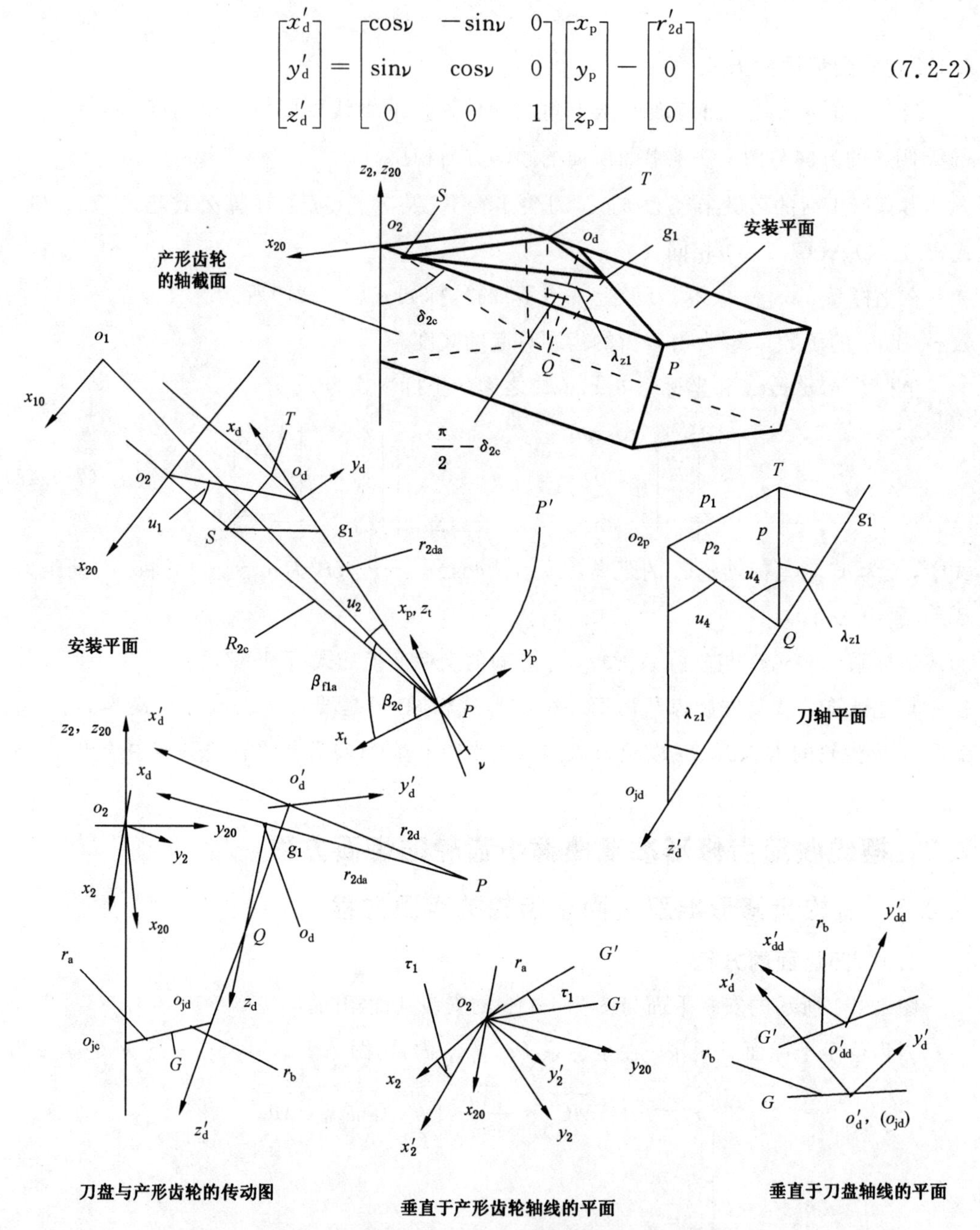

图 7.2-1　加工右旋摆线齿凹齿面时的安装平面

参照 5.2.2.1 节，刀倾角为 $\Delta\alpha_{1a}=\alpha_{2dt}-\alpha_{f1a}$，刀盘倾角为 $\Delta\alpha'_{1a}$，$\sin\dfrac{\Delta\alpha'_{1a}}{2}=\dfrac{\sin\dfrac{\Delta\alpha_{1a}}{2}}{\cos\nu}$。

仿照式(7.1-6)，坐标系 $o'_{d}x'_{d}y'_{d}z'_{d}$ 和坐标系 $o_{d}x_{d}y_{d}z_{d}$ 之间的坐标变换为

$$\begin{bmatrix} x_d \\ y_d \\ z_d \end{bmatrix} = \begin{bmatrix} \cos\Delta\alpha'_{1a} & 0 & \sin\Delta\alpha'_{1a} \\ 0 & 1 & 0 \\ -\sin\Delta\alpha'_{1a} & 0 & \cos\Delta\alpha'_{1a} \end{bmatrix} \begin{bmatrix} x'_d \\ y'_d \\ z'_d \end{bmatrix} + \begin{bmatrix} -A'' \\ 0 \\ -B'' \end{bmatrix} \tag{7.2-3}$$

式中，A''为 o'_d 到坐标轴 $o_d z_d$ 的距离；B''为 o'_d 到坐标轴 $o_d x_d$ 的距离；$A''=\overline{Po_d}-\overline{Po'_d}\cos\Delta\alpha'_{1a}=r_{2da}-r'_{2d}\cos\Delta\alpha'_{1a}$；$B''=\overline{Po'_d}\sin\Delta\alpha'_{1a}=r'_{2d}\sin\Delta\alpha'_{1a}$。

仿照式(7.1-2)，$r_{2da}=\sqrt{(U_0-h_{a2d})^2+r'^2_{2d}}\sin(t+\Delta\alpha'_{1a})$，其中 $\tan t=\dfrac{r'_{2d}}{U_0-h_{a2d}}$。

坐标系 $o_d x_d y_d z_d$ 与坐标系 $P x_t y_t z_t$ 之间的坐标变换为

$$\begin{bmatrix} x_t \\ y_t \\ z_t \end{bmatrix} = \begin{bmatrix} \sin\nu & -\cos\nu & 0 \\ 0 & 0 & -1 \\ \cos\nu & \sin\nu & 0 \end{bmatrix} \begin{bmatrix} x_d \\ y_d \\ z_d \end{bmatrix} + \begin{bmatrix} r_{2da}\sin\nu \\ 0 \\ r'_{2da}\cos\nu \end{bmatrix} \tag{7.2-4}$$

由式(7.2-3)、式(7.2-4)、式(7.1-9)，可以求得坐标系 $o'_d x'_d y'_d z'_d$ 和坐标系 $o_{20} x_{20} y_{20} z_{20}$ 之间的坐标变换为

$$\begin{bmatrix} x_{20} \\ y_{20} \\ z_{20} \end{bmatrix} = \begin{bmatrix} B_{11} & B_{12} & B_{13} \\ B_{21} & B_{22} & B_{23} \\ B_{31} & B_{32} & B_{33} \end{bmatrix} \begin{bmatrix} x'_d \\ y'_d \\ z'_d \end{bmatrix} + \begin{bmatrix} D_1 \\ D_2 \\ D_3 \end{bmatrix} \tag{7.2-5}$$

式中，$B_{11}=-\cos(\beta_{2c}+\nu)\cos\Delta\alpha'_{1a}$；$B_{12}=-\sin(\beta_{2c}+\nu)$；$B_{13}=-\cos(\beta_{2c}+\nu)\sin\Delta\alpha'$；$B_{21}=-\sin(\beta_{2c}+\nu)\sin\delta_{2c}\cos\Delta\alpha'_{1a}+\cos\delta_{2c}\sin\Delta\alpha'_{1a}$；$B_{22}=\cos(\beta_{2c}+\nu)\sin\delta_{2c}$；$B_{23}=-\sin(\beta_{2c}+\nu)\sin\delta_{2c}\sin\Delta\alpha'_{1a}-\cos\delta_{2c}\cos\Delta\alpha'_{1a}$；$B_{31}=\sin(\beta_{2c}+\nu)\cos\delta_{2c}\cos\Delta\alpha'_{1a}+\sin\delta_{2c}\sin\Delta\alpha'_{1a}$；$B_{32}=-\cos(\beta_{2c}+\nu)\cos\delta_{2c}$；$B_{33}=\sin(\beta_{2c}+\nu)\cos\delta_{2c}\sin\Delta\alpha'_{1a}-\sin\delta_{2c}\cos\Delta\alpha'_{1a}$；$D_1=(A''-r_{2da})\cos(\beta_{2c}+\nu)$；$D_2=(A''-r_{2da})\sin(\beta_{2c}+\nu)\sin\delta_{2c}+B''\cos\delta_{2c}+R_{2c}\sin\delta_{2c}$；$D_3=(r_{2da}-A'')\sin(\beta_{2c}+\nu)\cos\delta_{2c}+B''\sin\delta_{2c}-R_{2c}\cos\delta_{2c}$。

由式(7.2-3)、式(7.2-4)、式(7.1-9)、式(7.1-14)，可以求得坐标系 $o'_d x'_d y'_d z'_d$ 和坐标系 $o_2 x_2 y_2 z_2$ 之间的坐标变换为

$$\begin{bmatrix} x_2 \\ y_2 \\ z_2 \end{bmatrix} = \begin{bmatrix} A_{11} & A_{12} & A_{13} \\ A_{21} & A_{22} & A_{23} \\ A_{31} & A_{32} & A_{33} \end{bmatrix} \begin{bmatrix} x'_d \\ y'_d \\ z'_d \end{bmatrix} + \begin{bmatrix} C_1 \\ C_2 \\ C_3 \end{bmatrix} \tag{7.2-6}$$

式中，$A_{11}=B_{11}\cos\xi-B_{21}\sin\xi$；$A_{12}=B_{12}\cos\xi-B_{22}\sin\xi$；$A_{13}=B_{13}\cos\xi-B_{23}\sin\xi$；$A_{21}=B_{11}\sin\xi+B_{21}\cos\xi$；$A_{22}=B_{12}\sin\xi+B_{22}\cos\xi$；$A_{23}=B_{13}\sin\xi+B_{23}\cos\xi$；$A_{31}=B_{31}$；$A_{32}=B_{32}$；$A_{33}=B_{33}$；$C_1=D_1\cos\xi-D_2\sin\xi$；$C_2=D_1\sin\xi+D_2\cos\xi$；$C_3=D_3$。

刀盘偏置距与 $o_2 z_2$ 轴的交点为 o_{jc}，与 $o'_d z'_d$ 轴的交点为 o_{jd}。

刀盘绕着 $o'_d z'_d$ 轴回转，同时又绕着产形齿轮的轴线 $o_2 z_2$ 做行星运动。在其转化机构中，刀盘与太阳轮之间相当于一对交错轴圆柱螺旋齿轮传动。刀盘的自转角 τ_{2d} 与公转角

τ_1 之间的关系为 $\tau_{2d}=\frac{r_a}{r_b}\tau_1=\frac{z_c}{z_0}\tau_1$。其中，$\tau_1=0$ 对应节点，$\tau_1>0$ 由节点指向轮齿的大端，$\tau<0$ 由节点指向轮齿的小端。

刀倾之后，刀轴与摇台轴线的距离与非刀倾的情况一致，刀盘与产形齿轮的传动比也不改变。由式(8.1-7)，当刀齿的组数 z_0 选定之后，$\frac{r_a}{r_b}=\frac{2R_{2c}\cos\beta_{2c}}{m_n z_0}$。

产形齿轮的齿面由刀齿的自转和公转复合而成。刀盘公转一个角度 τ_1 之后，坐标系 $o_2x_2'y_2'z_2'$ 由坐标系 $o_2x_2y_2z_2$ 的位置到达的新位置，坐标系 $o_d'x_{dd}'y_{dd}'z_{dd}'$ 由坐标系 $o_d'x_d'y_d'z_d'$ 的位置到达新的位置。坐标系 $o_2x_2'y_2'z_2'$ 和坐标系 $o_d'x_{dd}'y_{dd}'z_{dd}'$ 之间的相对位置与坐标系 $o_2x_2y_2z_2$ 和坐标系 $o_d'x_d'y_d'z_d'$ 之间的相对位置是一样的。

坐标系 $o_2x_2'y'_2z_2'$ 和坐标系 $o_d'x_{dd}'y_{dd}'z_{dd}'$ 之间的坐标变换为

$$\begin{bmatrix}x_2'\\y_2'\\z_2'\end{bmatrix}=\begin{bmatrix}A_{11}&A_{12}&A_{13}\\A_{21}&A_{22}&A_{23}\\A_{31}&A_{32}&A_{33}\end{bmatrix}\begin{bmatrix}x_{dd}'\\y_{dd}'\\z_{dd}'\end{bmatrix}+\begin{bmatrix}C_1\\C_2\\C_3\end{bmatrix}\tag{7.2-7}$$

刀盘转过角度 τ_{2d} 后，刀齿上一点 M 在坐标系 $o_d'x_{dd}'y_{dd}'z_{dd}'$ 中的坐标为

$$\begin{cases}x_{dd}'=-B\cos(\tau_{2d}+t_0)\\y_{dd}'=B\sin(\tau_{2d}+t_0)\\z_{dd}'=z_d'\end{cases}\tag{7.2-8}$$

式中，$B=\sqrt{(x_d')^2+(y_d')^2}$；$t_0=\arctan\left(-\frac{y_d'}{x_d'}\right)$。

坐标系 $o_2x_2y_2z_2$ 与坐标系 $o_2x_2'y_2'z_2'$ 之间的坐标变换为

$$\begin{bmatrix}x_2\\y_2\\z_2\end{bmatrix}=\begin{bmatrix}\cos\tau_1&-\sin\tau_1&0\\\sin\tau_1&\cos\tau_1&0\\0&0&1\end{bmatrix}\begin{bmatrix}x_2'\\y_2'\\z_2'\end{bmatrix}\tag{7.2-9}$$

式中，$\tau_1=\frac{r_b}{r_a}\tau_{2d}$。

$$\begin{cases}\frac{dx_d'}{dh_{2d}}=-\zeta\cos\nu\\\frac{dy_d'}{dh_{2d}}=-\zeta\sin\nu\\\frac{dz_d'}{dh_{2d}}=1\\\frac{dt_0}{dh_{2d}}=\frac{\zeta(x_d'\sin\nu-y_d'\cos\nu)}{B^2}\\\frac{d^2t_0}{dh_{2d}^2}=\zeta^2\frac{[(x_d')^2-(y_d')^2]\sin(2\nu)-2x_d'y_d'\cos(2\nu)}{B^4}\end{cases}\tag{7.2-10}$$

当 $h_{2d} > \rho_{02}(1-\sin\alpha_{2dt})$ 时，$\zeta = \tan\alpha_{2dt}$。$0 \leqslant h_{2d} \leqslant \rho_{02}(1-\sin\alpha_{2dt})$ 时，$\zeta = \dfrac{\rho_{02} - h_{2d}}{\sqrt{2\rho_{02} h_{2d} - h_{2d}^2}}$。

$$\begin{cases} \dfrac{\partial x'_{dd}}{\partial \tau_{2d}} = B\sin(\tau_{2d} + t_0) \\ \dfrac{\partial y'_{dd}}{\partial \tau_{2d}} = B\cos(\tau_{2d} + t_0) \\ \dfrac{\partial z'_{dd}}{\partial \tau_{2d}} = 0 \end{cases} \tag{7.2-11}$$

$$\begin{cases} \dfrac{\partial x'_{dd}}{\partial h_{2d}} = \dfrac{\zeta[x'_d\cos(\tau_{2d}+t_0-\nu) - y'_d\sin(\tau_{2d}+t_0-\nu)]}{B} \\ \dfrac{\partial y'_{dd}}{\partial h_{2d}} = \dfrac{-\zeta[x'_d\sin(\tau_{2d}+t_0-\nu) + y'_d\cos(\tau_{2d}+t_0-\nu)]}{B} \\ \dfrac{\partial z'_{dd}}{\partial h_{2d}} = 1 \end{cases} \tag{7.2-12}$$

$$\begin{cases} \dfrac{\partial^2 x'_{dd}}{\partial \tau_{2d}^2} = B\cos(\tau_{2d} + t_0) \\ \dfrac{\partial^2 y'_{dd}}{\partial \tau_{2d}^2} = -B\sin(\tau_{2d} + t_0) \\ \dfrac{\partial^2 z'_{dd}}{\partial \tau_{2d}^2} = 0 \end{cases} \tag{7.2-13}$$

$$\begin{cases} \dfrac{\partial^2 x'_{dd}}{\partial \tau_{2d}\partial h_{2d}} = \dfrac{-\zeta[x'_d\sin(\tau_{2d}+t_0-\nu) + y'_d\cos(\tau_{2d}+t_0-\nu)]}{B} \\ \dfrac{\partial^2 y'_{dd}}{\partial \tau_{2d}\partial h_{2d}} = \dfrac{-\zeta[x'_d\cos(\tau_{2d}+t_0-\nu) - y'_d\sin(\tau_{2d}+t_0-\nu)]}{B} \\ \dfrac{\partial^2 z'_{dd}}{\partial \tau_{2d}\partial h_{2d}} = 0 \end{cases} \tag{7.2-14}$$

$$\begin{cases} \dfrac{\partial^2 x'_{dd}}{\partial h_{2d}^2} = B\left[\dfrac{d^2 t_0}{dh_{2d}^2}\sin(\tau_{2d}+t_0) + \left(\dfrac{dt_0}{dh_{2d}}\right)^2\cos(\tau_{2d}+t_0)\right] - \\ \qquad \dfrac{2(x'_d\cos\nu + y'_d\sin\nu)}{B}\dfrac{dt_0}{dh_{2d}}\zeta\sin(\tau_{2d}+t_0) - \\ \qquad \dfrac{(x'_d)^2 + (y'_d)^2 - (x'_d\cos\nu + y'_d\sin\nu)^2}{B^3}\zeta^2\cos(\tau_{2d}+t_0) \\ \dfrac{\partial^2 y'_{dd}}{\partial h_{2d}^2} = B\left[\dfrac{d^2 t_0}{dh_{2d}^2}\cos(\tau_{2d}+t_0) - \left(\dfrac{dt_0}{dh_{2d}}\right)^2\sin(\tau_{2d}+t_0)\right] - \\ \qquad \dfrac{2(x'_d\cos\nu + y'_d\sin\nu)}{B}\dfrac{dt_0}{dh_{2d}}\zeta\cos(\tau_{2d}+t_0) + \\ \qquad \dfrac{(x'_d)^2 + (y'_d)^2 - (x'_d\cos\nu + y'_d\sin\nu)^2}{B^3}\zeta^2\sin(\tau_{2d}+t_0) \\ \dfrac{\partial^2 z'_{dd}}{\partial h_{2d}^2} = 0 \end{cases} \tag{7.2-15}$$

$$\begin{bmatrix}\dfrac{\partial x_2}{\partial \tau_{2d}}\\ \dfrac{\partial y_2}{\partial \tau_{2d}}\\ \dfrac{\partial z_2}{\partial \tau_{2d}}\end{bmatrix}=\begin{bmatrix}-\dfrac{r_b}{r_a}\sin\tau_1 & -\dfrac{r_b}{r_a}\cos\tau_1 & 0\\ \dfrac{r_b}{r_a}\cos\tau_1 & -\dfrac{r_b}{r_a}\sin\tau_1 & 0\\ 0 & 0 & 0\end{bmatrix}\begin{bmatrix}A_{11} & A_{12} & A_{13}\\ A_{21} & A_{22} & A_{23}\\ A_{31} & A_{32} & A_{33}\end{bmatrix}\begin{bmatrix}x'_{dd}\\ y'_{dd}\\ z'_{dd}\end{bmatrix}+$$

$$\begin{bmatrix}\cos\tau_1 & -\sin\tau_1 & 0\\ \sin\tau_1 & \cos\tau_1 & 0\\ 0 & 0 & 1\end{bmatrix}\begin{bmatrix}A_{11} & A_{12} & A_{13}\\ A_{21} & A_{22} & A_{23}\\ A_{31} & A_{32} & A_{33}\end{bmatrix}\begin{bmatrix}\dfrac{\partial x'_{dd}}{\partial \tau_{2d}}\\ \dfrac{\partial y'_{dd}}{\partial \tau_{2d}}\\ \dfrac{\partial z'_{dd}}{\partial \tau_{2d}}\end{bmatrix}-\begin{bmatrix}\dfrac{r_b}{r_a}(C_1\sin\tau_1+C_2\cos\tau_1)\\ \dfrac{r_b}{r_a}(-C_1\cos\tau_1+C_2\sin\tau_1)\\ 0\end{bmatrix} \tag{7.2-16}$$

$$\begin{bmatrix}\dfrac{\partial x_2}{\partial h_{2d}}\\ \dfrac{\partial y_2}{\partial h_{2d}}\\ \dfrac{\partial z_2}{\partial h_{2d}}\end{bmatrix}=\begin{bmatrix}\cos\tau_1 & -\sin\tau_1 & 0\\ \sin\tau_1 & \cos\tau_1 & 0\\ 0 & 0 & 1\end{bmatrix}\begin{bmatrix}A_{11} & A_{12} & A_{13}\\ A_{21} & A_{22} & A_{23}\\ A_{31} & A_{32} & A_{33}\end{bmatrix}\begin{bmatrix}\dfrac{\partial x'_{dd}}{\partial h_{2d}}\\ \dfrac{\partial y'_{dd}}{\partial h_{2d}}\\ \dfrac{\partial z'_{dd}}{\partial h_{2d}}\end{bmatrix} \tag{7.2-17}$$

$$\begin{bmatrix}\dfrac{\partial^2 x_2}{\partial \tau_{2d}^2}\\ \dfrac{\partial^2 y_2}{\partial \tau_{2d}^2}\\ \dfrac{\partial^2 z_2}{\partial \tau_{2d}^2}\end{bmatrix}=\begin{bmatrix}-\left(\dfrac{r_b}{r_a}\right)^2\cos\tau_1 & \left(\dfrac{r_b}{r_a}\right)^2\sin\tau_1 & 0\\ -\left(\dfrac{r_b}{r_a}\right)^2\sin\tau_1 & -\left(\dfrac{r_b}{r_a}\right)^2\cos\tau_1 & 0\\ 0 & 0 & 0\end{bmatrix}\begin{bmatrix}A_{11} & A_{12} & A_{13}\\ A_{21} & A_{22} & A_{23}\\ A_{31} & A_{32} & A_{33}\end{bmatrix}\begin{bmatrix}x'_{dd}\\ y'_{dd}\\ z'_{dd}\end{bmatrix}+$$

$$2\begin{bmatrix}-\dfrac{r_b}{r_a}\sin\tau_1 & -\dfrac{r_b}{r_a}\cos\tau_1 & 0\\ \dfrac{r_b}{r_a}\cos\tau_1 & -\dfrac{r_b}{r_a}\sin\tau_1 & 0\\ 0 & 0 & 0\end{bmatrix}\begin{bmatrix}A_{11} & A_{12} & A_{13}\\ A_{21} & A_{22} & A_{23}\\ A_{31} & A_{32} & A_{33}\end{bmatrix}\begin{bmatrix}\dfrac{\partial x'_{dd}}{\partial \tau_{2d}}\\ \dfrac{\partial y'_{dd}}{\partial \tau_{2d}}\\ \dfrac{\partial z'_{dd}}{\partial \tau_{2d}}\end{bmatrix}+$$

$$\begin{bmatrix}\cos\tau_1 & -\sin\tau_1 & 0\\ \sin\tau_1 & \cos\tau_1 & 0\\ 0 & 0 & 1\end{bmatrix}\begin{bmatrix}A_{11} & A_{12} & A_{13}\\ A_{21} & A_{22} & A_{23}\\ A_{31} & A_{32} & A_{33}\end{bmatrix}\begin{bmatrix}\dfrac{\partial^2 x'_{dd}}{\partial \tau_{2d}^2}\\ \dfrac{\partial^2 y'_{dd}}{\partial \tau_{2d}^2}\\ \dfrac{\partial^2 z'_{dd}}{\partial \tau_{2d}^2}\end{bmatrix}-\begin{bmatrix}\left(\dfrac{r_b}{r_a}\right)^2(C_1\cos\tau_1-C_2\sin\tau_1)\\ \left(\dfrac{r_b}{r_a}\right)^2(C_1\sin\tau_1+C_2\cos\tau_1)\\ 0\end{bmatrix} \tag{7.2-18}$$

$$
\begin{bmatrix} \dfrac{\partial^2 x_2}{\partial\tau_{2d}\partial h_{2d}} \\ \dfrac{\partial^2 y_2}{\partial\tau_{2d}\partial h_{2d}} \\ \dfrac{\partial^2 z_2}{\partial\tau_{2d}\partial h_{2d}} \end{bmatrix} = \begin{bmatrix} -\dfrac{r_b}{r_a}\sin\tau_1 & -\dfrac{r_b}{r_a}\cos\tau_1 & 0 \\ \dfrac{r_b}{r_a}\cos\tau_1 & -\dfrac{r_b}{r_a}\sin\tau_1 & 0 \\ 0 & 0 & 0 \end{bmatrix} \begin{bmatrix} A_{11} & A_{12} & A_{13} \\ A_{21} & A_{22} & A_{23} \\ A_{31} & A_{32} & A_{33} \end{bmatrix} \begin{bmatrix} \dfrac{\partial x'_{dd}}{\partial h_{2d}} \\ \dfrac{\partial y'_{dd}}{\partial h_{2d}} \\ \dfrac{\partial z'_{dd}}{\partial h_{2d}} \end{bmatrix} +
$$

$$
\begin{bmatrix} \cos\tau_1 & -\sin\tau_1 & 0 \\ \sin\tau_1 & \cos\tau_1 & 0 \\ 0 & 0 & 1 \end{bmatrix} \begin{bmatrix} A_{11} & A_{12} & A_{13} \\ A_{21} & A_{22} & A_{23} \\ A_{31} & A_{32} & A_{33} \end{bmatrix} \begin{bmatrix} \dfrac{\partial^2 x'_{dd}}{\partial\tau_{2d}\partial h_{2d}} \\ \dfrac{\partial^2 y'_{dd}}{\partial\tau_{2d}\partial h_{2d}} \\ \dfrac{\partial^2 z'_{dd}}{\partial\tau_{2d}\partial h_{2d}} \end{bmatrix} \tag{7.2-19}
$$

$$
\begin{bmatrix} \dfrac{\partial^2 x_2}{\partial h_{2d}^2} \\ \dfrac{\partial^2 y_2}{\partial h_{2d}^2} \\ \dfrac{\partial^2 z_2}{\partial h_{2d}^2} \end{bmatrix} = \begin{bmatrix} \cos\tau_1 & -\sin\tau_1 & 0 \\ \sin\tau_1 & \cos\tau_1 & 0 \\ 0 & 0 & 1 \end{bmatrix} \begin{bmatrix} A_{11} & A_{12} & A_{13} \\ A_{21} & A_{22} & A_{23} \\ A_{31} & A_{32} & A_{33} \end{bmatrix} \begin{bmatrix} \dfrac{\partial^2 x'_{dd}}{\partial h_{2d}^2} \\ \dfrac{\partial^2 y'_{dd}}{\partial h_{2d}^2} \\ \dfrac{\partial^2 z'_{dd}}{\partial h_{2d}^2} \end{bmatrix} \tag{7.2-20}
$$

过节点 P 并与刀齿平行的直线是假想刀齿，假想刀齿的运动形成产形齿轮的假想齿面。在坐标系 $Px_py_pz_p$ 中，假想刀齿的坐标为

$$
\begin{cases} x_p = -(h_{2d} - h_{a2d})\tan\alpha_{2dt} \\ y_p = 0 \\ z_p = h_{2d} - h_{a2d} \end{cases} \tag{7.2-21}
$$

在坐标系 $o'_d x'_d y'_d z'_d$ 中，假想刀齿的坐标为

$$
\begin{cases} x'_d = -r'_{2d} - (h_{2d} - h_{a2d})\tan\alpha_{2dt}\cos\nu \\ y'_d = -(h_{2d} - h_{a2d})\tan\alpha_{2dt}\sin\nu \\ z'_d = h_{2d} - h_{a2d} \end{cases} \tag{7.2-22}
$$

$$
\begin{cases} \dfrac{dx'_d}{dh_{2d}} = -\tan\alpha_{2dt}\cos\nu \\ \dfrac{dy'_d}{dh_{2d}} = -\tan\alpha_{2dt}\sin\nu \\ \dfrac{dz'_d}{dh_{2d}} = 1 \end{cases} \tag{7.2-23}
$$

运用式(7.2-7)～式(7.2-15)可以求得假想刀齿在坐标系 $o'_d x'_{dd} y'_{dd} z'_{dd}$ 中的坐标及其各阶偏导数。运用式(7.2-16)～式(7.2-20)可以求得假想刀齿在坐标系 $o_2 x_2 y_2 z_2$ 中的各阶偏导数。在上述诸式中，将 ζ 用 $\tan\alpha_{2dt}$ 代替。

当刀齿做行星运动时，假想齿面与产形齿轮的节锥面有一条交线，称为齿线。齿线满

足的条件是

$$\sqrt{x_2^2+y_2^2}=-z_2\ \tan\ \delta_{2c} \tag{7.2-24}$$

由式(7.2-24)可以求得参数 τ_{2d} 和 h_{2d} 的关系式，在式(7.2-9)中消去参数 h_{2d}，可以得到齿线的方程。齿线方程的参数是 τ_{2d}。

将公式$\dfrac{\partial f(\tau_{2d},h_{2d})}{\partial \tau_{2d}}+\dfrac{\partial f(\tau_{2d},h_{2d})}{\partial \tau_{2d}}\dfrac{\mathrm{d}h_{2d}}{\mathrm{d}\tau_{2d}}=0$ 作用于式(7.2-24)得

$$\left[x_2\ \frac{\partial x_2}{\partial h_{2d}}+y_2\ \frac{\partial y_2}{\partial h_{2d}}-z_2\ \frac{\partial z_2}{\partial h_{2d}}\tan^2\delta_{2c}\right]\frac{\mathrm{d}h_{2d}}{\mathrm{d}\tau_{2d}}+x_2\ \frac{\partial x_2}{\partial \tau_{2d}}+y_2\ \frac{\partial y_2}{\partial \tau_{2d}}-z_2\ \frac{\partial z_2}{\partial \tau_{2d}}\tan^2\delta_{2c}=0 \tag{7.2-25}$$

由上式可以解出$\dfrac{\mathrm{d}h_{2d}}{\mathrm{d}\tau_{2d}}$。

将公式$\dfrac{\partial f(\tau_{2d},h_{2d})}{\partial \tau_{2d}}+\dfrac{\partial f(\tau_{2d},h_{2d})}{\partial h_{2d}}\dfrac{\mathrm{d}h_{2d}}{\mathrm{d}\tau_{2d}}=0$ 作用于式(7.2-25)得

$$\begin{aligned}&\left(x_2\ \frac{\partial x_2}{\partial h_{2d}}+y_2\ \frac{\partial z_2}{\partial h_{2d}}-z_2\ \frac{\partial x_2}{\partial h_{2d}}\tan^2\delta_{2c}\right)\frac{\mathrm{d}^2h_{2d}}{\mathrm{d}\tau_{2d}^2}+2\left[\frac{\partial x_2}{\partial \tau_{2d}}\frac{\partial x_2}{\partial h_{2d}}+\frac{\partial y_2}{\partial \tau_{2d}}\frac{\partial y_2}{\partial h_{2d}}+x_2\ \frac{\partial^2 x_2}{\partial \tau_{2d}\partial h_{2d}}+\right.\\&\left.y_2\ \frac{\partial^2 y_2}{\partial \tau_{2d}\partial h_{2d}}-\left(\frac{\partial z_2}{\partial \tau_{2d}}\frac{\partial z_2}{\partial h_{2d}}+z_2\ \frac{\partial^2 z_2}{\partial \tau_{2d}\partial h_{2d}}\right)\tan^2\delta_{2c}\right]\frac{\mathrm{d}h_{2d}}{\mathrm{d}\tau_{2d}}+\left(\frac{\partial x_2}{\partial \tau_{2d}}\right)^2+\left(\frac{\partial y_2}{\partial \tau_{2d}}\right)^2+\\&x_2\ \frac{\partial^2 x_2}{\partial \tau_{2d}^2}+y_2\ \frac{\partial^2 y_2}{\partial \tau_{2d}^2}-\left[\left(\frac{\partial z_2}{\partial \tau_{2d}}\right)^2+z_2\ \frac{\partial^2 z_2}{\partial \tau_{2d}^2}\right]\tan^2\delta_{2c}+\left\{\left(\frac{\partial x_2}{\partial h_{2d}}\right)^2+\left(\frac{\partial y_2}{\partial h_{2d}}\right)^2+\right.\\&\left.x_2\ \frac{\partial^2 x_2}{\partial h_{2d}^2}+y_2\ \frac{\partial^2 y_2}{\partial h_{2d}^2}-\left[\left(\frac{\partial z_2}{\partial h_{2d}}\right)^2+z_2\ \frac{\partial^2 z_2}{\partial h_{2d}^2}\right]\tan^2\delta_{2c}\right\}\left(\frac{\mathrm{d}h_{2d}}{\mathrm{d}\tau_{2d}}\right)^2=0\end{aligned} \tag{7.2-26}$$

由上式可以解出$\dfrac{\mathrm{d}^2h_{2d}}{\mathrm{d}\tau_{2d}^2}$。

齿线的一阶导数

$$\begin{cases}\dot{x}_2=\dfrac{\mathrm{d}x_2}{\mathrm{d}\tau_{2d}}=\dfrac{\partial x_2}{\partial h_{2d}}\dfrac{\mathrm{d}h_{2d}}{\mathrm{d}\tau_{2d}}+\dfrac{\partial x_2}{\partial \tau_{2d}}\\ \dot{y}_2=\dfrac{\mathrm{d}y_2}{\mathrm{d}\tau_{2d}}=\dfrac{\partial y_2}{\partial h_{2d}}\dfrac{\mathrm{d}h_{2d}}{\mathrm{d}\tau_{2d}}+\dfrac{\partial y_2}{\partial \tau_{2d}}\\ \dot{z}_2=\dfrac{\mathrm{d}z_2}{\mathrm{d}\tau_{2d}}=\dfrac{\partial z_2}{\partial h_{2d}}\dfrac{\mathrm{d}h_{2d}}{\mathrm{d}\tau_{2d}}+\dfrac{\partial z_2}{\partial \tau_{2d}}\end{cases} \tag{7.2-27}$$

齿线的二阶导数

$$\begin{cases}\ddot{x}_2=\dfrac{\mathrm{d}^2x_2}{\mathrm{d}\tau_{2d}^2}=\left(\dfrac{\partial^2 x_2}{\partial h_{2d}^2}\dfrac{\mathrm{d}h_{2d}}{\mathrm{d}\tau_{2d}}+2\ \dfrac{\partial^2 x_2}{\partial h_{2d}\partial \tau_{2d}}\right)\dfrac{\mathrm{d}h_{2d}}{\mathrm{d}\tau_{2d}}+\dfrac{\partial x_2}{\partial h_{2d}}\dfrac{\mathrm{d}^2h_{2d}}{\mathrm{d}\tau_{2d}^2}+\dfrac{\partial^2 x_2}{\partial \tau_{2d}^2}\\ \ddot{y}_2=\dfrac{\mathrm{d}^2y_2}{\mathrm{d}\tau_{2d}^2}=\left(\dfrac{\partial^2 y_2}{\partial h_{2d}^2}\dfrac{\mathrm{d}h_{2d}}{\mathrm{d}\tau_{2d}}+2\ \dfrac{\partial^2 y_2}{\partial h_{2d}\partial \tau_{2d}}\right)\dfrac{\mathrm{d}h_{2d}}{\mathrm{d}\tau_{2d}}+\dfrac{\partial y_2}{\partial h_{2d}}\dfrac{\mathrm{d}^2h_{2d}}{\mathrm{d}\tau_{2d}^2}+\dfrac{\partial^2 y_2}{\partial \tau_{2d}^2}\\ \ddot{z}_2=\dfrac{\mathrm{d}^2z_2}{\mathrm{d}\tau_{2d}^2}=\left(\dfrac{\partial^2 z_2}{\partial h_{2d}^2}\dfrac{\mathrm{d}h_{2d}}{\mathrm{d}\tau_{2d}}+2\ \dfrac{\partial^2 z_2}{\partial h_{2d}\partial \tau_{2d}}\right)\dfrac{\mathrm{d}h_{2d}}{\mathrm{d}\tau_{2d}}+\dfrac{\partial z_2}{\partial h_{2d}}\dfrac{\mathrm{d}^2h_{2d}}{\mathrm{d}\tau_{2d}^2}+\dfrac{\partial^2 z_2}{\partial \tau_{2d}^2}\end{cases} \tag{7.2-28}$$

P 点的参数 $\tau_{2d}=0$、$h_{2d}=h_{a2d}$。由式(7.2-22)，$x'_d=-r'_{2d}$，$y'_d=0$，$z'_d=0$。此时 $t_0=0$，$\dfrac{dt_0}{dh_{2d}}=-\dfrac{\sin\nu\tan\alpha_{2dt}}{r'_{2d}}$，$\dfrac{d^2t_0}{dh_{2d}^2}=\dfrac{2\sin\nu\cos\nu\tan^2\alpha_{2dt}}{r'^2_{2d}}$。

$$\begin{cases} x'_{dd}=-r'_{2d} \\ y'_{dd}=0 \\ z'_{dd}=0 \end{cases} \tag{7.2-29}$$

$$\begin{cases} \dfrac{\partial x'_{dd}}{\partial \tau_{2d}}=0 \\ \dfrac{\partial y'_{dd}}{\partial \tau_{2d}}=r'_{2d} \\ \dfrac{\partial z'_{dd}}{\partial \tau_{2d}}=0 \end{cases} \tag{7.2-30}$$

$$\begin{cases} \dfrac{\partial x'_{dd}}{\partial h_{2d}}=-\cos\nu\tan\alpha_{2dt} \\ \dfrac{\partial y'_{dd}}{\partial h_{2d}}=-\sin\nu\tan\alpha_{2dt} \\ \dfrac{\partial z'_{dd}}{\partial h_{2d}}=1 \end{cases} \tag{7.2-31}$$

$$\begin{cases} \dfrac{\partial^2 x'_{dd}}{\partial \tau_{2d}^2}=r'_{2d} \\ \dfrac{\partial^2 y'_{dd}}{\partial \tau_{2d}^2}=0 \\ \dfrac{\partial^2 z'_{dd}}{\partial \tau_{2d}^2}=0 \end{cases} \tag{7.2-32}$$

$$\begin{cases} \dfrac{\partial^2 x'_{dd}}{\partial \tau_{2d}\partial h_{2d}}=-\sin\nu\tan\alpha_{2dt} \\ \dfrac{\partial^2 y'_{dd}}{\partial \tau_{2d}\partial h_{2d}}=\cos\nu\tan\alpha_{2dt} \\ \dfrac{\partial^2 z'_{dd}}{\partial \tau_{2d}\partial h_{2d}}=0 \end{cases} \tag{7.2-33}$$

$$\begin{cases} \dfrac{\partial^2 x'_{dd}}{\partial h_{2d}^2}=0 \\ \dfrac{\partial^2 y'_{dd}}{\partial h_{2d}^2}=0 \\ \dfrac{\partial^2 z'_{dd}}{\partial h_{2d}^2}=0 \end{cases} \tag{7.2-34}$$

$$
\begin{cases}
x_2 = C_1 - A_{11} r'_{2d} \\
y_2 = C_2 - A_{21} r'_{2d} \\
z_2 = C_3 - A_{31} r'_{2d}
\end{cases}
\tag{7.2-35}
$$

$$
\begin{cases}
\dfrac{\partial x_2}{\partial \tau_{2d}} = A_{12} r'_{2d} + \dfrac{r'_b}{r_a}(r'_{2d} A_{21} - C_2) \\
\dfrac{\partial y_2}{\partial \tau_{2d}} = A_{22} r'_{2d} + \dfrac{r'_b}{r_a}(C_1 - r'_{2d} A_{11}) \\
\dfrac{\partial z_2}{\partial \tau_{2d}} = A_{32} r'_{2d}
\end{cases}
\tag{7.2-36}
$$

$$
\begin{cases}
\dfrac{\partial x_2}{\partial h_{2d}} = A_{13} - (A_{11}\cos\nu + A_{12}\sin\nu)\tan\alpha_{2dt} \\
\dfrac{\partial y_2}{\partial h_{2d}} = A_{23} - (A_{21}\cos\nu + A_{22}\sin\nu)\tan\alpha_{2dt} \\
\dfrac{\partial z_2}{\partial h_{2d}} = A_{33} - (A_{31}\cos\nu + A_{32}\sin\nu)\tan\alpha_{2dt}
\end{cases}
\tag{7.2-37}
$$

$$
\begin{cases}
\dfrac{\partial^2 x_2}{\partial \tau_{2d}^2} = \left(\dfrac{r_b}{r_a}\right)^2 (A_{11} r'_{2d} - C_1) + \left(A_{11} - 2\dfrac{r_b}{r_a} A_{22}\right) r'_{2d} \\
\dfrac{\partial^2 y_2}{\partial \tau_{2d}^2} = \left(\dfrac{r_b}{r_a}\right)^2 (A_{21} r'_{2d} - C_2) + \left(A_{21} + 2\dfrac{r_b}{r_a} A_{12}\right) r'_{2d} \\
\dfrac{\partial^2 z_2}{\partial \tau_{2d}^2} = A_{31} r'_{2d}
\end{cases}
\tag{7.2-38}
$$

$$
\begin{cases}
\dfrac{\partial^2 x_2}{\partial \tau_{2d}\partial h_{2d}} = \left[\left(A_{12} + \dfrac{r_b}{r_a} A_{21}\right)\cos\nu - \left(A_{11} - \dfrac{r_b}{r_a} A_{22}\right)\sin\nu\right]\tan\alpha_{2dt} - \dfrac{r_b}{r_a} A_{23} \\
\dfrac{\partial^2 y_2}{\partial \tau_{2d}\partial h_{2d}} = \left[\left(A_{22} - \dfrac{r_b}{r_a} A_{11}\right)\cos\nu - \left(A_{21} + \dfrac{r_b}{r_a} A_{12}\right)\sin\nu\right]\tan\alpha_{2dt} + \dfrac{r_b}{r_a} A_{13} \\
\dfrac{\partial^2 z_2}{\partial \tau_{2d}\partial h_{2d}} = (A_{32}\cos\nu - A_{31}\sin\nu)\tan\alpha_{2dt}
\end{cases}
\tag{7.2-39}
$$

$$
\begin{cases}
\dfrac{\partial^2 x_2}{\partial h_{2d}^2} = 0 \\
\dfrac{\partial^2 y_2}{\partial h_{2d}^2} = 0 \\
\dfrac{\partial^2 z_2}{\partial h_{2d}^2} = 0
\end{cases}
\tag{7.2-40}
$$

由式(7.2-25)得

$$
\frac{dh_{2d}}{d\tau_{2d}} = \frac{x_2 \dfrac{\partial x_2}{\partial \tau_{2d}} + y_2 \dfrac{\partial y_2}{\partial \tau_{2d}} - z_2 \dfrac{\partial z_2}{\partial \tau_{2d}} \tan^2\delta_{2c}}{z_2 \dfrac{\partial z_2}{\partial h_{2d}} \tan^2\delta_{2c} - x_2 \dfrac{\partial x_2}{\partial h_{2d}} - y_2 \dfrac{\partial y_2}{\partial h_{2d}}}
\tag{7.2-41}
$$

由式(7.2-26)得

$$\frac{d^2 h_{2d}}{d\tau_{2d}^2}=\frac{k_h}{z_2\dfrac{\partial z_2}{\partial h_{2d}}\tan^2\delta_{2c}-x_2\dfrac{\partial x_2}{\partial h_{2d}}-y_2\dfrac{\partial y_2}{\partial h_{2d}}} \tag{7.2-42}$$

式中，$k_h=2\Big[\dfrac{\partial x_2}{\partial\tau_{2d}}\dfrac{\partial x_2}{\partial h_{2d}}+\dfrac{\partial y_2}{\partial\tau_{2d}}\dfrac{\partial y_2}{\partial h_{2d}}-\Big(\dfrac{\partial z_2}{\partial\tau_{2d}}\dfrac{\partial z_2}{\partial h_{2d}}+z_2\dfrac{\partial^2 z_2}{\partial\tau_{2d}\partial h_{2d}}\Big)\tan^2\delta_{2c}+x_2\dfrac{\partial^2 x_2}{\partial\tau_{2d}\partial h_{2d}}+$

$y_2\dfrac{\partial^2 y_2}{\partial\tau_{2d}\partial h_{2d}}\Big]\dfrac{dh_{2d}}{d\tau_{2d}}-\Big[\Big(\Big(\dfrac{\partial z_2}{\partial\tau_{2d}}\Big)^2+z_2\dfrac{\partial^2 z_2}{\partial\tau_{2d}^2}\Big)\tan^2\delta_{2c}+\Big(\dfrac{\partial x_2}{\partial\tau_{2d}}\Big)^2+\Big(\dfrac{\partial y_2}{\partial\tau_{2d}}\Big)^2+x_2\dfrac{\partial^2 x_2}{\partial\tau_{2d}^2}+$

$y_2\dfrac{\partial^2 y_2}{\partial\tau_{2d}^2}+\Big[\Big(\dfrac{\partial x_2}{\partial h_{2d}}\Big)^2+\Big(\dfrac{\partial y_2}{\partial h_{2d}}\Big)^2-\Big(\dfrac{\partial z_2}{\partial h_{2d}}\Big)^2\tan^2\delta_{2c}\Big]\Big(\dfrac{dh_{2d}}{d\tau_{2d}}\Big)^2$。

在节点 P，齿线的曲率

$$\kappa_c\big|_{\tau_{2d=0}}=\sqrt{\frac{(\ddot{x}_2^2+\ddot{y}_2^2+\ddot{z}_2^2)^2-(\dot{x}_2\ddot{x}_2+\dot{y}_2\ddot{y}_2+\dot{z}_2\ddot{z}_2)^2}{(\dot{x}_2^2+\dot{y}_2^2+\dot{z}_2^2)^3}} \tag{7.2-43}$$

齿线的曲率半径

$$r_{2c}^{(0)}=\frac{1}{\kappa_c\big|_{\tau_{2d=0}}} \tag{7.2-44}$$

在刀齿角 α_{2dt} 已知的情况下，$r_{2c}^{(0)}$ 中的参数是 R_{2c}、β_{2c}、δ_{2c}、r'_{2d} 和 ν。

由 7.1.1 节的分析，加工摆线齿小齿轮时，$r_{2c}^{(0)}$ 取加工圆弧齿小齿轮的刀盘名义半径 r_{2dx}。R_{2c}、β_{2c}、δ_{2c} 与加工圆弧齿小齿轮时的取值相同。当刀齿方向角 ν 给定后，由式(7.2-44)可求得加工摆线齿小齿轮的刀盘名义半径 r'_{2d}。

产形齿轮的轴线与刀盘的轴线之间的距离称为刀盘偏置距 r_a+r_b。刀倾后，r_a、r_b 不能由式(8.1-7)求出。但刀倾与否，$\dfrac{r_b}{r_a}$ 不变。由式(8.1-7)，$\dfrac{r_a}{r_b}=\dfrac{2R_{1c}\cos\beta_{1c}}{m_n z_0}$。以下给出 r_a+r_b 的求法。

图 7.2-1 中，过节点 P 的产形齿轮的轴截面与安装平面垂直。$\overline{Qo'_d}=U_0-h_{a2d}$，由式(7.1-3)，$\overline{Qo_d}=\sqrt{(U_0-h_{a2d})^2+r'^2_{2d}}\cos(t+\Delta\alpha'_{1a})$。$g_1$ 为 $o'_d z'_d$ 轴与安装平面的交点，$\overline{o_d g_1}=\overline{Qo_d}\tan\Delta\alpha'_{1a}$。$\overline{Qg_1}=\dfrac{\overline{Qo_d}}{\cos\Delta\alpha'_{1a}}$。过 Q 做 $o_2 z_{20}$ 轴的平行线 QT 交安装平面于 T 点，$\overline{QT}=\dfrac{\overline{Qo_d}}{\sin\delta_{2c}}$，$QT$ 与 Qo_d 的夹角为 $\dfrac{\pi}{2}-\delta_{2c}$。

$\overline{To_d}=\dfrac{\overline{Qo_d}}{\tan\delta_{2c}}$。在安装平面上求得 $\overline{Tg_1}=\sqrt{(\overline{o_d g_1}\sin u_2)^2+[\overline{To_d}+\overline{o_d g_1}\cos u_2]^2}$，$\overline{o_2 o_d}=\sqrt{R_{2c}^2+r_{2da}^2-2R_{2c}r_{2da}\cos u_2}$，$u_2=\dfrac{\pi}{2}-\beta_{2c}-\nu$。$\overline{o_2 Q}=\sqrt{(\overline{o_2 o_d})^2+(\overline{Qo_d})^2}$。$\overline{Pg_1}=r_{2da}-\overline{o_d g_1}$。$\overline{o_2 g_1}=\sqrt{R_{2c}^2+\overline{Pg_1}-2R_{2c}\overline{Pg_1}\cos u_2}$。做 ST 线平行于坐标轴 $o_2 x_{20}$，交 $o_2 P$ 于 S 点。$\overline{ST}=r_{2da}\sin u_2$，$\overline{o_2 S}=R_{2c}-r_{2da}\cos u_2-\overline{To_d}$，$\overline{o_2 T}=\sqrt{(\overline{o_2 S})^2+(\overline{ST})^2}$。

令 $\overline{o_2 T}=a$，$\overline{o_2 g_1}=b$，$\overline{o_2 Q}=c$，$\overline{QT}=p$，$\overline{Qg_1}=q$，$\overline{Tg_1}=r$。这样，在以 o_2、T、g_1、Q 四点组成的四面体中，各边的边长都已求得。由参考文献[6]，四面体 $o_2 T g_1 Q$ 的体积为

$$V=\frac{1}{12\sqrt{2}}\sqrt{\begin{vmatrix}0 & r^2 & q^2 & a^2 & 1\\ r^2 & 0 & p^2 & b^2 & 1\\ q^2 & p^2 & 0 & c^2 & 1\\ a^2 & b^2 & c^2 & 0 & 1\\ 1 & 1 & 1 & 1 & 0\end{vmatrix}}=\frac{1}{12}[p^2r^2(a^2+c^2)+p^2q^2(a^2+b^2)+$$

$$q^2r^2(b^2+c^2)+a^2c^2(p^2+r^2-q^2)+a^2b^2(p^2+q^2-r^2)+b^2c^2(q^2+r^2-p^2)-$$

$$a^2p^2(a^2+p^2)-b^2q^2(b^2+q^2)-c^2r^2(c^2+r^2)-p^2q^2r^2]^{\frac{1}{2}} \qquad (7.2\text{-}45)$$

$\triangle Tg_1Q$ 的面积 $s=\sqrt{p_0(p_0-p)(p_0-q)(p_0-r)}$，其中 $p_0=\frac{1}{2}(p+q+r)$。设顶点 o_2 到底面$\triangle Tg_1Q$ 的高度为 h_0，因为四面体 o_2Tg_1Q 的体积又等于$\frac{1}{3}sh_0$，所以

$$h_0=\frac{3V}{\sqrt{p_0(p_0-p)(p_0-q)(p_0-\mathrm{r})}} \qquad (7.2\text{-}46)$$

式(7.2-46)是 R_{2c}、δ_{2c}、β_{2c}、r'_{2d}和 ν 的函数。由于 QT 线平行于产形齿轮的轴线 o_2z_2，Qg_1 是刀盘的轴线，所以 h_0 就是刀盘偏置距 r_a+r_b。在 7.3.1 节中，可通过调整式(7.3-3)中的 E_{1c}而改变偏置距 r_a+r_b。

在$\triangle Tg_1Q$ 中，由余弦定理，得刀倾总角 $\lambda_{z1}=\arccos\left(\frac{p^2+q^2-r^2}{2pq}\right)$。

过 o_2 点做平面 Tg_1Q 的垂线得垂足 o_{2p}。$\overline{o_{2p}T}=p_1=\sqrt{\overline{o_2T}^2-h_0^2}=\sqrt{a^2-h_0^2}$，$\overline{o_{2p}Q}=p_2=\sqrt{\overline{o_2Q}^2-h_0^2}=\sqrt{c^2-h_0^2}$。在$\triangle o_{2p}QT$ 中，由余弦定理，$u_4=\arccos\left(\frac{p^2+p_2^2-p_1^2}{2pp_2}\right)$。

$o_{2p}o_{jd}$平行于产形齿轮的轴线 o_2z_2。由正弦定理，$\overline{o_{2p}o_{jd}}=\overline{o_2o_{jc}}=\frac{p_2}{\sin\lambda_{z1}}\sin(\lambda_{z1}+u_4)$，$\overline{Qo_{jd}}=\frac{p_2}{\sin\lambda_{z1}}\sin u_4$。$\overline{o'_d o_{jd}}=\overline{Qo'_d}+\overline{Qo_{jd}}=U_0-h_{a2d}+\frac{p_2}{\sin\lambda_{z1}}\sin u_4$。这样，刀轴偏置距上的交叉点 o_{jc}、o_{jd}的位置都已确定下来。

参照 7.1.1.1 节的分析，由式(7.1-12)求得修形小齿轮与产形齿轮的轴交角 Σ_{1c}，由式(7.1-13)，求得偏置距 E_{1c}。由式(7.1-15)、式(7.1-16)、式(7.1-17)求得 b_{1d}、b_{2d}。

这样，由式(7.2-9)、式(7.2-16)及式(7.2-17)求得刀齿上的一点在坐标系 $o_2x_2y_2z_2$ 中的坐标及坐标的一阶偏导数。

在图 1.2-1 的空间啮合坐标系中，将齿轮 1 视为修形小齿轮，齿轮 2 视为产形齿轮。式(1.2-4)、式(1.2-30)中的参数代换是：$\Sigma=\Sigma_{1c}$、$E=-E_{1c}$、$b_1=b_{1d}$、$b_2=-b_{2d}$，$u_2=\tau_{2d}$，$\nu_2=h_{2d}$。给定产形齿轮的参数 τ_{2d} 和 h_{2d}，运用式(1.2-30)求得转角 φ_2。$\varphi_1=i_{1c}\varphi_2$。运用式(1.2-4)求得右旋齿修形小齿轮凹齿面的坐标。

以下是各项机床调整参数，与 7.1.1.1 节的计算公式相同。

1）小轮安装根锥角：$\gamma_{1c}=90^\circ-\Sigma_{1c}$。

2）垂直轮位：即偏置距 E_{1c}。

3）机床的滚比 i_{1c}（传动比）。

4）轮位 ΔX_1：原始小齿轮的分锥顶 o_{s1} 到机床中心 o_{j1} 的距离。

5）床位 X_{B1}。

6）刀位（径向刀位）s_{1d}。

7）刀位夹角 τ。

8）凹齿面的刀倾角 $\Delta\alpha_{1a}$：$\Delta\alpha_{1a}=\alpha_{2dt}-\alpha_{f1a}$。

9）刀倾总角或总刀倾角 λ_{z1}。

10）刀倾方向角 ϑ。

7.2.1.2 凸齿面的方程

刀齿位于坐标面 $x_p z_p$ 内，在坐标系 $Px_p y_p z_p$ 内，刀齿上一点 M 的坐标为

$$\begin{cases} x_p=\overline{MC'}-\dfrac{\overline{Pm}}{\cos\alpha_{2da}}-h_{a2d}\tan\alpha_{2da} \\ y_p=0 \\ z_p=h_{2d}-h_{a2d} \end{cases} \tag{7.2-47}$$

式中，$h_{2d}>\rho_{02}(1-\sin\alpha_{2da})$ 对应刀齿的直线部分，$\overline{MC'}=h_{2d}\tan\alpha_{2da}$；$0<h_{2d}\leqslant\rho_{02}(1-\sin\alpha_{2da})$ 对应刀齿的圆角部分，$\overline{MC'}=\sqrt{2\rho_{02}h_{2d}-h_{2d}^2}-\dfrac{\rho_{02}}{\tan\lambda_0}$，$\lambda_0=\dfrac{\pi}{4}+\dfrac{\alpha_{2da}}{2}$。$h_{2d}$ 为由刀齿的齿顶算起的高度。

在利用 7.2.1.1 节的公式求解修形小齿轮的凸齿面的方程时，公式中的 α_{2dt} 换为 $-\alpha_{2da}$，刀盘倾角 $\Delta\alpha'_{1a}$ 换为 $-\Delta\alpha'_{1t}$，A''、B'' 换为 $-A''$、$-B''$，将 $\Delta\alpha_{1a}$、r_{2da}、α_{f1a}、β_{f1a} 换为 $\Delta\alpha_{1t}$、r_{2dt}、$-\alpha_{f1t}$、β_{f1t}。由于刀倾的方向不同，所以图 7.2-1 中交叉点 o_{jc}、o_{jd} 位于安装平面的上方。

7.2.2 左旋齿修形准双曲面小齿轮的齿面方程

7.2.2.1 凹齿面的方程

图 7.2-2 所示的安装平面与图 7.1-4 中的安装平面相同。

本节的分析思路与 7.2.1.1 节是一样的。某些参数的计算公式见 7.1.2.1 节，本节不再重复。

刀盘绕着 $o'_{dd}z'_{dd}$ 轴回转，同时又绕着产形齿轮的轴线 $o_2 z_2$ 做行星运动。在其转化机构中，刀盘与太阳轮相当于一对交错轴圆柱螺旋齿轮传动。刀盘的自转角 τ_{2d} 与公转角 τ_1 之间的关系为 $\tau_{2d}=\dfrac{r_a}{r_b}\tau_1=\dfrac{z_c}{z_0}\tau_1=\dfrac{2R_{2c}\cos\beta_{2c}}{m_n z_0}\tau_1$。其中，$\tau_1=0$ 对应节点，$\tau_1>0$ 由节点指向轮齿的大端，$\tau_1<0$ 由节点指向轮齿的小端。

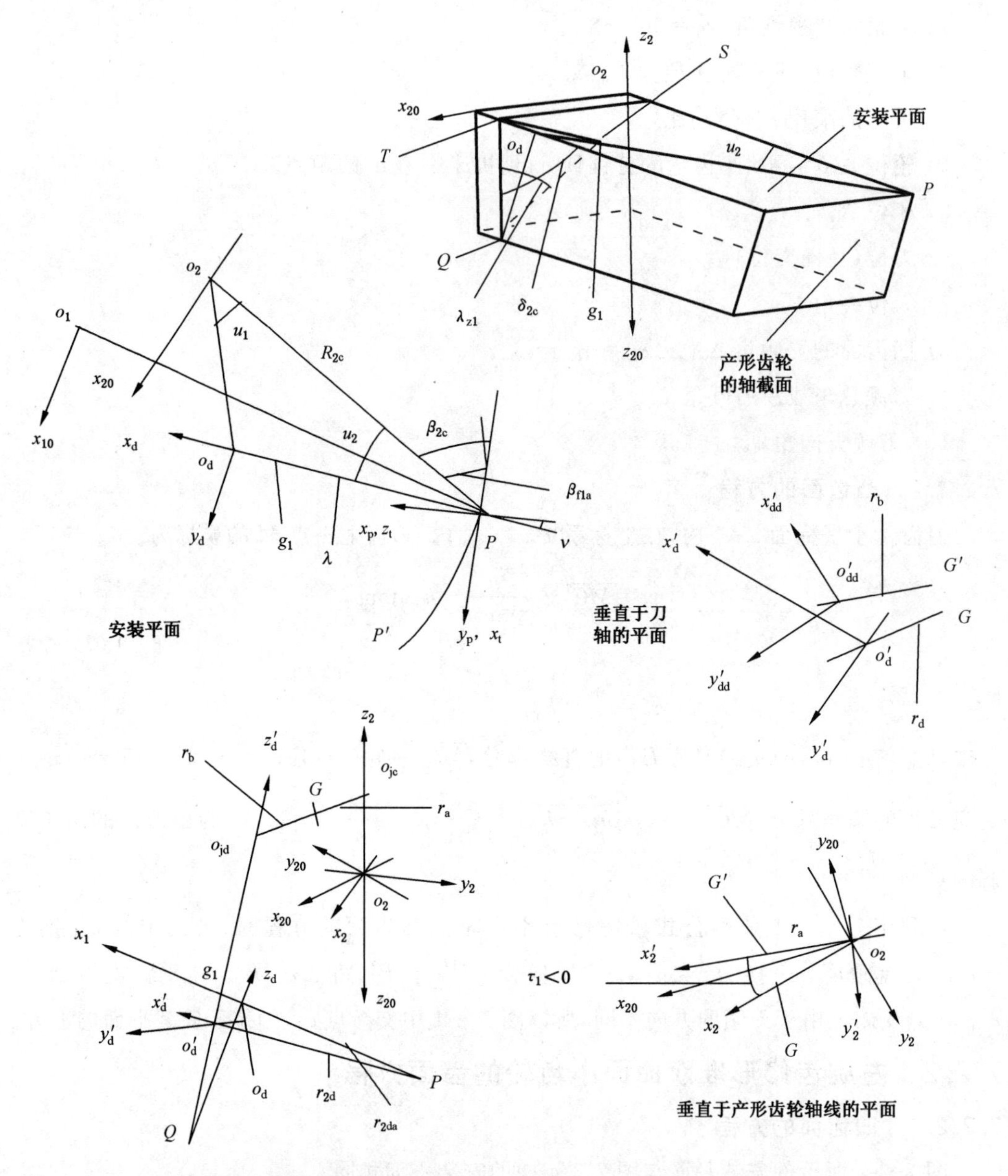

图 7.2-2 加工左旋摆线齿凹齿面时的安装平面

刀齿位于坐标面 $x_p z_p$ 内，在坐标系 $Px_p y_p z_p$ 内，刀齿上一点 M 的坐标为

$$\begin{cases} x_p = \dfrac{\overline{Pm}}{\cos\alpha_{2dt}} + h_{a2d}\tan\alpha_{2dt} - \overline{MC'} \\ y_p = 0 \\ z_p = h_{2d} - h_{a2d} \end{cases} \tag{7.2-48}$$

在坐标系 $o'_d x'_d y'_d z'_d$ 中，刀齿上一点 M 的坐标为

$$
\begin{bmatrix} x_d' \\ y_d' \\ z_d' \end{bmatrix} = \begin{bmatrix} \cos\nu & -\sin\nu & 0 \\ \sin\nu & \cos\nu & 0 \\ 0 & 0 & 1 \end{bmatrix} \begin{bmatrix} x_p \\ y_p \\ z_p \end{bmatrix} - \begin{bmatrix} r_{2d}' \\ 0 \\ 0 \end{bmatrix} \tag{7.2-49}
$$

坐标系 $o_d x_d y_d z_d$ 与坐标系 $P x_t y_t z_t$ 之间的坐标变换为

$$
\begin{bmatrix} x_t \\ y_t \\ z_t \end{bmatrix} = \begin{bmatrix} -\sin\nu & \cos\nu & 0 \\ 0 & 0 & 1 \\ \cos\nu & \sin\nu & 0 \end{bmatrix} \begin{bmatrix} x_d \\ y_d \\ z_d \end{bmatrix} + \begin{bmatrix} -r_{2da}\sin\nu \\ 0 \\ r_{2da}\cos\nu \end{bmatrix} \tag{7.2-50}
$$

产形齿轮的齿面由刀齿的自转和公转复合而成。刀盘公转一个角度 τ_1 之后，坐标系 $o_2 x_2 y_2 z_2$ 到达 $o_2 x_2' y_2' z_2'$ 的位置，坐标系 $o_d' x_d' y_d' z_d'$ 到达 $o_d' x_{dd}' y_{dd}' z_{dd}'$ 的位置。坐标系 $o_2 x_2' y_2' z_2'$ 和坐标系 $o_d' x_{dd}' y_{dd}' z_{dd}'$ 之间的相对位置与坐标系 $o_2 x_2 y_2 z_2$ 和坐标系 $o_d' x_d' y_d' z_d'$ 之间的相对位置是一样的。

刀齿上一点 M 在坐标系 $o_d' x_{dd}' y_{dd}' z_{dd}'$ 中的坐标

$$
\begin{cases} x_{dd}' = -\sqrt{(x_d')^2 + (y_d')^2}\cos\tau_{2d} \\ y_{dd}' = \sqrt{(x_d')^2 + (y_d')^2}\sin\tau_{2d} \\ z_{dd}' = z_d' \end{cases} \tag{7.2-51}
$$

由式(7.1-32)、式(7.2-50)、式(7.1-36)得坐标系 $o_{dd}' x_{dd}' y_{dd}' z_{dd}'$ 和坐标系 $o_{20} x_{20} y_{20} z_{20}$ 之间的坐标变换为

$$
\begin{bmatrix} x_{20} \\ y_{20} \\ z_{20} \end{bmatrix} = \begin{bmatrix} B_{11} & B_{12} & B_{13} \\ B_{21} & B_{22} & B_{23} \\ B_{31} & B_{32} & B_{33} \end{bmatrix} \begin{bmatrix} x_{dd}' \\ y_{dd}' \\ z_{dd}' \end{bmatrix} + \begin{bmatrix} D_1 \\ D_2 \\ D_3 \end{bmatrix} \tag{7.2-52}
$$

式中，$B_{11} = \cos(\beta_{2c} + \nu)\cos\Delta\alpha_{1a}'$；$B_{12} = \sin(\beta_{2c} + \nu)$；$B_{13} = -\cos(\beta_{2c} + \nu)\sin\Delta\alpha_{1a}'$；$B_{21} = \sin(\beta_{2c} + \nu)\sin\delta_{2c}\cos\Delta\alpha_{1a}' - \cos\delta_{2c}\sin\Delta\alpha_{1a}$；$B_{22} = -\sin\delta_{2c}\cos(\beta_{2c} + \nu)$；$B_{23} = -\sin(\beta_{2c} + \nu)\sin\delta_{2c}\sin\Delta\alpha_{1a}' - \cos\delta_{2c}\cos\Delta\alpha_{1a}'$；$B_{31} = -\sin(\beta_{2c} + \nu)\cos\delta_{2c}\cos\Delta\alpha_{1a}' - \sin\delta_{2c}\sin\Delta\alpha_{1a}'$；$B_{32} = \cos\delta_{2c}\cos(\beta_{2c} + \nu)$；$B_{33} = \sin(\beta_{2c} + \nu)\cos\delta_{2c}\sin\Delta\alpha_{1a}' - \sin\delta_{2c}\cos\Delta\alpha_{1a}'$；$D_1 = (r_{2da} - A'')\cos(\beta_{2c} + \nu)$；$D_2 = (r_{2da} - A'')\sin(\beta_{2c} + \nu)\sin\delta_{2c} - B''\cos\delta_{2c} - R_{2c}\sin\delta_{2c}$；$D_3 = (A'' - r_{2da})\sin(\beta_{2c} + \nu)\cos\delta_{2c} - B''\sin\delta_{2c} + R_{2c}\cos\delta_{2c}$。$A''$ 为 o_d' 到坐标轴 $o_d z_d$ 的距离，$A'' = r_{2da} - r_{2d}'\cos\Delta\alpha_{1a}$。$B''$ 为 o_d' 到坐标轴 $o_d x_d$ 的距离，$B'' = r_{2d}'\sin\Delta\alpha_{1a}$。刀倾角 $\Delta\alpha_{1a} = \alpha_{2dt} - \alpha_{f1a}$。

由式(7.1-38)、式(7.2-9)，坐标系 $o_2 x_2 y_2 z_2$ 和坐标系 $o_d' x_{dd}' y_{dd}' z_{dd}'$ 之间的坐标变换为

$$
\begin{bmatrix} x_2 \\ y_2 \\ z_2 \end{bmatrix} = \begin{bmatrix} \cos\tau_1 & -\sin\tau_1 & 0 \\ \sin\tau_1 & \cos\tau_1 & 0 \\ 0 & 0 & 1 \end{bmatrix} \begin{bmatrix} A_{11} & A_{12} & A_{13} \\ A_{21} & A_{22} & A_{23} \\ A_{31} & A_{32} & A_{33} \end{bmatrix} \begin{bmatrix} x_{dd}' \\ y_{dd}' \\ z_{dd}' \end{bmatrix} + \begin{bmatrix} C_1 \\ C_2 \\ C_3 \end{bmatrix} \tag{7.2-53}
$$

式中，$A_{11} = B_{11}\cos\xi - B_{21}\sin\xi$；$A_{12} = B_{12}\cos\xi - B_{22}\sin\xi$；$A_{13} = B_{13}\cos\xi - B_{21}\sin\xi$；$A_{21} = -B_{11}\sin\xi - B_{21}\cos\xi$；$A_{22} = -B_{12}\sin\xi - B_{22}\cos\xi$；$A_{23} = -B_{13}\sin\xi - B_{23}\cos\xi$；$A_{31} = -B_{31}$；

$A_{32}=-B_{32}$；$A_{33}=-B_{33}$；$C_1=D_1\cos\xi-D_2\sin\xi$；$C_2=-D_1\sin\xi-D_2\cos\xi$；$C_3=-D_3$。

其他的计算公式与7.2.1.1节的计算公式相同。

在图1.2-1的空间啮合坐标系中，将齿轮1视为修形小齿轮，齿轮2视为产形齿轮。式(1.2-4)、式(1.2-30)中的参数代换是：$\Sigma=\Sigma_{1c}$、$E=-E_{1c}$、$b_1=b_{1d}$、$b_2=-b_{2d}$、$u_2=\tau_{2d}$、$\nu_2=h_{2d}$。给定产形齿轮的参数τ_{2d}和h_{2d}，运用式(1.2-30)求得转角φ_2。$\varphi_1=i_{1c}\varphi_2$。运用式(1.2-4)求得左旋齿修形小齿轮凹齿面的坐标。

7.2.2.2 凸齿面的方程

在坐标系$Px_py_pz_p$中，刀齿上一点M的坐标

$$\begin{cases}x_p=\overline{MC'}-\dfrac{\overline{Pm}}{\cos\alpha_{2da}}-h_{a2d}\tan\alpha_{2da}\\ y_p=0\\ z_p=h_{2d}-h_{a2d}\end{cases}\tag{7.2-54}$$

其他计算公式与计算过程与7.1.2.1节修形小齿轮的凸齿面一样。

7.3 产形齿轮的参数计算及摇台转角

7.3.1 产形齿轮的参数计算

以下给出产形齿轮的R_{2c}、δ_{2c}、β_{2c}，刀盘的名义半径r_{2d}、刀齿方向角ν的计算方法。当产形齿轮与原理小齿轮的偏置距$E_{1c}=0$时，为图7.3-1所示的模型。此时的产形齿轮称为原始产形齿轮。原始产形齿轮的分锥距$R_{2c}^{(c)}=R_{m2}$，分锥角为$\delta_{2c}^{(c)}$。凹齿面压力角α_{f1a}、凸齿面压力角α_{f1t}。凹齿面螺旋角β_{f1a}、凸齿面螺旋角β_{f1t}。

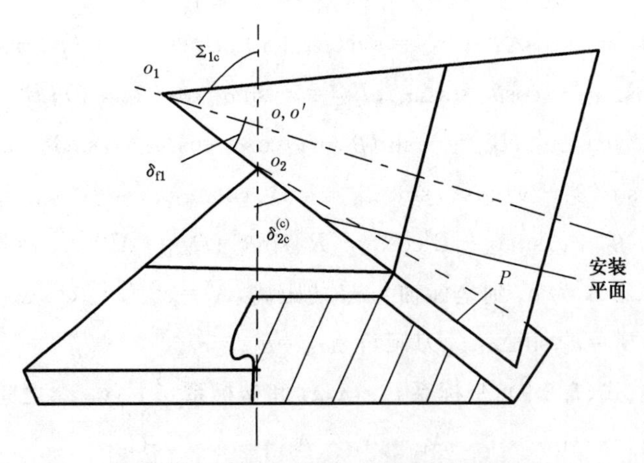

图7.3-1 偏置距为零的准双曲面齿轮传动

加工圆弧齿原理小齿轮的凹、凸齿面时，刀盘的名义半径为r_{2d}，由默尼埃公式(1.1-9)，原始产形齿轮假想齿面的法曲率$\kappa_{nx_0'}^{(c)}$等于$\dfrac{\cos\alpha_{f1a}}{r_{2d}}$、$\dfrac{\cos\alpha_{f1t}}{r_{2d}}$。加工摆线齿原理小

齿轮的凹、凸齿面时，原始产形齿轮假想齿面的法曲率 $\kappa_{nx_0'}^{(c)}$ 等于 $\frac{\cos\alpha_{f1a}}{r_{2c}^{(0)}}$、$\frac{\cos\alpha_{f1t}}{r_{2c}^{(0)}}$。原始产形齿轮假想齿面的法曲率 $\kappa_{ny_0'}^{(c)}=0$，短程挠率 $\tau_{gx_0'}^{(c)}=\tau_{gy_0'}^{(c)}=0$。

在式(2.2-8)、式(2.2-9)中，将齿轮 1 视为原理小齿轮，齿轮 2 视为原始产形齿轮，将参数按表 7.3-1 进行代换，得到原始产形齿轮和原理小齿轮的接触线方向角 $\vartheta_{x_0'}^{(c1)}$ 和诱导法曲率 $\kappa_{ny_0'}^{(c1)}$ 的解析式。$\vartheta_{x_0'}^{(c1)}$、$\kappa_{ny_0'}^{(c1)}$ 是 $\delta_{2c}^{(c)}$ 和 r_{2d} 或 $r_{2c}^{(0)}$ 的函数。

表 7.3-1 参数代换(1)

原式	R_{m1}	δ_1	β_1	R_{m2}	δ_2	β_2	α_{1a}	$\kappa_{nx_0}^{(2)}$	ϑ_{ax_0}	$\kappa_{ny_0}^{(21)}$
代换式	R_{mf1}	δ_{f1}	β_{f1}	R_{m2}	$\delta_{2c}^{(c)}$	β_{f1}	α_{f1}	$\kappa_{nx_0'}^{(c)}$	$\vartheta_{x_0'}^{(c1)}$	$\kappa_{ny_0'}^{(c1)}$

表 7.3-1 中的 α_{f1} 当凹齿面时为 α_{f1a}、凸齿面时为 $-\alpha_{f1t}$；表 7.3-1 中的 β_{f1} 当凹齿面时为 β_{f1a}、凸齿面时为 β_{f1t}。

由式(5.3-9)求得原理小齿轮的法曲率及短程挠率，参照式(2.2-13)，得

$$\begin{cases}\kappa_{nx_0'}^{(1)}=-\kappa_{ny_0'}^{(c1)}\tan^2\vartheta_{x_0'}^{(c1)}+\kappa_{nx_0'}^{(c)}\\ \kappa_{ny_0'}^{(1)}=-\kappa_{ny_0'}^{(c1)}\\ \tau_{gx_0'}^{(1)}=-\kappa_{ny_0'}^{(c1)}\tan\vartheta_{x_0'}^{(c1)}\end{cases}\tag{7.3-1}$$

$$\kappa_{nx_0'}^{(c)}=\frac{\kappa_{nx_0'}^{(1)}\kappa_{ny_0'}^{(1)}-[\tau_{gx_0'}^{(1)}]^2}{\kappa_{ny_0'}^{(1)}}\tag{7.3-2}$$

对于圆弧齿齿轮，由式(7.3-2)解出 $\kappa_{nx_0'}^{(c)}$ 中的 r_{2d}。对于摆线齿齿轮来说，由式(7.3-2)解出 $\kappa_{nx_0'}^{(c)}$ 中的 $r_{2c}^{(0)}$。

对于偏置距 $E_{1c}\neq0$ 的模型，在式(2.2-8)、式(2.2-9)中，仍将齿轮 1 视为原理小齿轮，齿轮 2 视为产形齿轮，将参数按表 7.3-2 进行代换，得到偏置距不为零时产形齿轮和原理小齿轮的接触线方向角 $\vartheta_{x_0'}^{(c1)}$ 和诱导法曲率 $\kappa_{ny_0'}^{(c1)}$ 的解析式。

表 7.3-2 参数代换(2)

原式	R_{m1}	δ_1	β_1	R_{m2}	δ_2	β_2	α_{1a}	$\kappa_{nx_0}^{(2)}$	ϑ_{ax_0}	$\kappa_{ny_0}^{(21)}$
代换式	R_{mf1}	δ_{f1}	β_{f1}	R_{2c}	δ_{2c}	β_{2c}	α_{f1}	$\kappa_{nx_0'}^{(c)}$	$\vartheta_{x_0'}^{(c1)}$	$\kappa_{ny_0'}^{(c1)}$

表 7.3-2 中的 α_{f1} 当凹齿面时为 α_{f1a}、凸齿面时为 $-\alpha_{f1t}$；表 7.3-2 中的 β_{f1} 当凹齿面时为 β_{f1a}、凸齿面时为 β_{f1t}。

$\kappa_{nx_0'}^{(1)}$ 和 $\kappa_{ny_0'}^{(1)}$ 不是相互独立的。用类似式(7.3-2)那样的方程组只能提供两个约束条件。未知参数有 R_{2c}、δ_{2c}、δ_{2c} 3 个，因此还要附加一个条件。比如当 E_{1c} 取某一定值时，由式(7.1-12)、式(7.1-13)得方程组

$$
\begin{cases}
\kappa_{nx'_0}^{(1)} = -\kappa_{ny'_0}^{(c1)}\tan^2\vartheta_{x'_0}^{(c1)} + \kappa_{nx'_0}^{(c)} \\
\kappa_{ny'_0}^{(1)} = -\kappa_{ny'_0}^{(c1)} \\
E_{1c} = (R_{2c}\sin\delta_{2c}\cos\delta_{f1} + R_{mf1}\cos\delta_{2c}\sin\delta_{f1})\dfrac{\sin(\beta_{f1a}-\beta_{2c})}{\sin\Sigma_{1c}}
\end{cases}
\tag{7.3-3}
$$

式中，$\Sigma_{1c}=\arccos(\cos\delta_{f1}\cos\delta_{2c}\cos\varepsilon_{1c}-\sin\delta_{f1}\sin\delta_{2c})$。由式(7.3-3)解出 δ_{2c}、R_{2c}、β_{2c}。E_{1c} 取值不同，原理小齿轮的齿形不同。工程中 $\delta_{2c}=\dfrac{\pi}{2}$，刀盘的半径 r_{2d} 或 r'_{2d}、刀齿方向角 ν 由标准刀盘的规格确定，可由上式解出 β_{2c} 和 E_{1c}。

7.3.2 原理小齿轮的齿线方程、摇台转角、齿轮转角及齿线上任意点的螺旋角

7.3.2.1 圆弧齿原理小齿轮

(1) 齿线方程

对于圆弧齿原理小齿轮，在图 7.1-1 中的坐标系 $o'_d x'_d y'_d z'_d$ 中，假想刀齿的坐标为

$$
\begin{cases}
x'_d = -r_{2d}-(h_{2d}-h_{a2d})\tan\alpha_{2dt} \\
y'_d = 0 \\
z'_d = h_{2d}-h_{a2d}
\end{cases}
\tag{7.3-4}
$$

与 7.1.1.1 节中求解圆弧齿右旋原理小齿轮的齿面一样，只要将式(7.1-4)换成式(7.3-4)，就可以由 7.1.1.1 节中的公式求得原理小齿轮的假想齿面在坐标系 $o_1x_1y_1z_1$ 中的坐标。令 $h_{2d}=h_{a2d}$，得到原理小齿轮的节点在坐标系 $o_1x_1y_1z_1$ 中的坐标 $x_1(\tau_{2d})$、$y_1(\tau_{2d})$、$z_1(\tau_{2d})$。

(2) 摇台转角及齿轮转角

以右旋齿原理小齿轮的加工为例。当刀盘逆时针转动时，凹齿面的小端齿根点 C''_g 最先切入，凸齿面的大端齿根点 C'_g 最后切出。

原理小齿轮小端的齿根高为$\dfrac{R_{mf1}-0.5B}{R_{mf1}}h_{mf1}$，$C''_g$ 至顶点 o_{s1} 的距离为 $l_{sa}=(R_{mf1}-0.5B)\sqrt{1+\left(\dfrac{h_{mf1}}{R_{mf1}}\right)^2}$。$C''_g$ 至顶点 o_1 的距离为 $l_a=\sqrt{(l_{sa}\sin\delta_{f1})^2+\left(\overline{o_1o_{s1}}+l_{sa}\cos\delta_{f1}\right)^2}$。在 7.1.1.1 节中，已经求得原理小齿轮凹齿面的齿面坐标 $x_1(\tau_{2d},h_{2d})$、$y_1(\tau_{2d},h_{2d})$、$z_1(\tau_{2d},h_{2d})$。令 $h_{2d}=0$，由 $l_a=\sqrt{x_1^2+y_1^2+z_1^2}$可以求得切入点 C''_g 对应的参数 $\tau_{2a}=\tau_{2d}<0$ 的值，也可以求得转角 φ_{1a}、φ_{2a}的值。φ_{2a}的值就是原理小齿轮切入点到节点的摇台转角(摇台角)，φ_{1a}的值就是对应的原理小齿轮的转角。

原理小齿轮大端的齿根高为$\dfrac{R_{mf1}+0.5B}{R_{mf1}}h_{mf1}$，$C'_g$ 至顶点 o_{s1} 的距离为 $l_{sb}=(R_1+0.5B)\sqrt{1+\left(\dfrac{h_{mf1}}{R_1}\right)^2}$。$C'_g$至顶点 o_1 的距离为 $l_b=\sqrt{(l_{sb}\sin\delta_{f1})^2+\left(\overline{o_1o_{s2}}+l_{sb}\cos\delta_{f1}\right)^2}$。在 7.1.1.2 节

中，已经求得原理小齿轮凸齿面的齿面坐标 $x_1(\tau_{2d},h_{2d})$、$y_1(\tau_{2d},h_{2d})$、$z_1(\tau_{2d},h_{2d})$。令 $h_{2d}=0$，由 $l_b=\sqrt{x_1^2+y_1^2+z_1^2}$可以求得切出点 C_g' 对应的参数 $\tau_{2b}=\tau_{2d}>0$ 的值，也可以求得转角 φ_{1b}、φ_{2b}的值。φ_{2b}的值就是原理小齿轮切出点到节点的摇台转角（摇台角），φ_{1b}的值就是对应的原理小齿轮的转角。

切削一个齿的摇台转角为 $\varphi_{2b}-\varphi_{2a}$，原理小齿轮的转角为 $\varphi_{1b}-\varphi_{1a}$。

(3) 齿线上任意点的螺旋角

由齿线的方程可以求得齿线上任意点的切线的方向余弦 $(a_{x1},a_{y1},a_{z1})=\left[\dfrac{dx_1(\tau_{2d})}{d\tau_{2d}},\dfrac{dy_1(\tau_{2d})}{d\tau_{2d}},\dfrac{dz_1(\tau_{2d})}{d\tau_{2d}}\right]$。齿线上任意点的圆锥母线的方向余弦 $(b_{x1},b_{y1},b_{z1})=\left[\dfrac{x_1(\tau_{2d})}{\sqrt{x_1^2+y_1^2+z_1^2}},\dfrac{y_1(\tau_{2d})}{\sqrt{x_1^2+y_1^2+z_1^2}},\dfrac{z_1(\tau_{2d})}{\sqrt{x_1^2+y_1^2+z_1^2}}\right]$。设齿线上任意点的螺旋角为 $\beta_1(\tau_{2d})$，则

$$\cos\beta_1(\tau_{2d})=\frac{a_{x_1}b_{x_1}+a_{y_1}b_{y_1}+a_{z_1}b_{z_1}}{\sqrt{a_{x_1}^2+a_{y_1}^2+a_{z_1}^2}\sqrt{b_{x_1}^2+b_{y_1}^2+b_{z_1}^2}} \tag{7.3-5}$$

求解 $\dfrac{dx_1(\tau_{2d})}{d\tau_{2d}}$、$\dfrac{dy_1(\tau_{2d})}{d\tau_{2d}}$、$\dfrac{dz_1(\tau_{2d})}{d\tau_{2d}}$ 的解析式太复杂，可用差分 $\dfrac{\Delta x_1(\tau_{2d})}{\Delta\tau_{2d}}$、$\dfrac{\Delta y_1(\tau_{2d})}{\Delta\tau_{2d}}$、$\dfrac{\Delta z_1(\tau_{2d})}{\Delta\tau_{2d}}$近似代替。

7.3.2.2 摆线齿原理小齿轮

(1) 齿线方程

对于摆线齿原理小齿轮，由式(7.2-21)、式(7.2-22)、式(7.2-6)求得在坐标系 $o_2x_2y_2z_2$ 中假想刀齿的坐标。由 7.2.1.1 节中的公式求得原理小齿轮的假想齿面在坐标系 $o_1x_1y_1z_1$ 中的坐标。令 $h_{2d}=h_{a2d}$，得到原理小齿轮的节点在坐标系 $o_1x_1y_1z_1$ 中的坐标 $x_1(\tau_{2d})$、$y_1(\tau_{2d})$、$z_1(\tau_{2d})$。

(2) 摇台转角、齿轮转角及刀盘转角

仍以右旋原理小齿轮的加工为例。当刀盘逆时针转动时，凹齿面的小端齿根点 C_g'' 最先切入，凸齿面的大端齿根点 C_g' 最后切出。

在 7.2.1.1 节中，已经求得原理小齿轮凹齿面的齿面坐标 $x_1(\tau_{2d},h_{2d})$、$y_1(\tau_{2d},h_{2d})$、$z_1(\tau_{2d},h_{2d})$。令 $h_{2d}=0$，由 $l_a=\sqrt{x_1^2+y_1^2+z_1^2}$可以求得切入点 C_g'' 对应的参数 $\tau_{2a}=\tau_{2d}<0$ 的值，也可以求得转角 φ_{1a}、φ_{2a}的值。φ_{2a}的值就是原理小齿轮切入点到节点的摇台转角（摇台角），φ_{1a}的值就是对应的原理小齿轮的转角。l_a的求法与圆弧齿齿轮相同。

在 7.2.1.2 节中，已经求得原理小齿轮凸齿面的齿面坐标 $x_1(\tau_{2d},h_{2d})$、$y_1(\tau_{2d},h_{2d})$、$z_1(\tau_{2d},h_{2d})$。令 $h_{2d}=0$，由 $l_b=\sqrt{x_1^2+y_1^2+z_1^2}$可以求得切出点 C_g' 对应的参数 $\tau_{2b}=\tau_{2d}>0$ 的值，也可以求得转角 φ_{1b}、φ_{2b}的值。φ_{2b}的值就是原理小齿轮切出点到节点的摇台转角（摇台角），φ_{1b}的值就是对应的原理小齿轮的转角。l_b 的求法与圆弧齿齿轮相同。

切削一个齿的摇台角为 $\varphi_{2b}-\varphi_{2a}$，原理小齿轮的转角为 $\varphi_{1b}-\varphi_{1a}$，刀盘转角为 $\tau_{2b}-\tau_{2a}$。

左旋齿原理小齿轮的 τ_{2a}、τ_{2b}、φ_{1a}、φ_{2a}、φ_{1b}、φ_{2b} 的求解方法与右旋齿原理小齿轮相同。齿线上任意点的螺旋角的求解同式(7.3-5)。

7.4 用模拟法加工准双曲面齿轮时机床调整参数的因素分析

齿轮切削前,先安装刀盘和工件,再设定机床的调整参数(如床位、轮位、垂直轮位、刀位夹角等)。机床调整参数的设定依靠机床的刻度或专用量具。机床说明书中提供的机床精度是机床的静态精度。即使机床精度再高,设定的参数值与切削加工时的实际值也不完全一致。

为了达到理想的齿轮啮合效果,工艺上都是采用试切法。通过在齿轮对研机上观察齿面接触区的位置,修正机床调整参数的初定值,直至达到满意的效果为止。试切过程的长短与操作人员的经验有很大的关系,但试切过程一般是不能省掉的。

通过前几章的分析可见,齿轮的啮合状况(齿面接触区的位置及传动误差等)还与齿轮、刀具的参数有关,但齿轮加工时只能控制机床的调整参数。

机床的调整参数是齿轮、刀具设计参数的函数。如果将齿轮的齿面方程视为机床调整参数的函数,则它就是齿轮、刀具设计参数的复合函数。通过对机床调整参数与齿轮、刀具设计参数的相关分析,可以了解齿轮的啮合状况与机床调整参数的关系。现以加工右旋齿修形小齿轮的凹齿面为例加以说明。

由 7.1.1 节的分析,当加工圆弧齿原理小齿轮时,齿轮的齿面方程中含有的设计参数有:

1) 刀具的外刀齿角 α_{2dt}、刀顶高 h_{a2d}、刀顶距 w_{1d}、刀盘的名义半径 r_{2d};

2) 原始小齿轮的中点分锥距 R_{m1}、分锥角 δ_1、螺旋角 β_1;

3) 原理小齿轮的中点分锥距 R_{mf1}、分锥角 δ_{f1}、螺旋角 β_{f1}、凹齿面的压力角 $\alpha_{f1a}=\alpha_{2dt}-\Delta\alpha_{1a}$($\Delta\alpha_{1a}$为刀倾角);

4) 产形齿轮的分锥矩 R_{2c}、分锥角 δ_{2c}、螺旋角 β_{2c}。

共有 14 项。

机床的调整参数有:齿轮安装角 $\gamma_{1c}=90°-\Sigma_{1c}$、垂直轮位 E_{1c}、轮位 ΔX_1、床位 X_{B1}、刀位夹角 τ、刀倾转角 φ_{11}、刀转角 ψ,共 7 项。

机床的滚比 i_{1c} 是通过选择交换齿轮来决定的,一般是不会随意调整的,所以 i_{1c} 不作为机床的调整参数。在某些机床的调整参数公式中可能含有另外一个机床调整参数,为了体现各调整参数的独立性,对所含的调整参数取理论值。比如式(7.1-13)中含有 $\sin\Sigma_{1c}$,小齿轮的安装根锥角为 $\gamma_{1c}=90°-\Sigma_{1c}$ 中也含有 Σ_{1c},为了体现垂直轮位 E_{1c} 与齿轮安装角 γ_{1c} 的独立性,式(7.1-13)中 Σ_{1c} 的值取理论值 $\Sigma_{1c}=\arccos[\cos\delta_{f1}\cos\delta_{2c}\cos(\beta_{f1}-\beta_{2c})-\sin\delta_{f1}\sin\delta_{2c}]$。

机床的 7 项调整参数在数学上可以作为一个位移空间，齿轮、刀具的 14 项设计参数在数学上可以作为另一个位移空间。为了实现这两个位移空间的确定性映射，在设计参数中只能取 7 项，而且这 7 项之间没有解析关系。由于刀具和原始齿轮的参数在齿轮的制造过程中一般不再变动，现取 R_{mf1}、δ_{f1}、β_{f1}、$\Delta\alpha_{1a}$、R_{2c}、δ_{2c}、β_{2c} 这 7 项为位移空间中的元素。

应当指出，构造这一映射关系只是一种数学上的处理方法。本节的分析对于机床参数的调整也只是一种定性分析，也就是说提供机床调整时的一个指导思想。

机床调整参数的公式为：

(1) 齿轮安装角 γ_{1c}

$$\gamma_{1c}=\frac{\pi}{2}-\arccos[\cos\delta_{f1}\cos\delta_{2c}\cos(\beta_{f1}-\beta_{2c})-\sin\delta_{f1}\sin\delta_{2c}] \tag{7.4-1}$$

(2) 垂直轮位 E_{1c}

$$E_{1c}=(R_{2c}\sin\delta_{2c}\cos\delta_{f1}+R_{mf1}\cos\delta_{2c}\sin\delta_{f1})\frac{\sin(\beta_{f1}-\beta_{2c})}{\sin\Sigma_{1c}} \tag{7.4-2}$$

式中，Σ_{1c} 用理论值。

(3) 轮位 ΔX_1

$$\Delta X_1=R_{m1}\cos\delta_1-\frac{E_{1c}}{\cos\delta_{f1}\sin(\beta_{f1}-\beta_{2c})}\sqrt{1-\left[\frac{\cos\delta_{f1}\sin(\beta_{f1}-\beta_{2c})}{\sin\Sigma_{1c}}\right]^2}+R_{mf1}\sin\delta_{f1}\tan\delta_{f1} \tag{7.4-3}$$

(4) 床位 X_{B1}

$$X_{B1}=R_{mf1}\tan\delta_{f1}-\frac{E_{1c}\tan\delta_{f1}}{\sin(\beta_{f1}-\beta_{2c})}\sqrt{1-\left[\frac{\cos\delta_{f1}\sin(\beta_{f1}-\beta_{2c})}{\sin\Sigma_{1c}}\right]^2}-2r_{2d}\sin\Delta\alpha_{1a}-h_{a2d}\cos\Delta\alpha_{1a}+\frac{h_{a2d}\sin\alpha_{2dt}+\overline{Pm}\cos\Delta\alpha_{1a}}{\cos\alpha_{f1a}}\sin\Delta\alpha_{1a} \tag{7.4-4}$$

式中，Σ_{1c} 用理论值；$\overline{Pm}=h_{mf2}\sin\alpha_{2d}+0.5w_{2d}\cos\alpha_{2d}$；$\Delta\alpha_{1a}=\alpha_{2dt}-\alpha_{f1a}$。

(5) 刀位夹角 τ

$$\tau=2\arcsin\frac{\sqrt{r_{2da}^2\cos^2\beta_{2c}+(r_{2da}\sin\delta_{2c}\sin\beta_{2c}+\overline{Q_{O_d}}\cos\delta_{2c}-R_{2c}\sin\delta_{2c})^2}}{2e} \tag{7.4-5}$$

式中，$r_{2da}=\sqrt{(U_0-h_{a2d})^2+r_{2d}^2}\sin\left(\arctan\frac{r_{2d}}{U_0-h_{a2d}}+\Delta\alpha_{1a}\right)$；$\overline{Q_{O_d}}=\sqrt{(U_0-h_{a2d})^2+r_{2d}^2}\cos\left(\arctan\frac{r_{2d}}{U_0-h_{a2d}}+\Delta\alpha_{1a}\right)$；$e$ 为机床偏心机构的偏心距。

(6) 刀倾转角 φ_{11}

由式(4.1-35)，有

$$\varphi_{11}=2\arcsin\left[\frac{\sin\frac{\lambda_z}{2}}{\sin(\delta_{11}+\delta_{12})}\right] \tag{7.4-6}$$

式中，$\lambda_z=\arccos(\cos\delta_{2c}\sin\beta_{2c}\sin\Delta\alpha_{1a}+\sin\delta_{2c}\cos\Delta\alpha_{1a})$。机床中 $\delta_{11}=\delta_{12}=7.5°$。

(7) 刀转角 ψ

由式(4.1-39)，有

$$\psi=\frac{\pi}{2}-\frac{\tau}{2}+\arcsin\left[\frac{\sqrt{\cos\lambda_z-\cos2(\delta_{11}+\delta_{12})}}{\sqrt{2}\sin(\delta_{11}+\delta_{12})\cos\dfrac{\lambda_z}{2}}\right]+\arcsin\left[\frac{\cos\delta_{f1}\sin(\beta_{f1}-\beta_{2c})}{\sin\Sigma_{1c}}\right]-$$

$$\arctan\left(\frac{\cos\delta_{2c}\tan\Delta\alpha_{1a}-\sin\delta_{2c}\sin\beta_{2c}}{\cos\beta_{2c}}\right) \tag{7.4-7}$$

式中，τ、Σ_{1c}用理论值。

根据全微分的公式，应当将各个机床调整参数分别对所选的设计参数求偏导数。由于各机床调整参数的公式较繁，况且本节的分析对于控制切齿质量来说只是定性分析，所以可用差分运算代替求偏导数的运算。设计参数的差分值取机床的精度值，一般长度值为 1 μm，角度值为 1″(合$\frac{\pi}{180\times3\ 600}$rad)。这样，式(7.4-1)～式(7.4-7)中的长度单位为 μm，角度单位为 rad。线位移变化量是 1 μm，角位移变化量是$\frac{\pi}{180\times3\ 600}$rad。比如$\frac{\partial\tau}{\partial R_{2c}}\approx$

$$\frac{\Delta\tau}{\Delta R_{2c}}=\frac{2}{\Delta R_{2c}}\left\{\arcsin\frac{\sqrt{r_{2da}^2\cos^2\beta_{2c}+[r_{2da}\sin\delta_{2c}\sin\beta_{2c}+\overline{Q_{O_d}}\cos\delta_{2c}-(R_{2c}+\Delta R_{2c})\sin\delta_{2c}]^2}}{2e}-\right.$$

$$\left.\arcsin\frac{\sqrt{r_{2da}^2\cos^2\beta_{2c}+(r_{2da}\sin\delta_{2c}\sin\beta_{2c}+\overline{Q_{O_d}}\cos\delta_{2c}-R_{2c}\sin\delta_{2c})^2}}{2e}\right\},\frac{\partial\gamma_{1c}}{\partial\delta_{f1}}\approx\frac{\Delta\gamma_{1c}}{\Delta\delta_{f1}}=\frac{1}{\Delta\delta_{f1}}$$

$\{-\arccos[\cos(\delta_{f1}+\Delta\delta_{f1})\cos\delta_{2c}\cos(\beta_{f1}-\beta_{2c})-\sin(\delta_{f1}+\Delta\delta_{f1})\sin\delta_{2c}]+\arccos[\cos\delta_{f1}\cos\delta_{2c}$ $\cos(\beta_{f1}-\beta_{2c})-\sin\delta_{f1}\sin\delta_{2c}]\}$，其余类推。

这样就会得到

$$\begin{bmatrix}\Delta\gamma_{1c}\\ \Delta E_{1c}\\ \Delta(\Delta X_1)\\ \Delta X_{B1}\\ \Delta\tau\\ \Delta\varphi_{11}\\ \Delta\psi\end{bmatrix}=\mathbf{A}\begin{bmatrix}\Delta R_{mf1}\\ \Delta\delta_{f1}\\ \Delta\beta_{f1}\\ \Delta(\Delta\alpha_{1a})\\ \Delta R_{2c}\\ \Delta\delta_{2c}\\ \Delta\beta_{2c}\end{bmatrix} \tag{7.4-8}$$

式中，矩阵 $\mathbf{A}=(a_{ij})$，$i=1\sim7$，$j=1\sim7$，矩阵 $\mathbf{A}$ 为

$$
\boldsymbol{A}=\begin{bmatrix}
\frac{\Delta\gamma_{1c}}{\Delta R_{mf1}} & \frac{\Delta\gamma_{1c}}{\Delta\delta_{f1}} & \frac{\Delta\gamma_{1c}}{\Delta\beta_{f1}} & \frac{\Delta\gamma_{1c}}{\Delta(\Delta\alpha_{1a})} & \frac{\Delta\gamma_{1c}}{\Delta R_{2c}} & \frac{\Delta\gamma_{1c}}{\Delta\delta_{2c}} & \frac{\Delta\gamma_{1c}}{\Delta\beta_{2c}} \\
\frac{\Delta E_{1c}}{\Delta R_{mf1}} & \frac{\Delta E_{1c}}{\Delta\delta_{f1}} & \frac{\Delta E_{1c}}{\Delta\beta_{f1}} & \frac{\Delta E_{1c}}{\Delta(\Delta\alpha_{1a})} & \frac{\Delta E_{1c}}{\Delta R_{2c}} & \frac{\Delta E_{1c}}{\Delta\delta_{2c}} & \frac{\Delta E_{1c}}{\Delta\beta_{2c}} \\
\frac{\Delta(\Delta X_1)}{\Delta R_{mf1}} & \frac{\Delta(\Delta X_1)}{\Delta\delta_{f1}} & \frac{\Delta(\Delta X_1)}{\Delta\beta_{f1}} & \frac{\Delta(\Delta X_1)}{\Delta(\Delta\alpha_{1a})} & \frac{\Delta(\Delta X_1)}{\Delta R_{2c}} & \frac{\Delta(\Delta X_1)}{\Delta\delta_{2c}} & \frac{\Delta(\Delta X_1)}{\Delta\beta_{2c}} \\
\frac{\Delta X_{B1}}{\Delta R_{mf1}} & \frac{\Delta X_{B1}}{\Delta\delta_{f1}} & \frac{\Delta X_{B1}}{\Delta\beta_{f1}} & \frac{\Delta X_{B1}}{\Delta(\Delta\alpha_{1a})} & \frac{\Delta X_{B1}}{\Delta R_{2c}} & \frac{\Delta X_{B1}}{\Delta\delta_{2c}} & \frac{\Delta X_{B1}}{\Delta\beta_{2c}} \\
\frac{\Delta\tau}{\Delta R_{mf1}} & \frac{\Delta\tau}{\Delta\delta_{f1}} & \frac{\Delta\tau}{\Delta\beta_{f1}} & \frac{\Delta\tau}{\Delta(\Delta\alpha_{1a})} & \frac{\Delta\tau}{\Delta R_{2c}} & \frac{\Delta\tau}{\Delta\delta_{2c}} & \frac{\Delta\tau}{\Delta\beta_{2c}} \\
\frac{\Delta\varphi_{11}}{\Delta R_{mf1}} & \frac{\Delta\varphi_{11}}{\Delta\delta_{f1}} & \frac{\Delta\varphi_{11}}{\Delta\beta_{f1}} & \frac{\Delta\varphi_{11}}{\Delta(\Delta\alpha_{1a})} & \frac{\Delta\varphi_{11}}{\Delta R_{2c}} & \frac{\Delta\varphi_{11}}{\Delta\delta_{2c}} & \frac{\Delta\varphi_{11}}{\Delta\beta_{2c}} \\
\frac{\Delta\psi}{\Delta R_{mf1}} & \frac{\Delta\psi}{\Delta\delta_{f1}} & \frac{\Delta\psi}{\Delta\beta_{f1}} & \frac{\Delta\psi}{\Delta(\Delta\alpha_{1a})} & \frac{\Delta\psi}{\Delta R_{2c}} & \frac{\Delta\psi}{\Delta\delta_{2c}} & \frac{\Delta\psi}{\Delta\beta_{2c}}
\end{bmatrix}。
$$

$$
\begin{bmatrix} \Delta R_{mf1} \\ \Delta\delta_{f1} \\ \Delta\beta_{f1} \\ \Delta(\Delta\alpha_{1a}) \\ \Delta R_{2c} \\ \Delta\delta_{2c} \\ \Delta\beta_{2c} \end{bmatrix} = \boldsymbol{B} \begin{bmatrix} \Delta\gamma_{1c} \\ \Delta E_{1c} \\ \Delta(\Delta X_1) \\ \Delta X_{B1} \\ \Delta\tau \\ \Delta\varphi_{11} \\ \Delta\psi \end{bmatrix} \tag{7.4-9}
$$

式中，矩阵 $\boldsymbol{B}=(b_{ij})$，$i=1\sim7$，$j=1\sim7$，矩阵 $\boldsymbol{B}$ 是矩阵 $\boldsymbol{A}$ 的逆矩阵。

这样，不管是单项机床调整参数变化还是多项机床调整参数变化，都可以用式(7.4-9)获得设计参数的变化，用变化了的设计参数值可以求得新的修形小齿轮的齿面方程。用新的修形小齿轮再和原修形大齿轮进行啮合传动，就可以观察到啮合点位置的变化。

通过机床调整参数变化的单因素分析，可以知道哪项机床调整参数的变化对啮合点的变动最敏感。在齿轮的试切过程中，可以参考上述分析结果。

7.5 计算示例：用刀倾法加工右旋齿原理准双曲面小齿轮

7.5.1 加工圆弧齿准双曲面小齿轮

(1) 原理小齿轮的参数

原始齿轮的设计参数及齿坯参数见 5.4.1.1 节。

由式(5.3-1)解出中介小齿轮的参数 $R_{m10}=98.411$ mm，$\delta_{10}=25.131\ 1°$，$\beta_{10}=50.225\ 8°$，$\alpha_{10a}=\alpha_{f2t}$，$\alpha_{10t}=\alpha_{f2a}$。再求得 R_{mf0}，β_{f0}，α_{f0a}，α_{f0t}。原理小齿轮的，$R_{mf1}=R_{mf0}=124.797$ mm，$\delta_{f1}=19.566\ 5°$，$\beta_{f1}=\beta_{f0}=51.485\ 4°$，$\alpha_{f1a}=\alpha_{f0a}=17.553\ 4°$，$\alpha_{f1t}=\alpha_{f0t}=27.249\ 4°$。

当加工凹齿面时，由式(5.3-6)～式(5.3-9)求得在安装平面上中介小齿轮的法曲率 $\kappa_{nx_0''}^{(0)}=5.852\ 4\times10^{-3}\ mm^{-1}$，$\kappa_{ny_0''}^{(0)}=-2.118\ 8\times10^{-2}\ mm^{-1}$，短程挠率 $\tau_{gx_0''}^{(0)}=-1.189\ 9\times10^{-2}\ mm^{-1}$。取 $\alpha_{2dt}=\alpha_{f1a}$，由式(5.3-3)求得加工小齿轮的凹齿面时，刀盘半径 $r_{2d}=76.058$ mm。

由式(2.2-8)、式(2.2-9)及式(7.3-3)求得加工原理小齿轮时产形齿轮的参数 $R_{2c}=119.458$ mm、$\delta_{2c}=90°$、$\beta_{2c}=34.189\ 5°$。

当加工凸齿面时，在安装平面上中介小齿轮的法曲率 $\kappa_{nx_0''}^{(0)}=1.547\ 4\times10^{-2}\ mm^{-1}$，$\kappa_{ny_0''}^{(0)}=2.403\ 8\times10^{-2}\ mm^{-1}$，短程挠率 $\tau_{gx_0''}^{(0)}=-7.795\ 0\times10^{-3}\ mm^{-1}$。取 $\alpha_{2da}=\alpha_{f1t}$，由式(5.3-3)求得加工小齿轮的凸齿面时，刀盘半径 $r_{2d}=68.666$ mm。

加工原理小齿轮的凸齿面时，产形齿轮的参数 $R_{2c}=104.079$ mm、$\delta_{2c}=79.079\ 6°$、$\beta_{2c}=34.189\ 5°$。

(2) 原理小齿轮的齿面

机床常数 $U_0=368.3$ mm。

加工凹齿面时，取刀齿角 $\alpha_{2dt}=20°$，刀倾角 $\Delta\alpha_{1a}=\alpha_{2dt}-\alpha_{f1a}=2.446\ 5°$。由式(7.1-5)、式(7.1-6)、式(7.1-7)、式(7.1-9)、式(7.1-14)、式(1.2-4)、式(1.2-30)等求得右旋齿原理小齿轮凹齿面的坐标。其中参数 $\Sigma=\Sigma_{1c}=109.566\ 6°$、$E_{1c}=35.515$ mm、$i_{c1}=0.263\ 3$、$b_1=b_{1d}=11.398$ mm、$b_2=-b_{2d}=3.817$ mm、$A''=15.607$ mm、$B''=3.246$ mm。

加工凸齿面时，取刀齿角 $\alpha_{2da}=20°$，刀倾角 $\Delta\alpha_{1t}=\alpha_{2da}-\alpha_{f1t}=-7.249\ 4°$。用 7.1.1.2 节中的公式求得凸齿面的坐标。其中参数 $\Sigma=\Sigma_{1c}=98.968\ 4°$、$E_{1c}=26.120$ mm、$i_{c1}=0.327\ 4$、$b_1=b_{1d}=23.645$ mm、$b_2=-b_{2d}=6.874$ mm、$A''=-46.136$ mm、$B''=-8.664$ mm。

(3) 机床调整参数

1) 加工凹齿面时：

① 小齿轮安装根锥角(安装角)$\gamma_{1c}=-19.566\ 5°$。

② 垂直轮位 $E_{1c}=35.515$ mm。

③ 机床的滚比 $i_{1c}=3.796\ 7$。

④ 轮位 $\Delta X_1=2.979$ mm。

⑤ 床位 $X_{B1}=0.837$ mm。

⑥ 刀位 $s_{1d}=101.798$ mm。

⑦ 刀位夹角 $\tau=39.671\ 8°$，取偏心鼓轮的偏心距 $e=150$ mm。

⑧ 凹齿面的刀倾角 $\Delta\alpha_{1a}=2.446\ 5°$。

⑨ 刀倾总角或总刀倾角 $\lambda_{z1}=177.553\ 5°$。

⑩ 刀倾方向角 $\theta=-88.842\ 1°$。

2) 加工凸齿面时：

① 小齿轮安装根锥角(安装角)：$\gamma_{1c}=-8.968\ 4°$。

② 垂直轮位 $E_{1c}=26.120$ mm。

③ 机床的滚比 $i_{1c}=3.0539$。

④ 轮位 $\Delta X_1=15.227$ mm。

⑤ 床位 $X_{B1}=4.289$ mm。

⑥ 刀位 $s_{1d}=99.525$ mm。

⑦ 刀位夹角 $\tau=38.7501°$，取偏心鼓轮的偏心距 $e=150$ mm。

⑧ 凸齿面的刀倾角 $\Delta\alpha_{1a}=-7.2494°$。

⑨ 刀倾总角或总刀倾角 $\lambda_{z1}=170.9225°$。

⑩ 刀倾方向角 $\theta=-176.1663°$。

图 7.5-1 是用刀倾法加工的圆弧齿准双曲面小齿轮的凹齿面，图 7.5-2 是用刀倾法加工的圆弧齿准双曲面小齿轮的凸齿面。

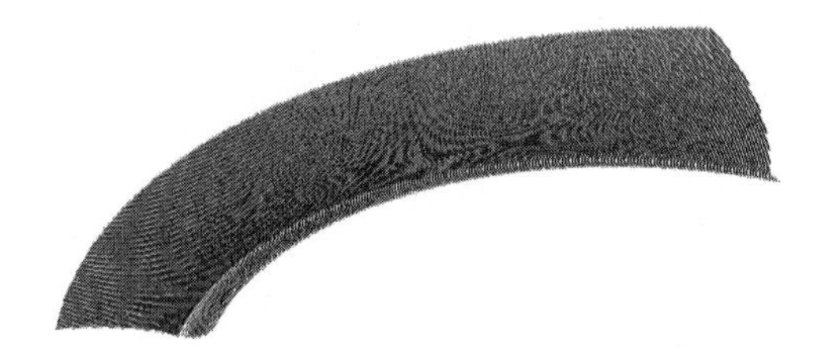

图 7.5-1 用刀倾法加工的圆弧齿小齿轮的凹齿面

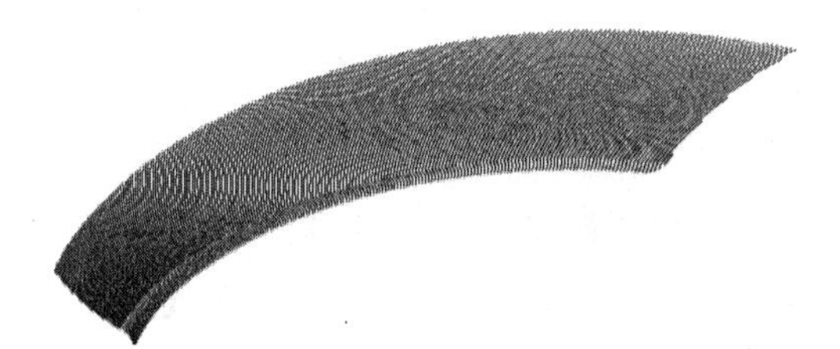

图 7.5-2 用刀倾法加工的圆弧齿小齿轮的凸齿面

7.5.2 加工摆线齿准双曲面小齿轮

(1) 原理小齿轮的参数

原始齿轮的设计参数及齿坯参数见 5.4.2.1 节。

由式(5.3-1)解出中介小齿轮的参数 $R_{m10}=102.906$ mm，$\delta_{10}=24.8293°$，$\beta_{10}=50.1809°$，$\alpha_{10a}=\alpha_{f2t}=22.5955°$，$\alpha_{10t}=\alpha_{f2a}=22.3135°$。再求得 R_{mf0}，β_{f0}，α_{f0a}，α_{f0t}。原理小齿轮的 $R_{mf1}=R_{mf0}=128.918$ mm，$\delta_{f1}=19.5839°$，$\beta_{f1}=\beta_{f0}=51.4253°$，$\alpha_{f1a}=\alpha_{f0a}=18.5291°$，$\alpha_{f1t}=\alpha_{f0t}=26.2982°$。

加工小齿轮的凹齿面时，由式(5.3-6)至式(5.3-9)求得在安装平面上中介小齿轮的法曲率，$\kappa_{nx''_0}^{(0)}=3.5504\times10^{-3}\ \text{mm}^{-1}$，$\kappa_{ny''_0}^{(0)}=-2.2339\times10^{-2}\ \text{mm}^{-1}$，短程挠率 $\tau_{gx''_0}^{(0)}=-1.0124\times10^{-2}\ \text{mm}^{-1}$。取 $\alpha_{2dt}=\alpha_{f1a}$，由式(5.3-3)求得齿线的曲率半径 $r_{2c}^{(0)}=116.500$ mm。$r_{2c}^{(0)}$ 是参数 R_{2c}、δ_{2c}、β_{2c}、r_{2d} 和 ν 的函数。R_{2c}、δ_{2c}、β_{2c} 的取值方法与圆弧齿准双曲面小齿轮的取值方法相同，$R_{2c}=135.797$ mm，$\delta_{2c}=90°$，$\beta_{2c}=33.7147°$。

由 $\dfrac{z_c}{z_1}=\dfrac{R_{2c}\cos\beta_{2c}}{R_{mf1}\sin\delta_{f1}\cos\beta_{f1}}$ 求得产形齿轮的齿数 z_c。

由式(7.2-36)～式(7.2-40)求得一阶、二阶偏导数，再由式(7.2-41)、式(7.2-42)求得一阶导数$\frac{d\tau_{2d}}{dh_{2d}}$、二阶导数$\frac{d^2\tau_{2d}}{dh_{2d}^2}$。由式(7.2-27)、式(7.2-28)求得齿线的一阶、二阶导数，由式(7.2-44)得刀盘半径 $r_{2d}=117.017$ mm，$e_d=11.8$ mm，刀齿方向角 $\nu=5.7875°$。

加工小齿轮的凸齿面时，由式(5.3-5)至式(5.3-9)求得在安装平面上中介小齿轮的法曲率 $\kappa_{nx''_0}^{(0)}=1.2858\times10^{-2}\ mm^{-1}$，$\kappa_{ny''_0}^{(0)}=2.2439\times10^{-2}\ mm^{-1}$，短程挠率 $\tau_{gx''_0}^{(0)}=-9.937\times10^{-3}\ mm^{-1}$。取 $\alpha_{2da}=\alpha_{f1t}$，由式(7.3-2)求得齿线的曲率半径 $r_{2c}^{(0)}=105.995$ mm。$r_{2c}^{(0)}$是参数 R_{2c}、δ_{2c}、β_{2c}、r_{2d}和 ν 的函数。R_{2c}、δ_{2c}、β_{2c}的取值方法与圆弧齿准双曲面小齿轮的取值方法相同，$R_{2c}=127.044$ mm，$\delta_{2c}=90°$，$\beta_{2c}=33.7113°$。

由 7.2.1.2 节及 7.2.1.1 节中的有关公式，求得一阶、二阶偏导数，再求得一阶导数$\frac{d\tau_{2d}}{dh_{2d}}$、二阶导数$\frac{d^2\tau_{2d}}{dh_{2d}^2}$。求得截线 Γ 的一阶、二阶导数，由式(5.2-44)得刀盘半径 $r_{2d}=112.473$ mm，$e_d=11.8$ mm，刀齿方向角 $\nu=6.0221°$。

(2) 原理小齿轮的齿面

机床常数 $U_0=368.3$ mm。

原理小齿轮的凹齿面，取刀齿角 $\alpha_{2dt}=20°$，刀倾角 $\Delta\alpha_{1a}=\alpha_{2dt}-\alpha_{f1a}=1.4708°$，刀盘倾角 $\Delta\alpha'_{1a}=1.4783°$。由式(7.2-1)至式(7.2-9)求得坐标 x_2、y_2、z_2。由式(7.2-16)、式(7.2-17)求得一阶偏导数，由式(1.2-4)、式(1.2-30)等求得右旋齿原理小齿轮凹齿面的坐标。其中参数 $\Sigma=\Sigma_{1c}=109.5839°$、$E_{1c}=41.310$ mm、$i_{c1}=0.2385$、$b_1=b_{1d}=-0.469$ mm、$b_2=-b_{2d}=-0.157$ mm、$A''=9.430$ mm、$B''=3.019$ mm。

加工凸齿面时，取刀齿角 $\alpha_{2da}=20°$，刀倾角 $\Delta\alpha_{1t}=\alpha_{2da}-\alpha_{f1t}=-6.2982°$，刀盘倾角 $\Delta\alpha'_{1t}=-6.3332°$。用 7.1.1.2 节中的公式求得右旋齿原理小齿轮凸齿面的坐标。其中参数 $\Sigma=\Sigma_{1c}=109.5839°$、$E_{1c}=32.725$ mm、$i_{c1}=0.2701$、$b_1=b_{1d}=6.539$ mm、$b_2=-b_{2d}=2.192$ mm、$A''=-40.322$ mm、$B''=-12.407$ mm。

(3) 机床调整参数

1) 加工凹齿面时：

① 小齿轮安装根锥角(安装角)$r_{1c}=-19.5838°$。

② 垂直轮位 $E_{1c}=41.310$ mm。

③ 机床的滚比 $i_{1c}=4.1922$。

④ 轮位 $\Delta X_1=-9.099$ mm。

⑤ 床位 $X_{B1}=-3.110$ mm。

⑥ 刀位 $s_{1d}=123.951$ mm。

⑦ 刀位夹角 $\tau=48.8083°$，机床偏心鼓轮的偏心距 $e=150$ mm。

⑧ 凹齿面的刀倾角 $\Delta\alpha_{1a}=1.4708°$。

⑨ 刀倾总角或总刀倾角 $\lambda_{z1}=1.4784°$。

⑩ 刀倾方向角 $\theta=-79.7653°$。

2）加工凸齿面时：

① 小齿轮安装根锥角(安装角)$\gamma_{1c}=-19.5838°$。

② 垂直轮位 $E_{1c}=32.725$ mm。

③ 机床的滚比 $i_{1c}=3.7009$。

④ 轮位 $\Delta X_1=-2.09$ mm。

⑤ 床位 $X_{B1}=25.120$ mm。

⑥ 刀位 $s_{1d}=133.517$ mm。

⑦ 刀位夹角 $\tau=52.8542°$,机床偏心鼓轮的偏心距 $e=150$ mm。

⑧ 凸齿面的刀倾角 $\Delta\alpha_{1t}=-6.2982°$。

⑨ 刀倾总角或总刀倾角 $\lambda_{z1}=6.3332°$。

⑩ 刀倾方向角 $\theta=-78.5071°$。

图 7.5-3 是用刀顷法加工的摆线齿准双曲面小齿轮的凹齿面,图 7.5-4 是用刀顷法加工的摆线齿准双曲面小齿轮的凸齿面。

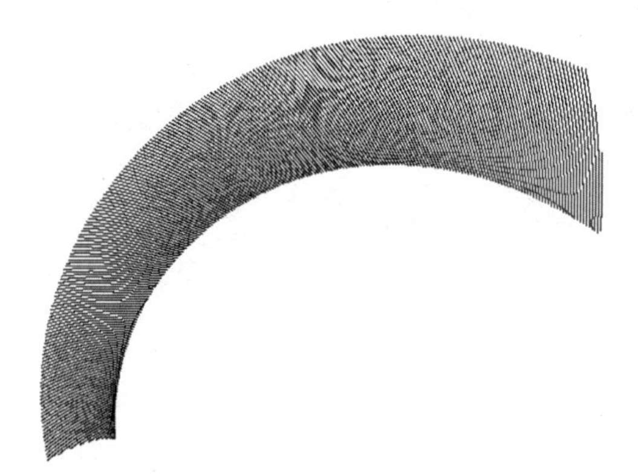

图 7.5-3　用刀倾法加工的摆线齿小齿轮的凹齿面

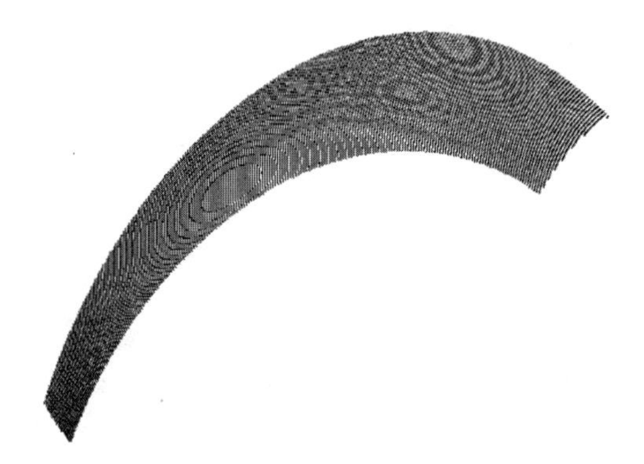

图 7.5-4　用刀倾法加工的摆线齿小齿轮的凸齿面

本章小结

(1) 用刀倾法加工小齿轮时,可以弥补刀齿角与齿轮压力角的差异。用刀倾法加工齿轮的另一应用,是改变齿轮的齿面曲率。对这一点将在第9章进行阐述。

(2) 在刀倾法加工圆弧收缩齿修形小齿轮方面,本章采选、归纳了现有的文献资料。由于应用了计算机求解超越方程(组),所以简化了以往文献中许多公式的推导。

(3) 目前工程中应用的圆弧齿修形齿轮是收缩齿齿轮,摆线齿修形齿轮是等高齿齿轮。本章对摆线收缩齿修形小齿轮的齿面方程也进行了推导。这为齿轮的齿面精度分析、轮齿的有限元计算、齿轮的数控加工编程等奠定了基础。

(4) 对于圆弧齿修形齿轮来说,铣刀盘的结构及调整对节点处的共轭性质没有影响。对于摆线齿修形齿轮来说,如果使用标准刀盘,这种调整对节点处的共轭性质有影响,主要原因是刀齿的方向角产生了变化。

(5) 不同文献中对机床调整参数的定义及所用的符号不尽相同,但实质是一样的。

机床的调整参数有多项。在齿轮的试切过程中,通过微调机床的参数可以改变齿轮的接触区位置及接触区形状。具体调整哪一个参数以及调整量的确定等与操作者的经验有关。

节点的位置,接触椭圆的长轴、短轴的长度等是齿轮设计参数的函数,但不是机床调整参数的显函数。本章增加了机床调整参数的影响因素分析。运用式(7.4-9)可以进行单因素分析或多因素分析,读者可以通过实例仿真观察其应用效果。

第8章 摆线等高齿修形准双曲面齿轮的铣削加工

目前实用的修形摆线齿齿轮是等高齿齿轮，有两种加工工艺：奥制加工工艺和克制加工工艺。奥制加工工艺用具有刀倾机构的铣齿机用标准刀盘进行加工，克制加工工艺用无刀倾机构的铣齿机用万能刀盘进行加工。

等高齿原理小齿轮的分度圆锥取原始小齿轮的分度圆锥，与等高齿修形小齿轮啮合的原理大齿轮采用第一种设计方案。

8.1 铣刀盘的应用

8.1.1 标准铣刀盘的应用

(1) 在没有刀倾机构的机床上标准铣刀盘的应用

一般使用TC、EN、EH型铣刀盘。

图8.1-1是用同一个铣刀盘用展成法加工摆线等高齿准双曲面大、小齿轮的情形。安装平面就是原始齿轮的分度平面，刀盘的轴线及产形齿轮的轴线与齿轮的分度平面垂直，加工出来的大、小齿轮都是等高齿齿轮。

o_1、o_2 分别是分度平面上小齿轮、大齿轮的锥顶。o_d、o_c 分别是分度平面上刀盘和产形齿轮的中心。PC 是齿线的法线。o_dB 垂直于 PC，$\overline{o_dB}=e_d$ 称为名义滚动圆的半径。刀盘的名义半径为 r'_d，切向名义半径为 $r_{cb}=\overline{PB}$，夹角 ν_d 为名义刀齿方向角。

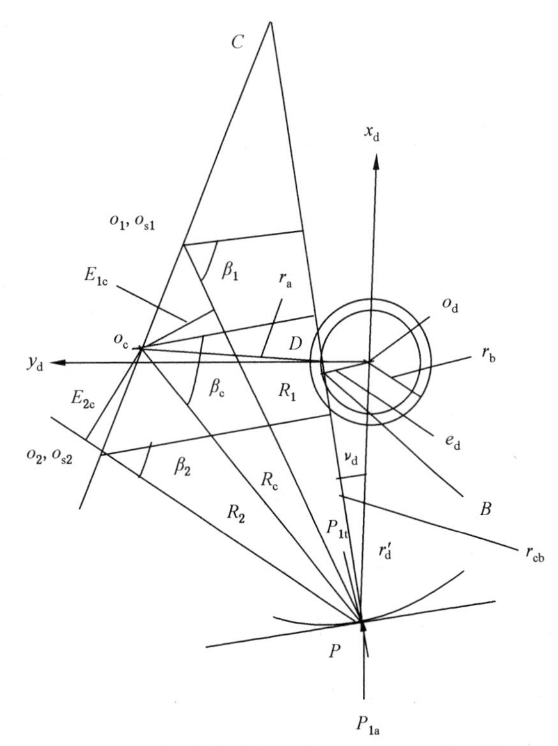

图8.1-1 摆线等高齿齿轮加工时的安装平面

产形齿轮为冠轮。小齿轮与产形齿轮的偏置距 $E_{1c}=R_c\sin\varepsilon_{1c}=R_c\sin(\beta_1-\beta_c)$，大齿轮与产形齿轮的偏置距 $E_{2c}=R_c\sin\varepsilon_{c2}=R_c\sin(\beta_c-\beta_2)$。

当产形齿轮及大、小齿轮运动至节点 P 的位置时，在分度平面的垂直方向，它们之间没有相对运动，在分度平面上，它们之间有相对运动。在分度平面上，产形齿轮的角速度为 ω_c，小齿轮的角速度分量为 $\omega_1\sin\delta_1$，大齿轮的角速度分量为 $\omega_2\sin\delta_2$。o_1 是小齿轮的绝对瞬心，o_2 是大齿轮的绝对瞬心。假定 C 是它们的相对瞬心，因为相对瞬心又应在高副接触点的公法线上，所以 C 点在齿线的法线 PC 上。根据三心定理，o_1、o_2、C 三点应在同一条直线上。

刀盘的角速度为 ω_d，o_d 是刀盘的绝对瞬心。在摆线齿齿轮的加工中，o_c 为太阳轮的中心，o_d 为行星轮的中心，根据同样的道理，太阳轮与刀盘的相对瞬心在图中的 D 点。$\overline{o_cD}=r_a$，$\overline{o_dD}=r_b$。加工小齿轮时的滚比 $\dfrac{z_c}{z_1}=\dfrac{R_c\cos\beta_c}{R_{m1}\sin\delta_1\cos\beta_1}$，加工大齿轮时的滚比 $\dfrac{z_c}{z_2}=\dfrac{R_c\cos\beta_c}{R_{m2}\sin\delta_2\cos\beta_2}$。由 $\dfrac{r_b}{r_a}=\dfrac{z_0}{z_c}=\dfrac{e_d}{R_c\cos\beta_c}$，$R_c\cos\beta_c=\dfrac{m_nz_c}{2}$，得

$$e_d=\frac{m_nz_0}{2} \tag{8.1-1}$$

在 ΔPo_do_c 中，由余弦定理，$r_a+r_b=\sqrt{R_c^2+r_d'^2-2R_cr_d'\cos\left(\dfrac{\pi}{2}-\beta_c+\nu_d\right)}$。因此

$$\begin{cases} r_a=\dfrac{2R_c\cos\beta_c\sqrt{R_c^2+r_d'^2-2R_cr_d'\sin(\beta_c-\nu_d)}}{m_nz_0+2R_c\cos\beta_c} \\ r_b=\dfrac{m_nz_0\sqrt{R_c^2+r_d'^2-2R_cr_d'\sin(\beta_c-\nu_d)}}{m_nz_0+2R_c\cos\beta_c} \end{cases} \tag{8.1-2}$$

刀盘的刀齿组数 z_0 选定后，r_a、r_b 是产形齿轮的参数 R_c、β_c，刀盘的参数 r_d'、ν_d 的函数。

参照式(5.3-2)可以求得原始大、小齿轮的极限压力角 α_0 和极限齿线曲率半径 $r^{(0)}$。

$$\begin{cases} \tan\alpha_0=\dfrac{(R_{m2}\sin\beta_2-R_{m1}\sin\beta_1)\tan\delta_1\tan\delta_2}{(R_{m1}\tan\delta_1+R_{m2}\tan\delta_2)\cos(\beta_1-\beta_2)} \\ r^{(0)}=\dfrac{R_{m1}R_{m2}\tan\delta_1\tan\delta_2\sin(\beta_1-\beta_2)}{(R_{m2}\cos\beta_2-R_{m1}\cos\beta_1)\tan\delta_1\tan\delta_2-B\tan\alpha_0} \end{cases} \tag{8.1-3}$$

式中，$B=R_{m1}\tan\delta_1\cos\beta_1\sin\beta_2+R_{m2}\tan\delta_2\sin\beta_1\cos\beta_2$。

当加工摆线等高齿大齿轮时，参照式(5.3-4)、式(5.3-5)得

$$\begin{cases} R_{2c}=\dfrac{R_{m2}\sin\beta_2\tan\delta_2}{\tan\delta_2\sin\beta_{2c}+\cos(\beta_{2c}-\beta_2)\tan\alpha_0} \\ \beta_{2c}=\arctan\left[\dfrac{-r^{(0)}\tan\alpha_0\cos^3\beta_2}{(r^{(0)}-R_{m2}\sin\beta_2)\tan\delta_2+r^{(0)}\tan\alpha_0\sin^3\beta_2}\right]+\beta_2 \end{cases} \tag{8.1-4}$$

当加工摆线等高齿小齿轮时，参照式(5.3-4)、式(5.3-5)得

$$\begin{cases} R_{1c}=\dfrac{R_{m1}\sin\beta_1\tan\delta_1}{\tan\delta_1\sin\beta_{1c}+\cos(\beta_{1c}-\beta_1)\tan\alpha_0} \\ \beta_{1c}=\arctan\left[\dfrac{-r^{(0)}\tan\alpha_0\cos^3\beta_1}{(r^{(0)}-R_{m1}\sin\beta_1)\tan\delta_1+r^{(0)}\tan\alpha_0\sin^3\beta_1}\right]+\beta_1 \end{cases} \tag{8.1-5}$$

由 $R_{1c}=R_{2c}=R_c$、$\beta_{1c}=\beta_{2c}=\beta_c$ 得到两个方程，可通过调整某两个设计参数使这两个方

程满足。一般调整螺旋角 β_1 和 β_2，调整后齿轮的实际传动比要在要求的波动范围内。

如果取 $R_c\sin\beta_c$ 等于标准铣刀盘的切向名义半径 r_{cb}，则加工出来的齿轮称为 HN 型齿轮。如果取 r_{cb} 大于 $R_c\sin\beta_c$，则加工出来的齿轮称为 GN 型齿轮。

对于摆线等高齿齿轮，由于根锥面与分度平面平行，所以没有图 4.2-4 中所述的齿轮的法向压力角 α_n 与刀具的名义压力角 α_d 之间的差异问题。

参照式(4.2-5)，产形齿轮精切外刀齿的压力角 $\alpha_{dt}=\alpha_d-\alpha_0$，精切内刀齿的压力角 $\alpha_{da}=\alpha_d+\alpha_0$。

当加工标准齿轮时，齿轮的法向齿槽宽 $e_n=\dfrac{\pi m_n}{2}$，产形齿轮的端面齿槽宽 $e_t=\dfrac{e_n}{\cos\beta_c}$，产形齿轮的精切内、外刀齿之间的夹角应为 $\dfrac{e_n}{R_c\cos\beta_c}$ rad，刀盘的精切内、外刀齿之间的夹角应为 $\chi_n=\dfrac{z_c e_n}{z_0 R_c\cos\beta_c}=\dfrac{\pi}{z_0}$。

由于结构等的限制，刀盘上精切内、外刀齿之间的实际夹角 χ_0 不一定等于 χ_n。当加工标准齿轮时，产形齿轮的端面齿槽宽变为 $\dfrac{\chi_0}{\chi_n}e_t$，增量为 $\left(\dfrac{\chi_0}{\chi_n}-1\right)e_t$。为了保持 $e_t=\dfrac{e_n}{\cos\beta_c}$ 不变，可以通过垫刀片，将外刀齿在切向名义半径的方向增加 Δd、内刀齿在切向名义半径的方向减小 Δd。Δd 引起产形齿轮的端面齿槽宽的增量为 $\dfrac{2\Delta d}{\cos\beta_c}$，由 $\dfrac{2\Delta d}{\cos\beta_c}=\left(\dfrac{\chi_0}{\chi_n}-1\right)e_t$ 得

$$\Delta d=\frac{\pi m_n}{4}\left(\frac{\chi_0}{\chi_n}-1\right) \tag{8.1-6}$$

在标准刀盘的设计中，$f_\Delta=\dfrac{\pi}{4}\left(\dfrac{\chi_0}{\chi_n}-1\right)>0$ 称为切向名义半径修正系数，可在刀盘的参数表中查取。

对于变位齿轮，一般取小齿轮的法向齿槽宽小于大齿轮的法向齿槽宽。小齿轮的法向齿槽宽为 $e_{n1}=\dfrac{\pi m_n}{2}-x_t m_n+\dfrac{j_n}{2}$，大齿轮的法向齿槽宽 $e_{n2}=\dfrac{\pi m_n}{2}+x_t \mathrm{m}_n+\dfrac{j_n}{2}$，$x_t$ 为切向变位系数，j_n 为侧隙。

这样，当加工小齿轮时，内、外刀齿之间的夹角应为 $\chi_1=\dfrac{z_c e_{n1}}{z_0 R_c\cos\beta_c}$，由式(8.1-6)，外刀齿切向名义半径方向的增量为 $\Delta d_1=\dfrac{\pi m_n}{4}\left(\dfrac{\chi_1}{\chi_n}-1\right)$，内刀齿切向名义半径方向的减量为 $-\Delta d_1$。

当加工大齿轮时，内、外刀齿之间的夹角应为 $\chi_2=\dfrac{z_c e_{n2}}{z_0 R_c\cos\beta_c}$，由式(8.1-6)，外刀齿切向名义半径方向的增量为 $\Delta d_2=\dfrac{\pi m_n}{4}\left(\dfrac{\chi_2}{\chi_n}-1\right)$，内刀齿切向名义半径方向的减量为 $-\Delta d_2$。

式(8.1-6)的计算有一定的近似性，因为在计算中假定刀片调整后内、外刀齿的节点

不变，产形齿轮的螺旋角也不变。实际上内、外刀齿调整后，若假想刀齿与实际刀齿的距离仍为原来的标准距离，则内、外刀齿的节点位置都发生了变动，刀齿的名义半径及名义刀齿方向角也发生了变化。

图 8.1-2 是标准铣齿刀刀齿调节的简图，图中刀盘的名义半径为 r'_d，外刀齿的名义刀齿方向角为 υ_{da}，内刀齿的名义刀齿方向角为 ν_{dt}。加工标准齿轮时，当外刀齿的切向名义半径增加 $\Delta d'$ 后，外刀齿的新节点变动到 P_a，外刀齿的名义半径变为 $r'_{da}=\sqrt{(r'_d\cos\nu_{da}+\Delta d')^2+e_d^2}$，实际刀齿方向角为 $\nu'_{da}=\arcsin\dfrac{e_d}{r'_{da}}$。当内刀齿的切向名义半径减小 $\Delta d'$ 后，内刀齿的新节点变动到 P_t，内刀齿的名义半径变为 $r'_{dt}=\sqrt{(r'_d\cos\nu_{dt}-\Delta d')^2+e_d^2}$，实际刀齿方向角为 $\nu'_{dt}=\arcsin\dfrac{e_d}{r'_{dt}}$。$o_dP_a$ 线与 o_dP 线的夹角 $\chi_a=\dfrac{\chi_0}{2}-(\nu_{da}-\nu'_{da})$，$o_dP_t$ 线与 o_dP 线的夹角 $\chi_t=\dfrac{\chi_0}{2}-(\nu'_{dt}-\nu_{dt})$。

为方便计，将刀盘与太阳轮的运动关系放在转化机构中进行分析。

图 8.1-2 中外刀齿的新节点 P_a 位于产形齿轮的分度圆上。当内刀齿转过 χ_n 角后，P_t 到达 P'_t 的位置并位于产形齿轮的分度圆上，此时产形齿轮转过一个标准端面齿槽宽 $e_t=\dfrac{e_n}{\cos\beta_c}$。

在$\triangle o_do_cP_a$ 中，由余弦定理 $t_a=\arccos\dfrac{r'^2_{da}+(r_a+r_b)^2-R_c^2}{2r'_{da}(r_a+r_b)}$。在$\triangle o_do_cP'_t$ 中，由余弦定理 $t_t=\arccos\dfrac{r'^2_{dt}+(r_a+r_b)^2-R_c^2}{2r'_{dt}(r_a+r_b)}$。由 $(\chi_a+\chi_t)-(t_t-t_a)=\chi_n$ 解出 $\Delta d'$。

加工变位齿轮时，已知夹角 χ_1、χ_2，求修正量 $\Delta d'_1$、$\Delta d'_2$。

加工小齿轮时，外刀齿的名义半径为 $r'_{2da}=\sqrt{(r'_d\cos\nu_{da}+\Delta d'_1)^2+e_d^2}$，实际刀齿方向角为 $\nu'_{2da}=\arcsin\dfrac{e_d}{r'_{2da}}$。内刀齿的名义半径为 $r'_{2dt}=\sqrt{(r'_d\cos\nu_{dt}-\Delta d'_1)^2+e_d^2}$，实际刀齿方向角为 $\nu'_{2dt}=\arcsin\dfrac{e_d}{r'_{2dt}}$。夹角 $\chi_{1a}=\dfrac{\chi_0}{2}-(\nu_{da}-\nu'_{2da})$，$\chi_{1t}=\dfrac{\chi_0}{2}-(\nu'_{2dt}-\nu_{dt})$，$t_{1a}=\arccos\dfrac{r'^2_{2da}+(r_a+r_b)^2-R_c^2}{2r'_{2da}(r_a+r_b)}$，$t_{1t}=\arccos\dfrac{r'^2_{2dt}+(r_a+r_b)^2-R_c^2}{2r'_{2dt}(r_a+r_b)}$。由 $(\chi_{1a}+\chi_{1t})-(t_{1t}-t_{1a})=\chi_1$ 解出 $\Delta d'_1$。

加工大齿轮时，$r'_{1da}=\sqrt{(r'_d\cos\nu_{da}+\Delta d'_2)^2+e_d^2}$，$\nu'_{1da}=\arcsin\dfrac{e_d}{r'_{1da}}$，$r'_{1dt}=\sqrt{(r'_d\cos\nu_{dt}-\Delta d'_2)^2+e_d^2}$，$\nu'_{1dt}=\arcsin\dfrac{e_d}{r'_{1dt}}$，$\chi_{2a}=\dfrac{\chi_0}{2}-(\nu_{da}-\nu'_{1da})$，$\chi_{2t}=\dfrac{\chi_0}{2}-(\nu'_{1dt}-\nu_{dt})$，$t_{2a}=\arccos\dfrac{r'^2_{1da}+(r_a+r_b)^2-R_c^2}{2r'_{1da}(r_a+r_b)}$，$t_{2t}=\arccos\dfrac{r'^2_{1dt}+(r_a+r_b)^2-R_c^2}{2r'_{1dt}(r_a+r_b)}$。由 $(\chi_{2a}+\chi_{2t})-(t_{2t}-t_{2a})=$

χ_2 解出 $\Delta d'_2$。

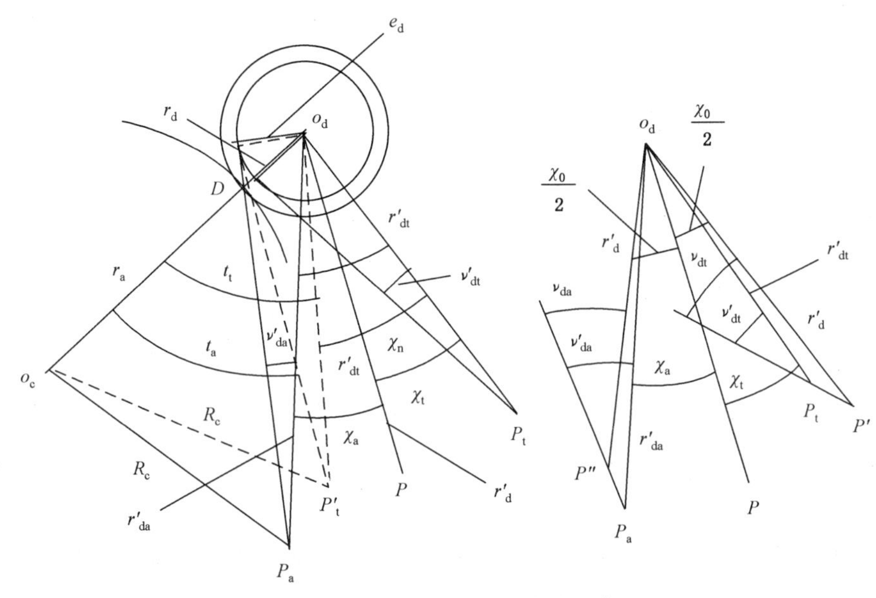

图 8.1-2　标准铣刀盘刀齿的调节

在标准刀盘中，内、外刀齿的回转中心是同一个点。因为标准刀盘刀齿切向名义半径的调节，使得实际齿轮的齿面到假想齿面的距离与原理齿轮的齿面到假想齿面的距离不同，实际齿轮齿面的曲率按等距齿面间曲率的公式进行计算。只要实际齿轮的凹、凸齿面都满足共轭条件就行。

在 6.1 节中，为了改善齿面的接触状况，以假想齿面为出发点，对曲率进行了修正，进而引起原理齿轮齿面的曲率修正。刀齿切向名义半径的调节，不能实现假想齿面曲率的修正。要想实现假想齿面曲率的修正，可采用万能铣刀盘。若采用标准铣刀盘，应使用刀倾法加工齿轮。

如果将式(8.1-2)用于 5.1.2 节，当加工原理大齿轮时，

$$\begin{cases} r_a = \dfrac{2R_{1c}\cos\beta_{1c}\ \sqrt{R_{1c}^2 + r_{1d}'^2 - 2R_{1c}r'_{1d}\sin(\beta_{1c}-\nu)}}{m_n z_0 + 2R_{1c}\cos\beta_{1c}} \\ r_b = \dfrac{m_n z_0\ \sqrt{R_{1c}^2 + r_{1d}'^2 - 2R_{1c}r'_{1d}\sin(\beta_{1c}-\nu)}}{m_n z_0 + 2R_{1c}\cos\beta_{1c}} \end{cases} \tag{8.1-7}$$

刀盘的刀齿组数 z_0 选定后，r_a、r_b 是产形齿轮的参数 R_{1c}、β_{1c} 以及刀盘的参数 r'_{1d}、ν 的函数。名义刀齿方向角 ν 可根据刀盘的规格选取。

(2) 在有刀倾机构的机床上标准铣刀盘的应用

一般使用 FN、FS 型标准铣刀盘。

加工摆线等高齿实用齿轮时，采用刀倾的目的，不是如第 5 章、第 7 章所说的为了适应刀齿角与齿轮压力角之间的差异，而是为了实现对假想齿面的曲率修正。由式(5.2-37)

可见，产形齿轮在坐标系 $o_1x_1y_1z_1$ 中的坐标与刀倾角 $\Delta\alpha_2$ 有关，由式(5.2-44)可见，产形齿轮假想齿面的曲率半径与刀倾角 $\Delta\alpha_2$ 有关。在式(7.2-3)中，产形齿轮的坐标与刀倾角 $\Delta\alpha_{1a}$ 有关。由式(7.2-44)可见，即使刀盘的名义半径、产形齿轮的中点分锥距和螺旋角不变，刀倾角不同，产形齿轮假想齿面的曲率半径也不同。

用刀倾半展成法加工齿轮时，大齿轮采用5.2.2节的加工原理，小齿轮采用7.2节的加工原理。用刀倾全展成法加工齿轮时，大、小齿轮都采用7.2节的加工原理。

齿轮加工时，对以下几个问题再加以说明：

① 如果不对原理齿轮做假想齿面的曲率修正，大、小齿轮及产形齿轮的运动关系如图8.1-1所示，这时大、小齿轮具有相同的产形齿轮。

② 如果对原理大、小齿轮做假想齿面的曲率修正，诱导主曲率的修正值由6.1.2.2节的公式算出。通过刀盘的刀倾改变产形齿轮的法曲率，进而改变原理大、小齿轮的法曲率。

③ 刀倾与否，产形齿轮的中点分锥矩 R_c、螺旋角 β_c、凹齿面的法向压力角 α_{da}、凸齿面的法向压力角 α_{dt} 以及齿厚 s、齿槽宽 e 不变。

④ 刀盘的参数比如实际刀齿方向角、刀齿的切向名义半径的调整值、刀齿角等随着刀倾角的改变而改变。

⑤ 大、小齿轮的机床调整参数不同。

8.1.2 万能铣刀盘的应用

在6.1.2节中，为了改善齿面的接触状况，对原理假想齿面的曲率进行了修正。由于万能铣刀盘内、外刀齿的回转中心可以分离，所以更适合于齿轮齿面的修形。用万能刀盘加工时，齿轮的凸齿面不做曲率修正，所以精切内刀盘的回转中心 o_d、名义半径 r'_d、名义滚动圆的半径 e_d 不变，可以参考标准刀盘的设计。齿轮的凹齿面做曲率修正，所以精切外刀盘的回转中心要进行调整。

图8.1-3中，设凹齿面曲率半径的修正量为 $\Delta r_{ct}^{(0)}$，$\dfrac{1}{\Delta r_{ct}^{(0)}}$ 可参考6.1.2节中的 $\Delta\kappa_2^{(12)}$。精切外刀盘的回转中心由 o_d 点移动到了 o'_d 点，$o_do'_d$ 平行于齿线的法线 PC，$\overline{o_do'{}_d}=\Delta r_{ct}^{(0)}$。精切外刀齿的名义半径 $r'_{da}=\sqrt{(r_{cb}+\Delta r_{ct}^{(0)})^2+e_d^2}$，名义刀齿方向角 $\nu_{da}=\arcsin\left(\dfrac{e_d}{r'_{da}}\right)$。$o_co'_d$ 与 PC 的交点为 D'，$\overline{o_cD'}=r'_a$，$\overline{o'_dD'}=r'_b$。因为 $\dfrac{r'_a}{r'_b}=\dfrac{r_a}{r_b}=\dfrac{z_c}{z_0}$，所以精切外刀盘与产形齿轮之间的传动比与调整前相同。

$\cos\lambda=\dfrac{R_c\cos\beta_c}{r_a}$，$o_do'_d$ 与 o_dD 之间的夹角为 $\dfrac{\pi}{2}+\lambda$。在 $\triangle o_co_do'_d$ 中，由余弦定理，$\overline{o_co'_d}=r'_a+r'_b=\sqrt{(r_a+r_b)^2+[\Delta r_{ct}^{(0)}]^2+2(r_a+r_b)\Delta r_{ct}^{(0)}\sin\lambda}$。

$$r_a'=\frac{z_c}{z_0+z_c}\sqrt{(r_a+r_b)^2+[\Delta r_{ct}^{(0)}]^2+2(r_a+r_b)\Delta r_{ct}^{(0)}\sin\lambda},\cos\lambda'=\frac{R_c\cos\beta_c}{r_a'}。$$

如前所述，精切内、外刀齿之间的夹角应为 $\chi_n=\dfrac{180°}{z_0}$。图 4.2-9 中实际夹角为 $\chi_0=\dfrac{240°}{z_0}$，夹角差 $\Delta\chi=\chi_0-\chi_n=\dfrac{60°}{z_0}$。$\Delta\chi$ 会引起产形齿轮的端面齿槽宽或实际齿轮的法向齿槽宽产生增量。

外刀盘绕着产形齿轮的中心 o_c 做行星运动，当外刀盘逆时针转过夹角差 $\Delta\chi$ 时，外刀盘的中心 o_d' 绕着 o_c 逆时针转过角度 σ 而到达 o_d'' 的位置。在转化机构中，$\dfrac{\Delta\chi-\sigma}{0-\sigma}=-\dfrac{z_c}{z_0}$，$\sigma=\dfrac{z_0\Delta\chi}{z_0+z_c}$。既然外刀盘的中心是可调的，可将 o_d' 以 o_c 为中心，$r_a'+r_b'$ 为半径顺时针转过角度 σ 以弥补 $\Delta\chi$ 对实际齿轮齿槽宽的影响，如图 8.1-3 所示。

在等腰 $\triangle o_c o_d' o_d''$ 中，$\overline{o'_d o''_d}=\Delta f=2(r_a'+r_b')\sin\dfrac{\sigma}{2}$。在 $\triangle o_d o_d' o_d''$ 中，$\angle o_d o_d' o_d''=\dfrac{\pi}{2}-\lambda'+\dfrac{\pi}{2}-\dfrac{\sigma}{2}=\pi-\left(\lambda'+\dfrac{\sigma}{2}\right)$，由余弦定理，$\overline{o_d o_d''}=\Delta g=\sqrt{(\Delta f)^2+[\Delta r_{ct}^{(0)}]^2+2\Delta f\Delta r_{ct}^{(0)}\cos\left(\lambda'+\dfrac{\sigma}{2}\right)}$。

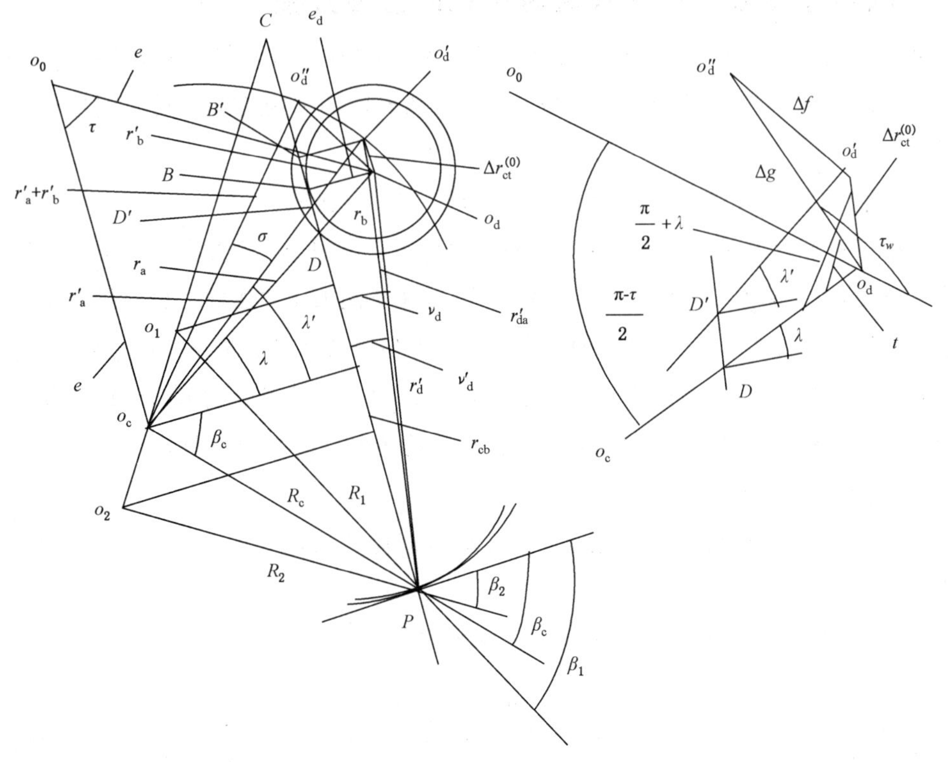

图 8.1-3　万能铣刀盘精切外刀齿的调节

图 8.1-3 所示为加工右旋齿大齿轮、左旋齿小齿轮的模型。o_0 为偏心鼓轮的回转中心，e 为机床偏心鼓轮的偏心距，τ 为内精切刀齿的刀位夹角，$\sin\dfrac{\tau}{2}=\dfrac{r_a+r_b}{2e}$。在$\triangle o_c o_d o_d''$中，由余弦定理，$\angle o_c o_d o_d''=t=\arccos\left[\dfrac{(r_a+r_b)^2+(\Delta g)^2-(r_a'+r_b')^2}{2(r_a+r_b)\Delta g}\right]$。$o_d o_d''$ 与 $o_0 o_d$ 之间的夹角 τ_w 为外刀齿的刀盘安装角，$\tau_w=\pi-\left(t-\dfrac{\pi-\tau}{2}\right)=\dfrac{3\pi-2t-\tau}{2}$。

在 5.1.2 节中，将本节中的一些刀齿调整参数代入相应的公式，就可以求得修形后的齿轮的齿面方程。用 5.1.2.1 节的公式求左旋齿修形后的大齿轮的凹齿面的方程时，外刀盘的名义半径 $r_{1d}'=r_{da}'=\sqrt{(r_{cb}+\Delta r_{ct}^{(0)})^2+e_d^2}$、名义刀齿方向角 $\nu=\nu_{da}=\arcsin\left(\dfrac{e_d}{r_{da}'}\right)$。$r_a=r_a'$，$r_b=r_b'$。加工凸齿面时，内刀盘的名义半径 $r_{1d}'=r_d'$，名义刀齿方向角 $\nu=\arcsin\left(\dfrac{e_d}{r_d'}\right)$，$r_a$、$r_b$ 不变。

对于右旋齿修形后的大齿轮也做类似处理。

8.2 摆线等高齿修形准双曲面齿轮的齿面方程

加工摆线齿齿轮的一个突出问题是刀齿方向角的影响，因为它不像圆弧齿齿轮那样，刀齿方向角永远是 90°。用奥制方法加工摆线齿齿轮时因刀齿方向角的原因也存在齿形误差。

用标准铣刀盘可以加工不做齿面曲率修正的摆线齿齿轮。

摆线齿修形齿轮不做齿高方向的齿面曲率修正。当加工齿宽方向做齿面曲率修正的修形齿轮时，用克制加工方法加工克制修形齿轮，用奥制加工方法加工奥制修形齿轮。

按照第 2 章及 8.1.1 节，可以确定原始齿轮齿坯的设计参数 δ_1、δ_2、R_{m1}、R_{m2}、β_1、β_2，产形齿轮的中点分锥距 R_c 及螺旋角 β_c。根据 $R_c\sin\beta_c$ 选择标准刀盘的名义半径 r_d'及刀齿方向角 ν_d。刀盘精切外刀齿的压力角 $\alpha_{dt}=\alpha_d-\alpha_0$，精切内刀齿的压力角 $\alpha_{da}=\alpha_d+\alpha_0$。原理大、小齿轮都用同一个刀盘按展成法双面刃加工。

用 6.1.2.2 节中的目标函数法，首先计算修形齿轮齿宽方向的主曲率修正值，步骤如下：

(1) 由式(5.1-14)，原始大齿轮齿线的曲率半径

$$r_c^{(0)}=\frac{\left[R^2+\left(\dfrac{dR}{d\tau_{1d}}\right)^2\right]^{\frac{3}{2}}}{R^2+2\left(\dfrac{dR}{d\tau_{1d}}\right)^2-R\dfrac{d^2R}{d\tau_{1d}^2}} \tag{8.2-1}$$

式中，$R=\sqrt{(r_a+r_b)^2+r_d'^2-2(r_a+r_b)r_d'\cos\tau_2}$；$\dfrac{dR}{d\tau_{1d}}=\dfrac{(r_a^2-r_b^2)r_d'}{r_aR}\sin\tau_2$；$\dfrac{d^2R}{d\tau_{1d}^2}=$

$\frac{1}{R}\left[\frac{(r_a^2-r_b^2)(r_a-r_b)r_d'}{r_a^2}\cos\tau_2-\left(\frac{dR}{d\tau_{1d}}\right)^2\right]$；$\cos\tau_2=\frac{(r_a+r_b)^2+r_d'^2-R_c^2}{2(r_a+r_b)r_d'}$。

在原始齿轮的分度平面上，产形齿轮的假想齿面在$\overrightarrow{x_0}$方向的法曲率 $\kappa_{nx_0}^{(c)}=\frac{\cos\alpha_{1a}}{r_c^{(0)}}$（凹齿面）或 $\kappa_{nx_0}^{(c)}=\frac{\cos\alpha_{1t}}{r_c^{(0)}}$（凸齿面）。$\overrightarrow{y_0}$方向的法曲率 $\kappa_{ny_0}^{(c)}=0$，短程挠率 $\tau_{gx_0}^{(c)}=\tau_{gy_0}^{(c)}=0$。

(2) 在式(5.3-6)中，将原始大齿轮视为齿轮 1，产形齿轮视为齿轮 2，求原始大齿轮与产形齿轮的接触线方向角 $\vartheta_{x_0}^{(2c)}$ 及诱导法曲率 $\kappa_{ny_0}^{(2c)}$：

$$\begin{cases}\tan\vartheta_{x_0}^{(2c)}=\dfrac{R_{m2}(D_2\cos\beta_2-D_1\cos\beta_c)\tan\delta_2\cos\alpha_d}{\cos\beta_2\cos\beta_c}\\ \kappa_{ny_0}^{(2c)}=\dfrac{\cos\beta_2\cos\beta_c}{R_{m2}[\cos\varepsilon_{2c}\sin\alpha_d+\sin\varepsilon_{2c}\tan\vartheta_{x_0}^{(2c)}-\tan\delta_2\sin\beta_c\cos\alpha_d]\tan\delta_2}\end{cases}\tag{8.2-2}$$

式中，$D_2=-\frac{\kappa_{nx_0}^{(c)}\sin\beta_c}{\cos\alpha_d}$；$D_1=S_1(\tan\delta_2+\tan\alpha_d\sin\beta_2)-\frac{\kappa_{nx_0}^{(c)}\sin\beta_2}{\cos\alpha_d}$；$S_1=\frac{1}{R_{m2}\tan\delta_2}$；$\varepsilon_{2c}=\beta_2-\beta_c$；凹齿面 $\alpha_d=-\alpha_{2a}=-\alpha_{1t}$，凸齿面 $\alpha_d=\alpha_{2t}=\alpha_{1a}$。

原始大齿轮的法曲率和短程挠率

$$\begin{cases}\kappa_{nx_0}^{(2)}=-\kappa_{ny_0}^{(2c)}\tan^2\vartheta_{x_0}^{(2c)}+\kappa_{nx_0}^{(c)}\\ \kappa_{ny_0}^{(2)}=-\kappa_{ny_0}^{(2c)}\\ \tau_{gx_0}^{(2)}=-\kappa_{ny_0}^{(2c)}\tan\vartheta_{x_0}^{(2c)}\end{cases}\tag{8.2-3}$$

同理，在式(5.3-6)中，将原始小齿轮视为齿轮 1，产形齿轮视为齿轮 2，求原始小齿轮与产形齿轮的接触线方向角 $\vartheta_{x_0}^{(c1)}$ 及诱导法曲率 $\kappa_{ny_0}^{(c1)}$

$$\begin{cases}\tan\vartheta_{x_0}^{(c1)}=\dfrac{R_{m1}(D_2\cos\beta_1-D_1\cos\beta_c)\tan\delta_1\cos\alpha_d}{\cos\beta_1\cos\beta_c}\\ \kappa_{ny_0}^{(c1)}=\dfrac{\cos\beta_1\cos\beta_c}{R_{m1}[\cos\varepsilon_{c1}\sin\alpha_d+\sin\varepsilon_{c1}\tan\vartheta_{x_0}^{(c1)}-\tan\delta_1\sin\beta_c\cos\alpha_d]\tan\delta_1}\end{cases}\tag{8.2-4}$$

式中，$D_2=-\frac{\kappa_{nx_0}^{(c)}\sin\beta_c}{\cos\alpha_d}$；$D_1=S_1(\tan\delta_1+\tan\alpha_d\sin\beta_1)-\frac{\kappa_{nx_0}^{(c)}\sin\beta_1}{\cos\alpha_d}$；$S_1=\frac{1}{R_{m1}\tan\delta_1}$；$\varepsilon_{c1}=\beta_c-\beta_1$；凹齿面 $\alpha_d=\alpha_{1a}=\alpha_{2t}$，凸齿面 $\alpha_d=-\alpha_{1t}=-\alpha_{2a}$。

原始小齿轮的法曲率和短程挠率

$$\begin{cases}\kappa_{nx_0}^{(1)}=-\kappa_{ny_0}^{(c1)}\tan^2\vartheta_{x_0}^{(c1)}+\kappa_{nx_0}^{(c)}\\ \kappa_{ny_0}^{(1)}=-\kappa_{ny_0}^{(c1)}\\ \tau_{gx_0}^{(1)}=-\kappa_{ny_0}^{(c1)}\tan\vartheta_{x_0}^{(c1)}\end{cases}\tag{8.2-5}$$

求原始大、小齿轮的诱导法曲率 $\kappa_{nx_0}^{(12)}=\kappa_{nx_0}^{(1)}-\kappa_{nx_0}^{(2)}$、$\kappa_{ny_0}^{(12)}=\kappa_{ny_0}^{(1)}-\kappa_{ny_0}^{(2)}$ 和诱导短程挠率 $\tau_{gx_0}^{(12)}=\tau_{gx_0}^{(1)}-\tau_{gx_0}^{(2)}$。

(3) 由式(6.1-1)求原始大、小齿轮的诱导主曲率 $\kappa_1^{(12)}$ 和 $\kappa_2^{(12)}$。

(4) 由式(6.1-11)等求修形大、小齿轮诱导主曲率的修正值 $\Delta\kappa_1^{(12)}$、$\Delta\kappa_2^{(12)}$。

8.2.1 奥制修形齿轮的齿面方程

(1) 刀倾全展成加工法

前面说过,通过改变刀倾角可以改变齿面的曲率。齿面方程的推导参照7.2节的公式,安装圆锥取原始齿轮的分度圆锥。现以加工右旋齿修形小齿轮、左旋齿修形大齿轮为例加以说明。

1) 求产形齿轮的曲率修正量

在式(8.2-3)中,将产形齿轮的曲率 $\kappa_{nx_0}^{(c)}$ 增加 $\Delta\kappa_{2t}^{(c)}$,求得修形大齿轮凸齿面的法曲率为 $\kappa_{nx_0}^{(2)}+\Delta\kappa_{2t}^{(c)}$。在式(8.2-5)中,将产形齿轮的曲率 $\kappa_{nx_0}^{(c)}$ 减小 $\Delta\kappa_{1a}^{(c)}$,求得修形小齿轮凹齿面的法曲率为 $\kappa_{nx_0}^{(1)}-\Delta\kappa_{1a}^{(c)}$。修形大、小齿轮的诱导法曲率的增量为 $\Delta\kappa_{nx_0}^{(12)}=-(\Delta\kappa_{1a}^{(c)}+\Delta\kappa_{2t}^{(c)})$。将 $\Delta\kappa_{nx_0}^{(12)}$ 代入式(6.1-11)的第1式,由于式(6.1-11)的右边 $\kappa_1^{(12)}+\Delta\kappa_1^{(12)}$、$\kappa_2^{(12)}+\Delta\kappa_2^{(12)}$、$\vartheta_{x_0}^{(c1)}$、$\kappa_{nx_0}^{(12)}$ 是已知量,从而求得 $\Delta\kappa_{1a}^{(c)}+\Delta\kappa_{2t}^{(c)}$。$\Delta\kappa_{1a}^{(c)}$ 和 $\Delta\kappa_{2t}^{(c)}$ 的比值可以自行规定,但要 $\Delta\kappa_{2t}^{(c)}\geqslant\Delta\kappa_{1a}^{(c)}$。

同理,设加工修形大齿轮的凹齿面时,产形齿轮的曲率减小量是 $\Delta\kappa_{2a}^{(c)}$,加工修形小齿轮的凸齿面时,产形齿轮的曲率增加量是 $\Delta\kappa_{1t}^{(c)}$,修形大、小齿轮的诱导法曲率的增量为 $\Delta\kappa_{nx_0}^{(12)}=\Delta\kappa_{1t}^{(c)}+\Delta\kappa_{2a}^{(c)}$。将其代入式(6.1-11)的第1式,可以求得 $\Delta\kappa_{1t}^{(c)}+\Delta\kappa_{2a}^{(c)}$。$\Delta\kappa_{1t}^{(c)}$ 和 $\Delta\kappa_{2a}^{(c)}$ 的比值可以自行规定,但要 $\Delta\kappa_{1t}^{(c)}\geqslant\Delta\kappa_{2a}^{(c)}$。

2) 求刀齿在切向名义半径方向上的调整量及刀齿方向角

如8.1.1节所述,当加工不做曲率修正的齿轮时,为了适应修形刀齿夹角与理论刀齿夹角的不一致,在切向名义半径的方向上进行了刀齿的调整。对于标准齿轮,外刀齿的增量为 $\Delta d'$,内刀齿的增量为 $-\Delta d'$。对于变位齿轮,小齿轮刀盘外刀齿的增量为 $\Delta d_1'$、内刀齿的增量为 $-\Delta d_1'$,大齿轮刀盘外刀齿的增量为 $\Delta d_2'$、内刀齿的增量为 $-\Delta d_2'$。当加工修形齿轮时,由于刀盘倾角的缘故,刀齿的调整量会发生变化。

先看一下加工修形小齿轮的情况。参考图7.2-1,坐标系 $o_dx_dy_dz_d$ 在分度平面上,坐标系 $o_d'x_d'y_d'z_d'$ 在刀盘平面上。坐标系 $o_d'x_d'y_d'z_d'$ 与坐标系 $o_dx_dy_dz_d$ 之间的坐标变换可参照式(7.2-3),其中 $A''=r_{2da}-r_d'\cos\Delta\alpha_1'$,$B''=r_d'\sin\Delta\alpha_1'$,$r_{2da}=\sqrt{(U_0-h_{a2d})^2+r_d'^2}\sin(t+\Delta\alpha_1')$,$\tan t=\dfrac{r'_d}{U_0-h_{a2d}}$。$\Delta\alpha_1'$ 是加工小齿轮时的刀盘倾角。

以变位齿轮为例。当加工修形小齿轮的凹齿面时,如果精切外刀齿的调整量为 $\Delta d'_{1a}$,在坐标系 $o_d'x_d'y_d'z_d'$ 中,精切外刀齿新节点的坐标为 $\{-(r_d'-\Delta d'_{1a}\cos\nu'_{2da}),\Delta d'_{1a}\sin\nu'_{2da},0\}$。$\nu'_{2da}$ 是刀齿调整后的实际刀齿方向角。变换到坐标系 $o_dx_dy_dz_d$ 中为

$$\begin{cases}x_d=-(r_d'-\Delta d'_{1a}\cos\nu'_{2da})\cos\Delta\alpha_1'-A''\\ y_d=\Delta d'_{1a}\sin\nu'_{2da}\\ z_d=-(r_d'-\Delta d'_{1a}\cos\nu'_{2da})\sin\Delta\alpha_1'-B''\end{cases}\tag{8.2-6}$$

精切外刀齿的新节点在分度平面上的投影为 P_{1a}，如图 8.1-1 所示。$\overline{PP_{1a}}=\sqrt{(x_d+r_{2da})^2+y_d^2}=\sqrt{[r_{2da}-(r'_d-\Delta d'_{1a}\cos\nu'_{2da})\cos\Delta\alpha'_1-A'']^2+(\Delta d'_{1a}\sin\nu'_{2da})^2}$。坐标轴 o_dx_d 与产形齿轮圆周方向的夹角为 $\beta_c-\nu_{2da}$，ν_{2da} 是名义刀齿方向角。PP_{1a} 与产形齿轮圆周方向的夹角为 $\beta_c-\nu_{2da}-\arcsin\dfrac{y_d}{\overline{PP_{1a}}}=\beta_c-\nu_{2da}-\arcsin\dfrac{\Delta d'_{1a}\sin\nu'_{2da}}{\overline{PP_{1a}}}$。

为了保持产形齿轮的端面齿槽宽不变，应有

$$\frac{\overline{PP_{1a}}}{\cos\left(\beta_c-\nu_{2da}-\arcsin\dfrac{\Delta d'_{1a}\sin\nu'_{2da}}{\overline{PP_{1a}}}\right)}=\frac{\Delta d'_1}{\cos\beta_c}\tag{8.2-7}$$

由式(8.2-7)可以解出 $\Delta d'_{1a}$。

如果仍取 8.1.1 节中的 $\Delta d'_1$ 及标准刀盘的名义刀齿方向角 ν_d，则有

$$\begin{cases}\overline{PP_{1a}}=\Delta d'_1\\ \Delta d'_{1a}\sin\nu'_{2da}=-\Delta d'_1\sin\nu_d\end{cases}\tag{8.2-8}$$

由式(8.2-8)的第 1 式得超越方程 $(r_{2da}-r'_d\cos\Delta\alpha'_1-A'')\sin\nu'_{2da}-\Delta d'_1\sin\nu_d\cos\Delta\alpha'_1\cos\nu'_{2da}-\Delta d'_1\sin\nu'_{2da}\cos\nu_d=0$，解出实际刀齿方向角 ν'_{2da} 后，再由式(8.2-8)的第 2 式解出 $\Delta d'_{1a}$。ν'_{2da} 和 $\Delta d'_{1a}$ 是刀倾角 $\Delta\alpha_1$ 的函数。

当加工修形小齿轮的凸齿面时，应将式(7.2-3)中的 $\Delta\alpha'_{1a}$ 换为 $-\Delta\alpha'_{1t}=-\Delta\alpha'_1$。如果精切内刀齿的调整量为 $-\Delta d'_{1t}$，在坐标系 $o'_dx'_dy'_dz'_d$ 中，精切内刀齿新节点 P_{1t} 的坐标为 $\{-(r'_d+\Delta d'_{1t}\cos\nu'_{2dt}),-\Delta d'_{1t}\sin\nu'_{2dt},0\}$，在坐标系 $o_dx_dy_dz_d$ 中为

$$\begin{cases}x_d=-(r'_d+\Delta d'_{1t}\cos\nu'_{2dt})\cos\Delta\alpha'_1-A''\\ y_d=-\Delta d'_{1t}\sin\nu'_{2dt}\\ z_d=(r'_d+\Delta d'_{1t}\cos\nu'_{2dt})\sin\Delta\alpha'_1-B''\end{cases}\tag{8.2-9}$$

图 8.1-1 中，$\overline{PP_{1t}}=\sqrt{(x_d+r_{2dt})^2+y_d^2}=\sqrt{[r_{2dt}-(r'_d+\Delta d'_{1t}\cos\nu'_{2dt})\cos\Delta\alpha'_1-A'']^2+(\Delta d'_{1t}\sin\nu'_{2dt})^2}$。$PP_{1t}$ 与产形齿轮圆周方向的夹角为 $\beta_c-\nu_{2dt}+\arcsin\dfrac{y_d}{\overline{PP_{1a}}}=\beta_c-\nu_{2dt}-\arcsin\dfrac{\Delta d'_{1t}\sin\nu'_{2dt}}{\overline{PP_{1a}}}$。为了保持产形齿轮的端面齿槽宽不变，应有

$$\frac{\overline{PP_{1t}}}{\cos\left(\beta_c-\nu_{2dt}-\arcsin\dfrac{\Delta d'_{1t}\sin\nu'_{2dt}}{\overline{PP_{1t}}}\right)}=\frac{\Delta d'_1}{\cos\beta_c}\tag{8.2-10}$$

如果仍取 8.1.1 节中的 $\Delta d'_1$ 及标准刀盘的名义刀齿方向角 ν_d，则有

$$\begin{cases}\overline{PP_{1t}}=\Delta d'_1\\ \Delta d'_{1t}\sin\nu'_{2dt}=-\Delta d'_1\sin\nu_d\end{cases}\tag{8.2-11}$$

由式(8.2-11)的第 1 式得超越方程 $(r_{2dt}-r'_d\cos\Delta\alpha'_1-A'')\sin\nu'_{2dt}+\Delta d'_1\sin\nu_d\cos\Delta\alpha'_1\cos\nu'_{2dt}-\Delta d'_1\sin\nu'_{2dt}\cos\nu_d=0$，解出 ν'_{2dt} 后，再由式(8.2-11)的第 2 式解出 $\Delta d'_{1t}$。ν'_{2dt} 和 $\Delta d'_{1t}$

是刀倾角 $\Delta\alpha_1$ 的函数。

由式(8.2-7)、式(8.2-10)求得的 $\Delta d'_{1a}$、$\Delta d'_{1t}$ 不能保证产形齿轮凹、凸齿面的法线在同一个平面内，这是使得加工齿轮有齿形误差的原因之一。由式(8.2-8)、式(8.2-11)求得的 ν'_{2da}、$\Delta d'_{1a}$、ν'_{2dt}、$\Delta d'_{1t}$ 可使产形齿轮凹、凸齿面的法线在同一个平面内。若使用标准刀盘时，有可能要根据刀盘的参数反求原始齿轮的齿坯参数。当齿轮批量生产时，对刀盘可进行专门设计。

用同样的方法可以分析修形大齿轮。刀齿方向角 ν'_{1da}、ν'_{1dt} 和刀齿的调整量 $\Delta d'_{2a}$、$\Delta d'_{2t}$ 是刀倾角 $\Delta\alpha_2$ 的函数。

3）求加工修形齿轮时的刀齿角及刀盘倾角

用刀倾法加工修形小齿轮的凹齿面时，名义刀齿方向角 $\nu=\nu_{2da}$，图 7.2-1 中的 $u_2=\dfrac{\pi}{2}+\nu_{2da}-\beta_c$，$\alpha_{2dt}$ 是精切外刀齿的刀齿角，$\Delta\alpha_{1a}$ 是刀倾角。因为刀倾前后修形齿轮的法向压力角不变，所以 $\alpha_{2dt}-\Delta\alpha_{1a}=\alpha_{dt}=\alpha_d-\alpha_0$。$\sin\dfrac{\Delta\alpha_{1a}}{2}=\sin\dfrac{\alpha_{2dt}+\alpha_0-\alpha_d}{2}=\sin\dfrac{\Delta\alpha'_1}{2}\cos\nu_{2da}$。由默尼埃公式，分度平面上齿线的曲率为 $\dfrac{\kappa_{nx_0}^{(c)}-\Delta\kappa_{1a}^{(c)}}{\cos(\alpha_{2dt}-\Delta\alpha_{1a})}=\dfrac{\kappa_{nx_0}^{(c)}-\Delta\kappa_{1a}^{(c)}}{\cos(\alpha_d-\alpha_0)}$。式(7.2-43)是一个关于未知数 α_{2dt} 的方程，解得 α_{2dt} 后再求得 $\Delta\alpha'_1$。

用刀倾法加工修形小齿轮的凸齿面时，名义刀齿方向角 $\nu=\nu_{2dt}$，图 7.2-1 中的 $u_2=\dfrac{\pi}{2}+\nu_{2dt}-\beta_c$，$\alpha_{2da}$ 是精切内刀齿的刀齿角，$\Delta\alpha_{1t}$ 是刀倾角。因为刀倾前后修形齿轮的法向压力角不变，所以 $\alpha_{2da}+\Delta\alpha_{1t}=\alpha_{da}=\alpha_d+\alpha_0$。$\sin\dfrac{\Delta\alpha_{1t}}{2}=\sin\dfrac{\alpha_d+\alpha_0-\alpha_{2da}}{2}=\sin\dfrac{\Delta\alpha'_1}{2}\cos\nu_{2dt}$。由默尼埃公式，分度平面上齿线的曲率为 $\dfrac{\kappa_{nx_0}^{(c)}+\Delta\kappa_{1t}^{(c)}}{\cos(\alpha_{2da}+\Delta\alpha_{1t})}=\dfrac{\kappa_{nx_0}^{(c)}+\Delta\kappa_{1t}^{(c)}}{\cos(\alpha_d+\alpha_0)}$。式(7.2-43)是一个关于未知数 α_{2da} 的方程，可解出 α_{2da}。

在 7.2.2 节中，将左旋原理小齿轮的参数换成左旋修形大齿轮的参数，可以解出加工修形大齿轮时的刀齿角 α_{1da}、α_{1dt} 和刀盘倾角 $\Delta\alpha'_2$。

刀齿角可以通过刃磨得到。

4）修形齿轮的齿面方程

修形齿轮齿面方程的推导及机床调整参数的计算可参考 7.2.1 节、7.2.2 节的公式。

(2) 刀倾半展成加工法

当修形齿轮的传动比≥3、分锥角 $\delta_2>70°$ 时，可用刀倾半展成法加工修形齿轮。

求产形齿轮的曲率修正量及刀齿调整量的方法与刀倾全展成加工法相同，求修形小齿轮的刀齿角及刀盘倾角的方法也相同。求修形大齿轮的刀齿角及刀盘倾角时可用式(5.2-43)进行求解。

求修形大齿轮的齿面方程及机床调整参数时参照 5.2.2 节的公式。

8.2.2 克制修形齿轮的齿面方程

由于克制铣齿机没有刀倾机构，所以使用万能刀盘。克制原理大、小齿轮齿面方程的推导及机床调整参数的计算参照 5.1.2 节的公式，内、外刀齿的参数按 8.1.2 节确定。

如果通过了下面 9.3 节所述的工艺校验，则在动坐标系 $o_1x_1y_1z_1$ 和动坐标系 $o_2x_2y_2z_2$ 中，取出修形大、小齿轮的两对啮合齿面并将它们按原始齿轮的布局装配在图 1.2-1的坐标系中，然后就可以做运动分析，运动分析从节点 P 开始。

本章小结

(1) 目前应用的摆线齿修形准双曲面齿轮是等高齿齿轮。进行摆线等高齿齿轮研究时，要应用原始齿轮的分度圆锥参数。

用奥制加工法加工摆线齿修形齿轮时，使用具有刀倾机构的铣齿机及标准刀盘。刀盘的刚性较强，但铣齿机的结构较复杂。刀齿方向角对节点处的共轭性质有所影响。

用克制加工法加工摆线齿修形齿轮时，使用无刀倾机构的铣齿机及万能刀盘。刀盘的刚性较差，但铣齿机的结构较简单。铣刀盘的结构及参数调整对节点处的共轭性质没有影响。

(2) 对摆线齿标准铣刀盘的应用，本章增加了刀盘名义半径的调节对名义刀齿方向角的影响这一方面的分析。

第9章 修形准双曲面齿轮的数控铣削加工

加工准双曲面齿轮的数控铣齿机有两类。第一类铣齿机具有摇台机构，又分为无刀倾机构和有刀倾机构两种。第二类铣齿机取消了摇台机构。

用数字法加工圆弧齿齿轮时，第一类数控铣齿机的摇台转动、工件转动、床位移动三者可实现联动。加工摆线齿齿轮时，第一类数控铣齿机的刀盘转动、工件转动、摇台摆动、摇台移动四者可实现联动。

第二类数控铣齿机中的凤凰II型机床，它的工件转动、工件回转台摆动、切深方向移动、轮位方向移动、偏置距方向移动可以实现联动。第二类数控铣齿机中的C22、C28型机床，它的刀盘转动、工件转动、工件回转台摆动、切深方向移动、轮位方向移动、偏置距方向移动可以实现联动。

比起传统的铣齿机来说，第一类数控铣齿机的最大优点是取消了变性机构，摇台机构可以程控，这样就可以很方便地实现齿高方向的齿面曲率修正。

第二类数控铣齿机取消了摇台机构和刀倾机构，使机床的结构大大简化。用它加工准双曲面齿轮时，首先要知道机床各个运动环节的运动规律，然后才能对数控铣齿机进行编程。利用第二类数控铣齿机还可以对齿轮的齿形误差加以修正。

本章也论述了用数字法加工摆线收缩齿修形齿轮。

9.1 用第一类数控铣齿机加工修形齿轮

第一类数控铣齿机虽然有摇台机构，但由于是程控的、没有滚比变性机构装置，所以可以自行设计滚比变性函数。在齿高方向进行齿面曲率修正时，工艺上较为简单。

9.1.1 用没有刀倾机构的数控铣齿机加工修形齿轮

加工圆弧齿修形齿轮时，参照6.2.1节中的滚比变性法，摇台的转角 $\varphi_c' = k_2\varphi_1 + k_1[1-\cos(kk_2\varphi_1)]$。可使用YKT2250、YKD2280等型号的铣齿机进行加工。

加工摆线齿修形齿轮时，可参照6.2.2节的理论进行加工。滚比变性系数

$$2c = \frac{\varepsilon_{c0} R_{2c} \cos\beta_{2c}}{R_{m1} \sin\delta_1 \cos\beta_1} \tag{9.1-1}$$

当修形刀盘由节点 P 开始转动时，ω_{c0} 为修形产形齿轮的初角速度。如果仍用4.1.1.1节所述的曲柄推杆机构作为变性机构，修形产形齿轮的转角

$$\varphi_c = (\tau_{2d}, h_{2d}, t) = \arccos\left(\frac{W_2}{\sqrt{U_2^2 + V_2^2}}\right) + \delta_2 = k_2\varphi_1 + k_1[1 - \cos(kk_2\varphi_1)] \qquad (9.1\text{-}2)$$

由 $2c = kk_1^2 k_2$，得 $k_1 = \sqrt{\dfrac{2c}{kk_2}}$。

式(9.1-2)中的 W_2 含有瞬时滚比 $i_{c1}(\varphi_1) = k_2[1 + kk_1\sin(kk_2\varphi_1)]$。给定刀盘锥形面上一点的坐标，即给定一组参数 τ_{2d}、h_{2d} 的值，由式(9.1-2)解出 φ_1 和 φ_c。应用式(1.2-4)并结合齿宽方向的齿面曲率修正，求得齿宽、齿高都做齿面曲率修正的修形小齿轮在坐标系 $o_1x_1y_1z_1$ 中的坐标。

可使用克林根贝尔格公司的 KNC 型数控铣齿机加工修形齿轮。

9.1.2 用具有刀倾机构的数控铣齿机加工修形齿轮

通过改变刀倾角可以改变齿宽方向的齿面法曲率，通过增加摇台的变速运动可以改变齿高方向的齿面法曲率。当加工圆弧齿修形齿轮时，可使用 YKD2250A、YKW2280 等型号的铣齿机。当加工摆线齿修形齿轮时，可使用奥利康公司的 S20、S30、S25、S35 等型号的铣齿机。

9.2 用第二类数控铣齿机加工修形齿轮

第二类数控铣齿机取消了摇台机构和刀倾机构，滚比变性函数用程序构造。第二类数控铣齿机不管加工等高齿齿轮还是加工收缩齿齿轮，不受第一类数控铣齿机机床硬件条件的限制。

第二类数控铣齿机编程的理论仍然是模拟法齿轮加工的理论。

图 9.2-1 是图 4.1-4 中数控铣齿机的坐标系。

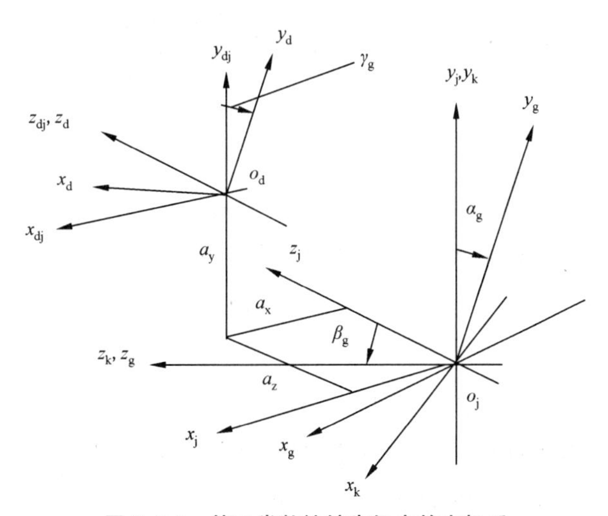

图 9.2-1 第二类数控铣齿机中的坐标系

坐标系 $o_jx_jy_jz_j$ 与轮位滑板固连。o_jy_j 轴与回转台的摆动轴线重合并垂直于机床的水平面，$o_j z_j$ 轴与主轴 $o_d z_d$ 平行，坐标面 $x_j z_j$ 在机床的水平面内。坐标原点 o_j 称为机床中心。

坐标系 $o_j x_k y_k z_k$ 与回转台固连，可在轮位滑板上绕 $o_j y_j$ 轴转动，转动角度为 β_g。坐标系 $o_j x_g y_g z_g$ 与工件固连，可在回转台上绕工件轴 $o_j z_k$ 转动，转动角度为 α_g。

刀盘装在主轴箱的主轴上。过主轴 $o_d z_d$ 建立坐标系 $o_d x_{dj} y_{dj} z_{dj}$ 和坐标系 $o_d x_d y_d z_d$。坐标系 $o_d x_{dj} y_{dj} z_{dj}$ 与坐标系 $o_j x_j y_j z_j$ 的坐标轴对应平行。坐标系 $o_d x_d y_d z_d$ 是刀盘所在的动坐标系，可绕 $o_d z_d$ 轴转动，转角为 γ_g。刀盘在坐标系 $o_d x_d y_d z_d$ 内转动的转角为 τ_d。刀盘的转动形成内、外刃锥面。

坐标系 $o_j x_j y_j z_j$ 相对于坐标系 $o_d x_{dj} y_{dj} z_{dj}$ 做三维平移，平移量为 a_x、a_y、a_z。在实际机床中，在 $o_j x_j$ 方向和 $o_j y_j$ 方向，是坐标系 $o_d x_{dj} y_{dj} z_{dj}$ 相对于坐标系 $o_j x_j y_j z_j$ 的负平移 $-a_x$、$-a_y$。

这样，坐标系 $o_d x_d y_d z_d$ 与坐标系 $o_j x_g y_g z_g$ 之间就有 6 个自由度的相对运动。如果在坐标系 $o_d x_d y_d z_d$ 中有一个曲面，就会在坐标系 $o_j x_g y_g z_g$ 中包络出一个共轭曲面，这就是准双曲面齿轮加工的基本原理。

坐标系 $o_j x_k y_k z_k$ 与坐标系 $o_j x_g y_g z_g$ 之间的坐标变换为

$$\begin{bmatrix} x_k \\ y_k \\ z_k \end{bmatrix} = \begin{bmatrix} \cos\alpha_g & -\sin\alpha_g & 0 \\ \sin\alpha_g & \cos\alpha_g & 0 \\ 0 & 0 & 1 \end{bmatrix} \begin{bmatrix} x_g \\ y_g \\ z_g \end{bmatrix} \tag{9.2-1}$$

坐标系 $o_j x_j y_j z_j$ 与坐标系 $o_j x_k y_k z_k$ 之间的坐标变换为

$$\begin{bmatrix} x_j \\ y_j \\ z_j \end{bmatrix} = \begin{bmatrix} \cos\beta_g & 0 & \sin\beta_g \\ 0 & 1 & 0 \\ -\sin\beta_g & 0 & \cos\beta_g \end{bmatrix} \begin{bmatrix} x_k \\ y_k \\ z_k \end{bmatrix} \tag{9.2-2}$$

坐标系 $o_d x_{dj} y_{dj} z_{dj}$ 与坐标系 $o_j x_j y_j z_j$ 之间的坐标变换为

$$\begin{bmatrix} x_{dj} \\ y_{dj} \\ z_{dj} \end{bmatrix} = \begin{bmatrix} x_j \\ y_j \\ z_j \end{bmatrix} - \begin{bmatrix} a_x \\ a_y \\ a_z \end{bmatrix} \tag{9.2-3}$$

坐标系 $o_d x_d y_d z_d$ 与坐标系 $o_d x_{dj} y_{dj} z_{dj}$ 之间的坐标变换为

$$\begin{bmatrix} x_d \\ y_d \\ z_d \end{bmatrix} = \begin{bmatrix} \cos\gamma_g & -\sin\gamma_g & 0 \\ \sin\gamma_g & \cos\gamma_g & 0 \\ 0 & 0 & 1 \end{bmatrix} \begin{bmatrix} x_{dj} \\ y_{dj} \\ z_{dj} \end{bmatrix} \tag{9.2-4}$$

坐标系 $o_d x_d y_d z_d$ 与坐标系 $o_j x_g y_g z_g$ 之间的坐标变换为

$$\begin{bmatrix} x_d \\ y_d \\ z_d \end{bmatrix} = \begin{bmatrix} \cos\alpha_g\cos\beta_g\cos\gamma_g + \sin\alpha_g\sin\gamma_g & -\sin\alpha_g\cos\beta_g\cos\gamma_g + \cos\alpha_g\sin\gamma_g & \sin\beta_g\cos\gamma_g \\ -\cos\alpha_g\cos\beta_g\sin\gamma_g + \sin\alpha_g\cos\gamma_g & \sin\alpha_g\cos\beta_g\sin\gamma_g + \cos\alpha_g\cos\gamma_g & -\sin\beta_g\sin\gamma_g \\ -\cos\alpha_g\sin\beta_g & \sin\alpha_g\sin\beta_g & \cos\beta_g \end{bmatrix}$$

$$
\begin{bmatrix} x_g \\ y_g \\ z_g \end{bmatrix} + \begin{bmatrix} -a_x\cos\gamma_g + a_y\sin\gamma_g \\ -a_x\sin\gamma_g - a_y\cos\gamma_g \\ -a_z \end{bmatrix} \tag{9.2-5}
$$

式(9.2-5)与图 1.2-1 中工件、刀盘的坐标变换本质上是一样的，只是表达的方式不同。运用前文的知识可以求出式(9.2-5)中的 a_x、a_y、a_z 和 a_g、β_g、γ_g。

以下以典型工艺为例加以说明。

9.2.1 加工圆弧齿修形齿轮

9.2.1.1 基于展成法加工圆弧齿原理大齿轮

圆弧齿原理大齿轮采用第一种设计方案，用 5.1.1 节所示的展成法加工。

当加工左旋齿原理大齿轮时，将图 5.1-1 中的坐标原点 o_2 视为图 9.2-1 中的 o_j，将坐标系 $o_2x_2y_2z_2$ 视为坐标系 $o_jx_gy_gz_g$。产形齿轮的转角 φ_c 写为 φ_1。

由式(5.1-2)、式(1.2-5)得到坐标系 $o_dx_dy_dz_d$、$o_2x_2y_2z_2$ 之间的坐标变换

$$
\begin{bmatrix} x_d \\ y_d \\ z_d \end{bmatrix} = \begin{bmatrix} \cos\varphi_2\sin(i_{c2}\varphi_2+q') + \cos\Sigma_{2c}\sin\varphi_2\cos(i_{c2}\varphi_2+q') & \sin\varphi_2\sin(i_{c2}\varphi_2+q') - \cos\Sigma_{2c}\cos\varphi_2\cos(i_{c2}\varphi_2+q') & -\sin\Sigma_{2c}\cos(i_{c2}\varphi_2+q') \\ -\cos\varphi_2\cos(i_{c2}\varphi_2+q') + \cos\Sigma_{2c}\sin\varphi_2\sin(i_{c2}\varphi_2+q') & -\sin\varphi_2\cos(i_{c2}\varphi_2+q') - \cos\Sigma_{2c}\cos\varphi_2\sin(i_{c2}\varphi_2+q') & -\sin\Sigma_{2c}\sin(i_{c2}\varphi_2+q') \\ -\cos\Sigma_{2c}\sin\varphi_2 & \cos\Sigma_{2c}\cos\varphi_2 & -\cos\Sigma_{2c} \end{bmatrix}
$$

$$
\begin{bmatrix} x_2 \\ y_2 \\ z_2 \end{bmatrix} + \begin{bmatrix} E_{2c}\sin(i_{c2}\varphi_2+q') - b_2\sin\Sigma_{2c}\cos(i_{c2}\varphi_2+q') - s_{2d}\cos(q+q') \\ -E_{2c}\cos(i_{c2}\varphi_2+q') - b_2\sin\Sigma_{2c}\sin(i_{c2}\varphi_2+q') - s_{2d}\sin(q+q') \\ b_1 - b_2\cos\Sigma_{2c} \end{bmatrix} \tag{9.2-6}
$$

对比式(9.2-5)、式(9.2-6)中矩阵的元素，由第 3 行第 3 列的元素相等得 $\cos\beta_g = -\cos\Sigma_{2c}$，由第 3 行第 2 列的元素相等得 $\sin\alpha_g\sin\beta_g = \cos\Sigma_{2c}\cos\varphi_2$，由第 2 行第 3 列的元素相等得 $-\sin\beta_g\sin\gamma_g = -\sin\Sigma_{2c}\sin(i_{c2}\varphi_2+q')$。解得角位移函数

$$
\begin{cases} \alpha_g(\varphi_2) = \arcsin\left(\dfrac{\cos\varphi_2}{\tan\Sigma_{2c}}\right) \\ \beta_g(\varphi_2) = \pi - \Sigma_{2c} \\ \gamma_g(\varphi_2) = i_{c2}\varphi_2 + q' \end{cases} \tag{9.2-7}
$$

式中，参数 $\varphi_2 = \omega_2 t$，大齿轮的转速 ω_2 的选择见第 4 章。

对比式(9.2-5)、式(9.2-6)中列向量的元素，解出平移函数

$$
\begin{cases} \alpha_x(\varphi_2) = b_2\sin\Sigma_{2c} + s_{2d}\cos(i_{c2}\varphi_2 - q) \\ \alpha_y(\varphi_2) = E_{2c} - s_{2d}\sin(i_{c2}\varphi_2 - q) \\ \alpha_z(\varphi_2) = b_2\cos\Sigma_{2c} - b_1 \end{cases} \tag{9.2-8}
$$

由式(5.1-1)～式(5.1-6)及式(1.2-28)求得产形齿轮的转角 $\varphi_c(\tau_{1d},h_{1d})$。原理大齿轮的转角

$$\varphi_2(\tau_{1d},h_{1d})=\frac{1}{i_{c2}}\varphi_c(\tau_{1d},h_{1d})=\frac{1}{i_{c2}}\left[\arcsin\left(\frac{W}{\sqrt{U^2+V^2}}\right)-\delta\right] \tag{9.2-9}$$

式中，$U=[h_{a1d}-h_{1d}+b_1\mp\zeta(r_{1d}\pm\overline{MB})]\sin\Sigma_{2c}\sin(\tau_{1d}-q')\mp s_{2d}\zeta\sin\Sigma_{2c}\sin q+E_{2c}\cos(\tau_{1d}-q')$，$V=[-h_{a1d}+h_{1d}-b_1\pm\zeta(r_{1d}\pm\overline{MB})]\sin\Sigma_{2c}\cos(\tau_{1d}-q')\pm\zeta s_{2d}\sin\Sigma_{2c}\cos q+E_{2c}\cos\Sigma_{2c}\sin(\tau_{1d}-q')$，$W=s_{2d}(i_{c2}-\cos\Sigma_{2c})\sin(\tau_{1d}-q'-q)\mp E_{2c}\zeta\sin\Sigma_{2c}$，其中上面的符号用于凹齿面，下面的符号用于凸齿面；$\delta=\arccos\dfrac{V}{\sqrt{U^2+V^2}}$。各参数的意义及计算见5.1.1.1节。

在节点 P，$\tau_{1d}=0$、$h_{1d}=h_{a1d}$，得 $U_0=-[b_1\mp\zeta(r_{1d}\pm\overline{MB})]\sin\Sigma_{2c}\sin q'\mp s_{2d}\zeta\sin\Sigma_{2c}\sin q+E_{2c}\cos q'$，$V_0=[-b_1\pm\zeta(r_{1d}\pm\overline{MB})]\sin\Sigma_{2c}\cos q'\pm\zeta s_{2d}\sin\Sigma_{2c}\cos q-E_{2c}\cos\Sigma_{2c}\sin q'$，$W_0=-s_{2d}(i_{c2}-\cos\Sigma_{2c})\sin(q'+q)\mp E_{2c}\zeta\sin\Sigma_{2c}$，$\delta_0=\arccos\dfrac{V_0}{\sqrt{U_0^2+V_0^2}}$，$\varphi_{20}=\dfrac{1}{i_{c2}}\left[\arcsin\left(\dfrac{W_0}{\sqrt{U_0^2+V_0^2}}\right)-\delta_0\right]$。

将 φ_{20} 代入式(9.2-7)，得初始角位移

$$\begin{cases}\alpha_{g0}=\arcsin\left(\dfrac{\cos\varphi_{20}}{\tan\Sigma_{2c}}\right)\\ \beta_{g0}=\pi-\Sigma_{2c}\\ \gamma_{g0}=i_{c2}\varphi_{20}+q'\end{cases} \tag{9.2-10}$$

将 φ_{20} 代入式(9.2-8)得初始平移

$$\begin{cases}a_{x0}=E_{2c}\sin2(i_{c2}\varphi_{20}+q')-b_2\sin\Sigma_{2c}\cos2(i_{c2}\varphi_{20}+q')-s_{2d}\cos(i_{c2}\varphi_{20}+2q'+q)\\ a_{y0}=-E_{2c}\cos2(i_{c2}\varphi_{20}+q')-b_2\sin2(i_{c2}\varphi_{20}+q')\sin\Sigma_{2c}-s_{2d}\sin(i_{c2}\varphi_{20}+2q'+q)\\ a_{z0}=b_2\cos\Sigma_{2c}-b_1\end{cases} \tag{9.2-11}$$

初始角位移和初始平移用于切齿前在节点处的对刀。

9.2.1.2 基于刀倾法加工圆弧齿修形小齿轮

圆弧齿修形小齿轮要做齿高、齿宽两个方向的齿面曲率修正。现以7.1.1节所述的用刀倾法加工右旋收缩齿修形小齿轮的凹齿面为例加以说明。

将图9.2-1与图7.1-1进行对比，坐标系与 $o_dx_dy_dz_d$ 相当于坐标系 $o'_dx'_dy'_dz'_d$、坐标系 $o_jx_gy_gz_g$ 相当于坐标系 $o_1x_1y_1z_1$。

当进行齿宽方向的齿面曲率修正时，刀盘的名义半径 r_{2d} 要用式(7.1-1)中的 r_{2dx}。

由式(7.1-6)、式(7.1-7)可以求得坐标系 $o'_dx'_dy'_dz'_d$ 和坐标系 $px_ty_tz_t$ 之间的坐标变换

$$\begin{bmatrix} x'_d \\ y'_d \\ z'_d \end{bmatrix} = \begin{bmatrix} \sin\Delta\alpha_{1a} & 0 & \cos\Delta\alpha_{1a} \\ -1 & 0 & 0 \\ -\cos\Delta\alpha_{1a} & 0 & \sin\Delta\alpha_{1a} \end{bmatrix} \begin{bmatrix} x_t \\ y_t \\ z_t \end{bmatrix} + \begin{bmatrix} A''\cos\Delta\alpha_{1a} - B''\sin\Delta\alpha_{1a} - r_{2da}\cos\Delta\alpha_{1a} \\ 0 \\ A''\sin\Delta\alpha_{1a} + B''\cos\Delta\alpha_{1a} - r_{2da}\sin\Delta\alpha_{1a} \end{bmatrix} \tag{9.2-12}$$

再由式(7.1-9)、式(7.1-14)可以求得坐标系 $o'_d x'_d y'_d z'_d$ 和坐标系 $o_2 x_2 y_2 z_2$ 之间的坐标变换

$$\begin{bmatrix} x'_d \\ y'_d \\ z'_d \end{bmatrix} = \begin{bmatrix} p_{11} & p_{12} & p_{13} \\ p_{21} & p_{22} & p_{23} \\ p_{31} & p_{32} & p_{33} \end{bmatrix} \begin{bmatrix} x_2 \\ y_2 \\ z_2 \end{bmatrix} + \begin{bmatrix} q_1 \\ q_2 \\ q_3 \end{bmatrix} \tag{9.2-13}$$

式中，$p_{11} = -\cos(\beta_{2c} + \Delta\alpha_{1a})\cos\xi + \sin\delta_{2c}\sin(\beta_{2c} + \Delta\alpha_{1a})\sin\xi$；$p_{12} = -\cos(\beta_{2c} + \Delta\alpha_{1a})\sin\xi - \sin\delta_{2c}\sin(\beta_{2c} + \Delta\alpha_{1a})\cos\xi$；$p_{13} = \cos\delta_{2c}\sin(\beta_{2c} + \Delta\alpha_{1a})$；$p_{21} = -\sin\beta_{2c}\cos\xi - \sin\delta_{2c}\cos\beta_{2c}\sin\xi$；$p_{22} = -\sin\beta_{2c}\sin\xi + \sin\delta_{2c}\cos\beta_{2c}\cos\xi$；$p_{23} = -\cos\delta_{2c}\cos\beta_{2c}$；$p_{31} = -\sin(\beta_{2c} + \Delta\alpha_{1a})\cos\xi - \sin\delta_{2c}\cos(\beta_{2c} + \Delta\alpha_{1a})\sin\xi$；$p_{32} = -\sin(\beta_{2c} + \Delta\alpha_{1a})\sin\xi + \sin\delta_{2c}\cos(\beta_{2c} + \Delta\alpha_{1a})\cos\xi$；$p_{33} = -\cos\delta_{2c}\cos(\beta_{2c} + \Delta\alpha_{1a})$；$q_1 = A''\cos\Delta\alpha_{1a} - B''\sin\Delta\alpha_{1a} - r_{2da}\cos\Delta\alpha_{1a} + R_{2c}\sin(\beta_{2c} + \Delta\alpha_{1a})$；$q_2 = -R_{2c}\cos\beta_{2c}$；$q_3 = A''\sin\Delta\alpha_{1a} + B''\cos\Delta\alpha_{1a} - r_{2da}\sin\Delta\alpha_{1a} - R_{2c}\cos(\beta_{2c} + \Delta\alpha_{1a})$。

$$\begin{bmatrix} x_2 \\ y_2 \\ z_2 \end{bmatrix} = \begin{bmatrix} p_{11} & p_{21} & p_{31} \\ p_{12} & p_{22} & p_{32} \\ p_{13} & p_{23} & p_{33} \end{bmatrix} \begin{bmatrix} x'_d \\ y'_d \\ z'_d \end{bmatrix} - \begin{bmatrix} p_{11}q_1 + p_{21}q_2 + p_{31}q_3 \\ p_{12}q_1 + p_{22}q_2 + p_{32}q_3 \\ p_{13}q_1 + p_{23}q_2 + p_{33}q_3 \end{bmatrix} \tag{9.2-14}$$

再由式(1.2-5)可以求得坐标系 $o'_d x'_d y'_d z'_d$ 和坐标系 $o_1 x_1 y_1 z_1$ 之间的坐标变换

$$\begin{bmatrix} x'_d \\ y'_d \\ z'_d \end{bmatrix} = \begin{bmatrix} m_{11} & m_{12} & m_{13} \\ m_{21} & m_{22} & m_{23} \\ m_{31} & m_{32} & m_{33} \end{bmatrix} \begin{bmatrix} x_1 \\ y_1 \\ z_1 \end{bmatrix} + \begin{bmatrix} n_{1g} \\ n_{2g} \\ n_{3g} \end{bmatrix} \tag{9.2-15}$$

式中，$m_{11} = -\cos\varphi_1\cos(\varphi_c - \xi)\cos(\beta_{2c} + \Delta\alpha_{1a}) - \cos\varphi_1\sin(\varphi_c - \xi)\sin\delta_{2c}\sin(\beta_{2c} + \Delta\alpha_{1a}) + \sin\varphi_1\sin(\varphi_c - \xi)\cos(\beta_{2c} + \Delta\alpha_{1a})\cos\Sigma - \sin\varphi_1\cos(\varphi_c - \xi)\sin\delta_{2c}\sin(\beta_{2c} + \Delta\alpha_{1a})\cos\Sigma + \sin\varphi_1\cos\delta_{2c}\sin(\beta_{2c} + \Delta\alpha_{1a})\sin\Sigma$；$m_{12} = \sin\varphi_1\cos(\varphi_c - \xi)\cos(\beta_{2c} + \Delta\alpha_{1a}) + \sin\varphi_1\sin(\varphi_c - \xi)\sin\delta_{2c}\sin(\beta_{2c} + \Delta\alpha_{1a}) + \cos\varphi_1\sin(\varphi_c - \xi)\cos(\beta_{2c} + \Delta\alpha_{1a})\cos\Sigma - \cos\varphi_1\cos(\varphi_c - \xi)\sin\delta_{2c}\sin(\beta_{2c} + \Delta\alpha_{1a})\cos\Sigma + \cos\varphi_1\cos\delta_{2c}\sin(\beta_{2c} + \Delta\alpha_{1a})\sin\Sigma$；$m_{13} = -\sin(\varphi_c - \xi)\cos(\beta_{2c} + \Delta\alpha_{1a})\sin\Sigma + \cos(\varphi_c - \xi)\sin\delta_{2c}\sin(\beta_{2c} + \Delta\alpha_{1a})\sin\Sigma + \cos\delta_{2c}\sin(\beta_2 c + \Delta\alpha_{1a})\cos\Sigma$；$m_{21} = -\cos\varphi_1\cos(\varphi_c - \xi)\sin\beta_{2c} + \sin\varphi_1\sin(\varphi_c - \xi)\sin\beta_{2c}\cos\Sigma + \cos\varphi_1\sin(\varphi_c - \xi)\sin\delta_{2c}\cos\beta_{2c} + \sin\varphi_1\cos(\varphi_c - \xi)\sin\delta_{2c}\cos\beta_{2c}\cos\Sigma - \sin\varphi_1\cos\delta_{2c}\sin(\beta_{2c} + \Delta\alpha_{1a})\sin\Sigma$；$m_{22} = \sin\varphi_1\cos(\varphi_c - \xi)\sin\beta_{2c} + \cos\varphi_1\sin(\varphi_c - \xi)\sin\beta_{2c}\cos\Sigma - \sin\varphi_1\sin(\varphi_c - \xi)\sin\delta_{2c}\cos\beta_{2c} + \cos\varphi_1\cos(\varphi_c - \xi)\sin\delta_{2c}\cos\beta_{2c}\cos\Sigma - \cos\varphi_1\cos\delta_{2c}\sin(\beta_{2c} + \Delta\alpha_{1a})\sin\Sigma$；$m_{23} = -\sin(\varphi_c - \xi)\sin\beta_{2c}\sin\Sigma - \cos(\varphi_c - \xi)\sin\delta_{2c}\cos\beta_{2c}\sin\Sigma - \cos\delta_{2c}\sin(\beta_{2c} + \Delta\alpha_{1a})\cos\Sigma$；$m_{31} = -\cos\varphi_1\cos(\varphi_c - \xi)\sin(\beta_{2c} + \Delta\alpha_{1a}) + \sin\varphi_1\sin(\varphi_c - \xi)\sin(\beta_{2c} + \Delta\alpha_{1a})\cos\Sigma + \cos\varphi_1\sin(\varphi_c - \xi)\sin\delta_{2c}\cos(\beta_{2c} + \Delta\alpha_{1a}) + \sin\varphi_1\cos(\varphi_c - \xi)\sin\delta_{2c}\cos(\beta_{2c} + \Delta\alpha_{1a})$

$\cos\Sigma - \sin\varphi_1\cos\delta_{2c}\cos(\beta_{2c}+\Delta\alpha_{1a})\sin\Sigma$；$m_{32}=\sin\varphi_1\cos(\varphi_c-\xi)\sin(\beta_{2c}+\Delta\alpha_{1a})+\cos\varphi_1\sin(\varphi_c-\xi)\sin(\beta_{2c}+\Delta\alpha_{1a})\cos\Sigma-\sin\varphi_1\sin(\varphi_c-\xi)\sin\delta_{2c}\cos(\beta_{2c}+\Delta\alpha_{1a})+\cos\varphi_1\cos(\varphi_c-\xi)\sin\delta_{2c}\cos(\beta_{2c}+\Delta\alpha_{1a})\cos\Sigma-\cos\varphi_1\cos\delta_{2c}\cos(\beta_{2c}+\Delta\alpha_{1a})\sin\Sigma$；$m_{33}=-\sin(\varphi_c-\xi)\sin(\beta_{2c}+\Delta\alpha_{1a})\sin\Sigma-\cos(\varphi_c-\xi)\sin\delta_{2c}\cos(\beta_{2c}+\Delta\alpha_{1a})\sin\Sigma-\cos\delta_{2c}\cos(\beta_{2c}+\Delta\alpha_{1a})\cos\Sigma$；$n_{1g}=-E\cos(\beta_{2c}+\Delta\alpha_{1a})\cos(\varphi_c-\xi)-E\sin\delta_{2c}\sin(\beta_{2c}+\Delta\alpha_{1a})\sin(\varphi_c-\xi)-b_1\cos(\beta_{2c}+\Delta\alpha_{1a})\sin(\varphi_c-\xi)\sin\Sigma+b_1\sin\delta_{2c}\sin(\beta_{2c}+\Delta\alpha_{1a})\cos(\varphi_c-\xi)\sin\Sigma+\cos\delta_{2c}\sin(\beta_{2c}+\Delta\alpha_{1a})[b_1\cos\Sigma-b_2]+A''\cos\Delta\alpha_{1a}-B''\sin\Delta\alpha_{1a}-r_{2da}\cos\Delta\alpha_{1a}+R_{2c}\sin(\beta_{2c}+\Delta\alpha_{1a})$；$n_{2g}=-E\sin\beta_{2c}\cos(\varphi_c-\xi)-E\sin\delta_{2c}\cos\beta_{2c}\sin(\varphi_c-\xi)-b_1\sin\beta_{2c}\sin(\varphi_c-\xi)\sin\Sigma-b_1\sin\delta_{2c}\cos\beta_{2c}\cos(\varphi_c-\xi)\sin\Sigma-\cos\delta_{2c}\cos\beta_{2c}[b_1\cos\Sigma-b_2]-R_{2c}\cos\beta_{2c}$；$n_{3g}=-E\sin(\beta_{2c}+\Delta\alpha_{1a})\cos(\varphi_c-\xi)-E\sin\delta_{2c}\cos(\beta_{2c}+\Delta\alpha_{1a})\sin(\varphi_c-\xi)-b_1\sin(\beta_{2c}+\Delta\alpha_{1a})\sin(\varphi_c-\xi)\sin\Sigma-b_1\sin\delta_{2c}\cos(\beta_{2c}+\Delta\alpha_{1a})\cos(\varphi_c-\xi)\sin\Sigma-\cos\delta_{2c}\cos(\beta_{2c}+\Delta\alpha_{1a})[b_1\cos\Sigma-b_2]+A''\sin\Delta\alpha_{1a}+B''\cos\Delta\alpha_{1a}-r_{2da}\sin\Delta\alpha_{1a}-R_{2c}\cos(\beta_{2c}+\Delta\alpha_{1a})$；$\Sigma=\Sigma_{1c}\arccos(\cos\delta_{f1}\cos\delta_{2c}\cos\varepsilon_{1c}-\sin\delta_{f1}\sin\delta_{2c})$；$E=-E_{1c}=-(R_{2c}\sin\delta_{2c}\cos\delta_{f1}+R_{mf1}\cos\delta_{2c}\sin\delta_{f1})\dfrac{\sin\varepsilon_{1c}}{\sin\Sigma_{1c}}$；$b_1=b_{1d}=\dfrac{R_{mf1}}{\cos\delta_{f1}}-\dfrac{E_{1c}\cos\xi}{\cos\delta_{f1}\sin\varepsilon_{1c}}$、$b_2=-b_{2d}=\dfrac{E_{1c}\sin\xi\cos\delta_{2c}-b_{1d}\sin\delta_{f1}}{\sin\delta_{2c}}$。

$\varphi_1=\omega_1 t$，小齿轮转速 ω_1 的选取见第 4 章。

当给定一个齿高方向的法曲率增量 $\Delta\kappa_{ny_0''}^{(1)}$ 之后，修形小齿轮齿高方向的法曲率变为 $\bar{\kappa}_{ny_0''}^{(1)}=\kappa_{ny_0''}^{(1)}+\Delta\kappa_{ny_0''}^{(1)}$。修形小齿轮与产形齿轮的诱导法曲率为 $\bar{\kappa}_{ny_0''}^{(c1)}=-\bar{\kappa}_{ny_0''}^{(1)}$。修形小齿轮不做短程挠率的修正。由式(6.2-17)的第 3 式解得 $\tan\bar{\vartheta}_{x_0''}^{(c1)}=\dfrac{\tau_{gx_0''}^{(1)}}{-\bar{\kappa}_{ny_0''}^{(c1)}}=\dfrac{\tau_{gx_0''}^{(1)}}{\bar{\kappa}_{ny_0''}^{(1)}}$。

将齿轮 1 视为修形小齿轮，$\varepsilon_1=0$；将齿轮 2 视为修形后的产形齿轮，角加速度 $\varepsilon_c\neq0$，$\tau_{gx_0''}^{(c)}=0$。由式(6.2-21)得

$$\bar{\kappa}_{ny_0''}^{(c1)}=\frac{-\omega_{x_0''}^{(c1)}}{\nu_{y_0''}^{(c)}+\nu_{x_0''}^{(c1)}\tan\bar{\vartheta}_{ax_0''}^{(c1)}}\tag{9.2-16}$$

式中，$\nu_{y_0''}^{(c)}=\dfrac{\overrightarrow{n^{(c)}}\cdot\overrightarrow{q^{(c)}}}{-\omega_{x_0''}^{(c1)}}=-\dfrac{\overrightarrow{n^{(c)}}\cdot\overrightarrow{A^{(c1)}}}{\omega_{x_0''}^{(c1)}}-\dfrac{\omega_1\omega_c[R_{2c}\cos\delta_{f1}\cos(\beta_{f1}-\beta_{2c})\sin\alpha_{2d}+(R_{mf1}\sin\beta_{f1}-R_{2c}\sin\beta_{2c})\sin\delta_{f1}\cos\alpha_{2d}]}{\omega_{x_0''}^{(c1)}}$；$\overrightarrow{n^{(c)}}\cdot\overrightarrow{A^{(c1)}}=n^{(c)}\cdot(\overrightarrow{\varepsilon_c}\times\overrightarrow{R_{2c}})=\varepsilon_c R_{2c}\cos\beta_{2c}\cos\alpha_{2d}$；$\omega_{x_0''}^{(c1)}=\omega_1\cos\delta_{f1}\cos\beta_m$。

由式(6.2-22)得

$$\frac{1}{\bar{\kappa}_{ny_0''}^{(c1)}}=\frac{\varepsilon_{c0}R_{2c}\cos\beta_{2c}\cos\alpha_{2d}}{[\omega_{x_0''}^{(c1)}]^2}+\frac{1}{\kappa_{mn}}=\frac{\varepsilon_{c0}R_{2c}\cos\beta_{2c}\cos\alpha_{2d}}{\omega_1^2\cos^2\delta_{f1}\cos^2\beta_{f1}}+\frac{1}{\kappa_{mn}}\tag{9.2-17}$$

式中，κ_{mn} 为定速比情况下的诱导法曲率，参照式(2.2-6)，$\kappa_{mn}=\dfrac{\cos\beta_{f1}\cos\beta_{2c}}{R_{mf1}C_0'\tan\delta_{f1}}$，$C_0'=\cos(\beta_{f1}-\beta_{2c})\sin\alpha_{2d}-\tan\delta_{f1}\sin\beta_{2c}\cos\alpha_{2d}+\sin(\beta_{f1}-\beta_{2c})\tan\bar{\vartheta}_{ax_0''}^{(c1)}$。

这样，由式(9.2-17)可以求得修形后的产形齿轮在节点 P 处的角加速度 ε_{c0}。由滚比

i_{1c}求得产形齿轮在节点 P 处的转速 $\omega_{c0}=\dfrac{\omega_1 R_{mf1}\sin\delta_{f1}\cos\beta_{f1}}{R_{2c}\cos\beta_{2c}}$，滚比变性系数 $2c=\dfrac{\varepsilon_{c0}}{\omega_{c0}}$，

$$2c=\frac{\varepsilon_{c0}R_{2c}\cos\beta_{2c}}{R_{mf1}\sin\delta_{f1}\cos\beta_{f1}} \tag{9.2-18}$$

如果滚比变性机构仍采用 4.1.1.1 节所述的曲柄推杆机构，系数 $k_1=\dfrac{2\pi e''}{S_{59}}\times\dfrac{z_{59}}{z_{60}}$。由 $2c=k_1k^2k_2$，解得虚拟曲柄的长度 $e''=\dfrac{cS_{59}z_{60}}{\pi k^2 k_2 z_{59}}$。

由式(1.2-30)得

$$\varphi_c(\tau_{2d},h_{2d},\varphi_1)=\arcsin\left(\frac{W_2}{\sqrt{U_2^2+V_2^2}}\right)-\delta_2=k_2\varphi_1+k_1[1-\cos(kk_2\varphi_1)] \tag{9.2-19}$$

式中，$U_2=[x_2n_{z2}^{(2)}-(z_2+b_2)n_{x_2}^{(2)}]\sin\Sigma_{1c}-E_{1c}n_{y_2}^{(2)}\cos\Sigma_{1c}$；$V_2=[y_2n_{z_2}^{(2)}-(z_2+b_2)n_{y_2}^{(2)}]\sin\Sigma_{1c}+E_{1c}n_{x_2}^{(2)}\cos\Sigma_{1c}$；$W_2=(i_{c1}+\cos\Sigma_{1c})(y_2n_{x_2}^{(2)}-x_2n_{y_2}^{(2)})+E_{1c}n_{z_2}^{(2)}\sin\Sigma_{1c}$；$\cos\delta_2=\dfrac{V_2}{\sqrt{U_2^2+V_2^2}}$。

W_2 中的瞬时滚比 $i_{1c}(\varphi_1)=\dfrac{1}{k_2[1+kk_1\sin(kk_2\varphi_1)]}$。在求 $n_{x_2}^{(2)}$、$n_{y_2}^{(2)}$、$n_{z_2}^{(2)}$ 时，要用到式(9.2-14)及式(7.1-18)、式(7.1-19)。

将 $\varphi_c=k_2\varphi_1+k_1[1-\cos(kk_2\varphi_1)]$代入式(9.2-15)，式(9.2-15)中的参数是 φ_1。

对比式(9.2-5)、式(9.2-15)中矩阵的第 3 行第 3 列元素、第 3 行第 2 列元素、第 2 行第 3 列元素，得角位移函数

$$\begin{cases}\alpha_g(\varphi_1)=\arccos\left(-\dfrac{m_{23}}{\sin\beta_g}\right)\\ \beta_g(\varphi_1)=\arccos(m_{33})\\ \gamma_g(\varphi_1)=\arccos\left(\dfrac{m_{32}}{\sin\beta_g}\right)\end{cases} \tag{9.2-20}$$

对比式(9.2-5)、式(9.2-15)中列向量的元素，得到平移函数

$$\begin{cases}\alpha_x(\varphi_1)=-(n_{1g}\cos\gamma_g+n_{2g}\sin\gamma_g)\\ \alpha_y(\varphi_1)=(n_{1g}\sin\gamma_g-n_{2g}\cos\gamma_g)\\ \alpha_z(\varphi_1)=-n_{3g}\end{cases} \tag{9.2-21}$$

在式(9.2-19)中，令 $\tau_{2d}=0$，$h_{2d}=h_{a2d}$，求得 $\varphi_c=\varphi_{c0}$。由 $\varphi_{c0}=k_2\varphi_{10}+k_1[1-\cos(kk_2\varphi_{10})]$解得 φ_{10}。在式(9.2-20)、式(9.2-21)中，由 φ_{10}求得对应于节点处的初始角位移 α_{g0}、β_{g0}、γ_{g0}和初始平移 α_{x0}、α_{y0}、α_{z0}。

9.2.1.3 基于滚比变性法加工圆弧齿修形小齿轮

圆弧齿修形小齿轮齿高、齿宽两个方向的齿面曲率修正量用经验公式法或目标函数法确定。现以 6.2.1.1 节所述的用滚比变性法加工右旋收缩齿修形小齿轮为例加以

说明。

在图 6.2-3 所示的坐标系中，坐标系 $o_1'x_1'y_1'z_1'$ 相当于图 9.2-1 中的坐标系 $o_j x_g y_g z_g$。节点 P' 到基准平面的距离 $l_h=\frac{r'_{m1}}{\cos\delta_{f1}}-R'_{2c}\cos(\beta_m-\beta'_{2c})\tan\delta_{f1}$。

由式(6.2-19)，刀盘的名义半径为 r_{2dx}。在 6.2.1.1 节中计算 r_{2ca}、r_{2ct} 时，r_{2d} 要用 r_{2dx} 代替。

由式(6.2-24)、式(6.2-25)、式(6.2-26)得

$$\begin{cases}x'_2=H\cos(\beta_m+\tau_{2d})-s_{1d}\sin q\\ y'_2=H\sin(\beta_m+\tau_{2d})+s_{1d}\cos q\\ z'_2=\overline{P_m e}-l_\varepsilon\sin\alpha_{2d}-h_{2d}\end{cases}\tag{9.2-22}$$

由式(9.2-22)、式(1.2-5)可以求得坐标系 $o_1'x_1'y_1'z'_1$ 和坐标系 $o_d x_d y_d z_d$ 之间的坐标变换

$$\begin{bmatrix}x_d\\y_d\\z_d\end{bmatrix}=\begin{bmatrix}\cos\varphi_1\sin(\varphi'_c-\beta_m)+\sin\varphi_1\cos(\varphi'_c-\beta_m)\cos\Sigma & -\sin\varphi_1\sin(\varphi'_c-\beta_m)+\cos\varphi_1\cos(\varphi'_c-\beta_m)\cos\Sigma & -\sin\varphi'_c\sin\Sigma\\ \cos\varphi_1\cos(\varphi'_c-\beta_m)-\sin\varphi_1\sin(\varphi'_c-\beta_m)\cos\Sigma & -\sin\varphi_1\cos(\varphi'_c-\beta_m)-\cos\varphi_1\sin(\varphi'_c-\beta_m)\cos\Sigma & \cos\varphi'_c\sin\Sigma\\ -\sin\varphi_1\sin\Sigma & -\cos\varphi_1\sin\Sigma & -\cos\Sigma\end{bmatrix}\begin{bmatrix}x'_1\\y'_1\\z'_1\end{bmatrix}+\begin{bmatrix}E\sin(\varphi'_c-\beta_m)-b_1\cos(\varphi'_c-\beta_m)\sin\Sigma+s_{1d}\cos(\beta_m-q)\\ E\cos(\varphi'_c-\beta_m)+b_1\sin(\varphi'_c-\beta_m)\sin\Sigma+s_{1d}\sin(\beta_m-q)\\ -b_1\cos\Sigma+b_2+l_\varepsilon\sin\alpha_{2d}\end{bmatrix}\tag{9.2-23}$$

式中，$\Sigma=\frac{\pi}{2}+\delta_{f1}$，$E=-R'_{2c}\sin(\beta_m-\beta'_{2c})$，$b_1=\frac{r'_{m1}-R'_{2c}\cos(\beta_m-\beta'_{2c})\sin\delta_{f1}}{\sin\delta_{f1}\cos\delta_{f1}}$，$b_2=-\frac{r'_{m1}}{\cos\delta_{f1}}+R'_{2c}\cos(\beta_m-\beta'_{2c})\tan\delta_{f1}$。

由式(1.2-30)及式(6.2-28)得

$$\varphi'_c(\tau_{2d},h_{2d},\varphi_1)=\arcsin\left(\frac{W_2}{\sqrt{U_2^2+V_2^2}}\right)-\delta_2=k_2\varphi_1\pm k_1[1-\cos(kk_2\varphi_1)]\tag{9.2-24}$$

式中，$U_2=[x'_2 n^{(2)}_{z'_2}-(z'_2+b_2)n^{(2)}_{x'_2}]\sin\Sigma-En^{(2)}_{y'_2}\cos\Sigma$；$V_2=[y'_2 n^{(2)}_{z'_2}-(z'_2+b_2)n^{(2)}_{y'_2}]\sin\Sigma+En^{(2)}_{x'_2}\cos\Sigma$；$W_2=[i'_{c1}(\varphi_1)+\cos\Sigma](y'_2 n^{(2)}_{x'_2}-x'_2 n^{(2)}_{y'_2})+En^{(2)}_{z'_2}\sin\Sigma$。$n^{(2)}_{x'_2}=-H\cos(\beta_m+\tau_{2d})$，$n^{(2)}_{y'_2}=-H\sin(\beta_m+\tau_{2d})$，$n^{(2)}_{z'_2}=-H\frac{\partial H}{\partial h_{2d}}$。对应刀齿的直线部分 $\frac{\partial H}{\partial h_{2d}}=\tan\alpha_{2d}$（$\alpha_{2d}$ 凹齿面为 α_{2dt}，α_{2d} 凸齿面为 α_{2da}）。对应刀齿的圆弧部分 $\frac{\partial H}{\partial h_{2d}}=\pm\frac{2\rho_0-h_{2d}}{\sqrt{2\rho_0 h_{2d}-h_{2d}^2}}$（正号用于凸齿面，负

号用于凹齿面）。$k_1=\sqrt{\frac{2c'}{kk_2}}$。$W_2$ 中的瞬时滚比 $i'_{c1}(\varphi_1)=k_2[1\pm kk_1\sin(kk_2\varphi_1)]$，正号对应角加速度 $\varepsilon'_{c0}>0$，负号对应角加速度 $\varepsilon'_{c0}<0$。

将 $\varphi'_c=k_2\varphi_1\pm k_1[1-\cos(kk_2\varphi_1)]$，代入式(9.2-23)，式(9.2-23)中的参数是 $\varphi_1=\omega_1 t$。虚拟小齿轮的转速 ω_1 的选择见第4章。

将式(9.2-5)与式(9.2-23)中的矩阵元素进行比较，由第3行第3列的元素相等得 $\cos\beta_g=-\cos\Sigma$，由第3行第2列的元素相等得 $\sin\alpha_g\sin\beta_g=-\cos\varphi_1\sin\Sigma$，由第2行第3列的元素相等得 $-\sin\beta_g\sin\gamma_g=\cos\varphi'_c\sin\Sigma$。解得角位移函数

$$\begin{cases}\alpha_g(\varphi_1)=\dfrac{\pi}{2}+\varphi_1\\ \beta_g(\varphi_1)=\pi-\Sigma\\ \gamma_g(\varphi_1)=\dfrac{\pi}{2}+k_2\varphi_1\pm k_1[1-\cos(kk_2\varphi_1)]\end{cases}\tag{9.2-25}$$

对比式(9.2-5)、式(9.2-23)中列向量的元素，得到平移函数

$$\begin{cases}a_x(\varphi_1)=-E\sin(\varphi'_c-\beta_m+\gamma_g)+b_1\cos(\varphi'_c-\beta_m+\gamma_g)\sin\Sigma-s_{1d}\cos(\beta_m-q-\gamma_g)\\ a_y(\varphi_1)=-E\cos(\varphi'_c-\beta_m+\gamma_g)-b_1\sin(\varphi'_c-\beta_m+\gamma_g)\sin\Sigma-s_{1d}\sin(\beta_m-q-\gamma_g)\\ a_z(\varphi_1)=b_1\cos\Sigma-b_2-l_\varepsilon\sin\alpha_{2d}\end{cases}\tag{9.2-26}$$

在式(9.2-24)中，令 $\tau_{2d}=0$，$h_{2d}=h_{a2d}$，求得 $\varphi'_c=\varphi'_{c0}$。由 $\varphi'_{c0}=k_2\varphi_{10}\pm k_1[1-\cos(kk_2\varphi_{10})]$求得 φ_{10}。

在式(9.2-25)、式(9.2-26)中，由 φ_{10} 求得对应于节点的初始角位移 α_{g0}、β_{g0}、γ_{g0} 和初始平移 α_{x0}、α_{y0}、α_{z0}。

9.2.2 加工摆线齿修形齿轮

9.2.2.1 基于展成法加工等高齿修形齿轮

以下以左旋等高齿修形大齿轮为例加以说明。在运用5.1.2节的公式时，原理大齿轮采用第二种设计方案。

将图5.1-3中的坐标系 $o_{dd}x''_d y''_d z''_d$ 视为图9.2-1中坐标系 $o_d x_d y_d z_d$，将图5.1-3中的坐标系 $o_2 x_2 y_2 z_2$ 视为图9.2-1中的坐标系 $o_j x_g y_g z_g$。

TC、EN、EH型标准铣刀盘的法向模数、名义半径、刀齿方向角已标准化。精切内、外刀齿之间的夹角 χ_0 最好等于 $\frac{\pi}{z_0}$，这样当加工标准齿轮时，刀齿的切向名义半径不需要调整，凹、凸齿面的刀齿方向角也相同。

当加工变位齿轮或者 χ_0 不等于 $\frac{\pi}{z_0}$ 时，应将精切外刀齿的切向名义半径增加 Δd_2，精切内刀齿的切向名义半径减小 Δd_2。由8.1.1节，精切外刀齿的名义半径 r'_{1da}、刀齿方向

角 ν'_{1da}、精切内刀齿的名义半径 r'_{1dt}、刀齿方向角 ν'_{1dt}。

当做齿宽方向的曲率修正时，由 8.2.1 节中全展成法的第 1 步的分析，求得产形齿轮的曲率增量。加工凹齿面时产形齿轮的曲率减小 $\Delta\kappa_{2a}^{(c)}$，加工凸齿面时产形齿轮的曲率增加 $\Delta\kappa_{2t}^{(c)}$。这样，精切外刀齿的切向名义半径变为 $\dfrac{r_{1ca}^{(0)}}{1-r_{1ca}^{(0)}\Delta\kappa_{2a}^{(c)}}+\Delta d_2$，名义半径变为 $r'_{1da}=\sqrt{\left(\dfrac{r_{1ca}^{(0)}}{1-r_{1ca}^{(0)}\Delta\kappa_{2a}^{(c)}}+\Delta d_2\right)^2+e_d^2}$，刀齿方向角变为 $\nu'_{1da}=\arcsin\left(\dfrac{e_d}{r'_{1da}}\right)$。精切内刀齿的刀齿切向名义半径变为 $\dfrac{r_{1ct}^{(0)}}{1+r_{1ct}^{(0)}\Delta\kappa_{2t}^{(c)}}-\Delta d_2$，名义半径变为 $r'_{1dt}=\sqrt{\left(\dfrac{r_{1ct}^{(0)}}{1+r_{1ct}^{(0)}\Delta\kappa_{2t}^{(c)}}-\Delta d_2\right)^2+e_d^2}$，刀齿方向角变为 $\nu'_{1dt}=\arcsin\left(\dfrac{e_d}{r'_{1dt}}\right)$。$e_d=\dfrac{m_n z_0}{2}$。

运用式(8.1-4)求得产形齿轮的中点分锥距 R_c、螺旋角 β_c。在运用 5.1.2 节的公式进行计算时，r'_{1d} 要换为 r'_{1da} 或 r'_{1dt}，ν 要换为 ν'_{1da} 或 ν'_{1dt}。

当做齿高方向的曲率修正时，由 9.1.1 节求得产形齿轮的角速度 ω_c 和角加速度 ε_c 及滚比变性系数 $2c$。由式(5.1-16)、式(5.1-17)、式(5.1-18)、式(5.1-19)得

$$\begin{cases} x''_d = r_{1d}\cos\tau_{1d} \pm \overline{MB}\cos(\tau_{1d}-\nu) \\ y''_d = r_{1d}\sin\tau_{1d} \pm \overline{MB}\sin(\tau_{1d}-\nu) \\ z''_d = h_{a1d}-h_{1d} \end{cases} \tag{9.2-27}$$

式中，加工凹齿面时，$r_{1d}=r'_{1da}$，$\nu=\nu'_{1da}$；加工凸齿面时，$r_{1d}=r'_{1dt}$，$\nu=\nu'_{1dt}$。

由式(5.1-20)、式(5.1-21)得

$$\begin{bmatrix} x_1 \\ y_1 \\ z_1 \end{bmatrix} = \begin{bmatrix} \sin\lambda_2 & \cos\lambda_2 & 0 \\ -\cos\lambda_2 & \sin\lambda_2 & 0 \\ 0 & 0 & 1 \end{bmatrix} \begin{bmatrix} x''_d \\ y''_d \\ z''_d \end{bmatrix} + \begin{bmatrix} (r_a+r_b)\cos\left(\dfrac{r_b}{r_a}\tau_{1d}+\lambda_1\right) \\ -(r_a+r_b)\sin\left(\dfrac{r_b}{r_a}\tau_{1d}+\lambda_1\right) \\ 0 \end{bmatrix} \tag{9.2-28}$$

$$\begin{bmatrix} x''_d \\ y''_d \\ z''_d \end{bmatrix} = \begin{bmatrix} \sin\lambda_2 & -\cos\lambda_2 & 0 \\ \cos\lambda_2 & \sin\lambda_2 & 0 \\ 0 & 0 & 1 \end{bmatrix} \begin{bmatrix} x_1 \\ y_1 \\ z_1 \end{bmatrix} + \begin{bmatrix} -(r_a+r_b)\cos(\eta+\lambda_2) \\ (r_a+r_b)\sin(\eta+\lambda_2) \\ 0 \end{bmatrix} \tag{9.2-29}$$

由式(9.2-29)、式(1.2-4)得

$$\begin{bmatrix} x''_d \\ y''_d \\ z''_d \end{bmatrix} = \begin{bmatrix} \cos\varphi_2\sin(\varphi_c+\lambda_2)+\sin\varphi_2\cos(\varphi_c+\lambda_2)\cos\Sigma_{2c} & \sin\varphi_2\sin(\varphi_c+\lambda_2)-\cos\varphi_2\cos(\varphi_c+\lambda_2)\cos\Sigma_{2c} & -\cos(\varphi_c+\lambda_2)\sin\Sigma_{2c} \\ \cos\varphi_2\cos(\varphi_c+\lambda_2)-\sin\varphi_2\sin(\varphi_c+\lambda_2)\cos\Sigma_{2c} & \sin\varphi_2\cos(\varphi_c+\lambda_2)+\cos\varphi_2\sin(\varphi_c+\lambda_2)\cos\Sigma_{2c} & \sin(\varphi_c+\lambda_2)\sin\Sigma_{2c} \\ \sin\varphi_2\sin\Sigma_{2c} & -\cos\varphi_2\sin\Sigma_{2c} & \cos\Sigma_{2c} \end{bmatrix} \begin{bmatrix} x_2 \\ y_2 \\ z_2 \end{bmatrix} +$$

$$\begin{bmatrix} -E_{2c}\sin(\varphi_c+\lambda_2)-b_2\cos(\varphi_c+\lambda_2)\sin\Sigma_{2c} \\ -E_{2c}\cos(\varphi_c+\lambda_2)+b_2\sin(\varphi_c+\lambda_2)\sin\Sigma_{2c} \\ b_2\cos\Sigma_{2c}-b_1 \end{bmatrix}-\begin{bmatrix} (r_a+r_b)\sin\left(\lambda_1+\lambda_2-\dfrac{z_2 r_b \varphi_2}{z_0 r_a}\right) \\ (r_a+r_b)\cos\left(\lambda_1+\lambda_2-\dfrac{z_2 r_b \varphi_2}{z_0 r_a}\right) \\ 0 \end{bmatrix} \tag{9.2-30}$$

在图 1.2-1 的空间啮合坐标系中，将齿轮 2 视为曲率修正的修形等高齿大齿轮，齿轮 1 视为产形齿轮。由式(1.2-28)得

$$\varphi_c(\tau_{1d},h_{1d},\varphi_2)=\arcsin\left(\frac{W_1}{\sqrt{U_1^2+V_1^2}}\right)-\delta_1=k_2\varphi_2+k_1[1-\cos(kk_2\varphi_2)] \tag{9.2-31}$$

式中，$U_1=[x_1 n_{z_1}^{(1)}-(z_1+b_1)n_{x_1}^{(1)}]\sin\Sigma_{2c}-E_{2c}n_{y_1}^{(1)}\cos\Sigma_{2c}$；$V_1=[(z_1+b_1)n_{y_1}^{(1)}-y_1 n_{z_1}^{(1)}]\sin\Sigma_{2c}-E_{2c}n_{x_1}^{(1)}\cos\Sigma_{2c}$；$W_1=[i_{c2}(\varphi_2)+\cos\Sigma_{2c}](x_1 n_{y_1}^{(1)}-y_1 n_{x_1}^{(1)})-E_{2c}n_{z_1}^{(1)}\sin\Sigma_{2c}$；$\delta_1=\arccos\dfrac{V_1}{\sqrt{U_1^2+V_1^2}}$；$k_1=\sqrt{\dfrac{2c}{kk_2}}$；$n_{x_1}^{(1)}=\mp\overline{MB}\sin(\tau_{1d}+\lambda_2-\nu)-r_{1d}\sin(\tau_{1d}+\lambda_2)+\dfrac{r_b(r_a+r_b)}{r_a}\cos\left(\dfrac{r_b}{r_a}\tau_{1d}+\lambda_1\right)$；$n_{y_1}^{(1)}=\mp\overline{MB}\cos(\tau_{1d}+\lambda_2-\nu)+r_{1d}\cos(\tau_{1d}+\lambda_2)-\dfrac{r_b(r_a+r_b)}{r_a}\sin\left(\dfrac{r_b}{r_a}\tau_{1d}+\lambda_1\right)$；$n_{z_1}^{(1)}=-\overline{MB}\zeta\mp r_{1d}\zeta\cos\nu\pm\dfrac{\zeta r_b(r_a+r_b)}{r_a}\cos\left(\dfrac{r_b+r_a}{r_a}\tau_{1d}+\lambda_1-\beta_2\right)$；瞬时滚比 $i_{c2}(\varphi_2)=k_2[1+kk_1\sin(kk_2\varphi_2)]$；$\tau_{1d}=\omega_d t$。$\omega_d$ 的选取见第 4 章。

将 $\varphi_c=k_2\varphi_2+k_1[1-\cos(kk_2\varphi_2)]$ 代入式(9.2-30)，该式的参数是 $\varphi_2=\omega_2 t$。大齿轮的转速 ω_2 的选取见第 4 章。

将式(9.2-5)与式(9.2-30)的矩阵元素进行比较，由第 3 行第 3 列的元素相等得 $\cos\beta_g=\cos\Sigma_{2c}$，由第 3 行第 2 列的元素相等得 $\sin\alpha_g\sin\beta_g=-\cos\varphi_2\sin\Sigma_{2c}$，由第 2 行第 3 列的元素相等得 $-\sin\beta_g\sin\gamma_g=\sin(\varphi_c+\lambda_2)\sin\Sigma_{2c}$。解得角位移函数

$$\begin{cases} \alpha_g(\varphi_1)=\dfrac{\pi}{2}+\varphi_2 \\ \beta_g(\varphi_2)=\Sigma_{2c} \\ \gamma_g(\varphi_2)=\pi+k_2\varphi_2+k_1[1-\cos(kk_2\varphi_2)]+\lambda_2 \end{cases} \tag{9.2-32}$$

对比式(9.2-5)、式(9.2-30)中列向量的元素，得到平移函数

$$\begin{cases} a_x(\varphi_2)=E_{2c}\sin(\varphi_c+\lambda_2+\gamma_g)+b_2\cos(\varphi_c+\lambda_2+\gamma_g)\sin\Sigma_{2c}+ \\ \qquad (r_a+r_b)\sin\left(\lambda_1+\lambda_2-\dfrac{z_2 r_b\varphi_2}{z_0 r_a}+\gamma_g\right) \\ a_y(\varphi_2)=E_{2c}\cos(\varphi_c+\lambda_2+\gamma_g)-b_2\sin(\varphi_c+\lambda_2+\gamma_g)\sin\Sigma_{2c}+ \\ \qquad (r_a+r_b)\cos\left(\lambda_1+\lambda_2-\dfrac{z_2 r_b\varphi_2}{z_0 r_a}+\gamma_g\right) \\ a_z(\varphi_2)=b_1-b_2\cos\Sigma_{2c} \end{cases} \tag{9.2-33}$$

在式(9.2-27)、式(9.2-28)中，令 $\tau_{1d}=0$，$h_{1d}=h_{a1d}$，求得

$$\begin{cases} x_1 = r_{1d}\sin\lambda_2 \pm \overline{MB}\sin(\lambda_2 - \nu) + (r_a + r_b)\cos\lambda_1 \\ y_1 = -r_{1d}\cos\lambda_2 \mp \overline{MB}\cos(\lambda_2 - \nu) - (r_a + r_b)\sin\lambda_1 \\ z_1 = 0 \end{cases} \tag{9.2-34}$$

式中，$\overline{MB}=\dfrac{w_{1d}}{2}+h_{a1d}\tan\alpha_{1da}$或$\overline{MB}=\dfrac{w_{1d}}{2}+h_{a1d}\tan\alpha_{1dt}$。

$$\begin{cases} n_{x_1}^{(1)} = \mp \overline{MB}\sin(\lambda_2 - \nu) - r_{1d}\sin\lambda_2 + \dfrac{r_b(r_a + r_b)}{r_a}\cos\lambda_1 \\ n_{y_1}^{(1)} = \pm \overline{MB}\cos(\lambda_2 - \nu) + r_{1d}\cos\lambda_2 - \dfrac{r_b(r_a + r_b)}{r_a}\sin\lambda_1 \\ n_{z_1}^{(1)} = -\overline{MB}\zeta \mp r_{1d}\zeta\cos\nu \pm \dfrac{\zeta r_b(r_a + r_b)}{r_a}\cos(\lambda_1 - \beta_2) \end{cases} \tag{9.2-35}$$

将式(9.2-34)、式(9.2-35)代入式(9.2-31)，求得 $\varphi_c=\varphi_{c0}$。再由 $\varphi_{c0}=k_2\varphi_{20}+k_1[1-\cos(kk_2\varphi_{20})]$求得 φ_{20}。在式(9.2-32)、式(9.2-33)中，由 φ_{20}求得对应于节点的初始角位移 α_{g0}、β_{g0}、γ_{g0}和初始平移 a_{x0}、a_{y0}、a_{z0}。

9.2.2.2 基于展成法加工收缩齿修形小齿轮

摆线收缩齿修形齿轮目前没有被采用。可以参照滚比变性法加工收缩齿修形齿轮，也可以参照刀倾法加工收缩齿修形齿轮，以下以刀倾法加工右旋齿修形小齿轮的凹齿面为例加以说明。

如果按照克制的规则，大齿轮和小齿轮的凸齿面不做曲率修正，仅小齿轮的凹齿面做曲率修正。对于齿宽方向的法曲率修正，设产形齿轮的曲率 $\kappa_{nx''_0}^{(c)}$ 的减小量为 $\Delta\kappa_{1a}^{(c)}$，由式(8.2-5)，求得修形小齿轮凹齿面的法曲率。由大、小齿轮的法曲率求得它们的诱导法曲率并代入式(6.1-11)的第1式，从而求得 $\Delta\kappa_{1a}^{(c)}$。由式(8.2-8)解出切向名义半径的调整量 $\Delta d'_{1a}$和刀齿方向角 ν'_{2da}。刀盘的名义半径为 $r'_{2da}=\dfrac{r_{cb}+\Delta d'_{1a}}{\cos\nu'_{2da}}$，其中 r_{cb}是标准刀盘的切向名义半径。在7.2.1节的有关公式中，将 r'_{2d}、ν 用 r'_{2da}、ν'_{2da}代替。α_{2dt}仍为修形小齿轮精切外刀齿的刀齿角。

在式(7.2-44)中，用 r'_{2da}、ν'_{2da}代替 r'_{2d}、ν_{2da}后，已知 $r_{2c}^{(0)}$ 求得刀盘倾角 $\Delta\alpha'_{1a}$。由 $\sin\dfrac{\Delta\alpha_{1a}}{2}=\sin\dfrac{\Delta\alpha'_{1a}}{2}\cos\nu_{2da}$求得刀倾角 $\Delta\alpha_{1a}$。图7.2-1中的 $u_2=\dfrac{\pi}{2}+\nu_{da1}-\beta_{2c}$。

设修形小齿轮齿高方向的曲率增量为 $\Delta\kappa_{ny''_0}^{(1)}$，由式(6.1-11)的第2式求得 $\Delta\kappa_{ny''_0}^{(12)}$。在齿轮加工中，$\Delta\kappa_{ny''_0}^{(c1)}=\Delta\kappa_{ny''_0}^{(12)}$。由9.1.1节求得产形齿轮在节点 P 的角速度 ω_{c0}、角加速度 ε_{c0}及滚比变性系数 $2c$。

图7.2-1中的坐标系 $o'_{dd}x'_{dd}y'_{dd}z'_{dd}$相当于图9.2-1中的坐标系 $o_dx_dy_dz_d$。图9.2-1中的坐标系 $o_jx_gy_gz_g$相当于图7.2-1中的坐标系 $o_1x_1y_1z_1$。

由式(7.2-1)、式(7.2-2)、式(7.2-8)求得刀盘上的一点在坐标系 $o'_{dd}x'_{dd}y'_{dd}z'_{dd}$ 中的坐标。由式(7.2-7)、式(7.2-9)得

$$\begin{bmatrix} x_2 \\ y_2 \\ z_2 \end{bmatrix} = \begin{bmatrix} A_{11}\cos\tau_1 - A_{21}\sin\tau_1 & A_{12}\cos\tau_1 - A_{22}\sin\tau_1 & A_{13}\cos\tau_1 - A_{23}\sin\tau_1 \\ A_{11}\sin\tau_1 + A_{21}\cos\tau_1 & A_{12}\sin\tau_1 + A_{22}\cos\tau_1 & A_{13}\sin\tau_1 + A_{23}\cos\tau_1 \\ A_{31} & A_{32} & A_{33} \end{bmatrix}$$

$$\begin{bmatrix} x'_{dd} \\ y'_{dd} \\ z'_{dd} \end{bmatrix} - \begin{pmatrix} C_1\cos\tau_1 - C_2\sin\tau_1 \\ C_1\sin\tau_1 + C_2\cos\tau_1 \\ C_3 \end{pmatrix} = G_1\begin{bmatrix} x'_{dd} \\ y'_{dd} \\ z'_{dd} \end{bmatrix} + F_1 \tag{9.2-36}$$

$$\begin{bmatrix} x'_{dd} \\ y'_{dd} \\ z'_{dd} \end{bmatrix} = G_1^{-1}\begin{bmatrix} x_2 \\ y_2 \\ z_2 \end{bmatrix} - G_1^{-1}F_1 \tag{9.2-37}$$

式中，$G_1^{-1} = \begin{bmatrix} A_{11}\cos\tau_1 - A_{21}\sin\tau_1 & A_{11}\sin\tau_1 + A_{21}\cos\tau_1 & A_{31} \\ A_{12}\cos\tau_1 - A_{22}\sin\tau_1 & A_{12}\sin\tau_1 + A_{22}\cos\tau_1 & A_{32} \\ A_{13}\cos\tau_1 - A_{23}\sin\tau_1 & A_{13}\sin\tau_1 + A_{23}\cos\tau_1 & A_{33} \end{bmatrix}$；$\tau_1 = \dfrac{z_0}{z_c}\tau_{2d} = \dfrac{z_0}{z_c}\omega_d t$；$\omega_d$ 的选择见第 4 章。

式(1.2-5)变为

$$\begin{bmatrix} x_2 \\ y_2 \\ z_2 \end{bmatrix} = \begin{bmatrix} \cos\varphi_1\cos\varphi_c - \sin\varphi_1\sin\varphi_c\cos\Sigma_{1c} & -\sin\varphi_1\cos\varphi_c - \cos\varphi_1\sin\varphi_c\cos\Sigma_{1c} \\ \cos\varphi_1\sin\varphi_c + \sin\varphi_1\cos\varphi_c\cos\Sigma_{1c} & -\sin\varphi_1\sin\varphi_c + \cos\varphi_1\cos\varphi_c\cos\Sigma_{1c} \\ \sin\varphi_1\sin\Sigma_{1c} & \cos\varphi_1\sin\Sigma_{1c} \end{bmatrix}$$

$$\begin{matrix} \sin\varphi_c\sin\Sigma_{1c} \\ -\cos\varphi_c\sin\Sigma_{1c} \\ \cos\Sigma_{1c} \end{matrix}\Bigg]\begin{bmatrix} x_1 \\ y_1 \\ z_1 \end{bmatrix} + \begin{bmatrix} E_{1c}\cos\varphi_c + b_{1d}\sin\varphi_c\sin\Sigma_{1c} \\ E_{1c}\sin\varphi_c - b_{1d}\cos\varphi_c\sin\Sigma_{1c} \\ b_{1d}\cos\Sigma_{1c} - b_{2d} \end{bmatrix} = G_2\begin{bmatrix} x_1 \\ y_1 \\ z_1 \end{bmatrix} + F_2 \tag{9.2-38}$$

由式(9.2-37)、式(9.2-38)得

$$\begin{bmatrix} x'_{dd} \\ y'_{dd} \\ z'_{dd} \end{bmatrix} = G_1^{-1}G_2\begin{bmatrix} x_1 \\ y_1 \\ z_1 \end{bmatrix} + \begin{bmatrix} n_{1g} \\ n_{2g} \\ n_{3g} \end{bmatrix} \tag{9.2-39}$$

式中，$n_{1g} = (A_{11}E_{1c} - A_{21}b_{1d}\sin\Sigma_{1c})\cos(\varphi_c - \tau_1) + (A_{21}E_{1c} + A_{11}b_{1d}\sin\Sigma_{1c})\sin(\varphi_c - \tau_1) + A_{11}C_1 + A_{21}C_2 + A_{31}(b_{1d}\cos\Sigma_{1c} - b_{2d} - C_3)$；$n_{2g} = (A_{12}E_{1c} - A_{22}b_{1d}\sin\Sigma_{1c})\cos(\varphi_c - \tau_1) + (A_{22}E_{1c} + A_{12}b_{1d}\sin\Sigma_{1c})\sin(\varphi_c - \tau_1) + A_{12}C_1 + A_{22}C_2 + A_{32}(b_{1d}\cos\Sigma_{1c} - b_{2d} - C_3)$；$n_{3g} = (A_{13}E_{1c} - A_{23}b_{1d}\sin\Sigma_{1c})\cos(\varphi_c - \tau_1) + (A_{23}E_{1c} + A_{13}b_{1d}\sin\Sigma_{1c})\sin(\varphi_c - \tau_1) + A_{13}C_1 + A_{23}C_2 + A_{33}(b_{1d}\cos\Sigma_{1c} - b_{2d} - C_3)$。

由式(9.2-36)、式(5.2-16)、式(5.2-17)求得齿面法线的分量为

$$\begin{cases} n_{x2}^{(2)} = \dfrac{\partial y_2}{\partial \tau_{2d}} \dfrac{\partial z_2}{\partial h_{2d}} - \dfrac{\partial z_2}{\partial \tau_{2d}} \dfrac{\partial y_2}{\partial h_{2d}} \\ n_{y2}^{(2)} = \dfrac{\partial z_2}{\partial \tau_{2d}} \dfrac{\partial x_2}{\partial h_{2d}} - \dfrac{\partial x_2}{\partial \tau_{2d}} \dfrac{\partial z_2}{\partial h_{2d}} \\ n_{z2}^{(2)} = \dfrac{\partial x_2}{\partial \tau_{2d}} \dfrac{\partial y_2}{\partial h_{2d}} - \dfrac{\partial y_2}{\partial \tau_{2d}} \dfrac{\partial x_2}{\partial h_{2d}} \end{cases} \tag{9.2-40}$$

式(1.2-30)变为

$$\varphi_c(\tau_{2d}, h_{2d}, \varphi_1) = \arcsin\left(\frac{W_2}{\sqrt{U_2^2 + V_2^2}}\right) - \delta_2 = k_2\varphi_1 + k_1[1 - \cos(kk_2\varphi_1)] \tag{9.2-41}$$

式中，$U_2 = [x_2 n_{z_2}^{(2)} - (z_2 + b_2) n_{x_2}^{(2)}]\sin\Sigma_{1c} + E_{1c} n_{y_2}^{(2)} \cos\Sigma_{1c}$；$V_2 = [y_2 n_{z_2}^{(2)} - (z_2 + b_2) n_{y_2}^{(2)}] \sin\Sigma_{1c} - E_{1c} n_{x_2}^{(2)} \cos\Sigma_{1c}$；$W_2 = [i_{c1}(\varphi_1) + \cos\Sigma_{1c}](y_2 n_{x_2}^{(2)} - x_2 n_{y_2}^{(2)}) - E_{1c} n_{z_2}^{(2)} \sin\Sigma_{1c}$；$\cos\delta_2 = \dfrac{V_2}{\sqrt{U_2^2 + V_2^2}}$。瞬时滚比 $i_{c1}(\varphi_1) = k_2[1 + kk_1 \sin(kk_2\varphi_1)]$，$k_1 = \sqrt{\dfrac{2c}{kk_2}}$。

将式(9.2-5)的矩阵与式(9.2-39)的矩阵 $G_1^{-1}G_2$ 进行比较，由第3行第3列的元素相等得 $\cos\beta_g = [A_{13}\sin(\varphi_c - \tau_1) - A_{23}\cos(\varphi_c - \tau_1)]\sin\Sigma_{1c} + A_{33}\cos\Sigma_{1c}$，由第3行第2列的元素相等得 $\sin\alpha_g \sin\beta_g = A_{33}\cos\varphi_1 \sin\Sigma_{1c} - [A_{13}\sin(\varphi_c - \tau_1) - A_{23}\cos(\varphi_c - \tau_1)]\cos\varphi_1\cos\Sigma_{1c} - [A_{13}\cos(\varphi_c - \tau_1) + A_{23}\sin(\varphi_c - \tau_1)]\sin\varphi_1$，由第2行第3列的元素相等得 $-\sin\beta_g\sin\gamma_g = [A_{12}\sin(\varphi_c - \tau_1) - A_{22}\cos(\varphi_c - \tau_1)]\sin\Sigma_{1c} + A_{32}\cos\Sigma_{1c}$。解得角位移函数

$$\begin{cases} \alpha_g(\varphi_1, \tau_{2d}) = \arcsin\left\{-\dfrac{[A_{13}\sin(\varphi_c - \tau_1) - A_{23}\cos(\varphi_c - \tau_1)]\cos\varphi_1\cos\Sigma_{1c}}{\sin\beta_g} + \right. \\ \left. \dfrac{A_{33}\cos\varphi_1\sin\Sigma_{1c} - [A_{13}\cos(\varphi_c - \tau_1) + A_{23}\sin(\varphi_c - \tau_1)]\sin\varphi_1}{\sin\beta_g}\right\} \\ \beta_g(\varphi_1, \tau_{2d}) = \arccos\{[A_{13}\sin(\varphi_c - \tau_1) - A_{23}\cos(\varphi_c - \tau_1)]\sin\Sigma_{1c} + A_{33}\cos\Sigma_{1c}\} \\ \gamma_g(\varphi_1, \tau_{2d}) = \arcsin\left\{\dfrac{[-A_{12}\sin(\varphi_c - \tau_1) + A_{22}\cos(\varphi_c - \tau_1)]\sin\Sigma_{1c}}{\sin\beta_g} - \dfrac{A_{32}\cos\Sigma_{1c}}{\sin\beta_g}\right\} \end{cases} \tag{9.2-42}$$

式中，$\varphi_c = k_2\varphi_1 + k_1[1 - \cos(kk_2\varphi_1)]$，$\varphi_1 = \omega_1 t$，小齿轮的转速 ω_1 的选择见第4章。

对比式(9.2-5)、式(9.2-39)中列向量的元素，得到平移函数

$$\begin{cases} a_x(\varphi_1, \tau_{2d}) = -(n_{1g}\cos\gamma_g + n_{2g}\sin\gamma_g) \\ a_y(\varphi_1, \tau_{2d}) = n_{1g}\sin\gamma_g + n_{2g}\cos\gamma_g \\ a_z(\varphi_1, \tau_{2d}) = -n_{3g} \end{cases} \tag{9.2-43}$$

在节点处，$\tau_{2d} = 0$，$h_{2d} = h_{a2d}$。由式(9.2-41)求得 $\varphi_c = \varphi_{c0}$。再由 $\varphi_{c0} = k_2\varphi_{10} + k_1[1 - \cos(kk_2\varphi_{10})]$ 求得 φ_{10}。

在式(9.2-42)、式(9.2-43)中，由 φ_{10} 求得对应于节点的初始角位移 α_{g0}、β_{g0}、γ_{g0} 和初始平移 α_{x0}、α_{y0}、α_{z0}。

9.2.3 第二类数控铣齿机的编程

以上求得了角位移函数和平移函数，它们的参数是模拟法加工中齿轮的转角及刀盘的转角。在第二类数控铣齿机中，主轴的转角不是模拟法加工中刀盘的转角，工件轴的转角也不是模拟法加工中工件的转角。

由于第二类数控铣齿机是五轴联动，对主轴不进行编程，所以应将参数进行更换。更换的方法是将主轴的转角视为参照量。以下以小齿轮的加工为例加以说明。

在第 7 章中已经求得模拟法加工一个齿廓的转角范围 τ_{2a}、τ_{2b} 及 φ_{1a}、φ_{2a}，则加工一个齿廓的时间范围 t_a、t_b 也可求。由 $\varphi_{10}=\omega_1 t_0$ 求得节点对应的 t_0。

从节点开始，刀盘在坐标系 $o_d x_d y_d z_d$ 中的转角为 $\tau_{2d}=\omega_d t$，参数 $\varphi_1=\omega_1(t+t_0)$。在坐标系 $o_d x_{dj} y_{dj} z_{dj}$ 中，主轴的转角为 $\tau_{2d}+\gamma_g(\varphi_1,\tau_{2d})$。从节点开始，主轴的转角为 $\psi(t)=\tau_{2d}+\gamma_g(\varphi_1,\tau_{2d})-\gamma_{g0}=\omega_d t+\gamma_{g0}[\omega_1(t+t_0),\omega_d(t+t_0)]-\gamma_{g0}$，回转台的转角为 $\beta_g(t)=\beta_g[\omega_1(t+t_0),\omega_d(t+t_0)]-\beta_{g0}$，工件的转角 $\alpha_g(t)=\alpha_g[\omega_1(t+t_0),\omega_d(t+t_0)]-\alpha_{g0}$。

给定时间 t，算得主轴的转角 $\psi(t)$。将 $\psi(t)$ 的值用光栅或磁栅传感器输出，则回转台的转角与 $\psi(t)$ 的比值 $k_\beta(t)=\dfrac{\beta_g(t)}{\psi(t)}$ 可求，工件的转角与 $\psi(t)$ 的比值 $k_\alpha(t)=\dfrac{\alpha_g(t)}{\psi(t)}$ 也可求。

从节点开始的平移量与 $\psi(t)$ 的比值 $k_x(t)=\dfrac{a_x(\omega_1 t,\omega_d t)-a_{x0}}{\psi(t)}$、$k_y(t)=\dfrac{a_y(\omega_1 t,\omega_d t)-a_{y0}}{\psi(t)}$、$k_z(t)=\dfrac{a_z(\omega_1 t,\omega_d t)-a_{z0}}{\psi(t)}$ 也可求。通常主轴的转角为匀速变量，这时可给定主轴转角的值反求 t，再求角位移函数和平移函数。

9.3 加工准双曲面齿轮时的工艺校验

某些准双曲面齿轮可能通不过本节所述的工艺校验，这时要重新进行原始齿轮的轮坯设计或采取某些补充措施。

9.3.1 准双曲面齿轮的最小齿顶厚和最小齿根槽宽

(1) 最小齿顶厚

齿高系数的大小会影响齿轮传动的重合度，也还会影响齿轮的齿顶厚和齿根槽宽。

准双曲面齿轮的最小齿顶厚位于小齿轮的小端齿顶处。设原理小齿轮凹齿面的坐标为 $\{x_{1a},y_{1a},z_{1a}\}$、凸齿面的坐标为 $\{x_{1t},y_{1t},z_{1t}\}$。

在图 2.2-2 中，原始小齿轮的顶点 o_{s1} 到小端齿顶点 C_{i1} 的距离 $\overline{o_{s1}C_{i1}}=\dfrac{R_{m1}-0.5B_1}{\cos\vartheta_{a1}}$。在图 6.1-2 中，坐标原点 o_1 到 o_{s1} 的距离 $\overline{o_1 o_{s1}}=R_{mf1}\cos\delta_{f1}-R_{m1}\cos\delta_1$，$o_1$ 点到 C_{i1} 点的距离 $\overline{o_1 C_{i1}}=\sqrt{(\overline{o_1 o_{s1}})^2+(\overline{o_{s1}C_{i1}})^2+2\,\overline{o_1 o_{s1}}\,\overline{o_{s1}C_{i1}}\cos\delta_{\alpha1}}$。

以 $\sqrt{x_{1a}^2+y_{1a}^2+z_{1a}^2}=\overline{o_1C_{i1}}$ 以及原始小齿轮小端齿顶圆的半径 $\sqrt{x_{1a}^2+y_{1a}^2}=\dfrac{(R_{m1}-0.5B_1)\sin\delta_{a1}}{\cos\vartheta_{a1}}$为约束条件，可以求得原理小齿轮凹齿面的齿顶点 C_{i1a} 的坐标$\{x_{1ia}, y_{1ia}, z_{1ia}\}$。以 $\sqrt{x_{1t}^2+y_{1t}^2+z_{1t}^2}=\overline{o_1C_{i1}}$ 以及 $\sqrt{x_{1t}^2+y_{1t}^2}=\dfrac{(R_{m1}-0.5B_1)\sin\delta_{a1}}{\cos\vartheta_{a1}}$为约束条件，可以求得原理小齿轮凸齿面的齿顶点 C_{i1t} 的坐标$\{x_{1it}, y_{1it}, z_{1it}\}$。设 C_{i1a}、C_{i1t} 两点之间的中心角为 ψ_i，则

$$\sin\left(\frac{\psi_i}{2}\right)=\frac{0.5\sqrt{(x_{1ia}-x_{1it})^2+(y_{1ia}-y_{1it})^2+(z_{1ia}-z_{1it})^2}}{\sqrt{x_{1ia}^2+y_{1ia}^2}} \tag{9.3-1}$$

原理小齿轮小端的端面齿顶厚

$$s_{i1}=\left(\frac{2\pi}{z_1}-\psi_i\right)\sqrt{x_{1ia}^2+y_{1ia}^2} \tag{9.3-2}$$

在式(7.3-5)中，令 $\tau=\tau_a$，可以求得原理小齿轮小端的螺旋角 β_{1i}。原理小齿轮小端的法向齿顶厚

$$s_{i1n}=s_{i1}\cos\beta_{1i} \tag{9.3-3}$$

s_{i1n}应满足条件 $s_{i1n}\geqslant 0.3\,m_n$。

当 $s_{i1n}<0.3m_n$ 时，可用倒坡的方法去掉原理小齿轮小端齿顶的尖部。在图 2.2-2 中，首先寻找满足条件 $s_{i1n}=0.3m_n$ 的 C_{i1e} 点。设$\overline{o_{s1}C_{i1e}}=\dfrac{R_{m1}-0.5B_{1e}}{\cos\vartheta_{a1}}$，$B_{1e}$ 为未知量。由式(9.3-1)、式(9.3-2)、式(9.3-3)求得 C_{i1e}点处的齿厚 s_{i1}，由 $s_{i1}\cos\beta_{1i}=0.3m_n$ 解得 B_{1e}，从而确定 C_{ie}的位置。

在图 2.2-2 中，还要寻找满足条件 $s_{i1n}=0.3m_n$ 的 C_{ig}点。原始小齿轮小端端面当量齿轮的端面模数是 m_{i1t}，分度圆半径 $r_{vi1}=\dfrac{m_{i1t}z_v}{2}$，凹齿面基圆的半径 $r_{vba}=r_{vi1}\cos\alpha_a$，凸齿面基圆的半径 $r_{vbt}=r_{vi1}\cos\alpha_t$。设 C_{i1g}点在小端端面当量齿轮上的半径为 r_{i1g}，C_{i1g}点凹齿面的压力角 $\alpha_{i1ga}=\arccos\left(\dfrac{r_{vba}}{r_{i1g}}\right)$、凸齿面的压力角 $\alpha_{i1gt}=\arccos\left(\dfrac{r_{vbt}}{r_{i1g}}\right)$。$C_{i1g}$点的齿厚 $s_{i1}=\dfrac{\pi m_{i1t}r_{i1g}}{2r_{vi1}}-r_{i1g}[\mathrm{inv}\alpha_{i1ga}-\mathrm{inv}\alpha_a+\mathrm{inv}\alpha_{i1gt}-\mathrm{inv}\alpha_t]$。由 $s_{i1n}=s_{i1}\cos\beta_{1i}=0.3m_n$ 解得 r_{i1g}，从而确定 C_{i1g}点的位置。

倒坡时去掉以 $C_{i1e}C_{i1g}$线为母线的锥面以上的齿顶部分。

也可以采用齿轮变位的方法改变小齿轮的齿顶厚度。

(2) 最小齿根槽宽

最小齿根槽宽也出现在小齿轮的小端。在图 2.2-2 中，原始小齿轮的顶点 o_{s1} 到小端齿根 C_{g1} 的距离 $\overline{o_{s1}C_{g1}}=\dfrac{R_{m1}-0.5B_1}{\cos\vartheta_{f1}}$。$o_1$ 点到 C_{g1} 点的距离 $\overline{o_1C_{g1}}=$

$\sqrt{(\overline{o_1 o_{s1}})^2 + (\overline{o_{s1} C_{g1}})^2 + 2\overline{o_1 o_{s1}}\ \overline{O_{s1} C_{g1}} \cos\delta_{f1}}$。

以 $\sqrt{x_{1a}^2 + y_{1a}^2 + z_{1a}^2} = \overline{o_1 C_{g1}}$ 以及刀齿参数 $h_{2d}=0$ 为约束条件，可以求得原理小齿轮凹齿面上齿根点 C_{g1a} 的坐标 $\{x_{1ga}, y_{1ga}, z_{1ga}\}$，$C_{g1a}$ 点对应的参数为 $\tau_{2d}^{(g1a)}$、$h_{2d}^{(g1a)}=0$。以 $\sqrt{x_{1t}^2 + y_{1t}^2 + z_{1t}^2} = \overline{o_1 C_{g1}}$ 以及 $h_{2d}=0$ 为约束条件，可以求得原理小齿轮凸齿面上齿根点 C_{g1t} 的坐标 $\{x_{1gt}, y_{1gt}, z_{1gt}\}$，$C_{g1t}$ 点对应的参数为 $\tau_{2d}^{(g1t)}$、$h_{2d}^{(g1t)}=0$。设 C_{g1a}、C_{g1t} 两点之间的中心角为 ψ_g，则

$$\sin\left(\frac{\psi_g}{2}\right) = \frac{0.5\sqrt{(x_{1ga}-x_{1gt})^2 + (y_{1ga}-y_{1gt})^2 + (z_{1ga}-z_{1gt})^2}}{\sqrt{x_{1ga}^2 + y_{1ga}^2}} \tag{9.3-4}$$

原理小齿轮小端齿根槽宽

$$s_{g1} = \psi_g \sqrt{x_{1ga}^2 + y_{1ga}^2} \tag{9.3-5}$$

s_{g1} 应满足条件 $s_{g1n} = s_{g1}\cos\beta_{1i} \geqslant 0.3m_n$。

采用齿轮变位的方法也可以改变原理小齿轮小端的齿根槽宽。

由于小齿轮是用内、外刀齿分别加工凸齿面和凹齿面，所以刀片的顶宽要小于 s_{g1n} 并大于 $\frac{1}{2}s_{g1n}$，这一检验称为齿底留梗检验。

9.3.2 准双曲面齿轮的根切

准双曲面齿轮的根切往往产生在小齿轮的小端齿根部。以前的文献中用小端法向当量齿轮的根切校验公式进行校验。

根切问题是齿轮和刀具之间出现啮合界限点的问题。由 1.2.5.2 节的分析，当齿面上某一点出现根切时，齿轮的相对速度为零，产形齿轮的相对速度与相对运动速度大小相等、方向相同。

在图 6.2-1 所示的渐开线圆柱齿轮中，B 点是渐开线的起始点，也是滚刀与齿轮的啮合界限点。当滚刀的齿顶高超过 B 点时，齿轮会产生根切。设 1 为齿轮，2 为滚刀，在 B 点，齿轮的绝对速度 $\frac{dr^{(1)}}{dt}$ 在啮合线的方向上，在齿面切线的方向上分量为零，即相对速度 $\frac{d_1 r^{(1)}}{dt}=0$。滚刀的绝对速度 $\frac{dr^{(2)}}{dt}$ 在水平方向，它在齿面切线方向的分量即相对速度 $\frac{d_2 r^{(2)}}{dt} = \frac{dr^{(2)}}{dt}\sin\alpha_0$。相对运动速度 $v_{12} = \frac{d_2 r^{(2)}}{dt} - \frac{d_1 r^{(1)}}{dt} = \frac{d_2 r^{(2)}}{dt}$。

设原理小齿轮为齿轮 1，产形齿轮为齿轮 2。当原理小齿轮凹齿面上的一点 C_{ka} 和凸齿面上的一点 C_{kt} 为啮合界限点时，$\frac{d_1 \overrightarrow{r^{(1)}}}{dt}=0$，$\frac{d_2 \overrightarrow{r^{(2)}}}{dt} = \overrightarrow{v^{(12)}}$。

设 C_{k1a} 点的坐标为 $\{x_{1ka}, y_{1ka}, z_{1ka}\}$，对应的参数为 $\tau_{2d}^{(k1a)}$、$h_{2d}^{(k1a)}=0$；C_{k1t} 点的坐标为 $\{x_{1kt}, y_{1kt}, z_{1kt}\}$，对应的参数为 $\tau_{2d}^{(k1t)}$、$h_{2d}^{(k1t)}=0$。

以圆弧齿原理小齿轮为例，由式(7.1-14)或式(7.1-38)等可以求得产形齿轮在坐标系 $o_2x_2y_2z_2$ 中的相对速度 $\frac{\mathrm{d}\,\overrightarrow{r_2^{(2)}}}{\mathrm{d}t}$，运用式(1.2-2)衍生的单位矢量的变换，将其变换到静坐标系 $o'x'y'z'$ 中得 $\frac{\mathrm{d}_2 r^{(2)}}{\mathrm{d}t}$。在静坐标系 $o'x'y'z'$ 中求 $\overrightarrow{v^{(12)}}=\overrightarrow{\omega^{(1)}}\times\overrightarrow{r^{(1)}}-\overrightarrow{\omega^{(2)}}\times\overrightarrow{r^{(2)}}$。

以 $\tau_{2\mathrm{d}}^{(\mathrm{gla})}<\tau_{2\mathrm{d}}^{(\mathrm{kla})}<0$、$h_{2\mathrm{d}}^{(\mathrm{kla})}=0$ 及 $\tau_{2\mathrm{d}}^{(\mathrm{glt})}<\tau_{2\mathrm{d}}^{(\mathrm{klt})}<0$、$h_{2\mathrm{d}}^{(\mathrm{klt})}=0$ 为搜索范围，看 $v_{12}=\frac{\mathrm{d}_2 r^{(2)}}{\mathrm{d}t}$ 是否成立，从而看根切点 C_{gla}、C_{glt} 是否存在。

采用齿轮变位或改变齿高系数可以避免根切。

摆线齿原理小齿轮的处理方法与圆弧齿齿轮的处理方法相同。为方便计，可用相同齿坯参数的圆弧齿齿轮的计算结果代替摆线齿齿轮的计算结果。

9.3.3 准双曲面小齿轮的轴切

如果小齿轮是双跨度支撑，当齿轮的分锥角较大时，在加工过程中有可能切到齿轮小端的轴径。原理小齿轮的齿面坐标为 $x_1(\tau_{2\mathrm{d}},h_{2\mathrm{d}})$、$y_1(\tau_{2\mathrm{d}},h_{2\mathrm{d}})$、$z_1(\tau_{2\mathrm{d}},h_{2\mathrm{d}})$。令 $h_{2\mathrm{d}}=0$，得到刀尖的运动轨迹。

图 9.3-1 中，齿轮轴上的某点到顶点 o_1 的距离为 z_{i}，轴颈为 d_{i}。由 $z_1(\tau_{2\mathrm{d}},0)=-z_{\mathrm{i}}$ 可以解出 $\tau_{2\mathrm{d}}$，式 $\sqrt{[y_1(\tau_{2\mathrm{d}},0)]^2+[z_1(\tau_{2\mathrm{d}},0)]^2}>\frac{d_{\mathrm{i}}}{2}$ 是限制原理小齿轮的最大分锥角 δ_1 的条件。z_{i} 的变化范围是 $z_{\mathrm{x}}\sim z_{\mathrm{e}}$。

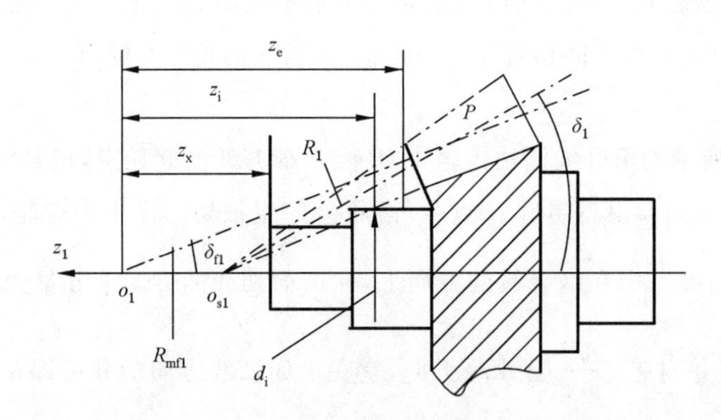

图 9.3-1 准双曲面修形小齿轮的轴切

9.3.4 摆线齿准双曲面齿轮的刀盘干涉(二次切削)

摆线齿齿轮是连续切齿的，在一个轮齿的切削过程中，刀盘上的一组刀齿只能用于切削一个轮齿。如果一组刀齿在没有退出切削之前，下一组刀齿又切入，则会破坏已经加工好的齿面。应用 5.1.3.2 节及 7.3.2.2 节的分析方法可以求得加工原理大、小齿轮时摇台的转角、齿轮的转角以及刀盘的转角。假定刀齿的组数为 Z_0，则刀盘的转角要小于$\frac{360°}{z_0}$。

9.3.5 准双曲面齿轮的齿面滑动率

齿面滑动率影响齿轮的齿面磨损和齿面胶合，是判断齿轮使用性能的重要指标。在齿轮的齿顶部或齿根部，齿面滑动率较大。以下在端面重合度范围内考察齿面滑动率。近似认为原理大、小齿轮为共轭齿轮传动。

在式(1.2-39)中，$\frac{\mathrm{d}_2 \overrightarrow{r_\mathrm{j}^{(2)}}}{\mathrm{d}t}$是相对速度$\frac{\mathrm{d}_2 \overrightarrow{r^{(2)}}}{\mathrm{d}t}$在相对运动速度$\overrightarrow{v^{(21)}}$方向上的分量。令$\frac{\mathrm{d}_2 \overrightarrow{r_\mathrm{j}^{(2)}}}{\mathrm{d}t}=\xi_2 \overrightarrow{v^{(21)}}$，得

$$\xi_2=\frac{\overrightarrow{n^{(2)}}\cdot\overrightarrow{q^{(2)}}}{\overrightarrow{v^{(21)}}\cdot\overrightarrow{p^{(2)}}} \tag{9.3-6}$$

$\left|\frac{1}{\xi_2}\right|$称为齿轮 2 的齿面滑动率。其中$\overrightarrow{n^{(2)}}$是齿轮 2 的齿面法线，$\overrightarrow{q^{(2)}}=\overrightarrow{\omega^{(2)}}\times(\overrightarrow{\omega^{(1)}}\times\overrightarrow{r^{(1)}})-\overrightarrow{\omega^{(1)}}\times(\overrightarrow{\omega^{(2)}}\times\overrightarrow{r^{(2)}})$，$\overrightarrow{v^{(21)}}=\overrightarrow{\omega^{(2)}}\times\overrightarrow{r^{(2)}}-\overrightarrow{\omega^{(1)}}\times\overrightarrow{r^{(1)}}$，$\overrightarrow{p^{(2)}}=\overrightarrow{\omega^{(21)}}\times\overrightarrow{n^{(2)}}+v^{(21)}(\kappa_1^{(2)}\cos\vartheta_\mathrm{v}\overrightarrow{e_1^{(2)}}+\kappa_2^{(2)}\sin\vartheta_\mathrm{v}\overrightarrow{e_2^{(2)}})$，$\kappa_1^{(2)}$、$\kappa_2^{(2)}$ 是齿轮 2 的齿面主曲率，$\overrightarrow{e_1^{(2)}}$、$\overrightarrow{e_2^{(2)}}$是齿轮 2 的齿面主方向，$\vartheta_\mathrm{v}$ 是相对运动速度$\overrightarrow{v^{(21)}}$和主方向$\overrightarrow{e_1{}^{(2)}}$之间的夹角。

$\frac{\mathrm{d}_2 \overrightarrow{r_\mathrm{j}^{(2)}}}{\mathrm{d}t}$与$\overrightarrow{v^{(2)}}$的方向有时相同，有时相反。正如渐开线齿轮那样，在节点 P 的两边，$\frac{\mathrm{d}_2 \overrightarrow{r_\mathrm{j}^{(2)}}}{\mathrm{d}t}$的方向与$\overrightarrow{v_\mathrm{j}^{(21)}}$的方向不同。

原始大齿轮的顶点 o_{s2} 到中点齿顶点 C_{mi2} 的距离$\overline{o_{s2}C_{mi2}}=\frac{R_{m2}}{\cos\vartheta_{a2}}$。原理大齿轮的顶点 o_2 到 o_{s2} 的距离 $\overline{o_2 o_{s2}}=R_{mf2}\cos\delta_{f2}-R_{m2}\cos\delta_2$，$o_2$ 点到 C_{mi2} 点的距离 $\overline{o_2 C_{mi2}}=\sqrt{(\overline{o_2 o_{s2}})^2+(\overline{o_{s2}C_{mi2}})^2+2\,\overline{o_2 o_{s2}}\;\overline{o_{s2}C_{mi2}}\cos\delta_{a2}}$。

以$\sqrt{x_{2a}^2+y_{2a}^2+z_{2a}^2}=\overline{o_2 C_{mi2}}$以及原理大齿轮中点齿顶圆的半径$\sqrt{x_{2a}^2+y_{2a}^2}=\frac{R_{m2}\sin\delta_{a2}}{\cos\vartheta_{a2}}$为约束条件，可以求得原理大齿轮凹齿面的中点齿顶点 C_{mi2a} 的坐标$\{x_{2mia}, y_{2mia}, z_{2mia}\}$。运用式(1.2-2)将其变换到静坐标系 $o'x'y'z'$ 中去。

运用式(1.1-19)、式(1.1-20)、式(1.1-23)求得在 C_{mi2a} 点原理大齿轮齿面的主曲率 $\kappa_1^{(2)}$、$\kappa_2^{(2)}$ 及主方向$\overrightarrow{e_1^{(2)}}$、$\overrightarrow{e_2^{(2)}}$。运用式(1.2-2)衍生的单位矢量的变换，将$\overrightarrow{e_1^{(2)}}$、$\overrightarrow{e_2^{(2)}}$变换到静坐标系 $o'x'y'z'$ 中去。最后由式(9.3-6)求得 C_{mi2a} 点的齿面滑动率$\left|\frac{1}{\xi_{mi2}}\right|$。以上运算是在静坐标系 $o'x'y'z'$ 中进行的。

原始大齿轮的顶点 o_{s2} 到中点齿根点 C_{mg2} 的距离 $\overline{o_{s2}C_{mg2}}=\dfrac{R_{m2}}{\cos\vartheta_{f2}}$。原理大齿轮的顶点 o_2 到 o_{s2} 的距离 $\overline{o_2o_{s2}}=R_{mf2}\cos\delta_{f2}-R_{m2}\cos\delta_2$，$o_2$ 点到 C_{mg2} 点的距离 $\overline{o_2C_{mg2}}=\sqrt{(\overline{o_2o_{s2}})^2+(\overline{o_{s2}C_{mg2}})^2+2\,\overline{o_2o_{s2}}\,\overline{o_{s2}C_{mg2}}\cos\delta_{f2}}$。

以 $\sqrt{x_{2a}^2+y_{2a}^2+z_{2a}^2}=\overline{o_2C_{mg2}}$ 以及原理大齿轮中点齿顶圆的半径 $\sqrt{x_{2a}^2+y_{2a}^2}=\dfrac{R_{m2}\sin\delta_{f2}}{\cos\vartheta_{f2}}$ 为约束条件，可以求得原理大齿轮凹齿面的中点齿根点 C_{mg2a} 的坐标 $\{x_{2mga},y_{2mga},z_{2mga}\}$。运用式(1.2-2)将其变换到静坐标系 $o'x'y'z'$ 中去。

运用式(1.1-19)、式(1.1-20)、式(1.1-23)求得在 C_{mg2a} 点原理大齿轮齿面的主曲率 $\kappa_1^{(2)}$、$\kappa_2^{(2)}$ 及主方向 $\overrightarrow{e_1^{(2)}}$、$\overrightarrow{e_2^{(2)}}$。运用式(1.2-2)衍生的单位矢量的变换，将 $\overrightarrow{e_1^{(2)}}$、$\overrightarrow{e_2^{(2)}}$ 变换到静坐标系 $o'x'y'z'$ 中去。最后由式(9.2-6)求得 C_{mg2a} 点的齿面滑动率 $\left|\dfrac{1}{\xi_{mg2}}\right|$。以上运算是在静坐标系 $o'x'y'z'$ 中进行的。

$\dfrac{d_1\overrightarrow{r_j^{(1)}}}{dt}$ 是原理小齿轮的相对速度 $\dfrac{d_1\overrightarrow{r^{(1)}}}{dt}$ 在 $\overrightarrow{v^{(12)}}$ 方向上的分量。令 $\dfrac{d_1\overrightarrow{r_j^{(1)}}}{dt}=\xi_1\overrightarrow{v^{(21)}}$，$\left|\dfrac{1}{\xi_1}\right|$ 称为原理小齿轮的齿面滑动率。

$\dfrac{d_1\overrightarrow{r^{(1)}}}{dt}$ 在 $\overrightarrow{v^{(12)}}$ 垂直方向上的分量与 $\dfrac{d_2\overrightarrow{r^{(2)}}}{dt}$ 在 $\overrightarrow{v^{(12)}}$ 垂直方向上的分量相等，即齿轮在 $\overrightarrow{v^{(12)}}$ 的垂直方向上无相对运动。由 $\overrightarrow{v^{(21)}}=\dfrac{d_1\overrightarrow{r_j^{(1)}}}{dt}-\dfrac{d_2\overrightarrow{r_j^{(2)}}}{dt}$，得 $\xi_1=1+\xi_2$。

修形小齿轮齿顶部的齿面滑动率 $\left|\dfrac{1}{\xi_{mi1}}\right|=\left|\dfrac{1}{1+\xi_{mg2}}\right|$。修形小齿轮齿根部的齿面滑动率 $\left|\dfrac{1}{\xi_{mg1}}\right|=\left|\dfrac{1}{1+\xi_{mi2}}\right|$。

通过齿轮的变位和齿高系数的选择可以调整齿面滑动率。调整时使 $|\xi_{mi1}|$ 与 $|\xi_{mi2}|$ 接近、$|\xi_{mg1}|$ 与 $|\xi_{mg2}|$ 接近。一般齿根部的齿面滑动率大于齿顶部的齿面滑动率。

以前的文献中用中点当量齿轮的齿面滑动率代替准双曲面齿轮的齿面滑动率。

本章小结

(1) 目前已逐步实现数字化机械加工。数控机床的机构简单,精度高,在加工复杂曲面时受机械结构的制约较小。对第一类数控铣齿机,由于摇台机构实现程控,所以对齿高方向的齿面修正变得较为简单,对整个齿面的误差修正也变为可能。

在数控铣齿机中,滚比变性函数不一定用曲柄推杆机构的运动规律。

从第一类数控铣齿机到第二类数控铣齿机的过渡,反映了人们制造理念的深化。第二类数控铣齿机已经完全摆脱了传统铣齿机的典型结构对齿轮加工的影响。在理论分析方面,第二类数控铣齿机与传统的铣齿机(模拟法铣齿机)并没有原则的区别,只是坐标变换的方式不同。

在刀盘所在的坐标系内,刀盘的转动形成了内、外刃锥面,它在齿轮所在的坐标系内包络出了齿轮的齿面。刀盘所在的坐标系与齿轮所在的坐标系要有六个自由度的相对运动。

本章参照前述各章的不同加工方式,导出了第二类数控铣齿机的精确的运动规律,也是铣齿机编程的理论基础。运用不同的修形齿轮加工方式,第二类数控铣齿机各个运动环节的运动规律是不同的。这反映了准双曲面齿轮的特点,即虽然在节点处都能满足共轭齿面的性质,但是用不同的加工方式获得的齿轮,它们的齿形是不一样的,齿轮的传动误差也是不一样的。

本章在第二类数控铣齿机的应用方面,没有局限于目前工程中实际使用的准双曲面齿轮。

(2) 通过对几种齿轮的分析,给出了5轴联动第二类数控铣齿机编程的方法。分析表明,第二类数控铣齿机主轴的转角$\psi(t)$一般不是时间t的线性函数,只有基于展成法加工圆弧齿原理大齿轮时,$\psi(t)=\tau_{1d}+\gamma_g(\varphi_2)=(\omega_d+i_{c2}\omega_2)t+q'$才是时间$t$的线性函数。由于对主轴的转角$\psi(t)$不能程控,所以要将$\psi(t)$的值输出并作为编程的参照量。平移函数和其他的角位移函数可视为主轴转角的函数。

为了说明问题,本书对矩阵进行了相乘、求逆等运算,这是很繁琐的。实际编程时,用计算机算法语言进行矩阵的运算即可,没有必要进行上述的数学推导。

第10章 实用准双曲面齿轮的啮合性能分析

在研究原理齿轮或修形齿轮时，没有考虑齿轮在加工过程中机床、刀具及操作者的技术水平等对齿轮精度的影响，也没有考虑齿轮的受力变形问题。

齿轮切削时，由于切削力和切削热的存在，会引起整个工艺系统(包括机床、刀具和夹具)的变化。因此，刀盘和工件的安装误差、机床的调整误差、工艺系统的伺服刚度(包括电刚度、机械刚度和热刚度等)都会影响到齿轮的加工精度。

工艺系统的伺服刚度分析和振动分析是一个非常复杂的问题。伺服刚度分析一般在机械制造领域内进行，已经超出了本书研究的范围。

工程中真正应用的准双曲面齿轮叫做实用准双曲面齿轮(简称实用齿轮)。由于实用齿轮一般不用于精密机械传动，所以人们关注的是它的振动噪声。

10.1 修形齿轮的齿面接触状况及原理性传动误差

准双曲面齿轮的轮齿接触分析(tooth contact analysis，简称 TCA)是分析无载荷情况下轮齿的接触状况，在齿轮检查仪上可以直接观察轮齿的接触状况。有载荷情况下轮齿的接触分析(loaded tooth contact analysis，简称 LTCA)。

在前几章的分析中，着眼点是齿轮的节点。只有对齿轮的整个啮合过程进行考察，才能判定齿轮使用性能的好坏。

将一对原理齿轮代替一对原始齿轮在静坐标系中进行安装，如图 2.1-4 或图 2.1-5 所示。原理大齿轮与中介小齿轮是共轭齿轮，将参数 R_{m10}、δ_{10} 代替式(2.3-7)～式(2.3-10)中的 R_{m1}、δ_1，就可以求得原理大齿轮的顶点 o_2 到交叉点 o' 的距离 $\overline{o_2 o'}$ 以及中介小齿轮的顶点 o_{01} 到交叉点 o 的距离 $\overline{o_{01} o}$。原理小齿轮的顶点 o_1 到 o_{01} 的距离 $\overline{o_1 o_{01}}=R_{mf1}\cos\delta_{f1}-R_{m10}\cos\delta_{10}$。

在坐标系 $o_1 x_1 y_1 z_1$ 中，当小齿轮转动角度 φ_{10} 后，节点 P 的坐标为

$$\begin{cases} x_1^{(P)}=R_{m10}\sin\delta_{10}\cos\varphi_{10} \\ y_1^{(P)}=-R_{m10}\sin\delta_{10}\sin\varphi_{10} \\ z_1^{(P)}=-R_{m10}\cos\delta_{10} \end{cases} \tag{10.1-1}$$

在坐标系 $o_2 x_2 y_2 z_2$ 中，当大齿轮转动角度 φ_{20} 后，节点 P 的坐标为

$$\begin{cases} x_2^{(P)}=R_{mf2}\sin\delta_{f2}\cos\varphi_{20} \\ y_2^{(P)}=R_{mf2}\sin\delta_{f2}\sin\varphi_{20} \\ z_2^{(P)}=-R_{mf2}\cos\delta_{f2} \end{cases} \tag{10.1-2}$$

用第1章中的公式将 $x_1^{(P)}$、$y_1^{(P)}$、$z_1^{(P)}$ 及 $x_2^{(P)}$、$y_2^{(P)}$、$z_2^{(P)}$ 变换到静坐标系 $o'x'y'z'$ 中并使变换后的坐标值对应相等，就可以求得对应于节点 P 的安装转角 φ_{10}、φ_{20}。

以下研究修形齿轮的齿面接触状况。

10.1.1 修形齿轮的轮齿接触迹线

在动坐标系 $o_1x_1y_1z_1$ 中，修形小齿轮的齿面坐标是刀齿参数 τ_{2d}、h_{2d} 的函数。在动坐标系 $o_2x_2y_2z_2$ 中，原理大齿轮的齿面坐标是刀齿参数 τ_{1d}、h_{1d} 的函数。在节点 P，$\tau_{1d}=\tau_{2d}=0$、$h_{2d}=h_{a2d}$、$h_{1d}=h_{a1d}$。

一般将小齿轮的凹齿面、大齿轮的凸齿面作为工作齿面，下面分析这一对啮合齿面的接触状况。

原理大齿轮、修形小齿轮要满足啮合条件式(1.2-22)。大、小齿轮的径矢为 $\overrightarrow{r_2^{(2)}}=x_2(\tau_{1d},h_{1d})\overrightarrow{x_2}+y_2(\tau_{1d},h_{1d})\overrightarrow{y_2}+z_2(\tau_{1d},h_{1d})\overrightarrow{z_2}$、$\overrightarrow{r_1^{(1)}}=x_1(\tau_{2d},h_{2d})\overrightarrow{x_1}+y_1(\tau_{2d},h_{2d})\overrightarrow{y_1}+z_1(\tau_{2d},h_{2d})\overrightarrow{z_1}$。大、小齿轮的齿面法线矢为 $\overrightarrow{n_2^{(2)}}=\dfrac{1}{D_2}\dfrac{\partial\overrightarrow{r_2^{(2)}}}{\partial\tau_{2d}}\times\dfrac{\partial\overrightarrow{r_2^{(2)}}}{\partial h_{2d}}=n_{x_2}^{(2)}(\tau_{1d},h_{1d})\overrightarrow{x_2}+n_{y_2}^{(2)}(\tau_{1d},h_{1d})\overrightarrow{y_2}+n_{z_2}^{(2)}(\tau_{1d},h_{1d})\overrightarrow{z_2}$，$D_2=\left|\dfrac{\partial\overrightarrow{r_2^{(2)}}}{\partial\tau_{1d}}\times\dfrac{\partial\overrightarrow{r_2^{(2)}}}{\partial h_{1d}}\right|$、$\overrightarrow{n_1^{(1)}}=\dfrac{1}{D_1}\dfrac{\partial\overrightarrow{r_1^{(1)}}}{\partial\tau_{2d}}\times\dfrac{\partial\overrightarrow{r_1^{(1)}}}{\partial h_{2d}}=n_{x_1}^{(1)}(\tau_{2d},h_{2d})\overrightarrow{x_1}+n_{y_1}^{(1)}(\tau_{2d},h_{2d})\overrightarrow{y_1}+n_{z_1}^{(1)}(\tau_{2d},h_{2d})\overrightarrow{z_1}$，$D_1=\left|\dfrac{\partial\overrightarrow{r_1^{(1)}}}{\partial\tau_{2d}}\times\dfrac{\partial\overrightarrow{r_1^{(1)}}}{\partial h_{2d}}\right|$。

将上述径矢和法线矢变换到静坐标系 $o'x'y'z'$ 中进行运算。当修形小齿轮由节点 P 转动了角度 φ_1' 后，原理大齿轮由节点 P 转动了角度 φ_2'。用式(1.2-1)、式(1.2-3)衍生的单位坐标矢量变换式，令式中 $\varphi_1=\varphi_1'$，得 $\overrightarrow{r^{(1)}}=x'(\tau_{2d},h_{2d},\varphi_1')\overrightarrow{x'}+y'(\tau_{2d},h_{2d},\varphi_1')\overrightarrow{y'}+z'(\tau_{2d},h_{2d},\varphi_1')\overrightarrow{z'}$，$\overrightarrow{n^{(1)}}=n_{x'}^{(1)}(\tau_{2d},h_{2d},\varphi_1')\overrightarrow{x'}+n_{y'}^{(1)}(\tau_{2d},h_{2d},\varphi_1')\overrightarrow{y'}+n_{z'}^{(1)}(\tau_{2d},h_{2d},\varphi_1')\overrightarrow{z'}$。用式(1.2-2)衍生的单位坐标矢量变换式，令式中 $\varphi_2'=\varphi_2$，得 $\overrightarrow{r^{(2)}}=x'(\tau_{1d},h_{1d},\varphi_2')\overrightarrow{x'}+y'(\tau_{1d},h_{1d},\varphi_2')\overrightarrow{y'}+z'(\tau_{1d},h_{1d},\varphi_2')\overrightarrow{z'}$，$\overrightarrow{n^{(2)}}=n_{x'}^{(2)}(\tau_{1d},h_{1d},\varphi_2')\overrightarrow{x'}+n_{y'}^{(2)}(\tau_{1d},h_{1d},\varphi_2')\overrightarrow{y'}+n_{z'}^{(2)}(\tau_{1d},h_{1d},\varphi_2')\overrightarrow{z'}$。

将式(1.2-22)中的第1式代入第3式得

$$\overrightarrow{n^{(2)}}\cdot\left[\overrightarrow{\omega'^{(1)}(t)}\times\left(\overrightarrow{r^{(2)}}-\overrightarrow{E}\right)-\overrightarrow{\omega'^{(2)}(t)}\times\overrightarrow{r^{(2)}}\right]=0 \tag{10.1-3}$$

如果取 $\omega_1'=\left|\overrightarrow{\omega'^{(1)}(t)}\right|=1$，则 $\omega_2'=\left|\overrightarrow{\omega'^{(2)}(t)}\right|=i_{21}'$，$i_{21}'$ 为瞬时传动比。式(10.1-3)中的未知参数是 τ_{1d}、h_{1d}、φ_2'。当轮齿做点接触时，轮齿的接触迹线只有一个参数，从 τ_{1d}、h_{1d}、φ_2' 中任选一个，比如选 τ_{1d}。

式(1.2-22)很难求得解析解。一般使用计算机求数值解。求解时先由式(10.1-1)构造一个目标函数 $g_2(h_{1d},\varphi_2',i_{21}')=\overrightarrow{n^{(2)}}\cdot\left[\overrightarrow{\omega'^{(1)}(t)}\times\left(\overrightarrow{r^{(2)}(\tau_{1d},h_{1d},\varphi_2')}-\overrightarrow{E}\right)-\overrightarrow{\omega'^{(2)}(t)}\times\right.$

$\left.\overrightarrow{r^{(2)}(\tau_{1d},h_{1d},\varphi_2')}\right|\rightarrow \min$。给定 τ_{1d}，用优化设计程序搜索 h_{1d}、φ_2'、i_{21}'，这样就得到原理大齿轮齿面上的一个啮合点，i_{21}' 的值在齿数比 $\frac{z_2}{z_1}$ 附近。将得到的 τ_{1d}、h_{1d}、φ_2'、i_{21}' 写成 $\tau_{1d}^{(j)}$、$h_{1d}^{(j)}$、$\varphi_2'^{(j)}$、$i_{21}'^{(j)}$（$j=1\sim k$）。

当 $\tau_{1d}^{(j)}$、$h_{1d}^{(j)}$、$\varphi_2'^{(j)}$ 求得后，由式(1.2-22)中的第1式构造目标函数 $g_1(\tau_{2d},h_{2d},\varphi_1')=\left|\overrightarrow{r^{(2)}(\tau_{1d}^{(j)},h_{1d}^{(j)},\varphi_2'^{(j)})}-\overrightarrow{E}-\overrightarrow{r^{(1)}(\tau_{2d},h_{2d},\varphi_1')}\right|\rightarrow \min$。用优化设计程序搜索 τ_{2d}、h_{2d}、φ_1'，这样就得到修形小齿轮齿面上的一个啮合点。将得到的 τ_{2d}、h_{2d}、φ_1' 写成 $\tau_{2d}^{(j)}$、$h_{2d}^{(j)}$、$\varphi_1'^{(j)}$。

将搜索到的啮合点做光滑连接得到接触迹线。

建议用优化设计中的单形替换法进行求解，因为它可以直接从目标函数的值出发而不必求目标函数的导数。

单形替换法的求解过程如下。

(1) 给定初值

假定目标函数是 $g(u_1,u_2,\cdots,u_k)$。构造一个列向量 $\zeta=(\xi_1,\xi_2,\cdots,\xi_k)^T$，其中 $\xi_1\sim\xi_k$ 对应 $u_1\sim u_k$。在 $u_1,u_2,\cdots,u_k$ 的变化范围内先给出一组初值 $\xi_{01},\xi_{02},\cdots,\xi_{0k}$ 构成一个列向量 $\zeta_0=(\xi_{01},\xi_{02},\cdots,\xi_{0k})^T$。由 ζ_0 出发，使每个 ξ_{0i} 单独有一个增量 δ_i，$i=1\sim k$，得到 k 个互不相关的列向量 $\zeta_i=(\xi_{i1},\xi_{i2},\cdots,\xi_{ik})^T$，$i=1\sim k$。也就是说，在 ζ_i 中，只有 $\xi_{ii}=\xi_{0i}+\delta_i$，其他的 $\xi_{ij}=\xi_{0j}$（$j=1\sim k,j\neq i$）。将列向量 ζ_i 赋给列向量 X_i，$i=0\sim k$。由各个列向量 X_i 可以求出 $k+1$ 个目标函数 $g(u_1,u_2,\cdots,u_k)$ 的值 $g^{(i)}(X_i)$。将 $g^{(i)}(X_i)$ 赋给 s_i，$i=0\sim k$。

(2) 排序

将 s_i 由大到小排序，同时 X_i 也做相应的调整。设最大值为 s_0，次大值为 s_1，最小值为 s_k。相应的 X_0 对应 s_0、X_1 对应 s_1、X_k 对应 s_k。

若 $|s_0-s_k|$ 小于设计精度 ε，则输出 X_k。由 $\zeta_k=X_k$ 完成对 $u_1,u_2,\cdots,u_k$ 的求解。

(3) 单形替换

若 $|s_0-s_k|$ 大于设计精度 ε，计算向量 $X_{k+1}=\frac{1}{k}\left[\sum_{i=1}^{k}(X_i-X_0)\right]$ 及向量 $X_{k+2}=2X_{k+1}-X_0$，计算 $g^{(k+2)}(X_{k+2})$。令 $s_{k+2}=g^{(k+2)}(X_{k+2})$。

1) 假如 $s_{k+2}<s_k$，计算向量 $X_{k+3}=X_{k+1}+1.5(X_{k+2}-X_{k+1})$，计算 $g^{(k+3)}(X_{k+3})$。令 $s_{k+3}=g^{(k+3)}(X_{k+3})$。

① 若 $s_{k+3}<s_{k+2}$，令 $s_0=s_{k+3}$，向量 $X_0=X_{k+3}$。返回2)。

② 若 $s_{k+3}\geqslant s_{k+2}$，令 $s_0=s_{k+2}$，向量 $X_0=X_{k+2}$。返回2)。

2) 假如 $s_{k+2}\geqslant s_k$：

① 如果 $s_{k+2}<s_1$，令 $s_0=s_{k+2}$，向量 $X_0=X_{k+2}$，返回2)。

② 如果 $s_{k+2}\geqslant s_1$：

ⅰ）若 $s_{k+2}<s_0$，计算向量 $X_{k+4}=X_{k+1}+0.5(X_{k+2}-X_{k+1})$，计算 $g^{(k+4)}(X_{k+4})$。令 $s_{k+4}=g^{(k+4)}(X_{k+4})$。

a）如果 $s_{k+4}<s_0$，令 $s_0=s_{k+4}$，向量 $X_0=X_{k+4}$。返回 2）。

b）如果 $s_{k+4}\geqslant s_0$，计算列向量 $\zeta_i=0.5(X_i+X_k)$，$i=0\sim k$。将列向量 ζ_i 赋给列向量 X_i，值 $g^{(i)}(X_i)$赋给 s_i，$i=0\sim k$。返回 2）。

ⅱ）若 $s_{k+2}\geqslant s_0$，计算向量 $X_{k+5}=X_{k+1}+0.5(X_0-X_{k+1})$，计算 $g^{(k+5)}(X_{k+5})$。令 $s_{k+5}=g^{(k+5)}(X_{k+5})$。

a）如果 $s_{k+5}<s_0$，令 $s_0=s_{k+5}$，向量 $X_0=X_{k+5}$。返回 2）。

b）如果 $s_{k+5}\geqslant s_0$，计算列向量 $\zeta_i=0.5(X_i+X_k)$，$i=0\sim k$。将列向量 ζ_i 赋给列向量 X_i，值 $g^{(i)}(X_i)$赋给 s_i，$i=0\sim k$。返回 2）。

程序框图如图 10.1-1 所示。

设原理大齿轮的齿面是用展成法加工的圆弧左旋齿的凸齿面，修形小齿轮的齿面是用展成法加工的圆弧右旋齿的凹齿面，现以此例说明求接触迹线的过程。

（1）求原理大齿轮在动坐标系 $o_2x_2y_2z_2$ 中的齿面坐标

由 5.1.1.1 节的分析，将产形齿轮视为齿轮 1，原理大齿轮视为齿轮 2，由式(5.1-1)、式(5.1-2)得产形齿轮的凹齿面在动坐标系 $o_1x_1y_1z_1$ 中的坐标

$$\begin{cases} x_1=\left[r_{1d}-\left(\dfrac{w_{1d}}{2}+h_{1d}\tan\alpha_{1d}\right)\right]\sin(q'-\tau_{1d})-s_{2d}\sin q' \\ y_1=-\left[r_{1d}-\left(\dfrac{w_{1d}}{2}+h_{1d}\tan\alpha_{1d}\right)\right]\cos(q'-\tau_{1d})-s_{2d}\cos q' \\ z_1=h_{a1d}-h_{1d} \end{cases} \tag{10.1-4}$$

由式(5.1-5)、式(5.1-6)得

$$\begin{cases} \dfrac{\partial x_1}{\partial \tau_{1d}}=-\left[r_{1d}-\left(\dfrac{w_{1d}}{2}+h_{1d}\tan\alpha_{1d}\right)\right]\cos(q'-\tau_{1d}) \\ \dfrac{\partial y_1}{\partial \tau_{1d}}=-\left[r_{1d}-\left(\dfrac{w_{1d}}{2}+h_{1d}\tan\alpha_{1d}\right)\right]\sin(q'-\tau_{1d}) \\ \dfrac{\partial z_1}{\partial \tau_{1d}}=0 \end{cases} \tag{10.1-5}$$

$$\begin{cases} \dfrac{\partial x_1}{\partial h_{1d}}=-\tan\alpha_{1d}\sin(q'-\tau_{1d}) \\ \dfrac{\partial y_1}{\partial h_{1d}}=\tan\alpha_{1d}\cos(q'-\tau_{1d}) \\ \dfrac{\partial z_1}{\partial h_{1d}}=-1 \end{cases} \tag{10.1-6}$$

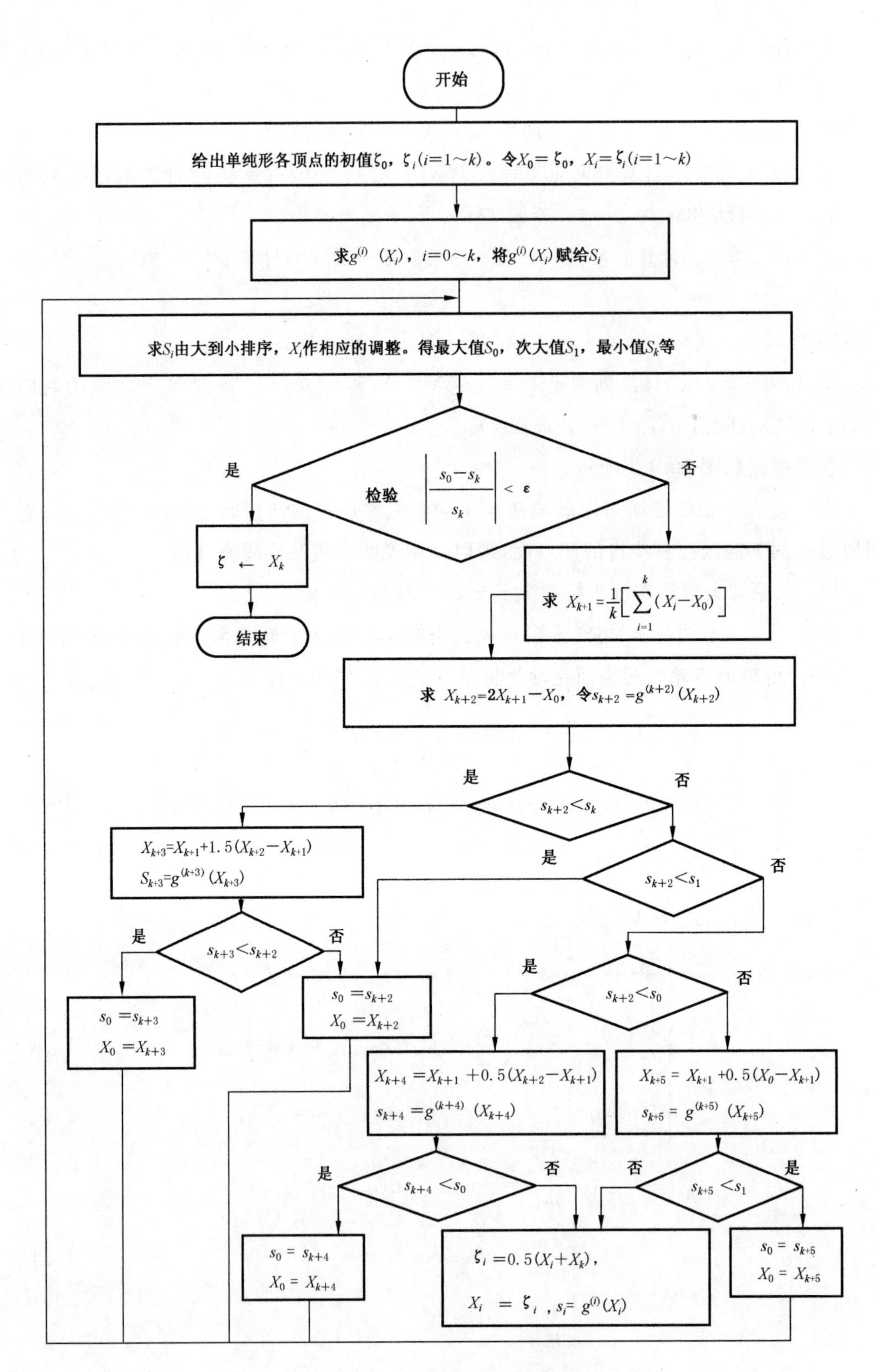

图 10.1-1　单行替换法程序框图

由式(1.2-25)，得产形齿轮的齿面法线的坐标分量

$$\begin{cases} n_{x_1}^{(1)}=\left[r_{1d}-\left(\dfrac{w_{1d}}{2}+h_{1d}\tan\alpha_{1d}\right)\right]\sin(q'-\tau_{1d}) \\ n_{y_1}^{(1)}=-\left[r_{1d}-\left(\dfrac{w_{1d}}{2}+h_{1d}\tan\alpha_{1d}\right)\right]\cos(q'-\tau_{1d}) \\ n_{z_1}^{(1)}=-\left[r_{1d}-\left(\dfrac{w_{1d}}{2}+h_{1d}\tan\alpha_{1d}\right)\right]\tan\alpha_{1d} \end{cases} \tag{10.1-7}$$

由式(1.2-27)、式(1.2-28)得产形齿轮的转角

$$\varphi_c=\arcsin\left(\frac{W_1}{\sqrt{U_1^2+V_1^2}}\right)-\delta_1 \tag{10.1-8}$$

式中，$\begin{bmatrix} U_1 \\ V_1 \\ W_1 \end{bmatrix}=\boldsymbol{C}\begin{bmatrix} n_{x_1}^{(1)} \\ n_{y_1}^{(1)} \\ n_{z_1}^{(1)} \end{bmatrix}=\begin{bmatrix} (z_1+b_1)\cos\delta_2 & -E_{c2}\sin\delta_2 & -x_1\cos\delta_2 \\ -E_{c2}\sin\delta_2 & -(z_1+b_1)\cos\delta_2 & y_1\cos\delta_2 \\ (i_{c2}-\sin\delta_2)y_1 & -(i_{c2}-\sin\delta_2)x_1 & E_{c2}\cos\delta_2 \end{bmatrix}\begin{bmatrix} n_{x_1}^{(1)} \\ n_{y_1}^{(1)} \\ n_{z_1}^{(1)} \end{bmatrix}$；

$\delta_1=\arccos\dfrac{V_1}{\sqrt{U_1^2+V_1^2}}$。$i_{c2}=\dfrac{R_{m2}\sin\delta_2\cos\beta_2}{R_{1c}\cos\beta_{1c}}$、$b_1=[R_{1c}\cos(\beta_{1c}-\beta_2)-R_{m2}]\tan\delta_2$、$E_{c2}=-R_{1c}\sin(\beta_{1c}-\beta_2)$。

由式(1.2-5)得左旋齿原理大齿轮的凸齿面在动坐标系 $o_2x_2y_2z_2$ 中的齿面坐标

$$\begin{bmatrix} x_2 \\ y_2 \\ z_2 \end{bmatrix}=\boldsymbol{A}\begin{bmatrix} x_1 \\ y_1 \\ z_1 \end{bmatrix}+\boldsymbol{B} \tag{10.1-9}$$

在式(10.1-9)中，若令 $s_1=0.5(1-\sin\delta_2)$，$s_2=0.5(1+\sin\delta_2)$，$d_1=(1-i_{2c})$，$d_2=(1+i_{2c})$，$b_2=\dfrac{R_{m2}-R_{1c}\cos\varepsilon_{c2}}{\cos\delta_2}$，则矩阵

$$\boldsymbol{A}=\begin{bmatrix} s_2\cos(d_1\varphi_c)+s_1\cos(d_2\varphi_c) & -s_2\sin(d_1\varphi_c)-s_1\sin(d_2\varphi_c) & \sin\varphi_2\cos\delta_2 \\ -s_1\sin(d_1\varphi_c)+s_2\sin(d_2\varphi_c) & -s_2\cos(d_1\varphi_c)+s_1\cos(d_2\varphi_c) & \cos\varphi_2\cos\delta_2 \\ -\sin\varphi_c\cos\delta_2 & -\cos\varphi_c\cos\delta_2 & \sin\delta_2 \end{bmatrix},$$

$$\boldsymbol{B}=\begin{bmatrix} b_1\sin i_{2c}\varphi_c\cos\delta_2+E_{d2}\cos i_{2c}\varphi_c \\ b_1\cos i_{2c}\varphi_c\cos\delta_2-E_{d2}\sin i_{2c}\varphi_c \\ b_1\sin\delta_2-b_2 \end{bmatrix}。$$

由图 5.1-1 可见，节点 P 在坐标面 y_2z_2 上。

(2) 求原理大齿轮在动坐标系 $o_2x_2y_2z_2$ 中的齿面法线 $\overrightarrow{n_2^{(2)}}=n_{x_2}^{(2)}\overrightarrow{x_2}+n_{y_2}^{(2)}\overrightarrow{y_2}+n_{z_2}^{(2)}\overrightarrow{z_2}$

由于产形齿轮与原理大齿轮是共轭齿轮，$\overrightarrow{n_2^{(2)}}=\overrightarrow{n_1^{(1)}}$。由矢量变换式得

$$\begin{bmatrix} n_{x_2}^{(2)} \\ n_{y_2}^{(2)} \\ n_{z_2}^{(2)} \end{bmatrix}=\boldsymbol{A}\begin{bmatrix} n_{x_1}^{(1)} \\ n_{y_1}^{(1)} \\ n_{z_1}^{(1)} \end{bmatrix} \tag{10.1-10}$$

(3) 构建目标函数 $g_2(h_{1d},\varphi_2',i_{21}')$ 并搜索 h_{1d}、φ_2'、i_{21}'

将原理大齿轮和修形小齿轮按原始齿轮的位置进行安装，如图 10.1-2 所示。图 10.1-2 中的静坐标系 $oxyz$、$o'x'y'z'$ 与图 2.1-5 中的静坐标系 $oxyz$、$o'x'y'z'$ 是一致的。

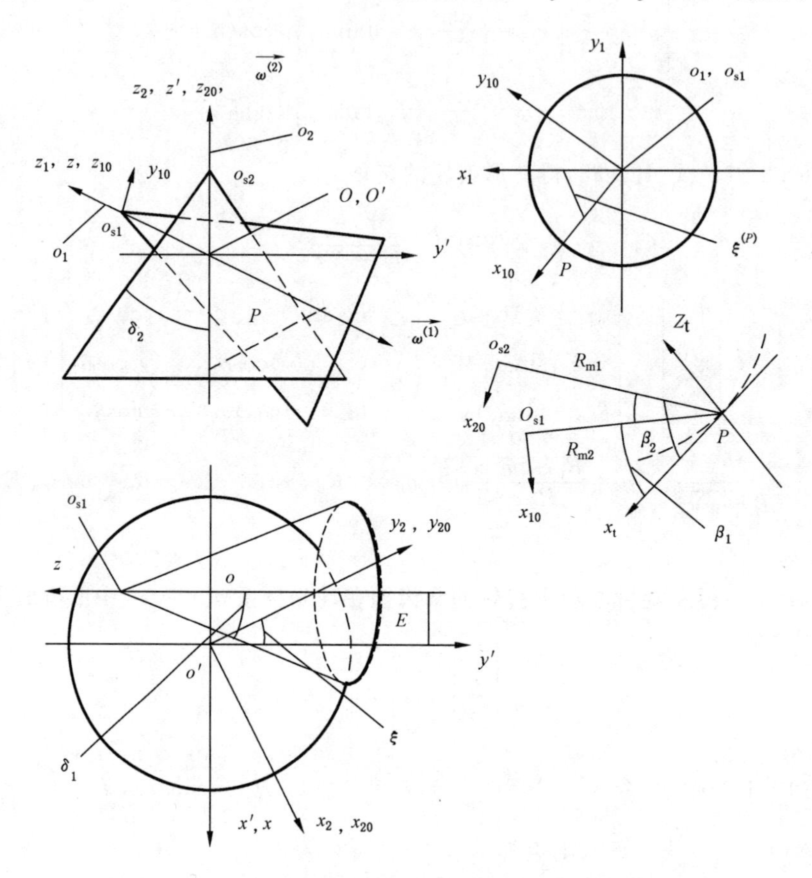

图 10.1-2 右旋齿修形小齿轮与左旋齿原理大齿轮的啮合

初始位置时，原理大齿轮的动坐标面 y_2z_2 与图 10.1-2 中的静坐标面 $y_{20}z_{20}$ 重合。由式(2.3-8)求得 η_0，o_2 点是 o_{s2} 点。当动坐标系 $o_2x_2y_2z_2$ 绕 $o'z'$ 轴转动了 φ_2' 后，动坐标系 $o_2x_2y_2z_2$ 与静坐标系 $o_2x_{20}y_{20}z_{20}$ 之间的坐标变换

$$\begin{bmatrix} x_2 \\ y_2 \\ z_2 \end{bmatrix} = \begin{bmatrix} \cos\varphi_2' & \sin\varphi_2' & 0 \\ -\sin\varphi_2' & \cos\varphi_2' & 0 \\ 0 & 0 & 1 \end{bmatrix} \begin{bmatrix} x_{20} \\ y_{20} \\ z_{20} \end{bmatrix} \tag{10.1-11}$$

动坐标系 $o_2x_2y_2z_2$ 与静坐标系 $o'x'y'z'$ 之间的坐标变换

$$\begin{bmatrix} x' \\ y' \\ z' \end{bmatrix} = \begin{bmatrix} \cos(\xi+\varphi_2') & -\sin(\xi+\varphi_2') & 0 \\ \sin(\xi+\varphi_2') & \cos(\xi+\varphi_2') & 0 \\ 0 & 0 & 1 \end{bmatrix} \begin{bmatrix} x_2 \\ y_2 \\ z_2 \end{bmatrix} + \begin{bmatrix} 0 \\ 0 \\ \overline{o_2o'} \end{bmatrix} \tag{10.1-12}$$

ξ 的计算见式(2.1-13)。

$$\begin{bmatrix} x_2 \\ y_2 \\ z_2 \end{bmatrix} = \begin{bmatrix} \cos(\xi+\varphi_2') & \sin(\xi+\varphi_2') & 0 \\ -\sin(\xi+\varphi_2') & \cos(\xi+\varphi_2') & 0 \\ 0 & 0 & 1 \end{bmatrix} \begin{bmatrix} x' \\ y' \\ z' \end{bmatrix} - \begin{bmatrix} 0 \\ 0 \\ \overline{o_2 o'} \end{bmatrix} \tag{10.1-13}$$

在静坐标系 $o'x'y'z'$ 中原理大齿轮的齿面法线的坐标

$$\begin{bmatrix} n_{x'}^{(2)} \\ n_{y'}^{(2)} \\ n_{z'}^{(2)} \end{bmatrix} = \begin{bmatrix} \cos(\xi+\varphi_2') & -\sin(\xi+\varphi_2') & 0 \\ \sin(\xi+\varphi_2') & \cos(\xi+\varphi_2') & 0 \\ 0 & 0 & 1 \end{bmatrix} \begin{bmatrix} n_{x2}^{(2)} \\ n_{y2}^{(2)} \\ n_{z2}^{(2)} \end{bmatrix} \tag{10.1-14}$$

$\overrightarrow{\omega_1} = -\sin\Sigma\overrightarrow{y'} + \cos\Sigma\overrightarrow{z'}, \omega_2 = i_{21}'\overrightarrow{z'}, \overrightarrow{E} = -E\overrightarrow{x'}$。目标函数

$$g_2(h_{1d}, \varphi_2', i_{21}') = \{-n_{x'}^{(2)}[z'\sin\Sigma + y'(\cos\Sigma - i_{21}')] - n_{y'}^{(2)}[E\cos\Sigma - x'(\cos\Sigma - i_{21}')] + n_{z'}^{(2)}(x' - E)\sin\Sigma\} \to \min \tag{10.1-15}$$

给定 τ_{1d},用单形替换法搜索 h_{1d}、φ_2'、i_{21}' 时,图 10.1-1 中的 $k=3$。由于实用程序中的循环变量 i 不能为零,所以实用程序中的最大值为 s_1,次大值为 s_2,最小值为 s_4。

将搜索到的参数 τ_{1d}、h_{1d}、φ_2'、i_{21}' 写成 $\tau_{1d}^{(j)}$、$h_{1d}^{(j)}$、$\varphi_2'^{(j)}$、$i_{21}'^{(j)}$,由参数 $\tau_{1d}^{(j)}$、$h_{1d}^{(j)}$ 得到原理大齿轮齿面上的啮合点,将各啮合点做光滑连接得到原理大齿轮齿面上的接触迹线。

(4) 构建目标函数 $g_1(\tau_{2d}, h_{2d}, \varphi_1')$ 并搜索 τ_{2d}、h_{2d}、φ_1'

在 7.1.1 节中,已经求得了修形小齿轮在动坐标系 $o_1x_1y_1z_1$ 中的坐标。在图 7.1-1 中,P 点在静坐标系 $o_1x_{10}y_{10}z_{10}$ 的坐标面 $y_{10}z_{10}$ 上。由 7.3.2 节的分析,只要将式(7.1-4)换成式(7.3-4),就可以求得修形小齿轮的假想齿面在坐标系 $o_1x_1y_1z_1$ 中的坐标。由 $\tau_{2d}=0$、$h_{2d}=h_{a2d}$ 可以求得 P 点在坐标系 $o_1x_1y_1z_1$ 中的坐标 $x_1^{(P)}$、$y_1^{(P)}$。设坐标轴 o_1x_{10} 和 o_1x_1 之间的夹角为 $\xi^{(P)}$,

$$\cos\xi^{(P)} = \frac{x_1^{(P)}}{\sqrt{[x_1^{(P)}]^2 + [y_1^{(P)}]^2}} \tag{10.1-16}$$

将修形小齿轮在图 10.1-2 中的坐标系中进行安装时,图 7.1-1 中的坐标面 $y_{10}z_{10}$ 和图 10.1-2 中的坐标面 $y_{10}z_{10}$ 是重合的。两图中的坐标系 $o_1x_{10}y_{10}z_{10}$ 和坐标系 $o_{s1}x_{10}y_{10}z_{10}$ 之间只是原点不同。$\overline{o_{s1}o_1} = R_{mf1}\cos\delta_{f1} - R_{m1}\cos\delta_1$。

在图 10.1-2 中,当动坐标系 $o_1x_1y_1z_1$ 相对于静坐标系 $o_{s1}x_{10}y_{10}z_{10}$ 转动了 φ_1' 角后,动坐标系 $o_1x_1y_1z_1$ 与静坐标系 $o_{s1}x_{10}y_{10}z_{10}$ 之间的坐标变换

$$\begin{bmatrix} x_{10} \\ y_{10} \\ z_{10} \end{bmatrix} = \begin{bmatrix} \cos[\xi^{(P)} - \varphi_1'] & -\sin[\xi^{(P)} - \varphi_1'] & 0 \\ \sin[\xi^{(P)} - \varphi_1'] & \cos[\xi^{(P)} - \varphi_1'] & 0 \\ 0 & 0 & 1 \end{bmatrix} \begin{bmatrix} x_1 \\ y_1 \\ z_1 \end{bmatrix} + \begin{bmatrix} 0 \\ 0 \\ \overline{o_{s1}o_1} \end{bmatrix} \tag{10.1-17}$$

由式(2.1-21)、式(2.1-23)可以求得坐标系 $o_{s1}x_{10}y_{10}z_{10}$ 与坐标系 $o_2x_{20}y_{20}z_{20}$ 之间的坐标变换。坐标系 $o_2x_{20}y_{20}z_{20}$ 和坐标系 $o'x'y'z'$ 之间的坐标变换

$$
\begin{bmatrix} x' \\ y' \\ z' \end{bmatrix} = \begin{bmatrix} \cos\xi & -\sin\xi & 0 \\ \sin\xi & \cos\xi & 0 \\ 0 & 0 & 1 \end{bmatrix} \begin{bmatrix} x_{20} \\ y_{20} \\ z_{20} \end{bmatrix} + \begin{bmatrix} 0 \\ 0 \\ \overline{o_2 o'} \end{bmatrix} \tag{10.1-18}
$$

这样就可以得到修形小齿轮在坐标系 $o'x'y'z'$ 中的齿面坐标 $x'(\tau_{2d}, h_{2d}, \varphi_1')$、$y'(\tau_{2d}, h_{2d}, \varphi_1')$、$z'(\tau_{2d}, h_{2d}, \varphi_1')$。目标函数

$$
g_1(\tau_{2d}, h_{2d}, \varphi_1') = \{[x'(\tau_{1d}^{(j)}, h_{1d}^{(j)}, \varphi_2'^{(j)}) - x'(\tau_{2d}, h_{2d}, \varphi_1')]^2 + [y'(\tau_{1d}^{(j)}, h_{1d}^{(j)}, \varphi_2'^{(j)}) - y'(\tau_{2d}, h_{2d}, \varphi_1')]^2 + [z'(\tau_{1d}^{(j)}, h_{1d}^{(j)}, \varphi_2'^{(j)}) - z'(\tau_{2d}, h_{2d}, \varphi_1')]^2\}^{\frac{1}{2}} \to \min \tag{10.1-19}
$$

将搜索到的参数 τ_{2d}、h_{2d}、φ_1' 写成 $\tau_{2d}^{(j)}$、$h_{2d}^{(j)}$、$\varphi_1'^{(j)}$，由参数 $\tau_{2d}^{(j)}$、$h_{2d}^{(j)}$ 得到原理小齿轮齿面上的啮合点。将各啮合点做光滑连接得到修形小齿轮齿面上的接触迹线。

10.1.2 修形齿轮的齿面接触区

在齿轮检查仪上观察到的大、小齿轮的齿面接触区是一个椭圆。椭圆的边界点是图 3.2-3中的 $M'^{(1)}$、$M'^{(2)}$ 点。设 $M'^{(1)}$、$M'^{(2)}$ 之间的距离约为 Δ_s。微线段 $M'^{(1)}M'^{(2)}$ 与啮合点处的齿面公法线平行，是柱面的一条母线。在静坐标系 $o'x'y'z'$ 中，齿面接触区的边界点满足条件

$$
\begin{cases}
x'(\tau_{1d}, h_{1d}, \varphi_2'^{(j)}) - x'(\tau_{2d}, h_{2d}, \varphi_1'^{(j)}) = \Delta_s n_{x'}^{(2)}(\tau_{1d}^{(j)}, h_{1d}^{(j)}, \varphi_2'^{(j)}) \\
y'(\tau_{1d}, h_{1d}, \varphi_2'^{(j)}) - y'(\tau_{2d}, h_{2d}, \varphi_1'^{(j)}) = \Delta_s n_{y'}^{(2)}(\tau_{1d}^{(j)}, h_{1d}^{(j)}, \varphi_2'^{(j)}) \\
z'(\tau_{1d}, h_{1d}, \varphi_2'^{(j)}) - z'(\tau_{2d}, h_{2d}, \varphi_1'^{(j)}) = \Delta_s n_{z'}^{(2)}(\tau_{1d}^{(j)}, h_{1d}^{(j)}, \varphi_2'^{(j)})
\end{cases} \tag{10.1-20}
$$

齿面接触区的边界点组成椭圆的边界线。椭圆的边界线是单参数的空间曲线。在式(10.1-20)中，给定某一个参数的值，比如 τ_{1d}，由式(10.1-20)建立目标函数

$$
\begin{aligned}
g_3(\tau_{2d}, h_{2d}, h_{1d}) = \Big\{ & [x'(\tau_{1d}, h_{1d}, \varphi_2'^{(j)}) - x'(\tau_{2d}, h_{2d}, \varphi_1'^{(j)}) - \\
& \Delta_s n_{x'}^{(2)}(\tau_{1d}^{(j)}, h_{1d}^{(j)}, \varphi_2'^{(j)})]^2 + [y'(\tau_{1d}, h_{1d}, \varphi_2'^{(j)}) - y'(\tau_{2d}, h_{2d}, \varphi_1'^{(j)}) - \\
& \Delta_s n_{y'}^{(2)}(\tau_{1d}^{(j)}, h_{1d}^{(j)}, \varphi_2'^{(j)})]^2 + [z'(\tau_{1d}, h_{1d}, \varphi_2'^{(j)}) - z'(\tau_{2d}, h_{2d}, \varphi_1'^{(j)}) - \\
& \Delta_s n_{z'}^{(2)}(\tau_{1d}^{(j)}, h_{1d}^{(j)}, \varphi_2'^{(j)})]^2 \Big\}^{\frac{1}{2}} \to \min
\end{aligned} \tag{10.1-21}
$$

用单行替换法求出参数 τ_{2d}、h_{2d}、h_{1d}，将得到四个参数表示为 $\tau_{2d}^{(b)}$、$h_{2d}^{(b)}$、$\tau_{1d}^{(b)}$、$h_{1d}^{(b)}$。

齿面接触区边界线上的一点到啮合点的距离

$$
\begin{aligned}
l = \{ & [x'(\tau_{1d}^{(b)}, h_{1d}^{(b)}, \varphi_2'^{(j)}) - x'(\tau_{1d}^{(j)}, h_{1d}^{(j)}, \varphi_2'^{(j)})]^2 + \\
& [y'(\tau_{1d}^{(b)}, h_{1d}^{(b)}, \varphi_2'^{(j)}) - y'(\tau_{1d}^{(j)}, h_{1d}^{(j)}, \varphi_2'^{(j)})]^2 + \\
& [z'(\tau_{1d}^{(b)}, h_{1d}^{(b)}, \varphi_2'^{(j)}) - z'(\tau_{1d}^{(j)}, h_{1d}^{(j)}, \varphi_2'^{(j)})]^2 \}^{\frac{1}{2}}
\end{aligned} \tag{10.1-22}
$$

式中，l 的最大值是接触区的长半轴，最小值是接触区的短半轴。

为了改善节点处齿面的接触状况，在节点处进行了法曲率修正，同时产生了附加的角加速度 ε_c，增加了原理性传动误差。所以说曲率修正和原理性传动误差是两个相互矛盾

的命题。在节点处接触状况的改善并不意味着在齿面其他啮合点处接触状况的改善，要通过式(10.1-21)、式(10.1-22)的计算才能得到证明。

为了使齿面其他点的接触状况也加以改善，在原理小齿轮的加工中要采用变加速度措施，这在传统的模拟机床上是不能实现的。虽然在数控机床上可以实现，但要和原理性传动误差做综合考虑，这是一个多目标优化问题。

10.1.3 修形齿轮的原理性传动误差

传动误差指齿轮在无负载的情况下，实际回转角度与理论回转角度之差。原理齿轮本身就有原理性的传动误差。齿面曲率修正后，修形齿轮的传动误差会更大，所以准双曲面齿轮一般不用于精密机械传动。

本节用修形齿轮作数学模型，研究原理性传动误差。

以上求得了原理大齿轮和修形小齿轮的转角 $\varphi_2'^{(j)}$、$\varphi_1'^{(j)}$。若将修形小齿轮作为参照物，则原理大齿轮的原理性传动误差 $\Delta\varphi_2'^{(j)}=\varphi_2'^{(j)}-\dfrac{z_1}{z_2}\varphi_1'^{(j)}$，$z_2$、$z_1$ 是大、小齿轮的齿数。若将原理大齿轮作为参照物，则修形小齿轮的原理性传动误差 $\Delta\varphi_1'^{(j)}=-\dfrac{z_2}{z_1}\Delta\varphi_2'^{(j)}$。

原始齿轮传动的第一类设计参数是 i_{12}、E、Σ、R_{m1}、δ_1、R_{m2}、δ_2、β_1、β_2。由于采用平顶齿轮加工工艺，第一类设计参数变为 i_{12}、E、Σ、R_{mf1}、δ_{f1}、R_{m2}、δ_2、β_{f1}、β_2。

在式(7.1-13)中，$E_{1c}=(R_{2c}\sin\delta_{2c}\cos\delta_{f1}+R_{mf1}\cos\delta_{2c}\sin\delta_{f1})\dfrac{\sin\varepsilon_{c1}}{\sin\Sigma_{1c}}$，其中偏置角 $\varepsilon_{c1}=\beta_{2c}-\beta_{f1}$。通过变动垂直轮位 E_{1c} 可以改变加工参数 R_{2c}、δ_{2c}、β_{2c}。原理小齿轮的齿面是 R_{2c}、δ_{2c}、β_{2c} 的函数。所以尽管修形小齿轮在节点的曲率是不变的，但加工的齿形是可变的。用这样的工艺加工的修形小齿轮，可以实现大、小齿轮原理性传动误差的调节。

还可以通过调整机床的下述参数来调节原理性传动误差：

(1) 修形小齿轮与产形齿轮的轴交角 $\Sigma_{1c}=\arccos(\cos\delta_{f1}\cos\delta_{2c}\cos\varepsilon_{1c}-\sin\delta_{f1}\sin\delta_{2c})$。

(2) 机床的滚比 $i_{1c}=\dfrac{R_{2c}\sin\delta_{2c}\cos\beta_{2c}}{R_{mf1}\sin\delta_{f1}\cos\beta_{f1}}$。

(3) 轮位 $\Delta X_1=b_{1d}-R_{mf1}\cos\delta_{f1}+R_{m1}\cos\delta_1$，其中，$b_{1d}=\dfrac{R_{mf1}}{\cos\delta_{f1}}-\dfrac{E_{1c}\cos\xi}{\cos\delta_{f1}\sin\varepsilon_{1c}}$，$\xi=\arcsin\left(\dfrac{\cos\delta_{f1}\sin\varepsilon_{1c}}{\sin\Sigma_{1c}}\right)$。

(4) 床位 $X_{B1}=b_{1d}\sin\delta_{f1}-(r_{2ca}\sin\Delta\alpha_{1a}+h_{a2d}\cos\Delta\alpha_{1a}+B'')$。

在 Σ_{1c}、i_{1c}、ΔX_1、X_{B1} 四个参数中，不管调整哪一个参数，其实质是一样的。注意只能通过调整其中的一个参数来调节原理性传动误差，否则会破坏节点 P 处的曲率谐调条件。

节点 P 处的原理性传动误差为零，齿轮大端或小端的原理性传动误差最大，可用最大原理性传动误差作为优化设计的目标函数。

目前数字技术发展很快，在准双曲面齿轮加工中已大量采用数控技术。许多在模拟机床中不能实现的设想在数控机床上可以实现。比如一旦搞清楚原理性传动误差的变化规律后，在修形小齿轮的数控加工中对齿轮转角进行反向补偿，就可以减小原理性传动误差。

10.2　修形齿轮数字法加工中滚比变性函数的修正

滚比变性函数指摇台的瞬时转角、瞬时角速度及瞬时角加速度与时间的关系或与齿轮转角的关系。在模拟法加工中，受到硬件条件的限制，滚比变性机构不可能做得既复杂又多样化。在数字法加工中，通过改变程序设计就可以很方便地改变滚比变性函数。

10.2.1　滚比变性法加工中滚比变性函数的修正

以展成法加工修形齿轮为例，考察产形齿轮的瞬时角速度及瞬时角加速度。分析步骤如下：

(1) 对于已经加工好的一对大、小齿轮，在 10.1.1 节中已经搜索到它们由节点 P 开始的转角 $\varphi_2'^{(j)}$、$\varphi_1'^{(j)}$，加工大、小齿轮时刀盘的参数为 $\tau_{1d}^{(j)}$、$h_{1d}^{(j)}$、$\tau_{2d}^{(j)}$、$h_{2d}^{(j)}$。

(2) 在 5.1 节或 5.2 节中，用 $\tau_{1d}^{(j)}$、$h_{1d}^{(j)}$ 可以求得原理大齿轮齿面的坐标 $\{x_2^{(j)}, y_2^{(j)}, z_2^{(j)}\}$。在 7.1 节或 7.2 节中，用 $\tau_{2d}^{(j)}$、$h_{2d}^{(j)}$ 可以求得修形小齿轮齿面的坐标 $\{x_1^{(j)}, y_1^{(j)}, z_1^{(j)}\}$。大、小齿轮的啮合点锥矩为 $R_2^{(j)}=\sqrt{[x_2^{(j)}]^2+[y_2^{(j)}]^2+[z_2^{(j)}]^2}$、$R_1^{(j)}=\sqrt{[x_1^{(j)}]^2+[y_1^{(j)}]^2+[z_1^{(j)}]^2}$，啮合点锥角为 $\delta_2^{(j)}=\arcsin\left[\dfrac{\sqrt{[x_2^{(j)}]^2+[y_2^{(j)}]^2}}{R_2^{(j)}}\right]$、$\delta_1^{(j)}=\arcsin\left[\dfrac{\sqrt{[x_1^{(j)}]^2+[y_1^{(j)}]^2}}{R_1^{(j)}}\right]$。

(3) 设啮合点处大、小齿轮的螺旋角为 $\beta_2^{(j)}$、$\beta_1^{(j)}$，由式(5.1-38)可以求得 $\beta_2^{(j)}$，由式(7.3-5)可以求得 $\beta_1^{(j)}$。

(4) 过大、小齿轮的顶点及啮合点做一个圆锥，称为齿轮的啮合点圆锥。过啮合点做啮合点圆锥的切平面称为啮合点切平面。齿轮的齿面公法线与啮合点切平面的夹角称为啮合点压力角。

在节点处，大、小齿轮的压力角是相等的。在一般啮合位置，向着齿顶的方向，啮合点压力角变大，向着齿根的方向，啮合点压力角变小，这与渐开线圆柱齿轮类似。

修形小齿轮啮合点锥矩的方向余弦是 $\left\{\arccos\left(\dfrac{x_1^{(j)}}{R_1^{(j)}}\right), \arccos\left(\dfrac{y_1^{(j)}}{R_1^{(j)}}\right), \cos\left(\pi-\delta_1^{(j)}\right)\right\}$，原理大齿轮啮合点锥矩的方向余弦是 $\left\{\arccos\left(\dfrac{x_2^{(j)}}{R_2^{(j)}}\right), \arccos\left(\dfrac{y_2^{(j)}}{R_2^{(j)}}\right), \cos\left(\pi-\delta_2^{(j)}\right)\right\}$。啮合点切平面的法线与啮合点锥矩垂直。对于修形小齿轮，设啮合点切平面的法线的方向余弦为 $\left\{\cos\iota_1^{(j)}, \cos\varsigma_1^{(j)}, \cos\left(\dfrac{\pi}{2}-\delta_1^{(j)}\right)\right\}$。由方程组

$$\begin{cases}\dfrac{x_1^{(j)}}{R_1^{(j)}}\cos\iota_1^{(j)}+\dfrac{y_1^{(j)}}{R_1^{(j)}}\cos\varsigma_1^{(j)}+\cos(\pi-\delta_1^{(j)})\cos\left(\dfrac{\pi}{2}-\delta_1^{(j)}\right)=0\\ \cos^2\iota_1^{(j)}+\cos^2\varsigma_1^{(j)}+\cos^2\left(\dfrac{\pi}{2}-\delta_1^{(j)}\right)=1\end{cases}\tag{10.2-1}$$

可以解出夹角 $\iota_1^{(j)}$、$\varsigma_1^{(j)}$。

对于原理大齿轮，啮合点切平面的法线的方向余弦为：$\left\{\cos\iota_2^{(j)}, \cos\varsigma_2^{(j)}, \cos\left(\frac{\pi}{2}-\delta_2^{(j)}\right)\right\}$。由方程组

$$\begin{cases}\dfrac{x_2^{(j)}}{R_2^{(j)}}\cos\iota_2^{(j)}+\dfrac{y_2^{(j)}}{R_2^{(j)}}\cos\varsigma_2^{(j)}-\cos\delta_2^{(j)}\sin\delta_2^{(j)}=0\\ \cos^2\iota_2^{(j)}+\cos^2\varsigma_2^{(j)}+\sin^2\delta_2^{(j)}=1\end{cases} \tag{10.2-2}$$

可以解出夹角 $\iota_2^{(j)}$、$\varsigma_2^{(j)}$。

在 10.1.1 节中，求得修形小齿轮的齿面法线矢 $\overrightarrow{n_1^{(1)}}=n_{x_1}^{(1)}(\tau_{2d}^{(j)},h_{2d}^{(j)})\overrightarrow{x_1}+n_{y_1}^{(1)}(\tau_{2d}^{(j)},h_{2d}^{(j)})\overrightarrow{y_1}+n_{z_1}^{(1)}(\tau_{2d}^{(j)},h_{2d}^{(j)})\overrightarrow{z_1}$，原理大齿轮的齿面法线矢 $\overrightarrow{n_2^{(2)}}=n_{x_2}^{(2)}(\tau_{1d}^{(j)},h_{1d}^{(j)})\overrightarrow{x_2}+n_{y_2}^{(2)}(\tau_{1d}^{(j)},h_{1d}^{(j)})\overrightarrow{y_2}+n_{z_2}^{(2)}(\tau_{1d}^{(j)},h_{1d}^{(j)})\overrightarrow{z_2}$。修形小齿轮的啮合点压力角 $\alpha_1^{(j)}=\arccos\left[n_{x_1}^{(1)}(\tau_{2d}^{(j)},h_{2d}^{(j)})\cos\iota_1^{(j)}+n_{y_1}^{(1)}(\tau_{2d}^{(j)},h_{2d}^{(j)})\cos\varsigma_1^{(j)}+n_{z_1}^{(j)}(\tau_{2d}^{(j)},h_{2d}^{(j)})\sin\delta_1^{(j)}\right]$，原理大齿轮的啮合点压力角 $\alpha_2^{(j)}=\arccos\left[n_{x_2}^{(2)}(\tau_{1d}^{(j)},h_{1d}^{(j)})\cos\iota_2^{(j)}+n_{y_2}^{(2)}(\tau_{1d}^{(j)},h_{1d}^{(j)})\cos\varsigma_2^{(j)}+n_{z_2}^{(2)}(\tau_{1d}^{(j)},h_{1d}^{(j)})\sin\delta_2^{(j)}\right]$。

（5）用展成法加工圆弧齿原理大齿轮时，在啮合点处，产形齿轮的齿面在 $\overrightarrow{x'_0}$ 方向的法曲率为 $\kappa_{nx'_0}^{(c)(j)}=\dfrac{\cos\alpha_{1dt}}{r_{1d}+\dfrac{h_{1d}^{(j)}-h_{a1d}}{\tan\alpha_{1dt}}}=\dfrac{\sin\alpha_{1dt}}{r_{1d}\tan\alpha_{1dt}+h_{1d}^{(j)}-h_{a1d}}$（凹齿面）或 $\kappa_{nx'_0}^{(c)(j)}=\dfrac{\sin\alpha_{1da}}{r_{1d}\tan\alpha_{1da}-h_{1d}^{(j)}+h_{a1d}}$（凸齿面）。

用展成法加工摆线齿原理大齿轮时，在啮合点处，将式(5.1-13)中的 r'_{1d} 用 $r'_{1d}+\dfrac{h_{1d}^{(j)}-h_{a1d}}{\tan\alpha_{1dt}}$ 代替，求得曲率半径 $r_{1ct}^{(0)(j)}$，产形齿轮的凹齿面在 $\overrightarrow{x'_0}$ 方向的法曲率为 $\kappa_{nx'_0}^{(c)(j)}=\dfrac{\cos\alpha_{1dt}}{r_{1ct}^{(0)(j)}}$。将式(5.1-13)中的 r'_{1d} 用 $r'_{1d}-\dfrac{h_{1d}^{(j)}-h_{a1d}}{\tan\alpha_{1dt}}$ 代替，求得曲率半径 $r_{1ca}^{(0)(j)}$，产形齿轮的凸齿面在 $\overrightarrow{x'_0}$ 方向的法曲率为 $\kappa_{nx'_0}^{(c)(j)}=\dfrac{\cos\alpha_{1da}}{r_{1ca}^{(0)(j)}}$。

在产形齿轮的齿面上，$\kappa_{nx'_0}^{(c)(j)}$ 是一个主曲率。$\overrightarrow{y'_0}$ 方向的法曲率为 $\kappa_{ny'_0}^{(c)(j)}=0$，是另一个主曲率。产形齿轮齿面的 $\tau_{gx'_0}^{(c)(j)}=\tau_{gy'_0}^{(c)(j)}=0$。

在式(5.3-12)中将节点处的参数换为啮合点处的参数，求得原理大齿轮在啮合点处的法曲率 $\kappa_{nx'_0}^{(2)(j)}$、$\kappa_{ny'_0}^{(2)(j)}$ 和短程挠率 $\tau_{gx'_0}^{(2)(j)}$。

（6）假定原理大齿轮、修形小齿轮为定比传动的模型时，用式(5.3-11)求得原理小齿轮在啮合点处的法曲率 $\kappa_{nx'_0}^{(1)(j)}$、$\kappa_{ny'_0}^{(1)(j)}$ 和短程挠率 $\tau_{gx'_0}^{(1)(j)}$。计算时用啮合点的参数代替节点的参数。

（7）原理大齿轮、修形小齿轮在一般啮合点处是变速比传动。运用滚比变性法的研

究方式，参照式(6.2-11)，求得 $\kappa_{nx''_0}^{(1)(j)}$、$\kappa_{ny''_0}^{(1)(j)}$、$\tau_{gx''_0}^{(1)(j)}$，参照式(6.2-13)，求得 $\kappa_1^{(1)(j)}$、$\kappa_2^{(1)(j)}$，再参照式(6.2-12)求得 $\kappa'^{(1)(j)}_{nx_0}$、$\kappa'^{(1)(j)}_{ny_0}$、$\tau'^{(1)(j)}_{gx_0}$，式中 $l_\varepsilon^{(j)}=\dfrac{r_{m1}\sin(\varphi_r+\varphi_1'^{(j)})}{\cos\beta_1^{(j)}\cos\alpha_{2d}}$。再求得 $r_{m1}'^{(j)}=r_{m1}\cos(\varphi_r+\varphi_1'^{(j)})+l_\varepsilon^{(j)}(\cos\alpha_{2d}\sin\beta_1^{(j)}\sin\delta_1^{(j)}-\sin\alpha_{2d}\cos\delta_1^{(j)})$及 $R_{m1}'^{(j)}=\dfrac{r_{m1}'^{(j)}}{\sin\delta_1^{(j)}}$。

(8) 当不做齿高方向的曲率修正时，参照式(2.2-11)、式(2.2-12)，

$$\begin{cases}\tan\vartheta'^{(c1)(j)}_{ax_0}=\sin\alpha_{2d}\tan\beta_1^{(j)}+\dfrac{E_{1c}\kappa'^{(c)(j)}_{nx_0}+(1-i_{1c}^{(j)}\sin\delta_1^{(j)})\cos\beta_1^{(j)}\cos\alpha_{2d}}{i_{1c}^{(j)}\cos\delta_1^{(j)}\cos^2\beta_1^{(j)}}\\ \kappa'^{(c1)(j)}_{ny_0}=\dfrac{1}{R'^{(j)}_{m1}\sin\delta_1^{(j)}\cos\alpha_{2d}}\cdot\dfrac{i_{1c}^{(j)}\cos^2\delta_1^{(j)}\cos^2\beta_1^{(j)}}{i_{1c}^{(j)}(\cos\delta_1^{(j)}\tan\alpha_{2d}-\sin\delta_1^{(j)}\sin\beta_1^{(j)})+\sin\beta_1^{(j)}+E_{1c}B_0^{(j)}}\end{cases}\tag{10.2-3}$$

式中，$B_0^{(j)}=\dfrac{E_{1c}\kappa'^{(c)(j)}_{nx_0}+\cos\beta_1^{(j)}\cos\alpha_{2d}}{i_{1c}^{(j)}R'^{(j)}_{m1}\sin\delta_1^{(j)}\cos^2\beta_1^{(j)}\cos\alpha_{2d}}$；$i_{1c}^{(j)}=\dfrac{R_{2c}'^{(j)}\cos\beta_{2c}'^{(j)}}{R'^{(j)}_{m1}\sin\delta_1^{(j)}\cos\beta_1^{(j)}}$；$E_{1c}=R_{2c}'\sin(\beta_1-\beta_{2c}')$；$\kappa'^{(c)(j)}_{nx_0}=\dfrac{\kappa'^{(1)(j)}_{nx_0}\kappa'^{(1)(j)}_{ny_0}-\left[\tau'^{(1)(j)}_{gx_0}\right]^2}{\kappa'^{(1)(j)}_{ny_0}}$。

式(6.2-14)变为

$$\begin{cases}\kappa'^{(1)(j)}_{nx_0}=-\kappa'^{(c1)(j)}_{ny_0}\tan^2\vartheta'^{(c1)(j)}_{ax_0}+\kappa'^{(c)(j)}_{nx_0}\\ \kappa'^{(1)(j)}_{ny_0}=-\kappa'^{(c1)(j)}_{ny_0}\\ \tau'^{(1)(j)}_{gx_0}=-\kappa'^{(c1)(j)}_{ny_0}\tan\vartheta'^{(c1)(j)}_{ax_0}\end{cases}\tag{10.2-4}$$

将式(10.2-3)代入式(10.2-4)，解出 $R_{2c}'^{(j)}$ 和 $\beta_{2c}'^{(j)}$。

当做齿高方向的曲率修正时，在啮合点处，齿高方向的接触系数 f_h' 的选择仍如 6.1.2 节所示。

参照 6.2.1 节，当给出任意啮合点处一个齿高方向的法曲率增量 $\Delta\kappa_{ny''_0}^{(1)(j)}$ 之后，曲率修正后的虚拟小齿轮的法曲率为 $\overline{\kappa'}^{(1)(j)}_{ny_0}=\kappa'^{(1)(j)}_{ny_0}+\Delta\kappa_{ny''_0}^{(1)(j)}$，虚拟刀盘的法曲率为 $\overline{\kappa'}^{(c)(j)}_{nx_0}=\kappa'^{(c)(j)}_{nx_0}+\Delta\kappa^{(c)(j)}{}_{nx''_0}$。当用修正后的虚拟刀盘加工修正后的虚拟小齿轮时，

$$\begin{cases}\overline{\kappa'}^{(1)(j)}_{nx_0}=-\overline{\kappa'}^{(c1)(j)}_{ny_0}\tan^2\overline{\vartheta'}^{(c1)(j)}_{ax_0}+\overline{\kappa'}^{(c)(j)}_{nx_0}\\ \overline{\kappa'}^{(1)(j)}_{ny_0}=-\overline{\kappa'}^{(c1)(j)}_{ny_0}\\ \overline{\tau'}^{(1)(j)}_{gx_0}=-\overline{\kappa'}^{(c1)(j)}_{ny_0}\tan\overline{\vartheta'}^{(c1)(j)}_{ax_0}\end{cases}\tag{10.2-5}$$

式中，$\tan\overline{\vartheta'}^{(c1)(j)}_{ax_0}=\dfrac{\kappa'^{(1)(j)}_{ny_0}\tan\vartheta'^{(c1)(j)}_{ax_0}}{\kappa'^{(1)(j)}_{ny_0}+\Delta\kappa^{(1)(j)}_{ny''_0}}$。由式(10.2-5)的第 1 式求得修正后的诱导法曲率 $\overline{\kappa'}^{(c1)(j)}_{ny_0}$。

将齿轮 1 视为修正后的虚拟小齿轮，$\varepsilon_1=0$；将齿轮 2 视为修正后的虚拟产形齿轮，角加速度 $\varepsilon_c^{(j)}\neq0$，$\tau'^{(c)(j)}_{gx_0}=0$。

$$\frac{1}{\overline{\kappa'}^{(c1)(j)}_{ny_0}}=\frac{\varepsilon_c^{(j)}R_{2c}'^{(j)}\cos\beta_{2c}'^{(j)}\cos\alpha_{2d}}{\omega_1^2\cos^2\delta_1^{(j)}\cos^2\beta_1^{(j)}}+\frac{1}{\kappa_{mn}^{(j)}}\tag{10.2-6}$$

式中，$\kappa_{mn}^{(j)}=\dfrac{\cos\beta_1^{(j)}\cos\beta_{2c}'^{(j)}}{R_{m1}'^{(j)}C_0'^{(j)}\tan\delta_1^{(j)}}$，$C_0'^{(j)}=\cos(\beta_1^{(j)}-\beta_{2c}'^{(j)})\sin\alpha_{2d}-\tan\delta_1^{(j)}\sin\beta_{2c}'^{(j)}\cos\alpha_{2d}+\sin(\beta_1^{(j)}-\beta_{2c}'^{(j)})\tan\overline{\vartheta}_{ax_0}'^{(c1)(j)}$。

由式(10.2-6)解出产形齿轮的瞬时角加速度 $\varepsilon_c^{(j)}$。产形齿轮的瞬时角速度为

$$\omega_c^{(j)}=\frac{\omega_1 R_{m1}'^{(j)}\sin\delta_1^{(j)}\cos\beta_1^{(j)}}{R_{2c}'^{(j)}\cos\beta_{2c}'^{(j)}}\tag{10.2-7}$$

当求得一系列的瞬时角速度以后，产形齿轮的瞬时转角通过数值积分就可以求得，$\varphi_c^{(j)}=\sum_{k=1}^{j}\dfrac{\Delta\varphi_1\omega_c^{(k)}}{\omega_1}$。在近似计算中，也可以先求得节点处、齿顶处及齿根处的瞬时角速度，中间的瞬时角速度用线性插值的方法获得。

$\varphi_c^{(j)}$、$\omega_c^{(j)}$、$\varepsilon_c^{(j)}$ 是假定原理大齿轮、修形小齿轮做定比传动时，仍用滚比变性法加工修形小齿轮时，应采用的参数。

10.2.2 仅做齿高方向曲率修正时滚比变性函数的修正

截至10.2.1节的(6)，已经求得已加工好的原理大齿轮在啮合点处的法曲率 $\kappa_{nx_0'}^{(2)(j)}$、$\kappa_{ny_0'}^{(2)(j)}$ 和短程挠率 $\tau_{gx_0'}^{(2)(j)}$，修形小齿轮在啮合点处的法曲率 $\kappa_{nx_0'}^{(1)(j)}$、$\kappa_{ny_0'}^{(1)(j)}$ 和短程挠率 $\tau_{gx_0'}^{(1)(j)}$。

以修形小齿轮为例，当仅作齿高方向的法曲率修正时，$\kappa_{nx_0'}^{(1)(j)}$ 变为 $\overline{\kappa}_{ny_0'}^{(1)(j)}=\kappa_{ny_0'}^{(1)(j)}+\Delta\kappa_{ny_0'}^{(1)(j)}$。

修形产形齿轮和修形小齿轮的接触线方向角 $\tan\vartheta_{ax_0'}^{(c1)(j)}$ 及诱导法曲率 $\kappa_{ny_0'}^{(c1)(j)}$ 为

$$\begin{cases}\tan\vartheta_{ax_0'}^{(c1)(j)}=\sin\alpha_{2d}\tan\beta_1^{(j)}+\dfrac{E_{1c}\kappa_{nx_0'}^{(c)(j)}+(1-i_{1c}^{(j)}\sin\delta_1^{(j)})\cos\beta_1^{(j)}\cos\alpha_{2d}}{i_{1c}^{(j)}\cos\delta_1^{(j)}\cos^2\beta_1^{(j)}}\\ \kappa_{ny_0'}^{(c1)(j)}=\dfrac{1}{R_{m1'}^{(j)}\sin\delta_1^{(j)}\cos\alpha_{2d}}\cdot\dfrac{i_{1c}^{(j)}\cos^2\delta_1^{(j)}\cos^2\beta_1^{(j)}}{i_{1c}^{(j)}(\cos\delta_1^{(j)}\tan\alpha_{2d}-\sin\delta_1^{(j)}\sin\beta_1^{(j)})+\sin\beta_1^{(j)}+E_{1c}B_0^{(j)}}\end{cases}\tag{10.2-8}$$

式中，$B_0^{(j)}=\dfrac{E_{1c}\kappa_{nx_0'}^{(c)(j)}+\cos\beta_1^{(j)}\cos\alpha_{2d}}{i_{1c}^{(j)}R_{m1'}^{(j)}\sin\delta_1^{(j)}\cos^2\beta_1^{(j)}\cos\alpha_{2d}}$；$i_{1c}^{(j)}=\dfrac{R_{2c}^{(j)}\cos\beta_{2c}^{(j)}}{R_{m1}^{(j)}\sin\delta_1^{(j)}\cos\beta_1^{(j)}}$；$E_{1c}=R_{2c}\sin(\beta_1-\beta_{2c})$；

$\kappa_{nx_0'}^{(c)(j)}=\dfrac{\kappa_{nx_0'}^{(1)(j)}\kappa_{ny_0'}^{(1)(j)}-\left[\tau_{gx_0'}^{(1)(j)}\right]^2}{\kappa_{ny_0'}^{(1)(j)}}$。

$$\begin{cases}\kappa_{nx_0'}^{(1)(j)}=-\kappa_{ny_0'}^{(c1)(j)}\tan^2\vartheta_{ax_0'}^{(c1)(j)}+\kappa_{nx_0'}^{(c)(j)}\\ \overline{\kappa}_{ny_0'}^{(1)(j)}=-\kappa_{ny_0'}^{(c1)(j)}\\ \tau_{gx_0'}^{(1)(j)}=-\kappa_{ny_0'}^{(c1)(j)}\tan\vartheta_{ax_0'}^{(c1)(j)}\end{cases}\tag{10.2-9}$$

将式(10.2-8)代入式(10.2-9)，解出 $R_{2c}^{(j)}$ 和 $\beta_{2c}^{(j)}$。

将齿轮1视为曲率修正后的修形小齿轮，$\varepsilon_1=0$；将齿轮2视为修正后的产形齿轮，角加速度 $\varepsilon_c^{(j)}\neq0$，$\tau_{gx_0'}^{(c)(j)}=0$。

$$\frac{1}{\overline{\kappa}_{ny_0'}^{(c1)(j)}}=\frac{\varepsilon_c^{(j)}R_{2c}^{(j)}\cos\beta_{2c}^{(j)}\cos\alpha_{2d}}{\omega_1^2\cos^2\delta_1^{(j)}\cos^2\beta_1^{(j)}}+\frac{1}{\kappa_{mn}^{(j)}}\tag{10.2-10}$$

式中，$\kappa_{mn}^{(j)}=\dfrac{\cos\beta_1^{(j)}\cos\beta_{2c}^{(j)}}{R_{m1}^{(j)}C_0^{(j)}\tan\delta_1^{(j)}}$；$C_0^{(j)}=\cos(\beta_1^{(j)}-\beta_{2c}^{(j)})\sin\alpha_{2d}-\tan\delta_1^{(j)}\sin\beta_{2c}^{(j)}\cos\alpha_{2d}+$

$\sin(\beta_1^{(j)} - \beta_{2c}^{(j)})\tan\vartheta_{ax_0'}^{(c1)(j)}$。

由式(10.2-10)解出产形齿轮的瞬时角加速度 $\varepsilon_c^{(j)}$。产形齿轮的瞬时角速度为

$$\omega_c^{(j)} = \frac{\omega_1 R_{m1}^{(j)} \sin\delta_1^{(j)} \cos\beta_1^{(j)}}{R_{2c}^{(j)} \cos\beta_{2c}^{(j)}} \tag{10.2-11}$$

当求得一系列的瞬时角速度以后,产形齿轮的瞬时转角通过数值积分就可以求得,$\varphi_c^{(j)} = \sum_{k=1}^{j} \frac{\Delta\varphi_1 \omega_c^{(k)}}{\omega_1}$。在近似计算中,也可以先求得节点处、齿顶处及齿根处的瞬时角速度,中间的瞬时角速度用线性插值获得。

$\varphi_c^{(j)}$、$\omega_c^{(j)}$、$\varepsilon_c^{(j)}$ 是假定修形大、小齿轮做定比传动时,加工修形小齿轮时应采用的滚比变性函数。用刀倾法加工修形小齿轮。

10.2.3 基于传动误差的滚比变性函数的修正

小齿轮的齿数较少,齿面修正时通常修正小齿轮。若将原理大齿轮作为参照物,则原理小齿轮的传动误差为10.1.3节中的 $\Delta\varphi_1'^{(j)}$。

在以前的分析研究中,先以曲柄推杆机构为变性机构,推出了产形齿轮的瞬时转角、瞬时角速度及瞬时角加速度及原理齿轮的瞬时传动比 $i_{21}'^{(j)}$。之后又以齿高方向的曲率修正等为出发点,对滚比变性函数进行了修正。当以修正的滚比变性函数加工修形齿轮时,齿轮的瞬时传动比 $i_{21}'^{(j)}$ 不同,说明对传动误差的要求和对齿面接触状况的要求是有矛盾的。

由于准双曲面齿轮的承载能力较强,所以主要用于传递动力。在各种文献中,对齿面的接触状况较为关注。

由于齿轮的原理性传动误差又是齿轮振动的主要来源之一,所以在齿轮设计、制造中要权衡各方面的因素求得一个优化的方案。

如果考虑原理性传动误差的因素,在加工修形小齿轮时,将 φ_1 角减去传动误差 $\Delta\varphi_1'^{(j)}$ 的一部分,使 $\varphi_1' = \varphi_1 - k\,\Delta\varphi_1'^{(j)}$,$k$ 为小于1的比值。在9.2节中求位移函数时,将动参数 φ_1 换为 φ_1',位移函数变为 $a_x(\varphi_1')$、$a_y(\varphi_1')$、$a_z(\varphi_1')$、$a_g(\varphi_1')$、$\beta_g(\varphi_1')$、$\gamma_g(\varphi_1')$。

这样处理之后,要在齿轮对研机上和齿轮传动误差分析仪上同时进行检验。在齿面接触区和传动精度两者之间选择一个满意的方案,当然还要通过齿轮的实际应用的检验。

10.3 实用齿轮的节点错位

齿轮受载后,实际节点的位置与理论节点的位置会不一致。这种变化称为节点的错位。产生错位的原因主要是轮齿的变形、传动轴的变形、轴承的变形及游隙。为了消除这种影响,可在设计阶段将节点的理论位置做一下改变。

10.3.1 传动轴的受力变形

传动轴的变形有拉压、弯曲、剪切和扭转变形。扭转变形的单位是rad,其他变形的单位是mm。

传动轴有等截面轴、花键轴、阶梯轴等。在进行传动轴的分析时,为了以后力学分析

的方便，从受力变形相等的角度，把阶梯轴简化为等截面轴，称为当量等截面轴。

10.3.1.1 传动轴的拉压变形

图 10.3-1 中，设传动轴为阶梯轴，共有 n 段。第 i 段的长度为 l_i、直径为 d_i，截面积 $S_i=\frac{1}{4}\pi d_i^2$。

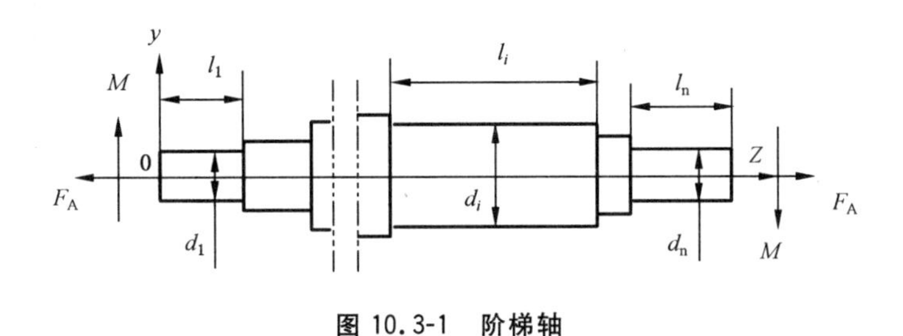

图 10.3-1 阶梯轴

在轴向力 F_A 的作用下，第 i 段轴的拉（压）变形为 $\Delta l_i=\frac{F_A l_i}{ES_i}$，$E$ 为弹性模量。阶梯轴总的拉（压）变形为 $\Delta l=\sum_{i=1}^{n}\Delta l_i=\frac{F_A}{E}\sum_{i=1}^{n}\frac{l_i}{S_i}$。设有一根等截面轴，直径为 d_0，截面积为 $S_0=\frac{1}{4}\pi d_0^2$，长度为 $l_0=\sum_{i=1}^{n}l_i$，则由两根轴总拉（压）变形相等的条件，得 $d_0=\sqrt{\frac{l_0}{\sum_{i=1}^{n}\frac{l_i}{d_i^2}}}$。

当量等截面轴的拉压变形

$$\Delta l=\frac{F_A l_0}{ES_0} \tag{10.3-1}$$

10.3.1.2 传动轴的扭转变形

图 10.3-1 中的传动轴，在扭矩 T 的作用下，第 i 段轴的扭转角为 $\Delta\varphi_i=\frac{Tl_i}{GJ_{\rho i}}$，$G$ 为抗扭弹性模量，$J_{\rho i}$ 为第 i 段轴的极惯性矩，$J_{\rho i}=\frac{1}{32}\pi d_i^4$。阶梯轴的总扭转角为 $\Delta\varphi=\sum_{i=1}^{n}\Delta\varphi_i=\frac{T}{G}\sum_{i=1}^{n}\frac{l_i}{J_{\rho i}}$。设有一根等截面轴，直径为 d_u，极惯性矩 $J_{\rho u}=\frac{1}{32}\pi d_u^4$，长度为 $l_0=\sum_{i=1}^{n}l_i$，则由两根轴总扭转角相等的条件，得 $d_u=\sqrt[4]{\frac{l_0}{\sum_{i=1}^{n}\frac{l_i}{d_i^4}}}$。当量等截面轴的扭转变形

$$\Delta\varphi=\frac{Tl_0}{GJ_{\rho u}} \tag{10.3-2}$$

10.3.1.3 传动轴的弯曲变形

弯曲变形的计算要复杂一些。与弯曲变形有关的因素有：①传动轴的形状，一般为阶梯轴。②传动轴的支撑状况。③传动轴上轴承的类型。由于准双曲面齿轮有轴向力，所

以多使用圆锥滚子轴承。④计算点的位置。

传动轴往往是超静定的阶梯轴。引起超静定的原因一是有多余的支撑，二是圆锥滚子轴承的影响。因为圆锥滚子轴承不像球轴承那样，可以近似视为铰支。圆锥滚子轴承的宽度与传动轴的支撑跨度有可比性，不能近似为一个支撑点。

首先将阶梯轴用等截面的当量轴替代，然后求超静定的当量轴的弯曲变形。

图 10.3-2 中，对于传动轴上的任意一段轴，挠度曲线的微分方程为：

$$\frac{d^2 y_i(z)}{dz^2}=\frac{M_i(z)}{EJ_{zi}} \tag{10.3-3}$$

式中，$M_i(z)$为该段上的弯矩，J_{zi}为该段的惯性矩，$J_{zi}=\frac{1}{64}\pi d_i^4$。

假定弯曲当量轴的直径为 d，惯性矩 $J_z=\frac{1}{64}\pi d^4$。式(10.3-3)可以改写为

$$\frac{d^2 y_i(z)}{dz^2}=\frac{\beta_i M_i(z)}{EJ_z}=\frac{M(z)}{EJ_z} \tag{10.3-4}$$

式中，$\beta_i=\frac{J_z}{J_{zi}}$称为 i 段轴的折算系数。

式(10.3-4)说明，要想使当量轴的挠度与传动轴的挠度相同，当量轴的弯矩 $M(z)$应是传动轴的弯矩 $M_i(z)$的 β_i 倍。

根据传动轴的受力可以求得传动轴的支反力，也可以画出传动轴的剪力图和弯矩图。设第 i 段传动轴左端的剪力为 $Q_i^{(z)}$、右端的剪力为 $Q_i^{(y)}$，$Q_i^{(z)}=Q_{i-1}^{(y)}$、$Q_i^{(y)}=Q_{i+1}^{(z)}$。设第 i 段传动轴左端的弯矩为 $M_i^{(z)}$、右端的弯矩为 $M_i^{(y)}$，$M_i^{(z)}=M_{i-1}^{(y)}$、$M_i^{(y)}=M_{i+1}^{(z)}$。

若将第 i 段轴取为分离体，$M_i(z)$可由 $M_i^{(z)}$、$Q_i^{(z)}$ 及该段轴上的外力求出，$\beta_i M_i(z)$可由 $\beta_i M_i^{(z)}$、$\beta_i Q_i^{(z)}$ 及该段轴上 β_i 倍的外力求出。同理，若将第 $i-1$ 段轴取为分离体，$\beta_{i-1} M_{i-1}(z)$可由 $\beta_{i-1} M_{i-1}^{(z)}$、$\beta_{i-1} Q_{i-1}^{(z)}$ 及该段轴上 β_{i-1} 倍的外力求出。在第 $i-1$ 段轴与第 i 段轴的衔接处，第 $i-1$ 段轴右端的剪力变为 $\beta_{i-1} Q_{i-1}^{(y)}=\beta_{i-1} Q_i^{(z)}$，弯矩变为 $\beta_{i-1} M_{i-1}^{(y)}=\beta_{i-1} M_i^{(z)}$。

若想使第 i 段轴左端的剪力保持 $\beta_i Q_i^{(z)}$、弯矩保持 $\beta_i M_i^{(z)}$，应在两段轴的衔接处，剪力增加一个增量$(\beta_i-\beta_{i-1})Q_i^{(z)}$，弯矩增加一个增量$(\beta_i-\beta_{i-1})M_i^{(z)}$。对于其他轴段的衔接处，也按同样的规则处理。

将处理后的各个轴段连接起来，得到一根等截面的当量轴。

以图 10.3-2 中的阶梯轴为例进行说明。设$\frac{J_{z1}}{J_{z2}}=\frac{1}{3}$，$\frac{J_{z2}}{J_{z3}}=\frac{3}{2}$。若取 $J_z=J_{z2}$，则 $\beta_1=3$、$\beta_2=1$、$\beta_3=\frac{3}{2}$。根据传动轴的受力画出剪力图和弯矩图，也标出了第一段轴和第二段轴左、右两端的剪力和弯矩。

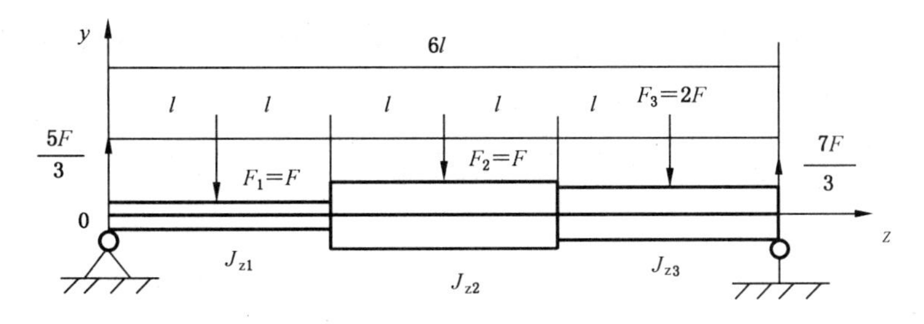

a）传动轴的受力图

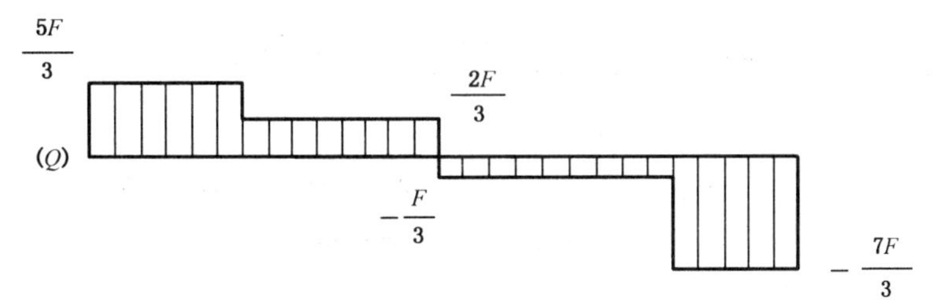

b）传动轴的剪力图

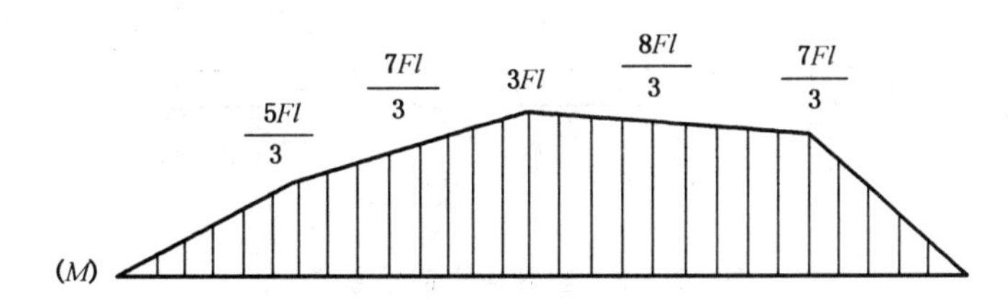

c）传动轴的弯矩图

F　z　0　J_1

$M_1^{(z)}=0$　　$M_1^{(y)}=M_2^{(z)}=\frac{7Fl}{3}$

$Q_1^{(z)}=\frac{5F}{3}$　　$Q_1^{(y)}=Q_2^{(z)}=\frac{2F}{3}$

d）第一段传动轴的受力图

F　J_2

$M_2^{(z)}=M_1^{(y)}=\frac{7Fl}{3}$　　$M_2^{(y)}=M_3^{(z)}=\frac{8Fl}{3}$

$Q_2^{(z)}=Q_1^{(y)}=\frac{2F}{3}$　　$Q_2^{(y)}=Q_3^{(z)}=-\frac{F}{3}$

e）第二段传动轴段的受力图

图 10.3-2　传动轴的受力图

图 10.3-3 给出第一段轴和第二段轴转化为当量轴时受力的改变以及当量轴的受力。

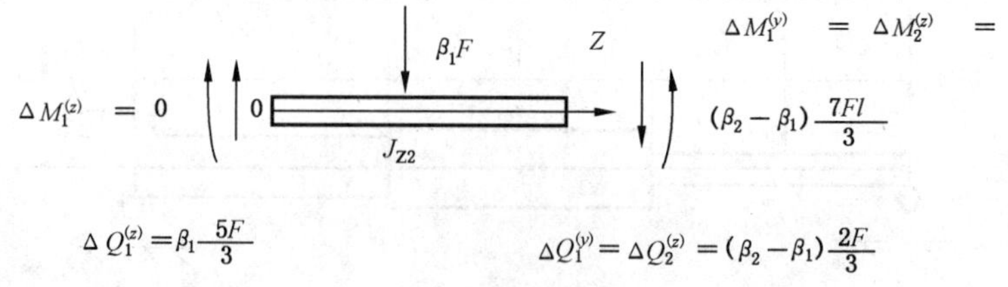

$\Delta M_1^{(z)}=0$　　$\beta_1 F$　　Z　　$\Delta M_1^{(y)}=\Delta M_2^{(z)}=(\beta_2-\beta_1)\frac{7Fl}{3}$

0　　J_{Z2}

$\Delta Q_1^{(z)}=\beta_1\frac{5F}{3}$　　$\Delta Q_1^{(y)}=\Delta Q_2^{(z)}=(\beta_2-\beta_1)\frac{2F}{3}$

a）第一段当量轴的受力图

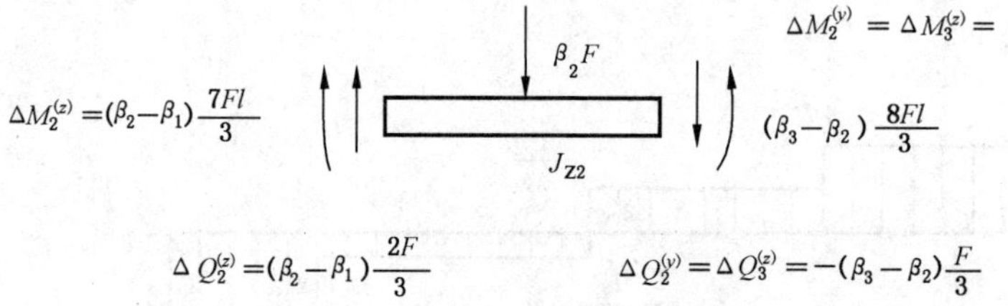

$\Delta M_2^{(z)}=(\beta_2-\beta_1)\frac{7Fl}{3}$　　$\beta_2 F$　　$\Delta M_2^{(y)}=\Delta M_3^{(z)}=(\beta_3-\beta_2)\frac{8Fl}{3}$

J_{Z2}

$\Delta Q_2^{(z)}=(\beta_2-\beta_1)\frac{2F}{3}$　　$\Delta Q_2^{(y)}=\Delta Q_3^{(z)}=-(\beta_3-\beta_2)\frac{F}{3}$

b）第二段当量轴的受力图

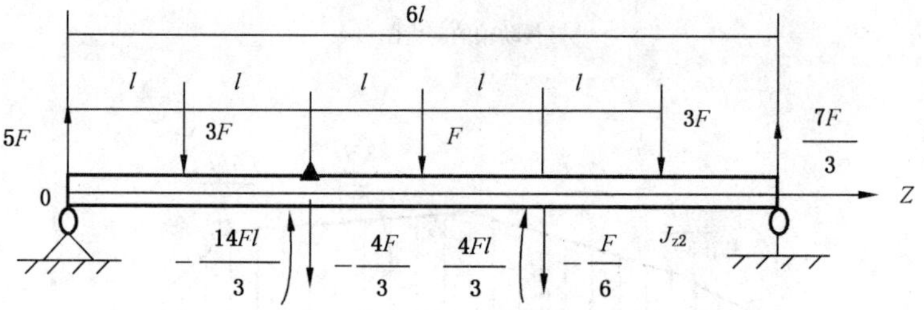

$6l$

l　l　l　l　l

$5F$　$3F$　F　$3F$　$\frac{7F}{3}$

0　　Z

$-\frac{14Fl}{3}$　$-\frac{4F}{3}$　$\frac{4Fl}{3}$　$-\frac{F}{6}$　J_{z2}

图 10.3-3　当量轴的受力图

实用大、小齿轮的安装方式有悬臂方式和两端支撑方式。也可以一个为悬臂方式另一个为两端支撑方式。图 10.3-4 为悬臂方式，传动轴上左端的一个键用于安装准双曲面齿轮，中间的一个键用于安装动力输入或输出齿轮。当小齿轮的分度圆直径较小时，通常做成齿轮轴而且采取悬臂安装方式。

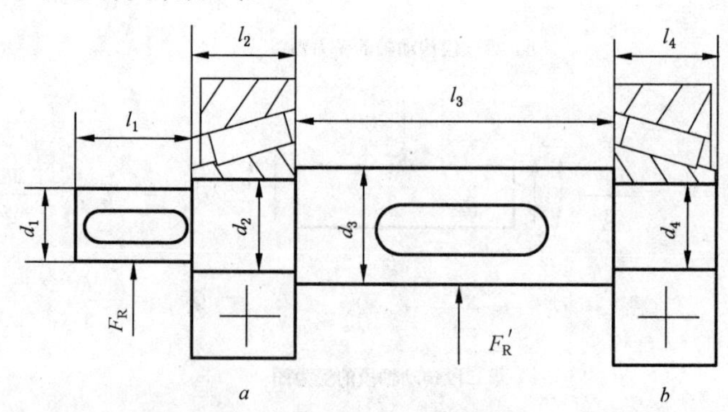

图 10.3-4　实际齿轮的传动轴

当传动轴只传递扭矩时，F_R、F_R' 是齿轮啮合的径向力。当动力不是由 F_R' 处输入时，$F_R'=0$。

按以下步骤计算弯曲变形。

（1）求支反力

由齿轮传动轴的受力 F_R、F'_R 求得轴承 a、b 的支反力

$$\begin{cases} F_a=-\dfrac{1}{l_2+2l_3+l_4}\left[(l_1+2l_2+2l_3+l_4)F_R+(l_3+l_4)F'_R\right] \\ F_b=-\dfrac{1}{l_2+2l_3+l_4}\left[(l_1+l_2)F_R-(l_2+l_3)F'_R\right] \end{cases} \tag{10.3-5}$$

（2）画齿轮传动轴的剪力图、弯矩图

在图 10.3-5 中画出了齿轮传动轴的剪力图和弯矩图。在变截面 D、E、G 处，剪力为 $F_D=-F_R$，$F_E=-(F_R+F_a)$，$F_G=F_b$。弯矩为 $M_D=-\dfrac{F_R l_1}{2}$，$M_E=-\dfrac{1}{2(l_2+l_3)}\left[F_R(l_1+l_2)l_3+F_b(l_3+2l_4)l_2\right]$，$M_G=\dfrac{F_b l_4}{2}$。

（3）求当量传动轴的受力

在图 10.3-5 所示的当量传动轴上，设当量传动轴的直径为 d，惯性矩 $J_z=\dfrac{1}{64}\pi d^4$。如果小齿轮轴是齿轮轴，d 可取小齿轮的中点分度圆直径。各段轴的折算系数为 $\beta_1=\dfrac{d^4}{d_1^4}$、$\beta_2=\dfrac{d^4}{d_2^4}$、$\beta_3=\dfrac{d^4}{d_3^4}$、$\beta_4=\dfrac{d^4}{d_4^4}$。

F_R 变为 $\beta_1 F_R$，F_a 变为 $\beta_2 F_a$，F'_R 变为 $\beta_3 F'_R$，F_b 变为 $\beta_4 F_b$。在变截面 D、E、G 处，增加了外力 $\Delta Q_D=-(\beta_2-\beta_1)F_R$，$\Delta Q_E=-(\beta_3-\beta_2)(F_R+F_a)$，$\Delta Q_G=(\beta_4-\beta_3)F_b$，增加了外力矩 $\Delta M_D=-\dfrac{(\beta_2-\beta_1)F_R l_1}{2}$，$\Delta M_E=-\dfrac{(\beta_3-\beta_2)}{2(l_2+l_3)}\left[F_R(l_2+l_3)l_3+F_b(l_3+2l_4)l_2\right]$，$\Delta M_G=\dfrac{(\beta_4-\beta_3)F_b l_4}{2}$。

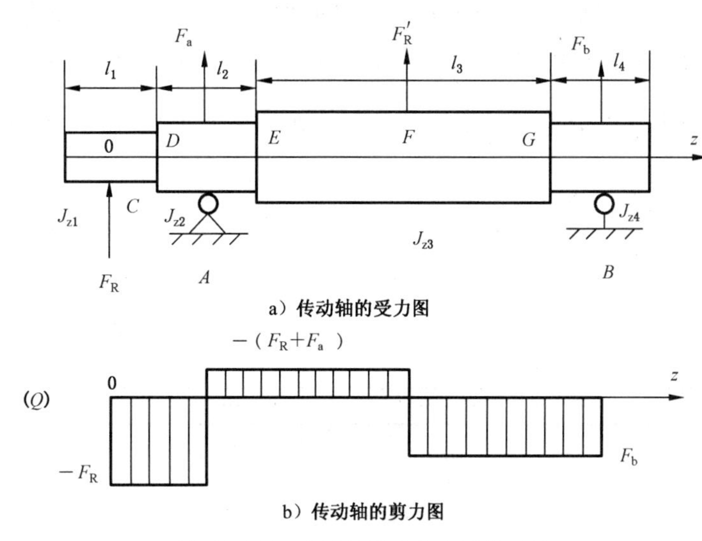

a）传动轴的受力图

b）传动轴的剪力图

图 10.3-5　传动轴的弯曲当量传动轴

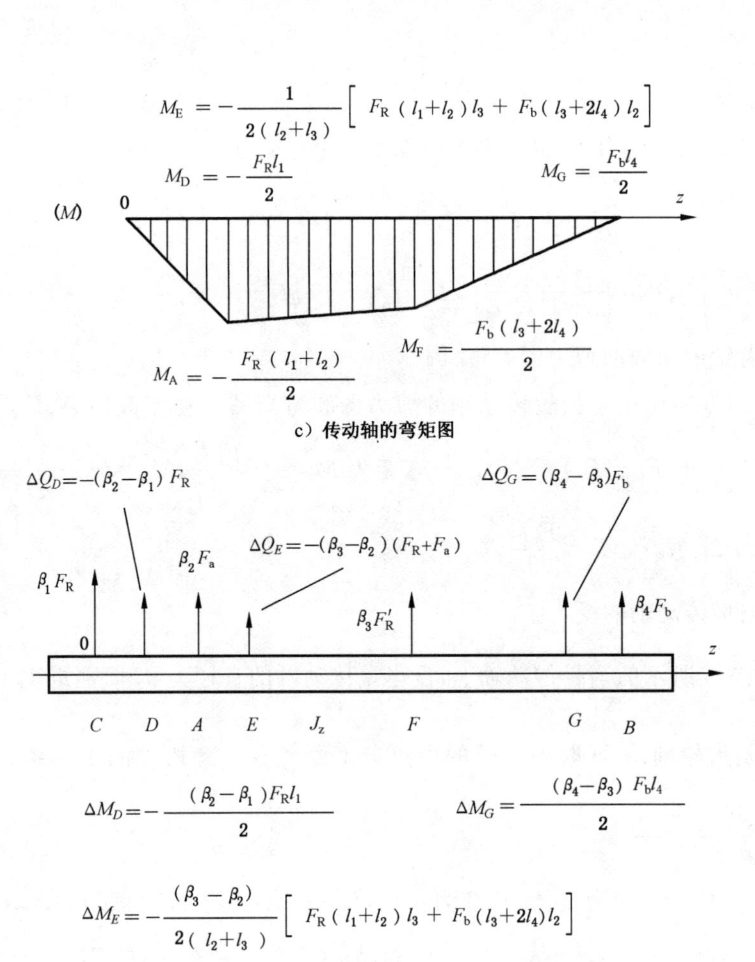

d）当量传动轴的受力

续图 10.3-5

A、B 处的圆锥滚子轴承与轴承座或机壳之间的作用力是接触分布力。为了便于计算，可将接触分布力离散为多个集中力。图 10.3-6 中离散为 $F_{a1}\sim F_{a5}$ 以及 $F_{b1}\sim F_{b5}$ 各 5 个力。$F_{a1}\sim F_{a5}$ 之和为 $\beta_2 F_a$，$F_{b1}\sim F_{b5}$ 之和为 $\beta_4 F_b$。在轴承 A 处，各离散力的间隔为 $\frac{l_2}{4}$。在轴承 B 处，各离散力的间隔为 $\frac{l_4}{4}$。

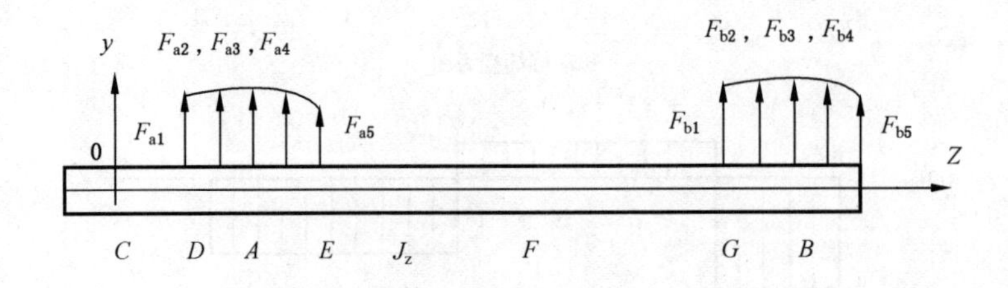

图 10.3-6　弯曲当量传动轴上的轴承分布力

假定轴承有 n 个滚子，各个滚子与轴承圈之间的作用力的合力为 $\beta_2 F_a$ 或 $\beta_4 F_b$。在力 F_{ai}，$i=1\sim5$ 所在的轴承截面上，将某一个滚子置于 F_{ai} 的作用点处，这个滚子的受力为 $F_{ai}^{(1)}$。从这个滚子开始向一侧计数，在 $\frac{\pi}{2}$ 的范围内，第 j 个滚子的受力为 $F_{ai}^{(j+1)}=F_{ai}^{(1)}\cos\frac{2\pi}{n}j$，$j=1\sim k$，$k$ 等于 $\frac{n}{4}$ 取整数。这样，由 $F_{ai}=F_{ai}^{(1)}+2\sum_{j=1}^{k}F_{ai}^{(1)}\cos^2\frac{2\pi}{n}j$，得

$$F_{ai}^{(1)}=\frac{F_{ai}}{\frac{k^2+k+2}{2}+\frac{\sin\frac{2k\pi}{n}\cos\frac{2(k+1)\pi}{n}}{\sin\frac{2\pi}{n}}},i=1\sim5 \tag{10.3-6}$$

同样求得

$$F_{bi}^{(1)}=\frac{F_{bi}}{\frac{k^2+k+2}{2}+\frac{\sin\frac{2k\pi}{n}\cos\frac{2(k+1)\pi}{n}}{\sin\frac{2\pi}{n}}},i=1\sim5 \tag{10.3-7}$$

圆锥滚子轴承的变形是滚子与内、外圈之间接触变形的总和。在力 $F_{ai}^{(1)}$ 的作用下，由赫兹公式，滚子与内圈之间的接触变形为 $0.5798\frac{4F_{ai}^{(1)}}{l_2E}\left(0.814+\ln\frac{64R_1r}{l_2^2}\right)$，其中 E 为轴承钢的弹性模量，R_1 是轴承 A 内圈的外半径，r 是滚子的半径。滚子与外圈之间的接触变形为 $1.82\frac{4F_{ai}^{(1)}}{l_2E}\left[1-\ln\left(1.522\sqrt{\frac{4F_{ai}^{(1)}R_{2ai}r}{l_2E(R_{2ai}-r)}}\right)\right]$，其中 R_{2ai} 是 F_{ai} 所在的轴承截面上轴承外圈的内半径。总变形 $b_{ai}^{(1)}$ 为这两个接触变形之和。

$$b_{ai}^{(1)}=0.5798\frac{4F_{ai}^{(1)}}{l_2E}\left(0.814+\ln\frac{64R_1r}{l_2^2}\right)+$$

$$1.82\frac{4F_{ai}^{(1)}}{l_2E}\left[1-\ln\left(1.522\sqrt{\frac{4F_{ai}^{(1)}R_{2ai}r}{l_2E(R_{2ai}-r)}}\right)\right] \tag{10.3-8}$$

同样可以求得 F_{bi} 所在的轴承截面上，总变形

$$b_{bi}^{(1)}=0.5798\frac{4F_{bi}^{(1)}}{l_4E}\left(0.814+\ln\frac{64R_1'r'}{l_4^2}\right)+$$

$$1.82\frac{4F_{bi}^{(1)}}{l_4E}\left[1-\ln\left(1.522\sqrt{\frac{4F_{bi}^{(1)}R_{2bi}r'}{l_4E(R_{2bi}-r')}}\right)\right] \tag{10.3-9}$$

其中：R_1' 是轴承 B 内圈的外半径，r' 是滚子的半径，R_{2bi} 是 F_{bi} 所在的轴承截面上轴承外圈的内半径。

弯曲当量传动轴的挠度 $y(z)$ 和转角 $\vartheta(z)$ 可用材料力学中的初参数法求出。当没有分布力时，在距左端原点的距离为 z 的某一个截面上，弯矩的通式是

$$M(z)=\beta_1F_Rz+\sum_i M_i(z-a_i)^0+\sum_i P_i(z-b_i) \tag{10.3-10}$$

其中：M_i 是 z 处截面左侧的某一个外力矩，a_i 是该力矩到坐标原点的距离。P_i 是 z 处截面左侧的某一个外力，b_i 是该力到坐标原点的距离。

倾角的通式是

$$\vartheta(z)=\vartheta_0+\frac{1}{EJ_z}\left[\beta_1 F_R\frac{z^2}{2}+\sum_i M_i(z-a_i)+\sum_i P_i\frac{(z-b_i)^2}{2}\right] \tag{10.3-11}$$

式中，ϑ_0 为是原点 C 处的转角。

挠度的通式是

$$y(z)=y_0+\vartheta_0 z+\frac{1}{EJ_z}\left[\beta_1 F_R\frac{z^3}{6}+\sum_i M_i\frac{(z-a_i)^2}{2}+\sum_i P_i\frac{(z-b_i)^3}{6}\right] \tag{10.3-12}$$

式中，y_0 为原点 C 处的挠度。

式(10.3-11)、式(10.3-12)中的未知参数是 ϑ_0 和 y_0，是齿轮安装中点的倾角和挠度。

弯曲当量传动轴是一个超静定轴。在各个离散力 F_{ai}、F_{bi} 的作用点处，一方面挠度可用式(10.3-12)求出，另一方面该挠度又等于离散点处轴承的接触总变形。由式(10.3-10)、式(10.3-11)、式(10.3-12)得下列超越方程组

$$\left\{\begin{aligned}
b_{a1}^{(1)}&=y_0+\frac{l_1}{2}\vartheta_0+\frac{\beta_1 F_R}{6EJ_z}\left(\frac{l_1}{2}\right)^3\\
b_{a2}^{(1)}&=y_0+\left(\frac{l_1}{2}+\frac{l_2}{4}\right)\vartheta_0+\frac{1}{EJ_z}\left[\frac{\beta_1 F_R}{6}\left(\frac{l_1}{2}+\frac{l_2}{4}\right)^3+\frac{\Delta M_D}{2}\left(\frac{l_2}{4}\right)^2+\right.\\
&\quad\left.\frac{\Delta Q_D+F_{a1}}{6}\left(\frac{l_2}{4}\right)^3\right]\\
b_{a3}^{(1)}&=y_0+\left(\frac{l_1}{2}+\frac{l_2}{2}\right)\vartheta_0+\frac{1}{EJ_z}\left[\frac{\beta_1 F_R}{6}\left(\frac{l_1}{2}+\frac{l_2}{2}\right)^3+\frac{\Delta M_D}{2}\left(\frac{l_2}{2}\right)^2+\right.\\
&\quad\left.\frac{\Delta Q_D+F_{a1}}{6}\left(\frac{l_2}{2}\right)^3+\frac{F_{a2}}{6}\left(\frac{l_2}{4}\right)^3\right]\\
b_{a4}^{(1)}&=y_0+\left(\frac{l_1}{2}+\frac{3l_2}{4}\right)\vartheta_0+\frac{1}{EJ_z}\left[\frac{\beta_1 F_R}{6}\left(\frac{l_1}{2}+\frac{3l_2}{4}\right)^3+\frac{\Delta M_D}{2}\left(\frac{3l_2}{4}\right)^2+\right.\\
&\quad\left.\frac{\Delta Q_D+F_{a1}}{6}\left(\frac{3l_2}{4}\right)^3+\frac{F_{a2}}{6}\left(\frac{l_2}{2}\right)^3+\frac{F_{a3}}{6}\left(\frac{l_2}{4}\right)^3\right]\\
b_{a5}^{(1)}&=y_0+\left(\frac{l_1}{2}+l_2\right)\vartheta_0+\frac{1}{EJ_z}\left[\frac{\beta_1 F_R}{6}\left(\frac{l_1}{2}+l_2\right)^3+\frac{\Delta M_D}{2}l_2^2+\frac{\Delta Q_D+F_{a1}}{6}l_2^3+\right.\\
&\quad\left.\frac{F_{a2}}{6}\left(\frac{3l_2}{4}\right)^3+\frac{F_{a3}}{6}\left(\frac{l_2}{2}\right)^3+\frac{F_{a4}}{6}\left(\frac{l_2}{4}\right)^3\right]
\end{aligned}\right. \tag{10.3-13}$$

$$
\left\{
\begin{aligned}
b_{b1}^{(1)} = {} & y_0+\left(\frac{l_1}{2}+l_2+l_3\right)\vartheta_0+\frac{1}{EJ_z}\Bigg[\frac{\beta_1F_R}{6}\left(\frac{l_1}{2}+l_2+l_3\right)^3+\frac{\Delta M_D}{2}\left(l_2+l_3\right)^2+ \\
& \frac{\Delta Q_D+F_{a1}}{6}\left(l_2+l_3\right)^3+\frac{F_{a2}}{6}\left(\frac{3l_2}{4}+l_3\right)^3+\frac{F_{a3}}{6}\left(\frac{l_1}{2}+l_3\right)^3+\frac{F_{a4}}{6}\left(\frac{l_2}{4}+l_3\right)^3+ \\
& \frac{\Delta M_E}{2}l_3^2+\frac{\Delta Q_E+F_{a5}}{6}l_3^3+\frac{\beta_3F'_R}{6}\left(\frac{l_3}{2}\right)^3\Bigg] \\
b_{b2}^{(1)} = {} & y_0+\left(\frac{l_1}{2}+l_2+l_3+\frac{l_4}{2}\right)\vartheta_0+\frac{1}{EJ_z}\Bigg[\frac{\beta_1F_R}{6}\left(\frac{l_1}{2}+l_2+l_3+\frac{l_4}{4}\right)^3+ \\
& \frac{\Delta M_D}{2}\left(l_2+l_3+\frac{l_4}{4}\right)^2+\frac{\Delta Q_D+F_{a1}}{6}\left(l_2+l_3+\frac{l_4}{4}\right)^3+\frac{F_{a2}}{6}\left(\frac{3l_2}{4}+l_3+\frac{l_4}{4}\right)^3+ \\
& \frac{F_{a3}}{6}\left(\frac{l_2}{2}+l_3+\frac{l_4}{4}\right)^3+\frac{F_{a4}}{6}\left(\frac{l_2}{4}+l_3+\frac{l_4}{4}\right)^3+\frac{\Delta M_E}{2}\left(l_3+\frac{l_4}{4}\right)^2+ \\
& \frac{\Delta Q_E+F_{a5}}{6}\left(l_3+\frac{l_4}{4}\right)^3+\frac{\beta_3F'_R}{6}\left(\frac{l_3}{2}+\frac{l_4}{4}\right)^3+\frac{\Delta M_G}{2}\left(\frac{l_4}{4}\right)^2+\frac{\Delta Q_G+F_{b1}}{6}\left(\frac{l_4}{4}\right)^3\Bigg] \\
b_{b3}^{(1)} = {} & y_0+\left(\frac{l_1}{2}+l_2+l_3+\frac{l_4}{2}\right)\vartheta_0+\frac{1}{EJ_z}\Bigg[\frac{\beta_1F_R}{6}\left(\frac{l_1}{2}+l_2+l_3+\frac{l_4}{2}\right)^3+ \\
& \frac{\Delta M_D}{2}\left(l_2+l_3+\frac{l_4}{2}\right)^2+\frac{\Delta Q_D+F_{a1}}{6}\left(l_2+l_3+\frac{l_4}{2}\right)^3+\frac{F_{a2}}{6}\left(\frac{3l_2}{4}+l_3+\frac{l_4}{4}\right)^3+ \\
& \frac{F_{a3}}{6}\left(\frac{l_2}{2}+l_3+\frac{l_4}{2}\right)^3+\frac{F_{a4}}{6}\left(\frac{l_2}{4}+l_3+\frac{l_4}{2}\right)^3+\frac{\Delta M_E}{2}\left(l_3+\frac{l_4}{2}\right)^2+ \\
& \frac{\Delta Q_E+F_{a5}}{6}\left(l_3+\frac{l_4}{2}\right)^3+\frac{\beta_3F'_R}{6}\left(\frac{l_3}{2}+\frac{l_4}{2}\right)^3+\frac{\Delta M_G}{2}\left(\frac{l_4}{2}\right)^2+ \\
& \frac{\Delta Q_G+F_{b1}}{6}\left(\frac{l_4}{2}\right)^3+\frac{F_{b2}}{6}\left(\frac{l_4}{4}\right)^3\Bigg] \\
b_{b4}^{(1)} = {} & y_0+\left(\frac{l_1}{2}+l_2+l_3+\frac{3l_4}{4}\right)\vartheta_0+\frac{1}{EJ_z}\Bigg[\frac{\beta_1F_R}{6}\left(\frac{l_2}{2}+l_2+l_3+\frac{3l_4}{4}\right)^3+ \\
& \frac{\Delta M_D}{2}\left(l_2+l_3+\frac{3l_4}{4}\right)^2+\frac{\Delta Q_D+F_{a1}}{6}\left(l_2+l_3+\frac{3l_4}{4}\right)^3+\frac{F_{a2}}{6}\left(\frac{3l_2}{4}+l_3+\frac{3l_4}{4}\right)^3+ \\
& \frac{F_{a3}}{6}\left(\frac{l_2}{2}+l_3+\frac{3l_4}{4}\right)^3+\frac{F_{a4}}{6}\left(\frac{l_2}{4}+l_3+\frac{3l_4}{4}\right)^3+\frac{\Delta M_E}{2}\left(l_3+\frac{3l_4}{4}\right)^2+ \\
& \frac{\Delta Q_E+F_{a5}}{6}\left(l_3+\frac{3l_4}{4}\right)^3+\frac{\beta_3F'_R}{6}\left(\frac{l_3}{2}+\frac{3l_4}{4}\right)^3+\frac{\Delta M_G}{2}\left(\frac{3l_4}{4}\right)^2+ \\
& \frac{\Delta Q_G+F_{b1}}{6}\left(\frac{3l_4}{4}\right)^3+\frac{F_{b2}}{6}\left(\frac{l_4}{2}\right)^3+\frac{F_{b3}}{6}\left(\frac{l_4}{4}\right)^3\Bigg]
\end{aligned}
\right.
\tag{10.3-14}
$$

$$
\begin{cases}
b_{b5}^{(1)}=y_0+\left(\frac{l_1}{2}+l_2+l_3+l_4\right)\vartheta_0+\frac{1}{EJ_z}\left[\frac{\beta_1 F_R}{6}\left(\frac{l_1}{2}+l_2+l_3+l_4\right)^3+\right. \\
\frac{\Delta M_D}{2}\left(l_2+l_3+l_4\right)^2+\frac{\Delta Q_D+F_{a1}}{6}\left(l_2+l_3+l_4\right)^3+\frac{F_{a2}}{6}\left(\frac{3l_2}{4}+l_3+l_4\right)^3+ \\
\frac{F_{a3}}{6}\left(\frac{l_2}{2}+l_3+l_4\right)^3+\frac{F_{a4}}{6}\left(\frac{l_2}{4}+l_3+l_4\right)^3+\frac{\Delta M_E}{2}\left(l_3+l_4\right)^2+ \\
\frac{\Delta Q_E+F_{a5}}{6}\left(l_3+l_4\right)^3+\frac{\beta_3 F_R'}{6}\left(\frac{l_3}{2}+l_4\right)^3+\frac{\Delta M_G}{2}l_4^2+\frac{\Delta Q_G+F_{b1}}{6}l_4^3+\frac{F_{b2}}{6}\left(\frac{3l_4}{4}\right)^3+ \\
\left.\frac{F_{b3}}{6}\left(\frac{l_4}{2}\right)^3+\frac{F_{b4}}{6}\left(\frac{l_4}{4}\right)^3\right] \\
F_{a1}+F_{a2}+F_{a3}+F_{a4}+F_{a5}=\beta_2 F_a \\
F_{b1}+F_{b2}+F_{b3}+F_{b4}+F_{b5}=\beta_4 F_b
\end{cases}
\tag{10.3-15}
$$

将式(10.3-6)代入式(10.3-8)再代入式(10.3-13),将式(10.3-7)代入式(10.3-9)再代入式(10.3-14)、式(10.3-15),则式(10.3-13)、式(10.3-14)、式(10.3-15)是关于y_0、ϑ_0、F_{a1}、F_{a2}、F_{a3}、F_{a4}、F_{a5}、F_{b1}、F_{b2}、F_{b3}、F_{b4}、F_{b5}的超越方程组。可以解出这些未知数。

虽然方程组中的未知数有12个,但给出y_0、ϑ_0的初值后,由第1个方程开始依次做一维搜索,就可以将力F_{ai}、F_{bi}依次用y_0、ϑ_0表示出来。这样,用方程组中的最后两个方程做两维搜索求解y_0、ϑ_0。

y_0是小齿轮安装中点处的传动轴的弯曲变形。

F截面上当量传动轴的挠度为:

$$
\begin{aligned}
y\left(\frac{l_1}{2}+l_2+\frac{l_3}{2}\right)=&y_0+\left(\frac{l_1}{2}+l_2+\frac{l_3}{2}\right)\vartheta_0+\frac{1}{EJ_z}\left[\frac{\beta_1 F_R}{6}\left(\frac{l_1}{2}+l_2+\frac{l_3}{2}\right)^3+\right. \\
&\frac{\Delta M_D}{2}\left(l_2+\frac{l_3}{2}\right)^2+\frac{\Delta G_D+F_{a1}}{6}\left(l_2+\frac{l_3}{2}\right)^3+\frac{F_{a2}}{6}\left(\frac{3l_2}{4}+\frac{l_3}{2}\right)^3+\frac{F_{a3}}{6}\left(\frac{l_2}{2}+\frac{l_3}{2}\right)^3+ \\
&\left.\frac{F_{a4}}{6}\left(\frac{l_2}{4}+\frac{l_3}{2}\right)^3+\frac{\Delta M_E}{2}\left(\frac{l_3}{2}\right)^2+\frac{\Delta Q_E+F_{a5}}{6}\left(\frac{l_3}{2}\right)^3\right]
\end{aligned}
\tag{10.3-16}
$$

动力输入齿轮安装中点的变形为y。

10.3.2 实用轮齿的受力变形

实用齿轮的轮体近似为刚体。实用齿轮的变形指轮齿的弯曲变形和接触变形。弯曲变形用有限元素法求出,接触变形用赫兹公式求出。

10.3.2.1 计算模型的选取

根据准双曲面齿轮的使用要求,选定了法面模数为m_n,齿数为z_2、z_1的不同齿制的一对大、小齿轮。运用前述各章的有关公式,求得了这对大、小齿轮的齿面方程。

在动坐标系 $o_2x_2y_2z_2$ 中，取出原理大齿轮的一对凹、凸齿面，按它们的实际位置组成一个轮齿。在动坐标系 $o_1x_1y_1z_1$ 中，取出修形小齿轮的一对凹、凸齿面，按它们的实际位置组成一个轮齿。

原理大齿轮的坐标参数是 τ_{1d}、h_{1d}。在 5.1.3.1 节中已经求得圆弧齿原理大齿轮的 τ_{1d}的变化范围 τ_{1a}、τ_{1b}。在 5.1.3.2 节中已经求得摆线齿原理大齿轮的 τ_{1d}的变化范围 τ_{1a}、τ_{1b}。

修形小齿轮的坐标参数是 τ_{2d}、h_{2d}。在 7.3.2.1 节中已经求得圆弧齿修形小齿轮的 τ_{2d}的变化范围 τ_{2a}、τ_{2b}。在 7.3.2.2 节中已经求得摆线齿原理小齿轮的 τ_{2d}的变化范围 τ_{2a}、τ_{2b}。

原理大齿轮的参数 h_{1d}的取值受到齿轮的根圆锥和顶圆锥的限制，设其变化范围为 h_{1a}到 h_{1b}。给定 τ_{1d}，可求得齿面坐标 x_2、y_2、z_2，是参数 h_{1d}的函数。由 $\sqrt{x_2^2+y_2^2}=z_2\tan\delta_2$，求得对应于 τ_{1d}的根锥母线上的参数 $h_{1d}=h_{1a}$，其中 δ_2 是分锥角。由 $\sqrt{x_2^2+y_2^2}=z_2\tan\delta_{a2}$，求得对应于 τ_{1d}的顶锥母线上的参数 $h_{1d}=h_{1b}$，其中 δ_{a2}是顶锥角。

同理，在修形小齿轮的齿面上，给定 τ_{2d}，由 $\sqrt{x_1^2+y_1^2}=z_1\tan\delta_{f1}$，求得对应于 τ_{2d}的根锥母线上的参数 h_{2a}。由 $\sqrt{x_1^2+y_1^2}=z_1\tan\delta_{a1}$，求得对应于 τ_{2d}的顶锥母线上的参数 h_{2b}。

在轮齿的有限元计算中，通常取出轮体中不少于 4 倍模数的实体，并将其边界固定。如图 10.3-7 所示。

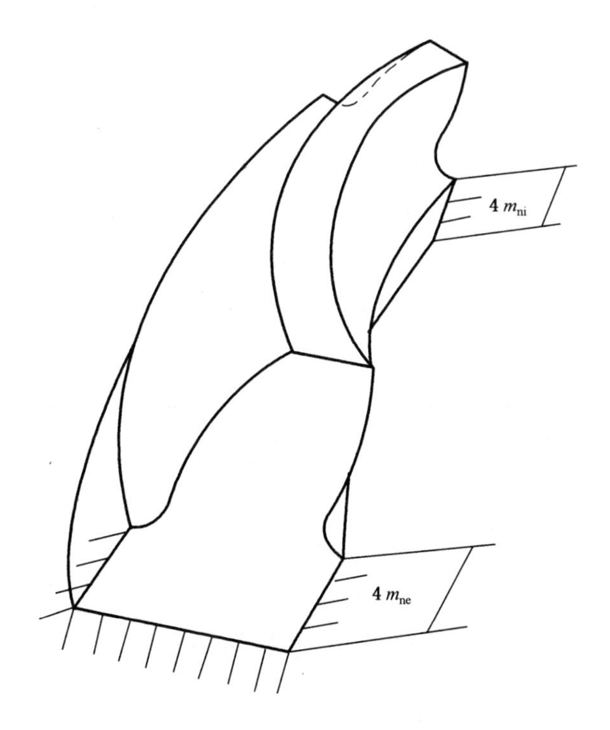

图 10.3-7　轮齿的计算模型

基本参数可选法向模数 m_n、齿数 z、分锥角 δ 和螺旋角 β。

根据铣齿机的加工范围，对实用小齿轮，可取 $m_n=2$、4、8、10 mm，$z=10$、15、25、30，$\delta=10°$、15°、20°、25°，$\beta=35°$、40°、45°、50°。对大齿轮，可取 $m_n=2$、4、8、10 mm，$z=40$、60、80、100，$\delta=30°$、40°、60°、80°，$\beta=5°$、10°、20°、30°。

在正交设计中，m_n、z、δ、β 称为因素，每一因素中的 4 挡数据称为水平，将水平从 1 到 4 编号。调用正交设计表 $L_{16}(4^4)$，实用大、小齿轮各有 16 种计算模式。

表 10.3-1 正交设计表 $L_{16}(4^4)$

模型	因素			
	m_n	z	δ	β
1	1	2	3	2
2	2	4	1	2
3	3	4	3	3
4	4	2	1	3
5	1	3	1	4
6	2	1	3	4
7	3	1	1	1
8	4	3	3	1
9	1	1	4	3
10	2	3	2	3
11	3	3	4	2
12	4	1	2	2
13	1	4	2	1
14	2	2	4	1
15	3	2	2	4
16	4	4	4	4

表中的数值是各因素下的水平号数。比如实用小齿轮的第一种计算模型是：$m_n=2$、$z=15$、$\delta=20°$、$\beta=40°$，实用大齿轮的第一种计算模型是：$m_n=2$、$z=60$、$\delta=60°$、$\beta=10°$。余类推。

10.3.2.2 齿廓的受力

对于一对啮合传动的实用齿轮，在 10.1.1 节中求得了大齿轮啮合点的参数 $\tau_{1d}^{(j)}$、$h_{1d}^{(j)}$、$\varphi_2'^{(j)}$。在静坐标系 $o'x'y'z'$ 中，齿面法线 $\overrightarrow{n^{(2)}}=n_x^{(2)}(\tau_{1d}^{(j)},h_{1d}^{(j)},\varphi_2'^{(j)})\overrightarrow{x'}+n_y^{(2)}(\tau_{1d}^{(j)},h_{1d}^{(j)},\varphi_2'^{(j)})\overrightarrow{y'}+n_z^{(2)}(\tau_{1d}^{(j)},h_{1d}^{(j)},\varphi_2'^{(j)})\overrightarrow{z'}$。由式(1.2-2)，坐标系 $o'x'y'z'$ 和坐标系 $o_2x_2y_2z_2$ 之间单位坐标向量的变换为

$$\begin{bmatrix}\vec{x}_2\\ \vec{y}_2\\ \vec{z}_2\end{bmatrix}=\begin{bmatrix}\cos\varphi_2^{\prime(j)} & -\sin\varphi_2^{\prime(j)} & 0\\ \sin\varphi_2^{\prime(j)} & \cos\varphi_2^{\prime(j)} & 0\\ 0 & 0 & 1\end{bmatrix}\begin{bmatrix}\vec{x}'\\ \vec{y}'\\ \vec{z}'\end{bmatrix} \tag{10.3-17}$$

这样可以求得在坐标系 $o_2x_2y_2z_2$ 中啮合点处的齿面法线。

在 10.1.1 节中求得了小齿轮啮合点的参数 $\tau_{2d}^{(j)}$、$h_{2d}^{(j)}$、$\varphi_1^{\prime(j)}$。在静坐标系 $o'x'y'z'$ 中，齿面法线 $\overrightarrow{n^{(1)}}=n_{x'}^{(1)}(\tau_{2d}^{(j)},h_{2d}^{(j)},\varphi_1^{\prime(j)})\vec{x}'+n_{y'}^{(1)}(\tau_{2d}^{(j)},h_{2d}^{(j)},\varphi_1^{\prime(j)})\vec{y}'+n_{z'}^{(1)}(\tau_{2d}^{(j)},h_{2d}^{(j)},\varphi_1^{\prime(j)})\vec{z}'$。坐标系 $o'x'y'z'$ 和坐标系 $o_1x_1y_1z_1$ 之间单位坐标向量的变换为

$$\begin{bmatrix}\vec{x}_1\\ \vec{y}_1\\ \vec{z}_1\end{bmatrix}=\begin{bmatrix}\cos\varphi_1^{\prime(j)} & \sin\varphi_1^{\prime(j)}\cos\Sigma & \sin\varphi_1^{\prime(j)}\sin\Sigma\\ -\sin\varphi_1^{\prime(j)} & \cos\varphi_1^{\prime(j)}\cos\Sigma & \cos\varphi_1^{\prime(j)}\sin\Sigma\\ 0 & -\sin\Sigma & \cos\Sigma\end{bmatrix}\begin{bmatrix}\vec{x}'\\ \vec{y}'\\ \vec{z}'\end{bmatrix} \tag{10.3-18}$$

这样可以求得在坐标系 $o_1x_1y_1z_1$ 中啮合点处的齿面法线。

小齿轮的凹齿面与大齿轮的凸齿面是工作齿面。由 3.2.1 节的分析，小齿轮凹齿面的法向力 $F_{Na1}=\dfrac{1\,000T}{r_{m1}\cos\alpha_{a1}\cos\beta_1}$(N)，其中 T(N·m)为小齿轮传递的扭矩，周向力 $F_{Ta1}=\dfrac{1\,000T}{r_{m1}}$(N)，径向力 $F_{Ra1}=\dfrac{1\,000(\sin\alpha_{a1}\cos\delta_1-\cos\alpha_{a1}\sin\beta_1\sin\delta_1)T}{r_{m1}\cos\alpha_{a1}\cos\beta_1}$(N)，轴向力 $F_{Aa1}=\dfrac{1\,000(\sin\alpha_{a1}\sin\delta_1+\cos\alpha_{a1}\sin\beta_1\cos\delta_1)T}{r_{m1}\cos\alpha_{a1}\cos\beta_1}$(N)。大齿轮凸齿面的法向力 $F_{Nt2}=-F_{Na1}$。同理，可以求得周向力 F_{Tt2}，径向力 F_{Rt2}，轴向力 F_{At2}。

10.3.2.3 单齿弯曲变形

在法向力 F_{Na1} 的作用下，由有限元计算，小齿轮轮齿的法向位移为 Δ_1'。节点的周向位移 $\Delta_{T1}'=\dfrac{F_{Ta1}}{F_{Na1}}\Delta_1'=\Delta_1'\cos\alpha_{a1}\cos\beta_1$，径向位移 $\Delta_{R1}'=\dfrac{F_{Ra1}}{F_{Na1}}\Delta_1'=\Delta_1'(\sin\alpha_{a1}\cos\delta_1-\cos\alpha_{a1}\sin\beta_1\sin\delta_1)$，轴向位移 $\Delta_{A1}'=\dfrac{F_{Aa1}}{F_{Na1}}\Delta_1'=\Delta_1'(\sin\alpha_{a1}\sin\delta_1+\cos\alpha_{a1}\sin\beta_1\cos\delta_1)$。

同样，在法向力 F_{Nt2} 的作用下，由有限元计算，大齿轮轮齿的法向位移为 Δ_2'。节点的周向位移 $\Delta_{T2}'=\dfrac{F_{Tt2}}{F_{Nt2}}\Delta_2'=\Delta_2'\cos\alpha_{t2}\cos\beta_2$，径向位移 $\Delta_{R2}'=\dfrac{F_{Rt2}}{F_{Nt2}}\Delta_2'=\Delta_2'(\sin\alpha_{t2}\cos\delta_2+\cos\alpha_{t2}\sin\beta_2\sin\delta_2)$，轴向位移 $\Delta_{A2}'=\dfrac{F_{At2}}{F_{Nt2}}\Delta_2'=\Delta_2'(\cos\alpha_{t2}\sin\beta_2\cos\delta_2-\sin\alpha_{t2}\sin\delta_2)$。

10.3.2.4 单齿接触变形

接触变形的计算仍然用 3.2.2 节中的赫兹公式。

在式(10.1-20)中，求得在任意啮合位置，齿面接触区边界线上的一点到啮合点的距离 l。l 中的最大值是接触区的长半轴 a，最小值是接触区的短半轴 b。椭圆的偏心率 $e=\sqrt{1-\dfrac{b^2}{a^2}}<1$。第一类完全椭圆积分 $K(e)=\displaystyle\int_0^{\frac{\pi}{2}}\frac{d\varphi}{\sqrt{1-e^2\sin^2\varphi}}$，第二类完全椭圆积分 $E(e)=$

$\int_0^{\frac{\pi}{2}} \sqrt{1-e^2\sin^2\varphi}\mathrm{d}\varphi$。

由式(3.2-12)求得最大接触应力 $q_0=\dfrac{3F_N}{2\pi ab}$，令 $F_N=F_{Na1}$。由式(3.2-17)求得齿面的诱导主曲率 $\kappa_2^{(12)}=\dfrac{4(1-\mu^2)q_0 b}{Ea^2e^2}[K(e)-E(e)]$。

由式(3.2-18)得两个齿面移近的距离 $\alpha_s=K(e)\sqrt[3]{\dfrac{4.5(1-\mu^2)^2e^2F_N^2[\kappa_2^{(12)}]^2}{\pi^2E^2\kappa_2^{(12)}[K(e)-E(e)]}}$，是大、小齿轮总的接触变形。大、小齿轮的接触变形的分配与它们的曲率半径成反比。在近似计算中，取单齿接触变形

$$\Delta_{j1}=\Delta_{j2}=\frac{\alpha_s}{2}\text{mm} \tag{10.3-19}$$

接触变形是啮合点位置的函数。

由 Δ_{j1} 按小齿轮齿面法线的方向余弦，求得轴向接触变形 $\Delta_{j1A}=\dfrac{\Delta_{j1}n_{z'}^{(1)}}{\sqrt{(n_{x'}^{(1)})^2+(n_{y'}^{(1)})^2+(n_{z'}^{(1)})^2}}$，径向接触变形 $\Delta_{j1R}=\dfrac{\Delta_{j1}(n_{x'}^{(1)}+n_{y'}^{(1)})}{\sqrt{(n_{x'}^{(1)})^2+(n_{y'}^{(1)})^2+(n_{z'}^{(1)})^2}}$，周向接触变形 $\Delta_{j1T}=\Delta_{j1}\cos\beta_{mf1}$。

由 Δ_{j2} 按大齿轮齿面法线的方向余弦，求得轴向接触变形 $\Delta_{j2A}=\dfrac{\Delta_{j2}n_{z'}^{(2)}}{\sqrt{(n_{x'}^{(2)})^2+(n_{y'}^{(2)})^2+(n_{z'}^{(2)})^2}}$，径向接触变形 $\Delta_{j2R}=\dfrac{\Delta_{j2}(n_{x'}^{(2)}+n_{y'}^{(2)})}{\sqrt{(n_{x'}^{(2)})^2+(n_{y'}^{(2)})^2+(n_{z'}^{(2)})^2}}$，周向接触变形 $\Delta_{j2T}=\Delta_{j2}\cos\beta_2$。

10.3.3 实用齿轮的节点错位

由 10.3.1.2 节的分析，在扭矩 T 的作用下，传动轴的转角 $\Delta\varphi=\dfrac{Tl_0}{GJ_{\rho u}}$。由图 10.3-4，$l_0=\dfrac{1}{2}l_1+l_2+\dfrac{1}{2}l_3$。由小齿轮传动轴的参数求得 $\Delta\varphi_1$，小齿轮节点的周向位移 $\Delta''_{T1}=r_{m1}\Delta\varphi_1$。由大齿轮传动轴的参数求得 $\Delta\varphi_2$，大齿轮节点的周向位移 $\Delta''_{T2}=r_{m2}\Delta\varphi_2$。

在径向力 F_{Ra1} 的作用下，由 10.3.1.3 节求得小齿轮节点的径向位移 $\Delta''_{R1}=y_0$，计算时公式中的 $F_R=F_{Ra1}$。在径向力 F_{Rt2} 的作用下，由 10.3.1.3 节求得大齿轮节点的径向位移 $\Delta''_{R2}=y_0$，计算时公式中的 $F_R=F_{Rt2}$。

在轴向力 F_{Aa1} 的作用下，由 10.3.1.1 节，求得小齿轮节点的轴向位移 $\Delta''_{A1}=\dfrac{F_{Aa1}l_0}{ES_0}$。由图 10.3-4，$l_0=l_2+l_3$。同样，在轴向力 F_{At2} 的作用下，由 10.3.1.1 节，求得大齿轮节点的轴向位移 Δ''_{A2}。

假定轴承已经预紧，结合轮齿的变形，受载后小齿轮节点的周向位移 $\Delta_{T1}=\Delta'_{T1}+\Delta''_{T1}+\Delta_{j1T}$，径向位移 $\Delta_{R1}=\Delta'_{R1}+\Delta''_{R1}+\Delta_{j1R}$，轴向位移 $\Delta_{A1}=\Delta'_{A1}+\Delta''_{A1}+\Delta_{j1A}$。大齿轮节

点的周向位移 $\Delta_{T2}=\Delta'_{T2}+\Delta''_{T2}+\Delta_{j2T}$，径向位移 $\Delta_{R2}=\Delta'_{R2}+\Delta''_{R2}+\Delta_{j2R}$，轴向位移 $\Delta_{A2}=\Delta'_{A2}+\Delta''_{A2}+\Delta_{j2A}$。

节点的周向总位移 $\Delta_T=\Delta_{T1}+\Delta_{T2}$，径向总位移 $\Delta_R=\Delta_{R1}+\Delta_{R2}$，轴向总位移 $\Delta_A=\Delta_{A1}+\Delta_{A2}$。如果大齿轮的轴径比小齿轮的轴径大很多，可忽略大齿轮节点的位移。

传动轴的倾角 ϑ_0 引起节点的径向位移约为 $\frac{l_1\vartheta_0}{2}$，轴向位移不计。

节点的周向位移由齿轮转角的微调可以自行消除，所以对节点的错位影响不大。节点的轴向位移使实际啮合节点向齿轮的大端移动。节点的径向位移使实际啮合节点向齿顶方向移动。

节点的位移与啮合点的错位量之间的关系是很复杂的。若错位量较大，可通过改变节点的设计位置来解决。设计时节点的轴向、径向变动与上述节点的位移方向相反。若齿轮的齿数相等，则同时变动设计节点，若大、小齿轮的齿数相差较大，则只改动小齿轮的设计节点。

10.4 实用齿轮的动态分析

齿轮的振动是齿轮变速箱振动的主要成分。齿轮变速箱通常由箱体和内部的轴系(齿轮、传动轴、轴承、联轴器等)组成。这些元器件的振动是相互耦合的。为了研究的方便，在耦合作用不是很强的情况下，可以取齿轮作为分离体进行单独研究。

实用齿轮的动态激励主要来自 3 个方面。从外部来说是动态外载荷，从内部来说是加工误差和时变啮合刚度。

实用齿轮的加工误差分为大周期误差和小周期误差，一般无法用理论分析的手段对它们进行描述，目前还没有准双曲面齿轮的动态误差分析仪。

如果在准双曲面齿轮动态误差分析仪上测量齿轮的传动误差(比如切向综合误差)，它应包含加工误差和原理性传动误差。

实用齿轮所受的外载荷一般不能用解析函数进行描述。工程中是通过测试的手段拾取载荷信号，然后运用数字信号分析仪获得载荷谱及其统计量。

以下对几个问题做一下说明：

① 外载荷分驱动力矩和阻力矩。外载荷有均值部分和交变部分。交变部分的幅值和频率是时变函数，均值部分一般是慢时变函数。外载荷的交变部分是齿轮振动的主要激振源。

② 驱动力矩均值的均值称为额定驱动力矩，阻力矩均值的均值称为额定阻力矩，它们都是常数。在进行齿轮的强度计算时，使用的是额定力矩。

③ 在齿轮减速器平稳运转时，近似认为额定驱动力矩和额定阻力矩形成平衡力系。这样的理想状态称为机械静平衡状态。

在齿轮减速器非平稳运转时，有的时段做升速运动，有的时段做降速运动，这种状态称为机械动平衡状态。用驱动力矩的均值、阻力矩的均值计算盈亏功，可以计算机械动平衡状态下的平均速度及速度波动系数。根据达朗贝尔原理，驱动力矩的均值、阻力矩的均值及惯性力构成机械动平衡状态下的平衡力系。

振动是在机械平衡的基础上产生的运动。在平衡力系下计算的构件的变形称为机械静变形。因振动而产生的构件的变形称为机械动变形。

④ 实用齿轮齿廓的接触刚度和弯曲刚度是啮合点位置或时间的函数，所以实用齿轮的啮合刚度是时变刚度，这是产生非线性振动的主要原因。但是齿轮振动是弱非线性振动，对弱非线性振动做线性振动处理一般能满足工程需要。

⑤ 在做动态分析之前要先做静态分析。原理性传动误差及齿轮、轴系的刚度计算等都属于静态分析的范围。

⑥ 用解析法分析实用齿轮的振动，优点在于通用性、预测性和方便性。但是振动数学模型与实际振动模型不能完全相符。

⑦ 用测试和故障诊断的技术能较好地分析实用齿轮的振动，但有时会受到测试条件的限制。

10.4.1 齿轮副的啮合刚度

在单位法向力的作用下，在力的作用点处，齿面有法向弯曲变形和法向接触变形。法向弯曲变形和法向接触变形的倒数是单齿弯曲刚度 c_w 和单齿接触刚度 c_c，单位为 mm/N。

假定从齿根到齿顶有 J 个 c_w 和 c_c，则实用小齿轮的单齿综合刚度

$$c_1^{(j)}=\frac{c_{w1}^{(j)}c_{c1}^{(j)}}{c_{w1}^{(j)}+c_{c1}^{(j)}},j=1\sim J \tag{10.4-1}$$

实用大齿轮的单齿综合刚度

$$c_2^{(j)}=\frac{c_{w2}^{(j)}c_{c2}^{(j)}}{c_{w2}^{(j)}+c_{c2}^{(j)}},j=1\sim J \tag{10.4-2}$$

如同其他齿轮传动一样，准双曲面齿轮的单齿综合刚度由齿根到齿顶总的趋势是下降的。比起单齿弯曲刚度和单齿接触刚度来说，单齿综合刚度小很多。单齿综合刚度具有弱非线性。

用各个啮合点的单齿弯曲刚度计算值和单齿接触刚度计算值可以拟合出经验公式，从而得到单齿综合刚度的经验公式。当齿轮运转时，单齿综合刚度是时间 t 的函数 $c_1(t)$、$c_2(t)$。

根据并联弹簧的性质，一对齿轮的啮合刚度 $c_n(t)=\dfrac{c_1(t)c_2(t)}{c_1(t)+c_2(t)}$。在准双曲面齿轮传动中，有单齿啮合区、双齿啮合区及多齿啮合区。各个啮合区的啮合刚度差别较大，呈

阶梯形，单齿啮合区的啮合刚度最大。在各个啮合区内，啮合刚度具有慢变性。

在齿轮的线性振动研究中，仅取节点处的啮合刚度值。

10.4.2 单级准双曲面齿轮的振动方程

图 10.4-1 是单级准双曲面齿轮传动的简图。

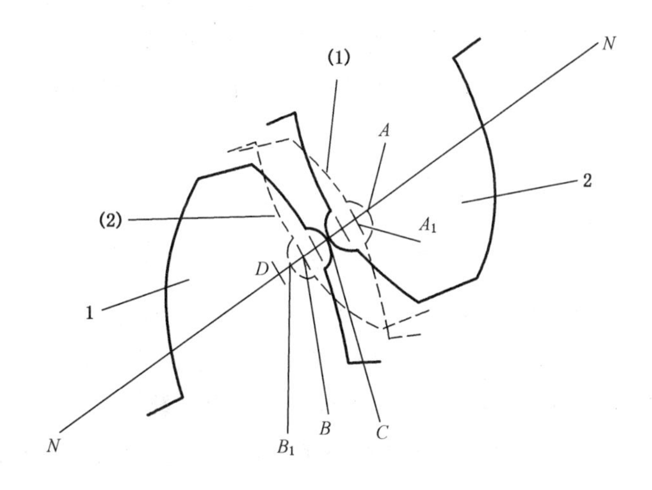

图 10.4-1 准双曲面齿轮传动的加工误差激励

$\overline{NN}$为齿廓的公法线。在某一时刻 t，实用小齿轮 1 和实用大齿轮 2 的理论啮合点在 D 点，实际啮合点在 C 点。图 10.4-1 中虚线齿廓“(1)”表示实用小齿轮的轮体振动了 θ_1 角之后，其上的受力齿廓在自由状态下的位置，齿廓上的凸出部分$\overline{AA_1}$表示实用小齿轮在法线方向的加工误差值。虚线齿廓“(2)”表示实用大齿轮的轮体振动了 θ_2 角之后，其上的受力齿廓在自由状态下的位置，齿廓上的凸出部分$\overline{BB_1}$表示实用大齿轮在法线方向的加工误差值。在齿轮传动过程中，$\overline{AA_1}$和$\overline{BB_1}$是时间 t 的函数。设$\overline{AA_1}=\delta_1(t)$，$\overline{BB_1}=\delta_2(t)$，并且规定，当误差在齿廓上凸出时，其值为正，凹入时，其值为负。

由于齿廓实际上是在 C 点啮合的，所以要满足实际的啮合状态，实用小齿轮的齿廓要产生弹性变形 $\Delta_1=\overline{A_1C}$，实用大齿轮的齿廓要产生弹性变形 $\Delta_2=\overline{B_1C}$，两个齿廓的总变形为 $\Delta_1+\Delta_2=\overline{B_1A_1}=\overline{DA_1}-\overline{DB_1}$。

实用小齿轮的周向振动位移约为 $r_{m1}\theta_1$，在法线上的分量约为 $r_{m1}\theta_1\cos\beta_{mf1}$。实用大齿轮的周向振动位移约为 $r_{m2}\theta_2$，在法线上的分量约为 $r_{m2}\theta_2\cos\beta_2$。$\overline{DA_1}=\overline{DA}+\overline{AA_1}=r_{m1}\theta_1\cos\beta_{mf1}+\delta_1(t)$，$\overline{DB_1}=\overline{DB}+\overline{BB_1}=r_{m2}\theta_2\cos\beta_2-\delta_2(t)$，$\Delta_1+\Delta_2=r_{m1}\theta_1\cos\beta_{mf1}-r_{m2}\theta_2\cos\beta_2+\delta_1(t)+\delta_2(t)$。

在啮合点 C 处，实用小齿轮齿廓上的载荷为 $F_n=c_1(t)\Delta_1$，实用大齿轮齿廓上的载荷为 $F_n=c_2(t)\Delta_2$。由此得到齿面啮合力

$$F_n = \frac{c_1(t)c_2(t)}{c_1(t)+c_2(t)}(\Delta_1+\Delta_2)$$

$$= c_n(t)[r_{m1}\theta_1\cos\beta_{mf1} - r_{m2}\theta_2\cos\beta_2 + \delta_1(t) + \delta_2(t)]。 \quad (10.4\text{-}3)$$

将 F_n 向周向和轴向分解，实用小齿轮的周向力为 $F_n\cos\beta_{mf1}$，周向力矩为 $F_n r_{m1}\cos\beta_{mf1}$。实用大齿轮的周向力为 $F_n\cos\beta_2$，周向力矩为 $F_n r_{m2}\cos\beta_2$。

设实用小齿轮的转动惯量为 J_1，实用大齿轮的转动惯量为 J_2，输入转矩为 $T_1(t)$，输出转矩为 $T_2(t)$，大、小齿轮的啮合冲量为 T_{2e}、T_{1e}，则在非脱啮状态下，实用齿轮传动的有阻尼振动方程为

$$\begin{cases} J_1\ddot{\theta}_1 + C_2\dot{\theta}_1 + c_{11}(t)\theta_1 + c_{12}(t)\theta_2 = F_1(t) \\ J_2\ddot{\theta}_2 + C_2\dot{\theta}_2 + c_{21}(t)\theta_1 + c_{22}(t)\theta_2 = F_2(t) \end{cases} \quad (10.4\text{-}4)$$

式中，$c_{11}(t) = c_n(t)r_{m1}^2\cos^2\beta_{mf1}$；$c_{12}(t) = -c_n(t)r_{m1}r_{m2}\cos\beta_{mf1}\cos\beta_2$；$c_{21}(t) = c_{12}(t)$；$c_{22}(t) = c_n(t)r_{m2}^2\cos^2\beta_2$；$F_1(t) = -c_n(t)r_{mf1}[\delta_1(t)+\delta_2(t)]\cos\beta_{mf1} + T_1(t) + T_{1e}\delta(t)$；$F_2(t) = c_n(t)r_{m2}[\delta_1(t)+\delta_2(t)]\cos\beta_2 - T_2(t) + T_{2e}\delta(t)$；$\delta(t)$ 为 δ 函数。

式(10.4-4)是两个自由度的非线性振动方程组。它的解法可用数值法（龙格-库塔法），也可以用解析法（比如参考文献[7]中的摄动法）。

由于 $c_n(t)$ 的慢变性，根据参考文献[8]的分析，齿轮振动是弱非线性振动。可以用线性振动近似代替。当 $c_n(t)$ 用节点处的啮合刚度 c_{nP} 代替时，式(10.4-4)变为

$$\begin{bmatrix} J_1 & 0 \\ 0 & J_2 \end{bmatrix}\begin{bmatrix} \ddot{\theta}_1 \\ \ddot{\theta}_2 \end{bmatrix} + \begin{bmatrix} C_1 & 0 \\ 0 & C_2 \end{bmatrix}\begin{bmatrix} \dot{\theta}_1 \\ \dot{\theta}_2 \end{bmatrix} + \begin{bmatrix} c_{11} & c_{12} \\ c_{21} & c_{22} \end{bmatrix}\begin{bmatrix} \theta_1 \\ \theta_2 \end{bmatrix} = \begin{bmatrix} F_1(t) \\ F_2(t) \end{bmatrix} \quad (10.4\text{-}5)$$

式中，$c_{11} = c_{nP}r_{m1}^2\cos^2\beta_{mf1}$；$c_{12} = -c_{nP}r_{m1}r_{m2}\cos\beta_{mf1}\cos\beta_2$；$c_{21} = c_{12}$；$c_{22} = c_{nP}r_{m2}^2\cos^2\beta_2$；$F_1(t) = -c_{nP}r_{m1}[\delta_1(t)+\delta_2(t)]\cos\beta_{mf1} + T_1(t) + T_{1e}\delta(t)$；$F_2(t) = c_{nP}r_{m2}[\delta_1(t)+\delta_2(t)]\cos\beta_2 - T_2(t) + T_{2e}\delta(t)$。

式(10.4-5)的阻尼系数 C_1、C_2 通常取 0.05～0.1。转动惯量矩阵、阻尼矩阵、刚度矩阵都是对称阵。

10.4.3 单级准双曲面齿轮传动的动态响应

由 $\begin{vmatrix} -\omega^2 J_1 + c_{11} & c_{12} \\ c_{21} & -\omega^2 J_2 + c_{22} \end{vmatrix} = 0$，求得方程(10.4-5)的固有频率

$$\omega_{n1} = \sqrt{\left(\frac{c_{22}}{2J_2}+\frac{c_{11}}{2J_1}\right) + \sqrt{\left(\frac{c_{22}}{2J_2}+\frac{c_{11}}{2J_1}\right)^2 - \frac{(c_{11}c_{22}-c_{12}^2)}{J_1J_2}}}、$$

$$\omega_{n2} = \sqrt{\left(\frac{c_{22}}{2J_2}+\frac{c_{11}}{2J_1}\right) - \sqrt{\left(\frac{c_{22}}{2J_2}+\frac{c_{11}}{2J_1}\right)^2 - \frac{(c_{11}c_{22}-c_{12}^2)}{J_1J_2}}}。$$

设方程（10.4-5）的主振型为 $\begin{bmatrix} 1 \\ \phi_{21} \end{bmatrix}$、$\begin{bmatrix} 1 \\ \phi_{22} \end{bmatrix}$，由线性方程组

$\begin{bmatrix}-\omega_{n1}^2 J_1+c_{11} & c_{12}\\ c_{21} & -\omega_{n1}^2 J_2+c_{22}\end{bmatrix}\begin{bmatrix}1\\ \phi_{21}\end{bmatrix}=0$，得 $\phi_{21}=\dfrac{\omega_{n1}^2 J_1-c_{11}}{c_{12}}$。由线性方程组 $\begin{bmatrix}-\omega_{n2}^2 J_1+c_{11} & c_{12}\\ c_{21} & -\omega_{n2}^2 J_2+c_{22}\end{bmatrix}\begin{bmatrix}1\\ \phi_{22}\end{bmatrix}=0$，得 $\phi_{22}=\dfrac{\omega_{n2}^2 J_1-c_{11}}{c_{12}}$。主模态矩阵$\boldsymbol{\Phi}=\begin{bmatrix}1 & 1\\ \phi_{21} & \phi_{22}\end{bmatrix}$。

令 $\begin{bmatrix}\theta_1\\ \theta_2\end{bmatrix}=\boldsymbol{\Phi}\begin{bmatrix}\vartheta_1\\ \vartheta_2\end{bmatrix}$，$\vartheta_1$、$\vartheta_2$ 称为主模态坐标。由 $\begin{bmatrix}j_1 & 0\\ 0 & j_2\end{bmatrix}=\begin{bmatrix}1 & \phi_{21}\\ 1 & \phi_{22}\end{bmatrix}\begin{bmatrix}J_1 & 0\\ 0 & J_2\end{bmatrix}\begin{bmatrix}1 & 1\\ \phi_{21} & \phi_{22}\end{bmatrix}$，得 $j_1=J_1+J_2\phi_{21}\phi_{21}$，$j_2=J_1+J_2\phi_{22}\phi_{22}$。由 $\begin{bmatrix}c_1 & 0\\ 0 & c_2\end{bmatrix}=\begin{bmatrix}1 & \phi_{21}\\ 1 & \phi_{22}\end{bmatrix}\begin{bmatrix}C_1 & 0\\ 0 & C_2\end{bmatrix}\begin{bmatrix}1 & 1\\ \phi_{21} & \phi_{22}\end{bmatrix}$，得 $c_1=C_1+C_2\phi_{21}\phi_{21}$，$c_2=C_1+C_2\phi_{22}\phi_{22}$。由 $\begin{bmatrix}k_1 & 0\\ 0 & k_2\end{bmatrix}=\begin{bmatrix}1 & \phi_{21}\\ 1 & \phi_{22}\end{bmatrix}\begin{bmatrix}c_{11} & c_{12}\\ c_{21} & c_{22}\end{bmatrix}\begin{bmatrix}1 & 1\\ \phi_{21} & \phi_{22}\end{bmatrix}$，得 $k_1=c_{11}+c_{21}\phi_{21}+(c_{12}+c_{22}\phi_{21})\phi_{21}$，$k_2=c_{11}+c_{21}\phi_{22}+(c_{12}+c_{22}\phi_{22})\phi_{22}$。说明用主模态矩阵 $\boldsymbol{\Phi}$ 可将转动惯量矩阵、阻尼矩阵、刚度矩阵解耦。

这样式(10.4-5)变为两个独立的单自由度有阻尼振动方程

$$\begin{cases}j_1\ddot{\vartheta}_1+c_1\dot{\vartheta}_1+k_1\vartheta_1=f_1(t)\\ j_2\ddot{\vartheta}_2+c_2\dot{\vartheta}_2+k_2\vartheta_2=f_2(t)\end{cases}\tag{10.4-6}$$

式中，$f_1(t)=F_1(t)+\phi_{21}F_2(t)$；$f_2(t)=F_1(t)+\phi_{22}F_2(t)$。

式(10.4-6)中第一个方程的固有频率 $\omega_{01}=\sqrt{\dfrac{k_1}{j_1}}$，阻尼比 $\zeta_1=\dfrac{c_1}{2\sqrt{j_1k_1}}$，有阻尼固有频率 $\omega_{d1}=\omega_{01}\sqrt{1-\zeta_1^2}$。式(10.4-6)中第二个方程的固有频率 $\omega_{02}=\sqrt{\dfrac{k_2}{j_2}}$，阻尼比 $\zeta_2=\dfrac{c_2}{2\sqrt{j_2k_2}}$，有阻尼固有频率 $\omega_{d2}=\omega_{02}\sqrt{1-\zeta_2^2}$。

ϑ_1、ϑ_2 中包含瞬态响应和稳态响应。瞬态响应由卷积定理求出，对于啮合冲击，可求其瞬态响应。对于周期性的激励，由于瞬态响应衰减的较快，可以忽略掉，仅求出稳态响应。

现在分析一下振动激励 $F_1(t)$ 和 $F_2(t)$。由于实用齿轮的转动惯量 J_1、J_2 较小，刚度 c_{nP}较大，所以齿轮振动的固有频率 ω_{n1}、ω_{n2} 较高。在加工误差 $\delta_1(t)+\delta_2(t)$ 中，对振动响应贡献较大的是齿轮的小周期误差。在缺乏测试资料的情况下，可将加工误差近似表为 $\delta_1(t)+\delta_2(t)=(a_{01}+a_{02})\sin 2\pi f_0 t$，其中 a_{02}、a_{01} 是实用大、小齿轮齿形公差的一半，f_0 是齿轮的啮合频率。

啮合冲量的计算可参考渐开线直齿轮的计算方法，比如参考文献[8]所示的方法。

驱动力矩、阻抗力矩的交变部分 $T_1(t)$、$T_2(t)$ 由测试数据或专业知识确定。当获得它们的载荷谱后，$T_1(t)$、$T_2(t)$ 都是傅里叶级数。

在式(10.4-6)的第一式中，齿形误差 $\delta_1(t)+\delta_2(t)$ 产生的激励力为 $c_{nP}(a_{01}+a_{02})(\phi_{21}r_{m2}\cos\beta_2-r_{m1}\cos\beta_{mf1})\sin2\pi f_0 t$，激起的稳态响应为 $\vartheta_{1\delta}=B\sin(2\pi f_0 t+\psi_0)$，其中 $B=\dfrac{c_{nP}(a_{01}+a_{02})(\phi_{21}r_{m2}\cos\beta_2-r_{m1}\cos\beta_{mf1})}{\sqrt{[(2\pi f_0)^2 j_1+k_1]^2+(2\pi f_0 c_1)^2}}$，$\varphi_0=\arctan\dfrac{2\pi f_0 c_1}{(2\pi f_0)^2 j_1+k_1}$。啮合冲量 T_{1e}、T_{2e} 引起的瞬态响应为 $\vartheta_{1e}=\dfrac{T_{e1}+\phi_{21}T_{e2}}{j_1\omega_{d1}}e^{-\zeta_1\omega_{01}t}\sin\omega_{d1}t$。

其他的激励力引起的振动分响应可用上述同样的方法求得。根据线性叠加原理，ϑ_1、ϑ_2 是它们的分响应之和。

$\begin{bmatrix}\ddot{\theta}_1\\ \ddot{\theta}_2\end{bmatrix}=\boldsymbol{\Phi}\begin{bmatrix}\ddot{\vartheta}_1\\ \ddot{\vartheta}_2\end{bmatrix}=\begin{bmatrix}\ddot{\vartheta}_1+\ddot{\vartheta}_2\\ \phi_{21}\ddot{\vartheta}_1+\phi_{22}\ddot{\vartheta}_2\end{bmatrix}$。实用小齿轮的动扭矩 M_{1d}、实用大齿轮的动扭矩 M_{2d} 为

$$\begin{cases}M_{1d}=J_1(\ddot{\vartheta}_1+\ddot{\vartheta}_2)\\ M_{2d}=J_2(\phi_{21}\ddot{\vartheta}_1+\phi_{22}\ddot{\vartheta}_2)\end{cases}\tag{10.4-7}$$

10.5 原理齿轮的齿面接触状况计算示例

为了便于比较，取圆弧齿齿轮和摆线齿齿轮具有相同的齿坯设计参数。小齿轮输入扭矩 $T_1=300\ \text{N}\cdot\text{m}$，小齿轮转速 $n_1=2\ 500\ \text{r/min}$，传动比 $i_{12}=\dfrac{z_2}{z_1}=\dfrac{37}{9}$，中点法向模数 $m_n=5.060\ \text{mm}$，偏置距 $E=38.066\ \text{mm}$，轴夹角 $\Sigma=90°$。小齿轮中点锥距 $R_{m1}=98.779\ \text{mm}$，分锥角 $\delta_1=21.015\ 8°$，螺旋角 $\beta_1=50°$。大齿轮中点锥距 $R_{m2}=117.500\ \text{mm}$，分锥角 $\delta_2=67.846\ 0°$，螺旋角 $\beta_2=30.660\ 5°$。

原理齿轮的安装方式见图 2.1-5，$E<0$。由第 5 章求得原理大齿轮在动坐标系 $o_{s2}x_2y_2z_2$ 中的齿面方程，由式(2.3-10)求得 $\overline{o_{s2}o'}$。经 1.2.1 节的坐标变换，可以求得原理大齿轮在静坐标系 $o'x'y'z'$ 内齿面方程。

由第 6 章、第 7 章求得原理小齿轮在动坐标系 $o_{s1}x_1y_1z_1$ 中齿面方程，由式(2.3-9)求得 $\overline{o_{s1}o}$。经 1.2.1 节的坐标变换，可以求得原理小齿轮在静坐标系 $o'x'y'z'$ 内齿面方程。

在静坐标系 $o'x'y'z'$ 中，小齿轮由初始位置转动了角度 φ'_{10}，大齿轮由初始位置转动了角度 φ'_{20} 后，大小齿轮的假想齿面在节点 P 处啮合。当轴夹角为 90°时，由 1.2.1 节的坐标变换，得 $\varphi'_{10}=\arccos\left(\dfrac{-R_{m2}\cos\delta_2+\overline{o_{s2}o'}}{-R_{m1}\sin\delta_1}\right)$，$\varphi'_{20}=\arcsin\left(\dfrac{R_{m1}\sin\delta_1\sin\varphi'_{10}+E}{R_{m2}\sin\delta_2}\right)$。

10.5.1 原理齿轮的齿面接触迹线

(1) 圆弧齿原理齿轮

1) 大齿轮用成形法加工、小齿轮用刀倾法加工

图 10.5-1、图 10.5-2、图 10.5-3 是大齿轮的齿面接触迹线分别在 x_2y_2、y_2z_2、x_2z_2 3 个坐标面上的投影(以下各图中曲线的波动与程序中取点的密度有关)。x_2 轴在分度平面内,y_2 轴在齿高的方向,z_2 轴在齿宽的方向。

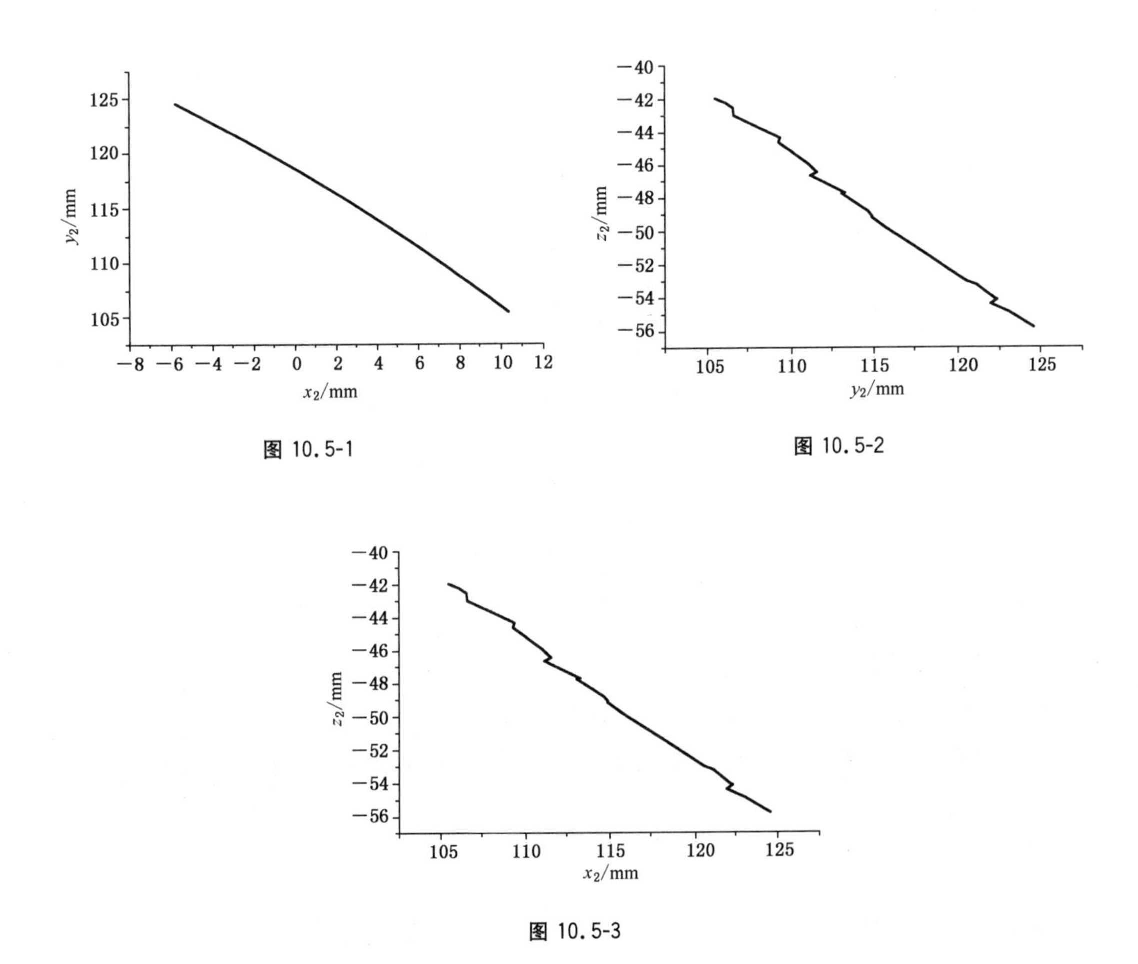

图 10.5-1

图 10.5-2

图 10.5-3

2) 大齿轮用展成法加工、小齿轮用滚比变性法加工

图 10.5-4、图 10.5-5、图 10.5-6 是小齿轮的齿面接触迹线分别在 x_1y_1、y_1z_1、x_1z_1 3 个坐标面上的投影。x_1 轴在分度平面内,y_1 轴在齿高的方向,z_1 轴在齿宽的方向。

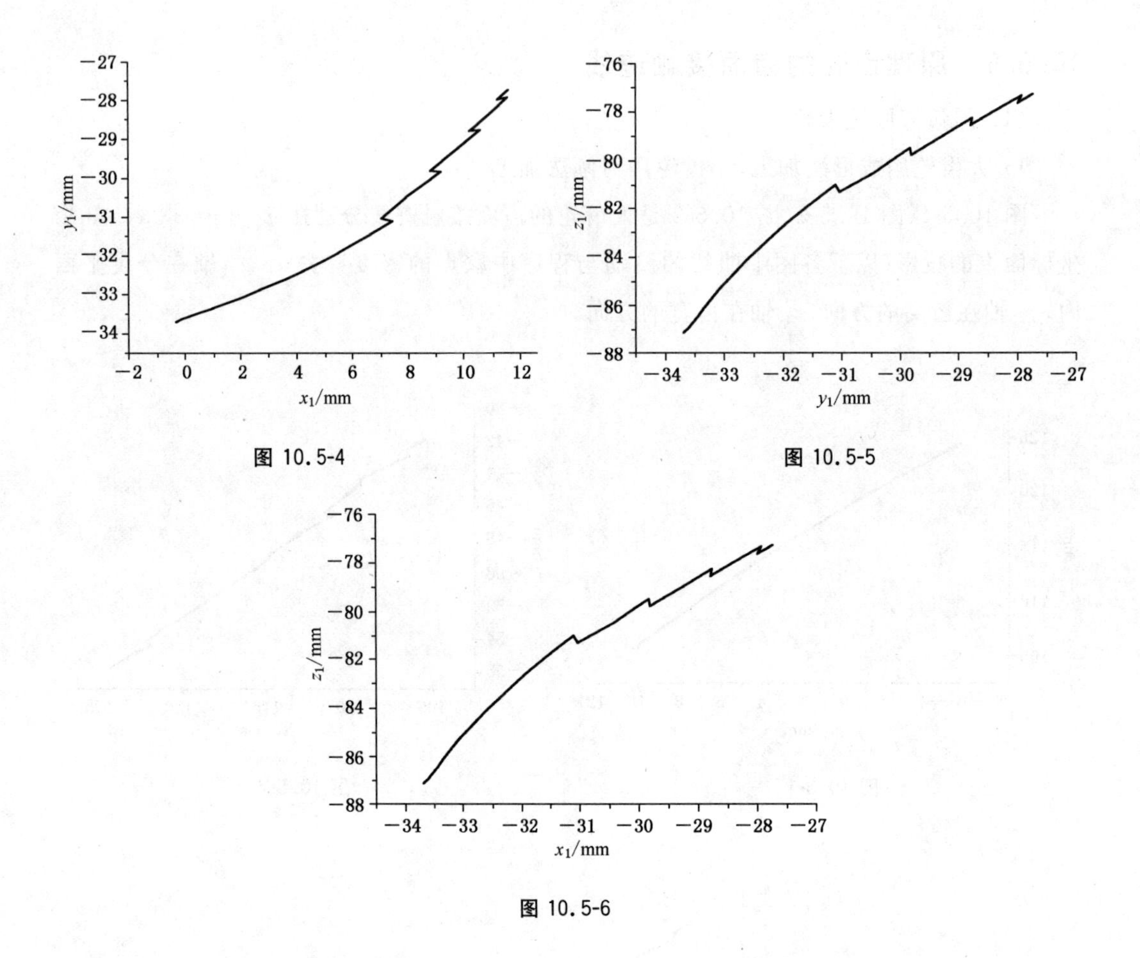

图 10.5-4

图 10.5-5

图 10.5-6

(2) 摆线齿原理齿轮

1) 大齿轮用成形法加工、小齿轮用刀倾法加工

图 10.5-7、图 10.5-8、图 10.5-9 是小齿轮的齿面接触迹线分别在 x_1y_1、y_1z_1、x_1z_1 3 个坐标面上的投影。

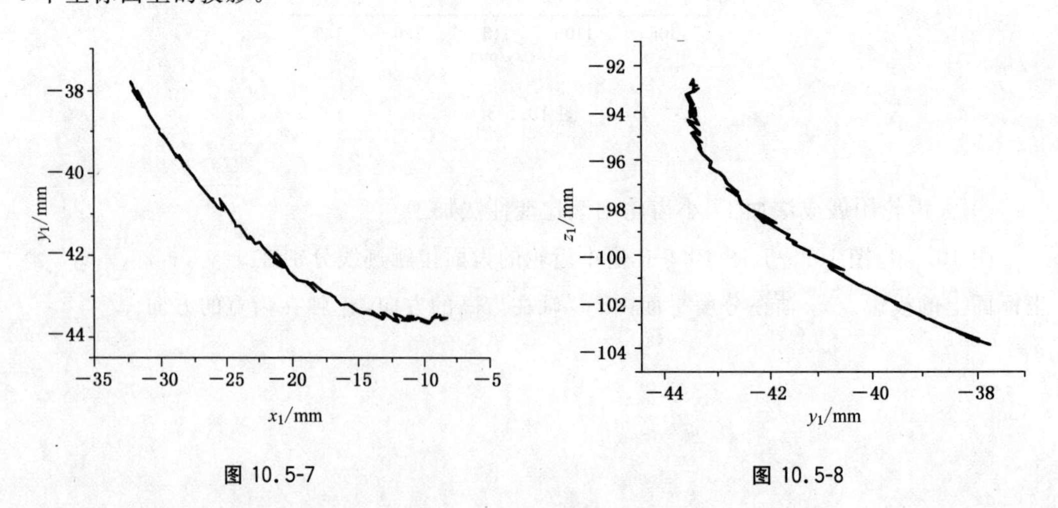

图 10.5-7

图 10.5-8

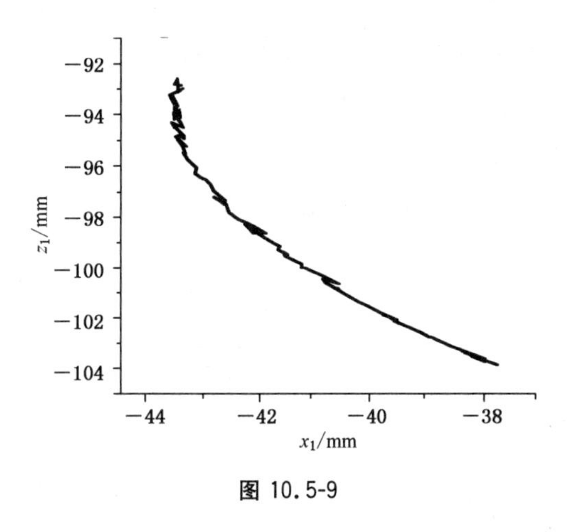

图 10.5-9

2）大齿轮用成形法加工、小齿轮用滚比变性法法加工

图 10.5-10、图 10.5-11、图 10.5-12 是大齿轮的齿面接触迹线分别在 x_2y_2、y_2z_2、x_2z_2 3 个坐标面上的投影。

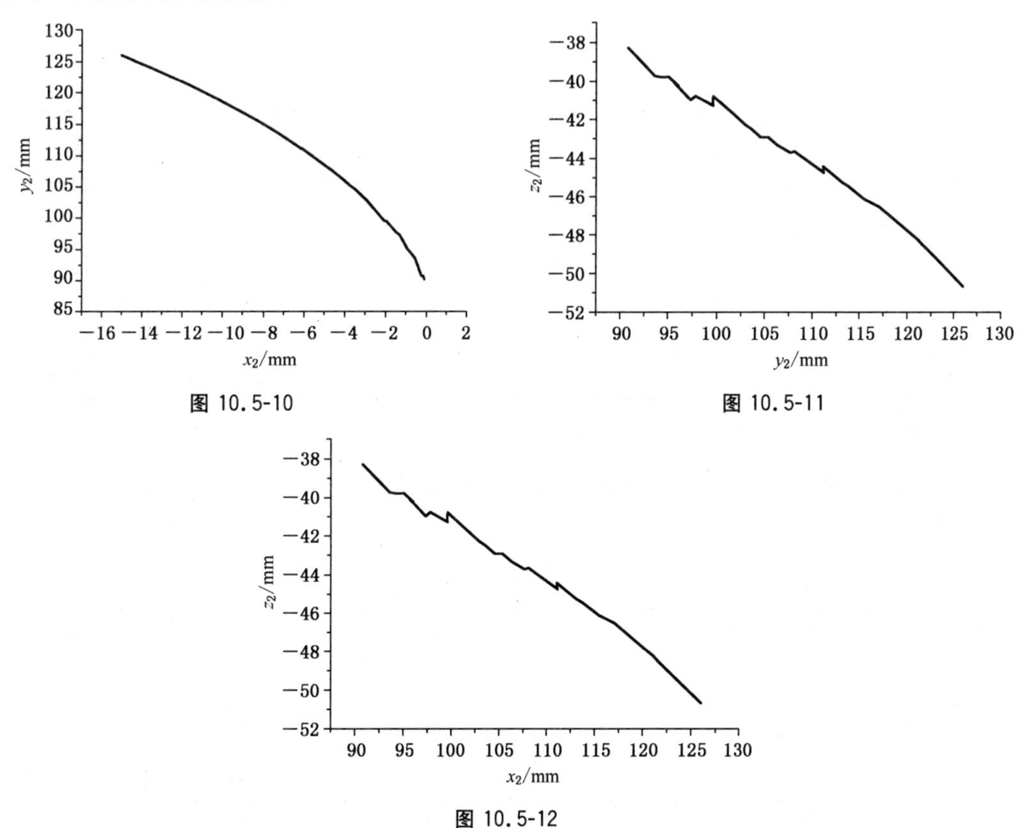

图 10.5-10

图 10.5-11

图 10.5-12

10.5.2 原理齿轮的传动误差

以大齿轮的理论转角为参考位置。在假想齿面上，节点处的传动误差为零。啮合点

由齿根至节点，大齿轮的转角为负。啮合点由节点至齿顶，大齿轮的转角为正。原理性传动误差是小齿轮的实际转角与其理论转角之差。

（1）圆弧齿准双曲面齿轮

1）大齿轮用展成法加工、小齿轮用刀倾法加工，见表 10.5-1。$\varphi'_{10}=7.170\ 3^\circ$，初始转角 $\varphi'_{20}=-18.008\ 3^\circ$。

表 10.5-1

大齿轮转角/(°)	小齿轮转角/(°)	传动误差/(″)	大齿轮转角/(°)	小齿轮转角/(°)	传动误差/(″)
−2.000 000	−8.222 16	0.133 47	3.000 000	12.333 38	0.182 05
−1.000 000	−4.111 00	0.386 52	4.000 000	16.444 46	0.070 23
0	0	0	5.000 000	20.555 56	0.023 64
1.000 000	4.111 14	0.100 64	6.000 000	24.666 73	0.216 57
2.000 000	8.222 17	−0.185 99	7.000 000	28.777 77	−0.020 97

2）大齿轮用成形法加工、小齿轮用滚比变性法加工，见表 10.5-2。初始转角 $\varphi'_{10}=7.168\ 7^\circ$，$\varphi'_{20}=18.008\ 9^\circ$。

表 10.5-2

大齿轮转角/(°)	小齿轮转角/(°)	传动误差/(″)	大齿轮转角/(°)	小齿轮转角/(°)	传动误差/(″)
−2.000 000	−8.222 11	0.026 79	3.000 000	12.333 37	0.142 09
−1.000 000	−4.111 07	−0.600 86	4.000 000	16.444 45	0.030 65
0	0	0	5.000 000	20.555 62	0.229 56
1.000 000	4.111 08	−0.123 73	6.000 000	24.666 69	0.084 40
2.000 000	8.222 28	0.198 21	7.000 000	28.777 87	0.326 34

（2）摆线齿准双曲面齿轮

1）大齿轮用成形法加工、小齿轮用刀倾法加工，见表 10.5-3。初始转角 $\varphi'_{10}=7.580\ 7^\circ$，$\varphi'_{20}=-17.996\ 1^\circ$。

表 10.5-3

大齿轮转角/(°)	小齿轮转角/(°)	传动误差/(″)	大齿轮转角/(°)	小齿轮转角/(°)	传动误差/(″)
−2.000 000	−8.222 27	−0.187 64	3.000 000	12.333 34	0.022 24
−1.000 000	−4.111 07	0.142 17	4.000 000	16.444 47	0.076 75
0	0	0	5.000 000	20.555 58	0.085 11
1.000 000	4.111 15	0.146 74	6.000 000	24.666 66	−0.023 17
2.000 000	8.222 25	0.109 07	7.000 000	28.777 86	0.304 82

2）大齿轮用展成法加工、小齿轮用滚比变性法加工，见表 10.5-4。初始转角 $\varphi'_{10}=7.170\ 3^\circ$，$\varphi'_{20}=-18.008\ 3^\circ$。

表 10.5-4

大齿轮转角/(°)	小齿轮转角/(°)	传动误差/(″)	大齿轮转角/(°)	小齿轮转角/(°)	传动误差/(″)
−2.000 000	−8.222 42	−0.720 72	3.000 000	12.333 36	0.083 69
−1.000 000	−4.111 18	−0.026 10	4.000 000	16.444 52	0.291 91
0	0	0	5.000 000	20.555 56	0.029 78
1.000 000	4.110 94	−0.609 35	6.000 000	24.666 70	0.130 51
2.000 000	8.222 81	0.213 57	7.000 000	28.777 82	0.138 85

在小齿轮的齿面上，1 秒的传动误差约相当于 0.5 μm 的齿形误差。所以原理性传动误差还是很小的。

10.5.3 修形齿轮的传动误差

为便于对比，计算模型与 10.5.2 节中原理齿轮的几何参数一致。

1）圆弧齿大齿轮用展成法加工、圆弧齿小齿轮用刀倾法加工。加工小齿轮的凹齿面时，由式(6.3-4)，刀盘半径由137.344 mm调整为139.977 mm，传动误差见表 10.5-5。此表可以和表 10.5-1 进行对比。

表 10.5-5

大齿轮转角/(°)	小齿轮转角/(°)	传动误差/(″)	大齿轮转角/(°)	小齿轮转角/(°)	传动误差/(″)
−2.000 000	−8.222 14	0.300 86	3.000 000	12.333 35	0.071 40
−1.000 000	−4.111 09	0.083 77	4.000 000	16.444 44	−0.009 30
0	0	0	5.000 000	20.555 53	−0.099 31
1.000 000	4.111 16	0.171 33	6.000 000	24.666 69	0.069 04
2.000 000	8.222 25	0.090 61	7.000 000	28.777 72	−0.229 97

2）摆线齿大齿轮用成形法加工、小齿轮用刀倾法加工。加工小齿轮的凹齿面时，由式(6.3-4)，刀盘半径由113.530 mm调整为115.323 mm。传动误差见表 10.5-6。此表可以和表 10.5-3 进行对比。

表 10.5-6

大齿轮转角/(°)	小齿轮转角/(°)	传动误差/(″)	大齿轮转角/(°)	小齿轮转角/(°)	传动误差/(″)
−2.000 000	−8.222 27	−0.187 64	3.000 000	12.333 34	0.022 23
−1.000 000	−4.111 07	0.142 171	4.000 000	16.444 47	0.767 59
0	0	0	5.000 000	20.555 58	0.085 107
1.000 000	4.111 15	0.146 74	6.000 000	24.666 66	−0.023 17
2.000 000	8.222 25	0.109 07	7.000 000	28.777 86	0.304 828

可见齿面修形对原理性传动误差的影响较小。

本章小结

(1) 对于满足共轭齿轮原理的齿轮,没有原理性的传动误差。由于准双曲面齿轮不满足齿轮啮合原理,所以有原理性的传动误差。原理性传动误差是实用齿轮振动的激励源之一。

(2) 实用齿轮的齿面接触迹线、接触区分析,原理性传动误差分析,齿轮及轴系的刚度分析等属于静态分析。目前已经有人做过实用齿轮的轮齿接触分析,读者可以参阅有关文献。

(3) 在齿高方向做齿面曲率修正时,产形齿轮要有一个角加速度。要想在整个齿面上保证理想的齿面接触区,又不能使原理性的传动误差很大,是一个复杂的问题。在数控机床上编制传动比函数时,要做综合考虑。希望读者对这些问题再做深入的研究。

(4) 如同其他齿轮一样,准双曲面齿轮的振动是非线性振动。由于是弱非线性振动,可做线性振动近似处理。

振动是在力的静平衡或动平衡基础上的附加运动,在力的静平衡或动平衡基础上计算的构件的变形统称为静变形。由振动引起的动变形是在静变形基础上的附加变形。动载荷是用动变形计算的附加载荷。

当缺乏加工误差的实测资料时,可用齿轮的公差值做近似处理。

(5) 齿轮的动态力可以引起传动轴和箱体的振动。本书没有将齿轮、轴系和箱体作为综合系统进行分析。

一般来说,传动轴的弯曲刚度和扭转刚度相对于齿轮的啮合刚度来说较小。这样,可将一对齿轮单独进行振动分析。

参考文献

[1] 吴大任. 微分几何讲义[M]. 北京:人民教育出版社,1979.
[2] 吴序堂. 齿轮啮合原理[M]. 北京:机械工业出版社,1982.
[3] 北京齿轮厂. 螺旋锥齿轮[M]. 北京:科学出版社,1974.
[4] 钱伟长,叶开沅. 弹性力学[M]. 北京:科学出版社,1980.
[5] 杜庆华. 材料力学:上、下册[M]. 北京:高等教育出版社,1965.
[6] 数学手册编写组. 数学手册[M]. 北京:高等教育出版社,1979.
[7] 姚文席. 非圆齿轮设计[M]. 北京:机械工业出版社,2013.
[8] 郭晓东. 锥齿轮设计制造分析应用技术软件系统使用说明书[M]. 重庆:重庆工学院,重庆汽车学院,2005.
[9] Г. С. 皮萨连科,А. Л. 亚科符列夫,В. В. 马特维耶夫. 材料力学手册[M]. 范钦珊,朱祖成,译. 北京:中国建筑工业出版社,1988.
[10] 徐芝纶. 弹性力学:上、下册[M]. 北京:人民教育出版社,1980.
[11] 倪振华. 振动力学[M]. 西安:西安交通大学出版社,1989.
[12] 孙靖民. 机械优化设计[M]. 北京:机械工业出版社,1992.
[13] 曾韬. 螺旋锥齿轮设计与加工[M]. 哈尔滨:哈尔滨工业大学出版社,1989.
[14] 齿轮手册编委会. 齿轮手册:上、下册[M]. 2 版. 北京:机械工业出版社,2001.
[15] 董学朱. 摆线齿锥齿轮及准双曲面齿轮设计和制造[M]. 北京:机械工业出版社,2002.
[16] 邓效忠,魏冰阳. 锥齿轮设计的新方法[M]. 北京:科学出版社,2012.
[17] 吴序堂. 准双曲面齿轮啮合原理及其在刀倾半展成加工中的应用[J]. 西安交通大学学报,1981,15(1):9-24.
[18] 吴序堂. 刀倾半展成法加工弧齿锥齿轮及准双曲面齿轮的机床调整[J]. 制造技术与机床,1981(11):9-17.
[19] 吴序堂. 格里生制曲线齿锥齿轮变性半展成切齿原理[J]. 西安交通大学学报,1984,18(5):1-12.
[20] 吴序堂. 准双曲面齿轮的变性全展成法加工原理(上)[J]. 齿轮,1984,8(2):1-8.
[21] 吴序堂. 准双曲面齿轮的变性全展成法加工原理(下)[J]. 齿轮,1984,8(3):1-8.
[22] 张洪飚,郑昌启. 准双曲面齿轮齿坯几何设计[J]. 重庆大学学报,1984(1):17-19.
[23] 吴序堂,王小椿. 点啮合共轭齿面失配传动性能的预控[J]. 齿轮,1988,12(3):1-7.
[24] 王小椿,吴序堂. 弧齿锥齿轮和准双曲面齿轮的三阶接触分析和优化切齿计算[J].

齿轮,1989,13(2):1-10.

[25] 方宗德,杨宏斌.准双曲面齿轮传动的轮齿接触分析[J].汽车工程,1998,20(6):350-355.

[26] 方宗德,杨宏斌.准双曲面齿轮的优化切齿设计[J].汽车工程,1998,20(5):302-307.

[27] 万小利,万晓风,江锡卓,梁桂明.准双曲面齿轮和螺旋锥齿轮设计的统一算法[J].北京理工大学学报,1999,19(2):167-170.

[28] 张艳红,吴联银,魏洪钦,王小椿.Free-Form型展成齿面的几何参数分析[J].机械传动,1999,15(3):322-325.

[29] 黄昌华,王季军,王人成,等.一种间接评定准双曲面齿轮副啮合运转平稳性的方法[J].机械传动,1999,23(1):18-20.

[30] 杨宏斌,高建平,方宗德,等.准双曲面齿轮非线性振动分析[J].汽车工程,2000,22(1):51-54.

[31] 方宗德,杨宏斌.准双曲面齿轮弯曲应力过程的精确计算析[J].汽车工程,2000,22(6):423-426.

[32] 吴联银,魏洪钦,王小椿.Free-Form机床展成延伸外摆线锥齿轮的齿面几何研究[J].西安交通大学学报,2001,35(3):322-325.

[33] 邓效忠,方宗德,杨宏斌.准双曲面齿轮齿面接触应力过程计算[J].中国机械工程,2001,12(12):1362-1364.

[34] 魏冰阳,任东锋,方宗德,等.传统机床与Free-Form型机床运动关系的等效转换[J].机械科学与技术,2004,23(4):425-428.

[35] 马雪洁.基于ANSYS的准双曲面齿轮建模及有限元分析[J].重型机械科技,2004(3):5-8.

[36] 苏智剑,吴序堂,毛世民,等.基于齿面参数化表示的准双曲面齿轮的设计[J].西安交通大学学报,2005,39(1):17-20.

[37] 王立华,黄亚宇,李润方,等.准双曲面齿轮系统振动的理论分析与实验研究[J].机械设计与研究,2007,23(1):65-67.

[38] 苏智剑,吴序堂.基于计算机数字控制弧齿锥齿轮加工机床的准双曲面齿轮的制造[J].机械工程学报,2007,43(5):57-63.

[39] 聂少武,邓效忠,李天兴.奥利康准双曲面齿轮的理论齿面推导及仿真[J].机械传动,2009,33(2):20-22.

[40] 苏进展,方宗德,曹雪梅.刀倾法数控加工机床调整参数转换[J].农业机械学报,2009,40(11):223-226.

[41] 唐进元,聂金安.含过渡曲面的准双曲面齿轮精确三维几何建模方法[J].机械科学与技术,2010,29(3):358-363.

[42] 唐进元,曹康,李国顺,等.机床调整参数误差对小齿轮齿面误差影响规律的理论研究[J].机械工程学报,2010,46(17):179-185.

[43] 李更更,邓效忠,魏冰阳.准双曲面变性法小轮数控铣齿全程数控加工[J].工具技术,2010,44(5):63-66.

[44] 唐进元,彭方进.准双曲面齿轮动态啮合性能的有限元分析研究[J].振动与冲击,2011,30(7):101-106.

[45] 郐向伟,滕雪梅.准双曲面齿轮数控加工的坐标变换[J].机械传动,2012,36(9):52-54.

[46] 王峰,方宗德,李声晋,等.考虑安装误差的摆线齿准双曲面齿轮轮齿接触分析[J].农业机械学报,2012,43(9):213-218.

[47] 严宏志,刘明,王祎伟.摆线齿准双曲面齿轮的动态啮合特性[J].中南大学学报,2013,44(10):4026-4031.

[48] 张婧,王太勇,李敬财,等.准双曲面齿轮螺旋变性半展成法加工调整方法[J].天津大学学报,2013,46(5):435-439.

[49] 卜雷.时变刚度对传动误差的影响研究[J].装备制造技术,2014(2):158-160.

[50] 李明,邓效忠.基于变性法加工的准双曲面齿轮齿面啮合分析[J].机械传动,2014,38(6):10-13.

[51] 王星,方宗德,李声晋,等.HGT准双曲面齿轮精确建模和加载接触分析[J].四川大学学报(工程科学版),2015,47(4):181-185.

[52] 杜近辅,方宗德,宁程丰,等.克林贝格准双曲面齿轮齿面建模及接触分析[J].西北工业大学学报,2015,33(2):222-227.

[53] 杜近辅,方宗德,岳贵平,等.奥利康摆线齿准双曲面齿轮轮齿接触分析及试验验证[J].机械传动,2015,39(8):105-110.

[54] 王星,方宗德,王磊,等.刀倾全展成准双曲面齿轮的切齿设计[J].哈尔滨工业大学学报,2016,48(7):163-168.

[55] 周驰,王琪,丁炜琦,等.输入转矩对驱动桥系统动力学特性的影响[J].机械工程学报,2016,52(2):134-142.

[56] 周驰,田程,丁炜琦,等.基于有限元法的双曲面齿轮时变啮合特性研究[J].机械工程学报,2016,52(15):36-42.

[57] 田程,丁炜琦,桂良进,等.基于回归分析的双曲面齿轮齿面误差修正[J].清华大学学报(自然科学版),2017,57(2):141-146.